U0629520

水下光学与成像

Subsea Optics and Imaging

〔英〕约翰·沃森(John Watson)
〔德〕奥利弗·杰林斯基(Oliver Zielinski) 编著
刘兆军 丁忠军 赵 显 译

科学出版社
北 京

图字：01-2021-2485 号

内 容 简 介

本书对水下光学与成像的关键原理、技术及其应用进行了综述。全书分为三个部分共 21 章。第一部分主要介绍了水下光学和成像技术，以及海洋光学和色彩研究的发展史。第二部分综述了水下光学在环境分析中的应用，介绍了水下光场的概念、水体中有色可溶性有机物和其他营养物质的评估方法、水下生物发光特性以及有害藻华等对水体的影响，还总结了用于研究海洋环境中悬浮沉积物、湍流和混合物的光学技术。第三部分回顾了光学成像的基本原理，介绍了几种典型的水下成像技术，如数字全息、激光线扫描、流速测量、三维成像等，还概述了拉曼光谱、光纤传感、水下激光雷达、水下高光谱成像、水下荧光测量技术等在海洋观测、环境保护和资源开发等方面的应用。

本书从光学基本原理和背景过渡到对具体技术的深入解读，可作为从事水下光学和成像技术相关专业的科研人员和高校师生的参考书。

图书在版编目（CIP）数据

水下光学与成像 /（英）约翰·沃森（John Watson），（德）奥利弗·杰林斯基（Oliver Zielinski）编著；刘兆军，丁忠军，赵显译. —北京：科学出版社，2023.3

书名原文：Subsea Optics and Imaging

ISBN 978-7-03-070957-8

Ⅰ. ①水… Ⅱ. ①约… ②奥… ③刘… ④丁… ⑤赵… Ⅲ. ①水下光源－图像光学处理－研究 Ⅳ.①P733.3 ②TN919.8

中国版本图书馆 CIP 数据核字（2021）第 260382 号

责任编辑：陈　静 / 责任校对：王　瑞
责任印制：吴兆东 / 封面设计：迷底书装

科学出版社 出版
北京东黄城根北街 16 号
邮政编码：100717
http://www.sciencep.com

涿州市般润文化传播有限公司 印刷

科学出版社发行　各地新华书店经销

*

2023 年 3 月第　一　版　开本：720×1 000　1/16
2024 年 1 月第二次印刷　印张：28 1/4　插页：6
字数：569 000

定价：248.00 元

（如有印装质量问题，我社负责调换）

Subsea Optics and Imaging，1st edition
John Watson, Oliver Zielinski
ISBN: 9780857093417
Copyright © 2013 Elsevier Ltd. All rights reserved.
Authorized Chinese translation published by China Science Publishing & Media Ltd.（Science Press）.

《水下光学与成像》（刘兆军，丁忠军， 赵显译）
ISBN: 9787030709578
Copyright © Elsevier Ltd. and China Science Publishing & Media Ltd.（Science Press）.All rights reserved.
No part of this publication may be reproduced or transmitted in any form or by any means, electronic or mechanical, including photocopying, recording, or any information storage and retrieval system, without permission in writing from Elsevier Ltd. Details on how to seek permission, further information about the Elsevier's permissions policies and arrangements with organizations such as the Copyright Clearance Center and the Copyright Licensing Agency, can be found at our website: www.elsevier.com/permissions.
This book and the individual contributions contained in it are protected under copyright by Elsevier Ltd. and China Science Publishing & Media Ltd.（Science Press）（other than as may be noted herein）.

This edition of *Subsea Optics and Imaging* is published by China Science Publishing & Media Ltd.（Science Press）under arrangement with ELSEVIER LTD.
This edition is authorized for sale in China only, excluding Hong Kong, Macao and Taiwan. Unauthorized export of this edition is a violation of the Copyright Act. Violation of this Law is subject to Civil and Criminal Penalties.

本版由 ELSEVIER LTD. 授权中国科技出版传媒股份有限公司（科学出版社）在中国大陆地区（不包括香港、澳门以及台湾地区）出版发行。
本版仅限在中国大陆地区（不包括香港、澳门以及台湾地区）出版及标价销售。未经许可之出口，视为违反著作权法，将受民事及刑事法律之制裁。
本书封底贴有 Elsevier 防伪标签，无标签者不得销售。

注　意

本书涉及领域的知识和实践标准在不断变化。新的研究和经验拓展我们的理解，因此须对研究方法、专业实践或医疗方法做出调整。从业者和研究人员必须始终依靠自身经验和知识来评估和使用本书中提到的所有信息、方法、化合物或本书中描述的实验。在使用这些信息或方法时，他们应注意自身和他人的安全，包括注意他们负有专业责任的当事人的安全。在法律允许的最大范围内，爱思唯尔、译文的原文作者、原文编辑及原文内容提供者均不对因产品责任、疏忽或其他人身或财产伤害及/或损失承担责任，亦不对由于使用或操作文中提到的方法、产品、说明或思想而导致的人身或财产伤害及/或损失承担责任。

序　一

海洋是人类命运共同体，海洋资源的开发利用与环境监测保护事关人类永续发展。开发海洋蓝色国土，拓展生存和发展空间，已上升为世界沿海各国的国家战略。我国也非常重视海洋疆域，党的十八大报告明确提出，我国应“提高海洋资源开发能力，发展海洋经济，保护海洋生态环境，坚决维护国家海洋权益，建设海洋强国”。

目前，海洋探测技术蓬勃发展，其中，声学探测技术最为成熟，应用也最广泛，然而光学、电磁、重力、磁场等多种技术也在快速发展。光学手段是海洋探测的重要技术之一，光谱成像技术、激光成像技术、全息成像技术、流场测量技术、光纤传感技术等新型光学技术，与传统成像技术、电子技术、计算机技术相结合，将帮助我们更加精准地认识、探测海洋。海洋光学领域大有可为，但是截至目前，国内缺少该领域的科技专著或教科书。

Subsea Optics and Imaging（《水下光学与成像》）一书英文版由（英）John Watson 和（德）Oliver Zielinski 编著，于 2013 年出版，该书对水下光学和成像技术进行了详细地介绍和归纳整理。

该书回顾了海洋光学的研究历史，特别是人们对于水下的光学现象和成像技术的研究进程。在海洋化学和环境的主题下，介绍了有色可溶性有机物、海洋中的营养物质、生物发光、有害藻华、悬浮沉积物等海水中的物质与光的相互作用，以及研究过程中将会遇到的问题和难点，明确了水下成像和探测的目标和意义。另外，该书针对不同应用场景中的多种光学技术进行了详细阐述，对每种技术所使用的典型仪器的原理和结构进行了细致分析，并对将来的发展趋势进行了简要的预测，对于正在从事和将要从事海洋光学研究的科研人员而言，有重要的参考意义。

该书的中文译本是由山东大学信息科学与工程学院和光学高等研究中心的多位研究人员共同翻译的，他们是一支充满活力的青年科研团队，近年来躬耕于海洋光学研究领域，对学科前沿比较了解。他们自 2020 年初开始着手该书的翻译工作，于 2020 年 7 月完成初稿，本着认真负责的态度，他们又花费两年多的时间对译稿进行了多次修改、完善，使得译文既严谨又通俗易懂，由浅入深，详略得当。拿到这本书时，我们能看到光学领域研究人员的觉悟和决心，他们不辞辛苦，勇于担当，在这样一个有深远意义的交叉学科领域，期望为国家发展做出一份贡献。

我受邀为此书作序，不单是对这支团队的研究方向和工作的肯定，更是借此书出版之机，呼吁更多的研究所、高校和有关单位响应国家号召，关注海洋领域，特别是海洋光学领域，为我们国家的海洋强国战略贡献一份力量。“路漫漫其修远兮，吾将上下而求索”，希望我们大家共同努力，推动我国的海洋事业迈入世界领先行列。

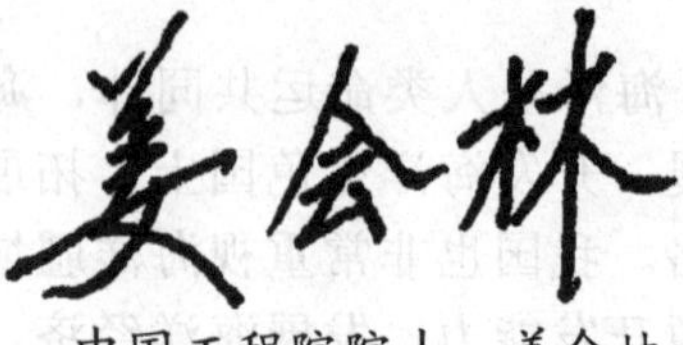

中国工程院院士　姜会林

2022 年 10 月于长春

序 二

作为地球上最大的、尚未被人类全面系统感知和利用的区域，深海因其广阔的地理空间、巨大的战略纵深以及丰富的生物、矿产和能源等战略资源，被视为21世纪人类可持续发展的战略“新疆域”，深海的战略形势将极大程度上左右未来的国际海洋政治格局。世界各主要海洋大国正从经济开发、军事竞争、规则塑造等方面加大对深海的关注与经营。深海关乎我国海上交通线安全、深海资源、战略空间纵深和生态环境安全等重大利益，对于深海的经略将直接影响我国“海洋强国”战略目标的成败。

光学技术具有目标探测直观、分辨率高、蕴含信息丰富等显著优点，是认识海洋、开发利用海洋和保护海洋的重要手段和工具。早在二战结束初期，国际上海洋光学相关技术就已经进入快速发展阶段，特别是伴随着激光、光电探测以及计算机等技术的飞速发展，光学手段已经成为水下调查的前沿技术之一，以及水下探测作业的重要工具。以此为依托，世界各主要海洋大国开展了大规模的深海调查研究，成果丰硕。*Subsea Optics and Imaging* 一书由海洋光学领域知名学者英国阿伯丁大学约翰·沃森（John Watson）教授和德国奥登堡大学奥利弗·杰林斯基（Oliver Zielinski）教授编著，以海洋光学成像领域的资深专家学者长期研究为基础，以专题的形式编排，每一章阐述一个单独的研究方向，既互相联系又自成体系，内容翔实、结构新颖，具有重要的学习和参考价值，是当前国际上少有的海洋光学相关参考资料。

近年来，伴随着我国系列深潜装备的成功研制与运用，极大推进了“深海进入”“深海探测”“深海开发”等深海战略进程，同时也对深海探测感知和动态监测等关键技术提出了更迫切的需求，光学技术“下海”已成为必然趋势。山东大学光学工程学科的相关研究人员与国家深海基地管理中心丁忠军研究员一起，在认真研读及广泛调研的基础上，完成《水下光学与成像》的译著，该书涉及水下光学的基本理论、典型水下探测与成像系统的实现方法及实际应用，可作为高等院校光学工程、海洋环境科学与技术、测绘科学与技术、光电探测技术等专业本科生及研究生和从事光学工程、海洋环境科学与技术、测绘科学与技术等专业技术人员的参考书。该书对我国科研人员系统了解海洋光学的研究进展和发展方向、开展海洋光学方面的相关研究具有重要指导意义。

中国工程院院士　方家熊

2022年10月于上海

译 者 序

从太空中观察地球，占据着71%地表面积的广袤海洋呈现出一种深邃的蓝色，令人心驰神往。海洋既是地球生命的摇篮，也是人类社会未来可持续发展的宝藏库，自古以来便吸引着人们探索的目光。作为海洋科学的一个重要分支，海洋光学在不断研究和探索过程中发展起来，已成为保护海洋环境和开发海洋资源的重要手段。

近年来，我国提出深海战略和海洋强国建设目标，使得“深海进入”、“深海探测”和“深海开发”的进程进一步加快。国内众多高校更加重视海洋学院及涉海专业课程的建设，一批涉海高校也在筹备之中。目前，我国在全海深自治式潜水器(AUV)、遥控潜水器(ROV)、载人潜水器等深潜装备的研制方面取得了巨大的进展，标志着我国的深潜技术进入世界先进行列。海洋领域的蓬勃发展为海洋光学成像与探测技术带来重大机遇，也提出巨大挑战，亟须大批海洋光学方面的专门人才，也需要相关的参考书。

约翰·沃森(John Watson)和奥利弗·杰林斯基(Oliver Zielinski)编著的 *Subsea Optics and Imaging* 一书，从海水光学特性出发，结合光学成像基本原理，探讨海洋中相关的各种光学问题，较为全面地综述了海洋光学在水下成像方面所涉及的技术及其应用场景。特别是，该书收集和整理了一系列水下光学成像技术及相关仪器的实例，从原理、结构入手，对水下光学成像仪器的具体功能进行详细、系统地描述，囊括了很多关键技术问题，对于了解当前海洋光学成像技术发展和水下成像仪器的应用前景，具有非常重要的作用。经过广泛的调研，我们认为，这本书内容深浅适中，并且包含大量新的研究结果，有必要将其译成中文以方便国内读者参考。希望本书的出版能够为我国海洋光学领域，特别是水下光学成像与探测方向的研究人员提供一本合适的参考书，辅助他们在专业领域进行更深入的研究。

参与本书翻译工作的是山东大学信息科学与工程学院和光学高等研究中心部分海洋光学相关领域的中青年学者。全书由刘兆军、丁忠军(国家深海基地管理中心)、赵显主译，门少杰、李永富、杨忠明、范书振、徐演平、秦增光等参加了部分章节的翻译和校对工作，刘兆军对全书进行了统稿和修订。译者团队的硕士/博士研究生刘博涵、何家浩、王志心、王立乾、张然、刘建功、王泽群、申梦玲、鞠昊辰等也参与了部分初期翻译和校对工作。在此，衷心感谢译者团队每位成员在翻译与审校过程中的辛勤工作与努力付出。

本书的翻译是一项艰巨的任务，译者对此深有体会。特别是很多化学、藻类学名词及缩略语对于译者而言十分生疏，是否翻译以及如何进行翻译，译者进行了仔细斟酌。另外，我们希望尽量客观地转述原作者的思想，在不影响理解的情况下，尽量采用直译的方式，与原文保持一致。但译者水平有限，书中难免有疏漏和不妥之处，恳请读者特别是本领域的专家学者们批评指正。

本书的出版得到山东大学卓越计划军民融合创新团队项目的资助，对此予以特别感谢！

希望借本书的出版，为我国海洋光学与探测领域的发展贡献一份微薄之力，也向山东大学一百二十周年校庆献礼！

译　者

2021年9月于青岛

前　　言

从近海到深海大洋，从湖泊到河流，我们在了解、利用和保护水生环境的过程中面临着许多挑战。不断开发新的技术和仪器，能够使我们探测和监测全球海洋和湖泊的特性和行为，并有助于对其充分利用，使之成为未来能源、矿物和粮食可持续发展的来源。其中，用于视觉、成像和感知的光学方法、光学仪器和光电器件变得越来越重要，在我们理解和开发海洋的过程中起到的作用越来越明显。

虽然使用光学技术研究的“水下(subsea)”环境有着悠久而卓越的历史(可以追溯到古希腊和罗马时代)，但可以肯定是，正是1960年发明的激光，以及并行发展起来的电子探测器和高性能计算机，才使得光学手段成为水下调查的前沿技术之一。从那时起，光学科技得以迅猛发展。如今，光学和激光几乎影响了现代生活的各个方面，无论陆地、太空，抑或水下。

光学活动的蓬勃发展引发了新型传感器和新的解决方案不断涌现，包括全息成像、水下激光焊接、光纤传感、激光扫描、光谱探测、激光测距和三维成像等不同领域。成像技术已经成为水下探测作业的重要工具，为水生生物的调查评估提供了一个新的视角。高光谱传感技术提高了人们对光及其与生物地球化学成分相互作用的理解，有助于全世界应对气候变化和减轻危害。这些进展，在本书中都有所描述，它们均得到了半导体技术、纳米技术和其他技术快速发展的支持和推动，并有望在未来十年里转化为更为先进的光学仪器。

本书是该领域学生和工作者的入门参考书，同时也对最新趋势和技术进行了综述。本书由该领域的著名专家撰写，回顾了特定领域的进展情况，以便从基本的背景原理过渡到对具体技术的深入了解。请注意，这里的“水下(subsea)”一词通常用于水下技术、设备和方法的表述中，无论它们是在海洋中还是在淡水中。在本书中，我们将“水下光学”作为自然科学和工程科学的一个跨学科领域，侧重于在环境和工业目标的背景下利用水面以下的光。

本书分为三个部分。第一部分简要介绍了水下光学和成像的概念，并将其置于历史背景下。关于水下光学(第1章)和水下成像技术(第2章)的两个介绍性章节分别由奥利弗·杰林斯基(Oliver Zielinski)和约翰·沃森(John Watson)两位主编提供，第3章概述了海洋光学和水色研究的历史。

第二部分包括以生物地球化学和环境为主题的章节。首先概述了水下光场和光学特性的测量，以了解光在水中传播的性质(第4章)；接着概述了有色可溶性有机物(第5章)和海水营养物质的评估(第6章)；然后总结和讨论了水下生物发光的特性

(第7章)、有害藻华及其影响的评估(第 8 章)；最后概述了研究海洋环境中悬浮沉积物、湍流和混合物的光学技术(第 9 章)。

第三部分包括光学系统和成像主题的所有章节。基于摄影和录像的传统成像技术(第 10 章和第 11 章)以及基于数字全息成像(第 12 章)、激光线扫描(第 13 章)或距离选通成像(第 15 章)等先进成像技术，是我们研究海洋及其对环境影响的关键工具。它们可以为水生生物监测、海底地形图绘制、天然和人工结构物测量提供新的视角。在更广泛的应用背景下，联合声学或其他物理/电子学手段，光学传感器可以对环境进行高分辨率监测和快速评估。这些传感器可以集成到自主或远程控制的观测平台或全球观测网络中(第 19 章)。最近，通过观测平台组网，能够对来自数十个传感器的数据进行整合。数据采集与可视化、水下光通信乃至整个领域的进步，对我们的发展至关重要。从传统的二维成像到三维成像，水下成像和传感技术在其中扮演着至关重要的角色。拉曼光谱(第 16 章)和高光谱成像(第 20 章)等技术提高了我们对光及其与生物地球化学成分的相互作用的理解。激光多普勒测速(LDA)和粒子图像测速(PIV)(第 14 章)、光纤传感(第 17 章)和激光雷达(第 18 章)等新型光学技术在拓宽我们对海洋的理解方面起到重要作用。最后，以关于荧光方法学的一章(第 21 章)结束本节。

通过光学技术的应用来研究海洋环境和光的相互作用将获益良多，其中包括提高海底作业的效率，加深对海洋在全球碳循环中的作用的认识，高效测量海水中的颗粒和溶解物，以及更高分辨率地监测污染物排放和扩散。因此，水下光学可以为全球安全做出重要贡献，促进海洋资源的保护和可持续管理，并有助于满足海洋监测对气候变化反应的需要。我们希望本书能展示光学在水下环境监测和保护中的能力和重要性，并激励和促进水下光学、成像和视觉的研究和应用。

目　　录

第 1 章　水下光学简介

光与水及其组成成分的相互作用与海洋环境中的若干物理、生物和化学过程有着重要的联系。本章介绍的水下光学是自然科学和工程科学的一个跨学科领域，主要关注海洋表面下光的利用。本章将向读者介绍基本辐射量、光学特性和分类，并为本书提供所需的海洋光学术语框架。

1.1　水体中的光

太阳辐射是地球产生生命的前提。它为陆地和海洋提供能量，促使全球大气和洋流循环，促进光合作用，影响许多生物体的健康和行为。因此，自然水体及其成分也受到光照程度的强烈影响。对光相互作用的整体理解是理解和预测水生生态系统环境过程的关键要素(Dickey et al.，2011)。此外，与声一样，光也是探测水介质的主要方法之一(Sanford et al.，2011)。利用光与水成分的相互作用，通过光学传感器，可以评估光学特性的空间、时间以及光谱变换特性(Daly et al.，2004；Zielinski et al.，2009)。

虽然本书主要介绍海洋环境，并专门针对水下，但是水体光学特性的基本原理同样也适用于淡水系统，甚至适用于工业场所(如废水处理厂)。本章力求为读者提供本书所需的海洋光学术语的框架，介绍基本辐射量、光学特性和分类等。本书各章节针对水生光学学科的介绍较为简单，且更有针对性，更详细的内容可参考柯克(Kirk) (2011)、阿尔斯蒂(Arsti) (2003)、莫布里(Mobley) (1994)或杰洛夫(Jerlov) (1976)等书。

“水下(subsea)”一词通常用于水下技术、设备和方法的表述中。“水下”这一前缀在石油和天然气产业的水下油田设施中应用广泛。在本书中，所指的“水下光学”是自然科学和工程科学的一个跨学科领域，侧重于研究在环境和工业目标的背景下利用海面下的光。

1.2　海洋光学基础

假设一束单色准直细光束，波长为 λ，通常以纳米为单位($1\text{nm}=10^{-9}\text{m}$)。以波长为 488.0nm 的氩离子激光器为例，分析这束激光的物理性质。它由具备一定能量的光子组成，光子以光速(C_0)运动，对于给定的介质，C_0是恒定的。物质和能量的波粒二

本章作者 O. ZIELINSKI，University of Oldenburg，Germany。

象性告诉我们，要解释光子的传播和相互作用，需要同时考虑其粒子特性和波动性质。单光子的能量($W_{光子}$)与其频率(ν)有关，单位为 s^{-1}(Hz)，与波长(λ)成反比：

$$W_{光子}=h\nu=\frac{hC_0}{\lambda} \tag{1.1}$$

其中，普朗克常数 h=6.626×10^{-34}J·s。我们所指的光为水中传播的光，因此，实际上是在观察光子在非真空介质的运动。真空中，光速约为 2.998×10^8m/s；在介质中光速受介质折射率(n)的影响会降低，而折射率也会随温度、盐度和波长而变化。假设 $n_水\approx$ 1.345(适用于盐度 S=35‰，温度 T=10℃，λ=488.0nm)，水中光速 $C_水\approx$2.229×10^8m/s，由于光子的能量和频率保持不变，因此其波长会变短。然而由于物质相互作用是以能量为基础的，而且 C_0 和 λ 的变化是一致的，所以式(1.1)在真空中和在水中一样有效，本书中所涉及的所有 λ 都是针对真空条件的。因此，前面所说的氩离子激光的光子能量为 W_{488nm}=4.07×10^{-19}J，与介质无关。

随着时间的推移，大量光子向外辐射。可以使用辐射通量(辐射功率)对激光束这一特性进行描述。对于单色辐射通量，即指单位时间内通过某一界面的辐射能，其单位为 W(瓦特)；而与之对应的光谱辐射通量 $\Phi(\lambda)$，其单位则为 W·nm^{-1}，它是光谱度量学中的基本量。因此，对于某一波长 λ 下的给定的辐射通量 Φ_λ，与单位时间内通过的量子数之间存在如下关系：

$$\frac{量子数}{s}=\frac{\Phi_\lambda}{hC_0}\approx 5.03\Phi_\lambda\times 10^{24} \tag{1.2}$$

对于波长为 488.0nm 的氩离子激光，1W 辐射通量包含 2.455×10^{18} 光子/s，而对于 632.8nm 的激光(氦氖激光的典型波长)，相同辐射通量包含 3.183×10^{18} 光子/s，原因是单个红光光子(λ=632.8nm)的能量比蓝光光子(λ=488.0nm)的能量低 23%。在技术应用中，通常将辐射功率视为系统性能的关键因素，而一些生物光学过程(如光合作用)一般是由可用波长的光子数驱动的，通常用摩尔光子·s^{-1}·m^{-2} 或 einst·s^{-1}·m^{-2} 表示，其中一个 einst 是一摩尔(6.023×10^{23})光子。

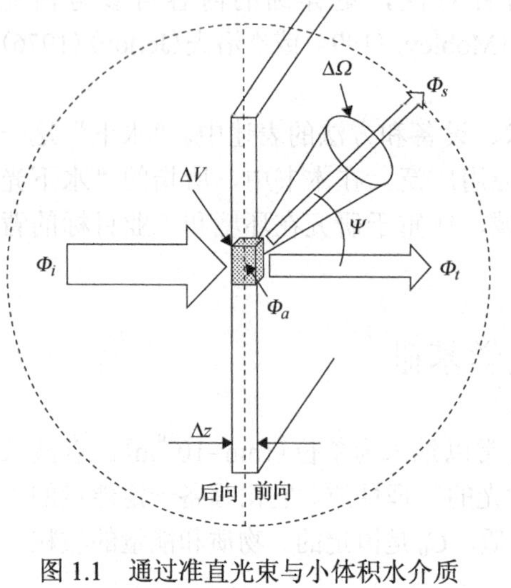

图 1.1　通过准直光束与小体积水介质的相互作用来定义固有光学特性

光在介质中的传播主要受到吸收和弹性散射的影响，而其他影响因素包括：非弹性散射，以及荧光和磷光过程产生的光子发射，这一部分将在后面讨论。

现在，假设前述激光束入射到一薄层水介质(厚度为 Δz)中，光子和介质相互作用的水体体积为 ΔV(图 1.1)，在这个体积范围之外没有相互作用。忽略水体表面的反射和折射，假设介质在体积 ΔV 内是均匀的，没有内部能量源或能量转移(波长转换)发生，也不考虑极化的影响。

通过设计合适的光电探测器，测量球坐标(天顶角 θ 和方位角 φ)下光谱辐射功率 $\Phi(\lambda)$ 的分布。实际上，这种测量光谱辐射功率的仪器，通过探测一定立体角(ω)内投射在探测器区域(A)上的光子，获得非偏振光谱辐亮度(符号为 L，单位为 $\mathrm{W \cdot m^{-2} \cdot nm^{-1} \cdot sr^{-1}}$)，定义为

$$L(\theta,\varphi,\lambda)=\frac{\mathrm{d}^2\Phi(\lambda)}{\mathrm{d}\omega\mathrm{d}A} \tag{1.3}$$

从中可以导出所有其他辐射量(Mobley，1994)。

在实验中，只有一小部分的光通过体积为 ΔV 的介质后传播方向没有发生改变，这部分的光谱辐射功率定义为 $\Phi_t(\lambda)$。另一部分将向不同的方向(角 Ψ)散射，其光谱辐射功率定义为 $\Phi_s(\Psi,\lambda)$。将向各个方向散射的光谱辐射功率相加，得到 $\Phi_s(\lambda)$。剩余的入射能量 $\Phi_a(\lambda)$ 将在体积内吸收。在上述前提下，根据能量守恒：

$$\Phi_i(\lambda)=\Phi_a(\lambda)+\Phi_s(\lambda)+\Phi_t(\lambda) \tag{1.4}$$

如果 Δz 趋向于无穷小，则有以下公式成立。

(1) 吸收系数 $a(\lambda)$：

$$a(\lambda)=\lim_{\Delta z\to 0}\frac{\Phi_a(\lambda)}{\Phi_i(\lambda)\cdot\Delta z} \tag{1.5}$$

(2) 体散射函数 $\beta(\Psi,\lambda)$：

$$\beta(\Psi,\lambda)=\lim_{\Delta z\to 0}\lim_{\Delta\Omega\to 0}\frac{\Phi_s(\Psi,\lambda)}{\Phi(\lambda)\cdot\Delta z\cdot\Delta\Omega} \tag{1.6}$$

(3) 散射系数 $b(\lambda)$：

$$b(\lambda)=2\pi\int_0^{\pi}\beta(\Psi,\lambda)\sin\Psi\,\mathrm{d}\Psi \tag{1.7}$$

(4) 光束衰减系数 $c(\lambda)$：

$$c(\lambda)=a(\lambda)+b(\lambda) \tag{1.8}$$

除 $\beta(\Psi,\lambda)$，以上均以 $\mathrm{m^{-1}}$ 为单位，$\beta(\Psi,\lambda)$ 以 $\mathrm{m^{-1} \cdot sr^{-1}}$ 为单位。由于在遥感等领域中，散射通常是单独考虑的，所以散射系数可分为：

$$b(\lambda)=b_f(\lambda)+b_b(\lambda) \tag{1.9}$$

其中，$b_f(\lambda)$ 为前向散射系数：

$$b_f(\lambda)=2\pi\int_0^{\pi/2}\beta(\Psi,\lambda)\sin\Psi\,\mathrm{d}\Psi \tag{1.10}$$

$b_b(\lambda)$ 为后向散射系数：

$$b_b(\lambda) = 2\pi\int_{\pi/2}^{\pi}\beta(\Psi,\lambda)\sin\Psi\,\mathrm{d}\Psi \tag{1.11}$$

这些大尺度或大体积参数是天然水体固有光学性质(Inherent Optical Properties，IOP)的一部分，它们仅与介质有关，与介质中的环境光场无关。相反，表观光学特性(Apparent Optical Properties，AOP)取决于介质和环境光场的方向(几何)结构，具备足够的规则特征和稳定性，它可以作为水体的有用描述。其中包括漫射衰减系数和各种反射系数(Preisendorfer，1976；Mobley，1994)。测量 AOP 的传感器采用太阳作为光源，通常为被动式；IOP 传感器通常需要采用主动光源。本书第 4 章将介绍高光谱水下光场参数及其基于光谱辐亮度的测量(式(1.3))。表 1.1 提供了有关水下光学的常用符号单位。

表 1.1　水下光学中常用的符号和单位

符号	说明	单位
a	吸收系数	m^{-1}
b	散射系数	m^{-1}
b_b	后向散射系数	m^{-1}
b_f	前向散射系数	m^{-1}
c	光束衰减系数	m^{-1}
a_x, b_x, c_x	光学系数，其中 x 被特定的海水成分代替，如 NAP(Non-Algal Particles，非藻类颗粒)、CDOM(Coloured Dissolved Organic Matter，有色可溶性有机物，曾称为 Gelbstoff)、ph(浮游植物)和 w(水)	m^{-1}
a_x^*, b_x^*	组分光学系数	$m^2 \cdot mg^{-1}$
Chl_a	叶绿素 a 浓度	$mg \cdot m^{-3}$
E_d	下行平面辐照度	$W \cdot m^{-2}$
E_o	总标量辐照度	$W \cdot m^{-2}$
E_u	上行平面辐照度	$W \cdot m^{-2}$
D	粒径	μm
F	荧光强度	$W \cdot sr^{-1}$
K_d	下行辐照度的漫射衰减系数	m^{-1}
K_o	标量辐照度的漫射衰减系数	m^{-1}
K_u	上行辐照度的漫射衰减系数	m^{-1}
L	辐亮度	$W \cdot m^{-2} \cdot nm^{-1} \cdot sr^{-1}$
n	折射率	
N	指定组件的数目	
Q_b	散射效率	
R	辐照度比	
R_L	辐射反射率	sr^{-1}
R_{rs}	略高于地表的遥感反射率	sr^{-1}

续表

符号	说明	单位
S	CDOM 吸收系数的光谱斜率	nm^{-1}
V	体积	m^3 或 L
W	能量	J
z	层厚或深度	m
β	体散射函数	$m^{-1}\cdot sr^{-1}$
λ	自由空间中的光波长	nm
$\bar{\mu}$	辐照度平均余弦	
ν	光频率	s^{-1} 或 Hz
ρ	密度	$kg\cdot m^{-3}$
Φ	辐射功率	W
$\Phi(\lambda)$	光谱辐射功率	$W\cdot nm^{-1}$

1.3　天然水体的光学性质

测量非偏振准直光束沿指定路径衰减的传感器通常称为透射计或光束衰减计(或“c-meters”)，包括单波长、多波长和高光谱光束衰减计，其典型路径长度为5～25cm(见 Moore 等(2009)，光学传感器制造商概述)。图 1.2 为 10cm 路径长度的高光谱光束衰减计，采用 256 通道硅光电二极管阵列作为探测器，在 360～750nm 的波长范围内测量。

对于均匀介质，光路长度 z 的透射光谱辐射功率 $\Phi_t(\lambda)$ 用指数衰减表示：

$$\Phi_t(\lambda)=\Phi_i(\lambda)e^{-c(\lambda)z} \tag{1.12}$$

其中，$\Phi_i(\lambda)$ 为入射光谱辐射功率。$c(\lambda)$ 可表示为：

$$c(\lambda)=-\frac{1\ln\Phi_t(\lambda)}{z\ln\Phi_i(\lambda)}=\frac{1}{z}\ln\frac{\Phi_i(\lambda)}{\Phi_t(\lambda)} \tag{1.13}$$

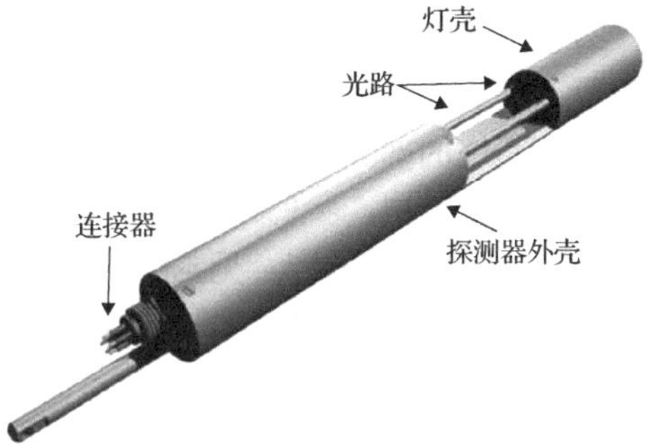

图 1.2　高光谱光束衰减计(VIPER-VIS 光度计)
路径长度为 10cm，波长范围为 360～750nm，由德国 TriOS 提供

衰减系数 $c(\lambda)$ 是水本身的衰减 c_w 与采样体积中的微粒和溶解成分(也称为光学活性物质或旋光物质)衰减的叠加。天然水中的主要成分包括：非藻类颗粒(NAP)、有色可溶性有机物(CDOM，曾称为 Gelbstoff，见第 5 章)和浮游植物(下标 ph，通常用叶绿素 a 的浓度来表征)。图 1.3 给出了三种未经过滤的不同类型水样品的衰减光谱。注意，光谱中已经扣除水本身的衰减 c_w(使用纯净水作为参考样品)。

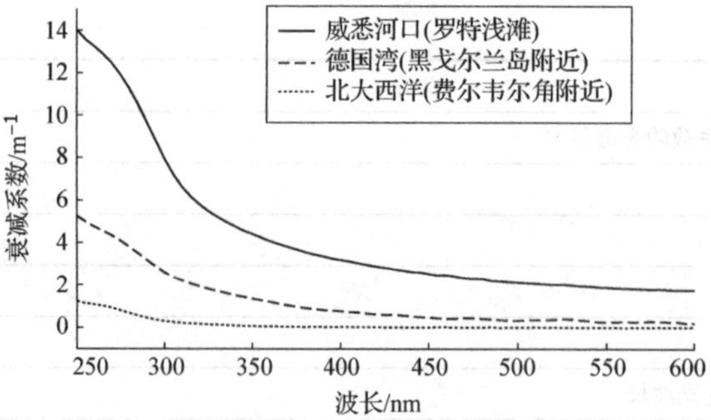

图 1.3　威悉河口、德国湾和北大西洋未过滤水样的典型衰减谱

当然，衰减测量绝不限于这些成分，对于技术和环境研究来说，其他光学活性物质可能会令人感兴趣，例如，溶解的油或染料，可用于追踪水团或泄漏。一般来说，只要给出足够的信号强度，并排除其他物质的不确定性，就可以通过光谱分解来识别每一种具有特征吸收和散射特性的物质。由于 $c = a+b$，叠加也适用于吸收和散射：

$$c = c_w + c_{\mathrm{NAP}} + c_{\mathrm{CDOM}} + c_{\mathrm{ph}} + c_{\mathrm{other}} \tag{1.14}$$

$$a = a_w + a_{\mathrm{NAP}} + a_{\mathrm{CDOM}} + a_{\mathrm{ph}} + a_{\mathrm{other}} \tag{1.15}$$

$$b = b_w + b_{\mathrm{NAP}} + b_{\mathrm{ph}} + b_{\mathrm{other}} \tag{1.16}$$

有色可溶性有机物定义的是吸收特性，因此 $b_{\mathrm{CDOM}} = 0$。这些光学特性的测量和建模很复杂，一些出版物和教科书将其作为主要内容，重复介绍这些内容超出了本章的范围，但其中的部分内容将在本书的其他章节中进行讨论。

在第 1.2 节中，我们仅考虑了吸收和弹性散射。而根据分子物理学，无论是非弹性散射(如水下拉曼效应，见本书第 16 章)，还是光致发光光谱，物质-能量相互作用的过程会导致光子以不同于最初吸收的波长重新发射。一般来说，发光意味着电离的原子和分子辐射出光子，这需要特定的激发能。由生物代谢引入的能量也会产生生物发光(详见本书第 7 章 Moline 等讨论的内容)，具体来说，这种代谢过程是一种化学反应，所以也可以称为化学发光。其他形式的发光还可以由机械、热或电等激发产生，与水下光学和仪器设计相关的是光激发，即光致发光，其本身可分为荧光和磷光。通过光致发光直接感知光谱“指纹”是一种非常敏感的方法，甚至可以评估我们在自然界观察到的复杂大分子。

与前述吸收光谱法相比，从光致发光中可以得到多个参数，包括：量子产率(发射光子与入射光子的比值)、偏振度和荧光衰减寿命等。此外，从一系列不同的激发波长中提取发光光谱可以得到三维信息，这种方法称为激发-发射矩阵光谱(Excitation-Emission-Matrix-Spectroscopy，EEMS)法。可以用分子的不同激发态来对荧光和磷光进行简单的区分。激发到较高电子态(S_x)的分子迅速弛豫(约 10^{-14}s)，回到最低激发单重态(S_1)，此过程不伴随光子发射。荧光现象意味着从 S_1 弛豫到 S_0 的过程中，一个光子被发射出来，这个过程也相当快，通常为 10^{-9}s，并且呈现出多指数衰减(Clark et al.，2002)。

图 1.4 显示了当激发波长为 360nm 时三种海水样品的荧光光谱，此外，受激分子弛豫还可通过其他途径的能量释放进行，如化学反应或不同形式的能量转移。系间跨越就是后者之一，即从激发单重态向三重态(T_1)变化。光致发光跃迁($T_1 \rightarrow S_0$)的概率是单重态弛豫的 1000 倍，从而导致更长的发光时间和更低的量子通量。对于海底环境，荧光传感器是非常重要的，分子物理中有许多特定的规则和关联性可用于解释测量数据，这不在本章的讨论范围，感兴趣的读者可以参考更多专业物理教科书(Saleh and Teich，2007；DiMarzio，2012)。根据本书介绍，荧光光谱可以作为有色可溶性有机物(第 5 章)或藻类(第 8 章)的测量方法。

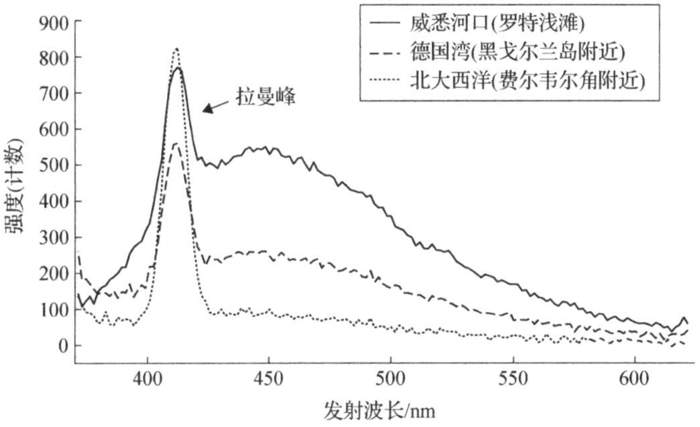

图 1.4　图 1.3 中三种水样的荧光光谱

激发波长为 360nm，注意水分子在 410nm 左右的非弹性散射的拉曼峰

1.4　水体的光学分类

由于人类与自然水体的相互作用，以及人们在环境管理标准制定方面的努力，产生了许多光学分类。这些分类工具和程序的出现有助于人们在更大范围内进行监测，其中一些在维尔南德(Wernand)的历史评论中做了介绍(第 3 章)。

最简单的光学分类之一是 Morel 和 Prieur(1977)发展的一类、二类水体对比法，它不是一种分类方法，只是遥感算法中针对两种不同情况的处理方法。对于一类水体，水体光学性质的变化主要由浮游植物的丰度决定。这并不意味着有色可溶性有机物和碎屑等的影响可以忽略不计，它们很可能与浮游植物的浓度直接相关。这种对未知成分的合理设置最初应用于广阔的海洋区域，是遥感技术取得重大成功的基础。二类水体可以用“其他一切”来描述(Mobley，1994)。除了浮游植物，不同浓度的碎石、细菌、有色可溶性有机物和各种无机粒子也会影响光学性质，这是一种最复杂的混合物，增加了对二类水体测量和建模的研究难度。尽管现在经常将一类水体用于海洋水域，将二类水体用于沿海至河口一带水域，但这并不是固定的。在一类水体中，浮游植物丰度的主导作用远高于其他光学活性物质。

Jerlov(1976)提出了一种基于近表面光谱水透明度的常用分类方案。通常采用漫射衰减系数 $K_d(\lambda)$ 代替透明度，这是由下行辐照度 $E_d(\lambda)$ 随深度 z 的指数衰减导出的表观光学特性(注意与衰减系数 $c(\lambda)$ 的对比)。

$$K_d(\lambda) = -\frac{\mathrm{d}(\ln E_d(\lambda))}{\mathrm{d}z} \tag{1.17}$$

由于 $K_d(\lambda)$ 对光照的变化相对不敏感，主要与固有光学特性的变化有关，因此它是自然水体光学分类的一个很好的代表。海洋水体通常有 5 种 Jerlov 水类型(分别命名为 I、IA、IB、II 和 III)，其相当于一类水体；沿海水体则有 9 种类型(分别命名为 1 到 9)，其相当于二类水体(详见 Austin 和 Petzold(1986)修订的关于 Jerlov 水类型及相关下行辐射漫射衰减系数的完整表格)。

回顾历史上发展起来的水色分类方法，福雷尔(François Alphonse Forel)(1890)和乌勒(Willi Ule)(1892)提出的色标法在湖沼学和海洋学中最为著名，根据他们所提供的长期观测记录，2010 年 Wernand 和范德沃尔德(van der Woerd)对全球水色变化迹象进行了分析(第 3 章)。福雷尔-乌勒(Forel-Ule)水色计由 21 种不同标准色的色级管组成，色级管中的溶液是通过 3 种基本化学溶液配置而成的。将这些色级管与观察到的水色进行比较并匹配最接近的颜色，即使考虑人类感官和实验条件等主观影响因素，也能提供清晰、可重复的观察结果。Wernand 和 van der Woerd(2010)提出了从高光谱反射测量与福雷尔-乌勒色标的转换方式，建立了现代传感器观测和历史记录之间的桥梁。在水、废水和化学工业中，也有利用水样与化学溶液的光透射率差异进行比较的其他色阶和标准，如 Hazen、Saybolt、Gardner 和 Rosin 色标(Hazen，1896；ASTM D1544，2010；ASTM D509，2011；ASTM D1209，2011；ASTM D156，2012)。

1.5　小　　结

海洋光学仪器的发展与光电工程学进展、传感器和光源的性能提升密切相关。例如，基于纳米压印光栅透镜制成的超紧凑型光谱仪，目前已能够实现较小的尺寸和较低廉的成本。这将提高高光谱传感器的可用性和部署数量，并使其成为业务观测系统的一部分。但从多光谱到高光谱的转变同时也带来了许多挑战，如更高的数据传输速率以及需要开发适当的模型等。另一个例子，随着具有深紫外发射特性的发光二极管(Light Emitting Diode，LED)的不断发展，用于有色可溶性有机物(第5章)和多环芳烃

(Polycyclic Aromatics Hydrocarbons，PAH)的荧光传感器将会从中受益，紫外衰减传感器也将受益，如针对低于240nm的硝酸盐吸收特性的传感器(第6章)。随着海洋光学的发展，人们所关注的光谱范围也向着深紫外和更大的范围扩展，关于海洋光学的建模和仿真亦将如此。

如今，智能手机、平板电脑等现代移动设备被广泛应用，这为增进人们对海洋的认识和理解、提升海洋观测能力提供了一个绝佳的机会。这些设备一般配有高分辨率摄像机和运动传感器，包含地理定位系统，并与全球网络相连。向公众提供用于监测任务的软件应用程序，如河流状况报告(Kim et al.，2011)或水色成像(Wernand et al.，2012；www.citclops.eu)，将加强公民的环境责任感，同时为科学家和决策者提供广泛的数据集。

船载光学传感器通常是一个更大型传感器系统的一部分，由几个传感器组成，最终形成各种平台。全球海洋观测站新方案(无论固定的还是移动的)，以及不断增加的海底作业，都要求传感器具有长期适用性、低维护性和高可靠性。因此，更小、更节能、更智能的传感器正在不断发展。在这方面，最具挑战性的问题之一仍然是防止生物污染，特别是在自然光可以促进光合作用的海洋表层。过去所实施的几个研究项目中，几乎所有传感器制造商都为其产品提供防生物污染选项。在有效解决方案出现之前，生物污染仍然被认为是光学传感器长期运行的一个主要限制因素。

现代过程自动化的兴盛，科学和经济等因素对进入深海环境的迫切需求，都将极大地推动传感器应用的发展。因此，海底作业将会越来越多地与海洋光学传感器、技术构成及其理论背景联系在一起。

1.6　更多资料来源和建议

从事海洋光学研究的科学家经常参考的是 Kirk 于 2011 年出版的 *Light and Photosynthesis in Aquatic Ecosystem* 的第一部分，现在已经是第三版了。更多的理论背景知识可从 Mobley(1994)的 *Light and Water* 的第一章中获得，该书最初以印刷版出售，在 2004 年开始以光盘版发行，并附有一些更正和补充说明，可方便地在互联网上找到。关于物理和技术方面的知识，建议参考 DiMarzio(2012)撰写的 *Optics for Engineers*。

对于全球性的学术会议，根据作者的个人经验，有四个系列可作为参加和投稿的起点。始于 1965 年的 Ocean Optics Conference 系列会议，一年举行两次(http://www.oceanopticsconference.org)。湖沼和海洋科学协会(Association for the Sciences of Limnology and Oceanography，ASLO)组织的 Aquatic Sciences Meeting 及 Ocean Science Meeting，这两个会议本身规模都很大，在关于水生环境的内容中有许多与光学相关的主题(http://www.ASLO.org)。IEEE/OES Oceans Conference 系列会议主要致力于海洋工程方面，并将光学作为一个不变的主题(http://www.oceansconference.org)。2009 年，

欧洲光学学会启动了一个两年一次的海洋光学和仪器专题研讨会，名为 Blue Photonics（http://www.myeos.org）。

最后，建议读者从海洋光学传感器制造商那里获取有关新产品和应用的相关信息。这些公司往往源自大学和研究机构，由于创新需求的驱动，他们经常参与项目的研发。2009 年 Moore 等在 *Optical Tools for Ocean Monitoring and Research* 的综述中，提供了一份制造商及其相关产品表，可在 www.ocean-sci.net/5/661/2009/上查阅。

参 考 文 献

Arsti H. 2003. Optical Properties and Remote Sensing of Multicomponental Water Bodies. Berlin: Springer.

ASTM D1209. 2011. Standard Test Method for Colour of Clear Liquids（Platinum-Cobalt scale）. ASTM International, USA.

ASTM D1544. 2010. Standard Test Method for Color of Transparent Liquids（Gardner Color scale）. ASTM International, USA.

ASTM D156. 2012. Standard Test Method for Saybolt Color of Petroleum Products（Saybolt Chronometer Method）. ASTM International, USA.

ASTM D509. 2011. Standard Test Methods of Sampling and Grading Rosin. ASTM International, USA.

Austin R W, Petzold T J. 1986. Spectral dependence of the diffuse attenuation coefficient of light in ocean waters. Opt. Eng., 25, 473-479.

Clark D C, Jimenez-Morais J, Jones II G, et al. 2002. A time-resolved fluorescence study of dissolved organic matter in a riverine to marine transition zone. Mar. Chem., 78（2-3）, 121-135.

Daly K L, Byrne R H, Dickson A G, et al. 2004. Chemical and biological sensors for time-series research: current status and new directions. Mar. Technol. Soc. J., 38（2）, 121-143.

Dickey T D, Kattawar G W, Voss K J. 2011. Shedding new light on light in the ocean. Phys. Today, 64（4）, 44-49.

DiMarzio C A. 2012. Optics for Engineers. Boca Raton, FL, CRC Press.

Forel F A. 1890. Une nouvelle forme de la gamme de couleur pour l´étude de l´ eau des lacs. Archives des Sciences Physiques et Naturelles, Société de Physique et d´ Histoire Naturelle de Genève, VI, 25.

Hazen A. 1896. The measurement of the colors of natural waters. J. Am. Chem. Soc., 18（3）, 264-275.

Jerlov N G. 1976. Marine Optics. Amsterdam, Elsevier.

Kim S, Robson C, Zimmerman T, et al. 2011. Creek watch: pairing usefulness and usability for successful citizen science. Proceedings of the SIGCHI Conference on Human Factors in Computing Systems, New York, ACM, 2125-2134.

Kirk J T O. 2011. Light and Photosynthesis in Aquatic Ecosystems, 3rd edition. Cambridge, Cambridge University Press.

Mobley C D. 1994. Light and Water. San Diego, Academic Press.

Moore C, Barnard A, Fietzek P, et al. 2009. Optical tools for ocean monitoring and research. Ocean Sci., 5(4), 661-684.

Morel A, Prieur L. 1977. Analysis of variations in ocean color. Limnol. Oceanogr., 22 (4), 709-722.

Preisendorfer R W. 1976. Hydrologic Optics. Honolulu, Hawaii, U. S. Department of Commerce National Oceanic and Atmospheric Administration Environmental Research Laboratories.

Saleh B E A, Teich M C. 2007. Fundamentals of Photonics, 2nd edition. New Jersey, John Wiley & Sons.

Sanford T B, Kelly K A, Farmer D M. 2011. Sensing the ocean. Phys. Today, 64 (2), 24.

Ule W. 1892. Die Bestimmung der Wasserfarbe in den Seen. Mittheilungen aus Justus Perthes' Geographischer Anstalt über wichtige neue Erforschungen auf dem Gesammtgebiete der Geographie von Dr. A. Petermann, Gotha, Justus Perthes.

Wernand M R, van der Woerd H J. 2010. Spectral analysis of the Forel-Ule ocean colour comparator scale. J. Eur. Opt. Soc., 10014s, 5.

Wernand M R, Ceccaroni L, Piera J, et al. 2012. Crowdsourcing technologies for the monitoring of the colour, transparency and fluorescence of the sea. Proceedings of Ocean Optics XXI, Glasgow.

Zielinski O, Busch J A, Cembella A D, et al. 2009. Detecting marine hazardous substances and organisms: sensors for pollutants, toxins, and pathogens. Ocean Sci., 5, 329-349.

第 2 章　水下成像与视觉简介

在世界水域包括海洋研究中，光学的应用有着悠久而卓越的历史。本章主要对光学技术在水下成像和传感方面的发展进行概述。介绍了水下成像的历史，简要讨论了目前正在应用的一些现代技术，并对未来发展进行了预测。

2.1　引　言

虽然光学在世界海洋和湖泊的特性研究中有着悠久的历史，甚至可以追溯到古希腊和罗马时代，但直到 1960 年，激光的发明以及电子探测器和高性能计算机技术的并行发展，才真正意义上奠定了光学的地位，使其成为水下成像、视觉和传感的基石之一。

在水生环境的认识和开发过程中，光学方法和相关仪器起着至关重要的作用。从近海到深海大洋，从湖泊到河流，我们在认识、利用和保护这些独特栖息地的过程中面临着许多挑战。不断开发新的技术和仪器，使我们能够探测和监测海洋的行为，并帮助我们经略海洋，使之成为未来矿物和食物可持续的来源。在这些技术中，光学和光子学技术在成像、视觉和传感中的应用变得越来越重要，本书中将对其相关应用领域进行介绍。

基于摄影和录像的传统成像技术（第 10 和第 11 章）以及基于数字全息成像（第 12 章）、激光线扫描（Laser Line Scanning，LLS）（第 13 章）或距离选通成像（第 15 章）等先进成像技术是我们研究海洋及其对环境影响的关键工具，它们可以为水生生物监测、海底地形图绘制、天然和人工结构物测量提供新的视角。在更广泛的应用背景下，联合声学或其他物理/电子学手段，光学传感器可以对环境进行高分辨率监测和快速评估。这些传感器可以集成到自主或远程控制的观测平台或全球观测网络中（第 19 章）。最近，通过观测平台的组网，我们能够对来自数十个传感器的数据进行整合。数据采集与可视化、水下光通信乃至整个领域的进步，对我们的发展来说至关重要。从传统的二维（2D）成像到三维（3D）成像；从海洋颜色等环境参数的感知（第 3 章）到海底地形图；从光学特性的研究到光在水中传播特性的认知（第 4 章）；从浮游生物和悬浮颗粒物的监测（第 9 章）到鱼类种群研究，水下成像和传感技术都发挥着重要作用。拉曼光谱（第 16 章）和高光谱传感（第 20 章）等技术提高了我们对光及其与生物地球化学成分相互作用的理解。激光多普勒测速（Laser Doppler Anemometry，LDA）和粒子图像测速（Particle Image Velocimetry，PIV）（第 14 章）、光纤传感（第 17 章）、激光雷达（第 18 章）和其他不断涌现的新兴技术（第 21 章）都证明了光学技术的重要性。

本章作者 J. WATSON，University of Aberdeen，Scotland。

其他得到青睐的技术还包括：结构光照明(Tetlow and Spours，1999；Narasimhan et al.，2005)、沉积物剖面成像(Rhoads and Cande，1971；Rhoads and Germano，1982)、偏振光照明和光化学传感器，如“光极”。其他技术虽然没有写在本章中，但其也有着重要的作用。所有这些先进技术实现应用的一个关键方面是，很多情况下需要与每一个传感器进行长距离的快速通信，虽然这部分内容不在本书讨论的范围内，但对于水下仪器，无论是光学的还是非光学的，都很重要。

当然，在水中记录“图像”的方法并非只能通过光和光学技术，还有许多技术在水下都有重要的应用，如超声波、声呐、多波束声学或 X 射线照相术等。读者可以查阅相关文献以了解这些技术。

本章将集中讨论目前正在应用中的光学成像和传感方法，并尝试对未来进行一些预测。

2.2　水下成像和视觉史节选

Wernand 在本书第 3 章中将带我们回溯古希腊和罗马时期，那是人类有史以来第一次尝试研究世界海洋，并开发潜水钟来进行海底勘探(公元前 4 世纪的亚里士多德)。公元 1300 年左右，波斯人使用护目镜潜水。第一个有记载的潜水服是在 1405 年，当时凯瑟(Konrad Keyser)描述了一件皮夹克和带两个玻璃窗的金属头盔。在接下来的四五个世纪里，潜水技术发展缓慢；直到 1825 年，詹姆斯(William James)才开始使用压缩空气。在此之后潜水服的设计几乎没有变化，直到 20 世纪 50 年代水肺或自持式水下呼吸器开始流行，并使水下科学家(水下游客)摆脱了系绳装置的束缚。从早期潜水钟和由深海潜水器发展而来的潜艇使我们有能力开展水下环境的研究。甚至连达·芬奇也曾针对如何在水下呼吸参与过潜水钟的设计。当然，这些早期先驱者所进行的任何光学观测都完全是以自然光为光源、由人眼进行的。最早的潜艇之一是 Ictineo I 号，其后续的 Ictineo II 号由西班牙的埃斯塔里奥尔(Monturiol Estarriol)在 19 世纪 50 年代末期开发，这些潜艇由人力驱动并留有观察孔。

尽管潜水技术有了一定的发展，但直到 19 世纪末，水下光学成像才成为海洋学家手中的有用工具。可能是 19 世纪 90 年代法国海洋动物学家布坦(Louis Boutan)完成了第一次水下成像，并设计自己的水下摄影工具(Vine，1975)。然而，关于布坦是否是第一个在水下拍照的人，人们还存在一些争议。1985 年，在与英国摄影杂志(*British Journal of Photography*)交换意见后，布朗(J F Brown)将这一荣誉授予了 1856 年拍摄了第一张水下照片的英国律师、业余博物学家汤普森(William Thompson)。Thompson 划船进入英国韦茅斯湾(Weymouth Bay)，将一个安装在长杆上的 5″×4″平板相机降到近 6m 的深度拍摄了上述照片。有趣的是，相机木质外壳泄漏，一些水渗入，但没有破坏图像。

Boutan 于 1893 年在法国地中海海岸开始他的摄影工作，拍摄了深度超过 50m 的照片。这项开创性的工作有助于确定水下摄影和照相机设计中面临的许多问题，如照相机的防水和耐压、合适的电源设计，以及照明和后向散射等。为了确保能够进行水下拍摄，他必须开发由电池供电的水下弧光灯和防水外壳(当时需要三个人才能抬起来！)，由于缺乏高速胶片和良好的光源(他的曝光时间可能长达 30min，需要他在水下停留 3h)，他的工作一度停滞不前。后来镁粉“闪光灯”照明光源的出现极大地加快了他的工作进程。Boutan 著名的自拍照是有史以来第一张公开发布的水下照片(图 2.1)，当然这一切都是他穿着全套潜水服和头盔进行的。

图 2.1　第一张水下照片(Boutan 的自拍照)

从这时开始，世界各地的海洋科学实验室开始采用光学技术作为其研究世界海洋和湖泊的主要手段之一。令人遗憾的是，达尔文(Darwin) 1831～1835 年的 Beagle 号环球旅行和 19 世纪 70 年代的 Challenger 号环球旅行早于这项技术，否则，达尔文关于海洋动植物的艺术表达方式肯定会被照片所取代。《海底两万里》中的尼摩(Nemo)船长和他的鹦鹉螺号潜水艇也很可能是深海第一批光学游客之一！

1926～1927 年，朗利(William Longley)和马丁(Charles Martin)在佛罗里达群岛(Florida Keys)附近拍摄了第一张水下彩色照片。与之前的 Boutan 以及之后的许多水下摄影师一样，他们必须开发自己的设备，以推动相关技术和由此产生的科学的进步。为了获得足够强的光来完成低敏感度胶片的曝光，Longley 和 Martin 最后用了好几公斤镁粉。最早的深海照片是 20 世纪 30 年代，由 Beebe 和他的同事(1934)在 900m 深处，从深海球形潜水器中拍摄的。接下来是尤因(Ewing)等(1946)开发的第一台遥控深海相机。

从 20 世纪 40 年代起，随着水下耐压封装频闪照明技术的发展，水下摄影开始崭露头角(Broad，1997)。因其出色的照片，同时作为潜水先驱之一，库斯托(Jacques Cousteau) (1953)与其合作者的工作才为我们所熟知。当然，水下摄影史上最重大的事件之一还是 1985 年，泰坦尼克号沉船的发现和拍摄，为此，海洋学家巴拉德(Robert Ballard)和摄影师克里斯托夫(Emory Kristof) (Ballard，2001)部署了一辆潜水搜索车和一辆装有静态摄像机的拖曳潜水器，他们一共拍摄了 2 万多帧。

1914 年，威廉森(John Ernst Williamson)通过 Photosphere 号潜水艇中的一个舷窗，从静态摄影开始，拍摄了有史以来第一部水下电影。第一部水下故事片由哈斯(Hans Hass)于 1940 年拍摄，并在世界各地的电影院公开放映。紧随其后的是更长的时间(84min 对 16min)的 *Men amongst Sharks*，拍摄于 1942 年。由奎里奇(Folco Quilici)执导、1954 年发行的 *The Sixth Continent* 被广泛认为是第一部全长、全彩的水下纪录片。根据库斯托(Jacques-Yves Cousteau)的同名出版物改编的 *The Silent World*，摄制于 1956 年，被认为是最早使用水下摄影技术以彩色方式显示海洋深处的电影之一。2012 年 3 月，电影制片人卡梅隆(James Cameron)成功地实现了自 1960 年沃尔什(Walsh)和皮卡德(Piccard)(Piccard and Dietz，1961)以来第一次潜至马里亚纳海沟底部(近 11000m 深)的载人潜水。在编写本章时，相关的照片和影片尚未公布。

如前所述，水下成像的许多进步都来自于摄影师自己的聪明才智和努力。在这些先驱者中，莫泽特(Bruce Mozert)在 20 世纪 30 年代开发了静态和视频摄像系统外壳以及水下闪光照明系统。1943 年，Hass 开发了流行的 Rolleimarin 相机；1961 年，Cousteau 设计了 Calypso 相机，最终命名为 Nikonos，并销售给潜水者和科学家，后来成为 20 世纪最著名的水下照相机。

与消费级摄影市场一样，在水下成像应用领域，数码摄影和摄像已经几乎完全取代了胶片式相机。从 20 世纪 60 年代左右开始，随着激光的发明，光学在海洋中的应用爆发出一次真正的高潮。电子、传感技术、信号处理和计算机技术的迅速发展，对水下成像起到了几年前人们认为不可能、甚至做梦也想不到的推动作用。本书编著过程中许多专家提供了当前应用的许多技术，这里将对其中的一部分进行介绍。

2.3　水下光学成像

从 Boutan 开始，水下摄影师都面临着同样的问题：相机尺寸、供电电源、场景照明以及水下能见度等。

在讨论水下光学技术之前，了解水的基本光学性质和光在海洋中传播的特性是必不可少的。现在，我们对水下成像的许多研究都可以追溯到邓特利(Seibert Q Duntley)在其著作 *Light in the Sea*(Duntley，1963)中的工作，这项工作为理解光的传播机制奠定了基础，我们今天仍在学习。光在水中的基本行为通常由其固有光学性质(IOP)来描述，读者可以参考 Zielinski 写的第 1 章、Cunningham 和 McKee 写的第 4 章的内容以及 Mobley(1994)、Jerlov(1976)和 Shifrin(1988)的书籍，以便深入理解。

在这里，更重要的是要认识到，海洋中光的性质取决于光在水中传播时的衰减。当光束在衰减介质中传播距离 z 时，辐照度的指数衰减特性由比尔-朗伯(Beer-Lambert)定律给出：

$$I_z = I_0 e^{-kz} \tag{2.1}$$

其中，k 是总衰减系数，为散射衰减系数 s 和吸收衰减系数 a 之和，即

$$k = s + a \tag{2.2}$$

散射分为两种情况：后向和前向。后向散射表现为图像中大量的噪声点(如在雾

或雪中行驶时看到的那样)，通常会影响图像的对比度和可见性；而前向散射则会导致照明光的扩散和图像细节的模糊。

在传播距离 $z=1/k$ 后，光的辐照度将下降到其入射值的 1/e。值 $1/k$ 通常被称为介质的“衰减长度”(Attenuation Length，AL)。对于衰减系数为 $0.5m^{-1}$ 的情况，AL 为 2m。实际应用中，一个“经验法则”是：水下能见度良好的条件对应于约 3 个 AL。因此，对于 AL 为 2m 的情况，可以实现最远约 6m 距离的目标检测。

水下光学成像的一个主要问题是水中微小颗粒和生物体的后向散射。在一个由光源和探测器组成的简单成像系统中，视场常常被后向散射光掩蔽，特别是当光源和探测器并排放置，且视场相同时，情况最糟糕。在这种情况下，往往只有在一个或两个 AL 内能良好成像。通过横向分离光源和探测器的方式，成像距离可提升至两个或三个 AL(这就是为什么汽车中的雾灯被放在车身的下部或上部，以增加眼睛和光源之间的距离)，这在许多成像系统中经常被采用。通过采用诸如“距离选通”或“同步扫描”之类的非传统方法，可以进一步将成像距离增加到大约五或六个 AL(Jaffe et al., 2001)。这类远距离成像系统将在本章及本书的其他章节中概述。

海水吸收也是光在水中传播和成像的一个问题。吸收和散射过程是同时进行的，随着波长向红外区扩展，散射效应会降低，而在可见光范围的蓝绿光区(400～500nm)，吸收将减少到最低(Apel，1987；Mobley，1994；Pope and Fry，1997)。许多光学仪器都是针对该光谱区设计的。多种因素共同导致了吸收效应，如有色可溶性有机物(CDOM 或 Gelbstoff)的吸收、浮游植物或有机碎屑的吸收等，不过总体上还是取决于水的类型和状态(更详细地讨论见第 5 章)。

传统的水下成像一般基于二维静态相机。场景会在光学传感器上形成倒立实像，根据相机透镜参数(光圈、焦距、质量等)以及透镜与场景之间的距离，所形成的图像会复制场景的辐照度分布，但只有像面与胶片重合时才能形成清晰图像(有关成像过程的详细说明，见第 10 章和第 11 章)。最初的水下照片使用自然光作为照明光源，但正是人工光源(如频闪灯和闪光灯等)的引入，才使得摄影成为水下生物学家、动物学家以及海洋学家的重要工具。后来，随着海上油气工业的发展，海底摄影和摄像成为油气资源勘探和开发的重要工具。从 20 世纪 60 年代开始，激光、大功率发光二极管(LED)等新型光源的出现，推动了水下成像的发展。传统二维摄影中的光学传感器是卤化银胶片，现在几乎完全被电子探测器取代，如电荷耦合器件(Charge Coupled Device，CCD)或互补金属氧化物半导体(Complementary Metal-Oxide Semiconductor，CMOS)传感器阵列。增强型摄像机或增强型 CCD 可有效降低对高功率光源的依赖，并能在非常低的光照条件下进行摄影。

水下摄影中时间维度的引入则得益于电影摄像机和后来的数码摄像机的应用。与数字静态摄影一样，胶片摄像机已经几乎完全被取代。实时视频摄像机也已经应用于遥控潜水器(Remotely Operated Vehicle，ROV)及自治式潜水器(Autonomous Underwater Vehicle，AUV)的操控。当然，我们现在已经进入了高清及后高清时代。

传统成像技术的一个重要进展是三维场景的引入。受三维电视和三维电影的驱动，三维系统在娱乐业正受到相当大的关注。在立体摄影中，两个(或多个)镜头以固定的距离(约为人双眼的平均距离)分开，以产生立体图像(立体图像对)。通过立体眼镜(镜片间距与立体图像对间距相同)观看时，将会形成三维图像，但只能从固定的观测点观看图像，所有的视差信息都会丢失(即无法环视周围的物体)。解决的办法包括：通过不同的彩色滤光片拍摄这两幅图像，然后双眼通过相同的两组滤光片观看；或采用现在三维电影常用的方式，通过偏振技术将不同的偏振图像分别呈现给双眼。到目前为止，商用三维电影通常采用彩色滤光片式、偏光式或快门式立体眼镜。现在的裸眼三维系统(不戴眼镜)容易引发眼睛疲劳和身体不适，目前仅限于专业应用。三维成像分辨率偏低的问题在一段时间内可能会继续存在，其水下应用可能最早出现在观测平台的实时成像和导航等方面。三维技术在海底测量系统中的应用目前还局限在立体摄影测量和全息摄影。

立体摄影测量，即采用立体摄影技术进行三维测量，能够获得高分辨率图像，但通常只限于在有限的景深(Depth-Of-Field，DOF)范围内，尤其是沿摄像机轴方向的测量精度有限。立体相机不需要激光，更便宜、体积更小。通过添加参考标尺进行校准，立体摄影测量可实现三维位置和物体尺寸的测量。现在这种技术已经成熟，但现阶段其数据分析过程还很烦琐。主要采用图像的表面纹理对不同相机的图像进行分类，但三维场景往往需要显示足够的纹理。有关立体摄影测量及其应用的一些有用的和最新的工作，可参考 Friedman 等(2010)、Shortis 等(2009)和 Swirski 等(2011)的研究。

近年来，全息摄影开始在海洋生物学研究中崭露头角：诺克斯(Knox)(1966)首先提出了全息摄影，特别是随着数字全息(Schnars and Jüptner，1994)逐渐取代胶片式全息摄影技术，全息摄影的影响力正逐步加大。用于海洋环境的全息记录方式可替代传统的三维记录方式，帮助生物学家记录海洋自然环境中的生物体和微粒(详见第 12 章)，现有的几种海底全息相机，包括经典的胶片式和数字式，已成功用于海洋系统研究。目前这些全息相机大多为采用同轴参考光束的同轴全息摄影。而自 20 世纪 90 年代以来，随着计算能力和电子探测器的发展，针对浮游生物的数字全息记录方式(Owen and Zozulya，2000)脱颖而出。数字全息相机比传统胶片相机体积更小、拍摄速度更快，几乎完全取代了传统相机。海底数字全息术(Digital Holography，DH，简称数字全息)也基本采用同轴全息结构，基于离轴结构的方案几乎没有进展。全息摄影已经发展成为一种对浮游生物和其他海洋生物进行成像的技术(Sun et al.，2007)。在海底沉积物输运过程中，同轴全息摄影在针对湍性剪切流对沙粒侵蚀形态研究方面也已经证明了其适用性(Black et al.，2001)。

2.4 视距扩展成像系统

前面已经提过，水下成像中最大的问题之一是后向散射光的影响。除了从空间上分离光源和探测器，人们还设计了许多系统以尽量减小后向散射的影响。它们可以简单地分为几类(如 Kocak 等(2008)和 Caimi 等(2008)中的分类方式)，包括：空间分辨、时间分辨、基于调制/解调的散射光抑制、结构光照明、偏振成像以及多视角图像构建等。这里将对一到两个比较常见的系统进行简要介绍。

基于激光线扫描(LLS)的系统是利用空间分辨来减少后向散射影响的一个重要例子。这种系统需要采用圆形或线形的激光带对特定区域进行扫描(Anderson，1987；Caimi et al.，1998；Coles et al.，1998；Moore et al.，2000；Carey et al.，2003)。一般需要窄视场的接收器与连续波激光对场景进行同步扫描，但最近的工作中，开始使用脉冲激光(Caimi et al.，2007；Dalgleish et al.，2007)。准直激光束安装在 ROV 或拖曳系统上，以垂直于其行进方向对海床进行扫描，主要用于绘制海床，或对大型物体或鱼类成像。在海底测绘方面，LLS 在沉积物和生物群落成像(Tracey et al.，1998)以及管线等水下结构物成像(Hellemn et al.，1994)中也得到了应用。三色式 LLS 还被用于珊瑚的荧光特征成像(Strand et al.，1997；Mazel et al.，2003)。关于 LLS 技术的详细介绍，见本书第 13 章和 Jaffe(2005)的研究。

减少后向散射影响的时间分辨方法通常涉及距离选通，其基本原理是：水中粒子的后向散射光到达探测器(放置在光源旁边)的时间，比从目标场景反射的光到达探测器的时间短。一个短脉冲光(通常是脉冲激光)所产生的“光切片”照亮目标物体，当光脉冲到达目标并返回探测器时，相应的相机才被打开，而后向散射光在快门打开之前到达，因此不会被探测到。这往往需要高速门控和增强型成像探测器。目前，大多数系统使用脉冲重复频率达 100Hz 的绿光激光器(如倍频 Nd-YAG)(Caimi et al.，1998；Jaffe et al.，2001；Bailey et al.，2003)。在高采样率条件下，可以利用短时间切片进行三维图像的重建(Busck，2005)。近年来，几种距离选通系统已经获得验证，但似乎尚未过渡至常规应用系统。一种水下激光相机像增强器(Laser Underwater Camera Imaging Enhancer，LUCIE)系统(Fournier et al.，1993)曾在海底现场获得应用，采用 2kHz 高重频脉冲激光器，并对获取的图像进行平均。该系统已被部署到 ROV 上，并在超过五个衰减长度的距离处实现对螺旋桨叶片的成像。

对于结构光照明(也称图案或条纹投影)，需要将已知的图案或条纹投射至目标物体或在目标物体上扫描。图案可以是一维条纹或二维斑点网格，也可以是一系列规则间隔的平行线(Tetlow and Spours，1999；Narasimhan et al.，2005)。目标物体的表面会使图案的轮廓变形，从而显示表面的结构。对于一维条纹的情况，一条清晰的线条扫过视场，每次收集一条条纹的距离信息。在距离图案投影仪稍有偏移的位置放一台相机，观察线条的形状，并采用三角剖分算法对线条上每个点的距离进行计算。如果使用二维图案，则无须扫描光束。

对图像进行切片的系统已被证实有利于生物采样(Palowitch and Jaffe，1993；Jaffe et al.，1998)，使用选通脉冲光照明也有助于发挥优势(Benfield et al.，2001)。用于陆基工业应用的商业成像系统是可行的。通过引入距离补偿可以增强结构光照明的应用效果，以在宽视野照明下提供更好的对比度(Narasimhan et al.，2005)。另一种结构光照明常用的方法是将其与合成孔径照明相结合。多数结构光照明的方法都是基于单向照明，而 Levoy 等发展了一种新的方法，即采用一系列光源，每个光源从不同的位置和方向照亮场景。通过使用不同照明光源组合以及产生不同照明图案的方式获取多帧图像，图像所包含的后向散射类似于泛光照明下的效果，在对数据进行后处理时，根据帧集估计后向散射场，然后对后向散射分量进行补偿，以提高图像质量。基于结构光照明的三维扫描成像仪的优点是速度快，其工作过程中不是一次扫描一个点，而是一次扫描多个点或整个视野。这样可以减少或消除运动失真的问题。一些现有的系统还能够对运动目标实时扫描成像。

利用偏振光成像也是一些研究课题，例如，Treibitz 和 Schechner(2006)在图像采集和数字后处理过程中使用过偏振光。宽场偏振光照亮场景，同时通过附加的偏振片进行观察。在相互正交的线偏振态下，采集两帧宽场图像。两个偏振态中均存在后向散射，将会存储在两帧图像中，但所含的量不同，这样就可实现后向散射量的调制。以两个原始帧为输入，采用数学方法提取后向散射场，然后就可以估算无后向散射的背景。

2.5　浮游生物成像和剖面系统

自从水下成像成为一种主要的探查工具以来，开展了大量针对浮游生物和其他海洋生物的成像和计数方法的研究。针对浮游生物，已开发出多种系统，其中一些具有更广泛的应用前景。

一种以浮游生物研究闻名于世的技术是浮游生物录像机(Davis et al.，1992，2005)及其改型装置。本质上，它还是二维成像系统，只不过使用的是透射光而不是反射光，一般用作拖曳式水下光学显微镜。照明光束通过目标场景成像，场景必须相对透明。指向光源的摄像机针对图像的特定平面聚焦。通过使用频闪照明，可以在 0.1mm～1cm 的尺寸范围内，以高分辨率获得多达 60 帧/s 图像，不过还无法进行物种识别。最新的改型装置采用 3 轴记录方式，可获得水体的垂直剖面信息。通过部署一系列 CCD 摄像机，同时以不同的倍率对不同的水体成像。Gorsky 等(1992)开发了一种视频剖面系统，用于测量悬浮物的垂直分布。

用于视频记录的改型装置还有几种，包括三维浮游动物观察站(Strickler and Hwang，2000)，结合条纹摄像机和多个摄像头，获得 1L 水体内浮游动物的正交投影；而 ZooVis 装置(Benfield et al.，2001)采用了频闪白光片，对 12cm×3cm 的视野以 50μm 的分辨率成像。另一种新颖的系统则记录了被照明水体的散射光或荧光：通过入射到水体内的光和高分辨率光学部件，可以测量浮游植物的位置和丰度(Palowitch and Jaffe，1993；Jaffe et al.，1998；Franks and Jaffe，2008)。

光学浮游生物计数器(Optical Plankton Counter，OPC)及其替代品——激光光学浮游生物计数器(Laser Optical Plankton Counter，LOPC)并不是严格意义上的成像系统，更准确地讲，它们可归类为传感系统。光束透过目标水体到达电子探测器阵列，光学浮游生物计数器(Herman，1988)测量通过光束的每个粒子的横截面积，但其测量能力存在固有的局限性。最主要的限制是：当两个或多个粒子同时出现在光束中时，多个粒子被算作一个，其截面大小则为这些粒子的横截面积之和。在 OPC 的情况下，当浮游生物密度约为 $10000m^{-3}$ 时，重合成为一个问题。粒子遮挡的面积和形状是相对于二极管阵列探测器的尺寸来测量的。尺寸在 250μm～25mm 范围内的粒子可以被计数。LOPC(Herman et al.，2004)旨在解决传统 OPC 的局限性，还可以通过测量大于 1.5mm 的浮游生物的形状轮廓，提供进一步的浮游动物识别能力。在 LOPC 中，激光二极管与柱透镜耦合产生 1mm×35mm 尺寸的光带，并通过一个棱镜使光束折返通过水体，实现双倍的光程：在标准取样通道中，光束所占的最大截面积为 70mm×70mm，由一个 35 元的二极管阵列探测器进行数据记录。在 100μm 分辨率下，只有在浓度达到 10^6m^{-3} 时才会出现遮挡问题。LOPC 通常会将尺寸测量分为两个范围：100～1500μm 的单元素检测和 1500～35000μm 的形状轮廓检测。

近期开发了一种基于照明的系统，称为一次成像关键物种调查系统(Schulz et al.，2009，2010)。该照明系统将高亮度的光片投影到水中，或利用透明边框限制照明范围。短距离内高放大倍率会导致景深变短。采用高 f 数(小光圈)来增大景深，但会造成曝光量的减少。若要对扫描的每帧水体进行量化，则需要获取所观测水体的宽度、高度和深度。前两个值由光传感器的尺寸给出，系统主轴则被狭窄的景深中的光照限制。此区域内的粒子将被照亮，但只有直接照明的物体对相机可见；那些超出聚焦范围的物体对相机几乎是不可见的。一次成像关键物种调查系统采用大功率的脉冲 LED 光源，通过设计各种配置，涵盖从低密度到高密度物体的探测，以满足科考船拖曳平台、系泊平台以及实验室内的测量需求。

沉积物剖面分析成像(Sediment Profile Imagery，SPI)是拍摄海床和水层之间界面的技术(Rhoads and Cande，1971；Rhoads and Germano，1982)。该技术主要针对最初几厘米范围的沉积层，用于测量或估计所产生的生物、化学和物理过程。延时剖面分析成像用于监测自然循环中的生物活动，如潮汐和日光。有关剖面分析成像的概述，见 Solan 等(2003)的研究。

2.6 混合系统

成像和计算的结合推动了分类和自动特征提取系统的发展(Lebart et al.，2002)、参考图像的显示以及拼接，从而实现单个图像(或帧)的无缝排列，并将其投影到同一个面上(Singh et al.，1998)。图像拼接技术可以查看更大的区域，并且对单个图像未涵盖的图案的分布特征进行辅助估计。从不同位置收集的场景图像通常用于尺寸和深度测量、照片拼接和三维重建。可以通过采用单个成像系统对所需区域进行高分辨率光学扫描，或者使用多个成像系统在短时间内执行扫描来实现。当采用多系统技术时，照明与图像形成过程分离，由于后向散射分量的减小，可以在更远的距离处获取图像。

在通信系统中，利用信号的调制和解调来提高检测极限是广泛应用的方式。但对于光学频段，由于光波在水中的高色散效应，其优点受到限制。为了提高信噪比，需要对调制波形进行编码。早期的相干探测系统使用连续波激光发射调幅（Amplitude Modulated，AM）光束，光电倍增管会收集目标光子和后向散射光子。调幅信号的解调会部分抑制后向散射光子。成像距离主要受散粒噪声限制（Mullen et al.，2004，2007）。

声呐和立体图像相结合的方法正在研究中，以用于场景的多视图三维场景重建（Negahdaripour，2005，2007）。其目的是在能见度低的条件下，利用声呐增强重建效果，因为在这种情况下，视觉的信息量会减少。

2.7 小　　结

正如每一位科学家和工程师所熟知的，推测和预测是危险的，但是没有推测就没有积累，这在科学和工程领域和金融领域同样适用。所以让我们推测一下。

未来，水下成像领域的发展将受益于技术的进步与革新。在预测水下成像技术的未来发展时，有几个领域尤其引人注目。紧凑的大功率光源、数据压缩和管理、能量存储和图像空间的真实再现，将是取得重大进展的领域。

例如，激光和 LED 光源的价格、功率、物理尺寸和效率多年来都有了显著提高。激光曾经是一种特殊的、昂贵的光源，现在已经司空见惯。在整个可见光到近红外（Near Infra-Red，NIR）波段的宽波长范围内，从几十微焦到几百焦耳的脉冲激光能量是很容易获得的。数十瓦及以上的连续波激光可以被封装到很小的空间。激光技术的新发展，已经实现了高稳定性、高重复率（>500kHz）和高平均功率（>2W）的短脉冲蓝绿激光。新的激光器，如光子晶体激光器和量子级联激光器，带来了高效率的紧凑系统，且可在窄带宽上实现波长的可调谐。

过去几年中，无论是二极管阵列还是单管，白光和单波长 LED 在可用光谱带宽、效率和功率等方面，都取得了迅速的发展。白光 LED 保证 150lm/W 以上的效率，并且可以由低电压源供电，而无须昂贵、笨重的镇流器。这使得它们特别适用于电池驱动的潜水灯，并可用于小型水下机器人或其他潜水器。随着技术的进步，更高的功率单元将成为可能，并最终取代目前数百瓦或更高额定功率的灯。

开发具有极高速度、高动态范围和对调制波形有准确响应的探测器也非常重要。电子传感器阵列的总体尺寸正在增加；35mm 的传感器很容易获得，且像素尺寸正在减小，甚至可以达到 2μm。

数据管理包括存储、编目、搜索、检索、解释、共享、编辑复用、分发、归档和减少数据生成。数据操作与数据管理并行进行。对单个和多个传感器生成的大量数据进行管理是一项重大挑战，这个问题短时间内不易解决。同时，内存交换、处理和渲染速度慢等问题，会导致常规显示器无法同时显示所有数据，因此查看和处理大量数据对计算机和用户来说通常都很麻烦（常常会导致用户资源紧张）。具有高性能视频图形和编辑功能的专业计算机，以及大型和多个宽屏显示器，正变得越来越容易获得。尽管需要为定制数据开发专门的系统，但已经有商用的高清视频及其相关数据的富媒体管理和数字资产管理软件。这些专门的软件可以动态地从任何来源捕获、编码和索引视频和音频内容。我们还希望看到更多的基于硬件的解决方案，如现场可编程门阵列(Field Programmable Gate Array，FPGA)，以加快数据处理速度。

2.8 更多资料来源和建议

为了更广泛地了解水下光学和相关技术的历史，读者可以参考本书中第 3 章，以及 Vine(1975)、Jaffe 等(2001)、Kocak 等(2008)和 Caimi 等(2008)的研究。本书的其他章节也提供了相关技术的详细内容。当然，Duntley(1963)的经典著作 *Light in the Sea* 是必读的。水下成像技术方面的其他书籍还包括 Mertens(1970) 的 *In Water Photography*。对于水下摄影、摄像和海底潜水、海底技术和勘探的一般历史，维基百科等在线百科全书中的文章通常是很好的起点。通常这些文章是未经证实的，但可以提供一个良好的概述。

参考文献

Anderson J M. 1987. High-resolution laser line-scan imaging. Laser Focus-Electro-Opt., 23 (10): 160.

Apel J R. 1987. Principles of Ocean Optics. International Geophysical Series Vol 38 (Academic Press).

Bailey B C, Blatt J H, Caimi F M. 2003. Radiative transfer modelling and analysis of spatially variant and coherent illumination for undersea object detection. J Oceanic Eng., 3: 1259-1263.

Ballard R D. 2001. Adventures in Ocean Exploration (National Geographic).

Beebe W, Tee-Van J, Hollister G, et al. 1934. Half Mile Down (Harcourt).

Benfield M C, Schwehm C J, Keenan S F. 2001. ZOOVIS: A high resolution digital camera system for quantifying zooplankton abundance and environmental data. ASLO Aquatic Sciences Meeting, Albuquerque.

Black K S, Sun H Y, Craig G, et al. 2001. Incipient erosion of biostabilized sediments examined using particle-field optical holography. Environ. Sci. Technol., 35: 2275-2281.

Broad W J. 1997. The Universe Below: Discovering the Secrets of the Deep Sea (Simon and Schuster).

Busck J. 2005. Underwater 3-D optical imaging with a gated viewing laser radar. Opt. Eng., 44 (11): 116001.

Caimi F M, Dalgleish F R, Giddings T E, et al. 2007. Pulse versus CW laser line scan imaging detection methods: Simulation results. IEEE OCEANS 07, Aberdeen.

Caimi F M, Kocak D M, Dalgleish F, et al. 2008. Underwater imaging and optics: Recent advances. IEEE Oceans 2008, 978-1-4244-2620-1/08.

Caimi F M, Bailey B C, Blatt J H. 1998. Spatially variant and coherent illumination method for undersea object detection and recognition. IEEE/MTS OCEANS 98, 3: 1259-1263.

Carey D A, Rhoads D C, Hecker B. 2003. Use of laser line scan for assessment of response of benthic habitats and demersal fish to seafloor disturbance. J. Exp. Mar. Biol. Ecol., 285-286, 435-452.

Coles B W, Radzelovage W, Jean-Lautant P, et al. 1998. Processing techniques for multi-spectral laser line scan images. Oceans'98, Nice.

Cousteau J Y. 1953. The Silent World (Hamish Hamilton) and film of same name in 1956.

Dalgleish F R, Caimi F M, Britton W B, et al. 2007. An AUV-deployable pulsed laser line scan (PLLS) imaging sensor. IEEE OCEANS '07 Aberdeen.

Davis C S, Gallager S M, Berman MS, et al. 1992. The video plankton recorder: Design and initial results. Arch HydrobiolBeith, 3: 67-81.

Davis C S, Thwaites F T, Gallager S M, et al. 2005. A three-axis fast-tow digital Video Plankton Recorder for rapid surveys of plankton taxa and hydrography. Limnol Oceanogr: Methods, 3: 59-74.

Duntley S Q. 1963. Light in the sea. J. Opt. Soc. Am., 53: 2.

Ewing M, Vine A C, Vorzel J L. 1946. Photography of the ocean bottom. J. Opt. Soc. Am., 36: 307-321.

Franks P J S, Jaffe J S. 2008. Microscale variability in the distributions of large fluorescent particles observed in situ with a planar laser imaging fluorometer. Marine Syst., 69: 254-270.

Friedman A, Pizarro O, Williams S B. 2010. Rugosity, slope and aspect from bathymetric stereo image reconstructions. OCEANS 2010 IEEE-Sydney, IEEE, Sydney 978-1-4244-5222-4.

Fournier G R, Bonnier D, Luc Forand J, et al. 1993. Range-gated underwater laser imaging system. Opt. Eng., 32: 2185-2190.

Gorsky G, Aldorf C, Kage M, et al. 1992. Vertical distribution of suspended aggregates determined by a new underwater video profiler. Annales de l InstitutOceanographique, 68 (1-2): 13-23.

Hellemn J E, Fredette T J, Carey D A. 1994. Underwater environmental survey operations using laser line scan technology. Proceedings of the Underwater Intervention '94 Conference, San Diego: 7-10.

Herman A W. 1988. Simultaneous measurement of zooplankton and light attenuance with a new optical plankton counter. Cont. Shelf Res., 8 (2): 205-221.

Herman A W, Beanlands B, Phillips E F. 2004. The next generation of Optical Plankton Counter: The Laser-OPC. J. Plankton Res., 26 (10): 1135-1145.

Jaffe J S, Franks P J S, Leising A W. 1998. Simultaneous imaging of phytoplankton and zooplankton distributions. Oceanography, 11 (1): 24-29.

Jaffe J S, Moore K D, McLean J, et al. 2001. Underwater optical imaging: Status and prospects. Oceanography, 14: 64-75.

Jaffe J S. 2005. Performance bounds on synchronous laser line scan systems. Optics Express., 13: 738-748.

Jerlov N G. 1976. Marine Optics. Elsevier Oceanography Series (Elsevier).

Knox C. 1966. Holographic microscopy as a technique for recording dynamic microscopic subjects.

Science, 153: 989-990.

Kocak D M, Dalgleish F R, Caimi F M, et al. 2008. A focus on recent developments and trends in underwater imaging. Mar. Technol. Soc. J., 42: 52-67.

Lebart K, Petillot Y, Smith C, et al. 2002. Video sensors play major role in subsea scientific missions. Sea Technol., 44 (2): 10-17.

Levoy M, Chen B, Vaish V, et al. 2004. Synthetic aperture confocal imaging. ACM Trans. Graphics, 23: 825-834.

Mazel C H, Strand M P, Lesser M P, et al. 2003. High resolution determination of coral reef bottom cover from multispectral fluorescence laser line scan imagery. Limnol. Oceanogr., 48 (1): 522-534.

Mertens. 1970. In Water Photography (Wiley).

Mobley C D. 1994. Light and Water (Academic Press).

Moore K D, Jaffe J S, Ochoa B L. 2000. Development of a new underwater bathymetric laser imaging system: L-bath. J. Atmospheric Oceanic Tech., 17: 1106-1117.

Mullen L, Laux A, Concannon B, et al. 2004. Amplitude-modulated laser imager. Appl. Optics, 43 (19): 3874-3892.

Mullen L, Laux A, Cochenour B, et al. 2007. Demodulation techniques for the amplitude modulated laser imager. Appl. Optics, 46: 7374-7383.

Narasimhan S G, Nayar K, Sun B, et al. 2005. Structured light in scattered media. Proc IEEE ICCV, 1: 420-427.

Negahdaripour S. 2005. Calibration of DIDSON forward-scan acoustic video camera. MTS/IEEE OCEANS '05: 1287-1294.

Negahdaripour S. 2007. Epipolar geometry of opto-acoustic stereo-imaging. IEEE Trans PAMI: 29.

Owen R B, Zozulya A A. 2000. In-line digital holographic sensor for monitoring and characterizing marine particles. Opt. Eng., 39: 2187-2197.

Palowitch A W, Jaffe J S. 1993. Three-dimensional ocean chlorophyll distributions from underwater serial-sectioned fluorescence images. Appl. Optics, 33: 14.

Piccard J, Dietz R S. 1961. Seven Miles Down (Putman).

Pope R M, Fry E S. 1997. Absorption spectrum (380-700nm) of pure water. II. Integrating cavity measurements. Appl. Optics, 36: 8710-8723.

Rhoads D C, Cande S. 1971. Sediment profile camera for in situ study of organism-sediment relations. Limnol. Oceanogr., 16: 110-114.

Rhoads D C, Germano J D. 1982. Characterization of organism-sediment relations using sediment profile imaging: An efficient method of Remote Ecological Monitoring of the Seafloor (REMOTSR System). Mar. Ecol., Prog. Ser., 8: 115-128.

Schnars U, Jüptner W. 1994. Direct recording of holograms by a CCD target and numerical reconstruction. Appl. Optics, 33: 179-181.

Schulz J, Barz K, Mengedoht D, et al. 2009. Lightframe on-sight key species investigation (LOKI). Proc OCEANS'09, 1-4244-2523-5/09, Bremen, IEEE.

Schulz J, Barz K, Ayon P, et al. 2010. Imaging of plankton specimens with the lightframe on-sight keyspecies investigation (LOKI) system. J. Eur. Opt. Soc., 5, 10017s: 1-9.

Shifrin K S. 1988. Physical Optics of the Open Sea (Springer).

Shortis M, Harvey E, Abdo D. 2009. A review of underwater stereo-image measurement for marine biology and ecology applications. Oceanogr. Mar. Biol., 47: 257.

Singh H, Howland J, Yoerger D. 1998. Quantitative photomosaicing of underwater imagery. Oceans 98 Conference Proceedings, vol. I: 263-266.

Solan M, Germano J D, Rhoads D C, et al. 2003. J. Exp. Marine Biol. Ecology (JEMBE), 285-286, 313-338.

Strand M P, Coles B W, Nevis A J, et al. 1997. Laser line scan fluorescence and multispectral imaging of coral reef environments. SPIE, vol. 2963: 790-795.

Strickler J R, Hwang J S. 2000. Matched spatial filters in long working distance microscopy of phase objects// Cheng P C, Hwang P P, Wu J L, et al. Focus on Modern Microscopy (World Scientific Publishing Inc., N. J.).

Sun H, Hendry D C, Player M A, et al. 2007. In situ underwater electronic holographic camera for studies of plankton. IEEE J. Oceanic Eng., 32 (2): 1-10.

Swirski Y, Schechner Y Y, Herzberg B, et al. 2011. CauStereo: Range from light in nature. Appl. Optics, 50: F89-F101.

Tetlow S, Spours J. 1999. Three-dimensional measurements of underwater work sites using structured light. Meas. Sci. Technol., 10: 1162-1167.

Tracey G A, Saade E, Stevens B, et al. 1998. Laser line scan survey of crab habitats in Alaskan waters. J. Shellfish Res., 17 (5): 1483-1487.

Treibitz T, Schechner Y Y. 2006. Instant 3Descatter. Proc. IEEE CVPR, 2: 1861-1868.

Vine A C. 1975. Early history of underwater photography. Oceanus, 18: 2-10.

第3章　水下光学史

本章概述了在1600～1930年间，从培根爵士(Sir Francis Bacon)到拉曼(Chandrasekhara Venkata Raman)等探险家和科学家对自然水域透明度和色彩问题的看法。这段历史的特点是：著名的科学家以及业余爱好者都被这些光学现象所吸引。还讨论了一些有趣的设备，这些设备是为量化海洋的透明度和颜色而开发的。塞奇盘(Secchi disc)(用来测定水的透明度)和Forel-Ule水色计(Forel-Ule scale)(用来划分海色)是19世纪末以来历经时间考验的两款设备。水色的隐藏机制直到20世纪初才得以解决。有人认为，造成滞后的部分原因是这一问题常被视为不太重要的边缘问题；此外，如果纯水蒸馏技术在更早的时候得到充分发展，则对这个问题的理解可能会提前几十年。本章以拉曼的工作作为结尾，他在1922年证明了光在水中的分子散射，加上较长波长光的吸收，导致了海水呈现为蓝色。1930年12月11日，在他的诺贝尔奖演讲——《海洋的颜色》(*On the Colour of sea*)中，向全世界讲述了他的发现。

3.1　引　　言

随着时间的推移，湖泊和海洋不断变化的颜色使旅行者惊讶、令水手着迷、启发画家灵感。如今，随着卫星在太空翱翔、人类乘坐飞机在天空旅行，当面对从世界另一边700km高空拍摄并在互联网或电视上呈现的海洋彩色图像时，我们不再感到惊讶。我们理解了这些彩色遥感图像，而不必费心解释所看到的颜色的机制。

在读过歌德(Goethe)的《前往意大利的航程》(*Voyage to Italy*)(1786)和Forel(1841—1912)的三部曲《勒莱人》(*Le Léman*)之后，便激发了撰写本章的灵感，其中歌德在书中描写了从墨西拿(Messina)到那不勒斯(Naples)的航行过程中大海的美丽色彩。

德国作家、诗人和科学家歌德(1749—1832)和瑞士科学家、湖沼学创始人Forel都描述过正常的、没有区别的湖沼，并试图解释引发这些观察现象的机制。这种能力似乎在如今的比特和字节时代被遗忘了。如今，我们急于使用现成的高光谱辐射计，在没注意到其真实颜色的情况下就测量我们要研究的物质的反射光谱。水的着色是一种很平常的现象，我们可以看到海洋中的蓝色、河流中的棕色、水坑中的黑色，以及雨滴的透明度(根据1810年歌德的说法，一级浊度)。

歌德在描绘他的色彩理论时，这样说：

本章作者 M. R. WERNAND，Royal Netherlands Institute for Sea Research(NIOZ)，The Netherlands。

此时，人们更倾向于接受一种更普遍的理论共识，用一种或另一种现象对其进行解释，而不愿意费心去学习有关离散的知识，并从头构建相应的理论。

撰写本章的另一个动机是对 20 世纪以前的科学家们表现出的令人钦佩的才能点赞，他们的工作中很重要的一点是理解了自然水域的着色机制。我们通过描述当时科学家的思想以及各种各样的装置，来对大洋、大海和湖泊中令人惊奇的色彩和透明度进行解释。本章勾勒出一条历史道路，通过这条道路，自然水色的秘密将得以披露。

伟大的作家雨果(Victor Hugo)(1802—1885)也对水有诗意般的眼光。在一个充满哲理的时刻，他在一次沿莱茵河顺流而下的航行中沉思，并将以下内容写在纸上：

这条河绚丽多彩。我们知道它蜿蜒前行。非常值得注意的是，它发源于阿尔卑斯山脉的两条大河之一，最终汇入大海与海洋同色。罗讷河(Rhone)流入日内瓦湖(Lake Genèva)，和地中海一样蓝。而莱茵河则把康斯坦茨湖(博登湖)(Lake Constance Bodensee)变成了绿色的海洋。

通过作家、画家和科学家的眼睛，可以在遍布欧洲的历史文献和艺术作品中找到这些对自然水域的描述。

为了对天然水的颜色有一个客观的认识，从古至今人们都在开发各种仪器，来对以水上或水下辐射和辐照度形式展现的单一或多种颜色进行探测。仪器的类型从手持式到卫星传感器，各不相同。1978 年，美国国家航空航天局(National Aeronautics and Space Administration，NASA)利用海岸带水色扫描仪(Coastal Zone Color Scanner，CZCS-NASA)从太空中绘制了地表水的首张概略图。如今，NASA 的 SeaWiFS 和欧洲太空总署(European Space Agency，ESA)的 MERIS 卫星传感器每天都会生成水色图，但颜色是数字化的。我们不再用眼睛来欣赏颜色，我们用单位为 W/nm 的数字来理解颜色。

1890 年，Forel 作为最早根据水色来划分水体类型的研究人员之一，提出了一种有趣的比色标准。

1841 年，Forel 出生于日内瓦湖附近的瑞士莫尔日(Morges)，在此之前，人们尝试了一些主观的方法，如将水壶、红色的布、瓷盘和水果放入大海中，以确定其颜色和透明度。

19 世纪中叶，研究人员开始意识到，分子吸收和散射的共同作用，使纯净水呈现蓝色。在 Raman(1888—1970)发表了《光在水中的分子散射和海洋的颜色》(*On the Molecular Scattering of Light in Water and the Colour of the Sea*)(Raman，1922)这篇文章之后，针对贫营养水域呈蓝色的机制的研究才宣告结束。1930 年 12 月 11 日，在他的诺贝尔奖演讲——《海洋的颜色》中，向全世界讲述了他的发现。

3.2　探索天然水体的神秘色彩

Bacon(1561—1626)在他的《木林集》(*Sylva Sylvarum*)或《自然史》(*A Natural History*)(Bacon，1631)中写了一小章，描述了观察到的海水和其他类型水的颜色。他

写道：

海水和其他水体在运动时变暗，静止时变亮。原因各不相同，但容易理解。水体运动情况下，当阳光穿透水面时，光线通过一个不断移动的表面而不再沿着原来的直线前进，进而导致模糊。在水静止的时候情况相反。这时，海水透明并且比较明亮。

针对这一点，Bacon 分别用带有锡箔或水银的玻璃镜(较明亮)和锡镜(颜色较深)比较了平静和有波浪的水面。

1669 年，T.N.(the Royal Society 印刷商)为马丁(John Martyn)出版的 *Philosophical Transactions* 中的一小章写道：

关于海洋的颜色，我不得不补充一点，当我们出海时，海洋从绿色过渡到蔚蓝，当它是深色的时候如我们以前所说的那样，每一个浪头的顶部，就像它在太阳前被抛起一样，都显示蔚蓝色，浪头的其余部分是深色的，接近黑色。往回走时也一样，虽然海洋深颜色的部分和出海时完全相同，但浪尖早在大浪或海体变绿之前就变成了绿色。我观察到在阳光明媚的日子里，蔚蓝透明的大海是黑色和深色的，在太阳不亮的时候，透明度就差得多了。但在绿色的海水中却没有类似的差别。

描述海水透明度的最古老的记录之一是由伍德(J Wood)船长在Nova Zembla附近完成的，可追溯到 1676 年。他在 146m 深的黑暗海底看到过贻贝(可能是海洋双壳软体动物 *Mya-truncata*)。除了在罗宾逊(Robinson)等 1694 年最早发表的论文《关于几次南部和北部的晚期航行和发现的记述》(*An Account of Several Late Voyages and Discoveries to the South and North*)中，还可在 1884 年博格斯劳斯基(Boguslawski)的手册中找到相关的记载。

Krümmel 在 1907 年重新编辑了 Boguslawski 的手册，把 Wood 船长的名字错当成了 Hood，把英寻(长度单位，合 6 英尺(ft))误以为是英尺，因此得到了一个不那么惊人的 25m(约 82ft)的结果(实际上，1 英寻= 6ft ≈ 1.83m，所以 80 英寻 ≈ 146.4m)。我们必须承认这个深度是惊人的，因为我们知道，有史以来最深的塞奇盘在 79m 左右的深度时就看不到了(Gieskes et al.，1987)。作为近似，我们可以将这个塞奇深度乘以因子 3 得到 252m，代表入射光的 1%对应的深度。然而，在 1996 年的一次经历中，在 5km 深的大西洋上，在最清澈的大西洋海水中游泳，俯瞰水下，从船头到船身，87m 长的海军调查船“泰德曼”号(HMS Tydeman)的整个底部都能看到。因此，在 Wood 观察时，Nova Zembla 附近的水应该非常清澈，这令人难以想象。

半个世纪后，马西里伯爵(Louis Ferdinand Comte de Marsili，或译为马尔西利(Luigi Ferdinando Marsigli)，1658—1730，被称为 Marsigli 或 Marsili，见图 3.1)调查了里昂湾周围水域的自然颜色和其他物理参数。1706 年他在意大利发表关于《海洋自然史》(*The Natural History of the Sea*)的论文，其中在《水》(*Of its Water*)一章中提到，透明度和颜色是不可分割的，我今天仍然完全赞同这一点。马西里写了一本关于海洋物理方面的科学著作，其中之一就是海洋的颜色。他在书中指出：

颜色是基本的、永恒的，但通过反射所呈现的颜色又存在偶然或明显的变化。要想观察它的透明度，就必须把它放在一个玻璃花瓶里，并且不受任何反射的影响，正是这种反射导致了它所有的颜色。

以上是当时的一句绝妙的话。在他的著作中，我们第一次找到一张有海水颜色的表格。然而，他的表格中的颜色是通过目测确定的，被称为“绿色”或“蓝色”。

图 3.1 Marsigli(1658—1730)

以法文出版的部分表格如图 3.2 所示。在地中海水域，靠近罗讷河口，马西里可以在 18m 的深度分辨出一条红色的鱼。

我们可以在历史上的航行日志、探险报告和旅游指南中找到更多这样的评论。例如，布格(Pierre Bouguer)(1698—1758)前往秘鲁探险(1735—1744)过程中，在智利附近，注意到在大约 30～40m 深处有白色的沙底(Condamine，1751)。在歌德的意大利之旅日记(1786—1788)中，他在 1787 年 4 月 3 日(星期二)横渡西西里岛，眺望大海时写道：

巴勒莫(Palermo)湾的偏北位置使得城市和海岸对于大天体(太阳和月亮)的位置很奇怪，人们永远看不到它在波浪上的反射。今天又是一个充满阳光的日子，从中午开始，我们不再在那不勒斯，而是在一片深蓝的海洋中，看到了更加欢快、更加空灵和更加模糊的阳光。

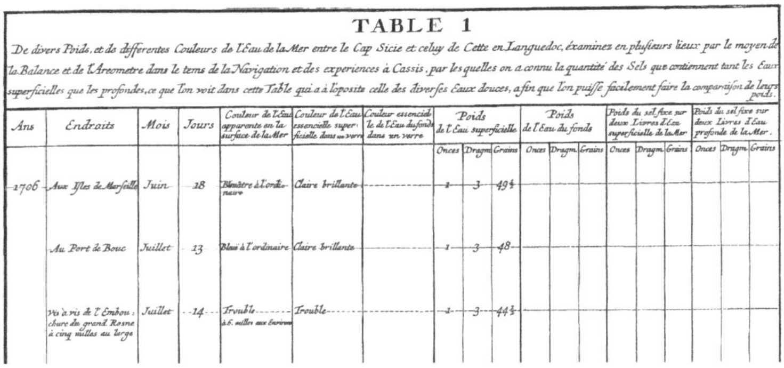

TABLE 1

De divers Poids, et de differentes Couleurs de l'Eau de la Mer entre le Cap Sicie et celuy de Cette en Languedoc, examinez en plusieurs lieux par le moyen de la Balance et de l'Areometre dans le tems de la Navigation et des experiences à Cassis, par lesquelles on a connu la quantité des Sels que contiennent tant les Eaux superficielles que les profondes, ce que l'on voit dans cette Table qui a à l'oposite celle des diverses Eaux douces, afin que l'on puisse facilement faire la comparaison de leurs poids.

Ans	Endroits	Mois	Jours	Couleur de l'Eau apparente en la surface de la Mer	Couleur de l'Eau essencielle superficielle dans un verre	Couleur essencielle de l'Eau du fonds dans un verre	Poids de l'Eau superficielle			Poids de l'Eau du fonds			Poids du sel fixe sur deux Livres d'Eau superficielle de la Mer			Poids du sel fixe sur deux Livres d'Eau profonde de la Mer.		
							Onces	Dragm.	Grains	Onces	Dragm.	Grains	Onces	Dragm.	Grains	Onces	Dragm.	Grains
1706	Aux Isles de Marseille	Juin	18	Bleuâtre à l'ordinaire	Claire brillante		1	3	49½									
	Au Port de Bouc	Juillet	13	Bleu à l'ordinaire	Claire brillante		1	3	48									
	Vis à vis de l'Embouchure du grand Rosne à cinq milles au large	Juillet	14	Trouble à 6. milles aux Environs	Trouble		1	3	44½									

图 3.2 第一张表概述了海水的颜色(表面颜色)

在 5 月 12 日从墨西拿返回那不勒斯的途中，刚刚离开港口时他写道：

整个天空笼罩着一层白色的薄雾，透过薄雾，太阳在看不见它的轮廓的情况下照亮了大海，呈现出人们所能想象到的最美丽的天空色彩。

18 世纪末，在前往“新大陆”的途中(1799—1804)，冯·洪堡(Alexander von Humboldt，1769—1859)和邦普兰(Aimé Bonpland，1773—1858)对分点水域进行了调

查，并将蓝色等级与索绪尔(Sausure)的纸标蓝度测定仪(1842)进行了比较。这种纸质颜色比较仪最初是用来确定天空的不同颜色，在这里第一次被用来表征海洋的颜色(Humboldt and Bonpland，1814)。有一次，von Humboldt 用蓝度测定仪指向广阔的海域，透过一个针孔看过去，在那里他体验到了最美丽的群青色。然而，他们穿过的大部分水域都是绿色的，所以他无法将其与纸标的颜色相比较。

当时，对水体颜色的观察是通过基本的术语来描述的，如蓝色、绿色、乳白色、浑浊和透明。

1806 年，斯科尔斯比(William Scoresby，1790—1857)作为大副护送他的父亲，著名的捕鲸船长前往高纬度地区航行。在对北极地区的描述(Scoresby，1820)中，他们写到了与鲸鱼捕捞有关的问题，也提到了北极水域的颜色和透明度。在第 172 页写道：

在斯匹次卑尔根(Spitsbergen)海区，我特别要考虑的是，海水的颜色、透明度、盐度和温度与大西洋的一般情况不同。众所周知，海洋主体部分的水和最纯净的泉水一样透明、无色；只有在非常深的海洋中才能看到确定不变的颜色。这种颜色通常是群青，与大气的颜色不同，它只有一个阴影。

在第 175 页，我们发现：

格陵兰海(Greenland Sea)的颜色从群青到橄榄绿，从最纯粹的透明到明显的不透明。

1812 年，法国人卡特尔 · 卡列维尔(Catteau-Calleville)出版了一本书，《波罗的海绘画》(*Gemälde der Ostsee*)。这本书是对波罗的海(Baltic Sea)的自然、地理和历史的回顾。在一个关于水的颜色、反射和磷光的小章节中，我们发现作者竟然仅用一句话描述波罗的海明表面的亮蓝色。卡特尔·卡列维尔对覆盖在海面的所谓太阳烟雾(海雾)更感兴趣，他写道：

大雾主要出现在 7 月份，经过稀释和让阳光透过后，水色呈现出最亮丽的光泽和多样性。

俄罗斯航海家冯 · 科泽布(Otto von Kotzebue，1787—1846)在他第一次环游世界(1817)期间，研究了开阔海洋的颜色和透明度。在热带太平洋地区，他记录到，当红布的碎片下降到 25～30m 的深度以下时就消失了。然而，在夏威夷(Hawaii)东南部，北纬 10°，东经 152°，他投下了一个餐盘，直到 49m 深都可以看到。Kotzebue 记录到(Kotzebue，1821)：

最后，海水的表观可见特性值得“领航员”注意：它的颜色、透明度，然后是夜晚海水的光辉。首先，多远的时候能观察到海水颜色的变化，这可以从深度的变化、从底部的颜色、从天空和云层的颜色、从太阳光或从水面上游动的外来物质中得到。

戴维爵士(Sir Humphry Davy，1778—1829)在他去世的前一年写了一篇关于水的颜色和海洋的颜色的文章。这篇文章是在他访问爱尔兰、瑞士和法国期间发表的。当时，雨水被认为是自然界中最纯净的水。融化的雪，以及山顶冰川融化的水接近纯净的雨水。Davy(图 3.3)研究了阿尔卑斯山不同地区的融化水，得出的结论是，它们的水质是一样的，并且和雨水一样纯净。

此外，他把海洋的颜色归因于碘和溴，根据他的说法，这些水肯定含有碘和溴。这些卤素可能也是海洋植被分解的原因。少量的颜色是水黄色，再加上纯净水的蓝色，就产生了一些海洋的绿色。Davy 在法国/瑞士边界(勃朗峰)的沙莫尼(Chamonix)山谷附近的一个冰湖上做了一个实验，来测试他的想法。他把一点碘和融化的水混合在冰层的顶部。于是，他看到颜色从深蓝色变为大海的绿色，变为草的绿色，变为黄绿色。虽然他从来没有把这个实验作为绿色海洋存在的证据，但他被自己的设想所启发。Davy 特别提到瑞士湖泊从蓝到绿，并确信这可以归因于植物残骸的存在。

图 3.3　戴维爵士(1778—1829)

大约 10 年后，法国科学家阿拉戈(François Arago，1786—1853)提到，Davy 将雪和冰川水的颜色量化为活动的蓝色：天蓝色、不断变化的暗色、混合着大量的白光，这应该是海洋的正确颜色，但为什么会有出入？根据 Arago 的说法，这种颜色分类只能应用于纯海水。然而，海洋的某些部分被单一物质污染了。根据 Arago 的说法，所谓的污染水的例子可以在极地地区的绿色地带附近找到，在海洋的某些地方，由于大量水母的存在而产生的淡黄色与蓝色的深水混合在一起，形成一种绿色。Scoresby 在他的 *An Account of the Arctic Regions* 一书写道(Scoresby，1820)：

毫无疑问，我认为，水母和其他一些微小动物给海洋赋予了独特的颜色，在这些区域这很容易被观察到；同时，从它们的丰富性来看，透明度的大幅度降低总是伴随着橄榄绿的出现。在蓝色的海水中，很少有水母的存在，海水是非常透明的。

其他正在穿越大洋中胭脂红区域的水手，也曾记录下这些罕见的现象。当时人们知道，通过具有特定颜色的不同类型水体的混合，或通过水彩和底色的组合，可以产生不同的海水颜色。根据 Arago 的说法，通过光学定律应该可以计算出这样的叠加信号(产生相应的颜色)，我们需要知道它们的特定颜色和相应的强度。

大约在 19 世纪中叶，(自然)水成为研究最多的物质之一。大约在那个时候，经过物理学家、化学家和矿物学家的讨论，均认可水有两种色阶——透射的绿色和反射的蓝色。

在这里我们发现了一个奇怪的现象。在某种程度上，人们认为(太阳)光既能透射，又会被水反射。人们也知道海水的颜色是蓝色反射到眼睛里的，但透射光中绿色占主导，这一点尚不明确。

天然水从入射的阳光中抽出蓝色，同时将部分阳光散射到各个方向。散射光的数量，赋予液体特定的颜色，这是事实。其余不规则的、透射的阳光将使水变绿。水体越深，这种效果就越强。例如，浅海的底部会看到绿光，而绿光经过反射，在返回的过程中逐渐变暗。观察浅海时，绿色将占据主导。这也许揭示了海水颜色的秘密，在风平浪静的天气下，经验丰富的水手可以据此辨别水的深浅。

3.3 蓝色反射和绿色透射

如图 3.4 所示，朝向我们涌来的波浪望去，环境光将从第二浪的表面反射回第一浪(a')，透射光(c)将为绿色(c')。在这里，我们简要介绍有关海洋色彩的新理论。

在排除多余的反射的情况下，研究海洋的真实颜色，水手们已经让我们知道了几种确定海洋真实颜色的方法。一种方法是透过舵轮的管子看。从管子刚入水的地方可以看到绿色，然后向无限远处望去，将是漂亮的紫罗兰色。根据 Arago 的说法，这些不真实的颜色只不过是对比产生的变化而已。他将这些绿色与一块窗户上的玻璃相比较，并将这种效应称为水体的边缘颜色(couleur de trance 或 Schnittfarbe)。

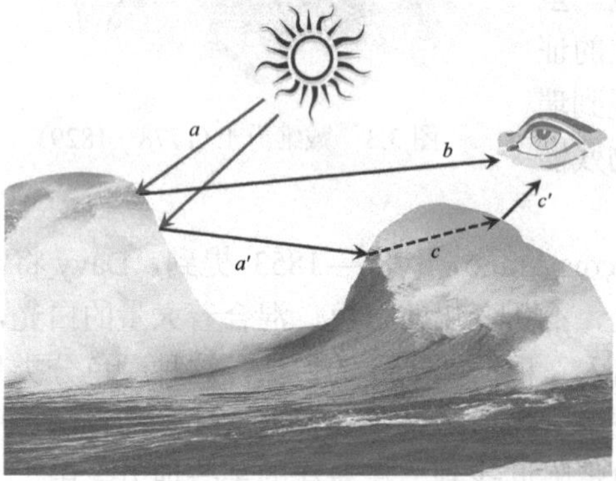

图 3.4 光波的反射和透射原理

从侧面看，也就是从尾端看，它是绿色的。当我们垂直于玻璃看时，我们看不到任何颜色。

本生(Robert Wilhelm Bunsen，1811—1899)在其 1847 年的文章(Bunsen，1847)中提出了一个更有趣的问题，为什么这么多瑞士湖泊以及盖瑟群岛(Geyser Islands)和南太平洋岛屿周围的水看起来都是绿色的，而地中海和亚得里亚海(Adriatic Sea)等具有相当深度的水域则是从深蓝色到靛蓝色？他认为，这些现象不难回答：

这种着色的第一个也许是唯一的解释，是水的透明度和合理的水深的共同作用，使水具有自然的颜色。然而，水中所存在的最少量的底部成分，如砂质粉土或溶解的有机物，通过反射，将会改变或覆盖这种自然颜色。例如，在德国北部的湖泊 Moorebenen 的一些水域被周围泥炭中溶解的腐殖酸染成了棕色颜色。可以在 Eiffel(德国)和 Auvergne(法国)的火山口湖泊中找到黑水，这里呈现的是黑暗的熔岩石块对入射阳光的反射。现在很容易理解的是，在没有外界影响的地方，水的颜色可以将其所有的美显现出来。例如，那不勒斯湾卡普里的蓝色洞穴。阳光透过离水面几英尺[①]高的一个小洞照射进洞穴。光线继续穿过水体，反射到清澈的底部，使水呈现出它的颜色，在光线返回的过程中历经几百英尺的衰减，呈现出最纯净的蓝色(Vogel，1875)。在冰岛(Island)和瑞士的冰川上也可以看到同样的颜色。随着太阳光穿过冰柱，可以看

① 1 英尺=0.3048m。

到最浅和最深蓝色之间的所有渐变，并可以看到含有水蒸气的无云天空。

最后两次观察使Bunsen得出结论，纯水呈蓝色一点也不奇怪。当时，Bunsen(1849)对冰岛上含有二氧化硅、晶莹剔透的泉水的浅绿色外观也有一个简单的解释，对他来说，这比瑞士的绿色湖泊更为明显。泉水周围的黄色砾石(二氧化硅)含有水合氧化铁。Bunsen写道：

这种颜色与水的原始蓝色混合在一起，形成许多绿色色调。

关于水的颜色的一些发现还可以在莫里(Matthew Fontaine Maury)(1806—1873)于1855年出版的《海洋自然地理及其气象学》(*The Physical Geography of the Sea and its Meteorology*)一书中找到。Maury将靛蓝归因于墨西哥湾和Carolina(美国)之间的水域，并注意到这里的蓝色比海洋一般的蓝色更深。

1860年左右，德国的维特斯坦(Wittstein，1816—1894)对湖水化学成分与其颜色之间的可能关系进行了研究。他的一个结论是，湖水越蓝，湖中含有的有机物就越少(Wittstein，1860)。关于海洋的颜色，他得出结论：海水中的矿物质使海洋的蓝色反射光更加强烈，而纯净的水(如海水)的蓝色只会受所溶解有机物的影响。德国贝茨(Wilhelm Beetz，1822—1886)在1862年的一篇文章中评论道：

最后，通过无数的“真实”实验(他这里指的是1847年Bunsen的出版物)，人们越来越清楚是什么引起了海洋、湖泊和河流的颜色。不像以前，由于完全无知，仅靠一个或另一个假设简单地对日常现象进行解释。

同时，除了海水的颜色，天然海水的清澈度也成了调查的对象。例如，里亚迪(Cialdi，1807—1882)和塞奇(Pietro Angelo Secchi，1818—1878)于1864年开始调查地中海的透明度和颜色(Secchi，1864，1866)。他们在考察船——护卫舰 l’Immaculée Conception号，抑或另一艘单桅帆船上，制作了直径为0.4m和3.75m的不同颜色圆盘，较大的圆盘由一个圆形的铁架制成，上面覆盖着铅白色亚麻帆布；小圆盘则通过将白色的陶瓷餐盘固定在圆形的铁架上制成；其余的铁架都是用彩麻串起来的。经过配重，以保证圆盘在部署过程中维持水平姿态。第一次实验是在4月份进行的，距离罗马西北部的一个小镇Civitavecchia海岸大约6～12海里[①]，海底的深度在90～300m之间。在船的背阴侧投下圆盘时能够获得最佳观测结果。在最有利的情况下，在42m深处甚至可以看到白色的小陶瓷盘。当浸没在水中时，陶制餐盘的白色，比铅白色亚麻帆布的白色反光更强烈。他们还发现一个问题，即较小的0.4m圆盘对图像失真更敏感，因此更难在更大的深度进行检测。而使用3.75m圆盘进行重复观测时，其精度均保持在1m以内。此外，根据Arago的建议，他们在眼睛前方使用偏振片来滤除表面反射，但并没有明显的改善。Secchi说：

通常情况下，我用两只眼睛来观察沉入水中的圆盘，而使用偏光片时，我只能用一只眼睛来观察它，很难让圆盘保持在视线范围内。

① 1海里=1.852km。

对于较大的圆盘，Cialdi 和 Secchi 得出结论，与在多云天气条件下相比，在完全晴朗的天气条件下，观测深度增加到 4m。

在另一个实验中，用分光镜对浸没在水中的白色圆盘的反射色进行测量。实验证明，红色和黄色是最早消失的颜色，继续加大圆盘深度，绿色、蓝色、靛蓝和紫色保持不变。

图 3.5 冯·利伯诺·洛伦兹(1825—1911)[①]

在 Secchi 开始调查之前，奥地利科学家冯·利伯诺·洛伦兹(Josef Roman Lorenz von Liburnau，1825—1911，见图 3.5)就在 19 世纪 50 年代(Lorenz，1863)的 Quarnero 湾(克罗地亚)对潜水物体(如白色圆盘)进行了实验，他对白色圆盘以塞奇命名提出了质疑(Lorenz，1898)。然而，在 1864 年以前，从未有人像 Secchi 和 Cialdi 一样，进行过如此密集的实验。Secchi 提出用一个 30cm 的白色圆盘来确定水的透明度，这种方法在 20 世纪初被称为“塞奇圆盘法”。

沃尔曼(Heinrich Wallmann，1827—1898)以哲学家的身份，在 1868 年出版的 *Österreichischen Alpen-Vereines* 中发表了一篇关于阿尔卑斯山的湖泊的综合性文章 *Die Seen in den Alpen*。在第一页中，他想象了一个令人着迷的场景，吸引旅行者穿越阿尔卑斯山，走向阿尔卑斯山的湖泊：

许多旅行者都会记得一种愉快的感觉，经过一天的艰苦徒步旅行，穿过被高高的岩石环绕的阴暗的小山谷，沿着潺潺的溪流，到达一个开阔的地方，发现一个深绿色或蓝色的湖面，就像是被松树林或数百英寻高的岩层所包围的圆形剧场。

值得一提的是，这是在当今科学文献中从未发现的一句话。Wallmann 把阿尔卑斯山的湖泊的不同面貌比作家庭主妇：

宁静的湖水轻柔、温润又寂静，然而有时她却换了另一副面貌，让人惊诧于她那异乎寻常又变幻莫测的敏感。

Wallmann 文章的前 50 页包含了对阿尔卑斯山的湖泊起源的一般看法，包括对地形的描述。在这之后，Wallmann 将重点放在了湖水的透明度和颜色上。他发现：空气和水在光照下的反应是一样的；空气和水都是无色透明的，但与所有透明的物体一样，大量的空气和水看起来又都是有色的。空气比水稀薄得多，因此它的透明度要高得多。不同湖泊水体的透明度不同，这取决于水的颜色、水底、岸线、密度和化学成分等的影响程度。对于大多数湖泊，沉入水中的物体在 30～40 英尺深度可以被跟踪到。一个在水中下沉的发光物体在几英寻后变得不可见，不像恒星这样的物体，它仍然可以在数百万英里[②]外的空气中看到。Wallmann 没有提供任何关于水中发光体的颜色信息。

① 资料来源：维也纳中心的奥地利国家图书馆。

② 1 英里=1609.344m。

读这篇文章是件令人愉悦的事。作为一名博物学家和科学家，Wallmann 对水的各种形式的美也有所了解。在关于观察湖泊颜色的一章的末尾，他对这些颜色的细微差别究竟有多奇特进行了哲学思考。

1870 年左右，研究人员在对不同类型的海水和湖水进行实验后，均以各自的方式对湖水和海水呈蓝色的原因进行了解释。例如，廷德尔(John Tyndall，1820—1893，见图 3.6)和索雷特(Jacques-Louis Soret，1827—1890)将光的散射归因于小粒子的存在，即小到只能散射蓝光的粒子(Soret，1870；Tyndall，1870)。

图 3.6　廷德尔(1820—1893)①

1870 年，在地中海进行了原位极化实验后，Soret(1870)将水样带回家中进行进一步检查。他采用一束光束穿过装在瓶子里的水，对地中海以及从别处收集的水样品进行了研究，看它们的透明度和特定的颜色。表 3.1 中列出了他对水透明度的研究结果，从最清澈的水开始。

表 3.1　Soret 所调查的水样(保存在瓶子里几个月后)，根据透明度排序

透明度	水样	光束中的颜色
1	地中海	蓝色
2	日内瓦湖	蓝色
3	加尔达湖(Lake Garda)	蓝色
4	阿讷西湖(Lake Annecy)	蓝色
5	红海(Red Sea)	褐色
6	威尼斯(Venice)潟湖(利多(Lido)港)	绿色
7	阿莱奇冰川水	白色

1870 年左右，研究人员基本可以解释湖水和海水呈蓝色的原因。Tyndall 和 Soret 分别以自己的方式将光的散射归因于小粒子的存在，即小到只能散射蓝光的粒子。现在我们也知道，水的吸收对较长波长的影响更大。“真正透明的黑暗”这句话在当时的真正含义是，当液体中完全没有颗粒时，水不会显示(反射)它的蓝色，后来证明这是不正确的。

1870 年 1 月，Tyndall 在伦敦皇家学会(Royal Institution of London)做了一次关于海洋颜色和伦敦供水的演讲。在演讲开始时，他提醒听众一个众所周知的事实，那就是大家之所以能够看到一束白光穿过暗室，是因为空气中的固体小颗粒能够反射光，并将其散射到各个方向。如果把这些粒子从空气中除去，就看不到光的轨迹。他接着说，水中悬浮的固体颗粒也会产生完全相同的现象。在这番介绍之后，他对海洋的颜色做了更具体的讲解。他讲述了随英国皇家海军舰艇(HMS Urgent)前往阿尔及利亚时

① 资料来源：化学遗产基金会收藏品。

所经历的海外日食之旅，在离开奥兰(Oran)港(阿尔及利亚)回国之前，他购买了大量白色瓶子，以便在返回途中存放海水样本。他专门从海水颜色呈现黄绿、翠绿色、蓝绿色、蓝色和深蓝色的地方取水。在实验室中，他用肉眼检查了照明光束中的瓶装样品，发现黄绿色水含有最多的固体物质，光散射最强。在翠绿的海水中收集的水所含的固体物质较少，蓝绿色和深蓝色的海水中所含的固体物质更少。Tyndall 向观众分享了他对这些水样实验的看法，他说：

现在人们都知道，当白光落入大海时，红光首先消失，然后依次是橙黄和绿光等。如果海中根本没有粒子来反向散射未被吸收的光线，那么大海就会显得漆黑一片。

当时的 Tyndall 并不知道后来被证明的事实，即分子散射在这里也会起作用，因此，水仍然会有深蓝色(靛蓝)的外观。根据 Tyndall 的说法，靛蓝色的大海是最接近纯净水的。此外，他还向观众讲述了他在返航途中进行的餐盘实验。Tyndall 的助手索罗戈德(Thorogood)先生从船的一侧放下一块白色瓷板，上面牢牢地系着铅块。盘子上系有五六十码①的结实的麻绳。Tyndall 从船尾观察沉入水中的瓷板，在相当深的深度看到了瓷板靛蓝色边缘的绿色色调。这个实验是为了证明他关于光在海水中衰减的理论。他的部分发现在《自然》(*Nature*)(Tyndall，1871)中有描述，并被命名为“海洋颜色的成因”。

众所周知，水对较长波长(红色)的吸收远大于较短波长(蓝色)。在观察到湖水样品的透射光后，Tyndall(1870)说：

在日内瓦湖，我们不仅有被小颗粒散射的蓝色，还有真正的分子吸收产生的蓝色。

冯·乔利(von Jolly)(1872)于 1872 年发表了一篇有趣的综述性文章，题为《海的颜色》(*Ueber die Farbe der Meere*)，他总结了先前科学家对海和海洋颜色的分类。大致上，可以对三种特定流域的颜色进行简化：①海洋和高山湖泊是蓝色的；②湖泊和河流是绿色的；③沿海水域和小溪是棕色的。von Jolly 强调，随着(最近)光谱分析技术的发现，一种进一步揭示天然水体隐藏颜色的方法已经展现出来。

凯瑟(Johan Kayser，1826—1895)在他 1873 年发表的 *Physik des Meeres* 中指出，海水是透明的，可以分为两种颜色：反射色和透射色。他还通过试管实验证明了蓝色是纯水的颜色。当 Kayser 参观卡普里岛蓝色洞窟，简称蓝洞(意大利语：Grotto Azurra)时，他看到了洞穴里华丽的青金石的颜色，并注意到与他在实验室的实验结果相似。他强调说，海洋表面的蓝色只是由于吸收了从红色到绿色的各种颜色，剩下的蓝光被悬浮物质向上散射，这个假设后来被拉曼证明是错误的。

3.4 卡普里蓝洞的原理

1875 年 6 月，德国研究员沃格尔(Herman W Vogel，1834—1898)参观了意大利卡普里岛上的“蓝洞”。他在访问“Analen der Physik und Chemie”后不久，发表了一篇

---

① 1 码=0.9144m。

关于离开光的水的光谱研究的文章。这里，“蓝洞”被描绘为一个宽阔的、充满海水的封闭岩石洞穴。它可以通过一个 4×4ft 的小开口到达水面，水下延伸范围要大得多。大部分太阳光通过水下的洞口进入，将石窟内部完全照亮，并使之呈现蓝色。

在洞外阴影处，水面呈现出一种美妙的黛青色，顶部有一道银色的闪光。洞内显现海水的颜色，更加美丽神奇。通过水下光谱测量，Vogel 观察到红光首先消失，黄色或多或少被漂白，因此几乎看不到 D 线(钠的特征，在光谱的黄色区域)。绿色、蓝色和靛蓝呈现出人们所能想象的明亮色调(图 3.7)。然而 Vogel 突然生病，不得不在工作完成前回家。在这篇短篇文章的结尾，Vogel 强调采用了光谱测量仪器对令人困惑的海色进行研究。

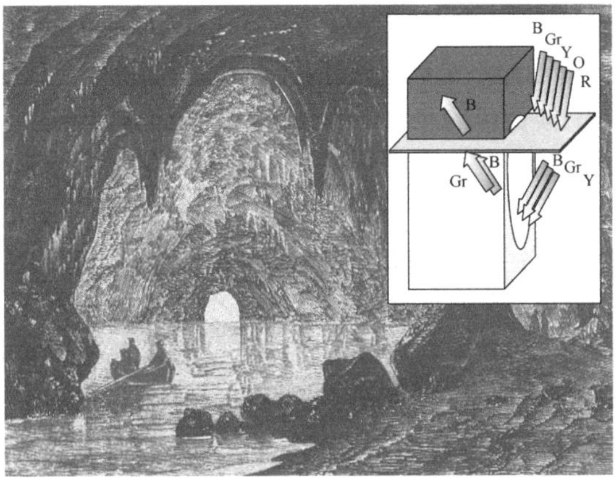

图 3.7　卡普里蓝洞及其照明的光谱原理

1881 年，23 岁的德国人博厄斯(Franz Boas，1858—1942，见图 3.8)在德国基尔大学完成了他的论文 *Erkentniss der Farbe des Wassers*(《对水的颜色识别》)。

他的论文引言从列举特定的自然水域及其相关颜色开始。此时，Boas 意识到悬浮颗粒导致了不同颜色的水存在。作为例子，他提到了海洋被一些外来生物和含有氧化铁的泥浆染成红色和白色。和其他影响水的颜色的因素一样，他提到了地点和时间、水流、云层、周围环境和海底效应。Boas 指出，可见光的颜色感知可归因于三个主要影响：水面、水本身和底部反射光。

图 3.8　博厄斯(1858—1942)

由于表面反射光受入射光(太阳光)性质和水面状态的影响，有必要首先深入研究多云条件下以及晴朗天空下入射光的强度和偏振度。还应考虑周围环境的影响。当所有这些都确定下来后，我们可以看到海况的影响。其次，为了研究次表层反射光的更复杂的性质，我们应该在有利的条件下研究这种现象，如蓝天和水面。

Boas 试图回答前两个问题，而忽略了对底部反射光性质的研究。他的论文的很大一部分工作致力于测定水的吸收系数。在实验室进行“纯水吸收”测定之前，他使用长度为米的锌管进行了现场试验，以研究不同天然水的透射颜色。根据艾特肯(John Aitken，1839—1919)的说法，水的颜色是一个经常被猜测的问题：

在水中发现的每一种物质，都被认为是产生颜色的原因。当它的存在没有任何用处的时候，人们就吩咐它去做装饰，使水看起来很美。

Aitken 在确定了纯水的颜色后，调查了许多不同的水域，包括在实验室用一根 3～15m 长、一半充水的水管，以及在野外用一根 6m 长的空金属管观察沉入水中的有色物体。针对这些管子的描述见本章关于历史仪器的介绍。通过观察，Aitken 知道水表面颜色的多样性；然而他在《关于地中海和其他水域的颜色》(*On the Colour of the Mediterranean and Other Waters*)一文中指出，只有当海水是蓝色或绿色时，才能在视场中被观察到，而当海水是黄色时，则不能被观察到。淡黄色的水也不那么明亮，因为它的透明度比淡蓝色的水要低：

在黄色水中，只有表面附近的反射粒子才易被看到，而蓝水中相当深的粒子都可以将光反射到表面。

在这一点上，他将苏格兰较暗的洛蒙德湖(Loch Lomond)与日内瓦湖进行了比较。他还通过观察北部的海区，给出了水色外观的一个完整例子：

当有合适的反射粒子，如气泡和白色粒子时，海洋比通常看起来要蓝得多。

这句话是指 Aitken 的普鲁士蓝实验。1882 年，Aitken 撰写了第一篇关于吸收和反射的论文，这两种现象都导致了自然水域的蓝色，而这比 Boas 撰写的有关问题的论文晚了一年。两人都试图回答两个问题：是选择性反射，还是选择性吸收，导致纯净水和贫营养水发蓝。

选择性反射理论：

这种颜色是由悬浮在水中的极小颗粒物质反射的光造成的。这些粒子很小，只能反射短波，即光谱中蓝端的光波。

选择性吸收理论：

这种颜色是由光谱中红端光线的选择性吸收造成的。水实际上是一种蓝色透明的介质。

在这些用蒸馏水做的实验中，Boas 被地中海样品的绿蓝色透射光和亮蓝色反射光之间的色差所吸引。据他说，很难解释是什么引起了这种颜色的变化。一种可能的解释可以归因于地中海水中存在微小的悬浮颗粒。1871 年，瑞利(Rayleigh)原名斯特拉特(John William Strutt，1842—1919，被尊称为瑞利男爵三世)写了一篇《光被小粒子散射》(*On the Scattering of Light by Small Particles*)的文章，该文章证实了 Boas 的猜测(Strutt，1871a，1871b)。1871 年《伦敦、爱丁堡和都柏林哲学杂志和期刊》上发表了瑞利散射定律：

当光被比任何波长都小的粒子散射时，散射光和入射光的振动振幅之比与波长的平方成反比，而光强则与波长的四次方成反比。

在 1910 年瑞利称，观察海洋时，除非阳光在到达观察者之前穿过足够的深度，否则无法看到水真正的颜色——这是一个正确的说法(Strutt，1910)。但瑞利接着说，当海洋的水非常清澈时，海洋中没有任何东西可以把光反射至观测者，因此，在这些条件下，无法看到海洋的真正颜色，深海中的深蓝色只是反射的“天空的蓝色”。后一种说法是错误的，拉曼在 1922 年发表的 *On the Molecular Scattering of Light in Water and the Colour of the Sea* 中对此提出了批评。

拉曼测试了爱因斯坦-斯莫卢霍夫斯基(Einstein-Smoluchowski)的波动理论(Smoluchowski，1908；Einstein，1910)，首先将其简化为瑞利公式，并计算出 30℃时水对光的散射是无尘空气的 159 倍(Raman，1922)；然后对不同类型的水进行照明，以验证这一理论关系。实验结果表明，计算值与实验值吻合较好。因此，他得出结论，分子在水中的散射强度可以根据波动理论来计算。此外，根据理论计算了光在水中的消光系数，在吸收作用较小的部分光谱中与实验结果一致。最后，拉曼说：

一层足够深的纯净水通过分子散射呈现出比天光更饱和、强度相当的深蓝色。这种颜色主要是由于衍射，吸收只会使它的色调更饱满。迄今为止提出的深海深蓝色是反射天光或是由悬浮物引起的理论，被证明是错误的。

一年后，Ramanathan(1893—1985)对拉曼的观点进行了测试。在对光在蒸汽和液体中的散射进行实验后，他得出结论，在任何情况下，散射强度都可以用爱因斯坦-斯莫卢霍夫斯基公式来表示(Ramanathan，1923)。

对天然水隐藏颜色的探索到此结束。拉曼的结论是，最纯净的水和最贫营养的海洋水是蓝色的，这是分子对较长波长光的散射和吸收共同作用的结果。

3.5　历史上的实验室设备

下面介绍一些有趣的设备，这些设备是为了量化海洋透明度和颜色的内在关联而开发的。

3.5.1　本生筒(1847)

为了观察纯水的颜色，本生(Bunsen)用了 2m 长的玻璃筒，直径约两拇指，内表面发黑，筒底用软木塞封闭。其中一种使用方式为，在筒底部开一个半拇指宽的缝，以便于让阳光照射进来(图 3.9(a))，将白色瓷器碎片投入纯净水中，观察者从上部向筒内进行观测。另一种使用方式为，在筒底部开一个小窗口，用于对白色瓷器的反射光进行观测(图 3.9(b))，阳光从筒的上端照亮瓷器。在这两种情况下，白色瓷器都显示出同样的蓝色。

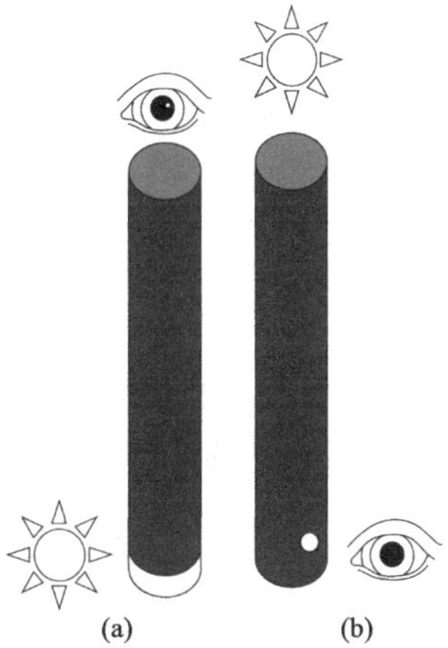

图 3.9　本生筒示意图

当筒的长度减小时，蓝色会减弱，最终消失[①]。

Aitken 在 1881 年左右做了一个几乎相同的实验，他将一根相当长的黑色的管子盛满水，观察白光照射的情况，发现透射光是蓝色的。

3.5.2 贝兹镜盒(1862)

为了研究水的透射色，贝兹(Beetz)制作了一个盒子，如图 3.10 所示，侧面由 25cm 长的“杜仲胶”薄板 *a* 和 *a'* 制成。上下面 *b* 和 *b'* 由白色、透明、轻薄且高质量的玻璃封闭。两个表面反射镜 *c* 和 *c'* 置于上下面内侧，并分别开两条小狭缝 *d* 和 *d'*。通过定日镜(Heliostat)[②]，阳光被引导进入狭缝 *d*，并在上下两个反射镜之间反射。

这样，一旦盒子装满水，入射光束将被反射并多次通过溶液。通过整体转动盒子，简单地改变狭缝 *d* 处入射光的角度，就可实现反射次数的最小化或最大化。穿过狭缝 *d'* 的出射光束可以投射到屏幕上。观察者也可以直接从狭缝 *d'* 观测第一个狭缝 *d*，将看到多束并排的光束，它们的大小逐渐减小并且互相靠近。贝兹首先测试了玻璃对实验结果的影响。通过将银面镜 *c* 和 *c'* 倒置，使空气中的光在每次反射时必须穿过玻璃两次。即使经过 8 次反射，光线仍然是白色的。透过狭缝 *d'* 进行观察，比较每一次反射，可以看到逐渐模糊的黄化过程，这是由于反射光通过了相对较厚的玻璃层。针对盒子内部表面镜的涂层进行进一步测试，结果表明，银涂层对结果的影响最小，前提是涂层具有良好的质量和光泽。

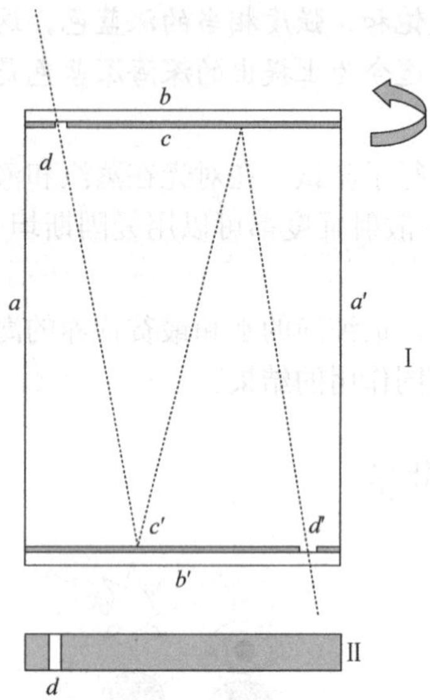

图 3.10 贝兹镜盒

就结果而言，即 *d'* 前面屏幕上的颜色，当盒子一半装满蒸馏水时，狭缝的下部看起来是蓝色的，另一半仍然是白色的。透过 *d'* 观测光束的上半部时，人们可以再次看到微弱的淡黄色。观测光束的下半部分时，每一束射向狭缝的光束都呈现出越来越模糊的蓝绿色。将盒中装满来自德国不同湖泊的水进行实验，结果与 Wittstein 的结果一致。即使将表土与水混合、过滤、用蒸馏水稀释，然后测量，结果也类似。高度稀释会产生黄绿色，而低度稀释则产生褐色。

---

① 采用符合 Bunsen 规范的黑色塑料管，管内充满超纯水，开展此实验。管子从实验室的一扇窗户里伸出，阳光透过下面的缝隙照亮管子，但几乎看不到任何一种蓝色，这可能是缺少白色参考色。透过装满水的管子的顶部，我们能够看到单色的表面。1873 年，Kayser 采用一个水平放置的管，管内充一半的水，开展同样的实验，克服了这个问题(见凯瑟管)。

② 定日镜曾经被黑尔(Hale)用来绘制无日食条件下的日冕图，也借助了辐射热计。所收集的太阳光经定日镜反射到 24 英寸孔径(1 英寸(in)=0.0254m)、61 英尺焦距的镀银凹面镜上，这是天文台眼镜师 G W Ritchey 首次为这些实验制作的。

3.5.3　索雷特玻璃筒(1869)

长度为 1m，直径为几厘米的玻璃圆筒(图3.11)两端用玻璃窗封闭。筒内装满待调查的水(索雷特的实验对象为日内瓦湖水)，并水平放置在阳光中，其轴线垂直于太阳光(*A*)。将黑色织物放在筒的一端(*C*)，通过对面的窗户进行观察。当管内照明不足，或阳光被遮挡时，黑色织物显示为黑色。当未受遮挡的阳光通过图3.11所示的一侧穿透圆筒时，织物呈灰蓝色。利用电气石偏振器观察，可以清楚地看到，从侧面逸出的光在平行于太阳光的平面上被极化。

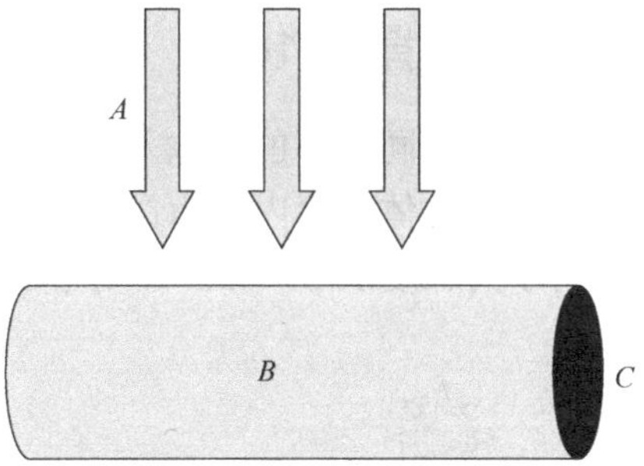

图3.11　索雷特玻璃筒

3.5.4　凯瑟管(1873)

德国研究人员凯瑟(Kayser)提出了一种简单的设计(图 3.12)，用眼睛来确定纯水的颜色。在一根4.5m长的金属管(*A*-*B*)中充入一半蒸馏水，利用无色的玻璃窗把金属管两端密封。电灯 *L* 发出的白光通过金属管传播。镜头 *C* 将图像(倒像)投在屏幕 *S* 上。屏幕下半部分可看到白色的灯光，上半部分可以看到经水体滤光后所形成的蓝色[①]。

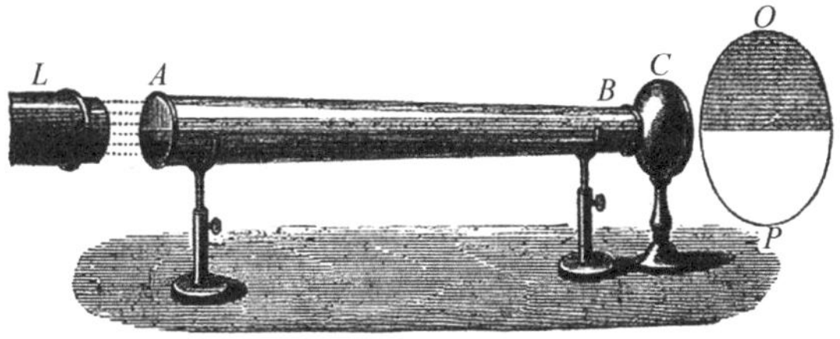

图3.12　凯瑟管

3.5.5　普鲁士蓝、白粉末(1882)

在一些小规模的显色实验中，经常会采取化学溶液和添加异物的方法。例如，Aitken用亚铁氰化铁(又称普鲁士蓝)做实验，他在水中加入白色粉末，以确定其对散射的影响。

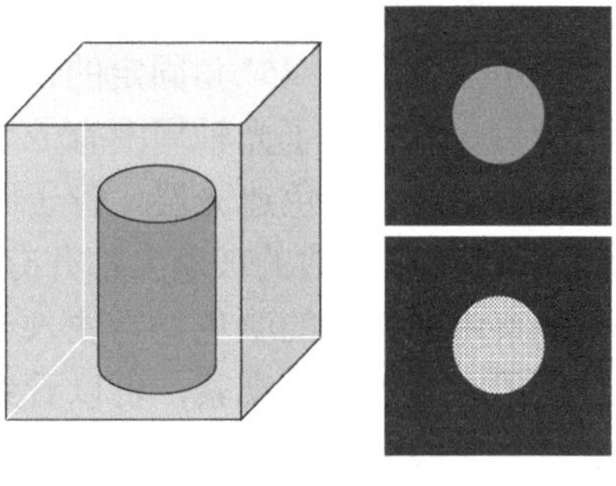
图3.13　用普鲁士蓝、白粉末测定散射量

根据实验结果(图 3.13)，从侵蚀(白色)石料的丰度上可以很清楚地看到，当粉末材料量大时，地中海沿岸的水变为蓝绿色；而粉末

① 一个简单装置，足以证明蓝色是纯净水的表观颜色。

材料量少时，来自更远海域的水则变为蓝色。实验的变化取决于 Aitken 添加的粉末量，他可以重现地中海的颜色，少量添加时，为深蓝色；大量添加时，则变成灰蓝绿色。

3.5.6　艾特肯管(1880)

通过将不同类型的水注入长管中来检测水的颜色，管子水平放置，固定在一定的高度，透过水体对管内涂为白色和彩色的表面进行观察。透射光由分光镜进行分析。这些管子的长度从 3～15m 不等(图 3.14)。把待检测的水注入管中，直到管子半满为止。透过管子的上半部分，可以看到另一端的彩色表面(现在尚不清楚该表面是如何照明的，是采用太阳光还是强光灯)。相应地，通过观察管子下半部分，可以比较水吸收对透射光的颜色和亮度的影响。观察到的水色介于蓝色和黄色之间。水越透明，水色就越接近蓝色。当用黄色的水填充时，几乎没有光线通过超过 7m 的管子。在这个长度上所调查的呈现为蓝色的水都相当透明。艾特肯在用一根 15m 长的管子对一种淡蓝色水进行调查时，发现了像玻璃一样透明的蓝绿色。

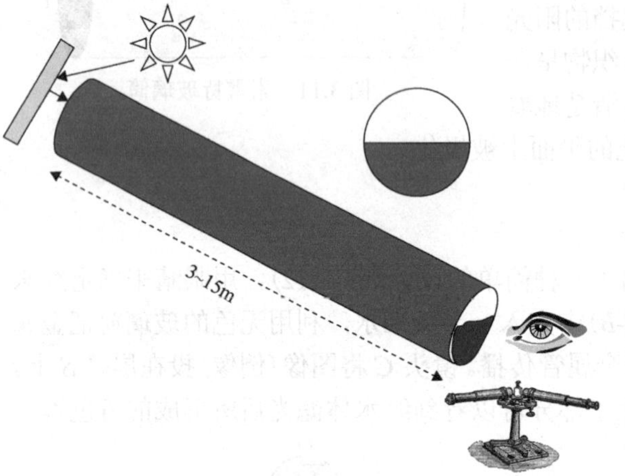

图 3.14　艾特肯管

3.5.7　博厄斯水荧光测定管(1880)

为了研究水本身是否有荧光，博厄斯(Boas)制作了一根 4m 长的锌管(未知直径)，其内部做黑化处理(图 3.15)。日光经管子一侧的漏斗形入射孔由日光反射装置导入管中，并由一个小于 45° 角固定的镜子，反射至管子的另一侧。除了光轴周围有一个小孔，镜子上覆盖着一层黑色遮光层。管子两边都用发黑的玻璃封住。两边的玻璃上都开有一个针孔，用于观察内部光线的颜色。当注入蒸馏水时，通过镜子对面的针孔观察，可以看到非常微弱的灰蓝色光线穿过管子。从管子另一侧的针孔则看不到任何颜色(朝镜子的背面看)，由此 Boas 认为观察到的现象不能归因于荧光。

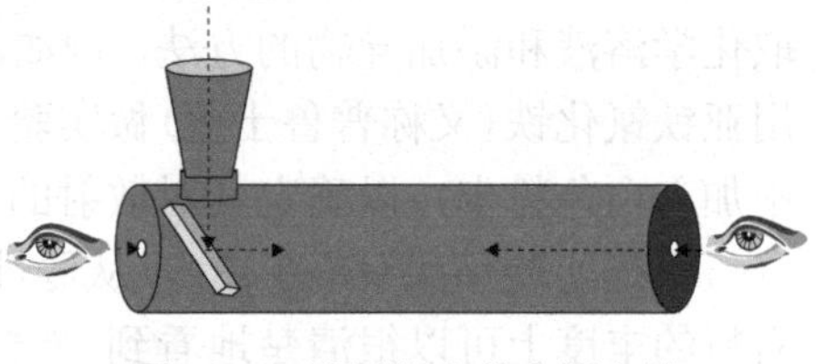

图 3.15　博厄斯水荧光测定管

3.5.8　博厄斯管测定水的透射光颜色(1880)

一根直径为 33mm 的 14m 长的锌管，两端由玻璃窗密封，以对不同类型的水进行检查(图 3.16)。一端由日光反射装置照射，另一端用于观察水的透射光。装满蒸馏水后，它呈现出一种美妙的蓝色，但当装满来自德国基尔(Kieler)的饮用水(可能是棕色的)时，管子的另一端看不到亮光。

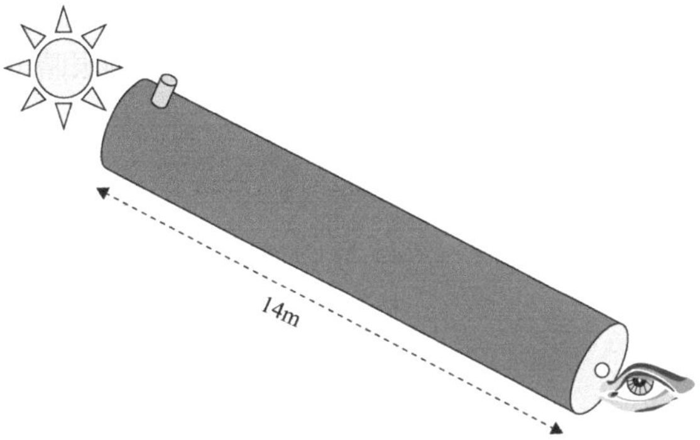

图 3.16　博厄斯管测定水的透射光颜色

3.5.9　博厄斯吸收实验(1881)

Boas 采用三种均匀色光(单色光)来测定蒸馏水的吸收系数。用钠灯产生黄色，用煤气灯与红色玻璃滤光片产生红色，用煤气灯与 14cm 长充有硫酸铜(蓝色)的比色皿产生蓝色。Boas 先是采用装有蒸馏水的锌管，但充水后不久就被杂质污染了。换用玻璃管后取得了较好的效果。最后采用黄铜管，获得了最好的结果，下面所进行的所有吸收测量实验都采用这种方式①。

图 3.17 的装置放置在总长度为 8m 的暗室中，由 1m 长的黄铜管 R_1R 构成，内部用硝酸黑化处理。单色光源 L 照亮可移动白纸屏 S 和固定屏 S_1。将 S_1 放置在离 S 侧 10cm，离 L 侧 125cm 处。在观察者的位置 A 处拉动绳索，S 可以沿着 D 和 D_1 移动。绳索位于管子上方 10cm 处。两个矩形等边棱镜 P 和 P_1 用于收集来自 S 和 S_1 的光，并反射至观察者 A 处②。与 P 相对的 P_1 的一半矩形侧用锡箔覆盖，以防

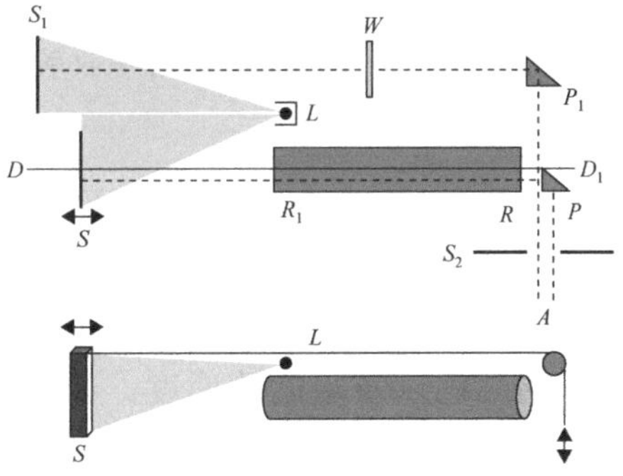

图 3.17　博厄斯吸收实验

① 博厄斯所获得的吸收测量值与当前的透射测量值已经相当，因此我们将其称为准吸收测量值。
② 简言之，A 处观察到由棱镜从两个屏幕反射的光，两束光的强度应通过调整 S 和 R_1 管入口之间的距离来平衡。

止来自管的光和 P 反射到 A 的光的影响。在眼睛前面放置黑屏 S_2，其开孔的大小与从 P_1 和 P 反射的观察图像大小相同。为了补偿黄铜管 R_1R 玻璃窗的吸收，在 S_1 和 P_1 之间放置一个由同种玻璃制成的比色皿 W，厚度为 1mm，并用相同的蒸馏水填充。每次实验都用新鲜的蒸馏水。

设距离 SL 为 a，S_1L 为 a_1，单位距离处屏幕反射的强度为 I。现在，距离 a 和 a_1 处的强度分别等于 I 和 a^2、I 和 a_1^2 的比率。

假设路径长度 $z=1$，R_1R 中所含介质的准吸收系数为 α。从 S 反射的光穿过介质时将遵从 $(1-\alpha)^z$ 的规律发生变化。来自 S 的光的强度，与到眼睛的距离无关，而等于：

$$\left[I\frac{(1-\alpha)^z}{a^2}\right]C$$

其中，C 为与眼睛敏感度相关常数。来自 S_1 的光的强度则等于：

$$\left[\frac{I}{a_1^2}\right]C$$

当两个强度相等时，可得：

$$\left[I\frac{(1-\alpha)^z}{a^2}\right]C=\left[\frac{I}{a_1^2}\right]C$$

$$(1-\alpha)^z=\left(\frac{a}{a_1}\right)^2$$

$$1-\alpha=\left(\frac{a}{a_1}\right)^{\frac{2}{z}}$$

所获得的准吸收系数 α 如图 3.18 所示。

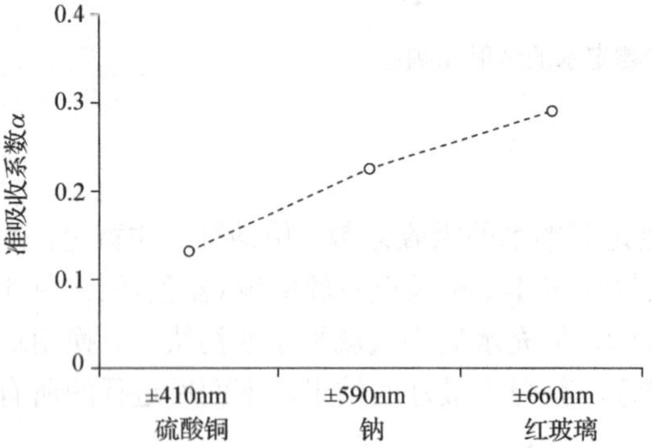

图 3.18　由博厄斯确定的准吸收系数

3.6　历史上的现场测量设备

多年来，科学家们提出了一系列的技术，通过与某些标准色的比较，来确定天然水的颜色以及水的透明度。如果不考虑前面已经提到的 Saussure 蓝度测定仪(Saussure，1842)和 Arago 蓝度测定仪(Arago，1858；Bernard，1856)，这一方法可以追溯到 1887 年 12 月 21 日的洛桑自然科学协会会议(La Société Vaudoise des Sciences Naturelles，Lausanne)。在本次会议上，Forel(1890)提出了一个 11 色水色计(图 3.19)，用于快速识别海水、湖泊或河水的颜色。水色计的组成将在后面解释。

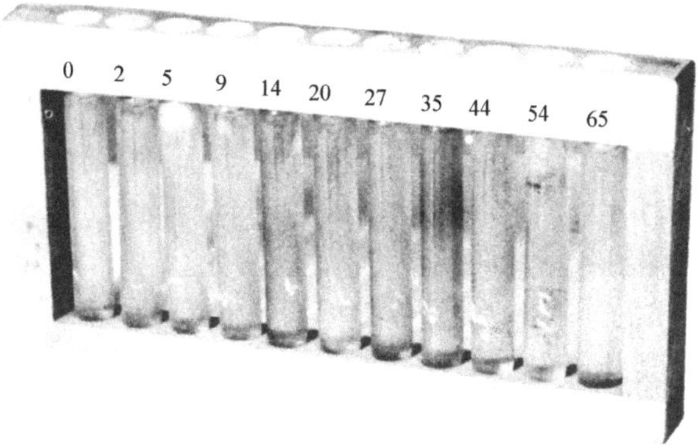

图 3.19　用于测定蓝绿色天然水的福雷尔 11 色水色计(或 Xantho-meter)①

19 世纪末，科学家们引进了一些新的技术(如照相底片)，人工光源也开始用于研究水的透明度。本节我们将描述一些历史上用于研究水的颜色和透明度的设备。

3.6.1　阿拉戈棱镜

为了研究反射光(离水辐亮度)的颜色，人们提出了各种不同的装置。阿拉戈(Arago)提出采用 45°折射角的空心棱镜(当时物理学家主要用来研究液体的折射)(图 3.20)，并将其完全浸入水中，一边垂直立于水中，另一边用于观察从侧面折射的光。Arago 指出：

在艺术家的手中，这个装置看上去像一个正常的测量装置。

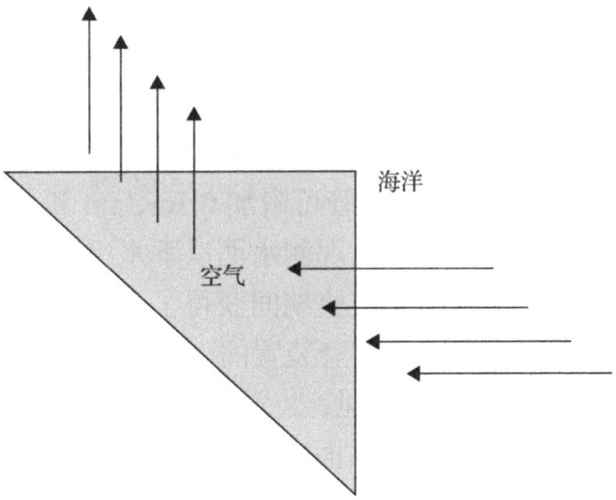

图 3.20　阿拉戈棱镜

3.6.2　贝茨金属管(1862)

贝茨金属管是用于确定水透射光颜色的装置。贝茨 1862 年提到：

金属管的一端用镜面玻璃封闭，形成一个整体，管内充水。将管完全淹没在水中，在合适的倾斜观察角下进行观察，在晴朗的天空下，泰根湖(泰根塞(Tegernsee，德国))的反射光呈翡翠绿色，阿亨湖(Achensee，德国)呈亮蓝色，如胆矾。

但他没有描述贝茨管与水面的角度、管长度、整体位置以及从窗口观看的方式，图 3.21 尝试重现贝茨的设计。

① 资料来源：美国国家海洋和大气管理局。

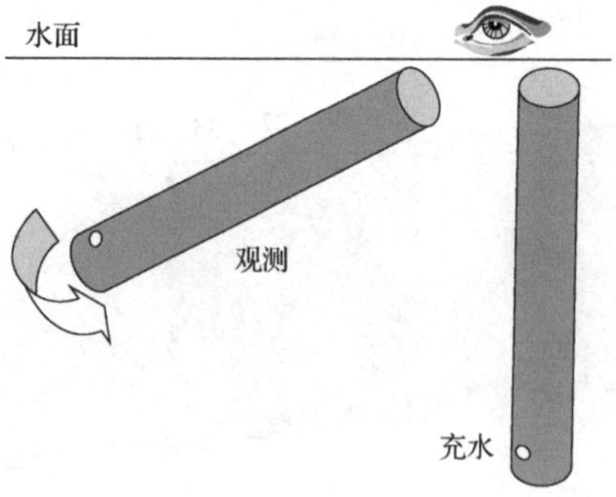

图 3.21　贝茨金属管

3.6.3　博厄斯管(1880)

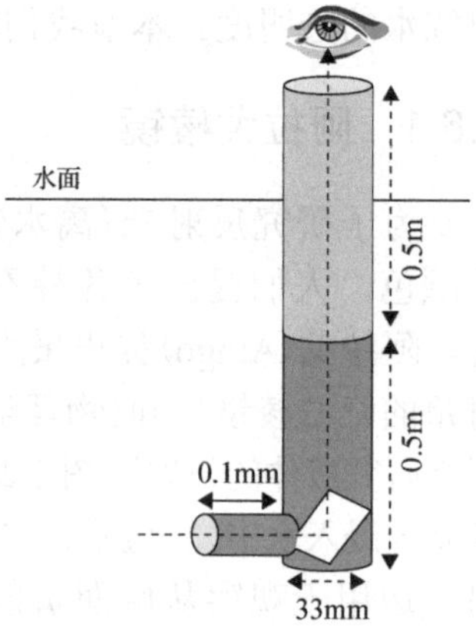

图 3.22　博厄斯管

为了调查德国基尔港的海水在水平方向的颜色，Boas 制作了一个由两根管子组成的装置，在底部垂直互连。在长 0.5m、直径 33mm 的锌管的末端，安装一个角度小于 45° 的镜子。在镜子前面，垂直于镜筒，安装另一根较细的镜筒，并用玻璃窗封闭，图 3.22 为其构造图。第一根锌管可附加 0.5m、1m 和 2m 不等的延伸管，这样就可以观测水面以下水平方向上反射光的颜色。在基尔港实验期间获得了一些结果。例如，水的透明度情况：随着装置的下沉，直径为 30cm 的瓷盘在 3.5m 后不可见；装置下沉深度越深，绿色的颜色就越饱和；接近水面时，观测到亮绿色，而在 4m 深处是翡翠绿色，直到 7m 深处没有明显的变化。

3.6.4　索雷特伸缩管(1869)

图 3.23 所示的观察装置 *OL*，长度为 1.05m，由两根铁管组成，*LK* 段为圆柱形，直径为 0.055m，在 *L* 端通过玻璃窗密封，与 *LK* 段相比，*KO* 段相对成圆锥形，长度更短。两段内表面均发黑。在 *K* 处的缝隙，使用皮革环密封进行防水，并将两段铁管连接。两段式设计的唯一目的是便于携带。观察端由一个尼科耳棱镜(Nicol prism)组成，可绕 *O* 端旋转。必要时，可以把棱镜放在石英窗上来观察水下偏振光的颜色。在一艘小船上，观察者将 *L* 端浸入水中。透过尼科耳棱镜，可以接收次表层反向散射的蓝色光。通过旋转棱镜或者整个装置，可以研究光的偏振特性。在垂直于折射光束 *IR* 方向观察的同时旋转棱镜，我们发现与 *IR* 平行的光具有显著偏振，偏离这个观察角度，偏振逐渐减弱。

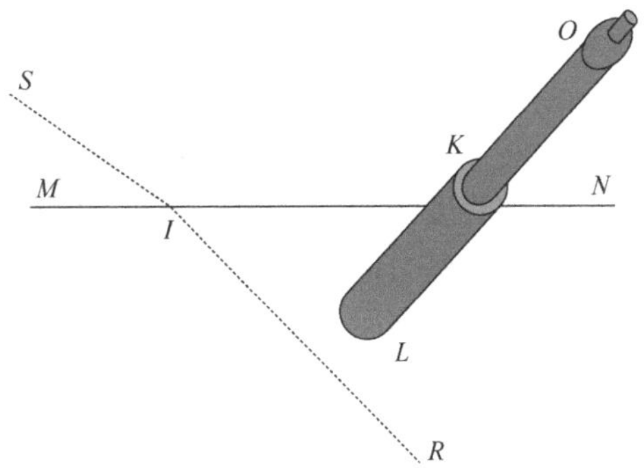

图 3.23　索雷特伸缩管

3.6.5　艾特肯金属管(1880)

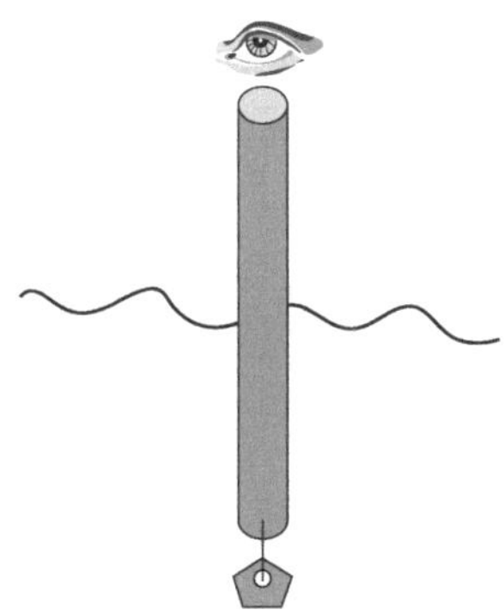

图 3.24　艾特肯金属管

艾特肯的外场试验采用一根空心金属管，用一块玻璃板将其末端封闭(图 3.24)。将金属管垂直沉入水中，观测固定在管子末端的不同颜色的物体。如果选择性反射理论是正确的，则水下物体将被细微颗粒所反射颜色(蓝色)的互补色照亮。

因此，它可能会呈现橙色或黄色，确切的颜色应取决于反射光中绿色光的量，但事实并非如此。Boas 用这种结构调查过基尔港口的水体。管子末端固定的物体采用白瓷。

如图 3.25 所示，光源和装有感光底片的装置也曾用于量化自然水体的透明度。在挑战者号探险之旅中，经历一些失败的实验之后，瑞士研究人员福尔(Foll)和萨拉辛(Sarasin)(1885)把装有感光底片的盒子带到地中海，在 Riviera 以南大约 18 海里的地方，将它降到 465m 的深度，注意到底片仍然会变黑。在 480m 的深度，这种现象消失了。春(Karl Chun)和

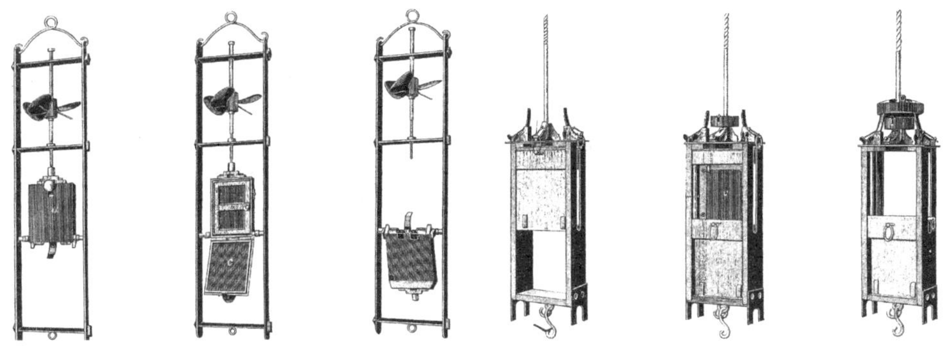

图 3.25　装有感光板底片以确定阳光穿透深度的装置

卢克施(Luksch)在地中海东部的卡普里岛附近分别采用了同样的技术，都发现在 550m 的深度，仍发现由于与微弱的阳光相互作用，感光底片出现变黑的现象。

在横渡东地中海和红海过程中，Luksch 在 M S Pola 号船上用不同大小的白色圆盘，开展了福雷尔比色测量和透明度测量(图 3.26 和图 3.27)。M S Pola 号探险之旅发生在 1890～1898 年间。例如，贝鲁特(Beirut)以西(北纬 33° 47′和东经 34° 8′)，在 60m 处可以看到圆盘；在红海北部，可视深度为 50m；在南部可视深度为 39m。Luksch 还在东地中海研究了太阳高度对透明度测量的影响，其关联性如图 3.26 所示。

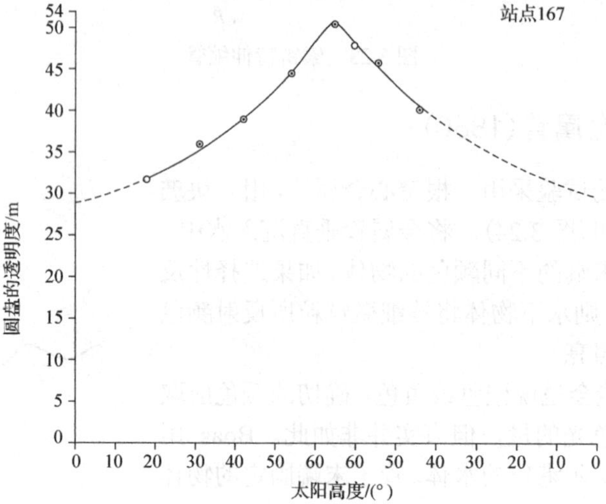

图 3.26　太阳高度对透明度测量的影响(东地中海)

站点号	可视深度/m	海色色号	观测时的太阳高度	注解	站点号	可视深度/m	海色色号	观测时的太阳高度
251	—	1	—		287	—	3	—
252	37	1	39°0′		200	—	3	—
253	33～40	0	1°38′～14°l2′		289	—	3	—
255	44	0	14°10′		290	—	3	—
257	39	1	26°36′		291	—	3	—
259	33	0	2°22′		292	—	3	—
260	38	1	26°48′		293	—	3	—
262	—	0	—		294	—	3	—
263	—	1	—		295	33	3	358°24′
264	—	1	—		323	—	2	—
265	—	0	—		325	—	2	—
267	—	0	—		326	30	3	14°7′
268	—	1	—		327	35	2	59°30′
270	31	0	15°36′		329	38,39.5,41	2	18°49′～22°46′～23°2′
271	—	1	—		330	40,40.5,41	2	19°2′～25°6′～31°10′
272	—	0	—		331	40～42	2	62°2′～66°20′
274	34	1	20°0′		332	40～43	2	26°40′～35°36′
275	—	1	—		413	40	3	31°30″
276	—	3	—		414	50	2	50°23′
277	—	1	59°36′		415	43	2	42°27′
278	—	1	—		416	39	2	24°50′
286	—	3	—		417	—	2	—

图 3.27　使用不同尺寸的白色圆盘进行的福雷尔比色测量(海色色号)和透明度测量(可视深度)

测定海水颜色的尺度(基于 Forel，略作修改)

3.7　海色比较仪

通过与某些颜色标准的比对，科学家们提出了许多用于确定天然水颜色的技术。如果不考虑前面已经提到的 Saussure 蓝度测定仪(1842)和 Arago 蓝度测定仪(1858)，则第一个提到这一标准的记录可以追溯到 1887 年 12 月 21 日的洛桑自然科学协会会议。会上，Forel 提出了 11 色水色计，用于快速识别海水、湖泊或河水的颜色。几年后，Ule 对水色计的色阶进行了补充。除此之外，本节还将介绍其他两种鲜为人知的水色计仪器。

3.7.1　Forel-Ule 水色计(1892)

硫酸铜和铬酸钾溶液的混合物所形成的色阶(表 3.2)能够覆盖蓝色到绿色的区域(Forel，1890)。1892 年，Ule 通过加入硫酸钴(表 3.2)，将色阶向绿棕色及棕色延伸(Ule，1892)。从这时起，该类颜色比较的仪器被命名为 Forel-Ule 水色计或黄度计(Xantho-meter)(图 3.28(a))，是湖沼学和海洋学中最常用和最著名的颜色比较仪，主要用于确定自然水域的颜色。Wernand 和 van der Woerd 在 2010 年提出重新引入该仪器，以扩充 Forel-Ule 历史数据库(该数据库已经包含数十万次观测记录)，以推动与现有卫星海洋颜色观测数据的结合。

表 3.2　用于 Forel-Ule 水色计的三种基础化学溶液

蓝色溶液	黄色溶液	棕色溶液
硫酸铜：1g	铬酸钾：1g	硫酸钴：1g
氨水：5mL		氨水：5mL
蒸馏水：194mL	蒸馏水：199mL	蒸馏水：194mL

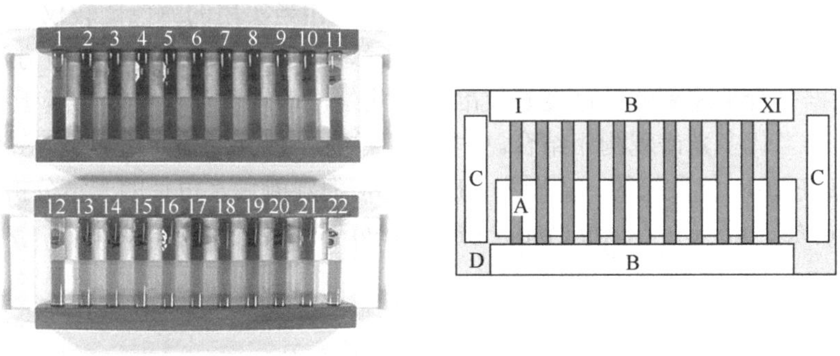

(a)　　(b)

图 3.28　当代 Forel-Ule 水色计

对于每一次测量，观察者都会将浸没的白色圆盘(Secchi 盘)上方的水的颜色与手持式的颜色标尺进行比较。根据 21 种颜色的简单化学溶液配方，可以很方便地复制这种标尺，而且由于使用方便，自 1890 年以来，Forel-Ule 水色计已被海洋学家和湖沼学家广泛应用于全球。事实上，现存的 Forel-Ule 数据也是当前最古老的海洋学数据集，记录了 20 世纪自然水体的地球-生物-物理性质的变化信息。本小节主要描述 Forel-Ule 水色计的光学特性，以及基于人眼观察时，水色计涵盖自然水体颜色的能力。而对水色计溶液的配方及其复制品也会进行描述。

通过三种基本溶液来实现水色计的颜色。水色计的颜色由蓝色、黄色和棕色溶液的混合物获得(表 3.2)。将由 35%蓝色溶液和 65%黄色溶液制成的绿色溶液，与棕色溶液混合，以制取绿色和棕色之间的存在细微颜色差别的溶液(表 3.3 和表 3.4)。水色计(图 3.28(b))尺寸一般为 30cm×12cm，其白色背景板为 D(白色蛋白石有机玻璃或白色漆木)，两侧有手柄 C。直径为 10mm 的玻璃管 A 安装在带槽的两条带 B 之间。颜色的测量需要在阴凉处进行。通过观察每根管子旁边的槽中的水，将待调查的水的颜色与水色计的颜色之一进行比较。提示：将白色圆盘(Secchi 盘，30cm)沉至 50～100cm 的深度，圆盘上方水体的颜色会更加明显，因此更容易与水色计颜色进行原位比色。

表 3.3 Forel-Ule 水色计蓝色到绿色溶液的混合比例，分别为 I～XI(Forel 部分，最初扩展至 XII 和 XIII)

溶液	I	II	III	IV	V	VI	VII	VIII	IX	X	XI
蓝色/%	100	98	95	91	86	80	73	65	56	46	35
黄色/%	0	2	5	9	14	20	27	35	44	54	65

表 3.4 Forel-Ule 水色计绿色至棕色溶液的混合比例，分别为 XI～XXI(Ule 部分)

溶液	XI	XII	XIII	XIV	XV	XVI	XVII	XVIII	XIX	XX	XXI
绿色 XI/%	100	98	95	91	86	80	73	65	56	46	35
棕色/%	0	2	5	9	14	20	27	35	44	54	65

Forel-Ule 水色计虽然简单，却是公认的一种相当实用的海色比较仪。该水色计性能良好、稳定、观测结果可重复。这也证实了采用 Forel-Ule 水色计测量方法获得的大量历史数据是合乎逻辑并经过良好校准的。此外，该水色计还可以与基于手持式及卫星光谱仪的当代多光谱观测相结合。更多关于这种水色计的信息可以在 Wernand 和 van der Woerd 在 2010 年发表的一篇题为《Forel-Ule 海洋颜色水色计的光谱分析》(*Spectral Analysis of the Forel-Ule Ocean Colour Comparator Scale*)的文章中找到。

3.7.2 洛伦兹矿物色标(1898)

奇怪的是，Lorenz 在 Ule 完成水色计色阶扩充数年后，对新诞生的色阶提出了批评，认为其蓝色到绿色的范围有限(Lorenz，1898)。因此，他根据矿物的颜色提出了如表 3.5 所示的色阶(Lorenz，1898)。然而，在文献中并没有发现利用他的矿物量表来确定海色的现场观测报道。

表 3.5　Lorenz(1898)提出的用于海色比较的矿物颜色

浅蓝	深蓝	蓝绿	苹果绿	黄绿
蓝铜矿	靛蓝	透视石	Heliotroph	蛇纹石
胆矾	群青		阳起石	
蓝宝石				绿帘石
石盐	青金石		祖母绿	
			孔雀石	橄榄石
绿柱石	绿松石		绿玉髓	软玉

3.7.3　雷德国际色标(1898)

在 1898 年的文章中，Lorenz 提到了由雷德(Otto Radde，1869—1941)提出的用于确定天然水体的国际色标。然而，在文献中并没有发现与该色标的现场比较。1877 年左右，该色标最初是为了画家、建筑师和装饰师进行参考而开发的(Thomsen and Thomsen，1877)。慕尼黑大学仍然保留着一份由 42 条彩色条纹组成，20cm 长、1.8cm 宽的纸质原始色标。

3.8　小　　结

本章从 17 世纪探险家对天然水体颜色的观测着手，直到 20 世纪初，知名和不知名的科学家们为解释天然水体潜在彩色的探索工作一直在持续，特别是针对蓝色水体。从 18 世纪的第一个十年开始，始于意大利 Marsili 的观察，人们开始真正探索天然水体的着色机制。Marsili 是第一位试图揭示地中海水域变色原因的“海洋学家”。他首次根据自己的参考资料把观察到的颜色制成表格。在同一世纪末，von Humboldt 采用 Saussure 发明的蓝度测定仪，首次通过颜色比较，确定了分点水域的颜色。在 19 世纪，Davy 是第一个宣称蓝色可以归因于“纯净的水”的人。其中，德国的伯迈斯特(Burmeister)和美国的海耶斯(Hayes)认为，反射的阳光导致了水显现蓝色。

小粒子散射的物理过程是由 Strutt 在 1871 年左右提出的。

本章描述了一些采用光学手段研究天然水和蒸馏水的历史装置。其中用于确定最纯净的水是蓝色的最简单但最合适的装置之一，是由德国人 Kayser 在 1873 年设计的。

Forel-Ule 水色计是唯一经得起时间考验的颜色比较仪。

1922 年，拉曼发表了 *On the Molecular Scattering of Light in Water and the Colour of the Sea* 一文，真正结束了对水的真实颜色的探索。可以确定：最纯净的水和最贫营养的海洋中的分子散射产生蓝色。

在这些事实被证实之后，对海洋颜色的观测数量是否减少了？可以说没有，因为大约在 21 世纪初，人们对海洋的颜色进行了空前规模的取样调查。

这里没有进行描述，但众所周知的是，20 世纪给我们带来了各种前所未有的先进光学仪器。用这些仪器所测量的参数，如吸收、散射和反射系数等被更好地理解、定义和补充。今天，我们不能忘记 19 世纪的科学家们，如 Davy、Arago、Tyndall、Kayser、Strutt 和拉曼，他们的工作为"海洋图像的获取"铺平了道路。

更多关于海洋光学的历史可以在 *Ocean Optics from 1600*（*Hudson*）*to 1930*（*Raman*）；*Shift in Interpretation of Natural Water Colouring* 一书中找到，该书由 Wernand 和 Gieskes 合著，2011 年由法国海洋学家联合会(the Union des océanographes de France)出版。

3.9　记录与思考

(1) 1704 年牛顿(Newton)发现：水能够反射紫色、蓝色和绿色光线，微弱地传递红色和黄色。

(2) 1832 年梅斯特(Xavier de Maistre)发现：水的反射色是蓝色，透射光呈淡黄色(与牛顿说法一致)，空气中的湿气使它呈现蓝色，因此在水中溶解的空气使它呈现蓝色。

(3) 1721 年哈雷(Halley)在一定深度的潜水钟中观察，发现：向下的太阳光照在我的手上，呈玫瑰红色；同时，向上的光线照在手的另一边，呈绿色。

(4) 1847 年梅罗尼(Melloni)发现：潜水钟里的高压一定影响了哈雷的观察。

(5) Davy 是第一个认为蓝色是最清澈的自然水的颜色，并且认为水中有机物质的含量可以使蓝色变成绿色、黄色和棕色的人。1860 年，Wittstein 对不同类型的水进行了光和化学分析实验，得出了同样的结论。

(6) Arago 发现：水是一种荧光介质；反射的颜色为蓝色，透射的颜色为绿色。

(7) Arago(1858)描述：在"维纳斯"(Venus)前往南美的航行中，航海家们报告称，智利海岸的卡亚俄(Callao)附近有一片橄榄色的海洋。在这些地区，水一点也不纯净，含有一种绿色的悬浮物质，这种物质在 130 英寻深的海底也可以找到。

(8) Wittstein(1860)发现：水呈现黄色到棕色是由于腐殖酸的存在。

(9) 无色矿物不影响水的表观颜色。有机物越少，水越蓝。水的颜色也取决于光照的变化和表面粗糙度的变化。

(10) Bunsen 首次尝试利用充有蒸馏水的黑色管观察瓷器，结果表明蓝色是最纯净的水的表观颜色①。

(11) Tyndall(1870)发现：如果水中没有粒子存在，那么我们就会看到黑色。

(12) Boas(1881)发现：水吸收和反射的颜色可以是不同的。

(13) Strutt(1910)描述：如果海洋里的水是非常清澈的，那么海洋里就没有什么东西可以把光反射回来，因此，在这种情况下，海洋的颜色就看不见了，而深海中的深蓝色仅仅是反射的"天空的蓝色"。

① 这个实验在 2003 年进行了重现，结果并不像 Bunsen 所描述的那样清晰。管子需要长一些，以便获得明显的蓝色。

(14) Raman (1930) 发现：分子作用产生了水的蓝色。总之，由于分子吸收，穿透水体的阳光的光谱发生了变化，分子吸收了较长的波长。同时，由于分子对蓝色光的后向散射机制，水的反射光发生改变。

参考文献

Aitken J. 1882. On the colour of the Mediterranean and other waters. Proceedings of the Royal Society of Edinburgh, Volume XI, Edinburgh, Neill and Company, MDCCCLXXXII, 473-483.

Arago F. 1858. Colorigrade-Cyanomètre. Oeuvres Complètes de François Arago. Publiées d'après son ordre sous la direction de M. J. -A. Barral. Mémoires scientifiques 10: 277-281. Paris: Gide and Leipzig: Weigel.

Arago F. 1858. Graduation expérimentale du polarimètre. Oevres de François Arago. Publiées d'après son ordre sous la direction de M. J. -A. Barral. Mémoires scientifiques 10: 270-277. Paris: Gide and Leipzig: Weigel.

Bacon Sir Francis. 1631. Chapter 873. Sylva Sylvarum or a Natural History. In ten centuries. Published after the author's death by William Rawley, Third edition. (London, William Lee), 258.

Beetz W. 1862. § VIII, Ueber die Farbe des Wassers. Annalen der Physik und Chemie, 137-147. Herausgegeben zu Berlin von J. P. Poggendorff, Vierte Reihe. Band XXV. Leipzig: verlag von Johann Ambrosius Barth.

Bernard F. 1856. Note sur la description et la théorie d'un nouveau cyanomètre. Juillet-Décembre, Comptes rendus hebdomadaire de séances de l'Academie des Sciences, 982-985. Paris: Mallet-Bachelier, imprimeur-libraire.

Boas F. 1881. Beiträge zur Erkentniss der Farbe des Wassers. Inaugural-Disertation zur Erlangen der philosophischen Doctorwürde unter Zustimmung der philsophischen Fakultät zu Kiel, University of Kiel, Germany. Kiel: Schmidt and Klaunig.

Bunsen R. 1847. Ueber den innen Zusammenhang der pseudovulkanischen Erscheinungen Islands. Bd 1, Heft 4. Annalen der Chemie und Pharmacie 62: 44-59. Heidelberg: Winter.

Bunsen R. 1849. On the colour of water. Edinburgh new Philosophical Journal 47: 95-98.

Catteau-Calleville Jean Pierre Guillaume. 1812. Tableau de la mer Baltiqueconsidérée sous les rapports physiques, géographiques, historiques et commerciaux, avec une carte, et des notices détaillées sur le mouvement général du commerce, sur les ports les plus importants, sur les monnaies, poids, et measures. Paris: Pillet.

Condamine M de la. 1751. Journal du voyage fait par ordre du roi, a l'équateur, servant d'introduction historique a la mesure des trois premiers degrés du méridien; Mesure des trois premiers degrés du méridien dans l'hémisphere austral. Paris Imprimerie royale.

Einstein A. 1910. Theorie der Opaleszenz von homogenen Flüssigkeiten und Flüssigkeitsgemischen in der

Nähe des kritischen Zustandes. Annalen der Physik. Vierte Folge, Band 33, 1275-1298. Leipzig: Wien und Planck.

Foll H, Sarasin E. 1885. Sur la profondeur à laquelle la lumière du jour pénètredans les eaux de la mer, Janvier-Juin. Comptes rendus hebdomadaires des séances de l'Académie des sciences, 100: 991-994. Gauthier-Villars, imprimeurlibraire, Paris.

Forel François Alphonse. 1890. Une nouvelle forme de la gamme de couleur pour l'étude de l'eau des lacs. Archives des Sciences Physiques et Naturelles/Société de Physique et d'Histoire Naturelle de Genève, VI: 25.

Gieskes W W C, Veth C, Wörmann A, et al. 1987. Secchi disc visibility world record scattered. EOS, 68 (9), 123.

Goethe V, Johann W. 1942. translated by Roel Houwink. Reis naar Italië (Italian journey, 1786-1788). (Uitgeverij contact, 2e druk, Amsterdam).

Goethe V, Johann W. 2000. translated by Pim Lukkenaer. Kleurenleer. Based on published German National-literature version 1883-1897 by Joseph Kürschner, first printed in 1810, Entwurf eincr Farbenlehre. (Uitgcvcrij Vrij Geestesleven, Zeist, ISBN 90-6038-267-6), 23-24.

Humboldt A, Bonpland A. 1814. Voyage aux régions équinoxiales du nouveau continent, fait en 1799, 1800, 1801, 1802, 1803, 1804, (Reproduced by F. Schoell, Paris). Tome premier, 248-256.

Jolly von Johann Philipp Gustav. 1872. Ueber die Farbe der Meere. Jahresbericht der Geographischen Gesellschaft in München, 122-128.

Kayser J. 1873. Physik des Meeres: für gebildete Leser, Chapter 91, 92, 93, 154-165. Schöningh, Paderborn.

Kayser J. 1873. Chapter 91, 92, 93 in Physik des Meeres: für gebildete Leser, (Schöningh Paderborn), 154-165.

Kotzebue von Otto. 1821. Voyage of Discovery into the South Sea and Beering's Straits, for the purpose of exploring a North-East passage, undertaken in the years 1815-1818, at the expense of His Highness the Chancellor of the Empire, Count Romanzoff, in the ship Rurick, under the command of the lieutenant in the Russian Imperial Navy, Otto von Kotzebue. In three volumes. London: Longman, Hurst, Rees, Orme and Brown.

Lorenz J. 1863. Physicalische Verhaltnisse und Vertheilung der organismen im Quarnerischen Golfe. 379. Wien, Kaiserlich-Königlichen Hof- und Staatsdruckerei.

Lorenz J. 1898. Limnophysik; Durchsichtigkeit. Mittheilungen der Kaiserlich-Königlichen Geographischer Gesellschaft in Wien. Kaiserlich-Königlichen Geographischer Gesellschaft in Wien 42: 69-84. Wien: Lechner.

Luksch J. 1901. Expeditionen S. M. Schiff' Pola 'im Mittelländischen, Ägäischen und Rothen Meere in den Jahren 1890-1898. Wissenschaftliche Ergebnisse XIX. Untersuchungen über die Transparenz und Farbe de Seewassers. Berichte der Commission für Oceanographische Foeschungen.

Collectiv-Ausgabe aus dem LXIX Bande der Denkschriften Kaiserlichen Akademie der Wissenschafte. A. Forschungen im Rothen Meere. B. Forschungen im Östlichen Mittelmeere: 400-485. Hof- und Staatsdruckerei, Wien.

Martyn J. 1669. Philosophical Transactions: giving some Accompt of the present undertakings, studies and labours of the Ingenious in many considerable parts of the World. Vol. III for Anno 1668. In the Savoy. Printed by T. N. for John Martin at the Bell, a little without Temple-Bar, Printer to the Royal Society, 700.

Melloni M. 1847. - Lettre adressée à Mr. F. Gera de Conegliano sur la cause de la lumière bleue qui éclaire la grotte d'azur. Archives des sciences physiques et naturelles de Genéve, Société de physique et d'histoire naturelle de Genéve, Tome 5, 321-332. Bibliothèque universelle de Genève.

Raman C V. 1922. On the molecular scattering of light in water and the colour of the sea. Proceedings of the Royal Society of London, Series A, containing papers of a mathematical and physical character, 101: 64-80.

Raman C V. 1930. The colour of the sea. Nobel lecture of 11 December 1930, on the molecular scattering of light, 9.

Ramanathan K R. 1923. The molecular scattering of light in vapours and liquids and its relation to the opalescence observed in the critical state. Proceedings of the Royal Society of London, Series A, containing papers of a mathematical and physical character, March, 1923, 102 : 151-161.

Saussure de Horace-Bénédict. 1842. Le cyanometer de Saussure. Le Magasin Pittoresque, 10th Year, (Aux bureau d'abonnement et de vent, 29, Quai de grands-Augustines, Paris), 202-203.

Scoresby W. 1820. An account of the Arctic regions: with a history and description of the Northern whale-fishery, Volume 1.

Secchi P A. 1864. Relazione delle esperienze fatte a bordo della pontificia pirocorvetta Imacolata Concezione per determinare la trasparenza del mare. Memoria del P. A. Secchi. Il nuovo cimento giornale de fisica, chimica e storia naturale. Tomo XX. Ottobre 1864. Published 1865: 205-237. Torino, pressoi tipografi-librai G. B. Paravia. Pisa, presso i tipografi -libraio F. Pieraccini.

Secchi P A. 1866. Relazione delle esperienze fatte a bordo della pontificia pirocorvetta Imacolata Concezione per determinare la trasparenza del mare. Sul moto ondoso del mare e su le correnti di esso specialmente su quelle littorali by Comm. Alessandro Cialdi: 258-287. Roma, tipografia delle belle arti.

Smoluchowski Marian Ritter von Smolan. 1908. Molekular-kinetische Theorie der Opaleszenz von Gasen im kritischen Zustande, sowie einiger verwandter Erscheinungen. Annalen der Physik 330: 205-226. Leipzig: Wien und Planck.

Soret Jacques-Louis. 1870. Observation sur la note précédente (comment on Hagenbach Sur la polarisation et la couleur bleue de la lumière réfléchie par l'eau ou par l'air). Archives des Sciences Physiques et Naturelles/Société de Physique et d' Histoire Naturelle de Genéve 37: 180-181.

Soret Jacques-Louis. 1870. Sur l'illumination des corps transparents. Archives des Sciences Physiques et Naturelles/Société de Physique et d' Histoire Naturelle de Genéve 37: 129-175.

Soret Jacques-Louis. 1870. Sur la polarisation de la lumière de l'eau. Archives des Sciences Physiques et Naturelles/Société de Physique et d' Histoire Naturelle de Genéve 39: 353-367.

Strutt John William. 1871a. On the light from the sky, its polarisation and colour. London, Edinburgh and Dublin Philosophical Magazine and Journal, 107-120 and 274-279.

Strutt John William. 1871b. On the scattering of light by small particles. London, Edinburgh and Dublin Philosophical Magazine and Journal, 447-454.

Strutt John William. 1910. Chapter 343. Colour of the sea and sky. Scientific Papers(in six volumes), Volume V : 1902-1910, 5 : 540-546.

Thomsen A, Thomsen J. 1877. Stenochromi og en ved same udført international Farvescala. Tidsskrft for Physik og Chemi samt Disse Videnskabers Anvendelse. Sextende Aargand, 82-85. Kjøbenhavn.

Tyndall J. 1870. By an editor of the Engineer written down during a lecture. Professor Tyndall on the colour of the sea and the water supply of London. The Engineer, 27 January, 64.

Tyndall J. 1870. On the colour of the Lake Geneva and the Mediterranean Sea. Nature, 20 October, 489-490.

Tyndall J. 1871. The causes of the colour of the sea. Nature, 13 July, 203-204.

Ule W. 1892. Die bestimmung der Wasserfarbe in den Seen. Kleinere Mittheilungen. Dr. A. Petermanns Mittheilungen aus Justus Perthes geographischer Anstalt, 70-71. Gotha: Justus Perthes.

Vogel H W. 1875. Spectroscopische Untersuchung des Lichts der blauen Grotte auf Capri. Annalen der Physik und Chemie 156: 325-326. Leipzig: Republished by J. C. Poggendorf, Verlag J. A. Barth.

Wallmann H. 1868. Die Seen in den Alpen. Jahrbuch des Österreichischen AlpenVereines, 4: 1-117. Wien: Verlag von Carl Gerold's Sohn.

Wernand M R, van der Woerd H J. 2010. Spectral analysis of the Forel-Ule Ocean colour comparator scale. J. Europ. Opt. Soc. Rap. Public. 10014s Vol 5.

Wernand M R, Gieskes W W C. 2011. Ocean optics from 1600 (Hudson) to 1930 (Raman); Shift in interpretation of natural water colouring. Paris, Union des océanographes de France. ISBN: 978-2-9510625-3-5.

Wittstein T. 1860. Sitzung der Königlichen Bayerischen Akademie der Wissenschaften zu München, 603-624.

第 4 章　水下光场的高光谱测量

光学海洋学目前开始从多光谱(multispectral)观测(包括少量带宽约 10nm 的波段)向高光谱(hyperspectral)观测(以 3～5nm 的间隔进行连续光谱采样)转变。用于水下和空中部署的高光谱成像系统已广泛应用，并且新的星载传感器的发展计划已经就位。高光谱测量的优点包括提高了水体和底栖生物特征的识别能力，以及解决非弹性过程(如拉曼散射和叶绿素荧光)的能力。本章回顾了满足高光谱成像所需分辨率的水下光场测量技术，并且介绍了仪器设计、校准和部署过程中必须考虑的主要因素。同时明确了需要进一步发展的技术领域，包括缩短光谱采集时间、改进在大陆架和沿海水域中的部署技术。

4.1　高光谱与多光谱的辐射测量

“高光谱”一词似乎是由 Goetz 等(1985)创造的，用于描述一类数字图像文件，其中每个像素都包含完整的光谱信息。在海洋学中，对水下光场和遥感反射率的研究最初是基于“多光谱”的，也就是说仅涉及少数波段的辐射测量。然而，现在经常通过飞机(有时是国际空间站)对海洋环境进行高光谱遥感，并且新的星载传感器计划已经就位。这些机载和星载传感器需要用高光谱测量水下光场，从而获取海洋的真实数据(Ahmed et al.，2011)，并用于验证自然水体辐射传输的数值模型。研究者还发现了高光谱在浮游植物类群的光学鉴别(Mao et al.，2010)、水下成像(Brando et al.，2009)和生物光学(Morel et al.，2006)中的应用。第 20 章综述了水下高光谱成像在海底基质分类和栖息地测绘方面的应用。在这些应用中，除了对夫琅禾费谱线(Fraunhofer line)的研究(Ge et al.，1995)，感兴趣的光谱区域大多位于 350～850nm，所需的分辨率约为 5nm。早期，通常采用封装在防水外壳中的扫描单色仪和光电倍增管在该分辨率下对水下光场开展研究(Morel，1980)，但这些仪器部署烦琐，且在执行光谱扫描所需的时间内照明条件可能会发生变化(Duggin and Philipson，1982)。近年来，固态阵列探测器和微型光谱仪的引入使构建紧凑、低功率的水下高光谱辐射计成为可能，目前这类仪器可由包括 TRIOS(德国)、Satlantic(加拿大)和 HOBI Labs(美国)在内的几家公司生产。高光谱传感器较多光谱传感器可获取更多的信息，如图 4.1 所示，该图显示了在爱尔兰海(Irish Sea)某观测站两个不同深度(depth)处测得的下行辐照度 $E_d(\lambda)$。其中，典型多通道辐射计(为 SeaWiFS 海洋真实性验证所配置)的测量结果也显示在该图上。

本章作者 A. CUNNINGHAM and D. MCKEE，University of Strathclyde，Scotland。

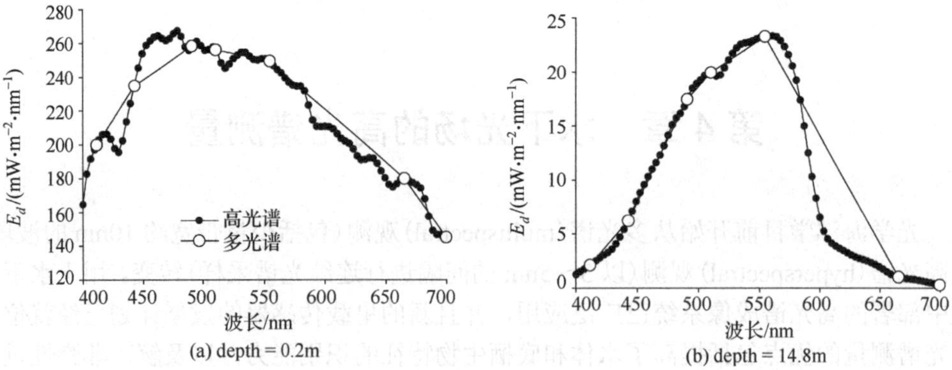

图 4.1 可见光波段两个不同深度(depth)处高光谱和多光谱采样所得下行辐照度光谱的比较

其中高光谱采样间隔为 3.3nm，多光谱点表示典型的 SeaWiFS 多光谱剖面辐射计(SeaWiFS Profiling Multichannel Radiometer，SPMR)的采样点，其 10nm 带宽波段的中心位于 412nm、443nm、490nm、510nm、554nm、665nm 和 700nm 处

对于该观测站，多通道辐射计可以很好地描绘海表的整体光谱形状，但无法捕获太阳能输入的精细结构。在水体深处，600～650nm 范围内的辐照度光谱存在明显的欠采样，若此时计算光谱积分用于初级生产力研究，将导致重大误差。应当指出，在很小的物理封装中实现如此高的分辨率需要在工程上做出妥协，这限制了水下测量的范围。尽管如此，随时可用和易于部署的微型高光谱仪器正为海洋学研究开辟令人兴奋的新领域(Chang et al.，2004)。

4.2 辐射度量学的基本原理

光谱辐射度量学的基本量是光谱功率$\Phi(\lambda)$，单位为 W·nm^{-1}。在量化漫射光场时，通常将光谱功率视作球坐标方向(θ,φ)、立体角(ω)和投影面积(A)的函数进行测量，即光谱辐亮度，定义为

$$L(\theta,\varphi,\lambda)=\frac{\mathrm{d}^2\Phi(\lambda)}{\mathrm{d}\omega\mathrm{d}A} \tag{4.1}$$

单位为 W·m^{-2}·nm^{-1}·sr^{-1}。由于难以量化全辐亮度分布，因此为了简便，引入基于定义角度上的辐亮度积分量。例如，通过对整个球面上的辐亮度积分得到总标量辐照度 E_o：

$$E_o(\lambda)=\int_{4\pi}L(\theta,\varphi,\lambda)\mathrm{d}\omega \tag{4.2}$$

而下行和上行标量辐照度 E_{od} 和 E_{ou} 是通过对半球上的辐亮度积分获得的，积分限

分别为 2π 和−2π。下行和上行平面辐照度 E_d 和 E_u 是通过在积分前将光谱辐亮度乘以它们倾角 θ 的余弦值得到，即

$$E_d(\lambda)=\int_{2\pi}L(\theta,\varphi,\lambda)\cos\theta\mathrm{d}\omega \tag{4.3}$$

$$E_u(\lambda)=\int_{-2\pi}L(\theta,\varphi,\lambda)\cos\theta\mathrm{d}\omega \tag{4.4}$$

辐照度的平均余弦（$\bar{\mu}$）是光场的角度分布函数，在辐射传输理论中起着重要的作用，定义为

$$\bar{\mu}=\frac{E_d-E_u}{E_o} \tag{4.5}$$

沿最低点/最高点轴向的辐照度和辐亮度随深度（z）近似呈指数变化（由 Gordon 在 1989 年分析得出），深度相关性可以用漫射衰减系数来描述。例如，下行平面辐照度的漫射衰减系数（K_d）为

$$K_d=-\frac{\mathrm{d}(\ln E_d)}{\mathrm{d}z} \tag{4.6}$$

类似的定义同样适用于上行平面辐照度和标量辐照度的漫射衰减系数（K_u、K_o、K_{ou} 和 K_{od}）。海水的漫射衰减系数在有限的太阳角范围内对照明条件相对不敏感，因此被归类为表观光学特性。其他常用的表观光学特性有辐照度反射率（即辐照度比（R））和辐亮度比（R_L）：

$$R(\lambda)=\frac{E_u(\lambda)}{E_d(\lambda)} \tag{4.7}$$

$$R_L(\lambda)=\frac{L_u(\lambda)}{E_d(\lambda)} \tag{4.8}$$

其中，$L_u(\lambda)$ 为上行光谱辐亮度。

遥感反射率（R_{rs}）是 R_L 的一种特殊情况，其中 L_u 和 E_d 是在海平面以上测量的。本节所介绍物理量的推导的进一步细节可以在 Mobley（1994）和 Kirk（2011）中找到。

4.3　传感器设计和光收集器几何结构

典型的水下高光谱辐射计的主要部件有光收集器、光导、摄谱仪、阵列探测器和辅助电子设备（图 4.2）。光收集器决定辐射计的角度响应，其设计与 4.2 节的数学定义直接相关。因此，球面漫射器用作标量辐照度测量（式（4.2））的收集器，而具有余弦响应的平面漫射板用于平面辐照度测量（式（4.3））。准直器，或更常见的会聚透镜和光圈，用于测量确定的立体角内的辐射。可以将不透明的挡板添加到标量探测器上，从而将收集器的响应限制在单个半球。典型的收集器几何结构如图 4.3 所示。

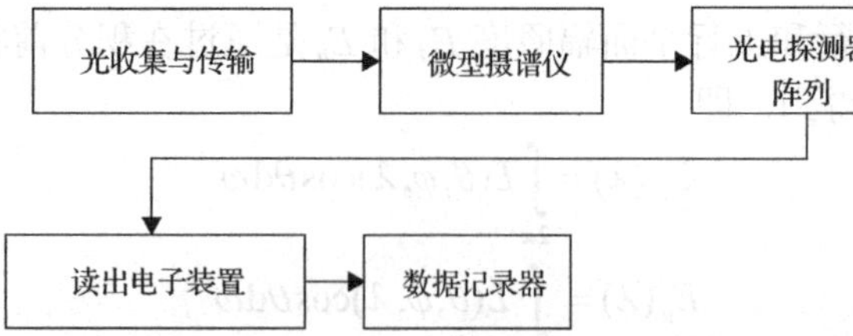

图 4.2 水下高光谱辐射计的主要部件

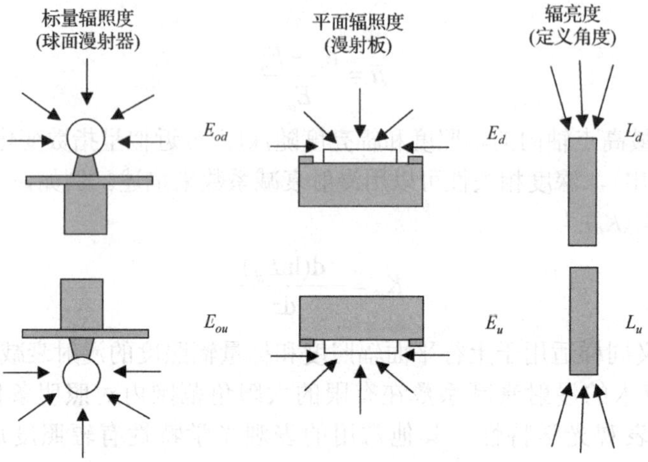

图 4.3 用于水下辐射测量的光收集器几何结构

漫射器要实现完全符合 4.2 节中角度积分限的几何响应会存在一定困难。由于球形漫射器需要支撑部件和引入光导，因此难以实现完整的(4π)标量响应，通常必须通过将平板的边缘暴露在入射光下来校正平板在掠射角下的余弦响应。对于海表以下的辐射率测定，空气与海水的折射率差异意味着需要为空气下校准的仪器导出浸没因子的值(Ohde and Siegel，2003；Zibordi and Darecki，2006)。同样需要注意的是，漫射光场可能会因仪器本身的存在而受到干扰，并且这种效应在高吸收系数的水中尤为明显(Gordon and Ding，1992；Leathers and Downes，2004)。光导的选择取决于光谱传输和机械支撑是否足够，以避免可变的弯曲损耗。对于辐射率测量，由于光栅/探测器的结构是偏振敏感的，光导还可以实现入射辐射偏振状态的随机化。目前大多数高光谱辐射计的检测元件由微型摄谱仪和阵列探测器组成。光电二极管阵列常用于可现场部署的辐射计，但 CCD 仍是在探测非常低光照水平，或单一摄谱仪连接多光纤输入同时生成多个光谱时的首选。摄谱仪本身的光通量是内部光学系统焦距和入口狭缝宽度的函数，在集成系统中通常是固定的。因此，水下辐射测量系统的光学设计决策主要涉及阵列探测器和摄谱仪的特性匹配问题，以获得所需的光谱带宽和分辨率，以及设计光收集器所需的角响应，以满足其传输特性。将漫射器用作光收集器，其所固有的低效率、小探测器面积(265 元光电二极管阵列面积仅为 0.03mm^2)和随波长变化的响应特性(对于 CMOS 光电二极管来说，在 400～700nm 之间大约增加两倍响应率)，给环境光场的探测带来了一定挑战。

4.4　光谱分辨率、噪声水平和时间响应

评估水下光谱辐射计的性能时要考虑的因素包括光谱带宽、分辨率和动态范围。在光谱组件设计中，分辨率和动态范围引入了相互冲突的要求，因为高的光谱分辨率需要狭窄的入射狭缝和大量的小型探测元，而光度灵敏度则要求宽狭缝和较大的探测面积。商业仪器通常由一个 300～900nm 波段的光谱仪和一个 256 元的线性阵列探测器(简称线阵探测器)组成。这意味着光谱采样间隔约为 2.5nm，但是光谱仪光学系统中的像差和杂散光会对相邻探测器的响应产生交叉影响，并降低可达到的分辨率(Zong et al.，2006；Torrecilla et al.，2008)。微型阵列探测器在用于水下辐射测量时，有其特定的局限性。例如，光电二极管阵列中一个信号元件的光饱和电压与暗电压的本征比小于三个数量级，这将无法覆盖在海洋环境中测量所需的灵敏度范围。因此，必须通过改变阵列读取之间的积分时间来增加仪器的响应范围。在低光照环境下测量时需要较长的积分时间，这会降低时间分辨率，并限制了获取剖面和横截面的速度(Zibordi et al.，2004)。此外，由于整个探测器设置相同的积分时间，因此很难在必要的光谱范围给出有意义的参数设置。由于可现场部署的微型系统通常无法控制其内部温度，阵列探测器的暗电流会随温度发生变化(每增加 10℃大约变化两倍)，因此通常通过安装机械快门或对永久遮盖的像元采样来持续监测暗电流。尽管存在这些限制，但仍有可能利用微型高光谱辐射计进行有效的海洋测量。图 4.4 显示了大西洋东部水深超过 100m 处的上行辐亮度(L_u)测量结果（以对数显示），辐亮度值下降到约 $5\times10^{-7}\text{W}\cdot\text{m}^{-2}\cdot\text{nm}^{-1}\cdot\text{sr}^{-1}$。但这是以较长的采集时间为代价获得的，意味着无法在合理的部署周期内获得连续剖面光谱图。

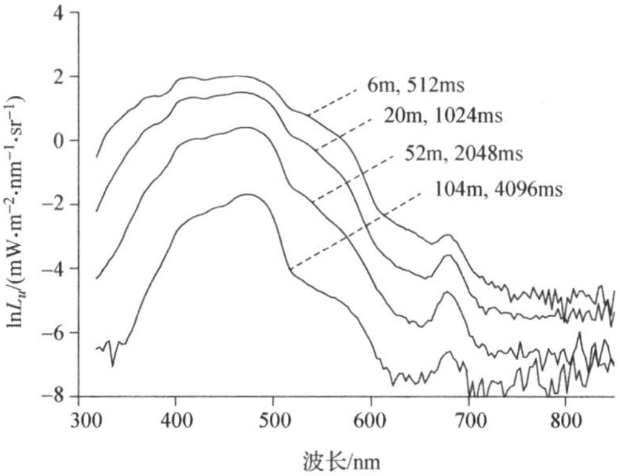

图 4.4　使用商用辐射计测量大西洋东部(25.1°N,28.5°W)水深超过 100m 处的上行辐亮度(L_u)显示了在不同深度(6m、20m、52m 和 104m)处生成具有可接受噪声水平的谱线所需的积分时间(512ms、1024ms、2048ms 和 4096ms)

4.5 辐射计的校正和部署

实验室空气环境下的辐射计校准技术已经很成熟(Wolfe，1998；Meister et al.，2003)，但需要昂贵且精心维护的设备支持。其包括一个标准光源、稳定的电源以及理想的光谱中性的朗伯反射板。此外，还需要一个精准的旋转位移台，用于检测光收集器的角度响应能力。对于在水中运行的仪器，必须了解其浸没因子。这可以通过实验室的水箱直接测定(Hooker and Zibordi，2005；Zibordi and Darecki，2006)，或通过与水中的参考仪器比较间接确定(Ohde and Siegel，2003)。大多数实验室依赖制造商提供的绝对仪器校准数据，但由于海洋辐射计可能受到机械冲击、光学污染和显著的温度变化影响，因此在部署期间跟踪仪器的性能是必要的。阵列探测器可以使用多谱线放电灯(现有小型的放电灯)进行光谱校准，制造商提供低功率的稳定光源来跟踪现场仪器的响应。大多数水下系统包括深度和角度传感器以及数据记录器，可以部署在船上、固定在系泊用具上或由潜水员或自主式水下航行器携带。船舶在海浪中移动时获取准确的剖面光谱图十分困难，尤其是靠近海面处，且船舶或其他实体平台产生的阴影会干扰测量过程(Zibordi and Ferrari，1995；Kuwahara et al.，2008)。这些问题在一定程度上可以通过自由落体系统解决，该系统可以在水中垂直放置，并通过脐带电缆与船舶连接。利用船舶和部署的剖面仪之间漂移率的差异，实现在阴影区之外的测量。通过测量垂直剖面确定漫射衰减系数时，需要在仪器投放期间保持恒定的照明条件，最好通过在水面上放置一个下行辐照度(E_d)参考传感器来检验。然而即使在太阳能输入不发生显著变化的情况下，由于海浪的聚焦效应，水下光场仍可能会发生快速的波动，这种波动在辐射剖面上表现为尖峰(Gernez and Antoine，2009；You et al.，2010)。

更大的难题在于所有水域的深紫外和近红外部分，以及浑浊或富营养化水体的整个光谱部分，漫射衰减系数的值都很高。因此，如果要进行有效的测量，则需要非常精确的仪器定位。

4.6 天然水体的高光谱特征

天然水体光谱反射率的变化范围之广是有据可查的。图 4.5 显示了四个完全不同水域的高光谱遥感反射率光谱，分别来自苏格兰西海岸入口(朱拉海峡(Sound of Jura))、浑浊的河口(布里斯托尔湾(Bristol Channel))、浅海大陆架区域(通往英吉利海峡(English Channel)的西部通道)和一个海洋环流区域(北大西洋(North Atlantic))。光谱已按其峰值进行缩放以突出其形状差异。这些谱线形状与水体中具有光学意义的物质的浓度之间存在一定关系，是光谱反演过程中一个复杂的问题，也是当前大量研究的课题之一(Lee and Carder，2005；Barale and Gade，2008)。然而，与北大西洋的海洋观测站相比，英吉利海峡和朱拉海峡蓝光波段反射率的降低可能归因于英吉利海峡的浮游植物，以及朱拉海峡的浮游植物和有色可溶性有机物的共同影响(两个光谱都显示出较小的叶绿素荧光峰)。布里斯托尔湾主要的蓝光吸收物是悬浮的沉积物，光谱中600nm 至近红外区域的反射率增大主要是由该物质强烈的后向散射造成的。

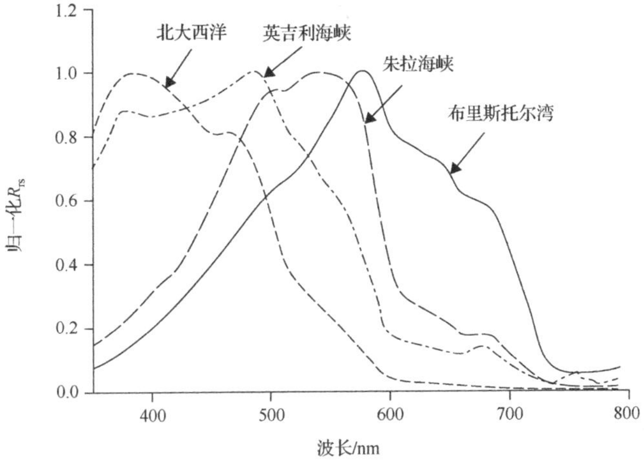

图 4.5　位于北大西洋(22.5°N,20.6°W)、布里斯托尔湾(51.3°N,3.6°W)、朱拉海峡(56.5°N,5.4°W)和通往英吉利海峡的西部通道(48.5°N,8.9°W)的四种不同水域的归一化遥感反射率(R_{rs})光谱

图4.6更为详细地显示了朱拉海峡四个不同深度处水下光场$E_d(\lambda)$和$L_u(\lambda)$的光谱。在沿海水体中，随着深度的增加，蓝光和红光波段迅速衰减。在水深 8.2m 处，E_d和

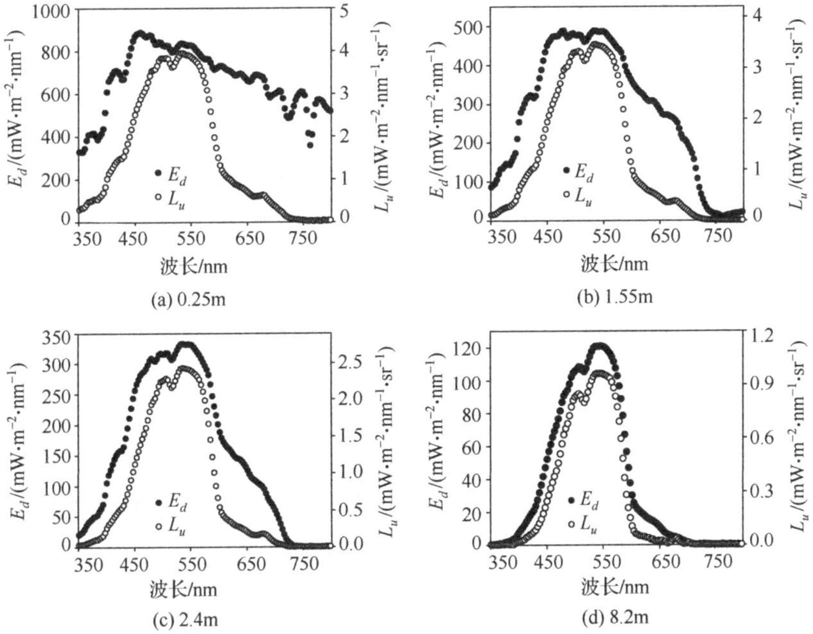

图 4.6　在朱拉海峡(苏格兰西海岸)四个不同深度处测得的下行辐照度(E_d)和上行辐亮度(L_u)

L_u 的光谱都被限制在一个以 540nm 为中心的宽光谱带上。在所有深度处的测量中，太阳辐照度在 510nm 处存在轻微的下降，而 L_u 的光谱在 685nm 处的小尖峰可能是浮游植物荧光造成的。水体深处有限的光谱范围对水下能见度、海底照明和浮游植物发光的光收集都有影响。在此分辨率下，几乎无法获取精细的光谱特征。因此，从高光谱数据中提取判别信息往往依赖高阶光谱微分技术(Torrecilla et al.，2009，2011)。

4.7 光谱转换过程的重要性

水下光场的最简化分析忽略了可能存在的生物发光源(Moline 等在第 7 章中进行了讨论)，并假设不存在光谱转换过程导致的辐射能重新分配。然而，以下两种情况的光谱转换过程是非常重要。一是由浮游植物中的叶绿素 a 受太阳能激发产生的荧光发射，二是水分子的拉曼散射。685nm 处的叶绿素荧光峰是遥感反射率光谱的常见特征，图 4.7 显示了来自苏格兰海湾的藻华现象。遗憾的是，浮游植物的生理变化(Babin et al.，1996)和沿海水体复杂的光学特性(McKee et al.，2007；Gilerson et al.，2008)使得荧光峰的强度很难作为叶绿素 a 浓度定量分析的指标。

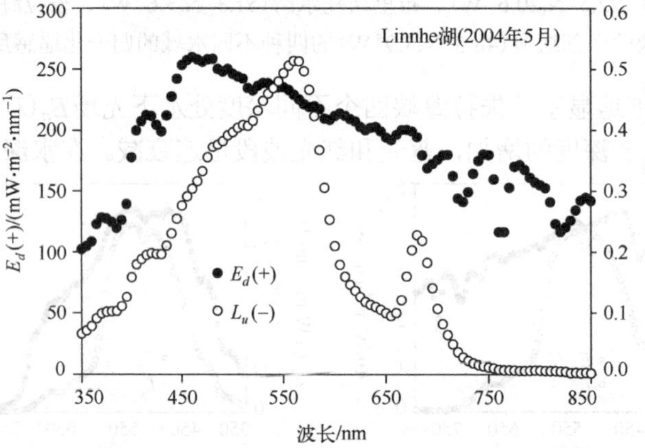

图 4.7 海面上下行辐照度 $E_d(+)$ 和海面下上行辐亮度 $L_u(-)$

测量于苏格兰 Linnhe 湖的一个浮动平台上，天气阴。上行辐亮度光谱中可以看到以 685nm 为中心显著的荧光峰，其中叶绿素 a 浓度为 $8\mathrm{mg\cdot m^{-3}}$

第 16 章探讨了激光拉曼散射作为化学分析工具的应用。水分子的拉曼散射是一个低产量的过程(Bartlett et al.，1998)，在大陆架海域，水分子的拉曼散射通常被海水其他成分的后向散射所掩盖。然而，在营养贫乏的海水中，水分子的拉曼散射对上行辐亮度谱中波长大于 500nm 的部分贡献明显(Gordon，1999)，这一点可以从深海水体辐射反射率测量中清楚地看到。图 4.8 显示了东大西洋一个贫营养区域的示例，其中来自深层海水的叶绿素荧光峰也很明显。

这些光谱转换效应证实了辐亮度随深度呈指数递减的假设不成立，利用式(4.6)

计算仪器剖面的垂直漫射衰减系数会在较长波长下产生误导性的结果(Boynton and Gordon，2000)。

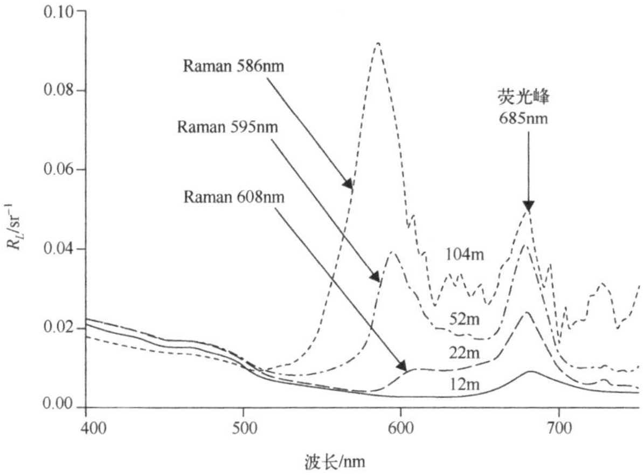

图 4.8　光谱转换过程对大西洋(25.1°N,28.5°W)处测得的辐亮度化(R_L)光谱的影响

随着深度从 12m 增加到 104m，685nm 处的叶绿素荧光峰和拉曼峰(由 608nm 至 586nm)变得更加明显

4.8　小　结

光谱采集在没有时间限制的情况下，即使处于低光条件和在浑浊的水域，也可以利用商用传感器对水下光场进行高光谱测量。然而，包括垂直剖面和海底反射截面测量在内的许多应用，与现有的高光谱传感器相比，要求更高的光度灵敏度和更短的积分时间。未来发展方向包括研究具有偏振识别能力的传感器(Tonizzo et al.，2009)和改善长期部署设备的生物防污能力。精确的传感器定位系统，可能基于浮力控制(Morrow et al.，2010)，是测量强吸收波长处漫射衰减系数所必需的。高光谱水下辐射测量有许多新兴应用领域，通过分析高光谱水下辐射反射率测量数据，可获得浮游植物吸收系数和浮游植物群落的种类组成(Taylor et al.，2011；Torrecilla et al.，2011)。最后，海洋光学正朝着构建高光谱辐射传输模型和反射率反演算法的方向发展，而这些都必须建立在对海水固有光学特性的高光谱测量基础之上。在撰写本章时，仅有衰减计和吸收计能达到所需的光谱分辨率，而获取高光谱的固有光学特性的最佳来源可能是辐射剖面的反演(Gordon et al.，2009)。

参 考 文 献

Ahmed S, Harmel T, Gilerson G, et al. 2011. Hyperspectral and multispectral above-water radiometric measurements to monitor satellite data quality over coastal areas. Proc. SPIE, 8030: 803002；doi: 10.

1117/12. 884674.

Babin M, Morel A, Gentili B. 1996. Remote sensing of sea surface Suninduced chlorophyll fluorescence: Consequences of natural variations in the optical characteristics of phytoplankton and the quantum yield of chlorophyll a fluorescence. International Journal of Remote Sensing, 7: 2417-2448.

Barale V, Gade G. 2008. Remote Sensing of the European Seas. Springer, Dordrecht, 514.

Bartlett J S, Voss K J, Sathyendranath S, et al. 1998. Raman scattering by pure water and seawater. Applied Optics, 37: 3324-3332, doi:10.1364/AO.37.003324.

Boynton G C, Gordon H R. 2000. Irradiance inversion algorithm for estimating the absorption and backscattering coefficients of natural waters: Raman scattering effects. Applied Optics, 39: 3012-3022, doi:10.1364/AO.39.003012.

Brando V E, Anstee J M, Wettle M, et al. 2009. A physics based retrieval and quality assessment of bathymetry from suboptimal hyperspectral data. Remote Sensing of Environment, 113: 755-770, doi: 10.1016/j.rse.2008.12.003.

Chang G, Mahoney K, Briggs-Whitmire A, et al. 2004. The new age of hyperspectral oceanography. Oceanography, 17: 23-29.

Duggin M J, Philipson W R. 1982. Field measurement of reflectance: some major considerations. Applied Optics, 21: 2833-2840.

Ge Y T, Voss K J, Gordon H R. 1995. In-situ measurements of inelastic light scattering in Monterey Bay using solar Fraunhofer lines. Journal of Geophysical Research-Oceans, 100, C7: 13227-13236, doi: 10.1029/95JC00460.

Gernez P, Antoine D. 2009. Field characterization of wave-induced underwater light field fluctuations. Journal of Geophysical Research-Oceans, 114: C06025, doi: 10. 1029/2008JC005059.

Gilerson A, Zhou J, Hlaing S, et al. 2008. Fluorescence component in the reflectance spectra from coastal waters. II. Performance of retrieval algorithms. Optics Express, 16: 2446-2460, doi:10.1364/OE.16. 002446.

Goetz A F H, Vane G, Solomon J E, et al. 1985. Imaging spectrometry for Earth remote sensing. Science, 228: 1147-1153.

Gordon H R. 1989. Can the Lambert-Beer law be applied to the diffuse attenuation coefficient of ocean water? Limnology and Oceanography, 34: 1389-1409.

Gordon H R, Ding K Y. 1992. Self-shading of in-water optical-instruments. Limnology and Oceanography, 37: 491-500.

Gordon H R. 1999. Contribution of Raman Scattering to Water-Leaving Radiance: a re-examination. Applied Optics, 38: 3166-3174, doi:10.1364/AO.38.003166.

Gordon H R, Lewis M R, McLean S D, et al. 2009. Spectra of particulate backscattering in natural waters. Optics Express, 17: 16192-16208.

Hooker S B, Zibordi G. 2005. Advanced methods for characterizing the immersion factor of irradiance sensors. Journal of Atmospheric and Oceanic Technology, 22: 757-770, doi:10.1175/JTECH1736.1.

Kirk J T O. 2011. Light and photosynthesis in aquatic ecosystems (3rd edition). Cambridge University Press, Cambridge, 650.

Kuwahara V S, Chang G, Zheng X B, et al. 2008. Optical moorings-of-opportunity for validation of ocean color satellites. Journal of Oceanography, 64: 691-703, doi:10.1007/s10872-008-0058-5.

Leathers R A, Downes T V. 2004. Self-shading correction for oceanographic upwelling radiometers. Optics Express, 12: 4709-4718, doi:10.1364/OPEX.12.004709.

Lee Z, Carder K. 2005. Hyperspectral remote sensing//Miller R L, Del Castillo C E, McKee B A. Remote Sensing of Coastal Aquatic Environments: Technologies, Techniques and Applications. Springer, Dordrecht, 353.

Mao Z H, Stuart V, Pan D L, et al. 2010. Effects of phytoplankton species composition on absorption spectra and modeled hyperspectral reflectance. Ecological Informatics, 5: 359-366, doi:10.1016/j.ecoinf.2010.04.004.

McKee D, Cunningham A, Wright D, et al. 2007. Potential impacts of nonalgal materials on water-leaving Sun-induced chlorophyll fluorescence signals in coastal waters. Applied Optics, 46: 7720-7729, doi: 10.1364/AO.46.007720.

Meister G P, Abel K, Carder A, et al. 2003. The Second SIMBIOS Radiometric Intercomparison (SIMRIC-2). NASA Tech. Memo. 2002-210006, 2, NASA Goddard Space Flight Center, Greenbelt, Maryland, 71.

Mobley C D. 1994. Light and Water, Academic Press, San Diego, 592.

Morel A. 1980. In-water and remote measurements of ocean colour. Boundary-Layer Meteorology, 18: 177-201.

Morel A, Gentili B, Chami M, et al. 2006. Bio-optical properties of high chlorophyll Case 1 waters and of yellow-substance-dominated Case 2waters. Deep-Sea Research Part I-Oceanographic Research Papers, 53: 1439-1459, doi:10.1016/j.dsr.2006.07.007.

Morrow J H, Booth C R, Lind R N, et al. 2010. The Compact Optical Profiling System (C-OPS)//Morrow J H, Hooker S B, Booth C R, et al. Advances in Measuring the Apparent Optical Properties (AOPs) of Optically Complex Waters, NASA Tech. Memo. 2010-215856, NASA Goddard Space Flight Center, Greenbelt, Maryland, 42-50.

Ohde T, Siegel H. 2003. Derivation of immersion factors for the hyperspectral TriOS radiance sensor. Journal of Optics A-Pure and Applied Optics, 5: L12-L14, doi:10.1088/1464-4258/5/3/103.

Taylor B B, Torrecilla E, Bernhardt A, et al. 2011. Bio-optical provinces in the eastern Atlantic Ocean and their biogeographical relevance. Biogeosciences, 8: 3609-3629.

Tonizzo A, Zhou J, Gilerson A, et al. 2009. Polarized light in coastal waters: hyperspectral and multiangular analysis. Optics Express, 17: 5666-5682.

Torrecilla E, Pons S, Vilaseca M, et al. 2008. Stray-light correction of in-water array spectroradiometers.

Effects on underwater optical measurements. OCEANS 2008, VOLS 1-4 Book Series: OCEANS-IEEE Pages: 1755-1759.

Torrecilla E, Piera J, Vilaseca M. 2009. Derivative analysis of hyperspectral oceanographic data//Jedlovec G. Advances in Geoscience and Remote Sensing. Intek, Rijeka, ISBN 978-953-307-005-6, 742.

Torrecilla E, Stramski D, Reynolds R A, et al. 2011. Cluster analysis of hyperspectral optical data for discriminating phytoplankton pigment assemblages in the open ocean. Remote Sensing of Environment, 115: 2578-2593, doi:10.1016/j.rse.2011.05.014.

Wolfe W L. 1998. Introduction to radiometry. SPIE, Washington. 188.

You Y, Stramski D, Darecki M, et al. 2010. Modeling of waveinduced irradiance fluctuations at near-surface depths in the ocean: a comparison with measurements. Applied Optics, 49: 1041-1053.

Zibordi G, D'Alimonte D, Berthon J F. 2004. An evaluation of depth resolution requirements for optical profiling in coastal waters. Journal of Atmospheric and Oceanic Technology, 21: 1059-1073, doi:10.1175/1520-0426(2004)021<1059.

Zibordi G, Darecki M. 2006. Immersion factors for the RAMSES series of hyper-spectral underwater radiometers. Journal of Optics A-Pure and Applied Optics, 8: 252-258, doi:10.1088/1464-4259/8/3/005.

Zibordi G, Ferrari G M. 1995. Instrument self-shading in underwater optical measurements-experimental data. Applied Optics, 34: 2750-2754, doi:10.1364/AO.34.002750.

Zong Y Q, Brown S W, Johnson B C, et al. 2006. Simple spectral stray light correction method for array spectroradiometers. Applied Optics, 45: 1111-1119, doi:10.1364/AO.45.001111.

第 5 章　海水中的有色可溶性有机物

作为溶解有机碳的代表物和海洋中生物地球化学和物理过程的示踪剂，有色可溶性有机物(CDOM)变得越来越有研究价值。有多种台式和原位测量的仪器可用于有色可溶性有机物的吸收和荧光测量；然而，精确测量需要采取一些防范措施，尤其是对于高光谱技术。

5.1　引　　言

有色可溶性有机物是指在水中溶解且吸收蓝光和紫外光的所有有机化合物的总称。这些化合物是在动植物的自然代谢过程中产生的，因此在水生系统中无处不在。除了水本身，有色可溶性有机物是影响水下光学和成像最重要的因素。有色可溶性有机物吸收紫外(Ultraviolet，UV)辐射并具有蓝色荧光，因此对海洋中的正、负辐射传输都有贡献。有色可溶性有机物与叶绿素的吸收光谱重叠，对浮游植物的生理过程具有重要影响，可控制光合作用的光利用率，同时，也促进了原位测量中荧光技术的应用。在过去的 20 年里，海洋中有色可溶性有机物浓度及其成分的复杂性和变异性得到了很好的表征。灵敏的原位光谱仪器可用于实时剖析和勘测部署。本章将介绍海洋中有色可溶性有机物的源和汇，并重点介绍这些过程如何影响光学特性以及有色可溶性有机物的分布。简要讨论用于测量有色可溶性有机物的仪器，包括用于吸光度和荧光测量的实验室技术和原位技术。最后，为了提供文献资料的最新进展，将简要讨论有色可溶性有机物测量的最新应用。

5.1.1　有色可溶性有机物简介

在天然水域中，有色可溶性有机物的存在是很容易观察到的，其在淡水和很多沿海环境中通常呈褐色。它在这些水域中的主要来源是土壤渗滤液，含有腐殖质、单宁、木质素、多酚以及植物分解的其他有色代谢副产物。已知有数百种化合物是“有色”的。复杂的土壤有机质(Aiken et al.，1985)也因此从陆地转移到了水生环境，从河流转移到了海洋，在转移过程中还会进一步降解和产生新的物质。因此，有色可溶性有机物精确的化学组成在任何给定的水生环境中都很难确定，而且也不可能跨环境进行预测。此外，其赋予颜色的这一特性，也有助于促进分子内相互作用和光化学反应，从而改变有色可溶性有机物的理化性质及光学特性。

本章作者 P. G. COBLE，University of South Florida，USA。

虽然不可能对有色可溶性有机物样品进行完整的化学表征，但是有色可溶性有机物与土壤中的腐殖酸和黄腐酸具有许多共同特征。它们通常是黄色到棕色的，是沿海地区有色可溶性有机物的主要成分。其他具有相似性质的化合物有木质素、多酚、单宁、黑色素(Del Vecchio and Blough，2004)，以及天然多氯联苯(Polychlorinated Biphenyl，PCB)化合物(Repeta et al.，2004)。海洋和陆地的腐殖质在化学上是不同的，但两者都源于动植物的新陈代谢。陆地腐殖质与海洋腐殖质相比，具有更高的芳香度和碳氮比，而相应的河流有色可溶性有机物与海洋中的相比更偏红褐色一些。植物和藻类细胞的分解会产生有颜色的生化物质。当小分子(如氨基酸和糖类)因褐变反应和暴露于紫外辐射下而发生聚合时，颜色也会随之发生变化(Harvey et al.，1983；Harvey and Boran，1985)。

5.1.2 有色可溶性有机物的重要性

有色可溶性有机物在海洋学领域和水科学领域都受到广泛的关注。有色可溶性有机物是构成淡水(Laane and Koole，1982；Laane and Kramer，1990)和沿海水域中可溶性有机碳(Dissolved Organic Carbon，DOC)的一个重要部分，因此，有色可溶性有机物对于了解环境中的碳循环是十分重要的。有色可溶性有机物在光化学和痕量金属化学中也发挥着重要作用。它会被太阳光迅速地破坏，从而产生二氧化碳、大量的可用作微生物碳源的有机小分子(Miller and Moran，1997；Moran and Zepp，1997)，以及与痕量金属元素进行氧化还原反应的自由基，如过氧化物和羟基(Micinski et al.，1993)。因此，这些过程不仅会影响浮游植物生长所需的碳和微量元素的利用率，还会影响大气-海洋之间的气体交换(Mopper et al.，1991；Zepp et al.，1998；Emmenegger et al.，2001；Toole and Siegel，2004；Toole et al.，2006；Rijkenberg et al.，2005)。

有色可溶性有机物的光学检测在海洋环流、浮游植物生产力、生态系统健康和碳循环等研究中具有重要意义。卫星海洋水色遥感可以为研究河流羽流、上升流和涡旋环流提供必要的有色可溶性有机物全球分布图(Baker and Spencer，2004；Hoge and Lyon，2005)。有色可溶性有机物吸收对叶绿素吸收的干扰在表层海洋的各个区域都很明显，在 443nm 处有色可溶性有机物的吸收占总吸收的 50%或更多。用于分离有色可溶性有机物吸收和叶绿素吸收这两个信号的算法变得越来越可靠，因此可以对这两个参量进行单独研究或一前一后的串联研究。上升流和涡旋环流可以通过次表层水向上输送引起的有色可溶性有机物增加来识别，其浓度通常比表层水高一个数量级(Coble et al.，1998)。

有色可溶性有机物也是评估沿海海草床和珊瑚礁等生态系统健康状况的重要参量。有色可溶性有机物对水下光照强度的限制控制着沿海地区海草的范围，这些地区的浮游植物密度可能会由于水体富营养化而变得很高；而在过度阳光照射可能导致珊瑚白化的环境中，有色可溶性有机物可为珊瑚礁提供显著的防晒保护。利用剖面法实时原位检测有色可溶性有机物已被应用于微生物活动的次表层研究中(Coble et al.，1991；Chen and Bada，1992)，加深了对深海碳循环的了解。有色可溶性有机物荧光方法可以用来追踪人类(Baker and Spencer，2004)和农业废弃物的污染，以及石油泄漏造成的痕量多环芳烃(Polycyclic Aromatic Hydrocarbons，PAHS)的污染(Lieberman et al.，1992)。最后，有色可溶性有机物荧光法目前被当作一项检测远洋船舶是否符合压载水交换规定的技术(Murphy et al.，2004)。

5.2　有色可溶性有机物的光学特性

有色可溶性有机物是用吸光度来定义的，但它也可以利用荧光进行简易而灵敏地测量。由于并非所有的有色可溶性有机物都具有荧光，因此完全用荧光法测量的有机物被称为荧光可溶性有机物。样品的吸光度、激发光谱和发射光谱会随着大部分可溶性有机物的化学组成的变化而变化。

5.2.1　吸光度

有色可溶性有机物的吸收光谱通常是平滑且无特征的，其在光谱的紫外(UV)端呈指数增长(图 5.1)。

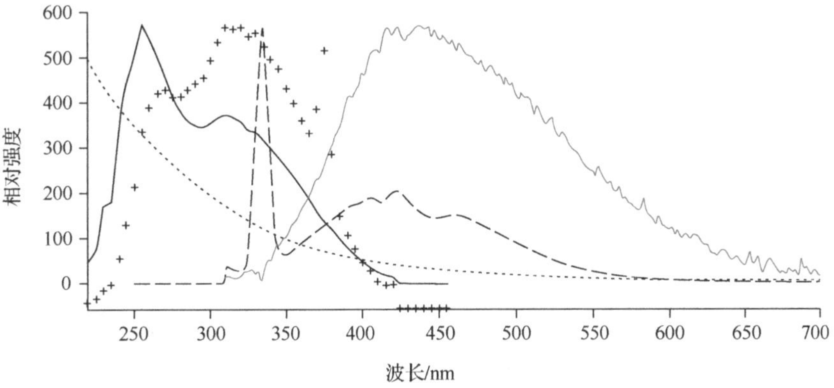

图 5.1　来自佛罗里达 Caloosahatchee 河有色可溶性有机物样品的吸光度和荧光光谱[①]

点线表示吸光度；实黑线表示校正后的激发光谱；加号表示未校正的激发光谱；虚线表示未校正的发射光谱；实灰线表示校正后的发射光谱

尽管存在大量独立的组成成分，但仍缺乏明显的光谱峰，这是由组分的重叠光谱以及组分之间的分子内电子相互作用共同造成的(Del Vecchio and Blough，2004)。从受陆地影响的沿海水域到开放海域，其有色可溶性有机物浓度会降低，通常还伴随着光谱形状的微小变化。形状参数，称为光谱斜率(S)，最初是作为一种工具来提高有色可溶性有机物在光谱可见光区的测量精度，用以估算叶绿素

① 资料来源：2009 年出版的 *Practical Guidelines for the Analysis of Seawater*(Oliver)，经 Taylor & Francis 许可印刷。

浓度(Bricaud et al.，1981)。光谱斜率的计算公式为

$$a(\lambda)=a(\lambda_0)\mathrm{e}^{-S(\lambda-\lambda_0)}$$

其中，$a(\lambda)$ 是在波长 λ 处的吸收系数，$a(\lambda_0)$ 是在参考波长处的吸收系数，S 是光谱斜率参数。吸收系数可由 $2.303A/L$ 计算，其中 A 是吸光度($\log(I_0/I)$)，L 是路径长度(单位：m)，2.303 是将以 10 为底的对数(lg)转换为自然对数(ln)的换算系数。对于大多数有色可溶性有机物样品，400nm 以下的对数转换的吸收系数与波长呈线性关系。计算光谱斜率的波长范围并没有规定，而是随着具体应用的变化而变化。但是，无论是采用线性拟合方法还是非线性拟合方法，都会对结果产生很大影响(Del Castillo et al.，1999；Stedmon et al.，2000)。双曲线模型也能很好地拟合吸收光谱(Twardowski et al.，2004)。

海洋中的光谱斜率会因海岸线处的淡水输入而降低，而在新的生产力或强烈的光漂白区域，光谱斜率会增加(Vodacek et al.，1995)。在很短的紫外波段内(280～312nm)计算出的光谱斜率已被证明与沿海地区的盐度有急剧增加的关系，因此可以用作沿海水混合和光漂白的示踪剂(Conmy et al.，2004；Coble，2007)。

5.2.2 荧光

尽管在许多环境中，吸光度和荧光这两种方法之间有很好的相关性(Ferrari and Tassan，1991；Hoge and Swift，1993)，但荧光法测量的有色可溶性有机物浓度并非严格等同于吸收测量的结果。原因是在 200～700nm 波段有吸收作用的化合物并非都能发射荧光，从吸收光谱与激发光谱的比较中可以明显看出这一点(图 5.1)。对于纯荧光团，预测激发光谱形状与其吸收光谱相似。而在 220～455nm 的激发波长范围内，有色可溶性有机物的情况却并非如此。荧光与吸光度之比(F/A)或者说表观荧光效率，其值在全球范围内的变化会相差 3 倍(Blough and Del Vecchio，2002)，其中，在没有明显阳光照射的陆地和深海水域中该比值最高。而由于长时间的光漂白，表层海水的荧光效率最低(Blough and Del Vecchio，2002)。在给定的地理区域内，F/A 比值通常是很稳定的，足以通过更灵敏的荧光测量结果计算出吸收系数；然而，由于河流流量的变化，可观察到相应的季节差异和年际差异(Conmy et al.，2004)。

对于有色可溶性有机物的研究，与紫外-可见光谱法相比，荧光光谱法具有灵敏度更高、选择性更强的优点。高光谱荧光数据包含了在很宽波长范围内的激发光谱和发射光谱，从而能够区分有色可溶性有机物的多个组分，以及研究其组分是如何随物理、化学和生物过程而变化的。

天然水体的荧光特性早在 100 多年前就已为人所知(Smart et al.，1976)。Kalle(1937，1938)采用显微镜直接观察的方法首次在海水中测量了荧光(Duursma，1974)。荧光研究的主要应用是利用固定的激发和发射波长下的荧光强度来追踪淡水输入。随着仪器技术的进步，光谱研究开始用于区分不同来源的有色可溶性有机物和研究有色可溶性有机物的化学成分。在海水中有色可溶性有机物的浓度很低，使得在没

有对样品预先进行浓缩的情况下很难进行测量，而且浓缩过程改变了材料的化学性质。许多早期研究提供的数据没有对荧光分光光度计中光学元件的光谱偏差进行校正，从而产生了带有肩峰和双峰的光谱，而校正之后能得到宽谱宽的单峰光谱。校正的和未校正的激发和发射光谱的示例如图 5.1 所示。

第一批使用高灵敏度荧光分光光度计得到的海水光谱是来自地中海地区的样品(Donard et al.，1989)。光谱显示，对于来自不同沿海和河口水域的样品，其在 337～370nm 这一激发波长下的发射峰在 460nm 处保持不变；然而，样品在 313nm 的激发下，可明显观察到其发射峰向短波方向移动(蓝移)。Cabaniss 和 Shuman(1987)曾使用同步扫描获得了类似的结果。

新一代的扫描式荧光分光光度计扩展了可观测的荧光波长范围，并使得采集多个激发和发射光谱成为可能，从而能够进一步表征有色可溶性有机物的荧光特性。激发-发射矩阵光谱(EEMS)法是一种将多个光谱组合形成三维荧光数据矩阵的技术。多种水生环境的 EEMS 结果显示，有色可溶性有机物中存在非腐殖质成分，包括蛋白质、氨基酸、色素(Coble，1996)和碳氢化合物(Lieberman et al.，1992)。

首先，通过峰的位置来描述用 EEMS 观测到的有色可溶性有机物成分，并命名为 A(UVC 类腐殖酸，E_x/E_m=260/(400～460))、B(类酪氨酸，E_x/E_m=275/305)、C(UVA 类腐殖酸，E_x/E_m=(320～360)/(420～460))、M(海洋 UVA 类腐殖酸，E_x/E_m=(290～310)/(370～410))、T(类色氨酸，E_x/E_m=275/340)和 P(类叶绿素，E_x/E_m=398/660)(图 5.2；Coble，1996)。人们已经认识到，M 成分不是海洋环境中特有的，也可以由淡水环境中的微生物活动产生，因此它表征了最近时期的生物活动(Stedmon et al.，2003)。

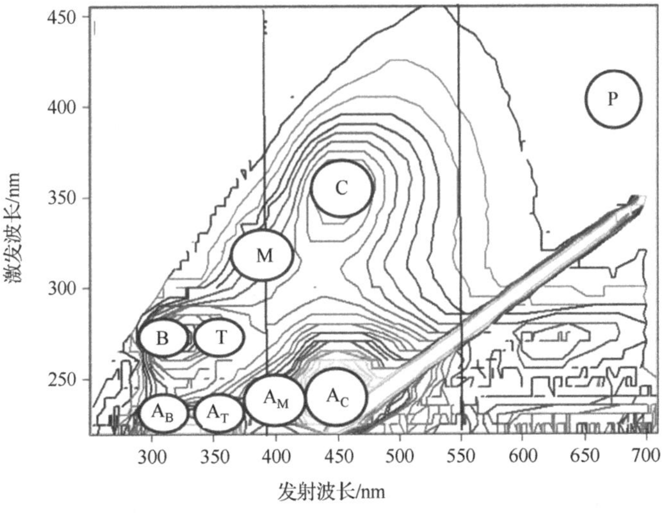

图 5.2　来自佛罗里达沿海地区的一个水样的 EEMS

展示了天然水生有色可溶性有机物中发现的主要峰值的相对位置。各峰标识如下：B 和 A_B 峰为类酪氨酸，T 和 A_T 峰为类色氨酸，M 和 A_M 峰为新的类腐殖酸成分，C 和 A_C 峰为陆地或古老海洋类腐殖酸成分，P 峰是类叶绿素成分将观测范围扩展到激发波长小于 250nm，结果表明：所有成分，而不仅仅是类腐殖酸的成分 C，都有两个激发峰值，一个在 UVC(Ultraviolet C，紫外线 C，100～280nm)区，一个在 UVA(Ultraviolet A，紫外线 A，320～400nm)区。这两个激发峰值对应的发射峰值波长相同。修订后的命名法适应了这一新的认知，使得 UVC 峰与其对应的 UVA 峰相关联。例如，A_T、A_B、A_M三个峰分别对应类色氨酸、类酪氨酸和海洋类腐殖酸三种成分(图 5.2)。

M 峰和 C 峰所在区域轮廓的延伸，即为有色可溶性有机物类腐殖酸成分的复杂性在其 EEM(激发-发射矩阵)指纹图谱上的反映。该区域的荧光峰值 F_{max} 随环境中化学成分的变化而变化(Coble，1996)。与海水中的 F_{max} 相比，淡水有色可溶性有机物中的 F_{max} 发生了红移，其 F_{max} 出现在更长的激发和发射波长处。该观测结果被认为是由陆地有色可溶性有机物中含有更大比例的芳香分子造成的。

各种统计方法也被应用于反卷积 EEMS(Persson and Wedborg，2001；Stedmon et al.，2003；Jiang et al.，2008)。采用最常用的平行因子分析(Parallel Factor Analysis，PARAFAC)技术的结果表明，在不同环境中所得的结果非常相似，并确定了大致与峰值命名法相对应的成分(Coble，2007)。平行因子分析模型为有色可溶性有机物荧光成分相对含量的评估提供了一种改进的方法，但是必须强调的是，这些成分并没有被证明与实际的荧光团相对应，并且平行因子分析成分实际上可能代表了多种荧光团。

5.3 有色可溶性有机物的测量

精确测量有色可溶性有机物需要仔细采集和处理样品，并充分了解所用仪器的性能和局限性。许多天然物质与有色可溶性有机物的吸收光谱会有部分相同，其中最值得注意的是叶绿素。荧光测量也会受到干扰物质的影响；但也应记住，与分光光度计不同，大多数荧光检测仪并不能提供绝对结果，而由于光学元件存在波长偏差，故需要进行仔细的校正。

5.3.1 采样污染和仪器校准

以下是用于有色可溶性有机物分析的分光光度法和荧光光度法的简要总结。更多详细说明，请参考 Nelson 和 Coble(2009)的文章。

应该从一开始就意识到，在大部分海洋中有色可溶性有机物都是以痕量存在的，因此必须格外小心，避免样品受到化学污染。例如，在清澈的海水中，有色可溶性有机物的拉曼散射强度与荧光强度之比可达 10∶1，甚至更高。颗粒物质散布造成的污染也是一个问题，特别是在沿海地区。无论是在环境中还是在实验室中，最常见的污染物来自石油化工产物(油、塑料)或微生物(蛋白质和氨基酸)。有关采样和测量注意事项的详细信息，请参阅 Spencer 和 Coble 的文章。

荧光强度和峰值位置也会受到基质效应(如含水量)以及采样和样品处理的影响，

这些都会改变有色可溶性有机物荧光团的三级理化结构(Zsolnay，2003)。溶剂性质(如 pH 值和离子强度)也会产生影响(Osburn et al.，2014)。这些影响似乎因环境而异，但目前尚不清楚，因此，在任何新的研究领域进行调查研究时都需要密切注意环境和采样的影响。

基于美国国家标准与技术研究院(National Institute of Standards and Technology，NIST)认证的标准物质对分光光度计进行校准。该材料通常是由制造商提供，可嵌入 NIST 提供的固体玻璃滤光片中。

有几种方法可用于荧光检测仪的校准。实验室和现场荧光计最常用的标准参考物质是硫酸奎宁二水合物(Quinine Sulfate Dihydrate，QSD)；然而，国际腐殖酸协会(International Humic Substances Society，IHSS)提供了几种黄腐酸和腐殖酸标准品，可用作覆盖有色可溶性有机物荧光全波长范围的第二标准品。校准因子是由标准品一系列稀释样品的曲线斜率导出的。除了制备标准溶液时的固有程序误差，这种方法还有几个缺点：NIST 认证的参考物质目前缺货，且没有准备新批次的计划；硫酸奎宁二水合物密封在比色皿中，与一个密封的空白比色皿一起出售，必须注意保护，避免它们因光漂白而被降解。最准确的方法是，根据硫酸奎宁二水合物在 347.5nm 处的吸光度，利用 $10810 L \cdot mol^{-1} \cdot cm^{-1}$ 这一消光系数可以准确计算它的实际浓度。

荧光校准的另一种方法是将荧光归一化为水的拉曼信号(Lawaetz and Stedmon，2009)。这种方法在便利性和长期稳定性方面具有一定优势；然而，许多原位测量仪器无法采集到拉曼峰。因此，对目前所有使用的仪器进行有色可溶性有机物荧光强度比较的唯一方法是提供硫酸奎宁二水合物的参照结果，或者至少提供一种从拉曼单位到硫酸奎宁当量(Quinine Sulfate Equivalents，QSE)的转换方法。

5.3.2 有色可溶性有机物分析仪器

用于有色可溶性有机物分析的工具在不断地发展，因此对当前仪器的详细描述很快就会过时。本节将介绍仪器设计的基本要素和方法。更多详细信息可以在 Twardowski 等(2004)和 Moore 等(2009)文章中找到。

用于吸光度测量的台式仪器主要有两种：双光束分光光度计和长程波导分光光度计，它们在有色可溶性有机物浓度非常低的情况下是十分有用的(Miller et al.，2002)。很多设备都同时配备了钨灯和氘灯，用以将光谱灵敏度扩展到紫外。探测器为光电倍增管(PMT)或光电二极管阵列。原位吸收度测量仪采用 10cm 或 25cm 的路径长度来达到所需灵敏度。被广泛使用的 WetLabs 公司生产的九通道 AC-9 仪器，最近被一款多光谱仪器(AC-S)所取代，该仪器可在 400～730nm 范围内获得 4nm 分辨率。该仪器使用线性可变滤波器(Linear Variable Filter，LVF)来提高光谱分辨率(Zaneveld et al.，2004)。

荧光检测仪的光源包括氙灯、发光二极管(LED)以及各种类型的激光器。当需要多种激发波长时，氙灯是最佳选择；但多重 LED 或激光器系统也有所应用，特别是在原位测量时。氙灯有两种类型，无臭氧型和产生臭氧型，这取决于结构中所使用的玻璃种类。产生臭氧型的氙灯具有石英外壳，可增强紫外线波段下照明强度，但它们必须与某种臭氧洗涤器或适当的通风设备一起使用。原位测量采用氙灯，可降低功率要求，延长灯具寿命。由于氙灯壳内的高压，所有氙灯都有爆炸的可能，尤其是在操作过程中，因此在处理时应采取特殊的预防措施。

由于高灵敏度和宽光谱范围，光电倍增管长期以来一直都是荧光分光光度计的标准探测器。然而，随着灵敏度的提高和成本的降低，电荷耦合器件(CCD)作为探测器在实验室仪器中的应用日益广泛。CCD 的一个优势是能够在不到 1s 的时间内获得一个发射光谱，大大缩短了 EEMS 的分析时间。光电二极管探测器及阵列既可用于原位测量的仪器，也可用于实验室仪器，但其灵敏度通常会低于其他类型的探测器。

光源和探测器之间的光学元件种类很多。波长鉴别器可以是频谱的(如单色仪)，也可以是带通的(如彩色或干涉滤光片)。光路也由各种透镜、反射镜、分束器或光纤控制。光路中的每个元件都会对信号造成损耗，并可能导致光谱偏差。

5.3.3 数据分析与处理

除了校准和空白校正，吸收测量和单通道荧光强度测量几乎不需要额外的处理。而二维荧光光谱和三维 EEM 数据需要对所有光学元件的光谱偏差进行校正。当氙灯用作宽波长范围的激发光源时，这一点尤为重要。在 300nm 以下，灯的输出会迅速下降，须选择用采样信号除以参考信号的比率模式来采集该区域的数据，这是十分重要的一点。参考探测器暴露于部分激发能量下，从而补偿了整个灯的光谱输出以及氙灯中电弧迁移所引起的灯光强度的微小波动。光路中光学元件的光谱校正是通过校准光源或校准探测器来确定的。多数情况下，校正光谱由制造商预先测定，并使其在仪器的使用寿命内保持不变。可以在数据采集时进行参考探测器以及激发和发射光谱的校正，在一些仪器中，这是通过仪器软件自动完成的。重要的是要了解正在进行的是哪些校正、它们适用的波长范围以及自动化软件程序是如何应用这些校正的。Holbrook 等(2006)提供了在有无各种参考探测器和光谱校正选项的情况下收集的一些 EEM 优秀示例。有关生成校正因子的更多详细信息，可在 Lakowicz(2006)文章中找到。

5.4 有色可溶性有机物测量在海洋中的应用

近年来，在海洋中进行有色可溶性有机物测量的研究数量在迅速增长。虽然对有色可溶性有机物总体分布的认知没有改变，但已经扩展到更多的海洋区域(如北冰洋)，也获得了关于有色可溶性有机物来源和组成的新信息。此外，有色可溶性有机物测量被越来越多地用于解决更大规模的生物地球化学和污染研究问题。

5.4.1　有色可溶性有机物在海洋中的分布

海洋中有色可溶性有机物的主要来源是淡水输入，因此有色可溶性有机物主要集中在沿海地区，并在近海迅速减少。大多数沿海地区的观测结果显示，有色可溶性有机物与盐度之间呈负线性相关关系，这表明物理混合在控制沿海有色可溶性有机物分布方面占主导地位。生物活动也是海洋和河口有色可溶性有机物的来源，会改变有色可溶性有机物的浓度和光谱特性。这在光谱荧光信号中可以得到最好的反映，该信号在类腐殖酸(M 峰和 C 峰)区域具有蓝移的荧光，并经常显示出色氨酸和类酪氨酸荧光的存在。在沿海地区，有色可溶性有机物其他重要局部来源还有盐沼、潮汐泥(Prahl and Coble，1994；Milbrandt et al.，2010)、红树林(Jaffe et al.，2004；Tremblay et al.，2007)以及沉水性水生植被。

研究发现，两种盐沼草类植物在有氧和缺氧条件下均能分解产生有色可溶性有机物。在缺氧条件下类腐殖酸 M 峰的产生会更持久一些；而在有氧条件下，早期产生的 M 峰物质会在 7 周后转变为红移的 C 峰物质。还可以观察到物种间的差异。香蒲在整个培育过程中产生的类色氨酸 T 峰不断增加，而狐米草只在最初的几天里产生了少量的类色氨酸 T 峰，此后 T 峰就消失了(Wang et al.，2007)。

沉积物孔隙水中的有色可溶性有机物含量也很高，在某些大型再悬浮事件期间，这可能是一个重要的局部来源(Coble，1996；Komada et al.，2002；Burdige et al.，2004)。由于这些不同来源的有色可溶性有机物具有不同的光谱特性和浓度，因此通常可以区分海岸线限航区(或河口区域)内不同组分的相对贡献(Kowalczuk et al.，2010)。

在开放海域，浮游植物(Astoreca et al.，2009)、大型藻类(Hulatt et al.，2009)、微型异养生物(Lonborg et al.，2010)、食草动物、病毒和细菌(Etheridge and Roesler，2004；Nelson et al.，2004；Steinberg et al.，2004；Cannizzaro and Carder，2006)都会生产有色可溶性有机物。浮游植物生产活动的影响已经在相关的实地研究中得到了验证，包括叶绿素和有色可溶性有机物之间的实时相关性(Coble et al.，1998)以及在水华发生后两者的变化存在一定的滞后时间(Sasaki et al.，2005；Hu et al.，2006)。

有色可溶性有机物减少的主要原因是日光的光漂白，因此在混合层以下的区域，其有色可溶性有机物通常要比其他物质高出 2～6 倍。可以在吸光度和荧光信号中观察到光漂白的影响。光谱斜率会随吸光度的降低而增大，并且在较长波长处的吸光度会率先降低。类腐殖酸荧光发生蓝移，而激发光谱的光谱形状也由高斯函数的曲线形状变为近似线性函数的曲线形状(参见 Coble(2007)文章中的图 4)。研究发现，卤化物(氯化物和溴化物)的存在可将 DOM(可溶性有机物)的光降解速率提高 40%，而这种提高与离子强度的变化无关(Grebel et al.，2009)。

5.4.2　人为产生的有色可溶性有机物

长期以来，荧光一直被用作碳氢化合物的示踪剂，这些碳氢化合物含有多种荧光成分，主要是芴、芘、萘和蒽等多环芳烃(PAH)。溢油应急响应协议要求使用荧光计来确定溢油的位置和浓度(National Oceanic and Atmospheric Administration，2001)，市面上的几种碳氢化合物荧光计可用于原油和有色可溶性有机物(E_x/E_m约为 250(或350)/450nm)或精炼油(E_x/E_m约为 250/360nm)的测定。2010 年 5 月在墨西哥湾发生了“深水地平线”溢油事故，该事故真实检验了现有仪器的有效性。2010 年整个夏季的监测结果显示，在漏油点(深度为 1500m)西南约 1200m 深度处持续存在着一股深层多环芳烃羽流。在堵漏后的几天内，荧光强度降低，原油和有色可溶性有机物荧光计已不能有效地检测深层荧光异常；而成品油荧光计则表现出正响应。Bugden 等(2008)给出了对几种类型的含或不含分散剂的原油进行 EEM 分析的案例。他们的结果显示，随着分散剂的加入，在 340/445nm 这一发射波长处的比率大大降低，这表明分散剂可能使较高分子量的 PAH 得以溶解。

这起事故中溢出的 Macondo 252 油属于轻质低硫原油，而在井口添加了分散剂，减少了到达水面的原油量。在溢油点附近表层水以下深度采集的全部水样的 EEM 显示，以 340nm 发射峰为主，这表明水体中含有较高比例的低分子量 PAH。原油的微小颗粒对观测信号的影响尚不确定，但在设计和实施溢油监测程序时，要求对原油以及分散剂对原油的影响进行全面的充分表征。

5.4.3　有关有色可溶性有机物组成的最新成果

寻找有色可溶性有机物荧光团的来源及化学成分仍然是一个非常活跃的研究领域。这些研究的成果增加了我们对有色可溶性有机物组成的认识。

Huguet 等(2010)采用粒径分级法研究了河口环境中的可溶性有机物(DOM)的组成。在所有水样(包括淡水水样)中，都可以在最小的粒径分组(分子量(Molecular Weight，MW)< 500Da[①])里发现 M 荧光团。虽然在一些淡水和半咸水样品的小粒径分组中也观察到了类酪氨酸的 B 峰，但该峰在相应的大体积水样的 EEM 中并没有被观察到。这些发现进一步证实了蓝移的 EEM 与组分向较低分子量转变有关。

在微生物和光化学作用下形成有色可溶性有机物的过程中，可溶性有机氮和无机氮(Dissolved Organic/Inorganic Nitrogen，DON 和 DIN)这两种化合物的影响表现出了很大的异质性，这种异质性取决于所涉及的含氮化合物(Biers et al.，2007)。在没有微生物存在的黑暗条件下不会产生有色可溶性有机物。添加氨基酸时产生的有色可溶性有机物最多，而在非芳香族氨基酸中的较少。在这两种情况下的有色可溶性有机物都非常不稳定，不到一周便会消失。而添加芳香族氨基酸-色氨酸则会快速生成难降解的有色可溶性有机物。虽然添加的三种氨基糖在化学组成上相似，但其产生的有色可溶性有机物在光学特性和生物学特性上是不同的。对于甘露糖胺产生的有色可溶性有机物，其 F_{max} 会蓝移，而葡萄糖胺和半乳糖胺产生的有色可溶性有机物则与淡水中的有

① $1Da=1.66054\times10^{-27}kg$。

色可溶性有机物更为相似。这表明有色可溶性有机物的形成会受到酶促反应的空间位阻效应的影响。色氨酸是唯一发现的有助于有色可溶性有机物光化学生成的含氮化合物，且只有在天然有色可溶性有机物存在的情况下才会如此。有色可溶性有机物在其他实验中均有所损失，而亚硝酸盐的存在加剧了有色可溶性有机物的损失。这项研究为有色可溶性有机物和荧光可溶性有机物产生过程提供了大量有价值的见解，并在很大程度上解释了环境中有色可溶性有机物的可变性。

5.4.4　水文和生物地球化学过程对全球海洋有色可溶性有机物的控制

过去五年中的几项研究使我们对有色可溶性有机物的产生、其在全球海洋中的分布以及它对控制其浓度和组成的水文和生化过程的响应有了更多的了解。这些成果也验证了将有色可溶性有机物用作平流、活跃对流、再矿化、上升流和沉降流的研究工具的可行性。

由于北极河流中可溶性有机碳浓度很高(1～10mg/L；Retamal et al.，2007；Hessen et al.，2010)且可溶性有机碳与有色可溶性有机物之间具有很强的相关性(Guay et al.，1999；Amon and Budeus，2003)，所以有色可溶性有机物是研究北冰洋水团混合的一种极好的示踪剂。陆地有色可溶性有机物在北极地区的亚洲一侧的地表水中占主导地位，而本地原生有色可溶性有机物则在北美一侧占主导地位(Gueguen et al.，2012)。太平洋和大西洋的盐跃层也会影响表层水以下有色可溶性有机物的浓度和组成。

在南大洋，Del Castillo 和 Miller(2011)发现南乔治亚岛附近地区的有色可溶性有机物浓度会升高。他们根据有色可溶性有机物与盐度之间的负相关关系，以及光谱斜率 S 与盐度之间的直接对应关系，将高浓度有色可溶性有机物的来源与岛上径流联系起来。

近年来，对开放海域有色可溶性有机物特性的研究为进一步了解海洋有色可溶性有机物的来源和组成提供了亟须的信息。M 和 C 组分均存在于中、深海区，且均与表观耗氧量(Apparent Oxygen Utilization，AOU)有关，这表明了微生物代谢在有色可溶性有机物生成中的作用及其在无日光条件下的难降解特性(Yamashita et al.，2010；Jørgensen et al.，2011)。两种组分的比例相对稳定，这表明两者的生成速率是相似的。

在北大西洋，正如类腐殖酸荧光与盐度之间的负相关关系所表明的，相对较高的类腐殖酸荧光与河流输入有关(Jørgensen et al.，2011)。北大西洋深层水体中有色可溶性有机物含量相对较高，这是由北大西洋深水区(North Atlantic Deepwater，NADW)表层水下沉引起的。在这些水域中的有色可溶性有机物含量高而表观耗氧量却较低，这便支持了上述观点。

沿太平洋经向和纬向剖面对有色可溶性有机物和水文数据进行综合分析，结果表明：有色可溶性有机物的浓度受水文和生物地球化学过程的双重控制，因此有色可溶性有机物可用于研究平流、活跃对流、再矿化、上升流和沉降流(Swan et al.，2009)。

若高有色可溶性有机物与高表观耗氧量相关，且这些水团还表现出较低的光谱斜率，则表明其来源是微生物再矿化。

光谱斜率较高的表层水中有色可溶性有机物值较低，说明存在光漂白现象，而这些水域的活跃对流则会引起亚热带型水域的次表层有色可溶性有机物出现最小值。沿着 30° N，在 160° E 到 140° W 之间水下 1000m 处，其表观耗氧量不高却出现了较高含量的有色可溶性有机物，这被认为是天皇海山区域中热液活动的证据。在中层水区，有色可溶性有机物与硝酸盐之间有较好的相关关系，而溶解无机碳（Dissolved Inorganic Carbon，DIC）与有色可溶性有机物在中深层水区均有较好相关性。

研究发现，南海有色可溶性有机物的年际变化与厄尔尼诺-南方涛动（El Niño-Southern Oscillation，ENSO）现象密切相关（Ma et al.，2011）。有色可溶性有机物含量在 ENSO 期间出现了低值。有色可溶性有机物的表层值在 1997～1998 年厄尔尼诺事件期间出现最小值，并且与 Niño 3.4 指数有很好的相关性。有色可溶性有机物值在强上升流期间通常会较高，但由于上升流减弱，有色可溶性有机物值变低。有色可溶性有机物在夏季会由于光漂白而减少，而厄尔尼诺现象引起的日照增加使得有色可溶性有机物进一步减少。

5.4.5 有色可溶性有机物与沿海生物地球化学动力学

最后，有色可溶性有机物可用作沿海污染物的有效示踪剂，这样的沿海污染物包括可溶性甲基汞（MeHg）。Bergamaschi 等（2011）利用有色可溶性有机物吸收与甲基汞浓度的相关性，研究了沿海湿地地区的甲基汞输出。他们发现，该输出受到诸如潮汐、风暴和风活动等物理过程之间复杂相互作用的影响，是不可预测的，这使得人们开始质疑对生物地球化学通量进行估算的短期研究的价值。

5.5 小　结

我们对有色可溶性有机物化学的理解以及使用有色可溶性有机物作为水文学和生物地球化学过程示踪剂的能力都在不断地提高，这很大程度上是由技术进步推动的。这不仅包括光学元件和光谱仪器方面的进步，也包括化学分离技术和辅助光谱仪器（如气相色谱-质谱联用仪）的发展。在单个化合物水平上解析所有有色可溶性有机物样品化学成分，仍是有色可溶性有机物研究中长期追求的目标。

从现场应用的角度来看，用于原位测量的仪器在不断改进，正向着能够在采样的同时通过平行因子分析进行实时处理并获得完整的 EEM 的方向发展。WetLabs 公司已经制作出了一个样机并进行了测试，但尚未投入商业生产。从遥感方法上看，下一代海洋水色传感器有望增加两个或更多的有色可溶性有机物吸收波段，这不仅可以改善有色可溶性有机物信号与叶绿素信号的分离，而且可以根据表层海洋中观测到的光谱斜率差异得到有色可溶性有机物的成分信息。

5.6　更多资料来源和建议

有关海洋中有色可溶性有机物的分布和测量，这里给出几个其他的资料来源。最完整的参考文献是《水生有机物的荧光》(*Aquatic Organic Matter Fluorescence*)，内容涉及了淡水、废水和海水中的有色可溶性有机物，包括荧光理论，有色可溶性有机物化学以及 pH、盐度等环境因素对有色可溶性有机物测量的影响等。Coble 等(1998)对海水中的有色可溶性有机物进行了综述。在 Nelson 和 Coble(2009) 以及 Lead 等的文章中可以找到有关吸收和荧光方法的完整表述。Twardowski 等(2004)和 Conmy 等介绍了原位测量吸收和荧光的方法，后者还对原位荧光计的历史、设计和使用进行了全面综述。关于整个海洋光学技术和仪器的更完整的综述可参见 Moore 等(2009)的文章。

参 考 文 献

Aiken G R, McKnight D M, Wershaw R L, et al. 1985. Humic Substances in Soil, Sediment, and Water, Geochemistry, Isolation, and Characterization. John Wiley & Sons, New York, 692.

Amon R M W, Budeus G. 2003. Dissolved organic carbon distribution and origin in the Nordic Seas: exchanges with the Arctic Ocean and the North Atlantic. Journal of Geophysical Research, 108 (C7), 3221, doi:10.1029/2002JC001594.

Astoreca R V, Rousseau R, Lancelot C. 2009. Coloured dissolved organic matter (CDOM) in southern North Sea waters: optical characterization and possible origin. Estuarine, Coastal and Shelf Science, 85 (4), 633-640.

Baker A, Spencer R G M. 2004. Characterization of dissolved organic matter from source to sea using fluorescence and absorbance spectroscopy. Science of the Total Environment, 333, 217-232.

Bergamaschi B A, Fleck J A, Downing B D, et al. 2011. Methyl mercury dynamics in a tidal wetland quantified using in situ optical measurements. Limnology and Oceanography, 56 (4), 1355-1371, doi: 10.4319/lo.2011.56.4.1355.

Biers E J, Zepp R G, Moran M. 2007. The role of nitrogen in chromophoric and fluorescent dissolved organic matter formation. Marine Chemistry, 103 (1-2), 46-60.

Blough N V, Del Vecchio R. 2002. Chromophoric DOM in the Coastal Environment. Academic Press, Amsterdam.

Bricaud A, Morel A, Prieur L. 1981. Absorption by dissolved organic matter of the sea (yellow substance) in the UV and visible. Limnology and Oceanography, 26 (1), 43-53.

Bugden J B C, Yeung C W, Kepkay P E, et al. 2008. Application of ultraviolet fluorometry and excitation-emission matrix spectroscopy (EEMS) to finger-print oil and chemically dispersed oil in seawater. Marine Pollution Bulletin, 56, 677-685.

Burdige D J, Kline S W, Chen W. 2004. Fluorescent dissolved organic matter in marine sediment pore waters. Marine Chemistry, 89, 289-311.

Cabaniss S E, Shuman M S. 1987. Synchronous fluorescence spectra of natural waters: tracing sources of dissolved organic matter. Marine Chemistry, 21, 37-50.

Cannizzaro J P, Carder K L. 2006. Estimating chlorophyll a concentrations from remote-sensing reflectance in optically shallow waters. Remote Sensing of Environment, 101, 13-24.

Chen R F, Bada J L. 1992. The fluorescence of dissolved organic matter in seawater. Marine Chemistry, 37, 191-221.

Coble P G, Gagosian R B, Codispoti L A, et al. 1991. Vertical-distribution of dissolved and particulate fluorescence in the Black-Sea. Deep-Sea Research, A, 38, S985-S1001.

Coble P G. 1996. Characterization of marine and terrestrial DOM in seawater using excitation-emission matrix spectroscopy. Marine Chemistry, 51, 325-346.

Coble P G, Del Castillo C E, Avril B. 1998. Distribution and optical properties of CDOM in the Arabian Sea during the 1995 southwest monsoon. Deep Sea Research II, 45, 2195-2223.

Coble P G. 2007. Marine optical biogeochemistry: the chemistry of ocean color. Chemical Reviews, 107, 402-418.

Coble P G, Spenser R G, Baker A, et al. in press. Aquatic organic matter fluorescence// Coble P, Baker A, Lead J, et al. Aquatic Organic Matter Fluorescence, Cambridge, Cambridge University Press.

Conmy R N, Del Castillo C E, Downing B D, et al. in press. Experimental design and quality assurance: in situ instrumentation// Coble P, Baker A, Lead J, et al. Aquatic Organic Matter Fluorescence, Cambridge, Cambridge University Press.

Conmy R N, Coble P G, Chen R F, et al. 2004. Optical properties of colored dissolved organic matter in the Northern Gulf of Mexico. Marine Chemistry, 89, 127-144.

Del Castillo C E, Coble P G, Morell J M, et al. 1999. Analysis of the optical properties of the Orinoco river plume by absorption and fluorescence spectroscopy. Marine Chemistry, 66, 35-51.

Del Castillo C E, Miller R L. 2011. Horizontal and vertical distributions of colored dissolved organic matter during the southern ocean gas exchange experiment. Journal of Geophysical Research, 116, C00F07, doi:10.1029/2010JC006781.

Del Vecchio R, Blough N V. 2004. On the origin of the optical properties of humic substances. Environmental Science and Technology, 38, 3885-3891.

Donard O F X, Lamotte M, Belin C, et al. 1989. High sensitivity fluorescence spectroscopy of Mediterranean waters using a conventional or a pulsed laser excitation source. Marine Chemistry, 27, 117-136.

Duursma E K. 1974. The fluorescence of dissolved organic matter in the sea// Jerlov N G, Steemann N E. Optical Aspects of Oceanography, New York, Academic Press, 237-256.

Emmenegger L, Schonenberger R, Sigg L, et al. 2001. Light-induced redox cycling of iron in circumneutral lakes. Limnology and Oceanography, 46, 49-61.

Etheridge S M, Roesler C S. 2004. Temporal variations in phytoplankton, particulates, and colored dissolved organic material based on optical properties during a Long Island brown tide compared to an adjacent embayment. Harmful Algae, 3, 331-342.

Ferrari G M, Tassan S. 1991. On the accuracy of determining light absorption by "yellow substance" through measurements of induced fluorescence. Limnology and Oceanography, 36, 777-786.

Grebel J E, Pignatello J J, Song W, et al. 2009. Impact of halides on the photobleaching of dissolved organic matter. Marine Chemistry, 115, 134-144.

Guay C K, Klinkhammer G P, Falkner K K, et al. 1999. High-resolution measurements of dissolved organic carbon in the Arctic Ocean by in situ fiber-optic spectrometry. Geophysical Research Letters, 26, 1007.

Gueguen C, McLaughlin F A, Carmack E C, et al. 2012. The nature of colored dissolved organic matter in the southern Canada Basin and East Siberian Sea. Deep Sea Research Part II: Topical Studies in Oceanography, 81-84, 102-113.

Harvey G R, Boran D A, Chesal L A, et al. 1983. The structure of marine fulvic and humic acids. Marine Chemistry, 12, 119-132.

Harvey G R, Boran D A. 1985. Geochemistry of humic substances in seawater//Aiken G R, McKnight D M, Wershaw R L, et al. Humic Substances in Soil, Sediment, and Water: Geochemistry, Isolation, and Characterization, New York, John Wiley and Sons, 233-247.

Hessen D O, Carroll J, Kjeldstad B, et al. 2010. Input of organic carbon as determinant of nutrient fluxes, light climate and productivity in the Ob and Yenisey estuaries. Estuarine, Coastal and Shelf Science, 88, 53-62.

Hoge F E, Swift R N. 1993. The influence of chlorophyll pigment upon upwelling spectral radiances from the North Atlantic Ocean: an active-passive correlation spectroscopy study. Deep Sea Research Part II: Topical Studies in Oceanography, 40, 265-277.

Hoge F E, Lyon P E. 2005. New tools for the study of oceanic eddies: Satellite derived inherent optical properties. Remote Sensing of Environment, 95, 444-452.

Holbrook R D, DeRose P C, Leigh S D, et al. 2006. Excitation-Emission Matrix Fluorescence Spectroscopy for Natural Organic Matter Characterization: A Quantitative Evaluation of Calibration and Spectral Correction Procedures. Applied Spectroscopy, 60(7), 791-799.

Hu C, Lee Z, Muller-Karger F E, et al. 2006. Ocean color reveals phase shift between marine plants and yellow substance. Geoscience and Remote Sensing Letters, 3, 262-266.

Huguet A, Vacher L, Saubusse S, et al. 2010. New insights into the size distribution of fluorescent dissolved organic matter in estuarine waters. Organic Geochemistry, 41, 595-610.

Hulatt C J, Thomas D N, Bowers D G, et al. 2009. Exudation and decomposition of chromophoric dissolved organic matter (CDOM) from some temperate macroalgae. Estuarine, Coastal and Shelf

Science, 84, 147-153.

Jaffe R, Boyer J N, Lu X, et al. 2004. Source characterization of dissolved organic matter in a subtropical mangrove-dominated estuary by fluorescence analysis. Marine Chemistry, 84, 195-210.

Jiang F, Lee F S, Wang X, et al. 2008. The application of excitation/emission matrix spectroscopy combined with multivariate analysis for the characterization and source identification of dissolved organic matter in seawater of Bohai Sea, China. Marine Chemistry, 110, 109-119.

Joint Analysis Group (JAG). 2010. Review of Preliminary Data to Examine Subsurface Oil in the Vicinity of MC252#1, 19 May – 19 June 2010. http://ecowatch.ncddc.noaa.gov/JAG/files/JAG%20Data%20Report%202%20FINAL. pdf.

Jørgensen L, Stedmon C A, Kragh T, et al. 2011. Global trends in the fluorescence characteristics and distribution of marine dissolved organic matter. Marine Chemistry, 126, 139-148.

Kalle K. 1937. Nahrstoff untersuchengen als hydrographisches hilfsmittel zur unterscheidung von wasserkorpern. Annals Hydrographie, 65, 276-282.

Kalle K. 1938. Zum problem der Merreswasserfarbe. Annals Hydrographie, 66, 1-13.

Komada T, Schofield O M E, Reimers C E. 2002. Fluorescence characteristics of organic matter released from coastal sediments during resuspension. Marine Chemistry, 79, 81-97.

Kowalczuk P, Cooper W J, Durako M J, et al. 2010. Characterization of dissolved organic matter fluorescence in the South Atlantic Bight with use of PARAFAC model: relationships between fluorescence and its components, absorption coefficients and organic carbon concentrations. Marine Chemistry, 118, 22-36.

Laane R W P M, Koole L. 1982. The relation between fluorescence and dissolved organic carbon in the Ems-Dollart Estuary and the western Wadden Sea. Netherlands Journal of Sea Research, 15, 217-227.

Laane R W P M, Kramer K J M. 1990. Natural fluorescence in the North Sea and its major estuaries. Netherlands Journal of Sea Research, 26, 1-9.

Lakowicz J R. 2006. Principles of Fluorescence Spectroscopy, 3rd Edition. New York, Springer Science+Business Media, 954.

Lawaetz A J, Stedmon C A. 2009. Fluorescence intensity calibration using the Raman scatter peak of water. Applied Spectroscopy, 63, 936-940.

Lead J, Baker A, Coble P, et al. in press. Aquatic Organic Matter Fluorescence. Cambridge, Cambridge University Press.

Lieberman S H, Inman S M, Theriault G A. 1992. Laser-induced fluorescence over optical fibers for real-time in situ measurement of petroleum hydrocarbons in seawater. Proceedings of Oceans '91, Oceanic Engineering Society of IEEE, 91CH 3063-5, 507-514.

Lonborg C, Alvarez-Salgado X A, Davidson K, et al. 2010. Assessing the microbial bioavailability and degradation rate constants of dissolved organic matter by fluorescence spectroscopy in the coastal upwelling system of the Ria de Vigo. Marine Chemistry, 119, 121-129.

Ma J, Zhan H, Du Y. 2011. Seasonal and interannual variability of surface CDOM in the South China Sea associated with El Nino. Journal of Marine Systems, 85, 86-95.

Micinski E, Ball L, Zafiriou O. 1993. Photochemical oxygen activation: super-oxide radical detection and production rates in the Eastern Caribbean. Journal of Geophysical Research, 98, C2, doi:10. 1029/92JC02766.

Milbrandt E C, Coble P G, Conmy R N, et al. 2010. Chromophoric dissolved organic matter production in shallow, subtropical estu-aries and export to the eastern Gulf of Mexico. Limnology and Oceanography, 55, 2037-2051.

Miller R L, Belz M, Del Castillo C, et al. 2002. Determining CDOM absorption spectra in diverse coastal environments using a multiple pathlength, liquid core waveguide system. Continental Shelf Research, 22, 1301-1310.

Miller W L, MoranM A. 1997. Interaction of photochemical and microbial processes in the degradation of refractory dissolved organic matter from a coastal marine environment. Limnology and Oceanography, 42, 1317-1324.

Moore C, Barnard A, Fietzek P, et al. 2009. Optical tools for ocean monitoring and research. Ocean Science, 5, 661-684, http://www.ocean-sci.net/5/661/2009/os-5-661-2009.html.

Mopper K, Zhou X, Kieber R J, et al. 1991. Photochemical degradation of dissolved organic carbon and its impact on the oceanic carbon cycle. Nature, 353, 60-62.

Moran M J, Zepp R G. 1997. Role of photoreactions in the formation of bio-logically labile compounds from dissolved organic matter. Limnology and Oceanography, 42, 1307-1316.

Murphy K J, Boehme C P, Cullen J, et al. 2004. Verification of mid-ocean ballast water exchange using naturally occurring coastal tracers. Marine Pollution Bulletin, 48, 711-730.

National Oceanic and Atmospheric Administration. 2001. Special Monitoring of Applied Response Technologies. http://response.restoration.noaa.gov/book_shelf/648_SMART.pdf.

Nelson N B, Coble P G. 2009. Optical analysis of chromophorie dissolved organic matter. Practical Guidelines for the Analysis of Seawater, 79-96.

Nelson N B, Carlson C A, Steinberg D K. 2004. Production of chromophoric dissolved organic matter by Sargasso Sea microbes. Marine Chemistry, 89, 273-287.

Osburn C L, Del Vecchio R, Boyd T J. 2014. Physicochemical Effects on Dissolved Organic Matter Fluorescence in Nature Waters//Aquatic Organic Matter Fluorescence. New York, Cambridge, Cambridge University Press, 233-277.

Persson T, Wedborg M. 2001. Multivariate evaluation of the fluorescence of aquatic organic matter. Analytica Chimica Acta, 434, 179-192.

Prahl F G, Coble P G. 1994. Input and behavior of dissolved organic carbon in the Columbia River Estuary. Change in Fluxes in Estuaries: Implications from Science and Management, Joint ECSA/ERF

Conference. Polytechnic SW, Plymouth, England, 13-18 September 1992.

Repeta D J, Hartman N T, John S, et al. 2004. Constituents of chromophoric dissolved organic matter in seawater. Environmental Science and Technology, 38, 5373-5378.

Retamal L, Vincent W F, Martineau C, et al. 2007. Comparison of the optical properties of dissolved organic matter in two river-influenced coastal regions of the Canadian Arctic. Estuarine, Coastal and Shelf Science, 72, 261-272.

Rijkenberg M J A, Fischer A C, Kroon J J, et al. 2005. The influence of UV irradiation on the photoreduction of iron in the Southern Ocean. Marine Chemistry, 93, 119-129.

Sasaki H, Miyamura T, Saitoh S, et al. 2005. Seasonal variation of absorption by particles and colored dissolved organic matter（CDOM）in Funka Bay, southwestern Hokkaido, Japan. Estuarine, Coastal and Shelf Science, 64, 447-458.

Smart P L, Finlayson B L, Rylands W D, et al. 1976. The relation of fluorescence to dissolved organic carbon in surface waters. Water Research, 10, 805-811.

Spencer R G M, Coble P G. in press. Sampling design for organic matter fluorescence analysis// Coble P, Baker A, Lead J, et al. Aquatic Organic Matter Fluorescence, Cambridge, Cambridge University Press.

Stedmon C A, Markager S, Kaas H. 2000. Optical properties and signatures of chromophoric dissolved organic matter（CDOM）in Danish coastal waters. Estuarine, Coastal and Shelf Science, 51, 267-278.

Stedmon C A, Markager S. 2001. The optics of chromophoric dissolved organic matter（CDOM）in the Greenland Sea: an algorithm for differentiation between marine and terrestrially derived organic matter. Limnology and Oceanography, 46, 2087-2093.

Stedmon C A, Markager S. 2003. Behaviour of the optical properties of coloured dissolved organic matter under conservative mixing. Estuarine, Coastal and Shelf Science, 57, 973-979.

Stedmon C A, Markager S, Bro R. 2003. Tracing dissolved organic matter in aquatic environments using a new approach to fluorescence spectroscopy. Marine Chemistry, 82, 239-254.

Steinberg D K, Nelson N B, Carlson C A, et al. 2004. Production of chromophoric dissolved organic matter（CDOM）in the open ocean by zooplankton and the colonial cyanobacterium Trichodesmium spp. Marine Ecology Progress Series, 267, 45-56.

Swan C M, Siegel D A, Nelson N B, et al. 2009. Biogeochemical and hydrographic controls on chromophoric dissolved organic matter distribution in the Pacific Ocean. Deep Sea Research Part I: Oceanographic Research Papers, 56, 2175-2192.

Toole D A, Siegel D A. 2004. Light-driven cycling of dimethylsulfide（DMS）in the Sargasso Sea: closing the loop. Geophysical Research Letters, 31（L09308）, doi:10.1029/200-4GL019581.

Toole D A, Slezak D, Kiene R P, et al. 2006. Effects of solar radiation on dimethylsulfide cycling in the western Atlantic Ocean. Deep Sea Research Part I: Oceanographic Research Papers, 53, 136-153.

Tremblay L B, Dittmar T A, Marshall G, et al. 2007. Molecular characterization of dissolved organic matter in a North Brazilian mangrove porewater and mangrove-fringed estuaries by ultrahigh resolution Fourier Transform-Ion Cyclotron Resonance mass spectrometry and excitation/emission spectroscopy. Marine Chemistry, 105, 15-29.

Twardowski M S, Boss E, Sullivan J M, et al. 2004. Modeling the spectral shape of absorption by chromophoric dissolved organic matter. Marine Chemistry, 89, 69-88.

Vodacek A, Hoge F E, Swift R N, et al. 1995. The use of in situ and airborne fluorescence measurements to determine UV absorption coefficients and DOC concentrations in surface waters. Limnology and Oceanography, 40, 411-415.

Wang X, Litz L, Chen R F, et al. 2007. Release of dissolved organic matter during oxic and anoxic decomposition of salt marsh cordgrass. Marine Chemistry, 105, 309-321.

Yamashita Y, Cory R M, Nishioka J, et al. 2010. Fluorescence characteristics of dissolved organic matter in the deep waters of the Okhotsk Sea and the north-western North Pacific Ocean. Deep-Sea Research II, 57, 1478-1485, doi:10.1016/j.dsr2.2010.02.016.

Zaneveld J R V, Moore C, Barnard A H, et al. 2004. Correction and analysis of spectral absorption data taken with the WET Labs ac-s. http://www.wet-labs.com/Research/res-earchintro.htm.

Zepp R, Callaghan T V, Erickson D J. 1998. Effects of enhanced ultra-violet radiation on biogeochemical cycles. Journal of Photochemistry and Photobiology B: Biology, 46, 69-82.

Zsolnay A. 2003. Dissolved organic matter: artefacts, definitions, and functions. Geoderma, 113, 187-209.

第6章 海水营养物质的光学评估

营养物质浓度的评估是海洋科学研究中的一项重要任务。原位光学仪器能够提高营养物质浓度测量的时间和空间分辨率。本章介绍使用分光光度法测定海水中硝酸盐和亚硝酸盐的基本内容；介绍分光光度计的基本设计和吸光度测量的过程，并对使用湿化学分析仪的间接光学营养评估做基本的介绍。

6.1 引 言

海水中的营养物质浓度对海洋的生物地球化学循环具有重要意义。如果在透光层没有营养物质，那么浮游植物就不能生长，而一旦营养物质耗尽，水华就会结束。浮游植物处于海洋食物链的底部，因此营养物质浓度对于几乎所有的海洋动物来说都十分重要。富营养化(即增加了湖泊、河流和沿海海洋中的营养物质，如陆地上使用的农业肥料会沿着河流输送到这些水体中)会对水体造成负面影响，如浮游植物大量繁殖和水体缺氧。因此，监测天然水体中的营养物质浓度也具有生态和经济意义，这同时也是对许多水务主管部门的一项要求。

要了解营养物质的生物地球化学循环，不仅需要测定透光层的营养物质浓度，还需要测定更深水域中的营养物质浓度，因为更深的水域能为上层水域补充矿物质。而且，这对于估算可用于初级生产的营养物质总量来说也是必要的。水体中的硝化、反硝化或氨氧化等过程会在很短的时间范围内(以小时为单位)发生，因此必须在适当的时间和空间尺度范围内进行测量。理想情况下，在对温度和盐度进行物理测量时，需要更快的测量方式，以便能够在同一尺度下同时获得两者的信息。还可以通过 AUV、水下滑翔机、拖曳平台等移动平台，调查营养物质的三维分布。

本章涵盖了对营养物质的光学测量，详细地介绍了不采用任何湿化学方法的直接光学测量方法，同时还总结了使用光学技术来检测样品与试剂反应产物的湿化学分析仪。

硝酸盐和亚硝酸盐在深紫外区的吸收是一个很特别的研究主题。讨论了其他成分对吸收的贡献，并描述了营养物质对总体吸收的贡献的测定方法。在进行展望和总结之前，还简要概述了用于营养物质评估的间接光学测量方法。

本章作者 R. D. PRIEN，Leibniz Institute for Baltic Sea Research Warnemünde，Germany。

6.2　直接光学测量

营养物质的直接光学测量，即仅由光与被测物的相互作用得出测量结果(如吸收和荧光测量)，具有速度快、时间分辨率高等优点，而在进行剖面测量或走航测量时，还具有空间分辨率高的优点。直接光学测量不需要任何试剂，因此测量时间不受试剂保质期的限制，测量次数也不受试剂剂量的影响。但遗憾的是，除硝酸盐和亚硝酸盐，目前几乎没有营养物质可以通过直接光学测量法进行测量。水下环境中的氨、铵、磷酸盐和硅酸盐等其他相关营养物质，在通过直接分光光度法进行吸光度测量时，没有表现出可供利用的光谱特征。

6.2.1　水中硝酸盐和亚硝酸盐的吸光度

多年前人们就了解了水中硝酸盐的光学吸收(Bastin et al.，1957)，不久，人们得知由于硝酸盐的浓度不同，深海海水对 235nm 以下的紫外光(UV)的吸收比地表水样高(Armstrong and Boalch，1961)。原子吸收光谱法(Atomic Absorption Spectroscopy，AAS)在进行吸收测量之前须将样品雾化，与之相比，液体中的原位光谱法存在吸收峰展宽的问题。造成这种展宽的原因包括水分子间相互作用、水分子与水中其他成分的相互作用，以及大量电子转动和振动能级跃迁造成的光谱重叠。

图 6.1 显示了由原位分光光度计(ProPS，德国 TriOS 公司生产)记录的硝酸盐(NO_3^-)和亚硝酸盐(NO_2^-)在 190～300nm 之间相对于纯水的吸收光谱。结果表明，最大吸收波长约为 200nm(NO_3^-)和 209nm (NO_2^-)，32nm 宽(半高全宽(Full Width Half Maximum，FWHM))的吸收峰有明显的重叠。由于这种重叠的存在，只测量一个波长下的吸光度是不够的，至少需要测量两个波长的吸光度，才能区分硝酸盐和亚硝酸盐对总吸光度的贡献。第一台用于海洋的原位仪器(Finch et al.，1998)使用了三个窄波段进行检测。即使是对于开放海域，这还是不够的，因此在其下一代仪器中使用了六个波段进行检测(Clayson，2000)。

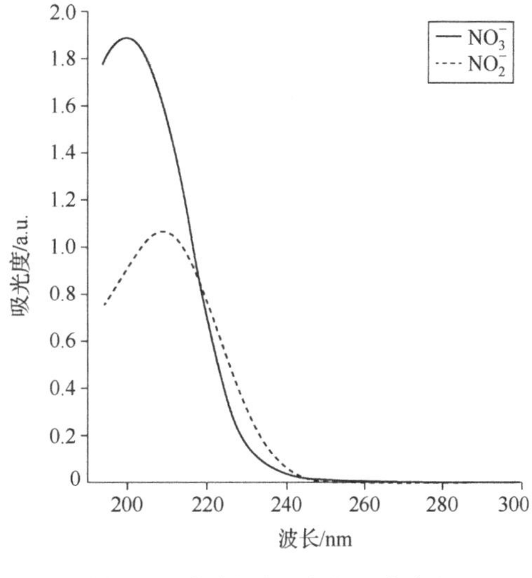

图 6.1　硝酸盐(NO_3^-)和亚硝酸盐(NO_2^-)的吸收光谱

6.2.2　其他成分的吸光度

海水中可能含有不同浓度的其他成分，它们的吸收会使吸收光谱法的原位测量变

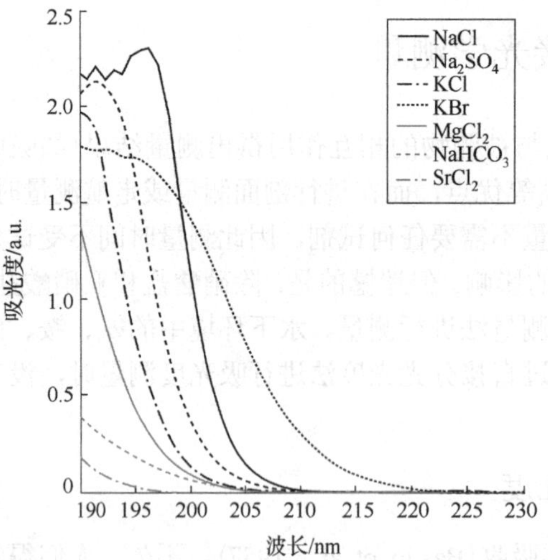

图 6.2　几种海盐成分的吸收光谱(相对于纯水)

浓度分别为 NaCl(24g/L)、Na_2SO_4(4g/L)、KCl(0.67g/L)、KBr (0.02g/L)、$MgCl_2 \cdot 6H_2O$(10.9g/L)、$NaHCO_3$(0.2g/L)、$SrCl_2$ (0.024g/L)。NaCl 吸收曲线的形状异常是由吸收过高引起的仪器信噪比恶化。光谱由 TriOS 公司的 ProPS 记录，波长范围 190～360nm

得复杂。如图 6.2 所示，各种盐类(如 KBr、$MgCl_2$ 和 NaCl)的吸收光谱与 NO_3^- 和 NO_2^- 的吸收光谱存在部分的重叠。图 6.2 中所示的盐类是因为它们都对紫外光有吸收而被选择出来的，它们的相对浓度反映了海盐的自然组成，而对于世界上的大多数海洋来说，海盐的自然组成是非常稳定的(Kester et al., 1967)。$MgCl_2$、$NaHCO_3$ 和 $SrCl_2$ 的峰值吸收波长比测量中所使用的波长要短，因此没有在图中显示出来。需要注意的是，吸收峰的确切位置和强度是随温度变化的。

有色可溶性有机物和 HS^- 离子是海水中在光谱近紫外区存在吸收的另外两种成分。有色可溶性有机物存在于很多沿海地区，而 HS^- 则出现在靠近沿海或近海的缺氧水域中。有色可溶性有机物确切的吸收光谱形状因其组成的不同而不同(见第 5 章)。与波长(λ)相关的散射系数正比于 λ^{-4}，因此在近紫外区的短波长处散射系数会更高。图 6.3 展示了硝酸盐和亚硝酸盐的吸收光谱、HS^- 和盐分

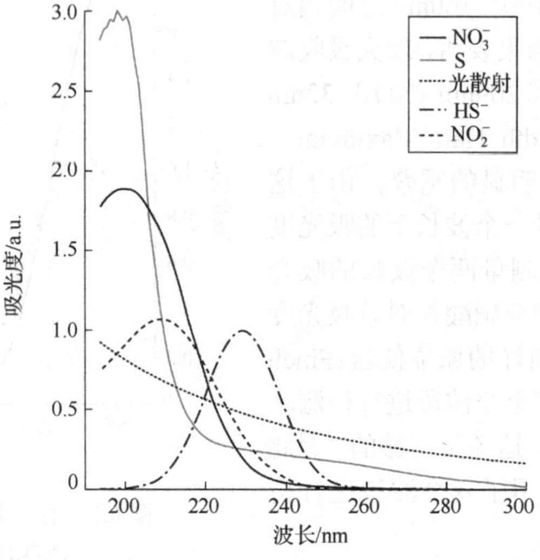

图 6.3　硝酸盐(NO_3^-)、盐分(S)、HS^- 和亚硝酸盐(NO_2^-)的吸收光谱(相对于纯水)以及光散射和有色可溶性有机物对被测光强衰减的贡献

光谱由 TriOS 公司的 ProPS 记录，波长范围为 190～360nm

的光谱以及散射的贡献(包含了有色可溶性有机物的贡献)。对于实际样品，所有贡献按其各自的比例加到被测海水样品的吸收光谱中。

6.2.3　水中的吸光度测量

从前面的各种吸收光谱中可以清楚地看出，仅测量样品在一个或两个波长下的吸光度无法确定水下环境中营养物质的浓度。吸光度测量必须在多个波段上进行，波段的数量至少要与对水中光吸收有贡献的成分数量相等。然后，将这些吸收光谱拟合为单个有贡献物质的吸收光谱的线性组合，即校准光谱。拟合系数乘以校准溶液的浓度，可以得到不同成分的浓度(Johnson and Coletti，2002)。

测量吸收需要两个组件，即光源和探测器。对于光谱测量来说，理想的光源应具有平坦且恒定的发射光谱，但是对于紫外区的测量来说，这一要求并不容易满足。用于海洋的仪器通常使用氙灯或氘灯，后者的光谱与硝酸盐和亚硝酸盐的光谱吸收区非常吻合。原位仪器选用的探测器是尺寸相对紧凑的光电二极管分光光度计，具有一个集成光栅和光电二极管阵列，通常会与石英光纤相连作为光学入口。光学器件以及光学器件与测量介质之间的保护窗口必须由对紫外光透明的元件制成，通常是石英玻璃。光源发出的光必须经过准直，然后通过窗口进入测量介质。在穿过探测器一侧的窗口后，光束便会投射到探测器的入射光阑上。图 6.4 展示了一种可用于原位测量的分光光度计的示意图。

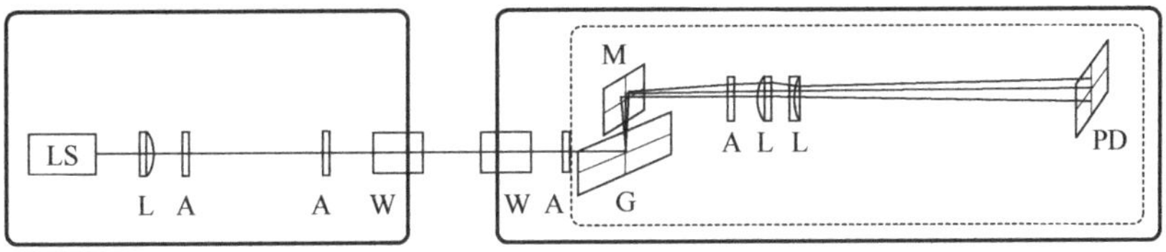

图 6.4　分光光度计示意图

LS：光源，L：透镜，A：光阑，W：窗口，G：光栅，M：反射镜，PD：光电二极管阵列。粗实线表示耐压外壳，虚线内为构成光谱仪的组件

为了计算吸收光谱，对探测器处的光强进行了三次测量：

(1) 无灯时所有波长为 λ_j 的光强(用于确定探测器的暗电流) $I_D(\lambda_j)$，即暗光谱；

(2) 纯水中所有波长为 λ_j 的光强 $I_0(\lambda_j)$；

(3) 样品中所有波长为 λ_j 的光强 $I(\lambda_j)$。

可以在一系列的测量开始之前获取前两个光谱，暗光谱还可以在进行两次测量之间获取。样品的吸收光谱 $A_m(\lambda_j)$ 计算如下：

$$A_m(\lambda_j) = -\log\frac{(I(\lambda_j) - I_D(\lambda_j))}{(I_0(\lambda_j) - I_D(\lambda_j))}$$

采用与实际测量相同的方式对纯水中已知浓度的单一化合物溶液进行测量，可获得单个水成分的校准光谱 $A_i(\lambda_j)$：

$$A_i(\lambda_j) = -\log\frac{(I_i(\lambda_j) - I_D(\lambda_j))}{(I_0(\lambda_j) - I_D(\lambda_j))}$$

由朗伯-比尔(Lambert-Beer)定律：

$$I_i(\lambda_j) = I_0(\lambda_j) \times \exp(-k_{ci} \times \varepsilon_i \lambda_j \times r)$$

其中，k_{ci} 是相应校准溶液中化合物 i 的浓度，ε_i 是化合物 i 的摩尔吸收系数，r 是吸收路径长度。校准吸收光谱可以写为

$$A_1(\lambda_j) = \varepsilon_1(\lambda_j) \times k_{c1} \times r$$

$$A_2(\lambda_j) = \varepsilon_2(\lambda_j) \times k_{c2} \times r$$

$$\cdots$$

$$A_n(\lambda_j) = \varepsilon_n(\lambda_j) \times k_{cn} \times r$$

拟合任务是从校准溶液中找出相应化合物的浓度 k_i，从而：

$$A_m(\lambda_j) = (\varepsilon_1(\lambda_j) \times k_1 + \varepsilon_2(\lambda_j) \times k_2 + \cdots + \varepsilon_n(\lambda_j) \times k_n) \times r + \mathrm{err}(\lambda_j)$$

其中，$\mathrm{err}(\lambda_j)$ 为波长 λ_j 处的拟合误差。拟合的最优目标是使所有 $\mathrm{err}^2(\lambda_j)$ 之和最小。

图 6.5 给出了波罗的海水样的吸收光谱。拟合结果显示，硝酸盐浓度为 7.65μmol/L

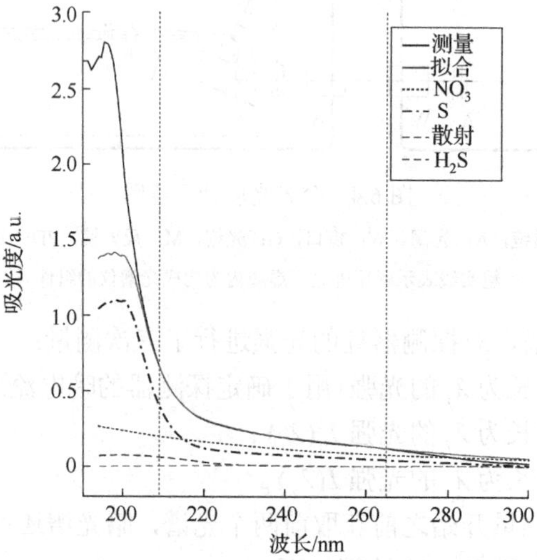

图 6.5　波罗的海水中实测光谱中吸收光谱(黑色实线)，多元线性回归的拟合结果(灰色实线)以及盐分(黑色点画线)、硝酸盐吸收(黑色点线)、散射和有色可溶性有机物(黑色虚线)以及 H_2S 吸收(灰色虚线)对拟合的光谱曲线的贡献

垂直线表示多元线性回归中使用的波长界限(209～265nm)

(实验室分析为 7.74μmol/L)，盐度为 5.4(温盐深(Conductivity Temperature Depth，CTD)传感器测量值为 6.2)，H_2S 浓度为 0.06mL/L(实验室分析为 0.0mL/L)。这个例子表明，与海盐相比，硝酸盐对吸收的贡献较小，而与散射造成的光衰减相比，其贡献也较小，至少在硝酸盐浓度仅为中等的情况下是如此。注意，相比于盐度在 35 左右的海水来说，其在这种情况下对吸收的贡献也是相对较小的。

6.2.4　仪器设计的注意事项

使用这种方法测定硝酸盐浓度，其不确定度在很大程度上取决于采样水体的性质和成分。在朗伯-比尔定律中，虽然吸收路径长度仅在上述方程中被提及一次，但它是一个十分重要的仪器参数。如果吸收路径太短，则硝酸盐的测量分辨率会很差，因为即使硝酸盐浓度发生了适度的变化，也只会略微改变所测量光束的强度，即硝酸盐测量的分辨率受限于强度测量的分辨率。如果吸收路径太长，则由于海盐等强吸收成分，探测器上的强度会十分微弱，且探测器的信噪比也会恶化(信号减弱了，而噪声保持不变)。这会导致吸收光谱充满噪声，从而增加拟合的误差水平。因此，硝酸盐测量的分辨率也会受到探测器噪声的限制。对于清澈的半咸水或淡水水域(选择较长的路径，通常等于或大于 5cm)、海洋或沿海水域(选择中等路径长度，通常为 1～2cm)和非常浑浊的水域(选择较短的路径，低于 1cm)，它们的最佳吸收路径长度是不同的。

对于给定的探测器光强分辨率 ΔI，其对应的最佳路径长度可由朗伯-比尔定律导出(Prien，1999)：

$$I = I_0 \times \exp(-c \times r)$$

其中，c 是衰减系数(吸收和散射对准直光束造成的光损耗系数)，r 是上面所述的路径长度。然后，就可以得到透过率：

$$T = \frac{I}{I_0} = \exp(-c \times r)$$

假设忽略了上面提到的暗测量。注意，仪器测量的是通过耐压窗口和水中路径后的准直光束的透射光强。在上述测量原理的说明中，光强的损耗仅归因于不同腔室的吸收，而散射被视为另一种吸收损耗。故而，与其将该测量看作是透射测量，不如将之视为吸收测量。

上述方程的全微分(假设路径长度 r 恒定)为

$$\mathrm{d}T = -r \times \exp(-c \times r)\mathrm{d}c$$

将该方程除以 c，然后求出衰减系数的相对分辨率：

$$\frac{\mathrm{d}c}{c} = \frac{-\exp(c \times r)}{c \times r} \times \mathrm{d}T = \frac{-1}{cr} \times \frac{\mathrm{d}T}{T}$$

该函数在 $c \times r = 1$ 处有最小值，此时：

$$\frac{dc}{c_{\min}} = -e dT$$

其中，e 是欧拉数。而由于衰减系数是波长的函数(吸收系数和散射系数也是)，仪器的路径长度通常会选择一个折中方案。

针对波罗的海盆地的一系列样品，Prien 等(2009)发现湿化学测量方法和光学吸收测量方法之间的差异小于 3μmol/L。对于许多研究来说，通过高速测量可以获得高时间分辨率的数据，并可导出相关过程的时间信息，所以这种不确定度并不会成为一种限制因素。例如，要确定春季水华开始的时间，知道水中硝酸盐的确切浓度并不重要，重要的是要观察硝酸盐浓度是从什么时候开始因为被吸收而降低的。光谱仪也可以在两次巡航之间使用，以获得硝酸盐浓度的时间动态信息(Johnson et al.，2006)。

然而，通过使用其他的额外信息来解析吸收光谱，可以进一步降低不确定度。单一校准化合物的吸收光谱会随着环境条件的变化而变化，例如，吸收峰的峰值波长和强度会随温度的变化而变化。Sakamoto 等(2009)的研究表明，若考虑原位测量的温度和盐度，针对海洋、沿海以及近海水域的测量不确定度会明显下降。对于北海(North Sea)浑浊的沿海水域，Zielinski 等(2011)在考虑到原位的温度和盐度情况下，其测量不确定度也出现了相同的下降。对多数水体而言，光学方法测定硝酸盐浓度的不确定度与湿化学法测定硝酸盐浓度的不确定度在同一数量级上。

6.2.5 商业仪器

在海洋科学中，市面上有不同的仪器可供选择，但它们的设计和组件都非常相似。Satlantic LP 公司的仪器 ISUS 和 SUNA 都基于类似的光学设计。ISUS 是一种自记录仪器，可以设置测量时间。它的额定深度为 1000m(浅水版为 200m)，在介质中的路径长度为 10mm。ISUS 使用后向反射器探头，即光在穿过测量介质后在测量路径的末端反射，然后再第二次穿过介质。SUNA 是一种更为紧凑的仪器，需要连接到计算机或数据记录仪。它的浅水版额定深度为 100m，深水版额定深度为 2000m，其路径长度也为 10mm。与 ISUS 相反，SUNA 的测量路径是一条直线，光通过一侧的耐压窗口进入介质，然后再通过另一侧的第二个耐压窗口进入仪器。

TriOS GmbH 公司的仪器 ProPS-UV 在尺寸和光学设计上与 SUNA 相当。它的标准额定深度为 2000m(可提供 6000m 额定深度的深海版本)。介质中的路径长度可以在 10～60mm 之间变化。在操作过程中，需要将 ProPS-UV 连接到计算机或数据记录仪上。

市场上还有更多的仪器，但主要是针对废水，而对于这些浑浊水域，需要非常短的路径长度。

6.2.6 未来的发展

基于紫外线吸收分光光度计的光学硝酸盐传感器的开发将有利于许多未来的技术发展。目前在测量过程中所使用的光源(氘灯或氙气闪光灯)会使现有仪器产生相对较高的功耗(5～10W)。而且，这种功耗的很大一部分会转化为热量，这在仪器中必须得到妥善处理。这些光源的使用寿命有限也是一个问题，其通电时间约为 1000h。紫外 LED 与白炽灯相比，确实具有更高的效率，但还不能提供在光谱深紫外区所需的光输出。当 LED 发展到可以在深紫外区获得合适的光输出时，它们与白光 LED 一起使用，就能覆盖硝酸盐测量所需的整个光谱范围，从而降低成本和功率需求，并延长使用寿命。如果可获得波长可调的半导体激光器，则它们将是一种理想的光源，并且由于不需要色散元件，还可以对设置的探测端进行简化。更高效的光源还将使仪器的设计更为紧凑，从而使得在有效载荷空间有限的平台上进行操作变得更加容易。然而，目前的仪器尺寸适合大多数应用，包括长期水下监测系统。

6.3　间接光学测量

几十年来，间接光学测量一直被研究机构用来进行营养物质浓度的实验室测量，无论是在船上还是在岸上。实验室和原位自动化测量也已经常规化地进行了数十年。一种测量是通过添加一种或多种试剂来进行的，试剂与待测营养物质反应并形成有色络合物，然后通过光学吸收测量对其进行检测。另一种间接方法是基于被测物质与具有可检测荧光的试剂反应所形成的络合物。Grasshoff 等(1983)对其中的许多方法进行了详细描述。市场上有各种各样的仪器，而关于目前可用仪器的一个很好的信息来源是沿海技术联盟(Alliance for Coastal Technologies，ACT)的技术数据库①。

当使用原位分析仪时，避免了从采样容器到实验室容器的转移，且样品不会与大气接触，故而降低了样品的污染风险。然而，当长时间使用这种仪器时，生物污染(如细菌膜的形成)会在分析仪的流体部件中积聚，并导致样品受到污染。对仪器进行精心设计，可以将污染风险降至最低，但不可能完全消除这种风险。

分析仪中的试剂和样品处理需要自动流控。添加一些组件和标准溶液可以进行原位校准，此功能对于长时间部署来说是非常有用的(前提是这些标准溶液的保质期足够长)。Blain 等(2000)对湿化学分析仪进行了更详细地描述，包括设计方面的注意事项。

6.3.1　比色法

在比色法应用中，会将一种或多种试剂与水样进行混合。目标营养物质与试剂形成有色络合物，然后在有色络合物的峰值吸收波长处(或附近)进行吸收测量，由此测定溶液色度。有时，还会在远离有色络合吸收峰的另一个波长处进行吸收测量，并通过水样的自然浊度来检测吸收和(或)光散射，这可能会覆盖色度测量结果，从而导致营养物质浓度的估计值高于实际浓度。根据所用的目标营养物质和指示剂，溶液必须缓冲到一定的 pH 范围，而目标营养物质与试剂的反应可能与温度相关，因此可能需

① http://www.act-us.info。

要在仪器上对溶液进行额外的加热。测量的灵敏度取决于光路的长度，以及透射光变化的探测灵敏度(见 6.2.4 节)。测定低营养物质浓度的困难在于，在相对较高的信号水平下检测透射光的微小变化，这就要求在进行光测量时有较高的信噪比。发光二极管以及带有低噪声放大器的光电二极管等元件可以满足这些要求。

6.3.2　荧光法

荧光分析仪的工作原理与比色分析仪相似——样品水与一种或多种试剂混合，试剂与目标营养物质形成络合物。这种具有荧光特性的络合物被转移到检测荧光的测量池中。Kérouel 和 Aminot(1997)在天然水域中对氨的检测便是这种方法的一个很好的例子。

荧光法的一个优点是可以通过提高检测器灵敏度(通过增加放大器或通过选择探测器(如光电倍增管))来检测低浓度。然而，这会影响仪器在较高浓度时的测量范围。

可以使用低带宽光源来激发络合物特定荧光波长，如 LED、表面发射 LED 和二极管激光器。在使用窄带宽光源(和检测器)时，应始终仔细考虑环境条件(如温度和压力)变化对波长变化的影响。

6.3.3　原位测量的注意事项

无论是基于间接光学检测还是基于反应产物的其他测量手段，湿化学原位分析仪所提供的测量不确定度与实验室测量的不确定度在同一数量级上。但这只有在不超过试剂和原位测量所用标准品保质期的情况下才会如此，此类仪器使用期限受限于该限制因素。原位分析仪所使用的大多数湿化学方法已被开发用于实验室，由于在实验室中可以每天制备新的试剂和(或)标准品，因此不存在试剂保质期有限的问题。

过滤是另一个问题，在实验室中可以很容易地更换堵塞的过滤器，但对于原位测量来说，堵塞的过滤器会危及整个仪器。过滤一方面是为了保护流体成分，另一方面是为了从颗粒物中分离出目标营养物质以得到其溶解浓度。

6.4　小　结

迄今为止，唯一可用光学评估营养物质浓度的仪器是本章中介绍的紫外分光光度计。这种仪器在测定溶解的硝酸盐和亚硝酸盐浓度方面做出了宝贵的贡献，主要优点是响应速度快、部署时间长，以及不受试剂或标准品保质期的限制。

到目前为止，无论是在原位还是在实验室，其他营养物质都只能通过间接光学方法进行测定。这两种类型的仪器都是有价值的研究工具，随着新的电子元件和流体组件的出现，它们在功耗和小型化方面都将得到改善。在这里我们预测光极和倏逝波传感器被应用于海洋原位营养物质评估的可能性很大。

已有结果表明，在原位仪器的设计中，必须做出选择并找到折中方案，以使该仪器更适合于某些应用，其代价是降低了仪器在其他应用上的性能。如果这些仪器的最终用户知道了这些选择及其对应用的影响，那么用于评估营养物质的原位仪器将是一个宝贵的工具，可以增强生态系统研究和常规监测任务的数据基础。

参 考 文 献

Armstrong F A J, Boalch G T. 1961. The ultraviolet absorption of seawater. Journal of the Marine Biological Association of the United Kingdom, 41, 591-597.

Bastin R, Weberling T, Palilla F. 1957. Ultraviolet spectrophotometric determination of nitrate. Analytical Chemistry, 29, 1795-1797.

Blain S, Jannasch H W, Johnson K. 2000. In situ chemical analysers with colorimetric detection//Varney M. Chemical Sensors in Oceanography, London: Gordon and Breach, 49-70.

Clayson C H. 2000. Sensing of nitrate concentration by UV absorption spectrophotometry//Varney M. Chemical Sensors in Oceanography, London: Gordon and Breach, 107-121.

Finch M S, Hydes D J, Clayson C H, et al. 1998. A low power ultra violet spectrophotometer for measurement of nitrate in seawater: introduction, calibration and initial sea trials. Analytica Chimica Acta, 377, 167-177.

Grasshoff K, Ehrhardt M, Kremling K. 1983. Methods of seawater analysis: Second, revised and extended edition. Weinheim: Verlag Chemie.

Johnson K S, Coletti L J. 2002. In situ ultraviolet spectrophotometry for high resolution and long-term monitoring of nitrate, bromide and bisulfide in the ocean. Deep-Sea Research I, 49, 1291-1305.

Johnson K S, Coletti L J, Chavez F P. 2006. Diel nitrate cycles observed with in situ sensors predict monthly and annual new production. Deep-Sea Research I, 53, 561-573.

Kérouel R, Aminot A. 1997. Fluorometric determination of ammonia in sea and estuarine waters by direct segmented flow analysis. Marine Chemistry, 57, 265-275, doi:10.1016/S0304-4203(97)00040-6.

Kester D R, Duedall I W, Connors D N, et al. 1967. Preparation of artificial seawater. Limnology and Oceanography, 12（1）, 176-179, doi:10.4319/lo.1967.12.1.0176.

Prien R D. 1999. Entwicklung und Aufbaueines lichtoptischen Kurzstrecken-Attenuationsmeßgerätes mit einer in situ Kalibriermöglichkeit durch Veränderung der Meßstreckenlänge, Shaker Verlag, Aaachen, 114.

Prien R D, Meyer D, Sadkowiak B. 2009. Optical measurements of nitrate and H_2S concentrations in Baltic waters. Oceans '09IEEE Bremen, 11, 14 May 2009, Bremen, Germany.

Sakamoto C M, Johnson K S, Coletti L J. 2009. Improved algorithm for the computation of nitrate concentrations in seawater using an in situ ultraviolet spectrophotometer. Limnology and Oceanography Methods, 7, 132-143.

Zielinski O, Voß D, Saworski B, et al. 2011. Computation of nitrate concentrations in turbid coastal waters using an in situ ultraviolet spectrophotometer. Journal of Sea Research, 65（4）, 456-460, doi: 10.1016/j.seares.2011.04.002.

第7章　海洋中的生物发光

本章节首先对海洋有机生物的发光现象、生物发光的作用和生物发光在海洋中的分布做了简要介绍；然后，重点介绍了用于测量生物发光和生物发光在水体内外传播的仪器的设计，通过两个案例说明了当前生物发光的传播以及将这些技术整合到流体动力学模型中的方法；最后，介绍了生物发光研究的应用和未来发展方向。

7.1　引　言

“……当你在晚上用棍子击打海面的时候它看起来在发光。”

亚里士多德(公元前350年)

有很长时间的记载表明，海员、哲学家、诗人和科学家对生物发光这一现象着迷。船航行过后的水波、游动的鱼群或哺乳类动物的周围，又或用手或木棍搅动水时，这一现象都会出现。海洋中的生物发光是化学发光反应中生物产生光子的结果，它是由16个门700多个属中一系列单细胞细菌到大型脊椎动物所产生的(Herring，1987)。这些生物的普遍特征是机械刺激导致它们发光。发光的原因似乎和生物体本身一样多种多样，但可以分为躲避捕食者、吸引猎物、维持生理活动和个体间交流等基本类别(Abrahams and Townsend，1993；Burkenroad，1943；Morin，1983；Morin and Cohen，1991，2010)。疑问和好奇心驱动着人们对于这种现象的早期研究，其中有很多是为了了解生物发光的生理机制，以及生物发光能力为这些发光生物提供的生存优势(Alberte，1993)。尽管这些主题的探索仍在继续，但目前基础研究的重点是生物发光的遗传基础和演化、生物发光的生理平衡以及发光化合物的合成途径。除了这些研究方向，军事专家也对生物发光感兴趣，试图了解是什么机制导致了海洋中生物发光在水平和垂直方向上的分布，推动了对该问题的长期研究(OSB/NRC(Ocean Studies Board，National Research Council)，1997；Wren and May，1997)。最近有很多关于生物发光的综述(Haddock et al.，2010；Widder，2010)。由于这是一本关于水下光学的书，本章重点放在光的产生、生物发光的测量以及生物发光在海洋内外的传播。这与Jerlov和Nielsen(1974)写的《海洋学的光学方面》(*Optical Aspects of Oceanography*)类似，其中包括Boden和Kampa(1974)写的《生物发光》(*Bioluminescence*)这一章。在简要介绍了生物发光的背景之后，将详细描述这些观测的测量方法和结果；然后进

本章作者 M. A. MOLINE and M. J. OLIVER，University of Delaware，USA；C. ORRICO and R. ZANEVELD，WetLabs Inc.，USA；I. SHULMAN，Naval Research Laboratory，USA。

行两个案例研究，讨论在光学动态海洋水域中宽带生物发光的传播；最后，对利用生物发光进行流体动力学建模的一些工作进行了综述，并对未来的发展方向进行了讨论。

7.1.1　生物发光的多样性

“磷光是动物控制下的化学作用的结果，但在某些低等动物(幼虫和环节动物)中，光的产生是动物的自发行为，表现为通过化学或机械手段的刺激。”

A.C.贝克勒尔(1844 年)

生物发光是由于化学反应释放能量而产生的光子。在大多数生物体中，光是从荧光素分子的氧化中发出的。荧光素有不同的形式，这取决于生物体。例如，在鞭毛藻这一物种中，荧光素是一种类似于叶绿素和亚铁血红素的四吡咯环结构(图 7.1)。其他常见的荧光素分子包括细菌荧光素、海萤荧光素和腔肠素。荧光素的氧化速率，即光的产生量，是由系统决定的，但通常由与荧光素结合的酶、荧光素酶或光蛋白控制。就光蛋白而言，产物并非荧光素的直接氧化，而是取决于阳离子或辅因子(即 Ca^{2+})的结合。此外，生物体提供这些化合物和催化剂的能力也控制着反应的速度，这些已经被发现依赖于食物(Haddock et al.，2001)、光合作用速率(自养生物)、光细胞器内的 pH 值(Smith et al.，2011)、在共生体的情况下与宿主的相互作用，以及生物体维持荧光素合成途径的能力，但这些过程在很大程度上仍然未知(Widder，2010)。

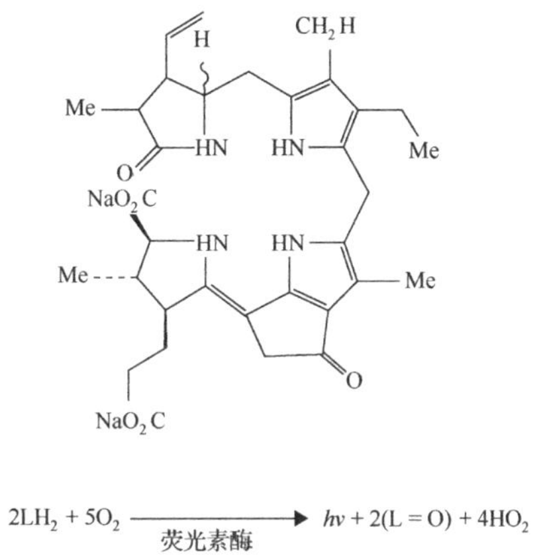

图 7.1　鞭毛藻的四吡咯结构与普通反应产生生物发光效应(Nakamura et al.，1989)

如前所述，在这些反应中看到的许多变化取决于发光生物体的多样性。已知的能够进行生物发光的海洋生物主要类群有：细菌、鞭毛藻、放射虫(radiolarians)、刺胞动物(cnidarian)、栉水母动物(ctenophore)、头足类(cephalopod)、介形类(ostracods)、桡足类(copepods)、磷虾类、十足类、角齿类和鱼类。虽然其中大多数依靠自身产生的荧光素和酶发光，但其他一些物种，如一些鱿鱼和鱼类是发光细菌的共生宿主。由于目前还不知道海洋荧光素的生物合成途径，因此追踪它们的来源仍然是一个谜。虽然荧光素通常不可知，但荧光素酶和光蛋白是独特的，它们来自许多进化谱系。例如，所有的刺胞动物在生物发光时都使用腔肠素，但催化剂不同；水螅水母类使用光蛋白，钵水母主要是荧光素酶，而在珊瑚虫中，不相关的荧光素酶有时与荧光素结合蛋白联合作用(Haddock et al.，2010)。由于分类多样性与化学反应的变化，关于生物发光的进化被认为至少独立发生了 40 次(Haddock et al.，2010)。对这些进化的解释既基于生理机制，也基于行为机制。荧光素化合物可能是由于需要从光化学中消除氧化应激而发展起来的。当依赖视觉的光敏生物适应了海洋深处的生态环境时，氧化应激的减少让分子具有化学发光的功能(Rees et al.，1998)。自然选择可能在海洋生物发光的演化中也发挥了重要作用，由于物种向更深的地方迁移，因此增强了可见性和发光分子的产生(Seliger，1993)。

发光生物体的分类多样性产生了不同的发光数量和发光特性，这在测量生物发光时是重要的考虑因素(见 7.2 节)。细菌可以产生持续的生物发光，被称为“乳白色的海洋”。作为共生体，发光器官中的细菌产生的光可以被宿主(即鱼类)利用肌肉和光学组件进行物理调制，从而改变显示的角度分布、波长和频率。许多生物(如鞭毛藻、桡足类、刺胞动物和栉板动物)产生持续时间不同的单个或多个闪光。一些甲壳类动物、鱿鱼、水母和鱼类会将发光成分喷射到周围的水中，产生生物发光云。生物发光也发生在生物体的特定位置，可以从下面模仿上方的光场，有效地去除自身的影子。

生物发光在 410～710nm 的可见光范围内，发射的波长取决于生物体。海洋中产生的大多数生物发光为蓝色波段(图 7.2)，但也有环节动物和鱼类在光谱的黄色和红色区域发光(Widder，2010)。波长上的差异是由荧光素、结合蛋白的类型和发光结构的物理组成不同造成的。生物发光的光谱是宽带的，半高全宽约为 50～100nm(图 7.2)。这些显示上的差异形成了理解海洋生物发光作用的基础。

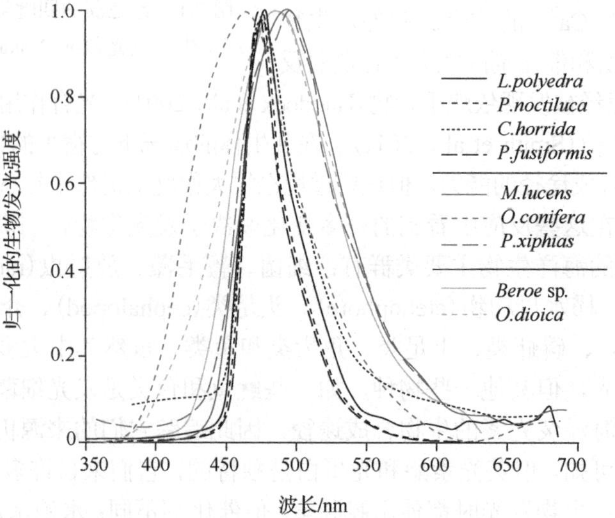

图 7.2　九种常见生物发光物种的光谱差异

用黑色线条表示的四个物种是鞭毛藻，而深灰色线条表示的是桡足类动物，浅灰色线条表示的是一种栉水母(*Beroe* sp.)和尾海鞘纲动物(Oikopleura dioica)。当鞭毛藻紧密地集中在约 475nm 处时，颜色范围越大表明营养级越高

7.1.2 生物发光的功能作用

“在某些地方，几乎所有长出来的东西都会发光，泥浆里到处都在发光。……毫无疑问，在一个充斥着捕食性甲壳类动物的海洋里，磷光肯定是一种致命的礼物。”

查尔斯 · 怀维尔 · 汤姆森(1870 年)

从生物进化多样性、化学和分类学多样性以及发光结果多样性可知，生物发光在海洋中有重要且复杂的作用。虽然这里只做了简要的总结，但建议进一步阅读 Haddock 等(2010)的文章，因为它提供了迄今为止关于该主题的最全面的总结之一。人们经过研究之后认为，发光能力为生物体生存提供了一些优势。观察和实验已经确定，这些优势可以大致分为三个方面：防御、进攻和吸引/认可。从防御的角度来看，生物体有一系列不同的生物发光机制。在基本黑暗的环境中，生物发光可以轻松地惊吓潜在的捕食者。正如前面提到的，生物发光可以用作反向照明，以掩盖被捕食者的轮廓。生物体既可以脱落身体部位，比如一些鱿鱼和管水母类，也可以脱落发光物，比如远洋海参和多毛类。一些生物向水中喷射出一团生物发光云，以分散捕食者的注意力，从而有足够的时间逃跑。其他的生物也会在捕食者身上覆盖一层生物性发光的黏液，为它们的二级捕食者做标记(Haddock et al.，2010；Widder，2002)。一个广为人知的防御假说被称为“防御报警器”，说的是能发光的鞭毛藻将自己的捕食者/吞食者照亮，使它们被次级捕食者发现(Mensinger and Case，1992)。从攻击用途看，生物发光为捕食者提供诱饵，无论是附着在生物体上(即鮟鱇鱼)还是附着在外部生物体上(适用于大型捕食者)(Haddock et al.，2010)。除了引诱，生物发光还被用来照亮猎物(如灯颊鲷)。人们还发现，生物发光被用作攻击性眩晕的工具。

发光生物的第三个优势是它们通过发光增强通信的能力。Morin 和 Bermingham(1980)证明了介形类在通信中使用生物发光，并在实验中证明了生物发光在介形类中被用作性别选择的一种形式(Morin and Cohen，2010)。尤其是某些物种的雄性，会在栖息地在头顶分泌发光物质来吸引雌性，而雌性则没有生物发光的能力(Rivers and Morin，2008)。鱼类也已被证明使用生物发光进行通信(Haddock et al.，2010)。

7.1.3 海洋生物发光中的昼夜节律变化

“燃烧的或闪闪发光的海洋之光向我们展示了，仿佛我们所有的海洋都在燃烧着火焰；整夜，月亮正在落下，借着它的光，你可以阅读任何一本书。”

约翰 · 戴维斯(1598 年)

在海洋生物发光的测量中(7.2 节)，重要的是要了解群落结构、发光生物的丰度以及生物发光随时间的变化对整个信号产生的众多影响。一段时间以来，原位生物发光的时间依赖性变化已为人所知(Kampa and Boden，1953)。然而，Batchelder 等(1990)总结了这些影响在马尾藻海的综合效应，发现在富营养区的总体生物发光信号是以下几种情况的组合：鞭毛藻发光的昼夜节律、光对生物发光的抑制作用以及昼夜垂直迁移(Diurnal Vertical Migration，DVM)导致表层生物体丰度变化。有许多关于鞭毛藻发光的昼夜节律的研究(Morse et al.，1990)，结果表明，生物钟往往与昼夜交替无关，在没有长时间黑暗的情况下，生物发光仍然呈现周期性变化(Morse et al.，1990)。对于近表层水体中的鞭毛藻，强光会抑制光合作用(自养生物和异养生物)和生物发光(自养生物和异养生物)(Lapointe and Morse，2008)或者直接降解其光蛋白，如栉板动物(Ward and Seliger，1974)。需要一定的时间来重建分子、细胞和生物个体，以恢复到发光能力的最高水平(Lapota et al.，1992a)。因为鞭毛藻是主要的发光生物(Batchelder et al.，1992；Lapota et al.，1988，1992b)，所以昼夜节律和光抑制这两个因素对近表层水体中的生物发光周期性的影响最大。另一个重要的因素是浮游动物的昼夜垂直迁移。虽然有许多理论可以解释这种迁移(Williamson et al.，2011)，但是净效应是表层水体中浮游动物夜间丰度增加的主要原因。浮游生物群落具有一部分生物发光的特性，净效应增强了夜间的整体生物发光。昼夜垂直迁移对光量统计的总影响在0%～50%的范围内，平均值约为20%(Batchelder et al.，1992；Lapota et al.，1988，1992a，1992b)。

2005～2010年在加利福尼亚州海岸进行的一项为期5年的研究说明了昼夜节律、光抑制效应和群落结构变化对生物发光的综合影响。以2Hz的采样率，每隔30min用水下光度计(见7.2节)重复测量垂直剖面上的生物发光量。该数据集代表了1亿多个观测值，用于量化该位置生物发光中的平均原位昼夜周期，不仅整合了对生物发光的生物控制，而且整合了这一沿海地区的物理动态(即上升流、风暴)。如图7.3所示，具有代表性的一周的数据，显示了生物发光的昼夜周期。图7.4显示了生物发光在整个数据集中近乎对称的昼夜模式。这些数据已经被整合到对生物发光进行动态建模的工作中(参见7.3.3节)。黎明和黄昏期间的快速过渡表明，当试图量化近表面水体的生物发光时，需要考虑这些模式。

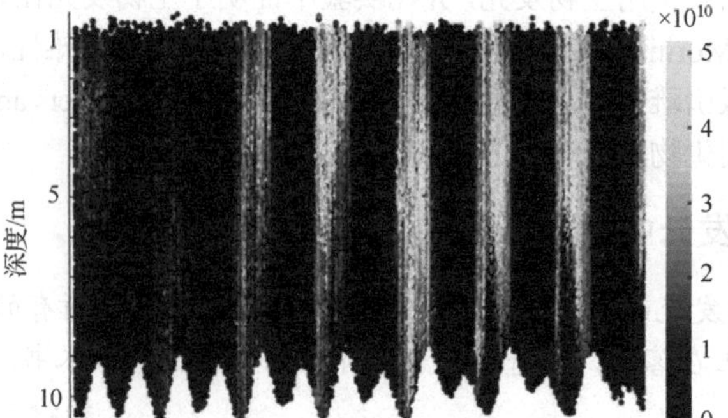

图7.3　2009年4月7日～14日，用UBAT水下光度计(Orrico et al.，2010)在加利福尼亚州圣路易斯奥比斯波湾的垂直区测量了生物发光电位随时间的深度分布

采样频率为2Hz，每30min采集一次。仪器在水面之上，水深的变化反映了潮汐高度的变化

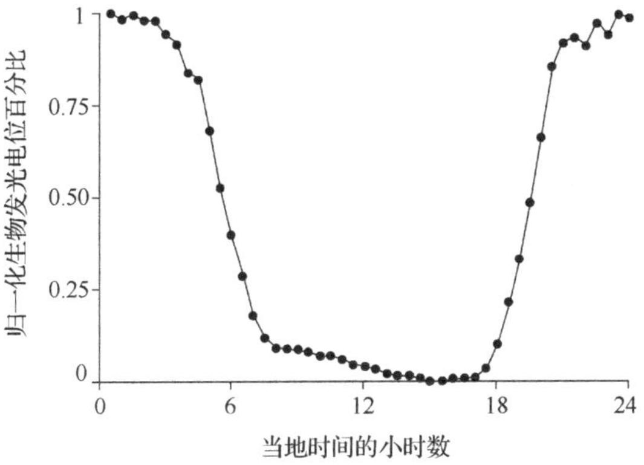

图 7.4　生物发光电位的昼夜变化图

数据由图 7.3 中描述的垂直光强探测器从 2005 年 12 月至 2010 年 12 月收集。在每天的数据采集中，根据生物发光强度的日最大值和日最小值，将上层 2m 的数据按 1～0 进行缩放。然后将一天中每 30min 的观察值归一化为最大平均值和最小平均值

7.2　海洋中生物发光的测量

"……但令人惊讶的是，这种液体在黑色的棍子和某些其他东西上摩擦时，会在黑暗中闪光，与火焰没有什么不同。"

阿塔纳修斯 · 基歇尔(1664 年)

除发光细菌外，所有发光生物的一个共同特征是机械刺激会导致生物发光。机械刺激生物体发光每平方厘米所需的力约为 1dyn(1dyn=10^{-5}N)(Rohr et al.，1998)。学术界主要采用两种方法测量生物发光。第一种方法是通过搅拌一定体积的水来激发生物发光，然后用光电倍增管(PMT)进行测量。第二种方法是使用微光摄像机直接拍摄这些现象，或者通过移动屏幕刺激生物体，以拍摄发光现象。这两种技术为生物发光提供了不同的量化方法，对了解其分布有重要作用。下面将结合一些历史背景详细介绍这两种方法，突出当前实践中的方法；然后详细介绍这些测量的结果，并描述海洋中生物发光的一般分布。

7.2.1　开放和封闭系统

"火光在水面闪烁，水手想象他正在穿过一片火海。"

BuzurgibnShabriyar al-Ramhurmuzi(公元 953 年)

海洋环境中原位生物发光的定量研究，是在利用光度计测量太阳辐射随深度衰减时，意外地开始的(Kampa and Boden，1953)。当这台装有光电倍增管的光度计下降到透光区以下时，它会继续记录光脉冲。在后来的工作中，通过同时测量入射到海洋表面的辐射，将生物发光信号从环境光场中分离出来(Clarke and Wertheim，1956)。然

而，这种传感器依赖于剖面仪的上下运动工作，对生物体既没有恒定的刺激，也没有清晰的测量量，限制了它们量化光通量的能力。

为了克服这些限制，以及环境光场对生物发光测量的干扰，1969 年 Gittleson 开发了一种半封闭系统，该系统从仪器顶部携带水，在光电倍增管前面形成湍流。视场内湍流的均匀性取决于测量仪恒定上升的测量值。该设计在检测圆柱体的顶部和底部时都改装了双旋转风扇(相反方向的叶片)(Levin et al.，1977)。当仪器升起或降低时，仪器末端的风扇会产生湍流，以刺激生物发光。这种有效的挡板设计，仍然被用来检查生物发光在昼夜周期的垂直动态(Utyushev et al.，1999)。紧随这些“开放式”水下光度计设计之后的是封闭式水下光度计系统的开发，该系统使用抽水系统来定义流过探测器腔的流速。这是因为在一定的体积内需要保持连续的激励(Backus et al.，1961；Clarke and Kelly，1965；Seliger et al.，1963)。此外，采用封闭式设计的另一个考虑因素是特定生物群的发光强度和持续时间(Seliger et al.，1969)。这一设计已经成为目前使用的一套水下光度计的基础，它提供了对原位机械刺激生物发光电位(Bioluminescence Potential，BP)的分布和强度的定性理解。这与在实验室环境中通过机械或化学刺激分析有机体的完整生物发光的总激发光(Total Stimulable Light，TSL)(Buskey，1992)形成对比。

利用水下光度计测量生物发光时，人们对于仪器的准确性和参数的真实性仍然存在争论。其中之一就是在量化生物发光电位时，既没有定义停留时间，也没有定义水动力刺激(Widder，1997)。Seliger 等(1969)第一次为基于水下光度计测量的生物发光电位提供了理论基础，他们将一个已知发光峰值的种群通过已知体积的仪器的时间与该电位的指数衰减率之间的关系整合为

$$L = K\int_0^T nVi_0 e^{-t/\tau} dt \tag{7.1}$$

其中，L 是总光子数，K 是仪器校准常数，n 是单位体积的生物体数量，V 是测量室的体积，i_0 是以单位时间内的光子数为单位的初始发光强度，τ 是按指数下降的闪光灯衰减时间常数，T 是水通过测量室的时间。积分后，方程式简化为

$$L = KnVi_0\tau(1-e^{-T/\tau}) \tag{7.2}$$

其中，T 取决于 V 和 R(仪器的流速)，即 $T = V/R$。变量 K、n、i_0 可以认为保持不变。因此，根据这个公式，生物发光电位的测量取决于两个主要因素，即给定体积的通过时间以及被测量的有机体或群落的衰减时间常数。像 Seliger 等(1969)强调的那样，Widder 等(1993)再次确认，T 和 τ 的比例至关重要。理想情况是 T 相对 τ 较长，并且整个发光阶段都出现在测量室中。如果 T 相对于 τ 较短，则发光没有在测量室中被测量，并取极限 $L \to 0$。方程(7.2)在 $T \gg \tau$ 时可以写为

$$L \approx KnVi_0\tau \tag{7.3}$$

当$\tau \gg T$时，有：

$$L \approx KnVi_0T \tag{7.4}$$

在这些情况下，L可以除以V，从而得出以单位体积内光子数为单位的等效体积。当$T \gg \tau$时，L/V不管流速为多少都是一个常数。但是，当$\tau \gg T$时，L/V是关于T的函数，并且是R的一个反函数。通过$V=TR$的关系，可以用L/T来求解这些方程，从而得出单位时间传播的光子数。

很明显，在实验室外进行生物发光测量时，T/τ的阈值是至关重要的。虽然水下光度计的通过时间很容易确定，但τ是环境中的一个变量，取决于被测量的生物发光群落的分类组成。表 7.1 概述了过去和现在的水下光度计，以及定义它们的通过时间。通过时间从 23ms 到 1400ms，差异很大。由于给定τ的范围从几十毫秒到几秒，因此，在混合种群中，$T>\tau$的情况很难用水下光度计阵列来评估。HIDEX 水下光度计(High Intake Defined Excitation Bathyphotometer)被设计用来在原位量化$\tau < T$时τ的实际时间(参见表 7.1)，并且显示τ的值随深度而变化，并且取决于生物发光生物体的组合(Case et al.，1993)。

表 7.1　过去和现今水下光度计在体积(V)、流速(R)、通过时间(T)、采样频率和激发机制方面的对比

编号	机构名称	V/L	R/(L • s^{-1})	T/s	采样频率/Hz	激发机制	引用文献
1	Deep-sea	0.06	0.37	0.16	—	叶轮	Clarke 和 Kelly(1965)
2	Towable	0.045	0.11①	0.41	10	叶轮	Seliger 等(1969)
3	U.S. Navy	0.051	0.11	0.46	2	叶轮	Soli(1966)
4	Deep-sea	0.038	1.5	0.025	—	叶轮	Aiken 和 Kelley(1984)
5	ML 83-89	0.03	0.3	1	96	钝物	Swift 等(1995)
6	ML 91	0.018	0.06	0.3	96	钝物	Swift 等(1995)
7	Biolight	0.026	0.56	0.046	1～10^5	压缩	Losee 等(1985)
8	Profilling	0.026	1.1	0.023	1～10^5	压缩	Losee 等(1985)
9	UT-HIDEX	4.7	6.3	0.746	1000	栅格	Buskey(1992)
10	ML 87-88	0.3	0.214	1.4	96	钝物	Batchelder 等(1990)
11	APL-BP	0.2	1	0.2	—	未提及	Nelson(1985)
12	HIDEX	11.3	16～44	0.513②	500	栅格	Case 等(1993)
13	MDBBP	0.5	0.45	1.1	2	叶轮	Harren 等(2005)
14	ÉcoleNavale	0.19	0.5	0.38	0.25～0.5	栅格	Geistdoerfer 和 Vincendeau(1999)
15	GLOWtracka	0.012	0.1	0.123	50	栅格	Kim 等(2006)
16	UBAT	0.44	0.3	1.467	60	叶轮	Orrico 等(2010)
17③	XBP	1.96	15.71	0.124④	>3	栅格	Fucile(1996);Fucile 等(2001)

注：①最佳灵敏度时的流速(Seliger et al.，1969)；
②基于 22L • s^{-1} 的最适宜刺激(Widder et al.，1993)；
③这不是一个水下光度计，而是一种自抛式仪器，在此列出来用作比较；
④基于 2.7m/s 的下落速度和估计的流速(和 Furcile 讨论，2005 年 6 月 5 日)。

Lapota 和 Losee(1984)发现，鞭毛藻与浮游无脊椎动物相比，随着发光强度和发光持续时间的增加，达到最大发光强度的时间也越长。使用这些数据，估计了两种鞭毛藻(*Ceratiumbreve* 和 *Ceratiumhorridum*)、四种桡足类(*Centropagesfurcatus*、*Paracalanusindicus*、*Corycaeusspeciousus* 和 *Corycaeuslatus*)和两种磷虾类(*Euphausiaeximia* 和 *Nyctiphanes simplex*)。τ 均值在以往研究中，从鞭毛藻的 60ms 到磷虾类的 724ms 不等，桡足类为 243ms(Seliger et al.，1969)。这里将 τ 的这些值与水下光度计通过时间(表 7.1)结合使用，以评估与生物发光生物体相关的生物发光电位测量的可变性。对于具有快速发光衰减时间常数的鞭毛藻，大多数水下光度计的渡越时间足够长，足以测量整个发光过程(图 7.5(a))。随着衰减常数的增加，由生物发光电位测量的标准化生物发光强度的量值变得不太均匀，而且在每一个设备中都不一样(图 7.5(b)和图 7.5(c))。在图 7.5(b)和图 7.5(c)中，通过将 L/V 值除以通过时间 T(斜率的线性部分是 $\tau \gg T$ 以满足式(7.4)的数值条件的区域)，可以实现图 7.5(b)和图 7.5(c)中这些仪器之间的标准化。然而，在斜率变化的曲线区域，L/V 是 T 的非线性函数，对于给定的样本，每个仪器将产生不同的 L/V 和 $L/(VT)$ 的值。这些差异仅基于测量室

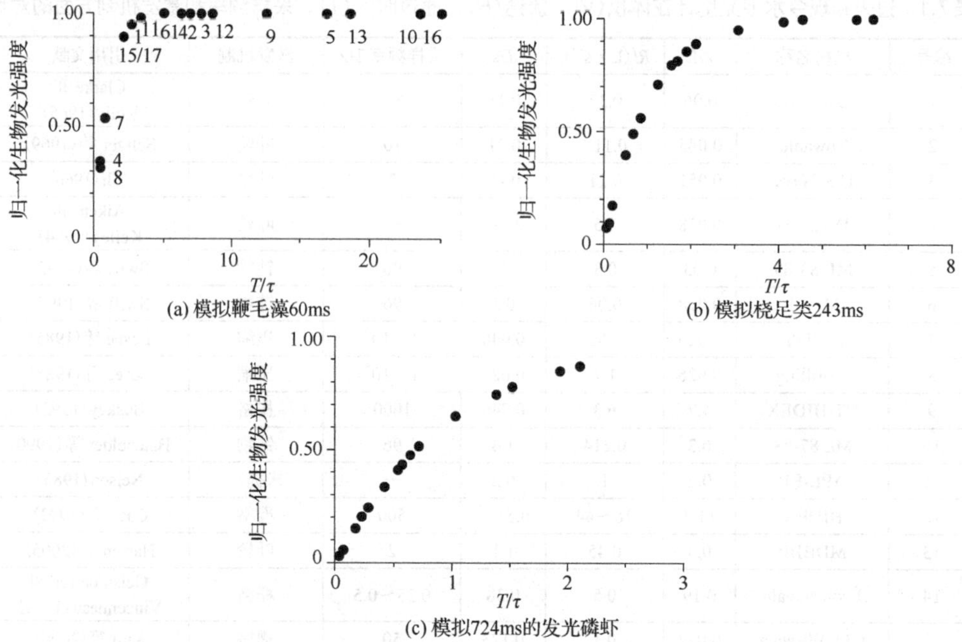

图 7.5 归一化生物发光强度作为水通过腔体的通过时间(T,s)和指数下降的发光的衰减时间常数的函数(τ,s)

图(a)、(b)和(c)分别代表了在假设给定了相同的生物发光电位刺激情况下，当前和过去的水下光度计的模拟性能(数字与表 7.1 中列出的水下光度计相对应)。因为 T 是每个水下光度计的固定参数，图(a)～(c)表示具有 T 值递增的生物体的性能。随着发光时间的增加，水下光度计中测得的生物发光电位信号逐渐减小。由于 T 是固定参数，因此每个光度计的顺序对于图(a)～(c)都是相同的

体积和流速的变化，说明对高营养级生物的原位发光电位的绝对量化仍然是一个挑战，即使它们对近表层生物发光有显著贡献。

除了 Seliger 等（1969）和 Widder 等（1993）提出的变量，在测量生物发光时还有一些其他考虑因素需要详细说明。在设计 HIDEX 水下光度计以确保捕获更大的发光生物体时，进水口的大小相对于液体流速是一个特殊的考虑因素。这些仪器的入口直径（有些小到 1.3cm）的大小引起了人们对该仪器能够实际捕获的生物的担忧。在最近一项评估水下光度计捕获效率的研究中，水下光度计（入口直径约为 4cm，表 7.1 编号 13）捕获的浮游生物群落与水体中的浮游生物群落没有显著差异（Herren et al.，2005）。定义水下光度计的水动力刺激也已被证明是重要的（Widder et al.，1993）。虽然具有可变流速的水下光度计可以通过增加流速来最大化流体动力刺激，但这将以增加通过时间为代价，并且可能影响捕获整个光衰减过程的能力。另一个考虑因素是仪器的采样频率。如果采样频率高于通过时间（表 7.1），那么对信号求平均后就可以评估从给定体积产生的总光量。但是，如果采样频率低于传输时间（Geistdoerfer and Vincendeau，1999），那么信号的一部分会被遗漏，并且不可能定义环境中的小尺度特征。考虑到所有这些因素，根据捕获的生物体集合、渡越时间和流体动力刺激的水平，原位生物发光电位的测量在不同的水下光度计间将有所不同。生物发光电位（BP）和总激发光（TSL）测量结果的比较表明，仪器的总体效率相当，在 10%～20%之间波动（Batchelder and Swift，1988；Case et al.，1993；Herren et al.，2005）。尽管许多生物在广阔的时间和空间尺度上对地层水体中的生物发光电位有贡献，但是鞭毛藻和桡足类已被发现在世界海洋中的生物发光中占主导地位。这些较小的生物的 τ 值相对较短，而且没有被更大有机体吸入的可能。因此，目前在现场使用的水下光度计似乎提供了充分的现场生物发光电位测量，这对于了解海洋中的生物发光分布是必要的。

7.2.2　成像方法

“同样的道理，海洋、鱼类和腐木发出的光也是由于运动。”

Domenico Bottoni（1692 年）

虽然生物发光已经被见证了几千年，但直到 20 世纪 60 年代中期，捕捉这种现象的“图像”的能力仅限于口口相传和绘画（Beebe et al.，1934）。第一批生物发光图像是随着实验室中应用于发光生物的图像增强系统的发展而产生的（Eckert and Reynolds，1967；Reynolds，1964）。从那时起，成像系统被用来记录发光器官的亚细胞结构（Widder and Case，1981）和各种物种上发光器官的分布（Widder，2002）。生物发光成像也已经过渡到海洋中，是目前量化发光生物在海洋中分布的一种工具。Widder 等（1989）了解到拍摄被动生物发光的局限性后，在潜水器上开发了一种增强型摄像系统，可以观察筛孔在水中的移动情况。这个系统促成了一些新的发现，包括对胶状物种数量的新评价（通常在传统的拖网中被破坏）、生物发光源的量化，以及光的产生。

该系统还能够在原位生成生物的三维分布(Widder and Johnsen，2000)，并启发了人们对海洋中生物薄层的理解(Widder et al.，1999)。同样的技术已经应用于配备成像器和水平屏幕的着陆器(Priede et al.，2006)。着陆器从船上落下，下落深度超过 4000m，并已用于评估生物发光的垂直差异以及季节变化(Gillibrand et al.，2007a)。同样的着陆器也有一个直接成像系统，能够记录海底的生物发光事件。这些研究已经显示了海底生物发光的异质性分布(Gillibrand et al.，2007b)，并表明生物发光在捕食和抢占栖息地方面可能比之前认为的更重要。另一个对原位生物发光进行直接成像的例子来自 Morin 和 Cohen(1991，2010)的工作，他们记录了雄性介形类动物在求偶中的垂直展示。一种用于海面上方成像的微光探测器(稳定机载夜间观测系统(Stabilization Airborne Night Observation System，SANOS))，已经被用于检测和绘制关于佛罗里达海岸外的与马鲛鱼群有关的生物发光分布(Roithmayr，1970)。Miller 等(2005)的研究成果还演示了如何使用国防气象卫星上的微光线扫描系统对印度洋上延伸超过 15000km^2 的生物发光细菌进行成像。

7.2.3 海洋中生物发光的分布

“不仅是当海面波动时，海面会变得明亮，而且在太阳落山后的平静时期，我们也看到了更多朝向赤道的光。”

Pere Guy Tachard(1685 年)

Morin(1983)曾证明，海洋表层水体中约有 1%～3%的生物属于生物发光类群。虽然这一比例取决于位置和一年中的时间，且有很大的变化性，但人们会认为生物发光的分布与生物量的分布相似(Lapota，1998)。最近一项强调生物发光分布的综述首次表明，从生物薄层到大洋盆地的各种尺度都满足这一假设(Haddock et al.，2010)。对于流域尺度上的少数可用数据，生物发光在海洋表层水体的分布揭示了大尺度环流(即非洲海岸外的大西洋环流和上升流)的运动规律，这些环流控制着营养物质并影响生物群落的结构，与叶绿素 a 的分布相对应(图 7.6)。在这个尺度上，生物发光自养生物和异养生物之间的空间和时间重叠是相对均匀的；但是，随着尺度的减小，这些类群变得更容易区分。在区域尺度上，生物发光可以在一年中的不同时间从水华物种的演替中凸显出来。通常在藻华周期的后期，这些几乎完全是自养的(Lapota，1998；Swift et al.，1995)、异养的(Moline et al.，2009；Swift et al.，1985)，或二者的结合。在温带(Blackwell et al.，2008)和极地(Buskey，1992；Lapota et al.，1988)，产生的总光量与季节性的生物量循环保持一致；然而，生物发光是全年存在的(Berge et al.，2012；Lapota，1998；Nealson et al.，1984)。在热带地区，由于自养生物往往营养有限，数量较少但种类较多的群落具有较低的生物发光强度(Vinogradov et al.，1970)。在小尺度上，物种之间在垂直方向上按米量级分层，类似生物薄层，在这些层中生物发光可能是相关的，也可能是不相关的(Benoit-Bird et al.，2010；Moline et al.，2010)。群落结构的这些差异导致了生物发光，在小规模上，很难将其他环境变量以一种可预测的方式同生物发光联系起来(Marra et al.，1995；Ondercin et al.，1995)。然而，最近的工作是利用组间荧光强度的差异来描绘自养生物和异养生物，以揭示它们之间的相互作用(Moline et al.，2009)。虽然大多数检测生物发光分布的研究都集中在海洋表层水体，但深海生物发光的垂直分布数据已经可以通过自由下落着陆器来收集(Priede et al.，2006)。这些分布显示出指数递减的信号，具有季节性深度极大值(Gillibrand et al.，2007a)，表明了经典的碳颗粒剖面分布(Menzel，1967)以及物质在表层和深海之间的季节性脉动。

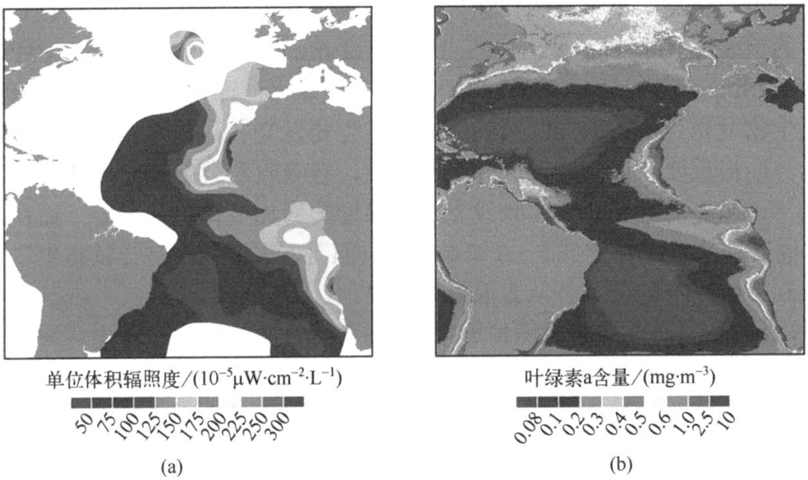

图 7.6　大西洋中生物发光和叶绿素 a 的分布

图(a)中生物发光的分布来自 Piontkovski 等(1997)的数据。卫星反演的是 1997 年 9 月～2009 年 2 月期间 SeaWiFS 和 MODIS-Aqua 水色传感器组合得到的叶绿素 a 的平均场。图(b)中叶绿素图的数据是从美国 NASA GES(Goddard Earth Sciences)数据和信息服务中心(Data and Information Services Center，DISC)开发和维护的 Giovanni 在线数据系统中检索①

7.3　生物发光在海洋内外的传播

“在船尾，水被冲过的地方，在晚上，你可以看到，在很深的水下，气泡升起并破裂，然后这种闪亮或光泽就不存在了。”

Fredrick Martens(1761 年)

生物发光在海洋内外的传播在很大程度上是作为一种理论研究开始的，独立于正在进行的原位生物发光测量。Gordon 是这一领域的先驱，他首先研究了从太空探测生物发光的可行性以及对水中定标器辐照度的依赖性(1984)。Gordon(1987)继续研究，

① 资料来源：改编自 Haddock 等(2010)，经作者许可。

收集了所有最近相关的数据集，进而从点光源估算海面的辐照度(Bricaud et al.，1983；Morel and Prieur，1977；Petzold，1972；Smith and Baker，1978)。他很快地确定了光的传播分别受到吸收和散射相函数的影响，得到了一种解析解，并发展了用于贫瘠海洋的蒙特卡罗模型，在模型中只有水和浮游植物这两种光学要素。他的结论是，对于表层发光，光的衰减近似于吸收(a)和后向散射(b_b)，用这种方法可以近似计算夜间的衰减系数。Gordon(1987)参与了一个更大的项目(Biowatt and Marine Light-Mixed Layer (MLML)；Marra，1984；Marra and Hartwig，1984；Marra et al.，1995)，这是首次大规模尝试将海洋物理学与水体的光学(包括生物发光)可变性联系起来(Marra，1984)。Biowatt 和 MLML 这两个早期项目让人们认识到准确描述水体光学特性在光传播和生态结构中的重要性(Carder et al.，1995；Dickey et al.，1993；Ondercin et al.，1995；Smith et al.，1989；Stramska et al.，1995)。这些项目研究北大西洋地区的发光情况(源和汇)，其中包括生物发光(Smith et al.，1989)。虽然生物发光在评估主要光学成分对生物过程的影响方面很重要，但生物发光并不是焦点，在吸收和发射光子的背景下，这项工作得出了一个明显的结论——生物发光随着深度的增加变得更加重要，而在表层海洋中，比其他过程的重要性要低 5～9 个数量级。而且，这里并没有尝试将生物发光光子作为吸收和发射光子的一部分从表面传播出去。

Yi 等(1992)的研究成果试图扩展 Gordon(1987)的工作，在考虑环境光(即月光)的情况下，通过综合测量两个深度处的辐照度和标量辐照度来处理具有非均匀生物发光的情况。这项工作仅仅是理论上的，并没有用现场测量来测试该方法。直到最近，才有 Moline 等(2007)、Oliver 等(2007)和 Orrico 等(2013)报道水中光学特性和生物发光的结合，当时有两项研究重点考察了生物发光的传播。本节将这两项研究作为案例进行重点介绍，随后将介绍生物发光集成到流体动力学建模中的最新工作，并对海洋生物发光研究的未来方向进行了总结和评述。

7.3.1 案例 1：辐射传输建模

“船头前面翻腾着两道液态磷的浪花，船尾好像跟着一列乳白色的火车。”

Charles Darwin(1839 年)

在水下光度计发展的同一时期，光学传感器的发展也取得了重大进展。这一发展的部分原因是需要在水中对水色卫星的遥感结果进行验证，以及海军需要测量固有光学特性(IOP)从而为可见度和行为预测建模(Dickey and Chang，2001；de Rada et al.，2009)。光学仪器中最重要的进展是设计出可以直接在原位测量固有光学特性的传感器，如 WetLabs 公司开发的用于测量光谱吸收和衰减的 AC-9 和 AC-S，用于估计体积散射函数的 ECO-VSF，以及单波长/角度后向散射传感器。这些测量对于合理定量生物发光传播和沿海地区生物发光离水辐亮度(Bioluminescence Water-leaving Radiance，BL_w)至关重要(Gordon，1987)。紧凑型成品光学传感器和水下光度计(表 7.1)的开发也为小型研究小组提供了一个机会，使他们能够将生物发光电位和固有光学特性的现场测量相结合，以开发离水辐亮度的同步测量技术。除了开发紧凑型成品传感器，还一直努力开发供一般科学界使用的用户友好的辐射传输建模程序(如 HydroLight，Sequoia Scientific Inc.，Bellevue，WA)(Mobley，1994)。

在这里，我们重点介绍一项研究，该研究结合了光学传感器、水下光度计和辐射传输模型的测量结果，以估计确定来源的 BL_w。这是一项由两部分组成的研究：第一部分把来自受激光源的光传播到海洋表面(Moline et al.，2007)；第二部分是使用对一部分数据进行训练的神经网络模型来预测源深度(Oliver et al.，2007)。简而言之，生物发光电位的同步垂直剖面(表 7.1 中的编号 13)和光谱固有光学特性在两个夏季期间每 20～30min 从一个自主投放系统收集一次，以检测与高动态物理状态相关的生物发光电位和光学信号随时间的变化。然后将这些测量结果集成到新的生物发光模块中，并对其进行修改，从而对内部产生的平面平行光子进行分配，得到 BL_w 的估计值(Stephany et al.，2000)。这项工作的目标是估算单位长度水体表面的 BL_w(假设单位长度的 BL_w 是互相独立的)。使用一系列鞭毛藻和桡足类生物发光发射光谱重建了生物发光电位的光谱(图 7.2)。然后，使用光谱吸收、衰减、后向散射和海况条件的测量值作为输入，将来自每米范围内测量的 36 个波长的生物发光电位输入到 HydroLight。BL_w 的结果提供了一个晚上的时间内 BL_w 的显著变化的定性图景，强调了在估计 BL_w 时需要连续同时测量生物发光电位和固有光学特性(Moline et al.，2007)。图 7.7 显示了该过程中上行生物发光辐射(BL_u)从一个测量间隔中传播的示例。与太阳辐射的光谱随深度的移动一样，当光传播到表面时，BL_u 从蓝色到绿色的移动不会超过 80nm，并且蓝色波长对深层海水中的生物发光电位的相对贡献减少了(图 7.7)。生物发光传播中显

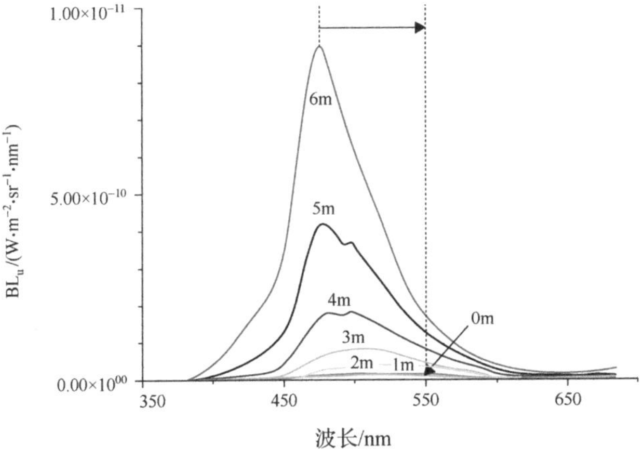

图 7.7　上行生物发光辐射(BL_u)的最大波长在距离光源几米的距离处的光谱移位示例

该示例是根据对 7m 处的生物发光的刺激而从水中预测的，历经 23 天对 48 个深度剖面中的一个进行持续观察，其中一个深度是基于对 7m 处的生物发光的刺激而预测的(Moline et al.，2007)。模拟使用的数据是生物发光电位的测量值、光谱散射、光谱吸收和每米深度间隔的后向散射

著的光谱漂移表明，这可能是反演问题的一个变量，并且，如果有一个具有足够灵敏度和光谱范围的水面上的传感器(Lynch，1981)，也许能够预测源的几何深度。为了使本研究结果具有普遍适用性，建立了 BL_w、BL_w 光谱峰值与光学深度(而不是几何深度)三者之间的关系(Moline et al.，2007)。将来自现场研究(第一年)的一半的数据输入到神经网络模型中作为训练数据集，然后仅由 BL_w 预测光源深度(Oliver et al.，2007)。结果表明，从光谱位移预测光源深度的能力非常强(图 7.8)。为了测试鲁棒性，通过将固有光学特性改变两个数量级，并增加不同的反射率背景来模拟大范围的环境条件(光学深度从 0.1～55)，仍然被发现是稳健的(Oliver et al.，2007)。由于生物发光源深度的预测能力是 BL_w 光谱漂移所固有的，因此使用数据拒绝实验来检查维持稳健的生物发光电位源深度预测所需的波长数目。从最初使用的 36 个波长中，发现 BL_w 的光谱中只有 3 个波长(380nm、492.5nm 和 645nm)就足以准确地确定生物发光源的深度(Oliver et al.，2007)。

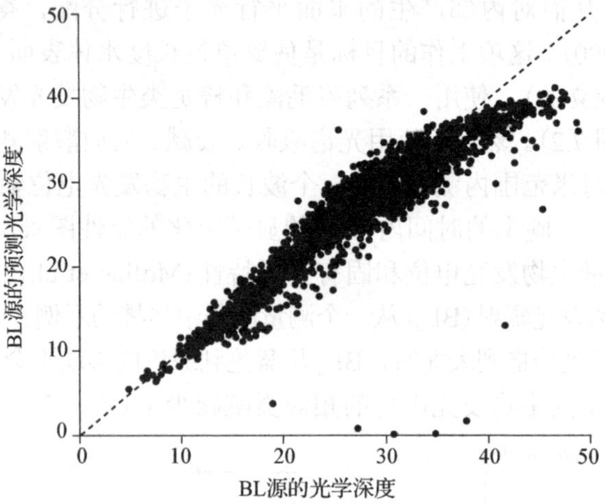

图 7.8　利用 BL_w 数据得到生物发光电位(BP)的测量与模拟预测源深度(光学深度)值的比较

从 2000 年开始，神经网络在 BL_w 及其相关的光学深度上进行训练，然后在 2001 年用它们来预测生物发光层的光学深度。与神经网络被要求预测的范围相比，均方根误差很小。虚线是 1∶1 的直线

7.3.2　案例 2：经验点源建模

“我从海中提取了发光的海草，又把一些带光彩的亚麻布披在身上，把光照在邻近的东西上，像星星一样。”

Thomas Bartholin(1647 年)

发光生物体和发光生物体种群可以被认为是发射辐射光谱功率($W \cdot m^{-3} \cdot nm^{-1}$)到 4π 球面角的各向同性光源。在一定体积的水中，生物发光的强度可以被认为是所有点光源在已知时间段内发射的光的总和。Gordon(1987)证明了，诱导生物发光在向表面传播时减弱，并由于吸收或后向散射而消失。但是，前向散射光不会丢失，并且

可以检测到。这里我们考虑并测试三个模型来描述生物发光传播到表面时的衰减。这是 Orrico 等描述的更大的生物发光检测实验的一部分。第一个模型是辐照度衰减方程，其中衰减系数(K)描述了辐照度在传播到表面时的近似指数衰减。通过测量来自准直点源和接收角接近 180°的漫反射探测器的前向散射来近似测量 K(Jerlov，1976)。因此，生物发光的衰减可以描述为

$$E_{\mathrm{BL}}(0^{+})=E_{\mathrm{BL}}(z)^{-(a+b_b)z} \tag{7.5}$$

其中，$E_{\mathrm{BL}}(0^{+})$ 是表面处的生物发光强度，$E_{\mathrm{BL}}(z)$ 是深度 z 处的诱导生物发光强度。然而这个模型适合描述白天平行光照射情况下的衰减，不适合在夜晚发生的生物发光。

描述生物发光衰减的另一个可能的方程是测量接收角接近 0°的准直点源和探测器的前向散射光。这里，衰减系数由光束衰减系数 $K=c$ 近似表示。因此，式(7.5)可以重写为

$$E_{\mathrm{BL}}(0^{+})=E_{\mathrm{BL}}(z)^{-cz} \tag{7.6}$$

潜水员能见度模型，如式(7.6)中所述，描述了自然光谱衰减与人眼的光谱响应度的关系(Zaneveld and Pegau，2003)。在这种情况下，黑色目标的能见度取决于在 532nm 处测量的光束衰减系数。然而，这一理论只适用于描述环境光线充足的水下目标在水平方向上的能见度，而不涉及通过表面的透射。随着垂直传播光的研究，生物发光检测的情况明显不同。

Gordon(1987)分析了嵌入式点源在海面上的辐射分布，发现除了球面扩展，还有一个衰减系数 $k(k\approx a+b_b)$ 与描述其衰减的点源有关。这一结果也是通过测量获得的(Maffione et al.，1993)。因此，为了确定表面上的生物发光辐照度的强度，通过求解以下方程将在点源处测量的 E_{BL} (photons · m^{-2} · s^{-1})传播到表面：

$$E_{\mathrm{BL}}(0^{+})=\left(\frac{E_{\mathrm{BL}}(z)}{z^{2}}\right)^{-(a+b_b)gz} \tag{7.7}$$

其中，$k=a+b_b$，与白天的衰减系数 K 表达式一致，但是添加 $1/z^2$ 项是为了说明点源的扩散导致的光损失率。因为生物发光在传播到表面时已经显示为绿色(Moline et al.，2007)，特别是在沿海环境中，衰减系数在 500nm 处测量最佳。

在加利福尼亚州圣路易斯奥比斯波湾沿海海洋科学码头中心进行了为期 4 天(2010 年 8 月 9 日～12 日)的工作，那里的最大深度约为 12m。码头所在的区域受到周边圣路易斯港、阿维拉海滩、皮斯莫比奇和奥希阿诺等沿海地区的环境光的影响最小。选择这一时期是因为此时处于新月这一月相阶段，并且这一时期经常有高生物发光(尽管这里没有直接使用)。用垂直投放的网箱测量了水体光学性质的垂直结构。用无散射校正的吸收系数测量仪(AC-S)在 500nm 处近似计算了 $K\approx a+b_b$，其中 $a+b_b$ 几乎是精确的(Moore et al.，1992；Zaneveld et al.，1994)。为了验证哪个模型最适合描

述生物发光的衰减，需要一个各向同性的光源。在这里，一个蓝色光源(Glo-Toob)被安装到打捞笼的底部，并通过开放式光电倍增管探测器进行测量，它离打捞笼下方(在表面固定)的距离为 0.75～11m。在连接漫射器适配器的情况下，光源各向近乎同性，光谱输出峰值为 465nm，是生物发光的一个很好的近似值(图 7.2)。E_{BL} 被建模为式(7.5)、式(7.6)和式(7.7)中描述的三种可能模型的函数。常数 $a+b_b$ 和 c 被用作所有三个模型的模型输入(2m 处的平均值)。此外，求解方程(7.7)也能得到随深度垂直变化的 $a+b_b$ 的值。

一般来说，在实验期间，水体的光学性质是垂直分层的。$a+b_b$ 在 500nm 处的最大值出现在水面下 2m 处，并随深度的增加而减小(图 7.9)。在实验期间，随着时间的推移，水体在这个波长上变得越来越透明。2010 年 8 月 9 日表面平均值最大($0.58m^{-1}$)，2010 年 8 月 12 日最小($0.37m^{-1}$)。每晚在附加实验之前和之后(Orrico et al.，2013)，将光源强度减小两次以评估蓝色光源衰减的变化。将被测点源的衰减拟合到衰减模型方程(式(7.5)、式(7.6)和式(7.7))中，结果分别显示在每个剖面上(图 7.10)。对于所有模型，都使用 2m 处的 $a+b_b$ 或 c 均值(常数)作为模型输入。然而，对于式(7.7)，$a+b_b$ 中的随深度的变化也被用来反映模型性能的任何变化。正如 Gordon(1987)假设的那样，水面上蓝色点光源的强度可以用式(7.7)来模拟，其中在 500nm 处测量的 $a+b_b$ 描述了蓝光传播到水面时的衰减(图 7.10)。当使用 $a+b_b$ 的平均值(在 2m 处)或考虑 $a+b_b$ 的深度可变性时，这是正确的；然而，随着对 a 和 b_b 随深度变化的了解，拟合的模型有了相当大的改善(图 7.10)。

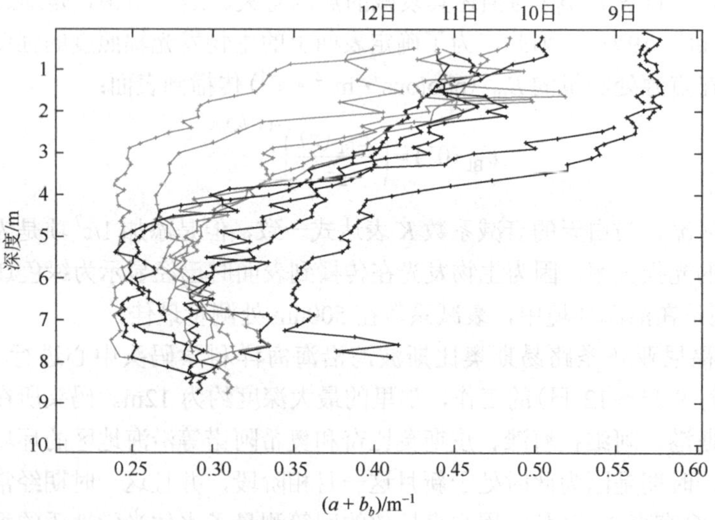

图 7.9　圣路易斯奥比斯波湾 $a+b_b$(吸收系数 a 和后向散射系数 b_b)在 500nm 处的垂直结构

从 2010 年 8 月 9 日到 12 日测量，数据显示每天都有重复的剖面。随着实验的进行，水变得更透明

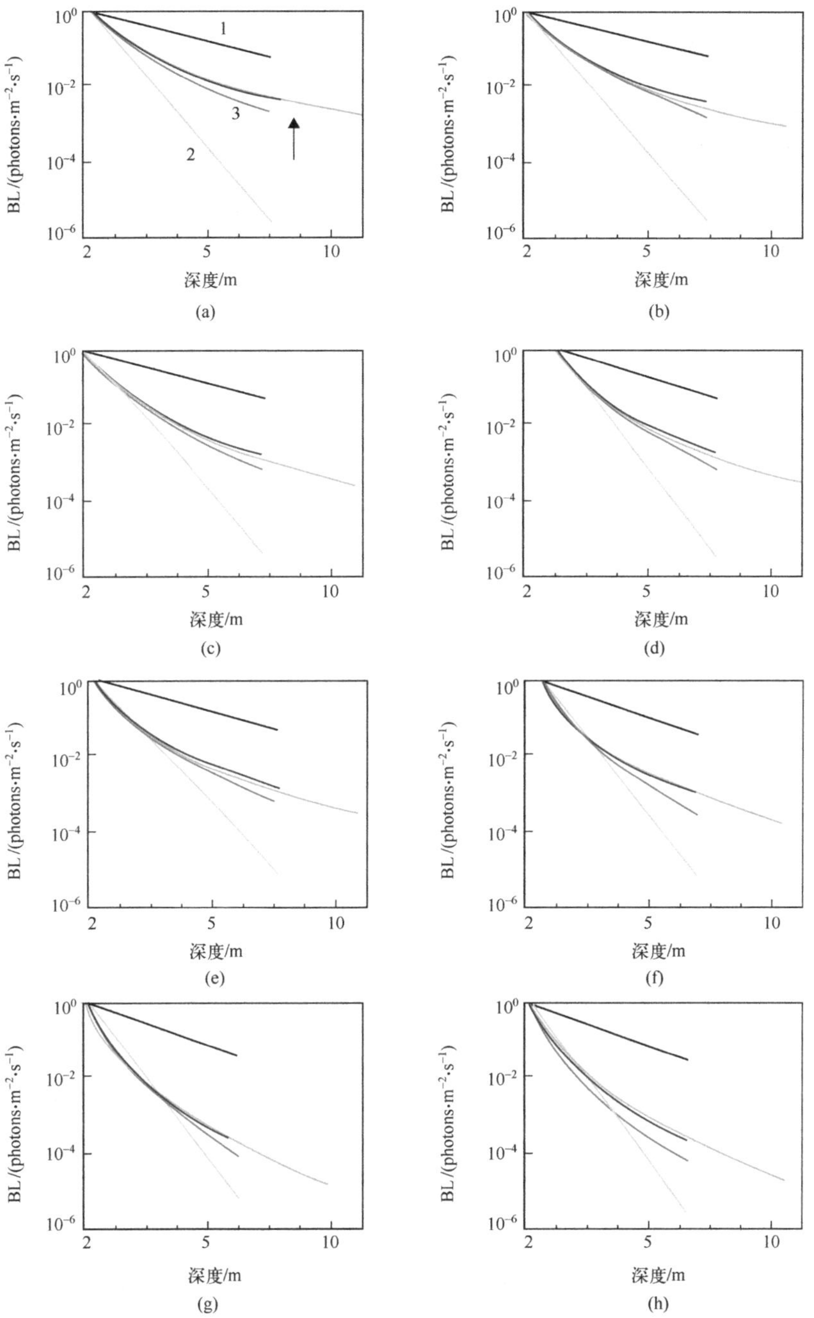

图 7.10　用 Glo-Toob 光源测量的点源衰减(箭头)与四个模拟衰减模型随深度变化的比较

式(7.1)和式(7.3)按常数 $a+b_b$ 计算。式(7.2)采用常数衰减法计算。图(a)中上述方程(7.3)的模型线与方程(7.3)相同，但其计算深度随 $a+b_b$ 的变化而变化(方程的完整描述见正文)。从 2010 年 8 月 9 日(图(a)和图(b))到 8 月 12 日(图(g)和图(f))的四个晚上，在圣路易斯奥比斯波湾进行了重复比较。吸收系数 a 和后向散射系数 b_b 的测量结果如图 7.9 所示

7.3.3 生态建模

“……在一些地方，大海是如何习惯于在夜晚尽其所能地照耀；在其他的时间和地点，只有当波浪冲击船只时……而在其他的海域，观测结果就不成立了……”

Robert Boyle(1681 年)

海洋学界非常重视将生态系统动力学纳入水动力模型(Allen et al.，2010)，这是因为需要提高对生物地球化学循环、自然资源可用性和气候循环的理解。虽然模型多种多样，但大多数模型都根据营养状况、依赖于形态和过程的营养物质以及物理相互作用(如驱动初级生产的水动力和光场)对生物群进行了一定程度的划分(Doney et al.，2009)。到目前为止，只有几个建模工作包含了生物发光(Shulman et al.，2003，2005，2011a，2011b)，利用另一种生物测量(而不是叶绿素 a)来描述营养组(Moline et al.，2009)。这些研究的重点是评估沿海海洋生物发光的短期平流，因为物理模式最能利用数据同化技术来初始化和约束它们的解来再现当地的环流结构(Haidvogel et al.，2000)。随着对更高分辨率的需求和沿海地区复杂性的增加，同化所需的观测次数也增加了。这种观测约束有效地限制了建模的时间窗口，在这种情况下，如果仅基于单组观测，则为 1～3 天。

通过物理模型对平流和扩散进行合理估计，可以得到生物发光粒子的平流-扩散方程：

$$\frac{\partial C}{\partial t}=-u\frac{\partial C}{\partial x}-v\frac{\partial C}{\partial y}-w\frac{\partial C}{\partial z}+\frac{\partial\left(A^h\frac{\partial C}{\partial x}\right)}{\partial x}+\frac{\partial\left(A^h\frac{\partial C}{\partial y}\right)}{\partial y}+\frac{\partial\left(K^h\frac{\partial C}{\partial z}\right)}{\partial z}+S(x,y,z,t) \quad (7.8)$$

其中，C 是生物发光颗粒的浓度，A^h 和 K^h 是水平和垂直扩散系数，(u,v,w) 是取自流体动力学模型的液体速度分量，$S(x,y,z,t)$ 是 C 的源减汇项。方程前三项描述了 C 在水平和垂直方向上的平流，后三项描述了粒子的扩散，最后一项是非物理源和汇项。

方程(7.8)表示平流-扩散-反应(Advection-Diffusion-Reaction，ADR)模型。通过用生物发光颗粒分布的预报来初始化经过验证的物理预测模型，可以严格基于物理过程来估计这些颗粒的未来分布。对于初始化，通过使用以下形式的 $S(x,y,z,t)$ 将可用的生物发光电位观测值同化到上述 ADR 模型中(Shulman et al.，2003，2005)：

$$S(x,y,z,t)=\gamma(C-C^0)\delta(\tau-\tau^0) \quad (7.9)$$

其中，C^0 是 BL(生物发光)的观测值，γ 是微调系数，τ 是模型域中 (x,y,z) 的位置，τ^0 是模型域中 (x^0,y^0,z^0) 的位置，$\delta(\tau-\tau^0)$ 是狄拉克函数。式(7.8)中的速度和扩散系数取自初始化日期，并在初始化-同化过程中保持不变。在这种情况下，同化的生物发光电位(浓度 C)分布在整个模型域中，直到达到平衡(当式(7.8)中的 $\frac{\partial C}{\partial t}=0$)。这提供了初始生物发光电位分布，该初始生物发光电位分布与初始化时的物理条件动态平衡(可参考 Shulman 等(2003，2005)的研究，了解更多详细信息)。平衡场 C 被用作 ADR 模型预测(未来)3 天计算的初始示踪剂分布。在预测计算过程中，水动力速度和扩散系数的变化随流体模型变化而变化。Shulman 等(2003)的研究结果表明，在高度平流环境中了解上游边界条件比准确了解生物发光电位的时间分布更为重要。在后续的研究中，使用了相同的模型和更多的现场数据，并且观察到的和模型预测的下游生物发光三维分布之间有着很好的一致性(Shulman et al.，2005)。研究还表明，模型初始化时生物发光采样策略的优化是 ADR 模型短期预测成功的关键。尽管已经知道了将固有光学特性集成到动态模型中的优势(Fujii et al.，2007)，但尚未将其用于传播生物发光。由于上述案例研究(第 7.3.1 节和 7.3.2 节)中的测量在技术上实现是困难的，因此在大的时间和空间尺度上应用这些信息的唯一方法是通过建模。Shulman 等(2011a)首次尝试利用动态的、可预测的生物化学和生物发光强度模型来模拟和预测深部生物发光电位刺激引起的夜间离水辐亮度。结果表明，在加利福尼亚州蒙特利湾(Monterey Bay)的上升流驱动系统中，具有生物发光浮游生物表层近海水团被来自该湾北部海岸的水团所取代，其中大部分为非生物发光浮游植物(图 7.11)。近海观测显示，在上升流

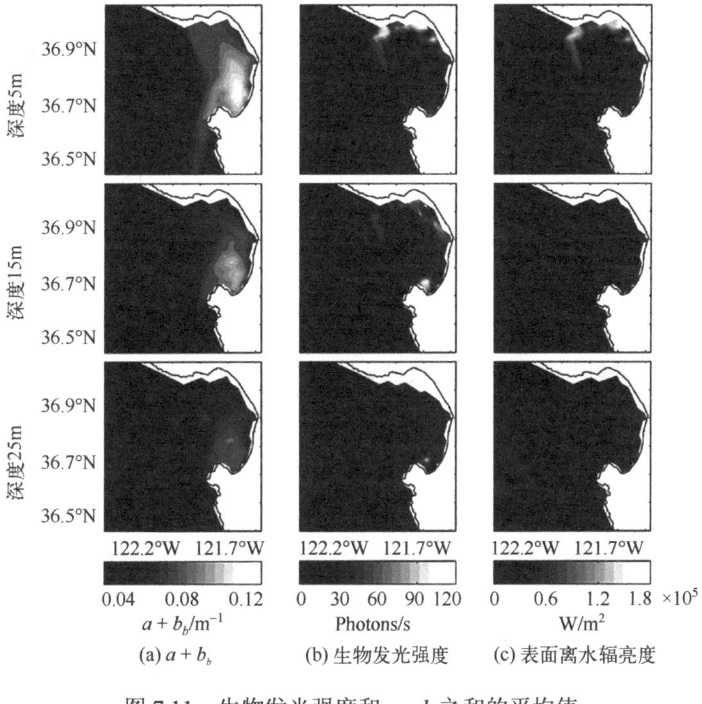

图 7.11　生物发光强度和 a、b 之和的平均值

图(c)为 2003 年 8 月 15 日，模拟在不同深度的生物发光强度(5m、15m 和 25m)引起的表面离水辐亮度。图(b)模拟在不同深度的生物发光强度，图(a)为从深层到表面的平均吸收系数 a 和平均后向散射系数 b_b 之和

发展的早期阶段，表层海水有高浓度叶绿素和后向散射，生物发光电位的最大值出现在更深层海水中。后来，观测到的较深的近海生物发光电位最大值消失，变成了一个更浅、更弱的信号。这些动态变化不仅影响该地区的物生发光电位，还影响固有光学特性 a 和 b_b。Shulman 等(2011a)结合动力学、预测物理、生物化学和生物发光强度模型，制作了整个区域首批 BL_w 图片中的一部分，说明数量和海洋环流的非线性，这对于在这个尺度上估计 BL_w 是至关重要的(图 7.11)。

最后，在这项工作最新的进展中，对流-扩散模型被用来检查加利福尼亚州蒙特利湾的鞭毛藻，以前的建模工作就是在这里进行的(Shulman et al.，2011b)。在这里，方程(7.8)中的 S 项也被用来结合鞭毛藻的游动行为。考虑了三种游动行为：下沉、向目标深度游动和深海垂直移动。结果表明，在上升流事件中，鞭毛藻通过游动行为避免了完全平流出海湾(Shulman et al.，2011b)。在模拟游动速度为 20m/d(合理估计为观测最大值的一半)的情况下，40%的鞭毛藻种群是从海湾北部平流过来的。这与海湾入口处与海湾北部相比观测到的平均生物发光电位比率 0.45 是一致的。虽然生物发光短期变化的一些显著特征可以通过对流-扩散过程的建模来预测和解释，但这一点已经得到了证明(Shulman et al.，2003，2005，2011a，2011b)，这里指出，即使在短时间尺度上，也需要对边界层的源和汇进行模拟，以再现观测到的边界层的时空变化。仅靠平流过程不能准确预测生物发光种群水平和垂直再分布的短期变化。这在生物发光浮游生物的游动行为影响 BL 分布的情况下尤其有效。这样的持续建模工作用于估计生物发光的测量值，将其作为整合生态系统信息的工具，评估海洋中的动态光学特性，有助于短期预测包括 BL_w 在内的海洋条件。

7.4 小　结

“看到像星星一样闪闪发光的耀眼的白斑。”

Don Joao de Castro(1541 年)

虽然范围有限，但本章突出了海洋中生物发光的多样性，以及生物发光测量的潜力，以帮助我们更好地了解海洋功能和动力学信息。生物发光是海洋中种间和种内通信的主要形式之一。虽然这是一种占主导地位的现象，但我们对这些反应和生物合成途径的化学知识知之甚少。生物发光在医学领域(即疾病研究的成像和生物测定)和分析污染方面有广泛的用途(Lapota et al.，2007)；但是，这些应用仅源于少数几个细菌种类和生物活性分子。提高对自然界中各种生物发光系统的理解，可以增加生物发光应用的数量和类型。海洋中的生物发光直接影响捕食者与被捕食者之间的相互作用，从而间接影响了物质通过食物网的流动以及地球上最大的物质转移(Hays，2003)。从生态学的角度来看，这些是当今海洋中最难解决的问题。对测量生物发光电位和对生物发光进行成像的仪器的可用性提供了补充，可以通过经验和/或建模来研究这些具有挑战性的问题。最后，固有光学特性和生物发光电位的组合可以估计 BL_w、光源深度和特定深度的光源强度，为进一步研究提供了途径。通过在水面平台(即飞机或卫星)上安装改进的微光传感器，并集成自主平台的现场传感器(Moline et al.，2005)，我们现在可以在增加的空间和时间足迹上观察到生物发光现象。如果这些观测和测量被整合到现有的计划和/或观测网络中(Schofield et al.，2002)，则结果会非常好。鉴于生物发光是海洋环境中一种主要的通信形式，谨慎的做法是继续调查这一现象，以揭示其在海洋中的重要性。

7.5　致　　谢

感谢 Robbins、Blackwell 和 Selene 在现场和数据分析方面的协助。特别感谢 Haddock 在之前的生物发光综述中的帮助。这项工作得到了海军研究办公室(N00014-99-1-0197、N00014-00-1-0008 和 N00014-03-1-0341)、Moline(N00014-10-C-0272)和 WetLabs 公司的资助。本章还得到了挪威外交部 Fullbright Arctic Chair 的支持。

参 考 文 献

Abrahams V A, Townsend L D. 1993. Bioluminescence in dinoflagellates: A test of the burglar alarm hypothesis. Ecology, 74, 258-260.

Aiken A, Kelley J. 1984. A solid state sensor for mapping and profiling stimulated bioluminescence in the marine environment. Cont Shelf Res, 3, 455-464.

Alberte R S. 1993. Bioluminescence: The fascination, phenomena, and fundamentals. Nav Res Revs, 45, 2-12.

Allen J I, Aiken J, Anderson T R, et al. 2010. Marine ecosystem models for earth systems applications: The MarQUEST experience. J Mar Sys, 81, 19-33.

Backus R H, Yentch C S, Wing A S. 1961. Bioluminescence in the surface waters of the sea. Nature, 205, 989-991.

Batchelder H P, Swift E. 1988. Bioluminescence potential and variability in some Sargasso Sea planktonic halocypridostracods. J Crustacean Biol, 8, 520-523.

Batchelder H P, Swift E, van Keuren J R. 1990. Pattern of planktonic bioluminescence in the northern Sargasso Sea: Seasonal and vertical distribution. Mar Biol, 104, 153-164.

Batchelder H P, Swift E, van Keuren J R. 1992. Diel patterns of planktonic bioluminescence in the northern Sargasso Sea. Mar Biol, 113, 329-339.

Beebe W, Tee-Van J, Hollister G, et al. 1934. Half Mile Down, New York, Harcourt.

Benoit-Bird K J, Moline M A, Waluk C M, et al. 2010. Integrated measurements of acoustical and optical thin layers I: Vertical scales of association. Continental Shelf Research, 30, 17-28. doi:10.1016/j.csr.2009.08.001.

Berge J, Båtnes A S, Johnsen G, et al. 2012. Bioluminescence in the high arctic during the polar night. Mar Biol, 159, 231-237, doi:10.1007/s00227-011-1798-0.

Blackwell S M, Moline M A, Schaffner A, et al. 2008. Sub-kilometer length scales in coastal waters. Cont Shelf Res, 28, 215-226, doi:10.1016/j.csr.2007.07.009.

Boden B P, Kampa E M. 1974. Bioluminescence//Jerlov N G, Nielsen S. Optical Aspects of Oceanography, New York, Academic Press, 445-469.

Bricaud A, Morel A, Prieur L. 1983. Optical efficiency factors of some phytoplankters. Limnol Oceanogr, 28, 816.

Burkenroad M D. 1943. A possible function of bioluminescence. J Mar Res, 5, 161-164.

Buskey E J. 1992. Epipelagic planktonic bioluminescence in the marginal ice zone of the Greenland Sea. Mar Biol, 113, 689-698.

Carder K L, Lee Z P, Marra J, et al. 1995. Calculated quantum yield of photosynthesis of phytoplankton in the Marine Light-Mixed Layers（59°N, 21°W）. J Geophys Res, 100, 6655-6664.

Case J F, Widder E A, Bernsein S, et al. 1993. Assessment of marine bioluminescence. Nav Res Revs, 45, 31-41.

Clarke G L, Wertheim G K. 1956. Measurements of illumination at great depths and at night in the Atlantic Ocean by means of a new bathyphotometer. Deep-Sea Res, 3, 189-205.

Clarke G L, Kelly M G. 1965. Measurements of diurnal changes in bioluminescence from the sea surface to 2, 000 meters using a new photometric device. Limnol Oceanogr, 10（Redfield Suppl.）, R54-R66.

de Rada S, Arnone R A, Anderson S. 2009. Bio-physical ocean modeling in the Gulf of Mexico. OCEANS 2009, MTS/IEEE, 1-7.

Dickey T, Granata T, Marra J, et al. 1993. Seasonal variability of bio-optical and physical properties in the Sargasso Sea. J Geophys Res, 98, 865-898.

Dickey T D, Chang G C. 2001. Recent advances and future visions: Temporal variability of optical and bio-optical properties of the ocean. Oceanogr, 14, 15-29.

Doney S C, Lima I, Moore J K, et al. 2009. Skill metrics for confronting global upper ocean ecosystem-biogeochemistry models against field and remote sensing data. J Mar Sys, 76, 95-112.

Eckert R, Reynolds G T. 1967. The subcellular origin of bioluminescence in Noctilucamiliaris. J Gen Physiol, 50, 1429-1458.

Fucile P D. 1996. A low cost bioluminescence bathyphotometer. Gulf of Maine Ecosystems Dynamics Symposium, NOAA, St Andrew's, New Brunswick, Canada, 11-16 September.

Fucile P D, WidderE, Brink K. 2001. A compact bathyphotometer. ONR Final Report, N00014-99-1-0346.

Fujii M, Boss E, Chai F. 2007. The value of adding optics to ecosystem models: a case study. Biogeosciences, 4, 817-835.

Geistdoerfer P, Vincendeau M A. 1999. A new bathyphotometer for bioluminescence measurements on the Armorican continental shelf (northeastern Atlantic). Oceanologica Acta, 22, 137-151.

Geistdoerfer P, Cussatlegras A S. 2001. Day/night variations of marine bioluminescence in the Mediterranean Sea and in the northeastern Atlantic. C. R. Acad. Sci. Paris, 324, 1037-1044.

Gillibrand E J V, Bagley P, Jamieson A, et al. 2007a. Deep sea benthic bioluminescence at artificial food falls, 1000-4800m depth, in the Porcupine Seabight and Abyssal Plain, North East Atlantic Ocean. Mar Biol, 150, 1053-1060.

Gillibrand E, Jamieson A, Bagley P, et al. 2007b. Seasonal development of a deep pelagic bioluminescent layer in the temperate NE Atlantic Ocean. Mar Ecol Prog Ser, 341, 37-44.

Gordon H R. 1984. Remote sensing marine bioluminescence: The role of the inwater scaler irradiance. Appl Opt, 23, 1694-1696.

Gordon H R. 1987. Bio-optical model describing the distribution of irradiance at the sea surface resulting from a point source embedded in the ocean. Appl Opt, 26, 4133-4148.

Haddock S H D, Rivers T J, Robison B H. 2001. Can coelenterates make coelenterazine? Dietary requirement for luciferin in cnidarian bioluminescence. Proc Natl Acad Sci USA, 98, 11148-11151.

Haddock S H D, Moline M A, Case J F. 2010. Bioluminescence in the sea. Annu Rev Mar Sci, 2, 443-493.

Haidvogel D B, Blanton J, Kindle J C, et al. 2000. Coastal ocean modeling: Processes and real-time systems. Oceanogr, 13, 35-46.

Hays G C. 2003. A review of the adaptive significance and ecosystem consequences of zooplankton diel vertical migrations. Hydrobiologia, 503, 163-170.

Herren C M, Haddock S H D, Johnson C, et al. 2005. A multi-platform bathyphotometer for fine-scale, coastal bioluminescence research. Limnol Oceanogr Methods, 3, 247-262.

Herring P J. 1978. A classification of luminous organisms//Herring P J. Bioluminescence in Action, New York, Academic Press, 461-476.

Herring P J. 1987. Systematic distribution of bioluminescence in living organisms. J BiolumChemilum, 1, 147-163.

Jerlov N G. 1976. Marine Optics, Amsterdam, Elsevier.

Jerlov N G, Nielsen S. 1974. Optical Aspects of Oceanography, New York, Academic Press.

Kampa E M, Boden B P. 1953. Light generation in a sonic-scattering layer. Deep-Sea Res, 4, 73-92.

Kim G, Lee Y W, Joung D J, et al. 2006. Real-time monitoring of nutrient concentrations and red-tide outbreaks in the southern sea of Korea. Geophys Res Lett, 33, L13607, doi:10.1029/2005GL025431.

Lapointe M, Morse D. 2008. Reassessing the role of a 3%-UTR-binding translational inhibitor in regulation of circadian bioluminescence rhythm in the dinoflagellate Gonyaulax. Biol Chem, 389, 13-19.

Lapota D. 1998. Long term and seasonal changes in dinoflagellate bioluminescence in the Southern California Bight. University of California Santa Barbara, Santa Barbara, CA.

Lapota D, Losee J R. 1984. Observations of bioluminescence in marine plankton from the Sea of Cortez. J

Exp Mar Biol Ecol, 77, 209-240.

Lapota D, Galt C, Losee J, et al. 1988. Observations and measurements of planktonic bioluminescence in and around a milky sea. J Exp Mar Biol Ecol, 119, 55-81.

Lapota D, Osorio A R, Liao C, et al. 2007. The use of bioluminescent dinoflagellates as an environmental risk assessment tool. Mar Poll Bull, 54, 1857-1867.

Lapota D, Rosenberger D E, Lieberman S H. 1992a. Planktonic bioluminescence in the pack ice and the marginal ice zone of the Beaufort Sea. Mar Biol, 112, 665-675.

Lapota D, Young D, Bernstein S, et al. 1992b. Diel bioluminescence in heterotrophic and photosynthetic marine dinoflagellates in an Arctic fjord. J Mar Biol Assoc U K, 72, 733-744.

Latz M I, Frank T M, Bowlby M R, et al. 1987. Variability in flash characteristics of a bioluminescent copepod. Biol Bull, 162, 423-448.

Levin L A, Utyushev R N, Artemkin A S. 1977. Distribution of bioluminescence in the equatorial waters of the eastern Pacific Ocean. Polskie Archwm Hydrobiol, 24, 125-134.

Lieberman S H, Lapota D, Losee J R, et al. 1987. Planktonic bioluminescence in the surface waters of the Gulf of California. Biol Oceanogr, 4, 25-46.

Losee J, Lapota D, Lieberman S H. 1985. Bioluminescence: A new tool for oceanography//Zirion A. Mapping Strategies in Chemical Oceanography, AdvChemSer, 209, Washington D. C., American Chemical Society.

Lynch R V. 1981. Patterns of bioluminescence in the oceans. NRL Report 8475, Washington D. C., Naval Research Laboratory.

Maffione R A, Voss K J, Honey R C. 1993. Measurement of the spectral absorption coefficient in the ocean with an isotropic light source. Appl Opt, 32, 3273-3279.

Marra J. 1984. Biowatt: A Study of Bioluminescence and Optical Variability in the Sea. Palisades, NY, Lamont-Doherty Geological Observatory.

Marra J, Hartwig E O. 1984. Biowatt: A study of bioluminescence and optical variability in the sea. EOS, 65, 732-733.

Marra J, Langdon C, Knudson C A. 1995. Primary production, water column changes, and the demise of a Phaeocystis bloom at the Marine Light-Mixed Layer site（59°N, 21°W）in the northeast Atlantic Ocean. J Geophys Res, 100, 6633-6643.

Mensinger A F, Case J F. 1992. Dinoflagellate luminescence increases susceptibility of zooplankton to teleostpredation. Mar Biol, 112, 207-210.

Menzel D W. 1967. Particulate organic carbon in the deep sea. Deep-Sea Res, 14, 229-238.

Miller S D, Haddock S H D, Elvidge C D, et al. 2005. Detection of a bioluminescent milky sea from space. Proc Natl Acad Sci USA, 102, 14181-14184.

Mobley C D. 1994. Light and Water: Radiativetransfer in Natural Waters. New York, Academic Press.

Moline M A, Blackwell S M, Allen B, et al. 2005. Remote environmental monitoring units: An autonomous vehicle for characterizing coastal environments. J Atmos Oceanic Technol, 22, 1798-1809.

Moline M A, Oliver M J, Mobley C D, et al. 2007. Bioluminescence in a complex coastal environment: 1. Temporal dynamics of nighttime water-leaving radiance. J Geophys Res, 112, C11016, doi:10.1029/2007JC004138.

Moline M A, Blackwell S M, Case J F, et al. 2009. Bioluminescence to reveal structure and interaction of coastal planktonic communities. Deep-Sea Res, 56, 232-245, doi:10.1016/j.dsr2.2008.08.002.

Moline M A, Benoit-Bird K J, Robbins I C, et al. 2010. Integrated measurements of acoustical and optical thin layers II: Horizontal length scales. Continental Shelf Research, 30, 29-38. doi:10.1016/j.csr.2009.08.004.

Moore C, Zaneveld J R V, Kitchen J C. 1992. Preliminary results from an in situ spectral absorption meter//Gilbert G D. Ocean Optics XI, Proc. SPIE, 1750, 330-337.

Morel A, Prieur L. 1977. Analysis of variations in ocean color. Limnol Oceanogr, 22, 709.

Morin J G. 1983. Coastal bioluminescence: Patterns and functions. Bull Mar Sci, 33, 787-817.

Morin J G, Bermingham E L. 1980. Bioluminescent patterns in atropical ostracod. Amer Zool, 20, 851.

Morin J G, Cohen A C. 1991. Bioluminescent displays, courtship, and reproduction in ostracodes//Bauer R, Martin J. Crustacean Sexual Biology, New York, Columbia University Press.

Morin J G, Cohen A C. 2010. It's all about sex: Bioluminescent courtship displays, morphological variation and sexual selection in two new genera of Caribbeanostracods. J Crustacean Biol, 30, 56-67.

Morse D S, Fritz L, Hastings J W. 1990. What is the clock? Translational regulation of circadian bioluminescence. Trends in Biochemical Sciences, 15, 262-265.

Nakamura H, Kishi Y, Shimomura O, et al. 1989. Structures of dinoflagellateluciferin and its enzymatic and non-enzymatic air-oxidation products. J Am Chem Soc, 111, 7607-7611.

Nealson K H, Arneson A C, Bratkovich A. 1984. Preliminary results from studies of nocturnal bioluminescence with subsurface moored photometers. Mar Biol, 83, 185-191.

Nelson C V. 1985. Bio-optical Measurement Platforms and Sensors. JHU/APL Tech. Rep. STD-R-1160, Laurel, Johns Hopkins University.

Ocean Studies Board, National Research Council. 1997. Oceanography and Naval Special Warfare: Opportunities and Challenges, Washington D. C., National Academy Press.

Oliver M J, Moline M A, Mobley C D, et al. 2007. Bioluminescence in a complex coastal environment: 2. Prediction of bioluminescent source depth from spectral water-leaving radiance. J Geophys Res, 112, C11017, doi:10.1029/2007JC004136.

Ondercin D G, Atkinson C A, Kiefer D A. 1995. The distribution of bioluminescence and chlorophyll during the late summer in the North Atlantic: Maps and a predictive model. J Geophys Res, 100, 6575-6590.

Orrico C M, Moline M A, Robbins I, et al. 2010. A new tool for monitoring ecosystem dynamics in coastal environments: Long-term use and servicingrequirements of the commercial UnderwaterBioluminescence Assessment Tool（U-BAT）. Oceans 2009, MTS/ IEEE, 1-7.

Orrico C M, Zaneveld J R V, Moline M A, et al. 2013. Measured and modeled nighttime visibility of vehicle stimulated bioluminescence（U）. J Underwater Acoustics, in press.

Petzold T J. 1972. Volume Scattering Functions for Selected Natural Waters. Scripps Institute of Oceanography, Visibility Laboratory, San Diego, CA 92152, SIO Ref, 72-78.

Piontkovski S A, Tokarev Y N, Bitukov E P, et al. 1997. The bioluminescent field of the Atlantic Ocean. Mar Ecol Prog Series, 156, 33-41.

Priede I G, Bagley P M, Way S, et al. 2006. Bioluminescence in the deep sea: Free-fall lander observations in the Atlantic Ocean off Cape Verde. Deep-Sea Res, 53, 1272-1283.

Rees J F, De Wergifosse B, Noiset O, et al. 1998. The origins of marinebioluminescence: Turning oxygen defense mechanisms into deep-sea communication tools. J Exp Biol, 201, 1211-1221.

Reynolds G T. 1964. Evaluation of an image intensifier system for microscopic observations. IEEE Trans Nucl Sci, 11, 147.

Rivers T J, Morin J G. 2008. Complex sexual courtship displays by luminescent male marine ostracods. J Exp Biol, 211, 2252-2262.

Rohr J, Latz M I, Fallon S, et al. 1998. Experimental approaches towards interpreting dolphin-stimulated bioluminescence. J Exp Biol, 201, 1447-1460.

Roithmayr C M. 1970. Airborne low-light sensor detects luminescingfish schools at night. Commer Fish Rev, 32, 42-51.

Schofield O, Bergmann T, Bissett P, et al. 2002. The long-term ecosystem observatory: An integrated coastal observatory. IEEE J Oceanic Eng, 27, 146-154.

Seliger H H. 1993. Bioluminescence: Excited states under the cover of darkness. Nav Res Rev, 45, 5-11.

Seliger H H, Fastie W G, Taylor W R, et al. 1963. Bioluminescence of marine dinoflagellates. I. An underwater photometer for day and night measurements. J Gen Physiol, 45, 1003-1017.

Seliger H H, Fastie W G, McElro W D. 1969. Towable photometer for rapid area mapping of concentrations of bioluminescent marine dinoflagellates. Limnol Oceanogr, 14, 806-813.

Shulman I, Haddock S H D, McGillicuddy Jr. D J, et al. 2003. Numerical modeling of bioluminescence distributions in the coastal ocean. J Atmos Oceanic Technol, 20, 1060-1068.

Shulman I, McGillicuddy Jr. D J, Moline M A, et al. 2005. Bioluminescence intensity modeling and sampling strategy optimization. J Atmos Oceanic Technol, 22, 1267-1281.

Shulman I, Moline M A, Penta B, et al. 2011a. Observed and modeled bio-optical, bioluminescent, and physical properties during a coastal upwelling event in Monterey Bay, California. J Geophys Res, 116, C01018, doi:10.1029/2010JC006525.

Shulman I, Penta B, Moline M A, et al. 2011b. Can vertical migrations of dinoflagellates explain observed bioluminescence patterns during an upwelling event in Monterey Bay, CA?. J Geophys Res, 117, C01016, doi:10.1029/2011JC007480, in press.

Smith R C, Baker K S. 1978. Optical classification of naturalwaters. Limnol Oceanogr, 23, 260.

Smith R C, Marra J, Perry M J, et al. 1989. Estimation of a photon budget for the upper ocean in the Sargasso Sea. Limnol Oceanogr, 34, 1673-1693.

Smith S M E, Morgan D, Musset B, et al. 2011. Voltage-gated proton channel in a dinoflagellate. Proc Natl Acad Sci USA, 108, 18162-18167.

Soli G. 1966. Bioluminescent cycle of photosynthetic dinoflagellates. Limnol Oceanogr, 11, 355-363.

Stephany S, Campos Velho H F, Ramos F M, et al. 2000. Identification of inherent optical properties and bioluminescence source term in a hydrological optics problem. J Quant Spectroscopy Radiative Transfer, 67, 113-123.

Stramska M, Dickey T D, Plueddlemann A, et al. 1995. Bio-optical variability associated with phytoplankton dynamics in the North Atlantic Ocean during spring and summer of 1991. J Geophys Res, 100, 6621-6632.

Swift E, Lessard E J, Biggley W H. 1985. Organisms associated with stimulated epipelagic bioluminescence in the Sargasso Sea and the Gulf Stream. J Plank Res, 7, 831-848.

Swift E, Sullivan J M, Batchelder H P, et al. 1995. Bioluminescent organisms and bioluminescence measurements in the North Atlanic Ocean near latitude 59. 5°N, longitude 21°W. J Geophys Res, 100, 6527-6547.

Utyushev R N, Levin L A, Gitelson J I. 1999. Diurnal rhythm of the bioluminescent field in the ocean epipelagic zone. Mar Biol, 134, 439-448.

Vinogradov M E, Gittelzon I I, Sorokin Y I. 1970. The vertical structure of a pelagic community in the tropical ocean. Mar Biol, 6, 187-194.

Ward W W, Seliger H H. 1974. Properties of mnemiopsin and berovin, calciumactivated photoproteins from the ctenophores Mnemiopsissp. and Beroeovata. Biochemistry, 13, 1500-1509.

Widder E A. 1997. Bioluminescence. Sea Tech, 3, 33-39.

Widder E A. 2002. Bioluminescence and the pelagic visual environment. Mar Freshwater Behav Physiol, 35, 1-26.

Widder E A. 2010. Bioluminescence in the ocean: Origins of biological, chemical and ecological diversity. Science, 328, 704-708.

Widder E A, Case J F. 1981. Bioluminescence excitation in a dinoflagellate//Nealson K H. Bioluminescence Current Perspectives, Burgess, Burgess Publishing, 125-132.

Widder E A, Johnsen S. 2000. 3D spatial point patterns of bioluminescent plankton: a map of the “minefield”. J Plank Res, 22, 409-420.

Widder E A, Bernstein S A, Bracher D F, et al. 1989. Bioluminescence in the Monterey Submarine Canyon: Image analysis of video recordings from a midwater submersible. Mar Biol, 100, 541-551.

Widder E A, Case J F, Bernstein S A, et al. 1993. A new large volume bioluminescence bathyphotometer with defined turbulence excitation. Deep-Sea Res, 40, 607-627.

Widder E A, Johnson S, Bernstein S A, et al. 1999. Thin layers of bioluminescent copepods found at density discontinuities in the water column. Mar Biol, 134, 429-437.

Williamson C E, Fischer J M, Bollens S M, et al. 2011. Toward a more comprehensive theory of zooplankton diel vertical migration: Integrating ultraviolet radiation and water transparency into the biotic paradigm. Limnol Oceanogr, 56, 1603-1623.

Wren G G, May D. 1997. Detection of submerged vessels using remote sensing. Techniques Australian Defense Forces Journal, 127, 9-15.

Yi H C, Sanchez R, McCormick N J. 1992. Bioluminescence estimation from ocean in situ irradiances. Appl Optics, 31, 822-830.

Zaneveld J R V, Kitchen J C, Moore C C. 1994. Scattering error correction of reflecting tube absorption meters// Ackleson S. Ocean Optics XII, Proc. SPIE, 2258, 44-55.

Zaneveld J R V, Pegau W S. 2003. Robust underwater visibility parameter. Optics Express, 11, 2997-3009.

第 8 章　有害藻华的光学评估

监测水环境中的有害藻华(Harmful Algal Blooms，HAB)能够监测和缓解因大量藻类细胞和(或)相关毒素聚积导致的环境恶化。有害藻华之间的高度多样性使得观测方法必须覆盖很大的时间和空间尺度。目前的方法包括遥感、原位采样和剖面观测。所面临的挑战在于开发新的系统和方法，以满足对有害藻华的物种及其生物光学特性进行高灵敏度离散探测的需要。本章回顾了最先进的技术，并通过一套适当的方法来应对有害藻华的多样性问题，以便进行长期监测。

8.1　引　　言

水生生态系统中浮游植物的扩散是一种自然现象，在全世界范围内都能观察到。作为海洋牧场，浮游植物构成了水生食物网的营养基础，而作为进行光合作用的生物，它们也是全球碳循环的主要贡献者。然而，在浮游植物和底栖微藻中，有许多物种形成高生物量和(或)细胞毒性聚集体，即有害藻华(Smayda，1997)。全世界都有此类藻华的记录，它们可能对水生生态系统、人类和水生动物的健康以及社会经济利益造成不利影响，而且往往是毁灭性的影响。“有害藻华”一词不是一个科学术语，而是一个社会术语，通俗来讲，是指从人类角度来看具有有害影响的藻类事件。这些影响的表现非常复杂，但往往(尽管不一定)是由于藻类生物大量繁殖和(或)强效海洋毒素的产生及传播造成的。许多有害藻华是由特定类群的细胞快速生长和聚集引起的，甚至在浮游植物群落中会趋向于只具有单一物种。藻类生物的大量聚积会导致局部缺氧和下层植物被遮蔽，从而可能导致生态系统状态的转变，例如从以珊瑚为主转变为以藻类为主，并削弱具有重要生态意义的海草床。源自藻类的浮渣和泡沫聚集在水面或附近的海滩上，降低了海滩的旅游和娱乐价值。许多藻类还可以产生毒素，经常造成巨大的经济损失，例如暂时关闭渔业和水产养殖业，以及在人中毒的情况下进行毒素监测和医疗干预所产生的相关费用(Hoagland et al.，2002)。这些藻毒素即使在低浓度下也可能是有害的，并且可以通过接触或摄食聚积在海产品体内。人体可能会通过与水或气溶胶的直接接触而接触到藻毒素，但主要还是通过食用受污染的海产品。藻毒素的作用方式和效力是多种多样的，可以导致人体急性中毒。中毒的症状可能从轻微到致命不等，包括恶心、发烧和眼部刺激，以及短期记忆丧失、麻痹、神经紊乱和心肺

本章作者 J. A. BUSCH and O. ZIELINSKI，University of Oldenburg，Germany; A. D. CEMBELLA，Alfred-Wegener- Institut Helmholtz-Zentrum für Polar- und Meeresforschung (AWI)，Germany。

功能衰竭，具体取决于毒素的类型、剂量和接触方式。藻毒素长期和慢性的影响可能包括对肾脏和肝脏的损害，在某些情况下还可能促进肿瘤的发展，可参考Wright(1995)、Codd 等(2005)和 Campás 等(2007，2008)的研究。

与有害藻华相关的微藻类群数量众多，且属于不同的生物学分类和系统发育谱系，但在这些类群中，海洋鞭毛类(flagellates)，尤其是甲藻(dinoflagellates)占主导地位。IOC-UNESCO(政府间海洋学委员会-联合国教育、科学及文化组织)的有害藻华分类参考名单包括 5 个藻类纲中的 100 多个物种：硅藻纲(Bacillariophyceae)(硅藻(diatoms))、普林藻纲(Prymnesiophyceae)(定鞭藻(haptophytes))、甲藻纲(Dinophyceae)(甲藻(dinoflagellates))、针胞藻纲(Raphidophyceae)(针胞藻(raphidophytes))以及硅鞭藻纲(Dictyochophyceae)(与硅鞭藻类(silico-flagellates)相关)(图 8.1)。尽管没有产生直接的人类健康问题，但浮生藻纲(Pelagophyceae)中的一些种类(非正式地被称为“褐潮藻”)也是有害的，因为它会对植物和贝类造成负面影响(Gobler et al.，2005)。此外，在蓝藻纲(Cyanophyceae)(被称为蓝藻，更准确地说是蓝细菌(Cyanobacteria))中估计有 40 个属会促成有害藻华。蓝藻藻华主要出现在淡水中，但也会出现在微咸水和海洋系统中，其中包括有毒的束毛藻(*Trichodesmium*)、浮丝藻(*Planktothrix*)和节球藻(*Nodularia*)以及其他属中的有毒物种(Carmichael，2001；Codd et al.，2005；O’Neil et al.，2012)。由于分类的修订、生物地理分布的变化以及关于已知毒素综合征的新类群的发现(例如，发现了新型甲藻——*Azadinium spinosum*(Tillmann et al.，2009)，这是一种具有原多甲藻酸毒性的致病生物)，有害藻华物种名单在不断地被修改，但通常都是在增加的。

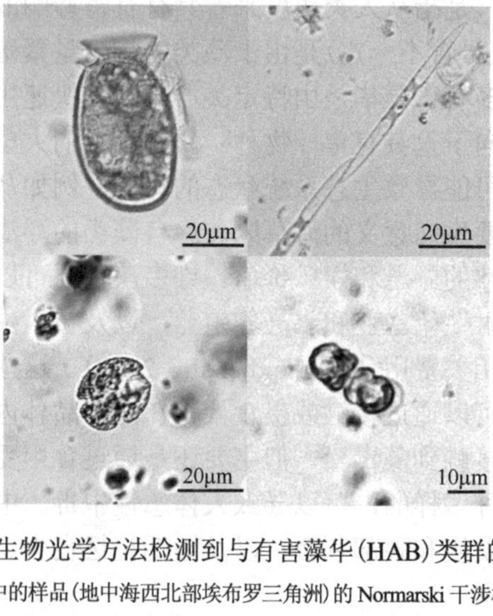

图 8.1　可通过生物光学方法检测到与有害藻华(HAB)类群的例子(见彩图)

该图为固定在鲁氏(Lugol)碘溶液中的样品(地中海西北部埃布罗三角洲)的 Normarski 干涉相差显微镜图，从左上象限按顺时针方向分别为：渐尖鳍藻(Dinophysis acuminate)、拟菱形藻(*Pseudo-nitzschia* sp.)、卡罗藻(*Karlodinium* sp.)和凯伦藻(*Karenia* sp.)

在过去的几十年中，有害藻华物种的地理范围和分布也出现了明显的增长，这是因为人们对新物种及其毒素的科学认识不断增强，以及更新了生物分类范围的结果(Hallegraeff，1993)。全球扩散假说将有害物种空间分布上的普遍增加归因于洋流和环境条件的变化，以及人为因素的影响，例如，沿海富营养化、海岸线变更以及船只压载水舱携带的入侵物种和贝类的移送(Smayda，2007；Anderson et al.，2012)。

有害藻华的时空分布范围从亚米级到数百公里不等，此类藻华可能持续数天至数月(图 8.2)。除了一些显著的例外情况，大多数有害藻华并不发生在开阔海域中，而是发生在近海或大陆架海域中，包括相邻的河口、狭窄的峡湾和沿岸的海湾。有些物种，例如甲藻(dinoflagellate)中的短凯伦藻(*Karenia brevis*)(即以前的裸甲藻(*Gymnodinium breve*))，经常在日光下聚集于水面，形成致密的聚集体(Tester et al.，2008)，而另一些物种则倾向于在水体内形成薄层，如硅藻(diatoms)中的拟菱形藻(*Pseudo-nitzschia*)(Velo Suárez et al.，2008)。

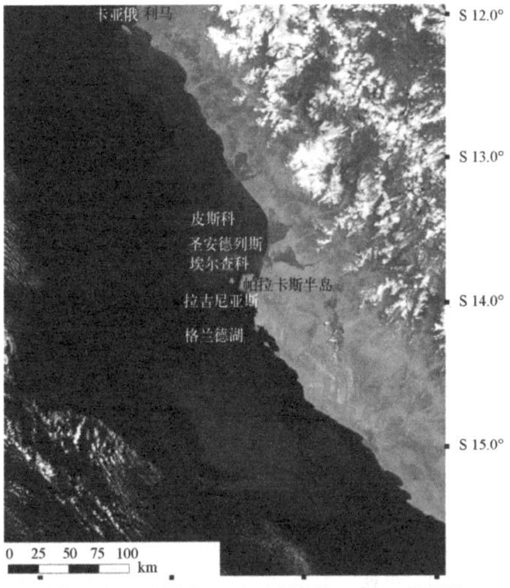

图 8.2　藻华的卫星图像和航拍照片(见彩图)

图(a)为 2004 年 2 月 23 日由 NASA Aqua 卫星上的 MODIS 拍摄的秘鲁太平洋沿岸发现的藻华，其被确定为血红哈卡藻藻华(*Akashiwo sanguinea*)(Kahru et al., 2004)，藻华从利马一直延伸到帕拉卡斯半岛和格兰德湖周围的圣安德烈斯、埃尔查科和拉古尼亚斯等重要的工业和手工渔业等陆地。图(b)为 2011 年 6 月 19 日位于地中海西北部埃布罗三角洲塔拉戈纳的安波拉附近，靠近水产养殖场附近的阿雷纳尔海滩的航拍照片，引起藻华的物种为有毒的卡盾藻(*Chattonella*)。通过增强颜色和画线分离，可以增加藻华水团的可视化程度

在相应的时空尺度上，对有害藻华进行监测，对于综合评估藻华危害、应对藻华爆发等问题至关重要。监测策略包括预警、预防和减轻负面影响，但也需要透彻地了解有害藻华的基本形成过程、大小和分布，以用于预警措施，可参考 Stumpf 等(2003)

的研究。有害藻华的预测工作必须将基于遥感和原位传感技术的现场调查的长期观测数据与解析和数值模拟结合起来(表 8.1)。尽管在试点地区进行了一些有前景的预测工作(如缅因州海湾，请参阅 Anderson 等(2005b)和 McGillicuddy 等(2008)的研究)，但藻华的预测以及对即将发生的藻华事件的成功预警仍然被认为是一项重大挑战。

表 8.1 Stumpf 等(2003)列出了进行 HAB 监测的构成，结合了(但不直接对应于)有害藻华监测和预测的关键问题及其指标

HAB 监控组件	关键问题	指示器
Type 1：监控先前确定的 HAB 的移动	(a)藻华位置和尺寸	(a)浮游植物生物量增加/细胞/毒素浓度异常(时间和空间)
Type 2：检测 HAB 或非 HAB 的新藻华	(b)物种鉴定和组成	(b)形态(细胞大小和形状)、色素成分或(区域)标记色素、独有的特征(如气泡)、分子靶标(如 DNA/RNA)
Type 3：预测已识别的 HAB 的移动	(c)毒素测定	(c)毒性和毒素成分
Type 4：预测在尚未观测到藻华的地方发生赤潮的有利条件	(d)相互关联的环境参数	(d)藻华输送和水动力矢量(风和流)、温度、盐度、CDOM、营养物等

注：Type 1 和 Type 2 需要常规的遥感和现场调查，而 Typc 3 和 Type 4 包括解析和数值模拟。

有害藻华的类群多样性和生物复杂性能造成大范围的危害，因此物种识别非常重要，有利于降低危害的程度。此外，在确定有害藻华事件的危害程度和范围方面，藻华在时间和空间上的动态状况非常重要，这就突出了对实时观测系统的需求，该系统应配备能够区分主要类群的传感器，同时连续不断地提供整个水体的定量信息。已经通过多种技术来检测这些极其多样的现象，其中，光学传感器是一种非常合适的非侵入性的手段。各种各样的光学传感器被应用于各种空间尺度的有害藻华检测，用于浮游植物检测的方法也有很多，包括基于表观光学特性(AOP)和固有光学特性(IOP)的方法(请参阅第 1 章和第 4 章)。对于大尺度范围的海洋和海岸带，可以通过卫星传感器进行较大空间尺度(如大于 $10km^2$)的概括性调查，而对于中尺度的有害藻华，可以通过机载传感器进行更有效的研究。对于局部藻华和小规模有害藻华，尤其是在次表层的聚集，可以通过原位生物光学传感器来处理，这些传感器在系泊或移动平台上提供从剖面和离散深度上获得的信息。在生物光学领域，与有害藻华相关的技术发展迅速，例如，2008 年出版的一个专题收录了以有害藻华研究为重点的沿海生态系统观测技术的文章(Babin et al., 2008)。问题是，这些传感器的分辨率能在多大程度上检测出天然水域中的有害藻类或毒素，以及它们又是如何有助于有害藻华监测组件进行工作的。

本章的目的是通过适当的光学方法应对有害藻华的多样性问题：①概述光学上可分辨的有害藻华特征；②回顾现有的在各种空间尺度上可连续进行有害藻华评估的传感器和传感器系统(星载、机载以及水上或原位水下传感器)，以及它们对有害藻华物种检测的适用性；③评价利用光学传感器进行有害藻华监测研究的未来前景。

8.2　用于生物光学评估的藻类特征

浮游植物细胞对光具有特征性的吸收和散射，也能发出特征荧光，因此可以提供有关藻类细胞大小、形状和细胞内成分的生物光学信息。生物光学测量能否成功提供生物分类信息取决于能否选择合适的光谱分辨率和/或合适的波长，以及外部光学活性物质的干扰，如有色可溶性有机物(见第 5 章)和悬浮的非藻类颗粒。从这些整体信号中提取出离散的光学特征信号仍然是一项重大挑战，特别是当目标物种在浮游植物总生物量中并未占很大一部分时。

大多数用于藻类识别的生物光学方法都是基于色素特征的。色素在叶绿体类囊体膜中以色素蛋白复合物的形式排列，能吸收入射到细胞上的光。由于色素复合物中的包裹效应，类囊体内的分布会阻碍用生物光学法测定单一色素。然而，色素识别对于浮游植物的分类、系统发育和生理评估具有很高的价值(Johnsen et al.，2011)。叶绿素 a 是浮游植物生物量的通用指标(一些含有二乙烯基叶绿素 a 的原绿藻除外)，几十年来，叶绿素 a 在海洋中的特征信号源自其吸收和荧光特性(Kreps and Verjbinskaya，1930；Lorenzen，1966)。叶绿素 a 作为藻华发生位置及其运动的指示物，常被用于有害藻华的检测，尽管这种色素并不具备物种特异性。

化学分类方法的改进使得 70 多种色素可以被识别出来，这些色素为藻类分类提供了一系列的化学分类标记(Jeffrey et al.，2011)。藻类类群中某些叶绿素和辅助色素的存在，使其可以被归入典型的色素组合中(有关有害藻华种类，请参见表 8.2)。某些藻类的色素比例已经被纳入自动化分析系统，因此可以从混合的藻类种群中分离出这些预先确定的类群。CHEMTAX(chemical taxonomy，化学分类)软件是这种自动化计算分析的实例之一，它通过迭代将这些色素组合与测量到的天然色素成分进行拟合(Mackey et al.，1996，1998；Lewitus et al.，2005)。在海洋学应用中，这种对提取的浮游植物色素进行的实验室分析被广泛用于区分浮游植物种类，并已在有害藻华环境中得到应用(Trice et al.，2004)。

某些辅助色素仅限于少数纲的藻类，甚至仅限于单个物种，因此可以用作标记物，如多甲藻黄素(甲藻，类型 1)、别藻黄素(隐藻(cryptophytes))和藻胆素(蓝细菌(Cyanobacteria)、红藻(rhodophytes)和隐藻(cryptophytes))。色素组合和标记物往往会跨越分类学的界限，因为在不断演变的时间尺度上，存在着共生关系、对其他藻类的吞噬作用，以及对来自其他藻类的叶绿体和相关色素的继承遗传。因此，甲藻(dinoflagellates)中可能含有源自定鞭藻(haptophyte)或隐藻类(cryptomonad)的色素。在引起有害藻华的甲藻——*Dinophysis norvegica* 中存在别藻黄素，这就是后者的一个例证(Meyer-Harms and Pollehne，1998)(表 8.2)。此外，标记色素的存在并不一定说明在水体中也存在着其来源的生物，而可能是在混合营养物种中(包括某些有捕食性的甲藻(dinoflagellates))被摄入的细胞残余物。有毒的短凯伦藻(*Karenia brevis*)属于含有定鞭藻(haptophyte)色素的甲藻(dinoflagellates)(表 8.2)。与大多数其他的甲藻(Dinoflagellates)相比，凯伦藻(*Karenia*)、卡罗藻(*Karlodinium*)和塔卡藻(*Takayama*)这三个近缘属的物种缺乏多甲藻素，但含有褐藻黄素及其衍生物作为主要的辅助色素，这是一个很小的例外。这些属的大多数物种至少还含有少量的稀有色素 gyroxanthin-diester 或类似的色素(以下记为 gyroxanthin)。存在少数例外的无毒物种 *Karlodinium australe*(De Salas et al.，2005)和 *Takayama helix*(De Salas et al.，2003)。gyroxanthin 非常适合作为短凯伦藻(*K. brevis*)的标记物，因为它存在于少数几种通常不共存的藻类(表 8.3)。短凯伦藻中，可以在各种生理状态下(如在不同的辐照条件下)对这种色素进行检测和量化，并且该色素具有特定的吸收特性，从而可以被确切地测定出来(Millie et al.，1995)。此外，gyroxanthin 和叶绿素 a 的比例对应于培养物和天然水体中的细胞计数值，因此可以确定短凯伦藻的丰度(Millie et al.，1997；Berg et al.，2004)。通过获取四阶导数来增强藻类细胞的光谱吸收特性(Butler and Hopkins，1970)，然后应用以短凯伦藻培养物为参考的相似性指数(Similarity Index，SI)，进而可以在混合的现场样本中将这种有害藻华物种与其他的浮游植物区分开来(Millie et al.，1997；Kirkpatrick et al.，2000)。在 CHEMTAX 中成功地引入了 gyroxanthin，用于区分浮游植物群落中的短凯伦藻(Örnólfsdóttir et al.，2003)。虽然在全球范围内，这种色素并不是该物种独有的，但在某些特定区域，如佛罗里达海岸，短凯伦藻是占绝对优势的生产者，所以这种色素可以作为可靠的物种特异性标记物。

藻类物种具有形态特征，如细胞大小和形状等，可用于传统光学显微镜对天然水样中细胞的鉴别和计数。成像流式细胞仪利用这些特征的生物光学特性，通过散射和单个细胞的图像得到天然水样中细胞的大小分布(Sieracki et al.，1998)。它可以检测和识别出藻类中有害的属，甚至种，比如鳍藻(*Dinophysis* spp.)(Campbell et al.，2010)。细胞的大小分布也可以从遥感的大范围光学信号中获得(Ciotti et al.，2002；Hirata et al.，2008；Fujiwara et al.，2011)。而细胞的大小分布也使得短凯伦藻引起的有害藻华与非有害藻华能够被区分开来，因为在一个区域内的短凯伦藻，其大型细胞的后向散射较弱(Cannizzaro et al.，2008)。藻类细胞的胞内组织具有进一步的特征，例如，类囊体的排列、贮藏物质、细胞核的形状或气泡的存在。许多形成水华的蓝藻细菌通过液泡改变它们在水体中的位置(参见 O'Neil 等(2012)文章中的例子)，而这改变了光的折射率，使得后向散射信号在所有波长范围内增强(Subramaniam et al.，1999)。这已经被纳入到用于束毛藻(*Trichodesmium*)有害藻华的特定遥感算法中(Westberry et al.，2005)。

此外，通过将细胞分成多个区室，可以获得相当多的光谱信息，例如对于短凯伦藻来说，包括细胞大小、密度和内部成分(如核酸和蛋白质)(Spear et al.，2009)。这种在细胞水平上研究内部特征的光谱方法也可用于其他有害藻华类群的识别，例如像亚历山大藻(*Alexandrium* spp.)这样的膝沟藻类含有一个典型的大马蹄形细胞核(Figueroa et al.，2006)。

表 8.2　色素组合的代表性示例

				叶绿素b	叶绿素c_1	叶绿素c_2	叶绿素c_3	MgDVP[②]	β,β-胡萝卜素	β,ε-胡萝卜素	β,ψ-胡萝卜素	ε,ε-胡萝卜素	角黄素	岩藻黄质	硅甲藻黄素	硅藻黄素	甲藻黄素	类胡萝卜素	19′-丁酰氧基岩藻黄素	19′-己酰氧基岩藻黄质	新黄质	多甲藻素	哌啶醇	P-457[③]	青绿素	甲藻黄素	紫黄质	玉米黄质	胆色素沉着
门	纲	色素团		叶绿素					类胡萝卜素																				
异鞭藻门（Heterokontophyta）	硅藻纲（Bacillariophyceae）	DIATOM 1	*Pseudo-nitzschia australis*		×	×		×	×					×	×	×													
		DIATOM 2	*Pseudo-nitzschia calliantha*			×	×	×	×					×	×	×													
		DIATOM 3	*Pseudo-nitzschia fraudulenta*		×	×	×	×	×					×	×	×													
	针胞藻纲（Raphidophyceae）	RAPHIDO-1	球形褐胞藻（*Chattonella globosa*）		×	×			×					×													×	×	
	硅鞭藻纲（Dictyochophyceae）	DICTYO-1	*Pseudochattonella farcimen*		×	×	×		×					×	×	×			×								×	×	
	浮生藻纲（Pelagophyceae）	PELAGO	*Aureococcus anophagefferens*		×	×	×		×			×		×	×	×		×	×	×									
定鞭藻门（Haptophyta）	普林藻纲（Prymnesiophyceae）	HAPTO-4	小土栖藻（*Prymnesium parvum*）		×	×	×		×					×	×	×													
		HAPTO-7	*Chrysochromulina polylepis*		×	×	×		×					×	×	×			×	×									
		HAPTO-8	*Phaeocystis pouchetii*		×	×	×		×					×	×	×			×	×									
甲藻门（Dinophyta）	甲藻纲（Dinophyceae）	DINO-1	*Amphidinium carterae*			×		×	×						×	×	×					×	×	×		×			
		DINO-2	*Karenia brevis*			×	×	×	×	×				×	×	×		×	×	×									
		DINO-3	*Kryptoperidinium foliaceum*			×			×		×		×	×	×	×												×	
		DINO-4	*Dinophysis norvegica*		×	×																							×

续表

门	纲	色素团		叶绿素b	叶绿素c_1	叶绿素c_2	叶绿素c_3	MgDVP[②]	β,β-胡萝卜素	β,ε-胡萝卜素	β,ψ-胡萝卜素	ε,ε-胡萝卜素	角黄素	岩藻黄质	硅甲藻黄素	硅藻黄素	甲藻黄素	类胡萝卜素	19′-丁酰氧基岩藻黄素	19′-己酰氧基岩藻黄质	新黄质	多甲藻素	哌啶醇	P-457[③]	青绿素	甲藻黄素	紫黄质	玉米黄质	胆色素沉着
				叶绿素					类胡萝卜素																				
甲藻门 (Dinophyta)	甲藻纲 (Dinophyceae)	DINO-5	*Gymnodinium*	×					×												×				×		×	×	
			Chloroformum[①]																										
蓝藻门 (Cyanophyta)	蓝藻纲 (Cyanophyceae)	CYANO groups	*Trichodesmium* spp.					×	×																			×	×

注：表中包括IOC-UNESCO有害微藻分类参考名单(Moestrup et al., 2009)中所给出的HAB物种以及浮生藻纲和蓝藻纲中的一些种类。除了*Pseudo-nitzschia* spp.分组中的叶绿素c(Zapata et al., 2011)，其他色素组合根据Jeffrey等(2011)的数据改编而成。叶绿素a存在于所有的组中，因此不包括在内。甲藻(Dinoflagellate)色素组可分为：含有多甲藻素；定鞭金藻；硅藻；隐藻类；绿枝藻(作为例外，以一个非有害藻华物种①为代表)。

② MG-2, 4-divinyl pheoporphyrin a_5 monomethyl ester。

③ 7′, 8′-dihydroneoxanthin-20′-al-3′-β-lactoside。

表 8.3　浮游植物物种中含有稀有的黄嘌呤酯(或类黄嘌呤酯)色素

纲	种	有关 gyroxanthin 的参考文献	危害效应
甲藻纲 (Dinophycea)	短凯伦藻(*Karenia brevis*)	Bjørnland 等(2003)	海洋动物死亡，贝类神经中毒，呼吸道刺激(Hansen, 2011)
	米氏凯伦藻(*Karenia mikimotoi*)	Hansen 等(2000)；Johnsen 和 Sakshaug(1993)	鱼和无脊椎动物的死亡。日本研究者从培养物中分离出一种细胞毒性聚醚，命名为Gunnocin-A(Hansen, 2011)
	Karenia cristata	Botes 等(2003)	鱼类死亡。养殖的海藻(紫菜属)也会受到影响，导致细胞不规则生长(Hansen, 2011)
	Karenia umbella	De Salas 等(2004)	与塔斯马尼亚的非法捕杀事件有关——虹鳟鱼和鲑鱼(Hansen, 2011)
	Karenia papilionacea	Laza-Martinez 等(2007)	产生免疫分析(ELISA)指示的可疑短链毒素或短链毒素类化合物，但尚未经液质色谱-质谱法确认(L.Flewling，佛罗里达州鱼类和野生动物保护委员会，非公联系，参考Steidinger等(2008)的研究)

续表

纲	种	有关 gyroxanthin 的参考文献	危害效应
	Karlodinium decipiens	Laza-Martinez 等(2007)	
	Karlodinium veneficum	Bjørnland 和 Tangen(1979)；Bjørnland 等(2000)；Johnsen 和 Sakshaug(1993)	对一系列海洋无脊椎动物和鱼类有毒性。产生卡洛毒素(Hansen, 2011)
	Karlodinium armiger	Garcés 等(2006)	鱼毒性(Hansen, 2011)
	Takayama tasmanica	De Salas 等(2003)	
Prymnesiophyceae	***Emiliania huxleyi***	Zapata 等(2004)；Zapata(2005)；Seoane 等(2009)	
	Chrysochromulina leadbeateri /***C.hirta***	Zapata 等(2004)；Zapata(2005)	鱼毒性(*C. Leadbeateri*)(Moestrup, 2011)
	Chrysochromulina acanthi	Seoane 等(2009)	
	Chrysochromulina. cf cymbium	Seoane 等(2009)	
	Chrysochromulina pringsheimii	Seoane 等(2009)	
	Chrysochromulina simplex	Seoane 等(2009)	
	Chrysochromulina throndsenii	Seoane 等(2009)	
	Isochrysis galbana	Seoane 等(2009)	
	Imantonia rotunda	Zapata 等(2004)；Zapata(2005)；Seoane 等(2009)	
	Phaeocystis globosa	Seoane 等(2009)	据中国报道，*P.globosa* 是有毒的，但发表的简短摘要只提到了非特异性溶血素(Moestrup, 2011)
Pelagophycea	***Pelagomonas calceolata***	Bjørnland 等，未发表在 Bjørnland 等(2003)中	
	Pelagococcus subviridis	Jeffrey 和 Zapata（在 Zapata(2005)提到）	
	Aureococcus anophagefferens	Jeffrey 和 Zapata（在 Zapata(2005)提到）	对食草动物(如贝壳)和底层植被的生长、生存和繁殖产生不利影响

注：对于 HAB 物种，表明了危害效应，非 HAB 物种以粗体标出。

许多有毒的浮游植物都含有类菌孢素氨基酸(Mycosporine-like Amino Acids，MAA)(Vernet and Whitehead，1996；Callone et al.，2006)。我们对成分的作用尚未完全了解(Singh et al.，2008)，尽管它们通常被认为是用于保护经胞不被光损伤的。类菌孢素氨基酸在紫外范围(310～340nm)内的吸收最大，这一特性已被用于有害藻华的检测，例如用于束毛藻细胞的检测(Subramaniam and Carpenter，1999)。当MAA被有害的多边舌甲藻(*Lingulodinium polyedrum*)等排入水中时，还有助于有色可溶性有机物以及紫外吸收的光学检测(Vernet and Whitehead，1996；Whitehead and Vernet，2000)。

从有毒微藻中提取的某些毒素，如软骨藻酸(Bouillon et al.，2008)、卡罗藻毒素(Bachvaroff et al.，2008)和短裸甲藻毒素(Satake et al.，2005)，由于共轭双键的存在，它们会吸收紫外线范围内的光。紫外吸收法已被用于定性和定量检测这些在藻类提取物和溶剂基质中的毒素，但该方法并不太灵敏(Quilliam，2003)。由于其低灵敏度，这种基于毒素含量的紫外吸收法检测有毒细胞的技术，还尚未被成功地运用到对天然藻华种群的活体或原位应用中。对于螺环内酯毒素、原多甲藻酸、麻痹性贝毒素、虾夷扇贝毒素和扇贝毒素等其他藻毒素来说，这种吸收方法是完全无效的，因为它们不含有这种生色团。

甲藻能形成休眠的孢囊，这可能是即将到来的藻华事件的一个指标，就如对缅因湾亚历山大藻(Alexandrium)藻华所做的预测那样(Anderson et al.，2005a)。在一些研究中，已经尝试过对存在于水体中的孢囊进行光学评估，例如，通过具有大量混合藻类孢囊的现场样品中的吸收光谱特征进行分析(Barocio-León et al.，2008)。有害物种的间接生物光学指示物是具有物种特异性的环境，该环境与藻华形成相关(或导致了藻华形成)，例如与束毛藻藻华相关的高浓度有色可溶性有机物(Steinberg et al.，2004)。

综上所述，目前还没有可用的光学检测特征能够通过独特的表观光学特性和固有光学特性来对天然聚集体中的藻类细胞在物种水平上进行分类学上的区分。尽管如此，通过结合不同的特征(如色素特征、细胞内外结构)以及处理有害藻华的经验知识，为解决所有有害藻华检测的关键问题奠定了基础。

8.3 藻华监测的尺度和分辨率

在聚集行为、适应性策略和分类学方面，有害藻华具有高度的多样性，因此需要多维观测系统来进行实时预报和预警。本节将举例说明在不同时空尺度和分类学特异性水平上利用光学可探测特征进行有害藻华检测的情况，以用于遥感和现场应用中。

8.3.1 遥感

基于卫星的有害藻华探测系统的实际使用始于20世纪70年代后期。利用ERTS-1卫星的MSS 5图像追踪佛罗里达州的一次短凯伦藻藻华(Murphy et al.，1975)，是最早的此类应用之一。1977 年利用海岸带水色扫描仪(Coastal-Zone Color Scanner，CZCS)原型勾画出的浊度斑块可能对应于同一物种(Mueller，1979；Steidinger and Haddad，1981)。1978 年，利用 Nimbus-7 卫星上 CZCS 数据，通过叶绿素褪色较高的水斑来描绘在佛罗里达州中的这种甲藻藻华(Steidinger and Haddad，1981；Tester and Steidinger，1997；有关短凯伦藻的历史，参见 Steidinger(2009)的研究)。当时，数据采集和处理具有一定的时间延迟，但是之后的卫星已经几乎可以满足有害藻华监测所要求的实时性。1999 年，在墨西哥湾的 NOAA CoastWatch 计划中，宽视场海洋观测传感器(Sea-viewing Wide Field-of-view Sensor，SeaWiFS)卫星图像被例行地纳入到有害藻华监测系统中。利用区域性生物光学算法和一个异常标记来获得短凯伦藻藻华的数据，该异常标记将叶绿素 a 的值与最新数据集中前两个月所得的平均值(时间跨度为 2 周)进行了比较(Stumpf et al.，2003)。

自这些早期研究以来，人们通过浮游植物的各种光学特性并应用其他分析方法(如定义经验关系、半分析模型、异常检测和指数化)，实现了基于卫星传感器的藻华探测。叶绿素 a 浓度以及归一化的离水辐射($L_{wn}(\lambda)$)(Gordon and Clark，1981)都是星载海洋水色传感器产品(在 Mueller 等(2003)中列出)的基线。叶绿素 a 浓度普遍是由 $L_{wn}(\lambda)$或遥感反射率($R_{rs}(\lambda)$)与叶绿素 a 的经验关系导出的(O'Reilly et al.，1998)。用于叶绿素 a 检索识别的标准经验算法(如 OC(Ocean Chlorophyll)算法)，使用了两个波段的辐射比或最大波段比(O'Reilly et al.，1998)。OC 最大波段比算法的改进版本适用于最常用的传感器，例如，SeaWiFS(OC4)、CZCS(OC3C)、中分辨率成像光谱仪(Moderate Resolution Imaging Spectroradiometer，MODIS)(OC3M)、海洋色温扫描仪(Ocean Colour Temperature Scanner，OCTS)(OC4O)、中分辨率成像光谱仪(Medium Resolution Imaging Spectrometer，MERIS)(OC4E)(O'Reilly et al.，2000)以及全球成像仪(Global Imager，GLI)(Mitchell and Kahru，2009)。

在光复杂的水域，导出的叶绿素 a 值往往是有偏差的，计算出的浓度实际上可能是由高浓度的有色可溶性有机物或悬浮物导致的伪影(Tang et al.，2003；Ahn et al.，2006)。为了更精确地从高度复杂的水成分中采集到单一成分，从而提高叶绿素 a 估计的准确性，开发出了基于光谱匹配(O'Reilly et al.，1998；Lee et al.，2002；Maritorena et al.，2002)或神经网络(Tanaka et al.，2004)的半分析(或半经验)模型。这些算法可以将单个反射光谱反演为海水的固有光学特性(后向散射和吸收系数)，从而反演得到多种光学活性成分。这些模型的性能取决于这些固有光学特性的精确参数设置。GSM(Garver-Siegel-Maritorena)(Maritorena et al.，2002)和 QAA(Quasi Analytical Algorithm)(Lee et al.，2002)是用于有害藻华检测的主要算法，两者都包含在 SeaWiFS 数据分析系统(SeaWiFS Data Analysis System，SeaDAS)软件中。尽管可以使用反演算法推导出更多的结果，但这些算法相当复杂，就能够可靠地导出叶绿素 a 值而言，它们并非总是首选。应用半解析算法的另一个挑战是它们对大气校正程序的敏感性，特别是在较低波长的情况下。为了将藻类斑块与其他成分分开，可以进一步采用统计方法。例如，Ahn 等(2006)使用了一种被广泛用于土地应用的监督分类方案(正向主成分分析(Forward Principal Component Analysis，FPCA)和最小光谱距离(Minimum Spectral Distance，MSD)，利用高空间分辨率的 7 号陆地卫星(Landsat)7 ETM+图像，从韩国沿海以沉积物为主的区域和混合水域中，将多环旋沟藻(*Cochlodinium polykrikoides*，一种能将鱼致死的甲藻)的斑块区分出来。

其他用于测量叶绿素 a 的方法利用了色素在阳光诱导下发出的天然荧光。其中，荧光基线高度(Fluorescence Line Height，FLH)算法最为突出，考虑到叶绿素 a 的荧光最大值(大约在 683nm)并将另外两个波长作为基线用于后向散射的校正，正如 MODIS 所描述的那样，波段集中在 665.1nm、676.7nm 和 746.3nm(Letelier and Abbott，1996)。在对有毒的短凯伦藻藻华进行调查研究时(Hu et al.，2005)，已将此算法与 OC3M 相结合，用于估算叶绿素 a 的值。该算法结合增强的真彩色图像(红-绿-蓝(RGB))，揭示了波斯湾中多环旋沟藻(*C. polykrikoides*)藻华的运动(Moradi and Kabiri，2012)。如果浮游植物是水中主要的散射成分，那么后向散射可以替代叶绿素吸收，作为浮游植物生物量的一项指标(Dall'Olmo et al.，2009)。与叶绿素 a 相比，光散射特性的一个优点是它们对生理作用的依赖程度较低，而这些生理作用可能会引起细胞内色素含量和包裹状态的变化。

仅从卫星遥感中检测叶绿素 a 或后向散射特性，可能检测到浮游生物的聚集，但不一定存在有害藻华。已经对有害藻华与非有害藻华的区别进行了研究，还研究了针对一些有害藻类物种的区域性检索识别方法。Ahn 和 Shanmugam(2006)提出了一种赤潮指数，用于韩国水域的研究。他们的指数是基于这样的一个假设：由于藻华物种细胞丰度的增加，波长较短的蓝光会被更强烈地吸收，而绿光则被反射得更强。以 443nm 处的离水辐射绝对值对 510/555nm 处的离水辐射值进行归一化，将这三个波段归一化后的离水辐射比值用于量化藻华的“红度”，红度最高为 1。

另一种产生赤潮指数的方法是基于甲藻藻华中类菌孢素氨基酸，其浓度的增加会使得在紫外区有较高的吸收。利用在 380nm 和 412nm 两个波长处 L_{wn} 的比率，将该赤潮紫外指数归一化到可用于 GLI(全球成像仪)的 380nm 波段(Mitchell and Kahru，2009)，并用于区分引起有害藻华的多边舌甲藻(以前称为多边膝沟藻(*Gonyaulax polyedra*))(Kahru and Mitchell，1998)。反演模型也被用来推断不同的浮游植物类群。浮游植物的吸收光谱可以通过 QAA 凭经验直接从测得的遥感反射吸收光谱中得出，因此无须事先了解吸收光谱的光谱形状即可使用(Lee and Carder，2004)。浮游植物的辅助色素可以由高光谱吸收光谱得出，从而获得可用于区分浮游植物类群的有价值信息(Hoepffner and Sathyendranath，1993)。考虑到蓝藻的一些独特的光学特性，利用特定的反射模型对 GMS(Groundwater Modeling System，地下水模拟系统)进行了扩展，使之适用于蓝藻，特别是针对束毛藻(Westberry et al.，2005)。根据 CZCS 数据所展示的由气泡和藻红蛋白(Phycoerythrin)吸收所产生的高反射率，以及大西洋、印度洋和太平洋地区的地面实测结果，有人对束毛藻进行了追踪(Subramaniam and Carpenter，1994)。通过采用先进的超高分辨率辐射计(Advanced Very High Resolution Radiometer，AVHRR)对束毛藻进行监督分类，高反射率还可用于检测其他蓝藻藻华，例如波罗的海中的泡沫节球藻(*Nodularia spumigena*)(Kahru，1997；Kahru et al.，1994，2000)。在一项关于各种传感器在波罗的海蓝藻藻华测绘中的适用性研究中，MERIS 和 MODIS 的高分辨率波段都能够定量检测蓝藻藻华，但只有 MERIS 传感器才具有适用于蓝藻的特定检测波段，使之可以根据 630nm 附近的藻蓝蛋白吸收特征以及靠近 650nm 处的峰值来检测蓝藻(Reinart and Kutser，2006)。藻蓝蛋白作为蓝藻的指标，其检索识别算法主要针对 620nm 左右的藻蓝蛋白吸收(Simis et al.，2006)，并已应用于星载传感器中，如 MERIS(此处为内陆水域)(Simis et al.，2006)和 Hyperion (Kutser，2004)。现已安装在 Oceansat-1 上的海洋水色监测仪(Ocean Colour Monitor，OCM)也已进行了藻蓝蛋白的检索识别测试(Dash et al.，2011)。OCM 的测量结果与目前已经衰落的 SeaWiFS 相当，但针对局部区域的产品，其空间分辨率高达 360m。

与蓝藻的高反射率相比，短凯伦藻的后向散射较弱。在 SeaWiFS 数据中，成功地应用了叶绿素 a 与颗粒后向散射系数(b_{bp} 550)之比来区分短凯伦藻藻华和具有较高后向散射的硅藻藻华(Cannizzaro et al.，2008)。该技术可以反过来用于高生物量硅藻藻华的检测，如拟菱形藻。

对于有害藻华的卫星监测数据，像素尺寸相对较大是其主要局限性之一，即空间分辨率较低。大多数传感器仅适合在较大的空间尺度上进行藻华检测，但通常会优先监测沿海地区的有害藻华，其相关的藻华斑块往往很小，以至于无法有效地分辨出来。由 MODIS 得出的海洋水色仪器的典型空间分辨率为 $1km^2$，但也存在 250m 和 500m 的中等分辨率波段。Kahru 等(2004)利用这些中分辨率波段探测了秘鲁帕拉卡斯湾的沿海藻华，这是一个重要的商业和手工渔业所在地(图 8.2)。在这个案例的研究中，使用了 MODIS 中分辨率波段来反演(以前称为红色裸甲藻(*Gymnodinium sanguineum*))的藻华大小和浓度。在 RGB 图像中可以清楚地看到藻华的边界，而浮游植物的浓度则是由颗粒物(以浮游植物为主)的浊度指数计算出来。

当引起有害藻华的物种对整个浮游植物生物量没有显著贡献时，通过色素特征进行有害藻华检测的应用会受到限制。很多这种毒性高但生物量低的藻华都与亚历山大藻中的物种有关(McGillicuddy et al.，2008；Anderson et al.，2012)。与生物和物理海洋学模态的间接联系，使得通过水团的平流来追踪此类藻华成为可能。Luerssen 等(2005)将缅因湾西部沿岸的 *A.fundyense* 种群和毒性，与由 AVHRR 得到的海面温度(Sea Surface Temperature，SST)模态联系起来，并记录了这些数据在监测和预测与毒性事件相关状况方面的效用。SST 数据还可以用于实时追踪藻华的水团(Tester and Steidinger，1997)。

在水团季节性差异较大的地区，将各类方法按季节来划分和使用，这对于有害类群的检测来说可能更合适。水成分的复杂性在不同季节可能有很大差异，诸如营养物质等相关的动态变化会被遥感模型所忽略。从当年 8 月到次年 4 月是佛罗里达州西海岸短凯伦藻藻华爆发的季节，利用 SeaWiFS 数据的叶绿素异常检测方法在此期间具有很好的相关性，而在春季和初夏期间，却意外地观察到了这种异常(Tomlinson et al.，2004)。正如 Anderson 等(2011)所说的那样，由基于卫星的秋/冬模型可以得到用于拟菱形藻的叶绿素 a 异常检测方法，而在随后的春/夏模型中，其重点是对营养水平进行模拟，这可能有助于将有毒的拟菱形藻从圣巴巴拉(Santa Barbara)海峡其他的浮游植物中区分开来。

通过卫星进行的有害藻华检测只针对海面或海面附近的藻类种群，而在更深层或次表层中的浮游植物精细结构层仍未被检测到。此外，数据采集的时间分辨率取决于飞越目标区域的频率以及有云层覆盖时的数据质量。RapidEye 是由五颗具有相同传感器并在同一轨道平面上的卫星所组成的一个卫星星座(DLR，2013a)，它给出了一个增加重访间隔的示例。自从 CZCS 首次用于基于卫星的有害藻华探测以来，新一代产品(如 MODIS 和 SeaWiFS)已经能够对有害藻华进行近乎实时的监测。SeaWiFS 任务于 2010 年 12 月结束，搭载 MERIS 的 ENVISAT 在 2012 年春季停止了通信，但紧随其后的是新的传感器，还有更多传感器正在开发中，而其中一些传感器已经满足了获取海洋水色高光谱数据的需求。作为 ENVISAT 卫星的“继任者”，OLCI(Ocean and Land Color Instrument)于 2014 年与 Sentinel-3 卫星一起发射，其波长中心与 MERIS 一样，并另加了 6 个波段。环境测绘和分析计划(Environmental Mapping and Analysis Program，EnMAP)于 2015 年启动，其 HIS 高光谱成像仪具有 420～1000nm 之间的 94 个光谱波段，地面采样距离为 $30m^2$(DLR，2013b)。

尽管在物种检索识别方面存在明显的局限性，但卫星观测符合有害藻华管理中的两点(在 Stumpf 等(2003)文章中列出)：①监测被事先确定为有害藻华的藻华的运动；②检测新的藻华是否为有害藻华。在不同的环境和各种卫星平台上，对有害藻华的移动进行探测和监测是可行的(表 8.4)。通过卫星不可能直接进行物种识别，但是可以在区域环境中追踪某些具有明显特征的物种，在这些区域中它们会定期出现。例如，佛罗里达海岸的短凯伦藻藻华，或波罗的海中某些蓝藻物种的藻华。对于其他藻华，必须事先通过原位表征来识别有害物种。

基于机载传感系统的关于海面颜色的报告已有数十年的历史了，包括对藻华进行的一系列的空中调查，这些调查是在早些时候被建议的，后来被作为佛罗里达赤潮的监测策略而实施(Ingle et al.，1959)。尽管目前基本上是由卫星传感器来进行大面积海面的定期监测，但这种空中调查仍在进行。在许多地区，只有在需要时才对沿海地区进行空中监测，例如在漏油期间或在预先观察到潜在的有害藻华时。

表 8.4　利用安装在卫星、飞机或现场平台上的仪器，从生物量到物种水平所进行的生物光学有害藻华检测的案例研究

传感器(和平台)	方法	检测特征	HAB 分类单元	参考文献
CZCS (Nimbus-7)①	反射比	叶绿素 a	*Karenia brevis*	Steidinger 和 Haddad (1981)
CZCS (Nimbus-7)①	束毛藻记录	藻红蛋白、叶绿素、气泡高反射	*Trichodesmium* spp.	Subramaniam 和 Carpenter (1994)
SeaWiFS (OrbView-2)②	区域光学算法和异常标志，互补物理数据	叶绿素 a	*Karenia brevis*	Stumpf 等 (2003)
SeaWiFS (OrbView-2)②和 Landsat-7 ETM+	OC4v4 和监督分类方案(FPCA 和 MSD)	叶绿素 a	*Cochlodinium polykrikoides*	Ahn 等 (2006)
SeaWiFS (OrbView-2)②	OC4 与归一化比	叶绿素 a 和赤潮指数“红色指数”	*Cochlodinium polykrikoides*	Ahn 和 Shanmugam (2006)
SeaWiFS (OrbView-2)②	半解析和改编的 GSM	叶绿素 a，特定束毛藻	*Trichodesmium* spp.	Westberry 等 (2005)
SeaWiFS (OrbView-2)②	半解析	叶绿素 a 与颗粒后向散射系数	*Karenia brevis*	Cannizzaro 等 (2008)
SeaWiFS (OrbView-2)②	赤潮指数 Chl 算法	叶绿素 a 和赤潮指数“红色指数”	*Karenia brevis*	Chu 和 Kuo (2010)
SeaWiFS (OrbView-2)②	生物光学算法	与 AVHRR 相关的叶绿素 a 和海面温度	链状裸甲藻(*Gymnodinium catenatum*)	Tang 等 (2003)
MODIS (Aqua)③	OC3M 和 FLH	叶绿素 a	*Karenia brevis*	Hu 等 (2005)
MODIS (Aqua/Terra)③,④	真彩色图像(RGB)反射率	分布(颜色特征)浊度(作为细胞浓度的替代)	*Akashiwo sanguinea*	Kahru 等 (2004)
MODIS (Aqua)③	OC3，半解析	叶绿素 a，颗粒背向散射	*Karenia brevis*	Carvalho 等 (2011)
MODIS (Aqua)③	半经验线性 HAB 分类器	HAB 似然图	*Karenia mikimotoi*	Davidson 等 (2009)
SeaWiFS (OrbView-2)②	OC4	叶绿素 a	蓝细菌(Cyanobacteria)	Reinart 和 Kutser (2006)
MODIS (Aqua/Terra)③,④	半解析(QAA)和波段比/OC3			
MERIS (ENVISAT)⑤	Algal_2(半解析)			
Hyperion (EO-1)⑥	半解析			
AVHRR (NOAA 6～12)⑦	监督分类	可见光波段的反射率和纹理	蓝细菌	Kahru 等 (1994)

续表

传感器(和平台)	方法	检测特征	HAB 分类单元	参考文献
OCM (Oceansat-1)[⑧]	OC2	叶绿素 a	夜光藻(*Noctiluca scintillans*)、海洋卡盾藻(*Chattonella marina*)	Sarangi 和 Mohammed(2011)
AVIRIS (飞行器)	OC4v4	叶绿素 a	*Pseudo-nitzschia* spp.	Ryan 等(2005)
辐射计(手持式和 hyperTSRB)	半解析	吸收光谱、*Karenia Brevis* 分类的四阶导数和 SI	*Karenia brevis*	Craig 等(2006)
辐射计(hyperTSRB)	半解析	吸收光谱、*Karenia Brevis* 分类的四阶导数和 SI	*Dinophysis* spp. 和藻类群(algal groups)	Roesler 和 Boss(2004)
藻蓝光密度计(机遇船)	藻蓝蛋白荧光	藻蓝蛋白(Phycocyanin)	丝状蓝细菌	Seppälä 等(2007)
OPD (ROV)	LWCC 的吸收光谱	*Karenia Brevis* 分类的四阶导数和 SI	*Karenia brevis*	Robbins 等(2006)
CytoBuoy	成像流式细胞术(自动)	流动细胞的实时图像	棕囊藻属(*Phaeocystis* spp.)	Rutten 等(2005)
IFCB	成像流式细胞术(自动)	流动细胞的实时图像	*Dinophysis* spp.(主要是 *D. ovum*)	Campbell 等(2010)

注：FPCA 为正向主成分分析算法；MSD 为最小光谱距离算法。

①Nimbus-7 上的 CZCS，1978～1986 年，http://www.ioccg.org/sensors/czcs.html。

②OrbView-2 上的 SeaWiFS，1997～2011 年，http://oceancolor.gsfc.nasa.gov/SeaWiFS/SEASTAR/SPACECRAFT.html。

③Aqua 上的中分辨率成像光谱仪(MODIS)，2002 年至今，http://aqua.nasa.gov/index.php。

④Terra 上的中分辨率成像光谱仪(MODIS)，2000 年至今，http://terra.nasa.gov/About/。

⑤ENVISAT 上的中分辨率成像光谱仪(MERIS)，2002～2012 年，2012 年 4 月 8 日 ENVISAT 异常，无法与卫星重新建立联系。ENVISAT 的继任者将是 Sentinel。https://earth.esa.int/web/guest/missions/esa-operational-eo-missions/envisat。

⑥Hyperion EO-1，最初是 2000～2001 年，但延长了，http://eo1.usgs.gov/和 http://eo1.gsfc.nasa.gov/new/extended/extended/introduction.html。

⑦美国国家海洋和大气局卫星上的高分辨率辐射计(AVHRR，现在是 AVHRR/3)；1978 年至今，http://noaasis.noaa.gov/NOAASIS/ml/avhrr.html。

⑧Oceansat-1(Oceansat-2)上的海洋水色监测仪，1999～2010 年(2009 年至今)，http://www.isro.org/。

用于海洋水色测量的机载传感器被广泛用于验证卫星数据，但也可用于获得叶绿素 a 的浓度，因此它们在探测和确定藻华的空间尺度及其运动方面发挥着宝贵的作用。其合适的算法本质上类似于卫星观测中所描述的算法，依赖于经验和半经验关系。在有害藻华环境中，SeaWiFS OC4v4 算法用于计算蒙特利湾一次藻华期间的叶绿素 a 浓度，数据由机载可见/红外成像光谱仪(Airborne Visible/Infrared Imaging Spectrometer，AVIRIS)在 11km 范围内获取(Ryan et al.，2005)。利用搭载了多光谱辐射传感器的飞行器来调查有毒的拟菱形藻藻华的范围和动态变化；结合现场测量，色素浓度可以通过局部经验算法与这些光谱数据相关联(Sathyendranath et al.，1997)。市面上有各种各样具有高光谱分辨率的传感器，它们产生的数据可被转换为浮游植物色素的高光谱吸收光谱(Lee and Carder，2004)。浮游植物色素的高光谱吸收光谱可用于区分主要的浮游植物类群(Hoepffner and Sathyendranath，1993)。在一些例子中，可以根据高光谱机载辐射计数据来划分高生物量藻华中的藻类物种。例如，对于短凯伦藻的检测，使用 QAA 计算吸收光谱(Lee et al.，2002)，并将其与直接测量的短凯伦藻吸收光谱(作为参考)进行比较，然后应用基于四阶导数计算的 SI 对稀有色素 gyroxantin 进行分析。在佛罗里达的一个案例研究中证明了基于高光谱遥感反射数据的短凯伦藻检测的适用性(Craig et al.，2006)，尽管在高有色可溶性有机物浓度和低细胞浓度的情况下会妨碍这种方法的实现。对于高生物量藻华，Roesler 和 Boss(2004)生成了一个反演海洋水色模型，其反射率是浮游植物生物量、组成和尺寸分布的函数。藻类吸收光谱进一步分为四个藻类类群：硅藻、甲藻、隐藻和绿藻(chlorophytes)。此外，还可以将高浓度的有毒的鳍藻(甲藻中的一属)的大细胞分离出来。在这种情况下，光谱反射率是通过高光谱下行辐照度和上行辐照度数据(来自一个 Satlantic 高光谱系留光谱辐射计浮标)计算得到的，数据包括源于海面空气的辐照度和海面以下 1m 以内的上行光谱辐射度。因此，可以通过简单的辐射测量来区分五种藻类类群和一种潜在的有毒属。尽管一些基本模型向量是通过显微镜和分光光度计的实验室分析得到的，但是它们仍然能显示高光谱海洋水色信号对测定藻细胞浓度、组成和大小分布的敏感性。

与基于卫星的系统相比，大气校正因子对于靠近海面的机载测量来说不是必需的，而更高的空间分辨率(米级)则可以检测到更小的藻华。机载系统具有很高的灵活性，可以快速部署到目标区域，而安装在其他平台上的传感器系统则可以提供连续数据。安装在飞机或其他监测平台(如浮标或锚竿)上的高光谱传感器具有很高的光谱分辨率，从而有可能分辨出特定分类群的差异。然而，在基于机载测量并尝试通过吸收和四阶导数运算来识别藻类色素的光谱区域特征时，必须考虑到可能存在的干扰，如在 431nm 处的夫琅禾费谱线(Fraunhofer lines)，因此需要指出的是，有必要严格审查有关浮游植物色素的遥感数据中对吸收谱带的解析(Szekielda et al.，2009)。

8.3.2 原位海洋传感

1. 整体特性的研究方法

为了持续监测水体中的浮游植物，市面上有大量配备多光谱或高光谱传感器的生物光学仪器(参见 Moore 等(2009)的文章)。用于部署水下传感器的系统包括浮标、半永久性结构物(如系泊设备、海上发电机塔和石油平台)，以及AUV、漂流式剖面仪和科考船上的水流系统。还有许多其他的水下系统，至少可以用来测量下面几个基本参数：浮游植物生物量指标、浊度、盐度和温度(ICES，2009)。对于整体光学特性的测量，这些仪器的性能取决于藻类细胞浓度和其他具有光学活性的水成分(如有色可溶性有机物和悬浮物)的浓度。作为一种被动手段，利用两个或两个以上在不同深度的辐射计(或剖面辐射计)计算得出的漫射衰减系数(K_d)，可以反演浮游植物集群的信息(Cembella et al.，2005)(图 8.3)。通过瞬时荧光法来对叶绿素 a 进行原位测量已有几十年的历史(Lorenzen，1966)，这是一种用于快速估算浮游植物生物量的简单而经济的方法。荧光技术基于光系统Ⅱ(Photosystcm Ⅱ，PS Ⅱ)的内部结构，它由一个含有叶绿素 a 的内周捕光天线和一个外周捕光天线组成，这些天线在不同藻类类群中有所不同，且通常取决于物种种类。通常叶绿素 a 的测量是通过 PS Ⅱ在 685nm 附近发射的荧光来得到的(Yentsch and Menzel，1963)。外周捕光天线会影响藻细胞的激发光谱和颜色。

图 8.3　在新斯科舍省船舶港的一个沿海峡湾的贝类水产养殖基地部署一个 TACCS(系绳衰减系数链传感器)(见彩图)

这样的系统能够连续自主地监测无源光学特征(海洋水色)，产生海面下行辐照度(E_d)和不同深度的上行辐亮度(L_u)，由此可以计算漫射衰减系数 K_d。TACSS 监测系统可以在链上安装多光谱或高光谱传感器，用于连续监测有害藻华和悬浮物的消耗和平流①

① 资料来源：Diego Ibarra, Department of Oceanography, Dalhousie University, Halifax, Canada。

除了将检测叶绿素 a 作为藻类生物量代用指标的应用，还有一些生物光学系统提供了更高的分类分辨率，包括在航行中的传感测量。利用观测船的水流系统来进行藻蓝蛋白的荧光测量，以此评估波罗的海中形成藻华的丝状蓝藻(Seppälä et al.，2007)。对于其他藻类类群，商用仪器可以利用不同的荧光激发波长来检测。Beutler 等(2002)描述了一种潜水仪器，其激发波长为 450nm、525nm、570nm、590nm 和 610nm，并在 680nm 处测量发射的荧光，可将具有特征激发光谱的微藻分为不同的“光谱类群”(绿色，绿藻(Chlorophyta)；蓝色，蓝藻(Cyanobacteria)；褐色，异鞭藻门(Heterokontophyta)、定鞭藻门(Haptophyta)、甲藻门(Dinophyta)；混合，隐藻门(Cryptophyta))。该仪器已成功部署在船舶上，用于区分自然群落中的藻类类群(Richardson et al.，2010)，并且也是北海观测船上 FerryBox 自动化监测系统的一部分(Petersen et al.，2011)。与提供细胞大小信息的仪器结合使用，如激光原位散射和透射测量(Laser In Situ Scattering and Transmissometry，LISST)系统(Anglès et al.，2008)，“光谱类群”可以进一步细分。

除了检测藻类类群，有些水下仪器还能识别一些藻类物种。光学浮游生物鉴别仪(Optical Plankton Discriminator，OPD)是利用整体光信号检测有害藻华的最先进的原位仪器之一。该仪器也被称为 Brevebuster，因为它将液体波导毛细管池(Liquid Waveguide Capillary Cell，LWCC)作为取样比色皿连接在光纤光谱仪上，并以此来增加路径，其目的是增强稀有色素 gyroxantin 的光谱吸收信号，实现对短凯伦藻藻华的检测。该仪器已成功地应用于检测佛罗里达州赤潮中短凯伦藻细胞是否存在并专门用于监测其浓度(Kirkpatrick et al.，2000)。OPD 已被集成到 AUV 中，并用于量化短凯伦藻藻华的短期运动(Robbins et al.，2006)。因此，该仪器部署在此类平台上，具有很大的潜力，可用于描绘局部特定物种的藻华大小和运动轨迹，从而极大地改进了监测和预测工作。

2. *基于细胞的方法*

对单个藻类细胞进行精确检测的原位技术已被证明是一种有价值的辅助手段，可用于从水样的整体特性中提取藻类的光学信号，特别是对于有害藻华类群而言。使用流式细胞仪，藻类细胞的光散射可提供有关粒径和内部结构(如“粒度”)的信息，而多通道荧光传感器可提供有关色素成分和浓度的信息。激发波长为 435～470nm、发射波长为 520～700nm 的荧光使得含有叶绿素 a 和藻胆素(phycobilin)的浮游植物与其他颗粒区分开来。成像流式细胞仪，如 FlowCAM，也可以提供单个细胞的图像，从而获得详细的形态分类特征。因此，实时细胞计数、细胞大小测量、细胞图像以及颗粒大小和荧光的点状图可以快速表征天然样本中的浮游植物(Sieracki et al.，1998)。一种自主潜水流式细胞仪 FlowCytoBuoy 能够进行高频监测，可达每 5 分钟取样一次(Dubelaar et al.，1999)。该仪器可基于脉冲波形分析对主要的浮游植物物种进行实时成像，包括引起有害藻华的棕囊藻(*Phaeocystic* spp.)(定鞭藻属的一种)，尽管该属的物种往往会形成无定形的凝胶状菌落(Rutten et al.，2005；有关 Flow CytoBuoy 的详细介绍，请参见 Thyssen 等(2008)的研究)。FlowCytobot 是一种类似的设备，但它不是自主的，必须通过电力和通信电缆连接到岸上(Olson et al.，2003)。成像 FlowCytobot(Imaging FlowCytobot，IFCB)是基于 FlowCytobot 的最新开发成果(Olson and Sosik，2007)。在墨西哥湾 Mission-Aransas 保护区入口处的一个码头实验室中，通过人工检查 IFCB 图像发现了一次有毒的鳍藻藻华，并在 2008 年的几个月里，通过自动分类对它们从出现到衰退的过程进行了追踪(Campbell et al.，2010)。在高时间分辨率下的连续测量进一步揭示了在水流进入河口期间细胞丰度的增加，这表明了藻华的近海来源。尽管会存在强水流和生物污染方面的困难，但在伍兹霍尔海洋学研究所码头已经成功证实了该仪器能够进行长期部署(超过 2 个月)(Sosik and Olson，2007)。但是，流式细胞仪的测量仍存在着局限性，因为细胞会形成链状，例如丝状的蓝藻(Codd et al.，2005)或拟菱形藻等呈链状的羽纹纲硅藻(Olson and Sosik，2007)。

目前，利用生态基因组传感器可以在物种水平(甚至是相同物种之间)对浮游植物类群进行精密、准确地识别和量化，该传感器结合了湿化学法和分子技术，以此来评估在一种环境背景下的特定生物体及其基因、代谢产物或其他的生物标志物(Scholin et al.，2008)。为了增强潜水仪器的物种特异性，可以将生物光学技术与此类基于细胞的技术相结合。例如，FlowCAM 的测量已经与短凯伦藻的分子标记相结合，以此来改善自动物种识别(Rhodes et al.，2004)。

已经开发出了具有类群特异性的分子探针，适用于多种有害藻华类群，包括亚历山大藻(John et al.，2003，2005)和拟菱形藻(Miller and Scholin，1998)等重要的属，这些探针最初是用于现场样品和实验室中培养的分离株。由于分子探针具有高灵敏度和特异性，所以即使是在发生藻华之前它们也适用于藻类类群的检测，例如用于韩国沿海水域中的 *Coch lodinium polykrikoides*(Mikulski et al.，2008)检测。此外，还开发了一种便携式半自动多目标系统，利用分子标记可以同时检测多达 14 种不同的藻类物种(Diercks-Horn et al.，2011)，但它还没有在原位自动化部署中进行过配置。

开发了针对关键有害藻华类群的物种特异性基因探针，并补充了新的毒素筛选方法(如多重免疫诊断分析)，它们已经被快速地纳入到自动化部署系统中，用于有害物种及其毒素的原位检测。第二代的环境样本处理器(Environmental Sample Processor，ESP)是一套自动化系统，通过过滤器和后续的分子处理，从次表层水样中收集浮游生物和其他微粒。在线提取过滤的颗粒样品后，进行基于核糖体 RNA 的三夹心杂交分析。该方法已成功地应用于多种有害藻华类群的检测和识别，包括拟菱形藻(*P. australis*、*P. multiseries*、*P. multiseries/pseudodelicatissima*)、*Alexandrium catenella* 和 *Heterosigma akashiwo*，其细胞浓度甚至低于人类健康所要考虑的毒性限值(Greenfield et al.，2008)。ESP 系统进一步配备了一个免疫诊断传感器，用于检测拟菱形藻的软骨藻酸毒素，并已成功地进行了原位测量(Doucette et al.，2009)。在这种配置下，ESP 已经被部署在加利福尼亚州蒙特利湾的三个地点中进行有害藻华生态学研究，并将其用于上述物种和软骨藻酸毒素的试验分析(Ryan et al.，2011)。这些仪器是海洋观测系统的一部分，该系统揭示了环境参数与物种测量之间的关系。ESP 目前已投入商业使用，并且正被部署用于其他地区的有害藻华检测，例如用于缅因湾的有毒 *A. fundyense* 检测(NCCOS，2011)。

自主微生物基因传感器(Autonomous Microbial Genosensor，AMG)(Fries et al.，2007；Paul et al.，2007)是与分子遗传学检测相近的系统。AMG 的原理是基于 RNA 扩增的，利用依赖核酸序列的扩增技术(Nucleic Acid Sequence-Based Amplification，NASBA)可以测出荧光的增强，并有可能定量地测量出短凯伦藻细胞浓度(Paul et al.，2007)。ESP 和 AMG 等仪器为不同的类群和毒素进行特异性识别的分子探针的多种技术提供了部署的平台。

8.4　生物光学传感器技术的新进展

对于细胞浓度较低的有害藻华来说，目标物种的检测和识别仍然是光学传感器面临的一个难题。在具有区域物种特异性和高灵敏度的仪器的原位应用方面，有一些很有前景的例子，例如监测有毒短凯伦藻的光学浮游生物鉴别仪可以利用毛细管池来增强吸收光谱，而原位流式细胞仪系统可以结合光学参数，并通过快速图像处理来检索、识别藻类类群。另一种增强测量灵敏度的方式是使用点光源积分腔吸收计(Point Source Integrating Cavity Absorption Meter，PSICAM)(Kirk，1997；Röttgers et al.，2007)。这样的系统已经被转移到原位设备上，并成功地以剖析模式进行部署(Dana and Maffione，2006)。迄今为止，稀有色素(如 gyroxanthin)的光学诊断价值仅被用于佛罗里达州的短凯伦藻检测。由于存在其他含有 gyroxanthin 的物种，在南大洋对拟菱形藻进行的光学追踪工作受到了阻碍(Llewellyn et al.，2011)，但可以对四阶导数方法进行调整，以便在经常发生拟菱形藻高生物量藻华的区域对这种含毒素的藻类物种进行检测(也可用于表 8.4 中的其他有害藻华物种)。通过对有害藻华物种色素图谱的深入研究，可能会发现更多具有诊断价值的稀有色素。

在用于色素识别的化学分类学方法的最新进展方面，有关有害藻华物种色素特征的综合性的公开资料很少(Johnsen 等(2011)的附录 14A 中，收集了一些可用的资料)。在最新的一种化学分类学方法中，可将各种物种与潜在的有毒拟菱形藻划分为三种叶绿素 c 色素图谱组(Zapata et al.，2011)。其中的一个组包含了 *P. australis* 和 *P. multiseries*，这是两种可能引起贝类中毒失忆的物种。在单一物种藻华的情况下，这样的分组可能识别出区域性出现的拟菱形藻。由于重要的形态学特征会受限于传统光学显微镜的分辨率，所以对于拟菱形藻决定性的鉴定通常会使用透射电子显微镜或基因探针。

天然有害藻华藻毒素的原位或活体检测仍是光学技术的一大挑战。迄今为止，这些毒素的荧光衍生性质和吸收特性仅适用于在提取的样品中进行检测。但是，对于一种产生毒素的蓝藻，已经有人试图将毒素的影响与进行光合作用的结构联系起来。光系统Ⅰ和光系统Ⅱ的峰值及其比例的不同而导致了荧光诱导曲线（“荧光指纹”）的差异，这些差异被用于活体区分有毒和无毒的 *Noalularia* sp.的藻细胞（Keränen et al.，2009）。

正如 Klitsch 和 Häder（2008）记录的那样，藻毒素和类菌孢素氨基酸在分类学分布上的相似性也可以提供相关的生物光学信息。基于目前的假设，藻类毒素与类菌孢素氨基酸在水中的释放有关，进一步研究可能会增加类菌孢素氨基酸在有毒藻光学监测中的价值。

还有许多细胞成分（如核苷酸和蛋白质）可以进一步开发用于产生包括有害藻华类群在内的相关物种识别信息。这些增加的识别参数可能也适用于评估藻类休眠孢囊（纤维素壁和色素），因此可作为预测藻华暴发的一项指标。利用生物光学方法针对目标的分子和元素组成的光谱进行检测，能够为检测提供细节信息，相关技术包括：拉曼光谱、表面等离激元共振（Surface Plasmon Resonance，SPR）和激光诱导击穿光谱（Laser Induced Breakdown Spectroscopy，LIBS）。

综合的多功能方法正迅速出现，它们将基于分子的高靶向方法（如 qPCR（Quantitative Polymerase Chain Reaction，定量聚合酶链反应）或 DNA 微阵列）和/或毒素检测（如自动免疫测定）与生物光学传感器结合起来，这些传感器可在现场部署的水下平台上对藻华藻类类群的整体特性进行检测。将这种有前途的技术转移到水下作业的应用中，再结合复杂的数据处理程序（如人工神经网络）以及有关有害藻华特性的区域性知识，则有望在成功进行物种鉴别方面取得进一步进展。

8.5　业务化海洋学观测

对于能够在适当的空间维度和时间维度上进行有害藻华评估的业务系统的需求十分迫切，但令人惊讶的是，目前部署的综合性系统还相当少。但光学传感技术结合了遥感和原位测量，已经迅速发展起来。对于 Stumpf 等（2003）定义的有害藻华监测的前两种组成类型，即对已识别为有害藻华的藻华的运动进行监测（Type 1），以及检测新的藻华是否为有害藻华（Type 2），两者在遥感和原位应用中都可以通过使用藻类生物量的代用指标来实现。卫星和机载监测传感器的遥感应用会覆盖大面积的海面，而固定和可移动的生物光学原位传感器系统现在可以纳入到三维海底区域的观测网络中（Cullen et al.，1997；Cembella et al.，2005）。但是，为了区分有害藻华和非有害藻华，需要在物种层面对生物体进行识别，也可以通过监测生物体产生的毒素进行区分，而这些问题似乎只能通过部署在水体中的原位传感器来解决（表 8.1），如果要进行长期部署，则尺寸、重量和功率（Size, Weight, and Power，SWaP）等因素以及防污措施（Lehaitre et al.，2008）都需要进行调整。

光学测量和解析尚处于发展阶段，它们为解决这两种类型的有害藻华监测提供了有用的辅助手段，但只有少数经过验证的案例研究可以达到分类所需的高分辨率。除了这些少数的例外情况，在物种水平上的精确识别以及对目标细胞的计数仍然是现场可部署仪器的重要局限和挑战。

基于分子靶标的生态基因组传感器(如 ESP 和 AMG)非常灵敏，可用于一些重要的有害藻华物种的检测和量化，但在进行业务化作业时，缺乏有效的探针来解决有害藻华物种及其毒素的高度多样性问题，这是它们目前所受到的限制。迄今为止，只有少量预先确定的物种被整合在一起并用于进行同步处理。使用这些高度特异性的探针不可能在一个区域内发现未预料到的或新的有害藻华物种；但是，在目前的传感器封装中加入新探针的这一技术挑战并非是无法克服的。例如，针对有害藻华物种的 DNA 微阵列的最新进展提供了从众多物种中同时筛选数千个基因的可能性。将这种关于基因表达模式的尖端技术纳入业务系统的工作还尚未完成，而目前用于长时间连续部署的原位平台需要进一步改进以适应业务化作业，尤其是在不易维护的区域。

所述的传感器系统与部署技术满足了有害藻华监测所要求的一些标准，但在时空覆盖范围或目标特异性方面也存在着局限性。天基和机载传感器系统可在较大的地理区域内进行测量，但单一水成分的分辨率会受到限制，不能处理水体内部发生的事件(如水面薄层之下的浓度)。相反，对于目标生物和/或其毒性，基于实验室的点源和离散样本分析具有很高的灵敏度和分辨率，但无法在适当的空间尺度上进行连续的实时观测。因此，每个级别的生物光学传感器在有害藻华监测链中形成了有价值的互补，不同技术的组合将空间和时间尺度与增强的分辨率联系起来(图 8.4)。由于有害藻华的高度多样性及其在水体内的生物地理分布，所以目前还没有能够遍及所有时间和空间尺度的技术解决方案。这个适当的时间和空间尺度也可能因区域不同而不同，这与有害藻华的时空发展以及潜在的平流和扩散有关。因此，在所要求的空间维度和时间维度方面，观测系统需要根据所在区域的情况进行调整。可以将所获得的光学信息结合当地的实际情况以及各个区域的生物和物理海洋学知识，为监测策略提供建议。

在长期的海洋观测中，成功集成光学传感器的案例很少，佛罗里达州的海岸观测项目就是其中之一。该项目为各种生物应用提供多种卫星的海洋遥感数据，包括监测各区域有害藻华的叶绿素 a。这些数据随后会被纳入 NOAA 有害藻华预报业务系统(HAB Operational Forecast System，HAB-OFS)，并进行公开。除了卫星图像，联邦、州和地方当局还公开了现场观测数据、模型、公共卫生报告和浮标数据(NOAA，2012)。分析还包括来自 OPD 和 FlowCytobot 的数据。采用光学传感器系统来扩大时空覆盖范围的其他海洋观测还包括缅因州海湾的 ADEOS 卫星(Ramp et al.，2009)以及香港的数据集(Lee et al.，2005)。有害藻华事件也与区域生态健康相关，是全球海洋观测系统(Global Ocean Observing System，GOOS)关注的对象(Malone et al.，2010)。GOOS 提供全球范围内有关沿海生态系统的数据和信息，包括有害藻华的环境过程和观测方法。在区域尺度上，世界范围内出现了更多监测有害藻华的观测站，通常将环境变量的连续现场测量与生物多样性变化的监测相结合。其中一些观测站提供了与传统有害藻华监测方案互补的实时信息。

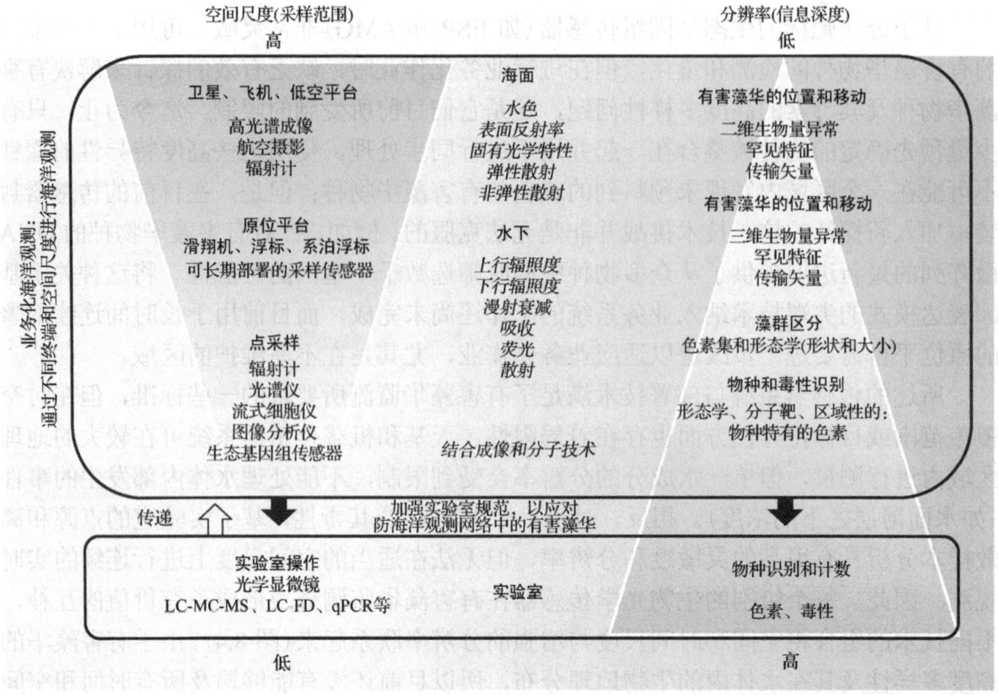

图 8.4 有害藻华评估背景下业务海洋学观测中有关的光学参数的空间尺度和分辨率(信息深度)

表观和固有光学特性可以通过从水面到水下的原位光学传感、离散点采样或剖面分析得到。通过液相色谱结合荧光检测(LC-FD)或串联质谱(LC-MC-MS)等技术，以及通过生物 DNA 的 qPCR，可以从离散样品中更精确地测定有害藻华物种的其他特性(Zielinski et al., 2009)

通过将海洋学过程与对藻华的连续长期生物光学检测的关系结合起来，在海洋观测中提出了一种很有前途的技术，可用于深入了解有害藻华发展的驱动因素和制约因素。这些综合方法还将解决对有害藻华的预测问题，这就需要有害藻华生态学知识以及相关的解析和数值模拟。这些有害藻华方案的构建将解决 Stumpf 等(2003)提出的最后两类观测：预测有害藻华的移动(Type 3)，以及在尚未观测到藻华的地方预测有害藻华的发生(Type 4)。在将技术方法和概念方法应用于业务化海洋学系统中时，生物光学是监测有害藻华、预测藻华动态的重要部分。

通过将这类观测和补充方法相结合来处理有害藻华的多样性及其影响，公共和私人应对有害事件的有效性可以得到优化，并减少各种影响。早在 1988 年就报道了一个北海监测系统(在 EURMAR Seawatch 项目内)的一次早期预警。据报道，由于养鱼户采取了早期措施(在这种情况下，养鱼户将网箱转移到了安全地点)，为挪威南部拯救了价值 3000 万美元的水产养殖鱼(Stel and Mannix，1996)。需要将预防和减轻有害藻华造成的经济损失以及对人类和环境健康的威胁这一任务，纳入到适当的区域性海岸带管理工作中去。生物光学工具提供更多关于有害藻华的物种组成、发生频率、大小和生物地理学的知识，并对其影响进行严格观测，有必要在有害藻华监测和海岸带管理系统中进行长期研究和应用。

参 考 文 献

Ahn Y H, Shanmugam P. 2006. Detecting the red tide algal blooms from satellite ocean color observations in optically complex Northeast-Asia Coastal waters. Remote Sensing of Environment, 103, 419-437. doi:10.1016/j.rse.2006.04.007.

Ahn Y H, Shanmugam P, Ryu J H, et al. 2006. Satellite detection of harmful algal bloom occurrences in Korean waters. Harmful Algae, 5, 213-231. doi:10.1016/j.hal.2005.07.007.

Anderson C R, Kudela R M, Benitez-Nelson C, et al. 2011. Detecting toxic diatom blooms from ocean color and a regional ocean model. Geophysical Research Letters, 38, L04603. doi:10.1029/2010GL045858.

Anderson D M, Cembella A D, Hallegraeff G M. 2012. Progress in understanding harmful algal blooms: Paradigm shifts and new technologies for research, monitoring, and management. Annual Review of Marine Science, 4, 143-176. doi:10.1146/annurev-marine-120308-081121.

Anderson D M, Stock C A, Keafer B A, et al. 2005a. Alexandrium fundyense cyst dynamics in the Gulf of Maine. Deep Sea Research Part II: Topical Studies in Oceanography, 52, 2522-2542. doi:10.1016/j.dsr2.2005.06.014.

Anderson D M, Townsend D W, McGillicuddy Jr D J. 2005b. The ecology and oceanography of toxic Alexandrium fundyense blooms in the Gulf of Maine. Deep-Sea Research Part II, 52, 2365-2876.

Anglès S, Jordi A, Garcés E, et al. 2008. High-resolution spatio-temporal distribution of a coastal phytoplankton bloom using laser in situ scattering and transmissometry（LISST）. Harmful Algae, 7, 808-816. doi:10.1016/j.hal.2008.04.004.

Babin M, Roesler C S, Cullen J J. 2008. Real-Time Coastal Observing Systems for Marine Ecosystem Dynamics and Harmful Algal Blooms. Paris: UNESCO Publishing.

Bachvaroff T R, Adolf J E, Squier A H, et al. 2008. Characterization and quantification of karlotoxins by liquid chromatographymass spectrometry. Harmful Algae, 7, 473-484.

Barocio-León Ó A, Millán-Núñez R, Santamaría-del-Ángel E, et al. 2008. Bio-optical characteristics of a phytoplankton bloom event off Baja California Peninsula（30-31°N）. Continental Shelf Research, 28, 672-681. doi:10.1016/j.csr.2007.12.002.

Berg B A, Pederson B A, Kirkpatrick G J, et al. 2004. Utility of the algal photopigment gyroxanthin-diester in studies pertaining to the red tide dinoflagellate Karenia brevis（Davis）G. Hansen and Moestrup//Steidinger K A, Landsberg J H, Tomas C R, et al. Harmful Algae 2002. Florida Fish and Wildlife Conservation Commission, Florida Institute for Oceanography, and Intergovernmental Oceanographic Commission of UNESCO.

Beutler M, Wiltshire K H, Meyer B, et al. 2002. A fluorometric method for the differentiation of algal populations in vivo and in situ. Photosynthesis Research, 72, 39-53. doi:10.1023/A:1016026607048.

Bjørnland T, Fiksdahl A, Skjetne T, et al. 2000. Gyroxanthin-the first allenic acetylenic carotenoid. Tetrahedron, 56, 9047- 9056. doi:10.1016/S0040-4020(00)00757-2.

Bjørnland T, Guillard R R L, Liaaen-Jensen S. Unpublished. Pigments of the marine picoplanctonic flagellate Pelagomonascalceolata-the type species of the algal class Pelagophyceae.

Bjørnland T, Haxo F T, Liaaen-Jensen S. 2003. Carotenoids of the Florida red tide dinoflagellate Karenia brevis. Biochemical Systematics and Ecology, 31, 1147-1162. doi:10.1016/s0305- 1978(03)00044-9.

Bjørnland T, Tangen K. 1979. Pigmentation and morphology of marine Gyrodinium (Dinophycae) with a major carotenoid different from peridinin and fucoxanthin. Journal of Phycology, 15, 457-463. doi: 10.1111/j.1529-8817.1979.tb00719.x.

Botes L, Sym S D, Pitcher G C. 2003. Karenia cristata sp. nov. and Karenia bicuneiformis sp. nov. (Gymnodiniales, Dinophyceae): two new Karenia species from the South African coast. Phycologia, 42, 563-571. doi:10.2216/i0031-8884-42-6-563.1.

Bouillon R C, Kieber R J, Skrabal S A, et al. 2008. Photochemistry and identification of photodegradation products of the marine toxin domoic acid. Marine Chemistry, 110, 18-27. doi:10.1016/j.marchem. 2008.02.002.

Butler W L, Hopkins D W. 1970. An analysis of fourth derivative spectra. Photochemistry and Photobiology, 12, 451-456. doi:10.1111/j.1751-1097.1970.tb06077.x.

Callone A I, Carignan M, Montoya N G, et al. 2006. Biotransformation of mycosporine like amino acids (MAAs) in the toxic dinoflagellate Alexandrium tamarense. Journal of Photochemistry and Photobiology B: Biology, 84, 204-212. doi:10.1016/j.jphotobiol.2006.03.001.

Campás M, Iglesia d l P, Giménez G, et al. 2008. Marine biotoxins in the Catalan littoral: Could biosensors be integrated into monitoring programmes?. Contributions to Science, 4, 43-53.

Campás M, Prieto-Simon B, Marty J L. 2007. Biosensors to detect marine toxins: Assessing seafood safety. Talanta, 72, 884-895.

Campbell L, Olson R J, Sosik H M, et al. 2010. First harmful Dinophysis (Dinophycea, Dinophysiales) bloom in the U. S. is revealed by automated imaging flow cytometry. Journal of Phycology, 46, 66-75. doi:10.1111/j.1529-8817.2009.00791.x.

Cannizzaro J P, Hu C, English D C, et al. 2008. Detection of Karenia brevis blooms on the west Florida shelf using in situ backscattering and fluorescence data. Harmful Algae, 8, 898-909. doi:10.1016/j. hal.2009.05.001.

Carmichael W W. 2001. Health effects of toxin-producing cyanobacteria: "The CyanoHABs". Human and Ecological Risk Assessment: An International Journal, 7, 1393-1407. doi:10.1080/20018091095087.

Carvalho G A, Minnett P J, Banzon V F, et al. 2011. Long-term evaluation of three satellite ocean color algorithms for identifying harmful algal blooms (Karenia brevis) along the west coast of Florida: A matchup assessment. Remote Sensing of Environment, 115, 1-18. doi:10.1016/j.rse.2010.07.007.

Cembella A D, Ibarra D A, Diogene J, et al. 2005. Harmful algal blooms and their assessment in fjords and coastal embayments. Oceanography, 18, 160-173.

Chu P C, Kuo Y H. 2010. Detection of Red Tides in the Southwestern Florida Coastal Region Using Ocean Color Data. MTS/IEEE OCEANS, 20-23 September 2010, Seattle, Washington, USA, 1001-1006.

Ciotti A M, Lewis M R, Cullen J J. 2002. Assessment of the relationships between dominant cell size in natural phytoplankton communities and the spectral shape of the absorption coefficient. Limnology and Oceanography, 47, 404-417.

Codd G A, Morrison L F, Metcalf J S. 2005. Cyanobacterial toxins: Risk management for health protection. Toxicology and Applied Pharmacology, 203, 264-272.

Craig S E, Lohrenz S E, Lee Z, et al. 2006. Use of hyperspectral remote sensing reflectance for detection and assessment of the harmful alga, Karenia brevis. Applied Optics, 45, 5414-5425.

Cullen J J, Ciotti A M, Davis R F, et al. 1997. Optical detection and assessment of algal blooms. Limnology and Oceanography, 42, 1223-1239.

Dall'Olmo G, Westberry T K, Behrenfeld T K, et al. 2009. Significant contribution of large particles to optical backscattering in the open ocean. Biogeosciences, 6, 947-967.

Dana D R, Maffione R A. 2006. A new hyperspectral spherical-cavity absorption meter. Adapted from the poster presentation at Ocean Sciences 2006, Honolulu, Hawaii. http://www.hobilabs.com/cmsitems/attachments/3/ISphere%20Ocean%20Sciences%202006. pdf (Accessed 10 July 2013).

Dash P, Walker N D, Mishra D R, et al. 2011. Estimation of cyanobacterial pigments in a freshwater lake using OCM satellite data. Remote Sensing of Environment, 115, 3409-3423. doi:10.1016/j.rse.2011.08.004.

Davidson K, Miller P, Wilding T A, et al. 2009. A large and prolonged bloom of Karenia mikimotoi in Scottish waters in 2006. Harmful Algae, 8, 349-361.

De Salas M F, Bolch C J, Botes L, et al. 2003. Takayama gen. nov. (Gymnodiniales, Dinophyceae), a new genus of unarmored dinoflagellates with sigmoid apical grooves, including the description of two new species. Journal of Phycology, 39, 1233-1246.

De Salas M F, Bolch C J S, Hallegraeff G M. 2004. Karenia umbella sp. nov. (Gymnodiniales, Dinophyceae), a new potentially ichthyotoxic dinoflagellate species from Tasmania, Australia. Phycologia, 43, 166-175. doi:10.2216/i0031-8884-43-2-166.1.

De Salas M F, Bolch C J S, Hallegraeff G M. 2005. Karlodinium australe sp. nov. (Gymnodiniales, Dinophyceae), a new potentially ichthyotoxic unarmoured dinoflagellate from lagoonal habitats of south-eastern Australia. Phycologia, 44, 640-650. doi:10.2216/0031-8884(2005)44[640: KASNGD] 2.0.CO;2.

Diercks-Horn S, Metfies K, Jäckel S, et al. 2011. The ALGADEC device: A semi-automated rRNA biosensor for the detection of toxic algae. Harmful Algae, 10, 395-401. doi:10.1016/j.hal.2011.02.001.

DLR. 2013a. RapidEye. http://www.dlr.de/rd/desktopdefault.aspx/tabid-2440/3586_read-5336/（Accessed 10 July 2013）.

DLR. 2013b. Environmental Mapping and Analysis Program-Sensor http://www.enmap.org/sensor（Accessed 10 July 2013）.

Doucette G J, Mikulski C M, Jones K L, et al. 2009. Remote, subsurface detection of the algal toxin domoic acid onboard the Environmental Sample Processor: Assay development and field trials. Harmful Algae, 8, 880-888.

Dubelaar G B J, Gerritzen P L, Beeker A E R, et al. 1999. Design and first results of CytoBuoy: A wireless flow cytometer for in situ analysis of marine and fresh waters. Cytometry, 37, 247-254. doi:10.1002/（sici）1097-0320（19991201）37: 4<247: : aid-cyto1>3.0.co;2-9.

Figueroa R I, Bravo I, Garcés E. 2006. Multiple routes of sexuality in Alexandrium taylori（Dinophyceae）in culture. Journal of Phycology, 42, 1028-1039. doi:10.1111/j.1529-8817.2006.00262.x.

Fries D P, Paul J H, Smith M C, et al. 2007. The autonomous microbial genosensor, an in situ sensor for marine microbe detection. Microscopy and Microanalysis, 13, 514-515. doi:10.1017/S1431927607078816.

Fujiwara A, Hirawake T, Suzuki K, et al. 2011. Remote sensing of size structure of phytoplankton communities using optical properties of the Chukchi and Bering Sea shelf region. Biogeosciences, 8, 3567-3580. doi:10.5194/bg-8-3567-2011.

Garcés E, Fernandez M, Penna A, et al. 2006. Characterization of NW mediterranean Karlodinium spp.（Dinophyceae）strains using morphological, molecular, chemical, and physiological methodologies. Journal of Phycology, 42, 1096-1112.

Gobler C, Lonsdale D, Boyer G. 2005. A review of the causes, effects, and potential management of harmful brown tide blooms caused by Aureococcus anophagefferens（Hargraves et sieburth）. Estuaries and Coasts, 28, 726-749. doi:10.1007/bf02732911.

Gordon H R, Clark D K. 1981. Clear water radiances for atmospheric correction of coastal zone color scanner imagery. Applied Optics, 20, 4175-4180. doi:10.1364/AO.20.004175.

Greenfield D I, Marin R, Doucette G J, et al. 2008. Field applications of the second-generation Environmental Sample Processor（ESP）for remote detection of harmful algae: 2006-2007. Limnology and Oceanography: Methods, 6, 667-679.

Hallegraeff G M. 1993. A review of harmful algal blooms and their apparent global increase. Phycologia, 32, 79-99. doi:10.2216/i0031-8884-32-2-79.1.

Hansen G. 2011. Gymnodiniales, in IOC-UNESCO Taxonomic Reference List of Harmful Micro Algae. http://www.marinespecies.org/HAB.（Accessed 19 February 2012）.

Hansen G, Daugbjerg N, Henriksen P. 2000. Comparative study of Gymnodinium mikimotoi and Gymnodinium aureolum, comb. nov.（=Gyrodinium aureolum）based on morphology, pigment composition, and molecular data. Journal of Phycology, 36, 394-410. doi:10.1046/j.1529-8817.2000.

99172. x.

Hirata T, Aiken J, Hardman-Mountford N, et al. 2008. An absorption model to determine phytoplankton size classes from satellite ocean colour. Remote Sensing of Environment, 112, 3153-3159. doi:10.1016/j.rse.2008.03.011.

Hoagland P, Anderson D M, Kaoru Y, et al. 2002. The economic effects of harmful algal blooms in the United States: Estimates, assessment issues, and information needs. Estuaries, 25, 819-837.

Hoepffner N, Sathyendranath S. 1993. Determination of the major groups of phytoplankton pigments from the absorption spectra of total particulate matter. Journal of Geophysical Research, 98, 22789-22803.

Hu C, Muller-Karger F E, Taylor C, et al. 2005. Red tide detection and tracing using MODIS fluorescence data: A regional example in SW Florida coastal waters. Remote Sensing of Environment, 97, 311-321. doi:10.1016/j.rse.2005. 05. 013.

ICES. 2009. Report of the ICES-IOC Workin Group on Algal Bloom Dynamics（WGHABD）. ICES CM 2009. El Rompido（Huelva）Spain, 31. 03. -02. 04. 2009.

Ingle R M, Hutton R F, Shafer J H E, et al. 1959. The airplane as an instrument in marine research, Part 1. Dinoflagellate Blooms. Special Scientific Report No. 3. Bayboro Harbor, St. Petersburg, Florida: Florida State Board of Conservation Marine Laboratory, Maritime Base.

Jeffrey S W, Wright S W, Zapata M. 2011. Microalgal classes and their signature pigments//Roy S, Llewellyn C A, Egeland E S, et al. Phytoplankton Pigments: Characterization, Chemotaxonomy and Applications in Oceanography. Cambridge: Cambridge University Press, 3-77.

John U, Cembella A, Hummert C, et al. 2003. Discrimination of the toxigenic dinoflagellates Alexandrium tamarense and A. ostenfeldii in co-occurring natural populations from Scottish coastal waters. European Journal of Phycology, 38, 25-40. doi:10.1080/0967026031000096227.

John U, Medlin L K, Groben R. 2005. Development of specific rRNA probes to distinguish between geographic clades of the Alexandrium tamarense species complex. Journal of Plankton Research, 27, 199-204. doi:10.1093/plankt/fbh160.

Johnsen G, Sakshaug E. 1993. Bio-optical characteristics and photoadaptive responses in the toxic and bloom-forming dinoflagellates Gyrodinium auroleum, Gymnodinium galatheanum, and two strains of Prorocentrum minimum. Journal of Phycology, 29, 627-642. doi:10.1111/j.0022-3646.1993.00627.x.

Johnsen G, Moline M A, Pettersson L H, et al. 2011. Optical monitoring of phytoplankton bloom pigment signatures//Roy S, Llewellyn C A, Egeland E S, et al. Phytoplankton Pigments: Characterization, Chemotaxonomy and Applications in Oceanography. Cambridge: Cambridge University Press, 538-606.

Kahru M. 1997. Using satellites to monitor large-scale environmental change: A case study of cyanobacteria blooms in the Baltic Sea// Kahru M, Brown C W. Monitoring Algal Blooms: New Techniques for Detecting Large-Scale Environmental Change. Heidelberg, Berlin, New York: Springer, 43-61.

Kahru M, Horstmann U, Rud O. 1994. Satellite detection of increased cyanobacteria blooms in the Baltic Sea: Natural fluctuation or ecosystem change?. Ambio, 23, 469-472.

Kahru M, Leppänen J M, Rud O, et al. 2000. Cyanobacteria blooms in the Gulf of Finland triggered by saltwater inflow into the Baltic Sea. Marine Ecology Progress Series, 207, 13-18.

Kahru M, Mitchell B G. 1998. Spectral reflectance and absorption of a massive red tide off southern California. Journal of Geophysical Research, 103, 21601-21609.

Kahru M, Mitchell B G, Diaz A, et al. 2004. MODIS Detects a Devastating Algal Bloom in Paracas Bay, Peru. EOS, Trans. AGU, 85, 465-472.

Keränen M, Aro E M, Nevalainen O, et al. 2009. Toxic and non-toxic Nodularia strains can be distinguished from each other and from eukaryotic algae with chlorophyll fluorescence fingerprinting. Harmful Algae, 8, 817-822. doi:10.1016/j.hal.2007.12.023.

Kirk J T O. 1997. Point-source integrating-cavity absorption meter: Theoretical principles and numerical modeling. Applied Optics, 36, 6123-6128. doi: http://dx.doi.org/10.1364/AO.36.006123.

Kirkpatrick G J, Millie D F, Moline M A, et al. 2000. Optical discrimination of a phytoplankton species in natural mixed populations. Limnology and Oceanography, 45, 467-471.

Klitsch M, Häder D P. 2008. Mycosporine-like amino acids and marine toxins-the common and the different. Marine Drugs, 6, 147-163.

Kreps E, Verjbinskaya N. 1930. Seasonal changes in the phosphate and nitrate content and in hydrogen ion concentration in the Barents Sea. Journal du Conseil, 5, 329-346. doi:10.1093/icesjms/5.3.329.

Kutser T. 2004. Quantitative detection of chlorophyll in cyanobacterial blooms by satellite remote sensing. Limnology and Oceanography, 49, 2179-2189. doi:10.4319/lo.2004.49.6.2179.

Laza-Martinez A, Seoane S, Zapata M, et al. 2007. Phytoplankton pigment patterns in a temperate estuary: from unialgal cultures to natural assemblages. Journal of Plankton Research, 29, 913-929. doi:10.1093/plankt/fbm069.

Lee J H W, Hodgkiss I J, Wong K T M, et al. 2005. Real time observations of coastal algal blooms by an early warning system. Estuarine, Coastal and Shelf Science, 65, 172-190. doi:10.1016/j.ecss.2005.06.005.

Lee Z, Carder K L. 2004. Absorption spectrum of phytoplankton pigments derived from hyperspectral remote-sensing reflectance. Remote Sensing of Environment, 89, 361-368.

Lee Z, Carder K L, Arnone R A. 2002. Deriving inherent optical properties from water color: a multiband quasi-analytical algorithm for optically deep waters. Applied Optics, 41, 5755-5772.

Lehaitre M, Delauney L, Compére C. 2008. Biofouling and underwater measures// Babin M, Roesler C S, Cullen J J. Monotraphs on Oceanographic Methodology Series: Real-Time Coastal Observing Systems for Ecosystem Dynamics and Harmful Algal Blooms. Paris: UNESCO Publishing, 463-493.

Letelier R M, Abbott M R. 1996. An analysis of chlorophyll fluorescence algorithms for the moderate resolution imaging spectrometer（MODIS）. Remote Sensing of Environment, 58, 215-223. doi:10.

1016/s0034-4257(96)00073-9.

Lewitus A J, White D L, Tymowski R G, et al. 2005. Adapting the CHEMTAX method for assessing phytoplankton taxonomic composition in southeastern U. S. estuaries. Estuaries, 28, 160-172.

Llewellyn C A, Roy S, Johnsen G, et al. 2011. Perspectives on future directions// Roy S, Llewellyn C A, Egeland E S, et al. Phytoplankton Pigments: Characterization, Chemotaxonomy and Applications in Oceanography. Cambridge: Cambridge University Press.

Lorenzen C J. 1966. A method for the continuous measurement of in vivo chlorophyll concentration. Deep-Sea Research, 13, 223-227.

Luerssen R M, Thomas A C, Hurst J. 2005. Relationships between satellite measured thermal features and Alexandrium-imposed toxicity in the Gulf of Maine. Deep Sea Research Part II: Topical Studies in Oceanography, 52, 2656-2673. doi:10.1016/j.dsr2.2005.06.025.

Mackey D J, Higgins H W, Mackey M D, et al. 1998. Algal class abundances in the western equatorial Pacific: Estimation from HPLC measurements of chloroplast pigments using CHEMTAX. Deep-Sea Research I, 45, 1441-1468.

Mackey M D, Mackey D J, Higgins H W, et al. 1996. CHEMTAX-a program for estimating class abundances from chemical markers: application to HPLC measurements of phytoplankton. Marine Ecology Progress Series, 144, 265-283.

Malone T, Davidson M, DiGiacomo P, et al. 2010. Climate change, sustainable development and coastal ocean information needs. Procedia Environmental Sciences, 1, 324-341. doi:10.1016/j.proenv.2010.09.021.

Maritorena S, Siegel D A, Peterson A R. 2002. Optimization of a semianalytical ocean color model for global-scale applications. Applied Optics, 41, 2705-2714. doi:10.1364/AO.41.002705.

McGillicuddy D J, Anderson D M, Stock C A, et al. 2008. Monitoring blooms of Alexandrium fundyense in the Gulf of Maine//Babin M, Roesler C S, Cullen J J. Real-time Coastal Observing Systems for Marine Ecosystems Dynamics and Harmful Algal Blooms: Theory, Instrumentation and Modelling. Paris, France: UNESCO.

Meyer-Harms B, Pollehne F. 1998. Alloxanthin in Dinophysis norvegica (Dinophysiales, Dinophyceae) from the Baltic Sea. Journal of Phycology, 34, 280-285.

Mikulski C M, Park Y T, Jones K L, et al. 2008. Development and field application of rRNA-targeted probes for the detection of Cochlodinium polykrikoides Margalef in Korean coastal waters using whole cell and sandwich hybridization formats. Harmful Algae, 7, 347-359. doi:10.1016/j.hal.2007.12.015.

Miller P E, Scholin C A. 1998. Identification and enumeration of cultured and wild Pseudo-nitzschia (Bacillariophyceae) using species-specific LSU rRNAtargeted fluorescent probes and filter-based whole cell hybridization. Journal of Phycology, 34, 371-382. doi:10.1046/j.1529-8817.1998.340371.x.

Millie D F, Kirkpatrick G J, Vinyard B T. 1995. Relating photosynthetic pigments and in vivo optical density spectra to irradiance for the Florida redtide dinoflagellate Gymnodinium breve. Marine Ecology Progress Series, 120, 65-75.

Millie D F, Schofield O M, Kirkpatrick G J, et al. 1997. Detection of harmful algal blooms using photopigments and absorption signatures: A case study of the Florida red tide dinoflagellate, Gymnodinium breve. Limnology and Oceanography, 42, 1240-1251.

Mitchell B G, Kahru M. 2009. Bio-optical algorithms for ADEOS-2GLI. Journal of Remote Sensing Society of Japan, 29, 80-85.

Moestrup Ø. 2011. Haptophyta, in IOC-UNESCO Taxonomic Reference List of Harmful Micro Algae. http://www.marinespecies.org/HAB. Accessed 10 July 2013.

Moestrup Ø, Akselman R, Cronberg G, et al. 2009. IOC-UNESCO Taxonomic Reference List of Harmful Micro Algae. http://www.marinespecies.org/HAB（Accessed 10 July 2013）.

Moore C, Barnard A, Fietzek P, et al. 2009. Optical tools for ocean monitoring and research. Ocean Science, 5, 661-684. doi:10.5194/os-5-661-2009.

Moradi M, Kabiri K. 2012. Red tide detection in the Strait of Hormuz（east of the Persian Gulf）using MODIS fluorescence data. International Journal of Remote Sensing, 33, 1015-1028. Abstract only. doi:10.1080/01431161.2010.545449.

Mueller J L. 1979. Prospects for measuring phytoplankton bloom extent and patchiness using remotely sensed ocean color images: An example//Taylor D L, Seliger H H. Proceedings of 2nd International Conference on Toxic Dinoflagellate Blooms, 31 October-5 November 1978, 1979 Key Biscayne, Florida. Elsevier, 303-308.

Mueller J L, Austin R W, Fargion G S, et al. 2003. Ocean Color Radiometry and Bio-Optics. Greenbelt, MD: NASA Goddard Space Flight Center.

Murphy E B, Steidinger K A, Roberts B S, et al. 1975. An explanation for the Florida east coast Gymnodinium breve-red tide of November 1972. Limnology and Oceanography, 20, 481-486.

NCCOS. 2011. MERHAB Fiscal Year 2011Projects: Incorporation of Environmental Sample Processor Technology into Gulf of Maine HAB Monitoring and Management. http://www.cop.noaa.gov/stressors/extremeevents/hab/current/abs_MERHAB.aspx（Accessed 10 July 2013）.

NOAA. 2012. NOAA Harmful Algal Bloom Operational Forecast System（HABOFS）-Assisting HAB mitigation through early detection and forecasting. http://tidesandcurrents.noaa.gov/hab/（Accessed 10 July 2013）.

O'Neil J M, Davis T W, Burford M A, et al. 2012. The rise of harmful cyanobacteria blooms: The potential roles of eutrophication and climate change. Harmful Algae, 14, 313-334. doi:10.1016/j.hal.2011.10.027.

O'Reilly J E, Maritorena S, Mitchell B G, et al. 1998. Ocean color chlorophyll algorithms for SeaWiFS. Journal of Geophysical Research, 103, 24937-24953.

O'Reilly J E, Maritorena S, Siegel D A, et al. 2000. Ocean color chlorophyll a algorithms for SeaWiFS, OC2, and OC4: Version 4//Hooker S B, Firestone E R. SeaWiFS Postlaunch Calibration and Validation Analyses, Part 3. NASA Technical Memorandum 2000-206892, Volume 11.

Olson R J, Shalapyonok A, Sosik H M. 2003. An automated submersible flow cytometer for analyzing pico- and nanophytoplankton: FlowCytobot. Deep Sea Research Part I: Oceanographic Research Papers, 50, 301-315. doi:10.1016/s0967-0637(03)00003-7.

Olson R J, Sosik H M. 2007. A submersible imaging-in-flow instrument to analyze nan and microplankton: imaging FlowCytobot. Limnology and Oceanography: Methods, 5, 195-203.

Örnólfsdóttir E B, Pinckney J L, Tester P A. 2003. Quantification of the relative abundance of the toxic dinoflagellate, Karenia brevis (Dinophyta), using unique photopigments. Journal of Phycology, 39, 449-457.

Paul J, Scholin C A, v den Engh G, et al. 2007. A sea of microbes. In stiu instrumentation. Oceanography, 20, 70-80.

Petersen W, Schroeder F, Bockelmann F D. 2011. FerryBox-Applications of continuous water quality observations along transects in the North Sea. Ocean Dynamics, 61, 1541-1554.

Quilliam M A. 2003. Chemical methods for domoic acid, the amnesic shellfish poisoning (ASP) toxin//Hallegraeff G M, Anderson D M, Cembella A D. Manual on Harmful Marine Microalgae. Paris: Intergovernmental Oceanographic Commission (UNESCO).

Ramp S R, Davis R E, Leonard N E, et al. 2009. Preparing to predict: The Second Autonomous Ocean Sampling Network (AOSN-II) experiment in the Monterey Bay. Deep Sea Research Part II: Topical Studies in Oceanography, 56, 68-86. doi:10.1016/j.dsr2.2008.08.013.

Reinart A, Kutser T. 2006. Comparison of different satellite sensors in detecting cyanobacterial bloom events in the Baltic Sea. Remote Sensing of Environment, 102, 74-85.

Rhodes L, Haygood A, Adamson J, et al. 2004. DNA probes for the deteciton of Karenia species in New Zealand's coastal waters//Steidinger K A, Landsberg J H, Tomas C R, et al. Harmful Algae. St. Petersburg, Florida, USA: Florida Fish and Wildlife Conservation Commission, Florida Institute of Oceanography, and Intergovernmental Oceanographic Commission of UNESCO.

Richardson T L, Lawrenz E, Pinckney J L, et al. 2010. Spectral fluorometric characterization of phytoplankton community composition using the Algae Online Analyser®. Water Research, 44, 2461-2472. doi:10.1016/j.watres.2010.01.012.

Robbins I C, Kirkpatrick G J, Blackwell S M, et al. 2006. Improved monitoring of HABs using autonomous underwater vehicles (AUV). Harmful Algae, 5, 749-761.

Roesler C S, Boss E. 2004. Application of an Ocean Algal Taxa Detection model to red tides in the Southern Benguela//Steidinger K A, Landsberg J H, Tomas C R, et al. Harmful Algae. Florida Fish and Wildlife Conservation Commission, Florida Institute of Oceanography, and Intergovernmental Oceanographic Commission of UNESCO, 2002. St. Petersburg, Florida.

Röttgers R, Häse C, Doerffer R. 2007. Determination of the particulate absorption of microalgae using a point-source integrating-cavity absorption meter: verification with a photometric technique, improvements for pigment bleaching and correction for chlorophyll fluorescence. Limnology and Oceanography: Methods, 5, 1-12.

Rutten T P A, Sandee B, Hofman A R T. 2005. Phytoplankton monitoring by high performance flow cytometry: A successful approach?. Cytometry Part A, 64A, 16-26.

Ryan J P, Dierssen H M, Kudela R M, et al. 2005. Coastal ocean physics and red tides: An example from Monterey Bay, California. Oceanography I, 18, 246-255.

Ryan J P, Greenfield D I, Marin III R, et al. 2011. Harmful phytoplankton ecology studies using an autonomous molecular analytical and ocean observing network. Limnology and Oceanography, 56, 1255-1272. doi:10.4319/lo.2011.56.4.1255.

Sarangi R K, Mohammed G. 2011. Seasonal algal bloom and water quality around the coastal Kerala during southwest monsoon using in situ and satellite data. Indian Journal of Geo-Marine Sciences, 40, 356-369.

Satake M, Tanaka Y, Ishikura Y, et al. 2005. Gymnocin-B with the largest contiguous polyether rings from the red tide dinoflagellate, Karenia（formerly Gymnodinium）mikimotoi. Tetrahedron Letters, 46, 3537-3540. doi:10.1016/j.tetlet.2005.03.115.

Sathyendranath S, Subba Rao D V, Chen Z, et al. 1997. Aircraft remote sensing of toxic phytoplankton blooms: A case study from Cardigan River, Prince Edward Island. Canadian Journal of Remote Sensing, 23, 15-23. Abstract.

Scholin C A, Doucette G J, Cembella A D. 2008. Prospects for developing automated systems for in situ detection of harmful algae and their toxins//Babin M, Roesler C S, Cullen J J. Monographs on Oceanographic Methodology Series: Real-Time Coastal Observing Systems for Ecosystem Dynamics and Harmful Algal Blooms. Paris: UNESCO Publishing.

Seoane S, Zapata M, Orive E. 2009. Growth rates and pigment patterns of haptophytes isolated from estuarine waters. Journal of Sea Research, 62, 286-294. doi:10.1016/j.seares.2009.07.008.

Seppälä J, Ylöstalo P, Kaitala S, et al. 2007. Ship-of-opportunity based phycocyanin fluorescence monitoring of the filamentous cyanobacteria bloom dynamics in the Baltic Sea. Estuarine, Coastal and Shelf Science, 73, 489-500. doi:10.1016/j.ecss.2007.02.015.

Sieracki C K, Sieracki M E, Yentsch C S. 1998. An imaging-in-flow system for automated analysis of marine microplankton. Marine Ecology Progress Series, 168, 285-296.

Simis S G H, Peters S W M, Gons H J. 2006. MERIS potential for remote sensing of water quality parameters for turbid inland water//Simis S G H. Blue-green Catastrophe: Remote Sensing of Mass Viral Lysis of Cyanobacteria. Ph. D. thesis. Vrije Universiteit Amsterdam. doi:hdl.handle. net/1871/10641.

Singh S P, Kumari S, Rastogi R P, et al. 2008. Mycosporine-like amino acids（MAAs）: Chemical structure, biosynthesis and significance as UV-absorbing/screening compounds. Indian Journal of Experimental Biology, 46, 7-17.

Smayda T J. 1997. What is a bloom? A commentary. Limnology and Oceanography, 42, 1132-1136.

Smayda T J. 2007. Reflections on the ballast water dispersal-harmful algal bloom paradigm. Harmful Algae, 6, 601-622. doi:10.1016/j.hal.2007.02.003.

Sosik H M, Olson R J. 2007. Automated taxonomic classification of phytoplankton sampled with imaging in-flow cytometer. Limnology and Oceanography: Methods, 5, 204-216.

Spear A H, Daly K, Huffman D, et al. 2009. Progress in developing a new detection method for the harmful algal bloom species, Karenia brevis, through multiwavelength spectroscopy. Harmful Algae, 8, 189-195. doi:10.1016/j.hal.2008.05.001.

Steidinger K A. 2009. Historical perspective on Karenia brevis red tide research in the Gulf of Mexico. Harmful Algae, 8, 549-561. doi:10.1016/j.hal.2008.11.009.

Steidinger K A, Haddad K D. 1981. Biologic and hydrographic aspects of red tides. Bioscience, 31, 814-819.

Steidinger K A, Wolny J L, Haywood A. 2008. Identification of Kareniaceae（Dinophycea）in the Gulf of Mexico. Nova Hedwigia, Beiheft, 133, 269-284.

Steinberg D K, Nelson N B, Carlson C A, et al. 2004. Production of chromophoric dissolved organic matter（CDOM）in the open ocean by zooplankton and the colonial cyanobacterium Trichodesmium spp. . Marine Ecology Progress Series, 267, 45-56.

Stel J H, Mannix B F. 1996. A benefit-cost analysis of a regional global ocean observing system: Seawatch Europe. Marine Policy, 20, 357-376. doi:10.1016/0308-597x(96)00029-2.

Stumpf R P, Culver M E, Tester P A, et al. 2003. Monitoring Karenia brevis blooms in the Gulf of Mexico using satellite ocean color imagery and other data. Harmful Algae, 2, 147-160.

Subramaniam A, Carpenter E J. 1994. An empirically derived protocol for the detection of blooms of the marine cyanobacterium Trichodesmium using CZCS imagery. International Journal of Remote Sensing, 15, 1559-1569.

Subramaniam A, Carpenter E J. 1999. Bio-optical properties of the marine diazotrophic cyanobacteria Trichodesmium spp. I. Absorption and photosynthetic action spectra. Limnology and Oceanography, 44, 608-617.

Subramaniam A, Carpenter E J, Falkowski P G. 1999. Bio-optical properties of the marine diazotrophic cyanobacteria Trichodesmium spp. II. A reflectance model for remote sensing. Limnology and Oceanography, 44, 618-627.

Szekielda K H, Bowles J H, Gillis D B, et al. 2009. Interpretation of absorption bands in airborne hyperspectral radiance data. Sensors, 9, 2907-2925. doi:10.3390/s90402907.

Tanaka A, Kishino M, Doerffer R, et al. 2004. Development of a neural network algorithm for retrieving concentrations of chlorophyll, suspended matter and yellow substance from radiance data of the ocean color and temperature scanner. Journal of Oceanography, 60, 519-530.

Tang D, Kester D R, Ni I H, et al. 2003. In situ and satellite observations of a harmful algal bloom and water condition at the Pearl River estuary in late autumn 1998. Harmful Algae, 2, 89-99.

Tester P A, Shea D, Kibler S R, et al. 2008. Relationships among water column toxins, cell abundance and chlorophyll concentrations during Karenia brevis blooms. Continental Shelf Research, 28, 59-72.

Tester P A, Steidinger K A. 1997. Gymnodinium breve red tide blooms: Initiation, transport, and consequences of surface circulation. Limnology and Oceanography, 42, 1039-1051.

Thyssen M, Tarran G E A, Zubkov M V, et al. 2008. The emergence of automated high-frequency flow cytometry: Revealing temporal and spatial phytoplankton variability. Journal of Plankton Research, 30, 333-343.

Tillmann U, Elbrächter M, Krock B, et al. 2009. Azadinium spinosum gen. et sp. nov.（Dinophyceae）identified as a primary producer of azaspiracid toxins. European Journal of Phycology, 44, 63-79. doi: 10.1080/09670260802578534.

Tomlinson M C, Stumpf R P, Ransibrahmanakul V, et al. 2004. Evaluation of the use of SeaWiFS imagery for detecting Karenia brevis harmful algal blooms in the eastern Gulf of Mexico. Remote Sensing of Environment, 91, 293-303.

Trice T M, Glibert P M, Lea C, et al. 2004. HPLC pigment records provide evidence of past blooms of Aureococcus anophagefferens in the Coastal Bays of Maryland and Virginia, USA. Harmful Algae, 3, 295-304. doi:10.1016/j.hal.2004.06.010.

Velo Suárez L, Gonzáles-Gil S, Gentien P, et al. 2008. Thin layers of Pseudo-nitzschia spp. and the fate of Dinophysis acuminata during an upwelling-downwelling cycle in a Galician Ría. Limnology and Oceanography, 53, 1816-1834. doi:10.4319/lo.2008.53.5.1816.

Vernet M, Whitehead K. 1996. Release of ultraviolet-absorbing compounds by the red-tide dinoflagellate Lingulodinium polyedra. Marine Biology, 127, 35-44. doi:10.1007/bf00993641.

Westberry T K, Siegel D A, Subramaniam A. 2005. An improved bio-optical model for the remote sensing of Trichodesmium spp. blooms. Journal of Geophysical Research, 110, C06012. doi:10. 1029/2004JC002517.

Whitehead K, Vernet M. 2000. Influence of mycosporine-like amino acids（MAAs）on UV absorption by particulate and dissolved organic matter in La Jolla Bay. Limnology and Oceanography, 45, 1788-1796.

Wright J L C. 1995. Dealing with seafood toxins: present approaches and future options. Food Research International, 28, 347-358.

Yentsch C S, Menzel D W. 1963. A method for the determination of phytoplankton chlorophyll and phaeophytin by fluorescence. Deep Sea Research and Oceanographic Abstracts, 10, 221-231. doi:10. 1016/0011-7471(63)90358-9.

Zapata M. 2005. Recent advances in pigment analysis as applied to picophytoplankton. Vie et Milieu, 55,

233-248.

Zapata M, Jeffrey S W, Wright S W, et al. 2004. Photosynthetic pigments in 37species（65 strains）of Haptophyta: Implications for oceanography and chemotaxonomy. Marine Ecology Progress Series, 270, 83-102.

Zapata M, Rodríguez F, Fraga S, et al. 2011. Chlorophyll c pigment patterns in 18species（51 strains）of the genus Pseudo-nitzschia（Bacillariophyceae）. Journal of Phycology, 47, 1274-1280. doi:10.1111/j.1529-8817.2011.01055. x.

Zielinski O, Busch J A, Cembella A D, et al. 2009. Detecting marine hazardous substances and organisms: sensors for pollutants, toxins, and pathogens. Ocean Science, 5, 329-349.

第 9 章　海洋环境中的悬浮沉积物

海水中悬浮的沉积物颗粒能吸收和散射入射光，使水下的光场发生扩散，所以水看起来是浑浊的。在一些实际的研究中，例如沉积物输运，需要对悬浮的沉积物颗粒的浓度有所了解，很多光学工具已经被广泛地应用以获得这一信息。我们将会在本章中回顾获取悬浮颗粒物质量浓度的不同方法，包括直接成像和遥感技术。然而光学属性和悬浮沉淀物颗粒浓度的关系并不是很直观：光学属性会随着悬浮颗粒物的大小、形状以及折射率的变化而改变。近些年的研究发现湍流在一定程度上可以控制絮凝颗粒的大小。因此，了解湍流情况可能有助于从悬浮沉积物承载量的角度来加深我们对所得光学信号的理解。

9.1　引　　言

如果海水中没有悬浮颗粒，那么海洋光学将变得更加简单，同时也会更无趣。纯水的光学性质虽然不容易测量，但基本上已经确定，而且众所周知，海水中的盐分对光谱中可见光部分的吸收没有显著影响(Smith and Baker，1981；Pope and Fry，1997)。纯水等效于一种清澈的液体。在深海大洋中的海水对蓝光的吸收系数在 0.01m^{-1} 数量级，这意味着一个蓝光光子有 50%的概率在被海水吸收前穿行将近 70m(图 9.1)。深海大洋中的海水对蓝光的散射系数要比其吸收系数小 1/5，因此大多数光子在被散射前就被海水吸收了。导致的结果是蓝光光子能在清澈的海水中沿直线穿行几十米的距离。物体在一定距离上可以清晰地成像，尽管它们的颜色无法完整地呈现出来，因为水会对其他颜色(特别是红色)的光产生更强的吸收作用。

> 光子在吸收系数为 a 的吸收介质(无散射)中传播距离为 x 的概率可以表示为 $p(x)=\exp(-ax)$。对其进行变换可以得到传播距离的表达式为 $x=-\ln(p(x))/a$。因此光子有 50%的概率($p(x)$=0.5)传播 $0.69/a$ 的距离。当 $a=0.01\text{m}^{-1}$ 时，所得到的距离是 69m。平均而言，一百个光子里面有一个会传播 4.6/0.01=460m 的距离。
>
> 在一个能同时吸收和散射光的介质中，单光子能传输 x 长度距离的概率可以表达为 $p(x)=\exp(-cx)$。其中，$c(=a+b)$是光束的衰减系数，b 是散射系数。在水下光场的蒙特卡罗(Monte Carlo)模型中，可以通过产生一个介于 0 和 1 之间的随机数并将其设置等于 $\exp(-cx)$，来计算一个光子能通行的距离。例如，所有光子能传播的平均距离为$-\ln(0.5)/c$。在传播路径的终点，光子有 a/c 的概率被吸收，有 b/c 的概率被散射。一个光子在被吸收之前平均要被散射的次数为 b/a。

图 9.1　光子路径长度

本章作者 D. G. BOWERS，Bangor University，Wales。

浑浊的近海海水在光学属性上和清澈的大洋海水很不相同。由河流带来的以及被潮汐带离海床的悬浮颗粒，既能散射光线，又能吸收光线。近海海水中常见的颗粒物主要为矿物和黏土颗粒物，这些物质有很高的光折射率，能有效地散射光。这样最具有穿透力的光波长将从蓝光波段移动到绿光波段(因为颗粒物更倾向于散射大部分蓝光波段同时海水继续吸收红光波段)。近海海水对绿光波段的吸收系数在 $0.1m^{-1}$ 的量级，而散射系数通常比吸收系数高几倍。处于绿光波段的光子会被散射很多次之后再被吸收(图 9.1)。水下光场因此开始扩散，使得海水看起来是半透明的浑浊状态。清澈的大洋海水和浑浊的近海海水的区别类似于透明的玻璃和磨砂玻璃之间的差别。光在清澈的水中更易于传播。而在浑浊的水中，在很远的距离外看不见水中的物体，近距离也只能看到模糊的影像。

理论上，悬浮颗粒物的光学属性可以用来提供颗粒物的各项参数信息，比如它们的数目、尺寸、形状，以及折射率等。颗粒物浓度以及参数信息在很多领域里都需要提供。颗粒物在水流中的运输是一个重要的工程问题，它影响到海滩上沙粒的更替、海港的淤积以及海岸的侵蚀(Fettweis et al.，2007)。相对于它们的体积来说，悬浮颗粒物通常有较大的表面积。体积为 10L、直径为 10μm 的球状颗粒的表面积能达到 $6000m^2$，差不多相当于一个足球场的面积。正因如此，小的悬浮颗粒物在吸附和运输物质方面有重要作用，比如农药和放射性同位素就能附着在颗粒物表面(Turner and Millward，2003)。这些化学物质的命运跟颗粒物的命运紧密相连，而与水的流动无关。颗粒从悬浮液中沉降出来，其沉降速度取决于颗粒的大小、密度以及数量，这些参量需要用光学方法进行测定。最后，还有一些关于颗粒物与湍流的基本问题需要解答。在很多沿海水域，颗粒物通常聚集成絮状物或聚集体状态，而这些絮状物的尺寸被认为与湍流的影响紧密相连。刚开始，湍流通过聚集颗粒物使得絮状物不断变大。然而湍流最终又会给絮状物的尺寸施加一个上限，因为这些不断变大的絮状物会被很小的涡流撕裂开。这些小涡流的尺寸达到柯尔莫哥洛夫(Kolmogorov)微尺度，在高能潮水里通常为几百微米(Pejrup and Mikkelsen，2010；Braithwaite et al.，2012)。

本章的主要目的是回顾近些年来悬浮颗粒物的光学测量方法、颗粒物与海洋湍流的关系以及颗粒物与光的相互作用等方面的研究进展。这是一个在海洋科学中很有挑战性的领域，很大程度上是因为至今还没有坚实的理论体系来理解光与海水中颗粒的相互作用。虽然已经求解出当颗粒物的尺寸与光的波长大小相当的情况下，光与颗粒物之间的相互作用对应的麦克斯韦方程组的解，但这也只局限于球形颗粒等几种特殊的情况(Babin et al.，2003；Jonasz and Fournier，2007)。对于光与由多个在空间上隔开的微小颗粒物组成的聚集体(如絮状物)之间的相互作用的认识，已经取得了一些有益进展，比如将球状颗粒物模拟成同心壳结构(Latimer，1985；Boss et al.，2009)和球体填充技术(Graham et al.，2012)，但距离真正的理解还远远不够。下面从海水中悬浮颗粒物的一些重要物理特性开始展开阐述。

9.2　海水中颗粒物的质量、密度以及沉降速度

图 9.2 显示的是一滴近海海水中的悬浮颗粒物的显微照片。很多不同种类的颗粒物都能看到，包括通过黏性物质将较小颗粒物结合在一起而形成的较大的絮状物。絮状物的形成过程是海洋颗粒物各种不同行为中最吸引人的一种。絮状物的形成是海水的一个独特特征，其很难在淡水中形成(Mikes et al.，2004)；另外，空气中的颗粒物也不能形成絮状物。对絮凝过程的研究很重要，但到目前为止还知之甚少。当很多小颗粒物黏合在一起形成较大的颗粒物时，它的沉降速度会比之前单个小颗粒物的沉降速度更快。所以絮凝过程可以清除水中的悬浮物，使水变得清澈，而在很多工程应用领域(如污水处理)中会人工诱导絮凝过程来清理掉颗粒物。

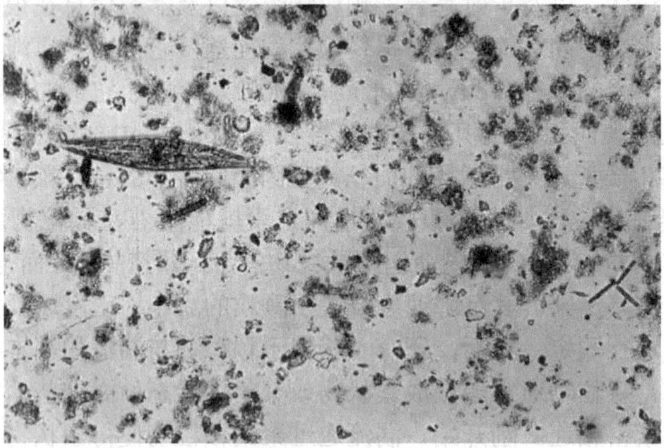

图 9.2　用显微镜拍摄的一滴近海海水中的颗粒物

可以看到许多不同类型的颗粒，包括一个浮游植物细胞、单个黏土颗粒和几个由较小颗粒连接在一起的聚集体(或絮状物)。从尺度上看，最大的可见颗粒(硅藻细胞)约为 100μm 长(图片来源：Paul Smith)

为了测量悬浮颗粒物的浓度，一种标准的方法是利用预先称重好的过滤器来过滤体积已知的海水，测出过滤器干燥后增加的重量。这样就能得到悬浮颗粒物的质量浓度，通常以 $mg \cdot L^{-1}$ 表示。过滤器无法收集所有的悬浮颗粒物。常用的过滤器是 Whatman GF/F，由多股玻璃纤维制成，其孔径大小为 0.7μm。尺寸小于这一数值的颗粒物可以通过此过滤器，但当过滤器的孔被堵塞时，尺寸小于孔径大小的颗粒物也能被收集起来。一般很难发现有尺寸超过 1mm 的颗粒物被收集在过滤器里。比这个尺寸大的生物可以游离采样瓶，而尺寸大于 1mm 的非生命物质在大多数天然水体中往往都会因为沉降而无法悬浮在水中。所以通过玻璃纤维过滤器测量的悬浮颗粒物的质量浓度主要是指尺寸范围通常在零点几个微米到大约一千微米之间的悬浮颗粒物浓度。

悬浮颗粒物的平均密度等于它们的总质量除以它们的总体积。实际上，它们的质

量是通过测量过滤器干燥后的颗粒物质量来获得的，而它们的体积通常是通过原位估计的方法获得，例如利用拍照或激光衍射(参见 9.3 节)。颗粒物的密度也可以通过测量沉降速度和颗粒尺寸并利用斯托克斯定律(Stokes Law)反演来估算(Curran et al., 2007)。颗粒物的密度可以用它们的干质量除以它们的“湿”(即原位)体积来表示，这一密度也被称为有效密度。絮状物的有效密度比絮状物中固体物质的密度要小得多，并且很矛盾的是它们的有效密度经常会比水的密度还要小。这主要是因为絮状物在固体物质之间包含了水，这会计入它的原位体积中，而不影响它的干质量。如果用 V_W 来表示絮状物中包含的水的体积，用 V_S 来表示絮状物中固体物质的体积，且固体物质的密度为 ρ_S，那么絮状物的有效密度为

$$\rho_E = \frac{\rho_S}{1+(V_W/V_S)} \tag{9.1}$$

举个例子，对于由等体积的水和固体物质组成的絮状物，也就是 $V_W=V_S$，它的有效密度正好是其固体物质密度的一半。

随着絮状物的增加，可以观察到它们的有效密度在逐渐变小。这一关系可以表示为

$$\rho_E \propto D^{F-3} \tag{9.2}$$

其中，D 是颗粒尺寸的测量值，F 是絮状物的分形维数(Kranenburg，1994)。分形维数 3 适用于密度与尺寸无关的固体颗粒。絮状物的分形维数通常比 3 要小，在 2～3 之间。

虽然由式(9.2)表达的情况很常见，但是也有很多变化的情况。例如，对于给定颗粒尺寸的情况下可以出现不同的密度。大的絮状物的平均密度通常要略小于小的絮状物，但也有一些大的絮状物具有跟小絮状物相当(有时会小于)的密度。

比水重的颗粒会从悬浮液中沉降出来。颗粒物受到的重力会被液体阻力平衡，颗粒物最终会匀速下沉，这一速度也被称为沉降速度。对于球状颗粒物来说，它的沉降速度是由斯托克斯定律决定的，其速度与颗粒物直径的平方和颗粒物密度成正比。对于絮状物来说，如同我们所看到的，它的表观密度随着尺寸的增加而减小；正因为如此，随着尺寸的增加，它的沉降速度会以略小于 D^2 的速率变大。例如，对于分形维数为 2.5 的絮状物来说，它的表观密度正比于 $D^{-1/2}$，而它的沉降速度则以 $D^{3/2}$ 的速率增长。

9.3　粒度分布

测量颗粒物的质量时，利用的是称重法；测量颗粒物的尺寸时，利用的是光学测量方法。这两种方法的测量目标(颗粒物)在尺寸上可能存大差别。这是在对比光学测量和悬浮沉积物质量浓度时的一个基本问题。本节将讨论如何在现场和实验室中测量粒度分布(Particle Size Distribution，PSD)，同时介绍怎么对其进行理论建模。

颗粒物可以通过絮凝相机进行原位拍照(Mikkelsen et al.，2005)，分析照片可以得

到给定的颗粒物尺寸范围中的颗粒数量。絮凝相机还能提供悬浮颗粒物的横截面积，通过对颗粒物形状做一些假设，颗粒物的总体积就能被估算出来。能被絮凝相机拍照显示出来的颗粒，其最小尺寸是由相机的 CCD 阵列的像素尺寸来决定的，一般是几十微米。这些图像还可以被放大，但同时也损失了聚焦深度，从而限制了能被清晰对焦的颗粒物个数。同轴全息技术(Graham et al.，2012)可以解决这个问题。全息技术的主要优势是颗粒物可以在影像处理的过程中被聚焦，与相机相距不同距离的单个颗粒都可以被对焦并清晰地成像。

PSD 可以通过使用 Coulter(库尔特)计数器测得，具体使用时，让颗粒物通过一个小管，单个颗粒物在通过小管的过程中会阻断光束。通过这种方式可以对单个颗粒进行计数，并且统计出不同尺寸的颗粒物个数。但使用库尔特计数器有一个缺陷，当颗粒物通过窄孔管时会产生剪切力，这一剪切力可以将比较脆弱的絮状物分裂开，产生更多更小的颗粒物，从而导致样品中的小颗粒数量被高估，而大颗粒的数量被低估。但令人惊讶的是由库尔特计数器统计的粒径分布与原位检测得到的结果非常相似(Reynolds et al.，2010)。

颗粒在被光束照射时能产生衍射条纹，利用衍射图样所包含的信息，可以将原位测量技术扩展应用到具有更小尺寸的颗粒物。衍射条纹的大小与颗粒的尺寸成反比关系。因此这种技术非常适合检测较小的颗粒物，尽管经小颗粒物衍射得到的光能量也很小。商用仪器(LISST-100 系列)利用这一原理可以检测尺寸在 1μm 量级的颗粒物的粒径分布。LISST-100 系列仪器测得的结果包含 32 种对数间隔的不同尺寸的颗粒物的体积浓度。但是使用 LISST-100 系列仪器和相机拍照得到的粒径分布之间依然存在偏差。可能是因为 LISST-100 系列仪器在解析絮状物颗粒产生的衍射条纹时所用的方法造成的(Graham et al.，2012)。

图 9.3 显示的是由 LISST-100 系列仪器测得的爱尔兰海里的颗粒物的粒径分布，结果通过体积、横截面积以及数量这三种与尺寸相关的参数表示出来。可以看出粒径分布与选择的参数有关。对于体积来说，在这一海域最显著的是尺寸在 200～400μm 之间的颗粒物。对于横截面积(这是颗粒光学效应的一项重要特性参数)来说，尺寸小的颗粒物具有更大的横截面积。这是因为尺寸为 D 的颗粒物的横截面积和其体积的关系为 $D^2/D^3=D^{-1}$，因此颗粒越小，其单位体积内的面积就越大。单位体积内颗粒数量的粒径分布(图 9.3(c))更偏向于小颗粒，并且接近幂律分布，因此颗粒数量随着尺寸的增加而平稳地减少。

悬浮颗粒物的平均尺寸可以用不同形式表达出来。在沉积物输运研究工作中引用的一个常见数值是按体积计算的粒径中值，或者说 D_{50}。这个尺寸将颗粒按体积分成相等的两部分。在图 9.3 显示的结果中，D_{50}=235μm。光学研究中另一个用来表示平均颗粒尺寸的参数是索特直径(Sauter diameter)，这一参数是通过计算颗粒物体积与横截面积之比来获得。一般来说，索特直径会小于 D_{50}。图 9.3 中结果的 Sauter 直径是 58μm。

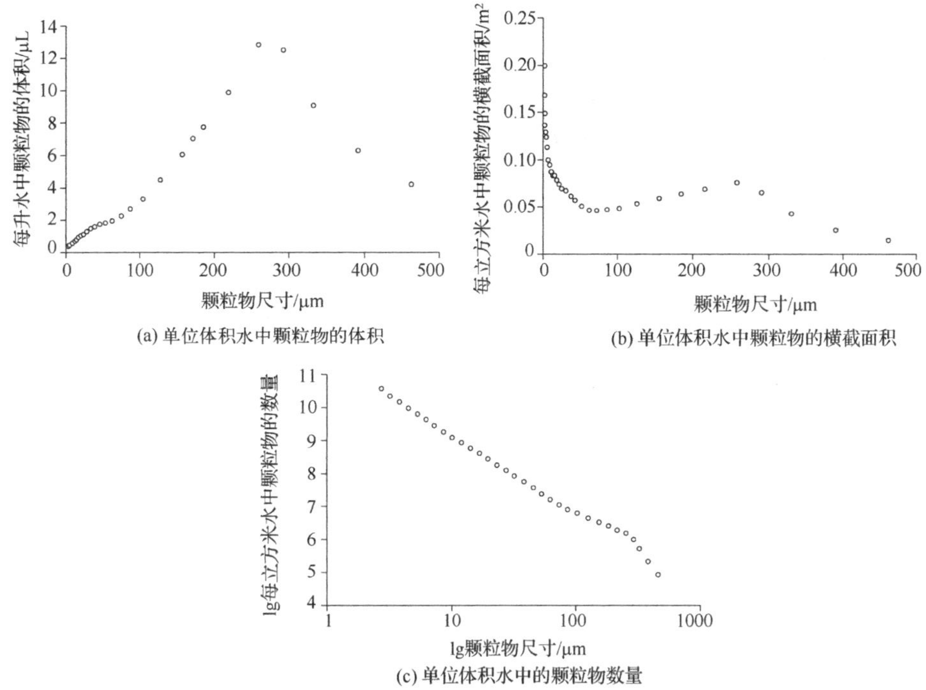

图 9.3　用 LISST-100 激光衍射仪在沿海地区测得的粒径分布(用三种不同的方式绘制)

图(c)中的两个轴都是对数刻度[①]

到目前为止已经有许多人尝试利用通用数学表达式来描述 PSD 的形状，最常见的一种形式是使用幂律分布：

$$N(D) = N_0 D^{-J} \tag{9.3}$$

其中，$N(D)\,\mathrm{d}D$ 是尺寸在 D 到 $D+\mathrm{d}D$ 之间的单位体积内颗粒物的个数，N_0 是缩放参数，J 是控制分布形状的参数。利用方程(9.3)来拟合数据得到的结果表明 J 的大小在 2～5 之间。对于匹配方程(9.3)的粒径分布，在双对数图中，某一尺寸内的颗粒物个数和尺寸之间的关系将是一条斜率为$-J$ 的直线。至少在某些尺寸范围内，均能观测到这样的结果。在图 9.3(c)中，利用方程(9.3)进行最优拟合后得到 J=2.4。虽然方程(9.3)的简单性对于一部分理论应用来说很有帮助，但它缺少了很多细节，比如没有包含颗粒物体积以及横截面积随着尺寸变化的信息。方程(9.3)这一幂律分布的特点是颗粒物的数量会随着颗粒物尺寸的减小而急剧增加。如果是这样的话，那么海洋中对光散射贡献最多的是直径小于 1μm 的小颗粒物(Morel and Ahn，1991；Babin et al.，2003)，我们将在 9.5 节讨论这一问题。基于这一理解，用于测量颗粒散射光的光学仪器可响应非常小的颗粒，这些颗粒的沉降速度慢而且在水体中的停留时间长。

① 资料来源：K.M.Braithwaite 提供的数据。

然而，有越来越多的证据显示，方程(9.3)中的 J 不能被当作一个常量，J 的大小实际取决于颗粒物的尺寸 D(Risovic，1993；Jonasz and Fournier，1996)。在沿海水域尤其可能出现这种情况，因为絮凝是一个重要的过程。聚集起来的颗粒物在水中运动时会“扫走”较小的颗粒，并将它们结合起来形成絮状物。因此，更实际的做法是不要将 PSD 看成一个连续函数，而是看成不同类别颗粒物的单一粒径分布的总和。对应于某一类别的粒径分布都包含了一定范围的尺寸，通常被表达成偏度曲线，如对数正态分布或扩展伽马分布。所得 PSD 的一个重要特征是它在一定尺寸范围内显示为幂律分布的形状，但是在小尺寸边缘和大尺寸边缘处，颗粒数量均减少。

9.4 颗粒物与湍流

湍流可以让颗粒物悬浮在海水中，如果没有湍流，比水重的颗粒物会下沉到海底。当一个颗粒物随着湍流漩涡遇到其他的颗粒物时，如果它们的黏性足够强，那么颗粒物会结合在一起形成絮状物。所以絮凝速率取决于颗粒物的黏性和它们的相遇概率，而反过来这些又取决于湍流的强度大小、颗粒物浓度及其尺寸。

因此，湍流有助于絮状物的生长，但同时也会限制它们的最大尺寸。悬浮絮状物的最大尺寸一般不能大于 Kolmogorov 微尺度，即湍流漩涡的最小尺度。如果絮状物的大小超过这一尺寸，那么湍流将向不同方向拉扯絮状物的不同部分，从而将其撕裂。只要絮状物的尺寸在 Kolmogorov 微尺度以内，它们将保持在更温和的层流态中。

实验室中的研究证据显示絮状物的尺寸大小会随着湍流的变化而改变(Bale et al.，2002)。虽然在海洋中的观测并不常见，但是已经有部分例子显示海洋中颗粒物平均尺寸的变化与 Kolmogorov 微尺度有关(Berhane et al.，1997；Fugate and Friedrichs，2003；Braithwaite et al.，2012)。图 9.4 揭示了这些变化的本质。这张图显示的是使用声学多普勒流速剖面仪在某一潮汐通道里测得的流速与用 LISST-100 测量的颗粒物尺寸，总共记录了三天的测量数据。按体积计算的粒径中值 D_{50} 与流速成反比。对图 9.4 所示变化的唯一合理解释是絮状物的尺寸在随着湍流的变化而改变。沉积物的再悬浮效应是指在水流湍急时将较大的颗粒悬浮起来，但这一情况并没有被观测到，实际观测到的情况是与之相反的。湍流涡流的最小尺寸，即 Kolmogorov 微尺度，会随着流速的变缓而增加，同时絮状物的尺寸也会相应增大。在高流速与强湍流的情况下，Kolmogorov 微尺度会变小，絮状物尺寸也会随着较大絮状物的破碎而减小。悬浮颗粒物尺寸与湍流之间的依赖关系可以通过几种方式加以利用，例如，利用可见光波段卫星图像对颗粒物浓度所进行的量化分析就取决于悬浮颗粒物的尺寸(参见 9.7 节)。如果海域中的平均颗粒尺寸可以通过其流速估算出来，则会更有利于对卫星数据的量化分析。

对于潮汐作用强烈的大陆架海域，其可见光波段卫星图像的一个特征是显现出与悬浮沉积物高浓度相关的高反射率区域。图 9.5 显示的是利用 SeaWiFS 在爱尔兰海测

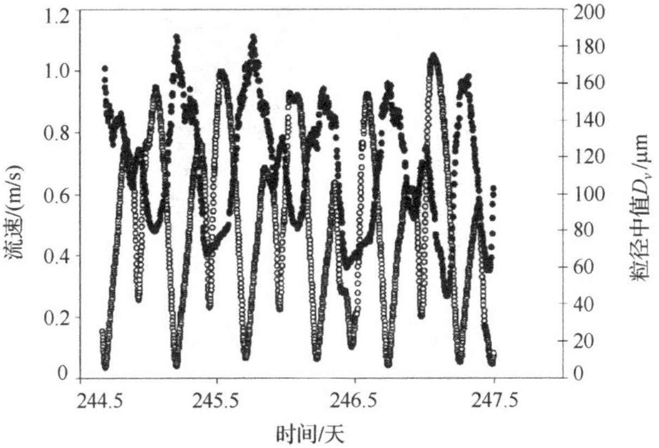

图 9.4　在海岸现场进行为期 3 天的流速(空心圆)和粒径中值 D_v(实心圆)观测

结果表明颗粒大小与流速成反比，证明湍流的变化导致了絮状物的破碎和形成

得的 665nm 波长的光的反射图像。图中标识了一些沉积物浓度比较高的区域或称为“浊度最大值区域”。现场测量证实了这些区域是近表层悬浮沉积物质量浓度增加的地方；当从太空中观测这些区域时，被这些颗粒物散射的光会让这些区域看起来很明亮。浊度最大值区域在地理位置上基本保持固定，并且全年都能观测到，不同的是其在冬季会更大、更明显。一些浊度最大值区域与河流羽流有关，后者为海洋提供微小颗粒物。但是其他的一些区域并没有明显来源。这些孤立的浊度最大值区域给人们带来了困惑。它们出现在潮流最快的区域，这些潮流提供了湍流能量以使微小颗粒物保持悬浮状态(图 9.6(a))。然而，强大的水流早已冲刷掉了海床上所有的微小沉积物。如果没有一个局部的沉积物来源来替代它们，那么这些在浊度最大值区域的颗粒物会沿着浓度梯度扩散开。在存在横向扩散和缺少颗粒物来源的情况下，是无法将局部区域内的悬浮物维持在高浓度的。

这一疑惑可以从 Ellis 等(2004)的发现中得到解答。作者描述了他们在一处浊度最大值区域边缘对微小颗粒物通量进行测量的结果。测量结果表明，小颗粒物的通量超出了最大值，而较大颗粒物的通量则达到了平衡。对这一现象的解释如下，并在图 9.6(b)所示的示意图中进行了说明。在浊度最大值区域中心的强湍流会将絮状物撕裂开，产生了一堆微小颗粒物。由于沉降速度较慢，而且处于强湍流区，这些小颗粒物在整个水体中混合并上升到水面，在那里它们将光散射回来，产生能被卫星接收到的信号。这些小颗粒物会从浊度最大值区域扩散出来，沿着小颗粒物的浓度梯度下降的方向不断扩散至周围湍流较少的水域。在这些水域中，它们又互相结合形成絮状物。这样它们的沉降速度又会增大，从而离开水面往下沉降，因此在浊度最大值区域的周围形成较清澈的水域。这些比较大的颗粒物会沿着大颗粒物的浓度梯度扩散回到浊度最大值区域。就这样，这些孤立的浊度最大值区域就能抵抗横向扩散造成的破坏趋势。对于这些浊度最大值区域，微小颗粒的来源是其周围含有较大絮状物颗粒的水域。

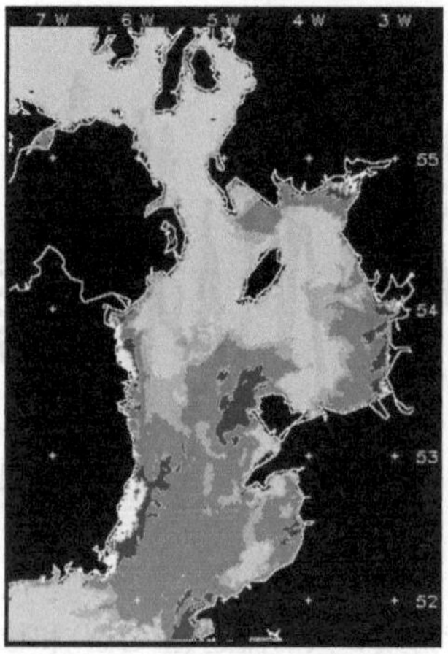

图 9.5　通过 SeaWiFS 得到爱尔兰海的可见波段图像

显示了 665nm 处的离水辐射，具有高辐射的海水区域(以最深的灰色阴影显示)对应于浊度最大值区域[①]

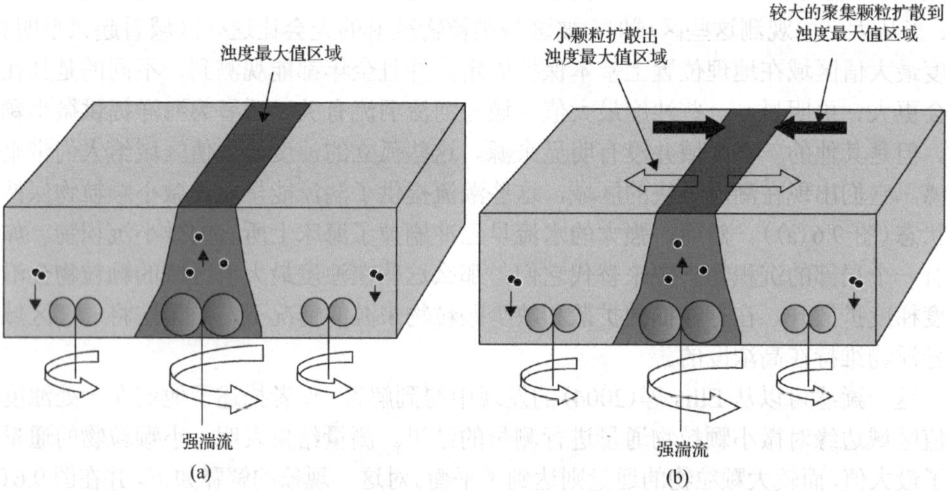

图 9.6　强湍流区域与流速快的潮流关系

(a) 强湍流区域与流速快的潮流相关，可以将海床上的悬浮颗粒搅动成悬浮物，从而产生浑浊的水，这与湍流较小的水域形成对比，后者中的颗粒往往会沉降。但是，如果悬浮物的来源没有得到补充，那么浊度最大值区域的颗粒物就会扩散开。(b) 如果这些颗粒在湍流较弱的区域聚集形成大的颗粒物，则它们将沿着大颗粒浓度梯度下降的方向扩散回浊度最大值区域。在那里，它们又将被分解成小颗粒并扩散出去。这样，在没有局部来源和存在横向扩散的情况下，浊度最大值可以得到保持

① 资料来源：卫星数据，由邓迪大学和普利茅斯海洋实验室(www.neodaas.ac.uk)的 NERC 地球观测数据采集和分析服务处(NERC Earth Observation Data Acquisition and Analysis Service，NEODAAS)接收和处理；SeaWiFS 数据由 NASA SeaWiFS 项目和轨道科学公司提供。

9.5　颗粒物的光散射

悬浮颗粒物对光的散射结合了三个过程：反射、折射和衍射(Kirk，2011)。颗粒物对光的散射可以使用 WetLabs AC-9 进行原位测量，该仪器主要测量光束在 9 个不同波长处的衰减系数(c)和吸收系数(a)。散射系数可以通过 $b = c - a$ 计算得到(McKee et al.，2003)。根据 Kirk(2011)给出的关系式，散射系数还可以通过辐照度计测量的反射和漫射衰减系数来估算，为此需要知道后向散射系数。此过程的示例由 Vant 和 Davies-Colley(1984)以及 Binding 等(2005)给出。还有一种方法是通过对 LISST-100 环上收集到的光子进行求和来估计散射系数。在该方法中，虽然只有散射角度在 9° 以内的光子会被计入求和，但由于颗粒物大多都是以小角度散射光的，所以通过这种方法得到的散射系数的值与使用其他方法得到的值非常接近。

后向散射系数 b_b/b 等于散射角大于 90° 的光子数除以所有被散射的光子数。在浑浊水域中，它通常只有百分之几，但也表现出对波长的依赖性(McKee et al.，2009)。后向散射系数本身可以直接利用仪器在小体积的水中测量某个固定角度的散射光来估算(HOBI 实验室生产的 Hydroscat 2 就是用来进行此种测量的)。通过对散射做一个角度分布的假设，就可以估算出散射角大于 90° 的光子数占比。如果反射率和总的吸收率能被测出来，那么后向散射系数也能通过反射率方程推导出来(参见 9.7 节)。

因为浑浊水域中光散射主要是由悬浮颗粒物引起的，所以散射系数通常会随着悬浮物质量浓度的增加而变大。图 9.7(a)所示的是英国西海岸的散射系数(用 LISST-100 测量)与用玻璃纤维过滤器过滤后测得的矿物悬浮颗粒物的质量浓度之间的关系。可以看出来图中点的大体趋势是散射系数随着颗粒物的质量浓度的增加而变大，但图中也显示某些点明显地偏离了这一趋势。同样的情况也发生在了后向散射系数上(图 9.7(b)，通过反射测量推导而来)，此系数随着颗粒物质量浓度的增加而变大的大体趋势也可以被观察到，但图中也出现了一些偏离了这一趋势的特例。

单位质量浓度的散射系数也被称为(质量)比散射系数。由于散射系数的单位是 m^{-1}，质量浓度的单位是 $g \cdot m^{-3}$，所以比散射系数的单位为 $m^2 \cdot g^{-1}$，或称为单位质量的面积。虽然它在悬浮沉积物的光学研究领域是一个很重要的参数，但并没有一个国际公认的符号来表示它。在本书中，将用 b^*来表示比散射系数。可以预见的是不同地点的 b^*大小会有很大的不同。实际上 b^*的值通常会有一个数量级的浮动，在 0.1～1.0$m^2 \cdot g^{-1}$ 之间(Bowers，2003)。这种浮动主要源于颗粒物在尺寸、形状、密度以及折射率上的差异。

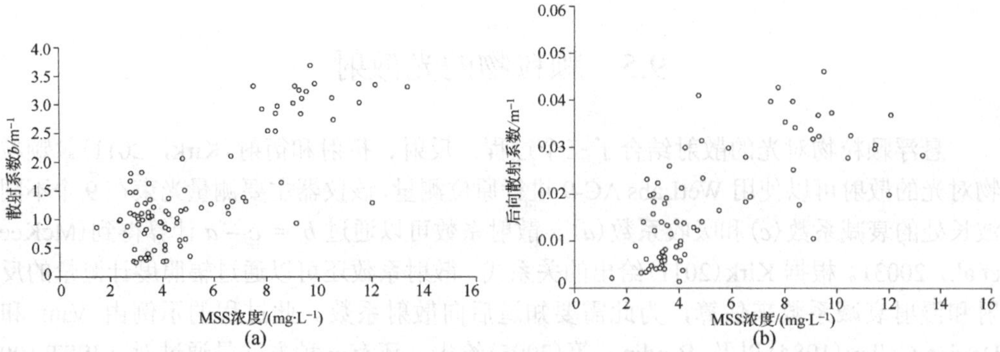

图 9.7　散射系数和后向散射系数与矿物悬浮沉积物(Mineral Suspended Sediments，MSS)浓度的关系

(a)散射系数 b(670nm 处)与 MSS 浓度(mg・L^{-1})的关系。散射系数是通过对 LISST-100 环上收集的光求和来测量的。悬浮颗粒物浓度通过采用玻璃纤维过滤器进行过滤来测定。(b)后向散射系数(665nm 处)与 MSS 浓度的关系。利用反射率方程(9.9)，通过测量反射和总吸收可以计算出后向散射系数

光子必须照射到颗粒物上才能被散射。因此，散射系数随悬浮颗粒物横截面积的增大而增大。单位粒子横截面积的散射系数称为散射效率 Q_b。散射系数可以通过计算所有颗粒物的横截面积和散射效率的乘积之和来得到。对于有效密度为 ρ_E、直径为 D 的相同球形颗粒的悬浮液，其比散射系数由以下公式给出：

$$b^* = \frac{(\pi/4)NQ_bD^2}{(\pi/6)N\rho_E D^3} = \frac{3}{2}\frac{Q_b}{\rho_E D} \tag{9.4}$$

其中，N 是单位体积中的粒子个数(注意，这里使用的是粒子的有效密度，因为它们在水中的大小才是关键的)。散射效率 Q_b 是颗粒物大小和折射率的函数。球形颗粒的散射效率由麦克斯韦方程的米氏(Mie)解给出，在一定的假设下，也可以根据 van de Hulst(1957)提出的更简单的反常衍射理论计算得到。对于折射率与矿物材料相同的颗粒，当颗粒物的尺寸从 0 增加到 3μm 左右时，散射效率会随之增加。然后它会经历一系列的振荡，直到稳定为 2μm 左右，这一尺寸与光的波长相当。对于这样的颗粒物，Q_b 可以认为是不变的，通过式(9.4)可以预测 b^* 仅取决于颗粒尺寸和有效密度。

如果悬浮液中颗粒的尺寸分布在一定范围内，式(9.4)必须在整个尺寸范围内进行积分。然后产生的问题是：积分的上下限是什么？

哪种大小的颗粒对海洋中的散射有贡献？在 9.3 节中看到，幂律分布的 PSD 预测颗粒的数量会随着其尺寸的减小而无限增加。然而，对于小于 1μm 的颗粒，散射效率 Q_b 会随着颗粒尺寸的增大而迅速降低。如果 J 约等于 4 的粒径幂律分布成立，则 Babin 等(2003)表明，在海洋中几乎所有颗粒的散射都是由粒径在 0.1～100μm 的颗粒完成的。小于此范围的颗粒散射效率较低，而大于此范围的颗粒数量较少。

任何粒径分布的比散射系数(Bowers et al.，2009)都可以写成

$$b^* = \frac{3}{2}\frac{Q_{\text{eff}}}{\rho_E D_A} \tag{9.5}$$

其中，Q_{eff}是悬浮液的有效散射效率；ρ_E是粒子的有效密度(即“湿”体积上所具有的干质量)；D_A是 Sauter 直径，即 1.5 倍粒子体积除以其横截面积。Q_{eff}取决于颗粒的折射率和粒径分布的形状。图 9.8 显示了英国西海岸沿线的 b^*与 $1/(\rho_E D_A)$的关系图。用 Kirk 法测定的水下辐照度可以用来确定比散射系数的值。有效颗粒密度是通过将过滤器上的质量除以用 LISST-100 测定的体积来计算的。根据 LISST-100 的粒径谱可以计算出 Sauter 直径。图 9.8 所示直线的斜率为 3。根据方程(9.5)，这个斜率意味着 Q_{eff}的值为 2。因此，该数据集中比散射系数的变化很大程度上是由颗粒大小和密度的变化造成的。而其余的变化预计是由颗粒的形状和折射率的变化造成的。

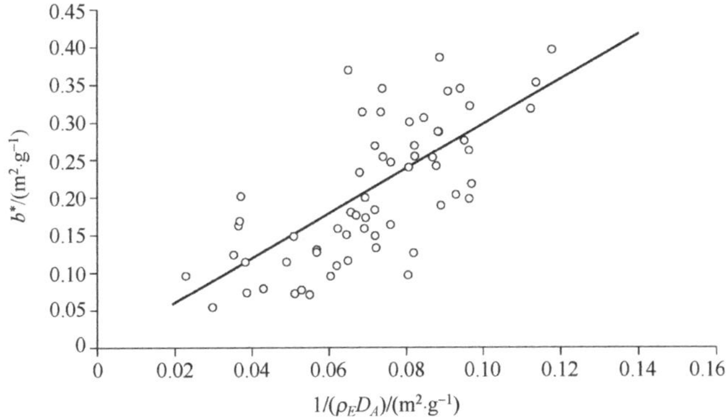

图 9.8　665nm 处的比散射系数(b^*)与 $1/(\rho_E D_A)$关系图

在这些数据中，比散射系数的许多变化都是由颗粒密度和颗粒大小的变化造成的

比散射系数(即单位质量的散射)与密度和 Sauter 直径乘积(即单位面积的质量)的倒数成正比，这意味着散射系数与悬浮颗粒的横截面积成正比。这是一个合理的结论，但必须牢记，密度和 Sauter 直径的值是基于 LISST-100 的测量值；而对于是否可以将其用于不规则形状的颗粒，这仍是个问题(Graham et al.，2012)。

粒子散射系数随波长变化的理论解表明，粒子散射系数的光谱斜率 γ 与粒径分布的幂律斜率 J 之间存在着有趣的关系(Diehl and Haardt，1980；Boss et al.，2001)。这一关系可以表达成

$$\gamma = J - 3 \tag{9.6}$$

这表明，PSD 的形状可以通过测量两个或多个波长的散射系数来推断。然而，在实验数据中，这种关系并不总是成立的。

9.6　颗粒物对光的吸收

悬浮颗粒对光的吸收可以用多种方法来测量。可以用 WetLabs AC-9 进行原位吸收测量。颗粒吸收系数可以通过从总吸收系数中减去水和溶解物质的吸收来得出。Kirk 法，应用于水下辐照度测量，也可以提供吸收系数的估计值。同样，必须减去水和溶

解物质的吸收(Bowers and Binding，2006)。颗粒吸收系数也可以通过在过滤器上收集颗粒并在分光光度计中测量颗粒的吸光度来测量，使用干净的过滤器作为空白对照以供参考。必须考虑到颗粒的光散射效应，这增加了光通过颗粒和过滤器的路径长度(Cleveland and Weidemann，1993；Roesler，1998)。

沿海水域颗粒物的典型吸收光谱如图 9.9 所示。在夏季，这些水域中的悬浮颗粒通常是活体浮游植物细胞和无生命黏土物质的混合物。黏土颗粒的吸收光谱通常是指数曲线，随着波长的增加而减小(Bowers and Binding，2006，以及其中的参考文献)。浮游植物细胞的吸收光谱通常是双峰的，其中一个峰在蓝光处，另一个峰则在红光处，波长约为 665nm。在含有大量矿物颗粒的水中，浮游植物蓝光处的吸收峰常常被矿物的高吸收峰所掩盖，而红光处的吸收峰则往往很明显(图 9.9)。通过将过滤器漂白，可将吸收颗粒分为浮游植物和黏土两部分(Kishino et al.，1985；Tassan and Ferrari，1995)。漂白过程消除了浮游植物色素对吸收的影响，只留下黏土颗粒的吸收。从所有颗粒的光谱中减去漂白后颗粒的光谱，就得到了浮游植物的吸收光谱。分离有机物和无机物吸收的另一种方法是在热烘箱中烘烤过滤器，从而烧掉有机物质。然而，Moate 等(2012)的研究表明，去除有机物质所需的高热条件也可能影响黏土对光的吸收特性。

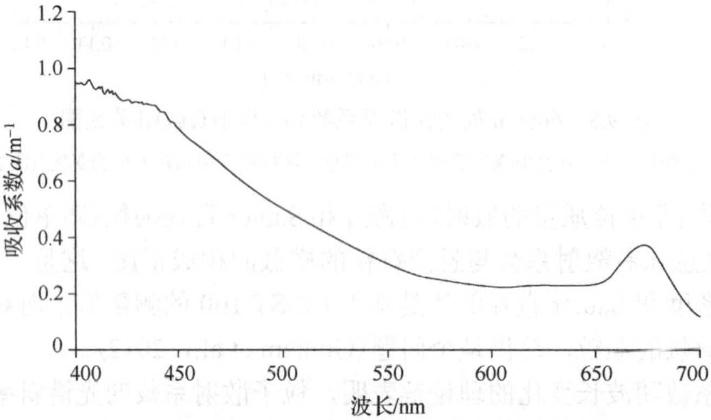

图 9.9　爱尔兰海中颗粒的吸收系数随波长的变化

这些颗粒被收集在玻璃纤维过滤器上，并在分光光度计中测量其吸收系数。在 650～700nm 之间的峰值是由样品中浮游植物的叶绿素的吸收引起的

图 9.1 中，我们解释了当光子与粒子相互作用时，它被吸收的概率是 a/c，被散射的概率是 b/c。被吸收或被散射的概率是统一的，即 $(a+b)/c$。从几何上看，光子在水里每单位距离撞击到一个粒子的概率是 A，即单位体积水中的粒子横截面积。粒子吸收系数 a_P(即总吸收减去水和溶解物质的吸收)可以写成 Q_aA，其中吸收效率 Q_a 是光子击中粒子后被粒子吸收的比例。对于不透明粒子，$Q_a=1$，所有撞击到该粒子上的光子都将被吸收而不存在散射。吸收效率取决于粒子材料的吸收系数 a_M 和粒子的尺寸 D。对于球形粒子，可通过 Mie 理论(Morel，1991)得到用 a_M 和 D 表示的 Q_a 解。这个解的物理原理可以理解为光穿过粒子时发生指数衰减(图 9.10)。

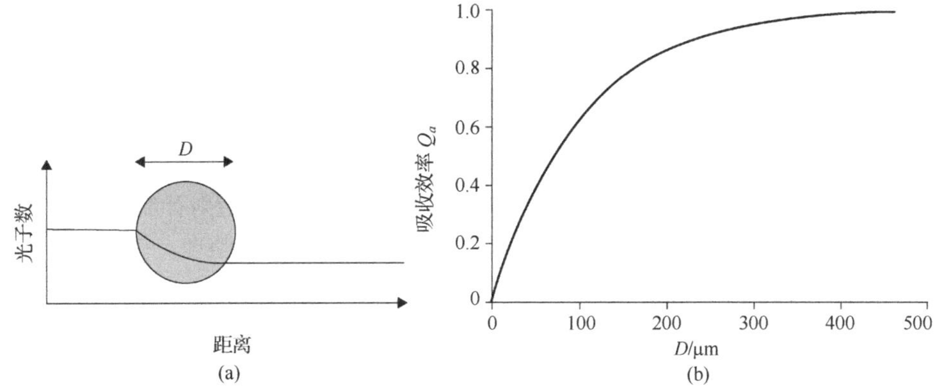

图 9.10　光子数、吸收效率 Q_a 与粒子尺寸 D 的关系图(a_M=10^{-4} • m^{-1})

(a)被粒子吸收的光子数是粒子尺寸 D 和粒子材料吸收系数 a_M 的函数。(b)粒子吸收效率，即单位粒子横截面积的吸收系数(Q_a)，会随粒子尺寸(D)的增大而增大，但呈非线性

光子通过吸收系数为 a_M、尺寸为 D 的粒子的概率为 $\exp(-a_M D)$。因此，粒子中被吸收的光子比例是 $Q_a(=1-\exp(-a_M D))$。Q_a 是一条饱和曲线，当 $a_M D$ 接近无穷大时，它趋于 1。该曲线(图 9.10)是由包裹效应(Kirk，2011)或离散效应(Morel，1991)决定的，这是含色素颗粒(如浮游植物细胞)的一个特征。这种效应的结果是悬浮细胞的吸收系数并不是简单地与其色素含量成正比。例如，假设一个细胞的初始 $a_M D$ 值为 2。然后将其色素浓度加倍，使 $a_M D$ 变为 4。然而，Q_a 只增加了大约 30%(从大约 0.7 增加到 0.9)。另一方面，这一现象中的浮游植物细胞的吸收光谱会出现扁平化(Morel，1991)。

悬浮颗粒的吸收系数 a_P 远小于组成颗粒的材料的吸收系数 a_M。这是因为吸收系数是用在水中传播一定距离时损失的光子来表示的，悬浮颗粒之间的距离相对较大。如果悬浮在一个水管中的所有颗粒在水管的末端被挤压成一个由固体物质构成的薄片，薄片吸收的光与悬浮颗粒大致相同，但由于它要薄得多，其吸收系数会高得多。为了量化这种效应，考虑一根长 1m，横截面积为 $0.1m^2$ 的水管。管子里的水的体积是 $0.1m^3$。如果悬浮颗粒质量浓度为 5mg • L^{-1}，颗粒有效密度为 500kg • m^{-3}，则颗粒体积为 $10^{-6}m^3$，并可在管的末端压缩成 0.01mm 厚的薄层。如果悬浮颗粒的吸收系数为 $0.1m^{-1}$，并且被压缩的颗粒吸收相同数量的光，则它们的吸收系数在 $10000m^{-1}$ 量级。因此，与水相比，这些颗粒几乎是不透明的，仅仅是它们太小了才导致光能够穿过它们。经测量，由矿物组成的絮状物的典型吸收系数约为 10^4m^{-1} 量级(Bowers et al.，2011)。

9.7　直接传感与遥感

悬浮颗粒的数量通常是用透射计或某种形式的浊度计在现场测量的。透射计有一个光源，它将光束引向探测器。测量到达探测器的光子通量 I，并与清水或空气中的

光子通量 I_0 进行比较。根据 Lambert-Beer 定律，假设光子从光束中丢失(见第 1 章)，则有：

$$\frac{I}{I_0}=\exp(-cL) \tag{9.7}$$

其中，L 是光源和探测器之间的距离，c 是光束衰减系数。光束透射计制造中的一个限制条件是探测器应能排除以小角度散射的光子。将式(9.7)重新整理，得出 c 为

$$c=-\frac{1}{L}\ln\left(\frac{I}{I_0}\right) \tag{9.8}$$

其中，ln 表示自然对数。随着悬浮颗粒浓度的增加，更多的光从光束中散射出去，I/I_0 减小，光束衰减增加。光束透射计需要根据现场测量进行校准，通常以过滤水样的形式给出悬浮颗粒的质量浓度。制备了光束衰减 c 随颗粒质量浓度 C 变化的校准图。一旦获得可靠的校准，仪器就可以留在原位记录光束衰减，然后使用校准图将其转换为质量浓度。

光束透射计已成功地应用于许多海上实验。它们的主要局限性是校准图通常在一条直线上有相当大的散点，而最佳拟合线的斜率会因位置而异。最近关于光束透射计校准斜率的综述文章(Hill et al.，2011)指出，斜率(c∶C)可以在 $0.05\sim1.5\mathrm{m^2\cdot g^{-1}}$ 之间变化。因此，校准曲线是随着地点(可能是随着时间)而变化的，透射计需要在每次部署时进行校准。根据前面提到的，这并不奇怪。光束将最直接地受到粒子横截面积的影响，而不受粒子质量的影响，除非粒子是均匀的球体，否则面积和质量之间的关系将是可变的。c∶C 的比值等于 9.5 节中讨论的质量比散射系数 b^*。事实上，如果散射占主导地位，则这两个参数将是相同的。在 9.5 节中看到，b^*与颗粒尺寸和有效密度的乘积成反比。絮状物的密度和尺寸也呈反比关系，与颗粒尺寸范围相比，这限制了 c∶C 比值范围(Hill et al.，2011)。

浊度计或光学后向散射传感器(Optical Backscatter Sensors，OBS)测量从入射海洋的光束中散射出来的光。随着悬浮颗粒的增加，散射光也是趋于增加的，在上一段中讨论的关于质量与散射比需要注意的问题也适用于这里。浊度计和透射计已用于研究海洋悬浮沉积物的垂直分布。在大陆架海域中，悬浮物的来源通常是在海床上，悬浮颗粒向海床沉降的趋势被从高浓度(海床)向低浓度(水体中较高的位置)扩散的向上颗粒通量所抵消。在稳定状态下，可以将扩散通量与沉降通量看作是相等的，并在垂直扩散系数恒定的情况下求解该平衡，从而表明在海床上方的沉积物浓度会随着高度的上升而呈指数下降。在海床上方，如果扩散随高度上升而呈抛物线变化，则产生的浓度分布称为劳斯(Rouse)分布。

卫星搭载的海洋水色传感器，能够收集海洋表层悬浮颗粒的散射光，可以利用遥感技术研究这些颗粒的空间分布和时间演变。卫星测量到达其传感器的辐射，在某些假设下，可能与海面下的辐照度反射系数有关。这又取决于海洋表层的后向散射和吸

收系数(Gordon and Brown，1973)：

$$R = f\frac{b_b}{a} \tag{9.9}$$

其中，R 是辐照度反射系数(海面下的上行辐照度除以海面下的下行辐照度)，f 是光照条件的函数，b_b 是后向散射系数，a 是吸收系数。为了将式(9.9)应用于悬浮沉积物的遥感，将吸收系数展开，用水、颗粒物和溶解物质的吸收系数来表示，并引入后向散射比 $\gamma=b_b/b$。这样就能得到下式：

$$R = f\frac{\gamma b}{a_W + a_P + a_D} \tag{9.10}$$

其中，吸收系数的下标 W、P 和 D 分别指水、颗粒和溶解物质。如果进一步将颗粒的散射和吸收表示为颗粒质量浓度 C 的函数，那么可得

$$R = f\frac{\gamma b^* C}{a_W + a^* C + a_D} \tag{9.11}$$

其中，a^*为质量比吸收系数。

这一公式表明了从太空测量的辐照度反射系数与悬浮颗粒物质量浓度之间的函数关系。如果反射系数是在光谱的红光部分测量的，则与水的吸收相比，溶解物质的吸收系数 a_D 通常可以忽略，式(9.11)随之变成饱和曲线。在 C 值较低时，水的吸收是分母的主导部分，反射系数与 C 成正比(比例常数等于 $\gamma b^*/a_W$)。当 C 值较大时，a^*C 项成为分母的主导部分，辐照度反射系数趋向于一个与 C 无关的常数。图 9.11 显示了

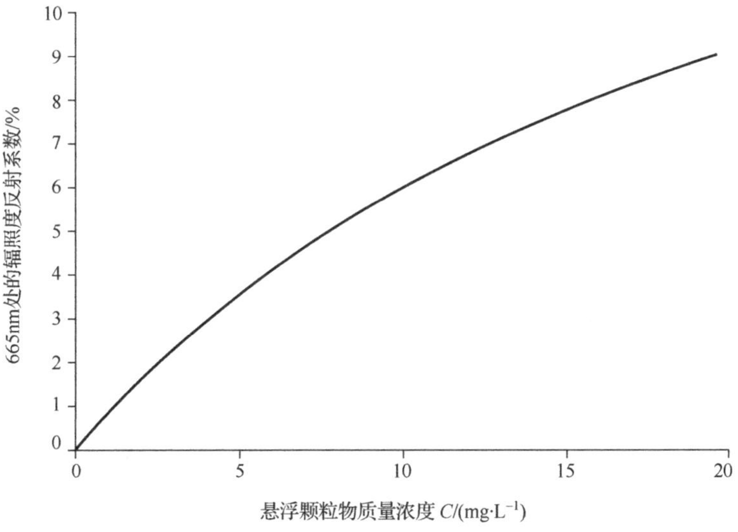

图 9.11　665nm 处的辐照度反射系数与悬浮颗粒物质量浓度 C 的关系

曲线是根据式(9.11)绘制的，文中给出了参数值。观测结果很好地遵循了这条曲线的形状

式(9.11)所表示的曲线形式。该图为665nm 波长处的辐照度反射系数，其中 f =0.5, b^*=0.4m^2 · g^{-1}, a_W=0.43m^{-1}, a^*=0.02m^2 · g^{-1}, a_D=0。观测结果很好地遵循了这条曲线的形状(Binding et al.,2005),尽管存在一些误差(主要是由于质量比散射系数 b^*的变化)。

基于从太空测量的单波长反射系数的方法相比于其他针对悬浮沉积物质量浓度的复杂算法来说要简单得多，而且通常效果很好。反射波长可以根据卫星传感器和水况进行优化(Nechad et al.，2010)。它可以应用于只有一个可见光波段的卫星，如寿命长的 AVHRR 系列(Stumpf and Pennock，1989)。单一反射算法的缺点是它在较高悬浮物浓度下会发生饱和(图 9.11)。这个问题可以通过在近红外区域等更长的波长上进行反射系数测量来解决(Doxaran et al.，2009)。与原位测量一样，应用于卫星反射数据的任何光学算法都可能产生与悬浮颗粒的横截面积(相比于其质量)更密切相关的信息(Bowers and Braithwaite，2012)。

利用可见波段图像(图 9.5)对大陆架海域中悬浮沉积物行为的研究告诉我们，悬浮沉积物在有微小颗粒物的来源附近积聚，如河口以及高能区(如流速快的潮流区)。悬浮物浓度随潮汐能量的大小潮周期变化，在大潮时最高(Rivier et al.，2012)，同时也存在着季节性变化，冬季会高于夏季(Bowers，2003)。

9.8 小　结

目前悬浮沉积物的光学测量还有难关未攻克，因为没有坚实的物理基础来解释自然界中复杂颗粒对光的散射和吸收。麦克斯韦方程的米氏(Mie)解只适用于球形颗粒。它已被用于模拟具有多个同心层的球形颗粒。例如，以固体物质为外壳水为内核的颗粒已经被用来更好地模拟絮状体的散射(Latimer，1985；Boss et al.，2009)。然而，这里真正需要的是一个可以描述光与自然界中具有复杂形状和成分的颗粒之间相互作用的理论模型。

在观测方面，近年来用激光衍射仪(LISST-100 系列)测量 PSD 使我们对海洋中颗粒的行为方式有了更深入的了解。这种情况很可能会持续下去，但人们对由激光衍射“计数”以及水下絮凝相机成像这两种方式得到的颗粒数之间差异的探索也会继续下去。商业全息絮凝相机的使用将有助于解决这一问题，这种相机能够拍摄尺寸小至几微米的颗粒并得到清晰的图像。

光学仪器对具有不同横截面积的悬浮颗粒具有不同的响应是悬浮颗粒光学测量的一个基本特点。这适用于原位(通过光学仪器)和遥感测量悬浮颗粒浓度。然而，过滤器测量提供了悬浮颗粒的质量浓度，其测量结果通常被认为是“真实”的。悬浮沉积物的数值模型也倾向于根据质量浓度来给出结果。因此，现在需要更好地理解颗粒的面积和质量之间的关系。如果颗粒是实心球体，这将很容易，面积与质量之比将随着颗粒尺寸增大而减小。然而，对面积与质量之比的观测结果(由 LISST 和过滤器测量确定)并没有显示出这种趋势。事实上，在任何给定的粒径下，面积与质量之比的变化比任何粒径变化的趋势都更明显。造成这种变化的原因是今后工作需要解决的一个问题。

9.9　更多资料来源和建议

关于海洋中光与小颗粒相互作用的经典教科书有：

van de Hulst H C(1957). Light Scattering by Small Particles. Dover Publications，Mineola，New York.

Bohren C F 和 Huffman D R(2007). Absorption and Scattering of Light by Small Particles. John Wiley and Sons，Inc.，New York.

Jonasz M 和 Fournier G R(2007). Light Scattering by Particles in Water：Theoretical and Experimental Foundations. Elsevier.

YouTube 上有一段短视频，记录了一次旨在测量海洋中颗粒大小的巡航，包括对船上科学家的采访(http://www.youtube.com/watch?v=t5_j2PI9czM)。

参 考 文 献

Babin M, Morel A, Fournier-Sicre V, et al. 2003. Light scattering properties of marine particles in coastal and open ocean waters as related to the particle mass concentration. Limnology and Oceanography, 48, 843-859.

Bale A J, Uncles R J, Widdows J, et al. 2002. Direct observations of the formation and break-up of aggregates in an annular flume using laser reflectance particle sizing. Proceedings of Marine Science, 5, 189-201.

Berhane I, Sternberg R W, Kineke C G, et al. 1997. The variability of suspended aggregates on the Amazon Continental Shelf. Continental Shelf Research, 17, 267-285.

Binding C E, Bowers D G, Mitchelson-Jacob E G. 2005. Estimating suspended sediment concentration from ocean colour remote sensing in moderately turbid waters: the impact of variable particle scattering properties. Remote Sensing of Environment, 94, 373-383.

Boss E, Pegau W S, Twardowski M S, et al. 2001. Spectral particulate attenuation and particle size distributions in the bottom boundary layer of a continental shelf. Journal of Geophysical Research, 106 (C5), 9509-9516.

Boss E, Slade W, Hill P. 2009. Effects of particulate aggregation in aquatic environments on the beam attenuation coefficient and its utility as a proxy for particle mass. Optics Express, 17, 9408-9420.

Bowers D G. 2003. A simple, turbulent energy-based model of fine suspended sediments in the Irish Sea. Continental Shelf Research, 23, 1495-1505.

Bowers D G, Binding C E. 2006. The optical properties of mineral suspended particles: a review and synthesis. Estuarine, Coastal and Shelf Science, 67, 219-230.

Bowers D G, Braithwaite K M, Nimmo-Smith W A M, et al. 2009. Light scattering by particles in the sea: the role of particle size and density. Continental Shelf Research, 29, 1748-1755.

Bowers D G, Braithwaite K M, Nimmo-Smith W A M, et al. 2011. The optical efficiency of particles in shelf seas and estuaries. Estuarine, Coastal and Shelf Science, 91, 341-350.

Bowers D G, Braithwaite K M. 2012. Evidence that satellites sense the crosssectional area of particles in suspension better than their mass. Geo-Marine Letters, 32, 165-171.

Braithwaite K M, Bowers D G, Nimmo-Smith W A M, et al. 2012. Controls on floc growth in an energetic tidal channel. Journal of Geophysical Reserch（Oceans）, 117, C02024, doi:10.1029/2011JC007094.

Cleveland J S, Weidemann A D. 1993. Quantifying absorption by aquatic particles: a multiple scattering ciorrection for glass-fibre filters. Limnology and Oceanography, 38, 1321-1327.

Curran K J, Hill P S, Milligan T G, et al. 2007. Settling velocity, effective density and mass composition of suspended sediment in a coastal bottom boundary layer, Gulf of Lions, France. Continental Shelf Research, 27, 1408-1421.

Diehl P, Haardt H. 1980. Measurement of the spectral attenuation to support biological research in a 'plankton tube' experiment. Oceanologica Acta, 3, 89-96.

Doxaran D, Froidefond J M, Castaing P, et al. 2009. Dynamics of the turbidity maximum zone in a macrotidal estuary（the Gironde, france）: observations from field and MODIS satellite data. Estuarine, Coastal and Shelf Science, 81, 321-332.

Ellis K M, Bowers D G, Jones S E. 2004. A study of the temporal variability in particle size in a high energy regime. Estuarine, Coastal and Shelf Science, 61, 311-315.

Fettweis M, Nechad B, Van den Eynde D. 2007. An estimate of the suspended particulate matter（SPM）transport in the southern North Sea using SeaWiFS images, in situ measurements and numerical modelling results. Continental Shelf Research, 27, 1568-1583.

Fugate D C, Friedrichs C T. 2003. Controls on suspended aggregate size in partially mixed estuaries. Estuarine, Coastal and Shelf Science, 58, 389-404.

Gordon H R, Brown O B. 1973. Irradiance reflectivity of a flat ocean as a function of its optical properties. Applied Optics, 12, 1549-1551.

Graham G W, Davies E J, Nimmo-Smith W A M, et al. 2012. Interpreting LISST-100X measurements of particles with complex shape using digital in-line holography. Journal of Geophysical Research Oceans, 117, C5, doi:10.1029/2011JC007613.

Hill P S, Boss E, Newgard J P, et al. 2011. Observations of the sensitivity of beam attenuation to particle size in a coastal bottom boundary layer. Journal of Geophysical Research, 116, C02023, doi:10. 1029/2012JC006539.

Jonasz M, Fournier G. 1996. Approximation of the size distribution of marine particles by the sum of log-normal functions. Limnology and Oceanography, 41, 744-754.

Jonasz M, Fournier G. 2007. Light Scattering by Particles in Seawater: Theoretical and Experimental Foundations. Academic Press, London.

Kirk J T O. 2011. Light and Photosynthesis in Aquatic Ecosystems（3rd edition）. Cambridge University Press, Cambridge.

Kishino M, Takahashi M, Okami N, et al. 1985. Estimation of spectral absorption coefficients of phytoplankton in the sea. Bulletin of Marine Science, 37, 634-642.

Kranenburg C. 1994. On the fractal structure of cohesive sediment aggregates. Estuarine, Coastal and Shelf Science, 39, 451-460.

Latimer P. 1985. Experimental tests of a theoretical method of predicting light scattering by aggregates. Applied Optics, 24, 3231-3239.

McKee D, Cunningham A, Craig S. 2003. Semi-empirical correction algorithm for AC-9 measurements in a coccolithophore bloom. Applied Optics, 42, 4369-4374.

McKee D, Cunningham A, Brown I, et al. 2009. The role of measurement uncertainties in observed variability in the spectral backscattering ratio for mineral-rich coastal waters. Applied Optics, 48, 4663-4675.

Mikes D, Verney R, Lafite R, et al. 2004. Controlling factors in estuarine flocculation processes: experimental results with material from the Seine estuary, north west France. Journal of Coastal Research, special issue 41, 82-89.

Mikkelsen O A, Hill P S, Milligan T G, et al. 2005. In situ particle size distributions and volume concentrations from a LISST 100 laser particle sizer and a digital floc camera. Continental Shelf Research, 25, 1959-1978.

Moate B D, Bowers D G, Thomas D N. 2012. Measurements of mineral particle optical absorption properties in turbid estuaries: intercomparison of methods and implications for optical inversions. Estuarine, Coastal and Shelf Science, 99, 95-107.

Morel A. 1991. Optics of marine particles and marine optics NATO ASI Series// Demers S. Vol. G27 Particle Analysis in Oceanography, Springer-Verlag, Berlin and Heidelberg.

Morel A, Ahn Y H. 1991. Optics of heterotrophic nanoflagellates and ciliates: a tentative assessment of their scattering role in oceanic waters compared to those of bacterial and algal cells. Journal of Marine Research, 49, 177-202.

Nechad B, Ruddick K G, Park Y. 2010. Calibration and validation of a generic multisensory algorithm for mapping of total suspended matter in turbid waters. Remote Sensing of Environment, 114, 854-866.

Pejrup M, Mikkelsen O A. 2010. Factors controlling the field settling velocity of cohesive sediments in estuaries. Estuarine, Coastal and Shelf Science, 87, 177-185.

Pope R M, Fry E S. 1997. Absorption spectrum（380-700nm）of pure water. II. Integrating cavity measurements. Applied Optics, 36, 8710-8723.

Reynolds R A, Stramski D, Wright V M, et al. 2010. Measurements and characterization of particle size distributions in coastal waters. Journal of Geophysical Research, 115, C08024, doi:10.1029/2009JC005930.

Risovic D. 1993. A two component model of sea particle size distributions. Deep Sea Research, 40, 1459-1473.

Rivier A, Gohin F, Bryère P, et al. 2012. Observed vs. predicted variability in non-algal suspended particulate matter concentration in the English Channel in relation to tides and waves. Geo-Marine Letters, 32 (2), 139-151.

Roesler C S. 1998. Theoretical experimental approaches to improve the accuracy of particulate absorption coefficients derived from the quantitative filter pad technique. Limonology and Oceanography, 43, 1649-1660.

Smith R C, Baker K S. 1981. Optical properties of the clearest natural waters (200-800nm). Applied Optics, 20, 177-184.

Stumpf R P, Pennock J R. 1989. Calibration of a general optical equation for remote sensing of suspended sediments in a moderately turbid estuary. Journal of Geophysical Research, 94, 14363-14371.

Tassan S, Ferrari G M. 1995. An alternative approach to absorption measurements of aquatic particles retained on filters. Limnology and Oceanography, 40, 1358-1368.

Turner A, Millward G T W. 2003. Suspended particles; their role in estuarine biogeochemical cycles. Estuarine, Coastal and Shelf Science, 55, 867-883.

Vant W N, Davies-Colley R J. 1984. Factors affecting the clarity of New Zealand lakes. New Zealand Journal of Marine and Freshwater Research, 18, 367-377.

van de Hulst H C. 1957. Light Scattering by Small Particles. Dover Publications Inc., Mineola, NY.

第 10 章　水下成像的几何光学方法和成像策略

科研人员经常需要对水体中的小颗粒和生物群落进行原位成像，在成像过程中会面临很多技术上的挑战。本章讨论了水下光学成像的原理和技术，包括针对特定研究需求而对系统参数进行优化设计等方面的问题。本章也介绍了光学系统设计的基础，致力于阐明设计规范并指出常见的误区。

10.1　引　　言

水体中有许多微小的物体，如颗粒、沉积物、浮藻或浮游生物，数量丰富且在生态系统中发挥着各自的作用，是湖泊和海洋的重要组成部分。它们的体积尽管不大，但数量超过了任何肉眼可见的物体。因此，在生态系统分析、颗粒承载量分析和分布分析等方面，有很高的科学研究价值。与传统的使用浮游生物网进行采样的方式相比，光学方法的优势在于它能结合环境参数对目标进行更详细的分析。

本章将讨论用于研究这些微小物体的光学原理和技术。在成像过程中，无论科研人员还是系统设计人员都会面临很多技术上的挑战。需要考虑的因素有：高分辨率情况下的高放大倍率、半透明物体的光学特性、有限的景深、较短的曝光时间，以及水浑浊或光照不足导致的图像质量下降。

如果使用光学技术，则需要根据具体的科学研究对象确定合适的系统。一些人可能会使用商用成像系统，另一些人则喜欢定制设计。然而，高分辨率光学系统的推广常常误导用户，让他们误以为高端相机、镜头和闪光灯是高质量图像的保证。实际上，系统中的每个元件都有其特点和局限，这些元件的组合决定了整体的效率和质量。

因此，本章将介绍光学系统设计的基础，阐明设计规范并指出常见的误区。

10.2　光学成像原理

成像的目的是将物体发射或反射的光线通过透镜组的折射会聚在一个平面上，实现物体的视觉再现。在聚焦平面上，一个“真实”的图像可以在屏幕上显示出来。它也可以被记录在被动式光敏材料(如卤化银乳液)上，或通过光电转换被电子传感器所记录。图像表示的是从物体上捕获的光子的空间分布。这些光子有不同的来源，如白热光、冷光或间接反射的辐射光。图像可能会与其他不需要的光(如杂散光或散射光)叠加。虽然大多数成像应用使用的是人眼可见光谱(Visible，VIS)波段，但有些应用可

本章作者 J. SCHULZ, University of Oldenburg, Germany。

能使用的是紫外(UV)或近红外(NIR)波段。

实际上，静态成像和视频之间的区别很小，因为视频是由高时间分辨率的静态图像序列组成的。有时候如果单独把视频中的某一帧或几帧拿出来分析，会感觉比较模糊，但这些模糊的图像不影响人眼对整个视频的感官。由于暂留效应，人眼仍感觉视频是清晰的，这是视频的优势。成像始终是一个离散的过程，在给定的时间帧内捕获图像，并且图像信息独立于前后帧。即使使用高速相机，每张图片之间仍会有时间间隔。尽管一系列高速图像可以让人很好地观察到过程随时间的变化，但仍然存在相位滞后的不确定性。

10.2.1 近轴光学

光学系统成像，是指光线从目标物经过系统，到达成像平面然后成像。为了描述一个标准的成像系统，首先需要掌握一些基本的术语。在成像系统中传播的光线经过系统的每一个光学元件。系统的主轴是一条假想的直线，它垂直通过元件的中心(与旋转对称轴重合)。相关光学平面都与主轴垂直(图 10.1(a)和(b))。

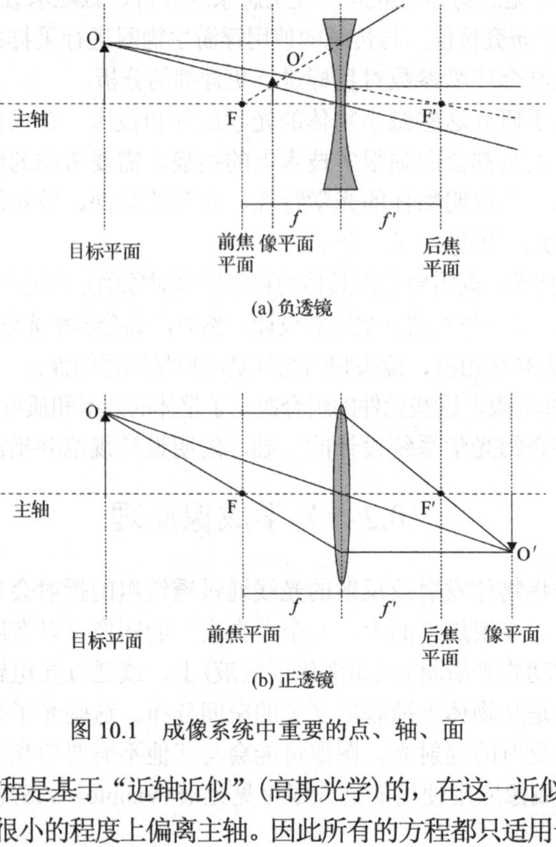

图 10.1 成像系统中重要的点、轴、面

本章所提出的方程是基于“近轴近似”(高斯光学)的，在这一近似中，假定光线接近主轴，其传播角仅在很小的程度上偏离主轴。因此所有的方程都只适用于近轴光线的传播。在实践中，经常把这些方程应用到远超过严格定义的近轴情况，然而这种方法也是可以接

受的，只需要记住这是一种近似方法，它能在保证准确性足够高的情况下使用简单的几何关系来描述光的路径。此外，假设对于成像系统而言透镜是旋转对称的，并且它们的中心位于主轴上。非近轴关系的使用超出了本章成像技术介绍的范围。

10.2.2　近轴光学示意图

一般来说，在光学原理图中，光源或被照亮的物体发出的光线从图的左侧向右侧传播(图 10.1)，到达探测器或屏幕。因此，示意图中的光线从左侧(也就是目标物所在的位置)进入光学系统。像平面和物体的实像一般都在透镜的右侧。

10.2.3　物空间与像空间

成像系统是由光通过不同光学空间组成的。每个空间都可以用数学建模，有自己的坐标系，并与介质的折射率有关。中间空间虽然存在，但最重要的是物空间和像空间。这些空间向各个方向无限延伸，不受光学元件(如透镜或反射镜)的限制，因此可以互相重叠。

在用数学方法描述光学空间时，通常将物空间和像空间的水平轴与主轴对齐，称为 z 轴。大写字符通常用于表示空间中的点或平面，而小写字符表示变量，如距离。此外，字符右上角加一撇，以表示一个点位于哪一个空间。例如，点 O 位于物空间，点 O′位于像空间；多一个空间就多加一撇符号。

平面 P(物空间)中的所有点都在 P′(像空间)上有一一对应的位置，P′称作 P 的共轭平面。在微距摄影中，物体通常靠近透镜，像平面是它的有限共轭。对于共轭的点和距离应该使用相同的字符。非共轭关系则不能使用相同的字符。唯一的例外是透镜的非共轭焦点和焦距，用 F 或 f 和 F′或 f' 表示是传统用法。

10.2.4　透镜

当一个光束的所有光线相互平行传播时，就称为平行光。当平行光(平行于主轴)穿过透镜时，在折射率变化的表面处会发生折射。假设透镜以主轴为旋转对称轴，并且具有与周围介质不同的折射率，光线通过透镜后会产生旋转对称的会聚或发散，这取决于透镜的性质。对于负透镜(凹透镜或平凹透镜)，光束将发散(图 10.1(a))。发散光线沿反向延长线会聚到透镜的前面，与主轴相交于一点(F)。对于正透镜(凸透镜或平凸透镜)，所有光线通过透镜后会聚于主轴上一点(F′) (图 10.1(b))。

这两个点被称为这两种透镜的焦点。焦距 f 是透镜与焦点之间的距离。定义发散透镜的焦距为负值(图 10.1(a))，会聚透镜的焦距为正值(图 10.1(b))。焦平面经过焦点 F 并且垂直于主轴。

在接下来的章节中，将重点介绍正透镜。因为即使在多元件相机镜头中使用负透镜，组合后的系统通常也会产生与正透镜相同的效果。

10.2.5　复合透镜系统

相机镜头都是由参数各异的几个透镜组合而成的，称为复合透镜系统。这种镜头的前焦距和后焦距通常是不同的。复合透镜系统通过牢固地安装每个透镜来保证耐用性和最佳性能。尽管人们希望掌握相机镜头内部结构的细节，但是把镜头用于成像系统时就没必要这样做。

在设计光学系统时，可以把这种复合透镜系统看作具有良好光学性能的“盒子”。假设一条光线从透镜的左侧发出，以一定角度进入透镜，然后平行于透镜右侧主轴射出(图 10.2 中 R_1)。现在想象第二条光线平行于主轴，从左侧进入镜头，与第一条光线离开主轴的高度相同(图 10.2 中 R_2)。第二条光线将与镜头右侧的焦点相交。如上所述，这是会聚透镜的偏折特性，下面将对此进行更详细地讨论。

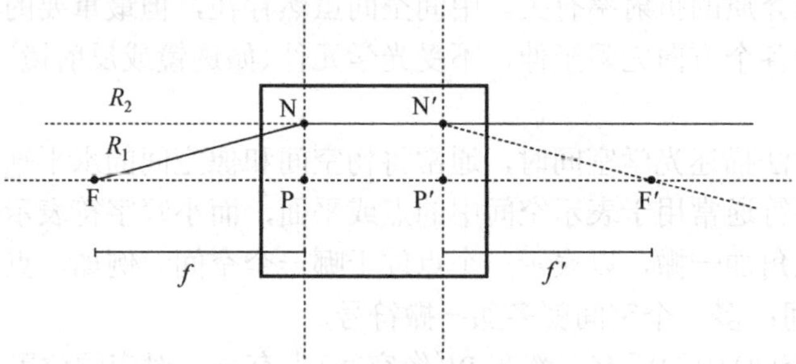

图 10.2　复合透镜系统的主平面

由于光线进入透镜的角度和高度是任意的，因此得到一个垂直于主轴且与节点 N 相交的平面(图 10.2)。这个平面(即图 10.2 中的 NP)是光学系统的第一主平面，第一主点(即图 10.2 中的 P 点)位于轴上。这同样适用于另一侧，定义第二主平面和主点。由于这两条光线相交于点 N 和 N′，这意味着这两个平面是彼此的像。

因此，在光路图中，复合透镜可以简化为一个平面。一个透镜系统可以用一条线来表示，这条线在原理图中是垂直于主轴的(图 10.3)。虽然这是一个粗略的简化，但这个概念可以扩展到多透镜相机镜头，将系统简化为一个具有已知光学特性的单一平面，在 NP 和 N′P′ 平面的两侧。在二维空间中，复合透镜可以用单线表示。这条线平行于主平面，两端有箭头。对于会聚(正)透镜，箭头指向外，对于发散(负)透镜，箭头指向内。

然而，有必要区分前后焦点。对于正透镜，前焦点 F 朝向物体，后焦点 F′ 朝向像平面(图 10.1)。第二焦距或有效焦距(Effective Focal Length，EFL)是第二主点和后焦点之间的距离。

当来自物空间的光线与主轴平行时，它和与主轴相交于 F′的光线共轭，则称系统存在焦点。当一个系统缺少这样的焦点(因此也没有主节点或节点)时，它就是焦点无限远。

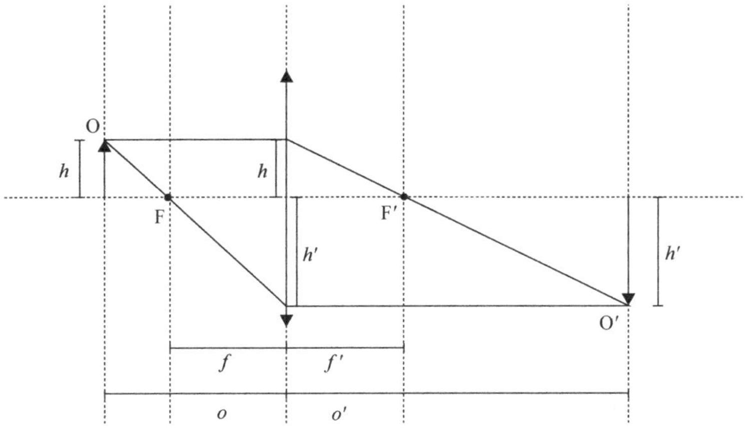

图 10.3　透镜方程的关键点和距离

10.3 成像光学

10.3.1 成像公式

通过一个透镜系统，只需要两条光线(但通常使用三条)就能构建一个物体在像平面上的像(图 10.1)。这三条光线都来自于物体平面上的同一点(通常在它的轮廓边缘处)。第一条光线与物体和透镜之间的主轴平行(称为平行光)。它在透镜上发生折射，并穿过透镜后焦点(F′)。第二条光线(称为主光线)从物体出发穿过透镜中心和主轴的交点。主光线和平行光线相交的地方形成图像，也是图像传感器的最佳位置。然而需要注意的是，这两条光线只是物体上该点发出的无数条光线中的两条。第三条光线有时用于清晰度：它从物体上同一点出发，但通过前焦点 F 到达透镜，然后平行于主轴传播，并与另两条光线相交。在设计透镜系统时，可以使用假想光线来确定图像平面的位置，尽管它们可能被实际光路(如光圈、透镜架、外壳)挡住。所有符合近轴假设、传播路径不被物体阻挡并到达透镜的光线，都对图像有贡献。在流行的光线追迹程序(如 Zemax 或 OSLO)中，主光线和边缘光线(从物体与主轴交叉点的光线到透镜或视场孔径末端的光线)都能被追迹，以提供图像位置、光斑和像差信息。

标准透镜方程允许对形成图像的位置和大小进行数学描述。截距定理和相似三角形揭示了成像系统的关键特性。这些关系如图 10.3 所示，物方方程可表示为

$$\frac{h'}{h}=\frac{f}{o-f} \tag{10.1}$$

像方方程：

$$\frac{h'}{h}=\frac{o'-f'}{f'} \tag{10.2}$$

将方程(10.1)和方程(10.2)联立并进行变换，可得：

$$\frac{f'}{o'}+\frac{f}{o}=1 \tag{10.3}$$

对于对称透镜($f=f'$)，方程(10.3)可转化为薄透镜方程：

$$\frac{1}{o'}+\frac{1}{o}=\frac{1}{f} \tag{10.4}$$

相机上的镜头架通常使最后一个镜头与传感器之间的距离固定。方程(10.4)表明，在给定焦距的情况下，固定的o'限制了成像距离。表10.1提供了有关10.3节中相关计算式符号的说明。

表 10.1 10.3 节中相关计算式符号的说明

符号	说明	符号	说明
c	物体等效光斑直径	h	物体高度
c'	像空间中的模糊光斑直径	h'	图像高度
c_{max}	最大弥散圆直径	m	放大率
COC	弥散圆	N	节点
D	孔径光阑直径	N	光圈系数
DOF	景深	o	透镜与物体之间的距离
ENP	入瞳	o'	透镜与图像之间的距离
EXP	出瞳	o_f	远景深度
f	物空间的焦距	o_h	超焦距
f'	像空间的焦距	o_n	近景深度
f'_M	像空间子午面的焦距	O	物点
f'_S	像空间弧矢面的焦距	P	点P
F	焦点	R	一条光线

10.3.2 放大率

放大率(线性)是图像大小与物体大小的比值。这一项也出现在透镜方程中(方程(10.1)和方程(10.2)等号左侧)，因此与图像形成直接相关：

$$m=\frac{h'}{h} \tag{10.5}$$

将式(10.5)应用于图 10.3 和图 10.4 中的例子，很明显截距定理也适用于物体和图像的距离：

$$m = \frac{o'}{o} \tag{10.6}$$

改变物体位置，可以看到图像大小就会随之改变。这种放大率取决于物体相对于焦点的位置。在这里可以分 5 种情况(表 10.2)。

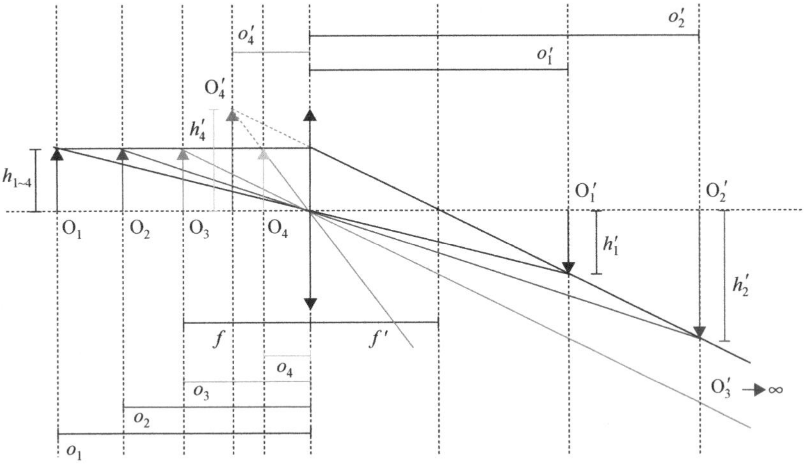

图 10.4　图像的大小和位置与物体到透镜的距离有关

所有的物体 O_1～O_4 都有同样大小的 h_1～h_4，但与主平面的距离不同(O_1：在 $2f$ 之外；O_2：在 f 和 $2f$ 之间；O_3：在 f 上；O_4：在 f 内)。O_1' 和 O_2' 的图像是倒立的实像。O_3' 被成像到无穷远处，O_4' 是一个正立的虚像。如物体 O_4 及其虚像 O_4' 所示，物空间与像空间相交且不限于透镜的一侧(参见 10.2.3 节的物空间与像空间)

对距离透镜两倍焦距以上的物体成倒立的缩小的实像(图 10.4 中 O_1)。在一倍至两倍焦距范围内，成倒立的放大的实像(图 10.4 中 O_2)。焦平面上的点成像在无穷远处(图 10.4 中 O_3)。焦距 f 内的物体发出的光线通过镜头后会发散，形成正立放大的虚像(图 10.4 中 O_4)。O_3 和 O_4 都不能在屏幕上显示或由传感器捕捉，因为生成的图像是虚像。

表 10.2　物体位置对图像位置、放大率和类型的影响

物的位置	像的位置	放大率	图像类型	图 10.4 中物体
1　$o > 2f$	$f < o' < 2f$	缩小	倒立的实像	—
2　$o = 2f$	$o' = 2f$	相同大小	倒立的实像	O_1
3　$2f > o > f$	$o' > 2f$	放大	倒立的实像	O_2
4　$o = f$	∞	∞	—	O_3
5　$f > o$	$-f < o' < 0$	放大	正立的虚像	O_4

在描述透镜系统时，通常使用放大率而不是绝对值。1∶1 的比率表示物体和其图像具有相同的大小。如果物体是图像大小的两倍，则放大率为 1∶2(见式(10.1)、式(10.2)和式(10.5))。由于宏观、微观或远心镜头的工作距离通常是预先确定的(o 是固定值)，因此通常根据放大率而不是焦距对其进行分类。

10.3.3 光束限制

只有在一定角度范围内的光线才能进入光学系统。这个角度是一个重要的特征，改变它会导致图像的变化。

机械结构限制了透镜的光学成像范围，是光束限制最明显的结构(图 10.5(a))。此外，大多数光学系统在光路中都包含一个光阑。光阑通常是一种圆形的机械装置，中心有一个开口，即光圈。通常光圈的直径是可变的，其中心位于主轴上。光阑的作用是将不需要的光线阻挡在光圈之外。

相机镜头两边的像通常是不同的。通常情况下，一方的像比另一方更小也更清晰。这些差异是由系统的前后焦距和光阑的位置不同造成的。光学系统中的光阑也会被透镜成像。孔径光阑(AP)经其前面的光学元件在系统物空间的像称为系统的入射光瞳(简称入瞳(ENP))，经其后面的光学元件在系统像空间的像称为系统的出射光瞳(简称出瞳(EXP))。孔径光阑对轴上物点张角最小的像即为光瞳。

一般来说，光阑相对透镜有三种可能的放置位置，每个位置对光路都有不同的影响(如参见 Nolting 和 Lempart(2007)的研究)。透镜前面的孔径光阑就是系统的入射光瞳。在图 10.5(b)给出的示例中，它位于 $2f$ 平面；光阑的像是实像，与光阑大小相同，并且位于 $2f'$。

如果孔径光阑位于透镜后面，则它起到出射光瞳的作用。观察者从物方看镜头时，会看到光阑的像。像位于镜头后面，距离小于 f，是虚像(图 10.5(c))。

然而，单镜头系统很少见。在大多数情况下，光学系统由几个透镜组成。在这种情况下，需要对透镜架(LM)和光阑成像以获得最小张角。图 10.5(d)显示了双透镜系统的示例。从焦点出发，对孔径光阑和第二透镜架(LM2)成像来确定入射光瞳。孔径光阑的虚像的张角较小，因此是入射光瞳。出射光瞳位于透镜后面，必须对其成像来确定最小张角。结果发现孔径光阑的实像是出瞳。

由于光阑阻挡了所有不通过光圈的光线，所以它定义了透镜系统的接收角。这个角度以外的光线被挡住了。因此，光阑还控制着到达传感器的光量。

标准光圈允许离散地调整孔径，即所谓的光圈系数(F 数)。光圈系数 N 定义为透镜系统的焦距(f)与有效最大孔径(d)的直径之间的比值，光圈系数是相对孔径的倒数。对于焦距为 120mm、透镜开口为 60mm 的透镜系统，相对孔径为 60/120=1/2，光圈系数为 2。将开口减小到 30mm，相对孔径变为 30/120=1/4，或光圈系数为 4。

$$N=\frac{f}{d} \tag{10.7}$$

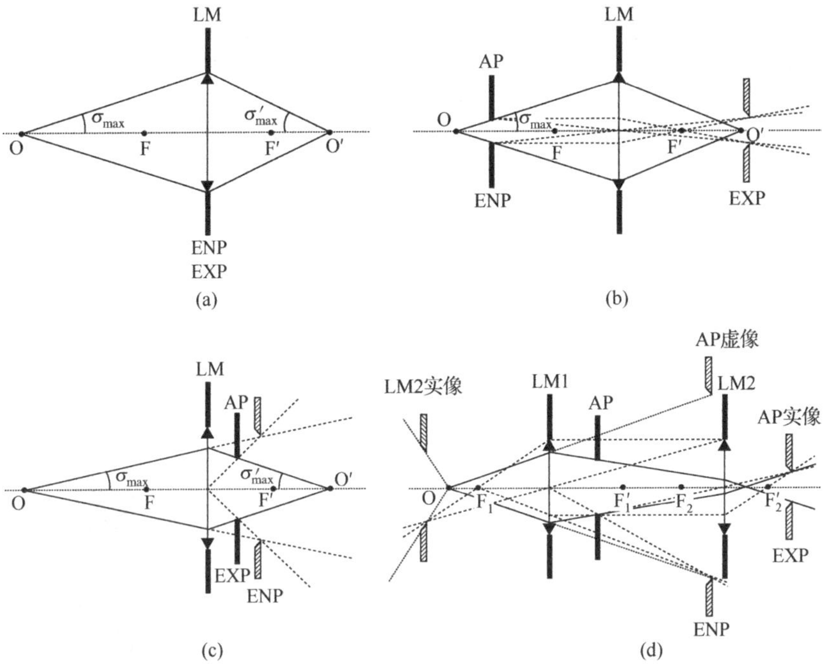

图 10.5　光瞳

(a)在最简单的情况下，入瞳和出瞳是相同的，都是由透镜架(LM)来限制。(b)在透镜系统前面有一个孔径光阑，它就成了入射光瞳(ENP)。在本例中，孔径光阑(AP)位于物方两倍焦距，当从像方看透镜时，可以看到孔径光阑的实像，即出瞳。(c)当光阑位于透镜后面时，它成为出射光瞳(EXP)。在本例中，孔径光阑位于小于一倍焦距的某处。从物方看透镜时可以看到一个孔径光阑的放大的虚像，即入瞳。(d)当孔径光阑位于透镜之间时，无法直接判断它是入瞳还是出瞳。为了找出入瞳和出瞳，必须找到所有物体的像，包括透镜架和孔径光阑本身。从追迹光线(虚线)可以看出，孔径光阑的像为入瞳，因为它对物体(点 O)的张角(点线)小于 LM2 的像。因此，可以构建光束的完整路径(黑色实线)。为了避免混乱，透镜架和孔径光阑的追迹光线分别只画了一半

可以看出，较大的 F 数意味着较小的入射光瞳，通过透镜系统的光通量与相应的开口成正比。要将光通量减半，孔径必须变为原先的 $\frac{1}{\sqrt{2}}$。这个因素导致了常见的 F 数(1、1.4、2、2.8、4、5.6、8、11、16、22 和 32)出现在最常见的相机镜头上。每个 F 数减少(大约)50% 进光量。

镜头系统的最小 F 数通常表示为 f/f-stop。如果最小 F 数为 1.4，则镜头上刻有 F/1.4 字样。数字越小，表示通光孔径越大，为传感器提供越多的光。

10.3.4　景深

1. 景深的定义

如上所述，对于一个距离固定的像平面，只有一个与之共轭的物平面，严格地讲，

此物平面之外的点不能在像平面上点对点成像，而是成像为一个模糊的斑点。但是，即使共轭面上的点也不能完美的成像，因为穿过透镜系统边缘的光线被聚焦在与主轴附近的光线稍微不同的平面上，从而形成所谓的弥散圆(Circle of Confusion，COC)(图 10.6)。当弥散圆直径超过一定范围时，人眼会将此点视为模糊。景深(DOF)定义了物平面前后两个面的距离范围，在这个范围内，一个点的图像被认为足够清晰。“认为”这个词很关键，它表明定义景深时必须考虑几个因素：视距、放大率、人眼的视力、胶片粒度(胶片速度)和传感器的像素大小等。

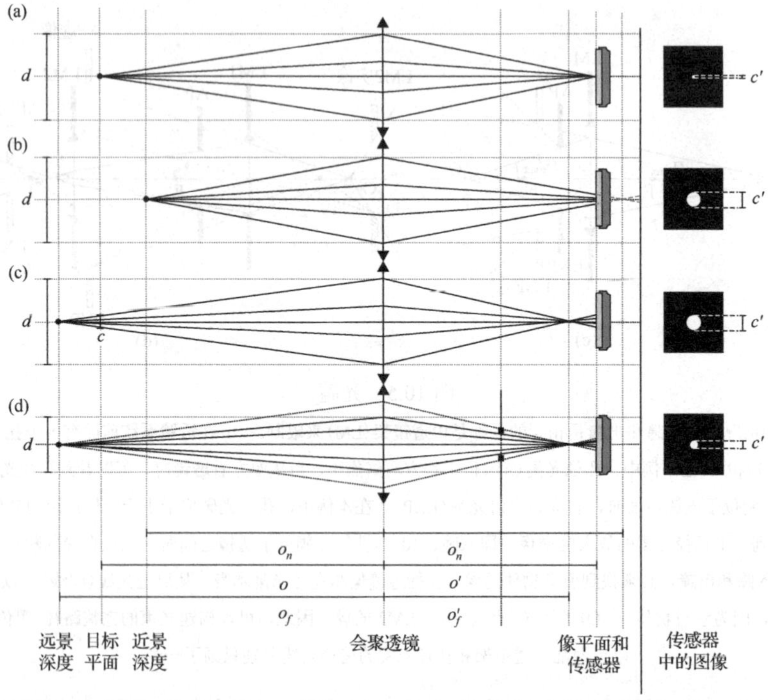

图 10.6　成像、最深和弥散圆之间的关系(距离是示意性的，与比例无关)

(a)物平面中的理想点将被成像为像平面中的点。(b)和(c)与物平面的距离较大时，该点在像平面中不再是点状的，而是成像为弥散圆。(d)使用光阑虽然可以增加景深，但会降低亮度

相机镜头经常会给出景深范围，但是这些值一般是估计值；实际景深取决于其他因素的相互作用，并且在不同的应用中可能有所不同。

2. 景深的限制

当考虑对称透镜单点光源成像时，可以更好地理解景深现象背后的物理原理。只有当该点正好位于物方平面时(图 10.6(a))，它才能在像方平面的传感器上正确成像。当点位于物方平面之外时，所成的图像不再是单点像(图 10.6(b)和图 10.6(c))，而是弥散圆。在物方平面前后一定范围内，可认为点源所成的弥散圆像足够小，近似为点像，这

个范围就是景深。感光胶片常用的经验法则是将最大弥散圆(c_{max})定义为

$$c_{max} = \frac{格式对角线}{1500} \tag{10.8}$$

在数字成像中，对于单色相机，c_{max} 通常被定义为单个传感器像素的大小，或者是彩色相机像素大小的两倍。

由于接收角由光阑限定，较小的直径可以通过最小化模糊点来扩展景深(图 10.6(d))。只要模糊点的直径 c' 小于或等于最大可接受的弥散圆直径 c_{max}，就称点在景深内成像，这时图像是清晰的。能成清晰像的最远的物平面称为远景，该平面所成像的 c' 等于 c_{max}。能成像的最近的物平面称为近景，该平面所成像的 c' 同样等于 c_{max}。这两个平面距物平面的距离分别是远景深度(o_f)和近景深度(o_n)。相应地，也存在像空间的 o'_f 和 o'_n。

同样，应用图 10.6 中的相似三角形，可以计算像空间中的远景深度：

$$\frac{o' - o'_f}{o'_f} = \frac{c'}{d} \tag{10.9}$$

和近景深度：

$$\frac{o'_n - o'}{o'_n} = \frac{c'}{d} \tag{10.10}$$

如方程(10.7)所示，光圈 F 数与焦距有关。利用这个特性，整理式(10.9)和式(10.10)并替换 d。此外，用最大弥散圆直径 c_{max} 代替 c。可以使用以下公式：

$$o'_f = \frac{fo'}{f + Nc_{max}} \tag{10.11}$$

$$o'_n = \frac{fo'}{f - Nc_{max}} \tag{10.12}$$

像空间中的模糊点直径 c' 与其在目标平面中对应的点直径 c(图 10.6(c))相关：

$$c' = mc = \frac{fc}{f + o} \tag{10.13}$$

与式(10.9)和式(10.10)类似，物空间中的相似三角形可用于远景深度：

$$\frac{o_f - o}{o_f} = \frac{c}{d} \tag{10.14}$$

和近景深度：

$$\frac{o - o_n}{o_n} = \frac{c}{d} \tag{10.15}$$

包括镜头系统的左侧，使用式(10.4)中所述的关系，整理后可以写成：

$$o' = \frac{of}{o - f} \tag{10.16}$$

重新排列并整合到式(10.11)中，远景深度可以表示为

$$o_f = \frac{of^2}{f^2 - Nc_{\max}(o-f)} \tag{10.17}$$

类似地，近景深度为

$$o_n = \frac{of^2}{f^2 + Nc_{\max}(o-f)} \tag{10.18}$$

当对小物体成像时，放大率很重要。在这种情况下，基于放大率表示景深是有用的。将放大率(式(10.5)和式(10.6))代入式(10.4)，整理之后可以写成：

$$o - f = \frac{f}{m} \tag{10.19}$$

可得 f:

$$f = \frac{mo}{1+m} \tag{10.20}$$

将式(10.19)代入式(10.17)和式(10.18)，可得

$$o_f = \frac{o}{1-(Nc_{\max}/(fm))} \tag{10.21}$$

并且：

$$o_n = \frac{o}{1+(Nc_{\max}/(fm))} \tag{10.22}$$

3. 超焦距

廉价的消费类相机通常使用固定焦距的光学元件，用户无法调节焦距。然而只要物体与镜头之间的距离不小于某个值，就能清晰成像。在这种情况下，远场景深接近于无穷，近场景深的界限往往在几米之外。使用无穷远作为式(10.17)中的远景深度，并求解物体距离，得到所谓的超焦距：

$$o_h = \frac{f^2}{Nc_{\max}} + f \tag{10.23}$$

由于焦距通常比超焦距要小得多($f \ll o_h$)，所以式(10.23)中的 f 通常可以舍去：

$$o_h \approx \frac{f^2}{Nc_{\max}} \tag{10.24}$$

为了确定聚焦于超焦距时的近场景深，将式(10.23)代入式(10.18)中：

$$o_n = \frac{f^2(f^2/(Nc_{\max})+f)}{f^2 + Nc_{\max}(f^2/(Nc_{\max})+f-f)} \tag{10.25}$$

化简得

$$o_n = \frac{1}{2}\left(\frac{f^2}{Nc_{\max}} + f\right) \tag{10.26}$$

因此，聚焦于超焦距，总景深从超焦距的一半到无穷远处。

4. 总景深

总景深是近场景深和远场景深之间范围：

$$\mathrm{DOF} = o_f - o_n \tag{10.27}$$

与像方景深的关系为

$$o'_f - o'_n \approx (o_f - o_n)m^2 \tag{10.28}$$

根据式(10.17)和式(10.18)，景深为

$$\mathrm{DOF} = \frac{of^2}{f^2 - Nc_{\max}(o-f)} - \frac{of^2}{f^2 + Nc_{\max}(o-f)} \tag{10.29}$$

最终结果为

$$\mathrm{DOF} = \frac{2oNc_{\max}f^2(o-f)}{f^4 - N^2c_{\max}^2(o-f)^2} \tag{10.30}$$

通常需要将上述内容表示为放大率的函数并且忽略物体距离。因此式(10.19)等号右边可以用来代替式(10.30)中的$(o-f)$：

$$\mathrm{DOF} = \frac{2oNc_{\max}f^2\left(\dfrac{f}{m}\right)}{f^4 - N^2c_{\max}^2\left(\dfrac{f^2}{m^2}\right)} = \frac{2oNc_{\max}f^2}{m\left(\left(\dfrac{m^2f^4}{m^2}\right) - N^2c_{\max}^2\left(\dfrac{f^2}{m^2}\right)\right)} \tag{10.31}$$

这个方程可以简化，最终得到：

$$\mathrm{DOF} = \frac{2oNc_{\max}m}{f\left(m^2 - \left(\dfrac{Nc_{\max}}{f}\right)^2\right)} \tag{10.32}$$

尽管该方程允许根据放大率计算景深，但对于计算的程序运算，通常需要减少乘法次数以节约计算时间。为此，将式(10.20)代入式(10.32)中，景深可以写成：

$$\mathrm{DOF} = \frac{2oNc_{\max}m}{\dfrac{mo}{1+m}\left(m^2 - \left(\dfrac{Nc_{\max}}{f}\right)^2\right)} \tag{10.33}$$

景深按照放大率变成：

$$\mathrm{DOF} = \frac{2Nc_{\max}(1+m)}{m^2 - \left(\dfrac{Nc_{\max}}{f}\right)^2} \tag{10.34}$$

可以看到增加焦距通常会降低总景深。然而，从式(10.1)和式(10.5)可以明显看出，放大率随着物体距离 o 的减小而增大(也可参考表 10.2)。在高倍率下，$Nc_{\max}/f$ 项变得微不足道。可以看出 $Nc_{\max}/f \ll m$，相应的 $o \ll o_h$。因此，景深或多或少与宏观摄影中的焦距无关：

$$\mathrm{DOF} \approx 2Nc_{\max}\frac{(m+1)}{m^2} \tag{10.35}$$

因此，在宏观摄影中，很明显只有少数因素可以影响景深。一是光阑的使用。当用小光圈(较高的 F 数)时，大入射角的光线被光阑阻挡，景深增大。这些光线主要作用于弥散圆的边缘，被阻挡之后弥散圆的直径自然会变小，最终的结果是增大了景深。

但是，减小孔径光阑(增加 N 值)又会减小 c'，部分抵消了增加 N 值的效果。因此在宏观摄影中，放大率对景深有很大的影响，减小放大率可以使弥散圆变大。

对于实际应用，重要的细节，如物体表面、分类细节或超常结构，只能在高倍率的窄景深范围内捕捉。将光圈缩小到足够小，光学系统就如同一个远心透镜(图 10.7)。然而由于大部分光线不再穿过光学系统，图像变得更暗。此外，将光圈缩小到一定范围后也会适得其反，因为光圈/光圈边缘的衍射抵消了减小弥散圆直径的效果。这种影响很大程度上取决于各自的光学特性。在这里，不能给出直接值，因为即使是高质量的相机镜头，在 F 数高于 16～22 时也经常观察到这种效果。

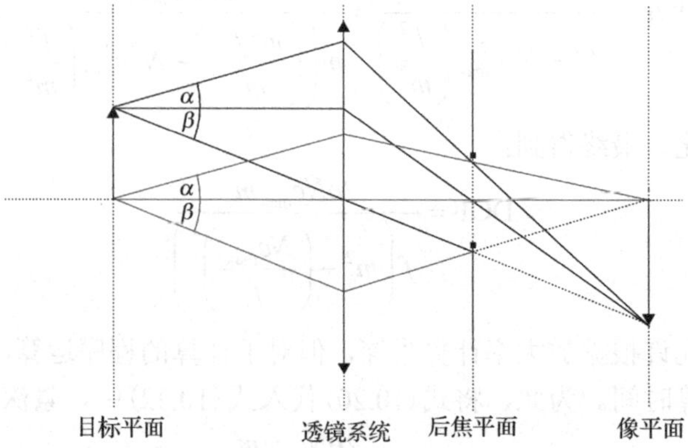

图 10.7　当光圈缩小到一个足够小的孔时光学系统

位于后焦平面上的一个光阑，在这里光线以相同的角度相交，可以限制超过一定角度的光线射出

尽管上述计算仅适用于简单的薄对称透镜，但可以概括总体概念。然而重新计算透镜系统时，必须考虑瞳孔放大率和透镜主平面。对于感兴趣的读者，可以从网络资源中获得一些具有更详细示例的文章。

10.4　像差与分辨率

迄今为止引入的概念仅适用于单色光和简化系统。在实际的光学系统中，可能不符合近轴近似的条件。几种偏离理想的情况可以导致像差。最简要的关于像差的概述如下(关于更详细的介绍，可以参考特定的书籍，如 Matsui 和 Nariai(1993))。

10.4.1　色差

色散介质对光波具有非线性的频率响应，导致每个波长的传播速度不同。反过来说就是折射率与波长有关，与波长较短的光(如蓝光)相比，波长较长的光(如红光)的焦距略有增加。关于这一现象的一个众所周知的自然现象就是彩虹，在彩虹的形成过程中，球形水滴将太阳光的各个波长的单色光以不同的角度折射给观察者，从而产生这种可以观察到不同颜色的现象(图 10.8)。在系统中，透镜与传感器距离固定，波长

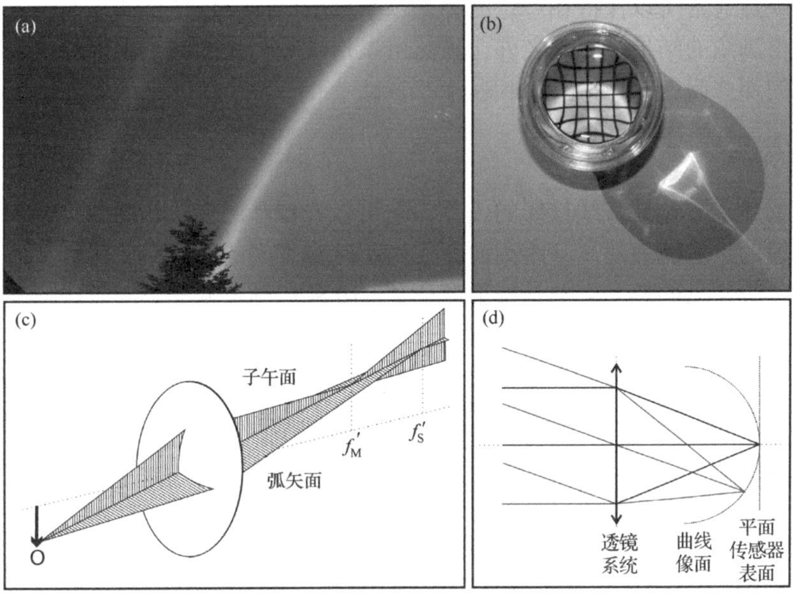

图 10.8　光学系统中存在的像差(见彩图)

(a)色散介质的折射率取决于波长。这一特性一方面导致了彩虹现象，另一方面也导致了色差。由于透镜也是色散介质，所以对于不同的波长，它们的折射率略有不同。来自同一点的不同波长的光的折射是不同的。在透镜系统中，这种效应的显著程度取决于各种参数，如角度或波长。(b)由儿童放大镜中的廉价塑料透镜造成的失真。放大镜底部原来的直线网格在通过镜头观看时显示出强烈的枕形失真。此外，平行光(从透镜左上方入射)通过透镜后在地面上产生慧差。(c)像散的原理。未校正透镜系统中的离轴光线具有两个不同的距离，在该距离处投影物体的清晰图像。这些距离由子午面和弧矢面确定。(d)场曲。未经视场弯曲校正的镜头系统无法将平面物体投射到平面上的传感器上

的折射率不同导致来自同一位置的不同波长的光到达了传感器上不同的位置。在最佳情况下，位置偏移将小于传感器像素大小。然而当偏差变得太大时，成像物体可能会显示彩色边缘。这种失真称为“色差”。

减少色差的最简单方法是尽可能增加透镜系统的焦距，因此相对于图像位置而言，效果不那么显著。通过现代透镜设计和对透镜材料的精心选择，可以设计复合透镜系统来抵消色散。这样的“消色差透镜”可以将色差降到最低。

10.4.2　球差

由于球面透镜的曲率和厚度从中心到边缘变化，其外缘的折射相对中心更高。如果平行光束完全充满了镜头，那么离轴光线将被折射并聚焦在主轴上，比近轴光线更靠近镜头。这意味着直线的像不再是直线，而是显示出一定程度的失真。中心光线和末端光线在焦点位置上的差异是“球差”，这在成像系统中是经常遇到的一个问题(Sparrold and Lansing，2011)。一个只使用球面透镜的系统永远不可能完全没有像差。虽然这种缺点通常可以保持在一定的公差水平以下，但可以使用非球面透镜或像差补偿板来获得满意的结果。除此之外，虽然可以通过减少光圈减小来降低球差，但存在前面提到的那些问题(见“光束限制”一节)。

10.4.3　畸变

畸变描述了与预期直线投影的偏差。它可以看作是图像的非均匀收缩或拉伸。旋转对称透镜的折射能力随离轴距离而变化，引起像空间的放大率变化，从而导致图像产生畸变。最常见的畸变类型是枕形畸变(图 10.8)和桶形畸变。同时，畸变也可以表现为几种畸变的叠加。

进行长度测量时，必须考虑畸变。广角镜头(像距比后焦距大)往往表现出更大的桶形失真，而望远镜头(像距比后焦距小)更容易发生枕形失真。

10.4.4　彗差

彗差是指主轴外一点发出的宽光束不被成像为点。这种像差导致图像产生像彗星一样的拖尾(图 10.8)。

10.4.5　像散

离轴较大的点发出的光线会产生像散。为了理解这一现象，有必要引入“子午面”和“弧矢面”这两个术语。在旋转对称透镜系统中，子午面是包含主轴和物体点的截面。弧矢面与子午面正交，经过物体的主光线。

到达透镜表面的光线，入射角在子午面上的变化比在弧矢面上的变化快，因此子午面的焦距较短(图 10.8)。因此对于离轴点，找不到精确定义的焦点，而是在各个平面有对应不同位置的焦点，结果就是这些点通常被成像为椭圆形斑点。

对于不完全旋转对称的透镜也可以观察到同样的现象，现在，任何具有一定质量的透镜系统都会针对这种类型的像差进行校正。

10.4.6 场曲

即使没有观察到像散，简单的透镜也无法将平面物体聚焦到平面传感器上。想象一个准直的光束和一个位于镜头后焦面的传感器，接近主轴的光线的焦点将匹配传感器表面，轴外光线将聚焦到焦平面前方。

因此，具有大场曲像差的透镜系统不能在整个平面上产生清晰的图像。结果很明显，当将平坦的物体成像到传感器上时(均垂直于主轴)，图像要么在中心清晰边缘模糊，要么在边缘清晰中心模糊。对于一些可以连接到工业照相机上的光学元件(如显微镜或双筒望远镜的一些物镜和目镜)，可能会产生这种问题。在这种情况下，通常由另一组透镜来校正。

10.4.7 像差的整体影响

高质量的市售照相机镜头通过光学设计减少上述像差，并尽可能减小畸变。通过组合合适的玻璃材料，通常可以达到比较理想的效果。毫无疑问，单透镜系统不可能提供无像差的图像。然而极限(比如微距)情况下，即使使用复合透镜，像差也会比较明显，在更高的放大率下会变得更明显。

然而，在水下成像中，光路中通常存在额外的元素(需要的或不需要的)，如耐压窗口或引起散射的水，它们有可能改变系统特性。开发人员设计光学成像设备时，可以通过减少透镜来提高效率或降低成本，但面临着像差积累的风险。

10.4.8 调制传递函数

调制传递函数(Modular Transfer Function，MTF)是一种用特定透镜系统实现图像质量的定量测量方法。为了确定光学系统的 MTF，需要量化一个特定的光学系统能在多大程度上分辨出一对具有不同空间距离的直线和平行线(每毫米线对的空间频率)。通常，标准分辨率图(如 USAF 1951 或 ISO 12233 测试图)能覆盖很宽的空间频率范围，可作为测试对象；可分辨的最高空间频率(最小细节)给出了 MTF 的值。一个完美的镜头系统会产生精确地代表成对线条的图像，包括所有亮度变化和细节。然而，根据空间频率的不同，每个镜头/物镜系统都会出现一些对比度损失。高精度镜头系统的焦距为 12～75mm，MTF 相当于每毫米 140 线对以上。

随着离轴距离增加，MTF 值往往变差。因此，图像质量在整个透镜表面上是不均匀的。在极端角度下，就像在宏观摄影中经常发生的那样，这种差异可以超过两倍以上。

10.5 传感器

光学元件后面的光学传感器是捕获或记录图像的设备或材料，通常位于光学系统的像面位置。它可以是光化学胶片，也可以是现在更常见的数字成像传感器，后者将图像信息转换成可处理的电子信号。每个像素的信号强度表示来自物体对应部分的入射光量。

还可以将屏幕放置在同一位置代替传感器，并用肉眼检查图像。将图像投影到胶片、传感器或屏幕上需要形成实像。通过透镜观察到的虚像，看上去是物体发出的光，但是实际上物体并不在所看到的位置，因此这样的虚像不能投射到屏幕上或由传感器记录。

如今，大多数工业和消费类相机都允许修改成像过程中的参数，如快门时间和强度增益。这种功能化设计有利于相机应用于不同的成像条件。

10.5.1 传感器类型和尺寸

主要的传感器类型在电子成像中是常见的：电荷耦合器件(CCD)和互补金属氧化物半导体(CMOS，可参考第 11 章)。

在 CCD 传感器中，由入射光子产生的电荷被收集在势阱中，一个像素一个势阱。势阱中累积的电位与物体通过透镜系统投影到像素上的光强度成正比。信号从阱中按行和列读出。CCD 传感器对一种叫作高光溢出的效应很敏感，它是由一个或多个潜在阱的电荷过载引起的，导致所谓的“出血”进入相邻阱(像素)。CMOS 传感器对这种效应最不敏感。

虽然早期的 CMOS 传感器并没有达到 CCD 传感器的性能水平，但今天的差异已经很小了。如今即使是高端专业设备，单反相机也常常配备 CMOS 传感器(如佳能 EOS 1D Mark2 或尼康 D3)。CMOS 传感器的优点是每个像素都可以即时寻址。

填充系数给出了传感器阵列的感光部分和用于处理像素之间的电子或机械互连的部分之间的比率。硅基电子器件的填充系数最多可达 70%，因此许多传感器不能完全利用入射的光。全帧 CCD 接近 100% 的填充系数，但需要特殊的快门或触发闪光照明，以避免高放大率原位成像时的运动模糊。

10.5.2 曝光时间

曝光时间是传感器累积记录光的时间。传感器(光化学传感器或电子传感器)需要接收一定量的辐照光，以获得足够的信噪比，从而将被照明物体与背景区分来。

当物体在曝光过程中移动时，就会出现一种称为“运动模糊”的现象。这是因为在移动时感光元件中的多个像素从同一个物体点接收光线。此外，感光元件中的同一像素接收物平面中多个点发出的光，放大倍数越高，曝光时的平移位移就越严重。当在高放大倍数下(如超过 2cm×2cm 的区域)成像微小的、自由浮动的原位物体时，通常需要将快门时间保持在 100μs 以下。这是普通的消费级相机难以实现的一个值，因为其快门时间很少能达到 1/8000s。

如此短的快门时间的一个直接问题是，传感器接收的光线减少了。与高 F 数的景深增加相结合，很容易产生昏暗、曝光不足的图像，且往往信噪比不足。即使当物体显示出固有的光子发射时，也需要观测目标的强烈照明。保持快门时间足够短以避免运动模糊，并使传感器积累足够的光来成像，这是一个普遍的问题。

10.5.3　噪声

成像传感器通过入射的光子诱导产生可用的电子信号。量子效率决定了入射光子与输出信号之间的(波长相关的)比率。虽然光化学薄膜的量子效率高达 10%，但它们的电子对应物可能达到 90%以上的峰值。所产生的信号由控制单元读出、放大和评估。然而，这些信号很容易引发广泛的畸变。

图像噪声是指图像内部与信号本身无关的劣化。这种噪声的来源是多方面的，光敏像素和读出电子器件之间的电荷转移效率可以成为信号偏差的一个来源，还包括内部放大器的读出噪声。

由于 CMOS 传感器的每个像素都有自己的放大器，因此这些器件通常会有一种额外的噪声类型，称为“固定模式噪声”。它来自放大单元制造过程中偏差导致的不均匀性。

由于上述噪声源和信号衰减几乎不受使用者控制，因此相机开发人员花费了大量精力使其变得不明显。用户可以控制传感器的工作温度，温度与暗电流密切相关。即使没有光子通过光敏电子元件中，元件也会产生微小的电流。暗电流随着温度的升高而增大，并且对每个像素都有单独的贡献。当传感器在连续成像操作中升温时，噪声要比单图像采集设计中的高。高灵敏探测可能使用液氮冷却，尽管这种冷却在大多数水下成像应用中是不必要的，但在潜水耐压壳体中，温度可能成为一个重要的监测因素。在北极水域，塑料外壳可以减少散热，而金属外壳可以帮助吸收来自温泉的热量。在这种极端情况下，只要技术上可行，内部主动冷却是必要的。同样，同一外壳内的其他子组件释放的热量会显著升高温度，并成为需要考虑的因素。

10.5.4　曝光补偿

数字成像后的信号放大可以增加信号强度。这种放大通常可以通过软件偏好进行全局调整，是改善暗成像条件的有价值的工具。增加增益会使图像变亮，可能会提高信噪比，但也可能会增加噪声。特别是当使用最大增益时，所有类型的噪声被放大到相同的程度，会降低图像质量。因此优选其他选项，如优化照明单元。

10.6　照　　明

如上所述，放大率和快门时间是成像的关键参数。增大放大倍数和缩短快门时间都会使图像变暗，因此需要强光来照亮这些场景。另一方面，散射会导致杂散光，导致物体聚焦景深之外被照亮，对最终图像产生不可预测的影响。

10.6.1 照明区域限制

只有在较窄的景深下才能获得足够分辨率和高放大倍数的成像。因此，最好可以将被照明区域限制到各自的范围。在包含传感器单元的一定距离内，通过使用适当的软件算法，可以根据捕获物体的锐度(Davis et al.，1996)计算每帧成像的体积。然而，这种技术包含了各种不确定性。

不在景深范围内的物体也能被光照亮，并在图像中显示为模糊物体。它们通常被视为光圈的鬼影图像(参见前面的“光束限制”)。这些鬼影的大小和边缘取决于到景深范围的距离，并且可能随物体的光学特性而变化。

为了提高体积计算的准确性并减少重影图像的数量，需要将照明区域限制在狭窄的景深范围内。一些海洋浮游生物或粒子成像应用将光限制在有限的体积内，以便通过几何光束整形进行研究。

光束整形可以通过透镜系统来实现，从而把光限制在一定区域。此区域中的粒子将被照亮，而未直接照亮的粒子几乎不可见。可以通过光学方法从视场和照明的垂直深度这两方面量化成像区域。此外，在短距离内使用高度准直的光可以减少杂散光的散射和背景噪声。因此，研制具有高亮度和精确定位的照明设备是小型浮游生物原位成像的关键前提。使用单向照明可能会导致物体投射阴影，从而遮挡其他目标，使得景深的信息丢失。至少从两侧进行多向照明有助于避免阴影效果。然而，景深之外的间接照明物体也会降低图像质量。

除光束整形，还可以对观测体积进行物理约束。在景深前后，可设置透明体以限制景深前后沿主轴的观测体积。在理想情况下，它们从近场和远场接近景深，并覆盖摄像机镜头和观察目标之间的距离。这种方法可以迅速提高图像质量，并消除焦点以外的物体(图10.9(a))的影响。光源可以通过透明体直接照亮目标区域。这种技术通常被

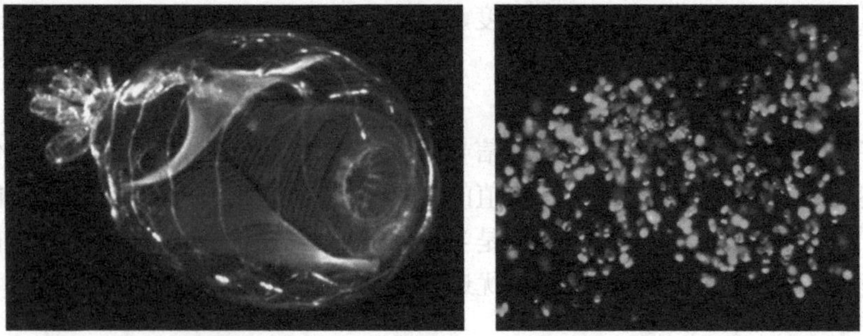

(a)原位图像　　(b)沙粒

图 10.9　在物理约束体积内由LED荧光粉照亮的浮游生物样本的原位图像(LOKI系统)和用薄片激光照明的沙粒(见彩图)

LOKI(Lightframe On Sight Keyspecies Investigation)系统使用(参见 Schulz 等(2010)的文章，以及第 11 章)。然而，物理约束对未受干扰的水体取样是有好处的。

10.6.2 光源

传统的闪光灯使用高压放电灯。通常用市面上商用的热靴闪光灯。由于热靴闪光灯的尺寸不适合水下封装，因此需要定制设计。这使开发人员面临着有关点火电压(通常在几千伏范围内)的安全问题。尽管电压很高，但电流通常很低。然而，由于此类设备的部署接近或在水中，因此需要十分谨慎。因此充分的屏蔽对于用户和敏感电子元件的安全都是必不可少的。

发光二极管(LED)的发展使这项技术在水下照明领域引起了人们的兴趣。在闪光模式下，LED 可在比规定电流更高的电流下工作。与高压放电灯相比，LED 能释放出更少的能量。调整相机快门的工作时间可以将指定的正向电流增加 10 倍。对于该操作而言，重要的是保持 LED 亮起的时间和散热器的正确部署。在闪光模式下运行 LED——规定的发热量总和不得超过连续运行的热规范。然而，与连续操作相比，以 15 帧/s 和 90μs 的曝光时间操作工业相机的总占空比小于 2%。配备有足够的散热片的几个大功率 LED 可以在这样的频率下工作，只要保证散热的时间要求。

另一种常见的方法是由激光通过透镜阵列产生薄片光照明。特定功率的连续激光器(如>50mW)适合在短时间内照亮小场景。通过第一个圆柱透镜或鲍威尔棱镜可以产生线形激光。通过附加的其他光学元件可以进一步减小发散角。结果是产生一个相机可以垂直瞄准的激光照明薄片区(通常小于 1mm)。照明区域前后的物体几乎对相机不可见(图 10.9(b))。这种部署通常用于成像 1mm 以下的物体，如沙子和沉积物。可以使用附加光学元件来加宽照明区域的厚度。

10.7 数据和通信

上面介绍的成像系统的物理条件是要考虑的最低要求。不仅是系统开发人员，用户也应该在采购之前仔细考虑，并评估他们的期望是否能在技术上得到满足。不过，在部署前还应考虑一些其他方面。

10.7.1 容量评估

获取图像的同时，应该给它配备一个标签，以便联合记录同步数据，包括环境参数的读数，如盐度、温度、深度、荧光、pH 值或氧浓度以及其他相关的元信息(如 GPS 位置、UTC 时间和日期，或俯仰、偏摆和翻滚信息)。

在获取下一幅图像之前，通常建议确保观测体积的内容被替换。在任何其他情况下，物体可以被多次成像。在不同的图像和偏差统计评估中，相同的物体看起来可能不一样。这可能是由生物体的物理运动或旋转位移造成的，并可能影响以后的分析。

由于浮游生物和粒子成像系统通常捕获随机分散的物体，因此所需的采样体积的更换是由成像设备的移动(如拖曳操作)还是由水流(如系泊操作)引起的，几乎没有区别。

10.7.2 数据存储

如今，最先进的技术允许对小体积物体进行适当的原位成像，并同时记录环境参数。保存各种物理参数相对容易，但保存图像需要更高的存储容量。

尽管可以压缩图像以获得较小的文件大小，但强烈建议以无损或未压缩的文件格式保存图像。使用一些标准格式(如 JPEG 格式，www.JPEG.org)来压缩减少容量。在大图像中，这些压缩通常很难被人眼注意到。然而对于小的图像，由于压缩的像素化，不可恢复的细节丢失通常是可观察到的。因此，如果以获得最高质量的图像为目标，则需要注意这一点。如果需要，则可以在处理过程中压缩原始数据。因此有几种文件格式可用于使用无损算法(如便携式网络图形格式(PNG，www.libpng.org))保存和传输数据，无论是原始的还是压缩的。选择标准的文件格式可以方便地与其他调查人员共享图像，而无需将专有软件与图像一起传递。

虽然磁盘空间的花费急剧下降，同时存储密度增加，但在水下保存图像时仍然存在一些限制。功耗、可用物理空间和热管理任务是可能导致条件与设计计划不同步的一些方面。

10.7.3 遥测和能源供给

大多数海洋成像系统都配有地面通信装置。这些单元可以使用无线电、电缆或光纤通信。无线传输(广域网、GSM 或卫星)通常用于状态反馈或控制命令，并且通常应用于需要偶尔通信或通过其他技术难以访问的位置。这种连接不太适合连续传输大型图像数据集。

研究平台和水下装置之间通过电气连接在舰载部署中很常见，有时甚至是系泊(靠近支持站、中继站或陆地站)。系泊电缆通常是定制的多芯电缆。它们的供电和数据传输线路相互独立。由此，可以提供相对较高的信号质量。在最佳条件下，现代研究船配备了包括光纤在内的多芯电缆，这使得用户能够建立实时运行的通信通道。

相反，在研究船上绞车通常配备简单的同轴电缆，并使用滑环连接绞车的旋转部分与终端接线板。在这种情况下，供电和数据传输都被调制到电源上。有几种工业多频调制解调器可供使用，这些调制解调器通常部署在离岸情况下(通常是石油钻井)。然而，绞车内部的滑环往往是数据传输中最敏感的部分，用于电气和光纤连接。

10.8 小　结

在科学研究中，海洋颗粒物、浮游生物样本和气泡的尺寸相差几个数量级，从几微米到几厘米不等。这种尺寸上的差异使得设计成像系统时不能一刀切。只需简单的比例运算就可以理解，一幅 200 万像素的 10cm 水母全幅图像，无法对桡足类微生物清晰成像。反之亦然，在 10μm/像素的分辨率下，对 10cm 的水母成像，传感器的每个维度至少需要 10000 像素。

描绘(超)精细结构需要高分辨率、高放大率的图像。因此，大多数设备在宏观摄影条件下工作，目标距离远小于超焦距和浅景深。这种放大通常是对浮游生物样本和微小粒子进行详细分析所必需的，光学系统的工作接近于光学定律(因而也接近于物理定律)的可行性极限。

由于组合镜头系统的最后一个镜头与传感器之间的距离是固定的，因此物体需要与要成像的镜头之间的距离最小(对比式(10.4)和以下解释)。因此，潜在的可调节范围是有限的。实际上，这意味着成像系统显示出最小的工作距离，而不是物体与最前面的透镜之间的最小距离。然而，水下成像单元最终必须处理不易描述的水区域以及耐压外壳的空气/窗口/水界面后面的成分。例如，高颗粒负荷或液态泥浆会妨碍光学系统的使用。因此，相机镜头和被研究物体之间需要短距离。如上所述，这可以由几个设计特征提供。

全息摄影记录每束光线的振幅和相位，而摄影术只记录入射光的数量。这使得全息摄影能够从合成光源中回溯光线的来源，并执行数值复现，以从全部入射光线中产生三维图像(见第 12 章)。因此，数字全息技术具有解决照相方法无法获得的多个平面的巨大优势。对于每个平面，生物群和粒子都可以单独复现。然而，数值复现容易产生物体周围的强折射伪影。虽然人眼可以提取出复现图像中包含的目标信息，但在实际应用中，利用图像处理算法对目标的线状特征进行自动分割和识别处处受限制。此外，单色激光不能用来再现颜色，而这些颜色通常对生物群的鉴别很重要。

因此，成像仍然是研究小目标的重要方法。成像和照明技术的进展仍在继续。摄影中的新概念有望在光学定律建立的前沿领域发挥作用。然而，这里讨论的主题对于理解任何(水下)成像方法和将新技术引入该领域非常重要。

10.9 致　　谢

我要感谢所有支持本章创作的人。帮助是多方面的，涉及数学、语言和编辑方面的支持。还感谢我的家人对我的支持。在数字部分，我要感谢 Schulz 博士和 Dickmann 博士对方程的持续检查和重新计算。Gerdes 博士提供了很多语言和编审支持。最后，我要感谢 Watson 教授的宝贵意见和建议。

参 考 文 献

Davis C S, Gallager S M, Marra M, et al. 1996. Rapid visualization of plankton abundance and taxonomic composition using the video plankton recorder. Deep Sea Research, 43, 1947-1970.

Matsui Y, Nariai K. 1993. Fundamentals of Practical Aberration Theory Fundamental Knowledge and Techniques for Optical Designers. Singapore, World Scientific Publishing Co. Pte. Ltd., ISBN 981-02-1349-2.

Nolting J, Lempart C. 2007. Bündelbegrenzung-Teil 1: Die Grundbegriffe. Deutsche Optiker Zeitung. DOZ9-2007.

Sparrold S, Lansing A. 2011. Spherical Aberration Compensation Plates. Photonik International, 02/2011, 32-35.

Schulz J, Barz K, Ayon P, et al. 2010. Imaging of plankton specimens with the lightframe onsight keyspecies investigation (LOKI) system. Journal of the European Optical Society-Rapid Publications, 5, s10017s.

第 11 章 水下成像：摄影、数字和视频技术

本章讨论水下成像中常见的摄影、数字和视频技术，及发展趋势。首先回顾了传统成像方法，这些方法一般利用传统相机硬件、数字信号处理和图像处理技术来生成增强的线性等比图像。然后回顾了水下特殊环境下的照明技术。最后讨论了水下成像领域新的发展趋势，包括一些非常规成像方法和新型计算成像模式。

11.1 引 言

水下成像对相机系统提出了独特的挑战。水下环境中的光衰减、散射、非均匀照明和阴影、滤色、悬浮颗粒物以及丰富的海洋生物(可能会遮挡或包围感兴趣的目标物)使得成像变得复杂。相机系统的性能主要受到吸收、折射和反射的限制。吸收会导致光子数迅速衰减，从而限制了最大成像范围。最大成像范围与光源的功率和相机的灵敏度成正比，但也取决于光的波长。长波长的光(如红光和橙光)在浅水层就被吸收殆尽，而较短波长的光(如紫光和蓝光)在较深的深度处才被完全吸收。折射会导致场景中的光线在穿过水-玻璃-空气界面时发生弯曲，改变场景中物体成像的尺寸和位置，但可以使用校准数据对其进行校正(Jordt-Sedlazeck and Koch，2012)。散射发生在光子与悬浮粒子发生碰撞并偏离其原始路径时，根据其偏转角度分为前向散射或后向散射。当偏转角度较小时，被称为前向散射，会导致图像模糊/眩光和分辨率降低。当偏转角度较大时，被称为后向散射，此时光源发出的光子将直接反射回相机，而不是到达场景中，导致图像中出现亮斑并降低图像对比度。一项描述这些现象以及其如何影响水下图像生成的研究见 Bonin 等(2011)的工作。

海水和其包含的生物杂质就像一个彩色滤波器，丰富的生物杂质会提高海水的浊度，进一步阻碍光的传播。两种常见的生物杂质是叶绿素和有色可溶性有机物。叶绿素是海洋中重要的吸光物质，浮游植物利用叶绿素通过光合作用生成碳。叶绿素吸收红光和蓝光并反射绿光，如图 11.1 所示(Baker，2012)。有色可溶性有机物是一种可用光学方法测量的黄色可溶性有机物，它能够影响生物活性并且强烈吸收蓝光。与此相反，纯净海水中的水分子吸收红、黄、绿三种波长的光并散射蓝光。这些效应在 NASA Landsat 7 所拍摄的墨西哥湾多光谱彩色图像中显而易见(图 11.2)(HARRIS，2008a)。在叶绿素和有色可溶性有机物浓度较高的沿海地区，海水颜色变为绿色，而在几乎没

本章作者 D. M. KOCAK，Harris Corporation，USA；B. OUYANG，Harbor Branch Oceanographic Institute/Florida Atlantic University，USA。

有叶绿素和有色可溶性有机物的深海区域，海水颜色从绿色变为蓝色。这种颜色变化机制不仅适用于太阳光，也同样适用于水下人工光源。沿海地区海水的颜色主要是绿色，而在深海，海水的颜色主要是蓝色，如图 11.3 和图 11.4 所示。

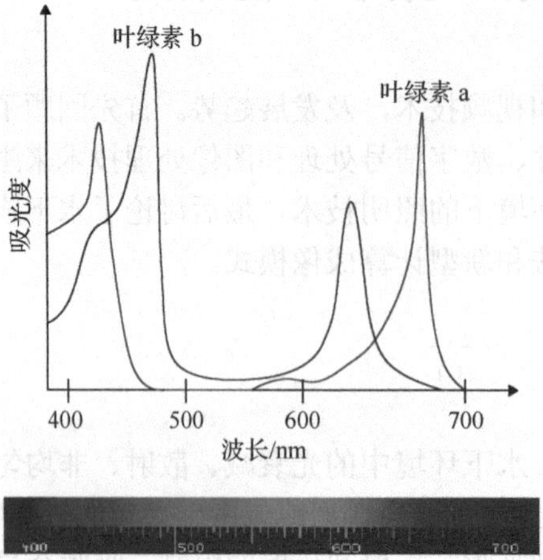

图 11.1　叶绿素吸收光谱(见彩图)

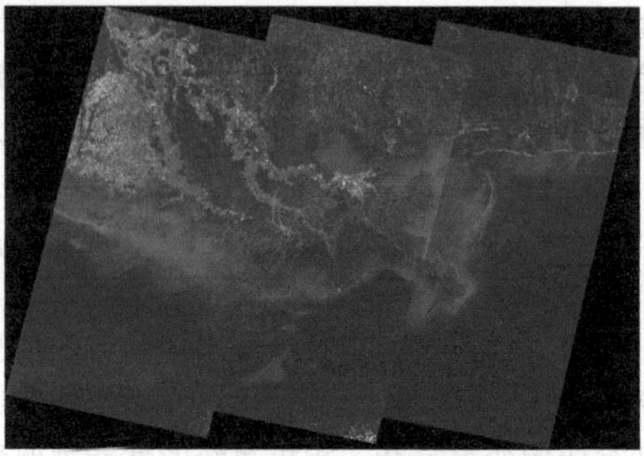

图 11.2　Landsat 7 所拍摄的墨西哥湾多光谱自然颜色图像(见彩图)

显示了从海岸线到深海的水色变化

图 11.3　从沿海地区拍摄的水下图像(见彩图)

图 11.4　从远洋拍摄的水下图像(见彩图)

除了滤色效应，当光在水中传播时，由于水较高的吸收系数和叶绿素、有色可溶性有机物以及其他粒子的存在，光衰减效应比空气中更为严重。因此，阳光不能入射到较深处。Euphotic 区域(在希腊语中意为“光线充足”)是指从大气-水界面向下延伸一定深度，至光强衰减为海平面的 1% 处之间的区域(Lee et al.，2007)。这一深度在浑浊的沿海水域中通常为几十米，而在深海中约为 200m。因此，在大多数水下成像场景中需要使用人工光源。在这些情况下必须考虑照明位置、方向和强度。当相机和光源彼此靠近时，由于后向散射效应，良好成像的范围通常限制在一到两个衰减长度内，衰减长度定义为在海平面下光强衰减至原始强度的 1/e 或约 37% 时光经过的距离。随着相机与光源之间距离的增大，相机附近后向散射的相对量减小，成像范围可提高到约三个衰减长度。常规成像系统往往采用相机-光源分离方式，需要权衡图像对比度和光功率(Jaffe，1990)。在潜水摄影指南(Dive Photo Guide(DPG)，2010)中可以找到在不同光照条件下设置光源的建议。

11.2　常规成像

在常规的成像系统中，相机被用于将三维(3D)场景的空间反射特性映射到二维(2D)空间。相机可提供高分辨率、高灵敏度和快速采样，能够实时获取场景特征，如纹理、阴影和表面标记。此外，当环境光充足时，相机可以进行被动测量，这是隐蔽操作的理想选择。当前，大量高性价比的数码相机一般具备一套快速、廉价、专业的图像处理固件、软件和附加硬件。

11.2.1　图像构成和数字摄影

尽管今天的常规相机较 16 世纪的照相暗盒已经有了实质性的进步，但它们的成像原理依然没变，即主光线通过透镜或有效小孔投射到探测器上产生线性等比图像。这种传统的相机模型如图 11.5 所示(Zhou and Nayar，2011)。数码相机包括前端光学模块、数字处理模块和数据呈现模块(图 11.6)。前端光学模块由透镜、光圈和光学探测器(电荷耦合器件(CCD)或互补金属氧化物半导体(CMOS))以及模数转换器(Analog-to-Digital Converter，ADC)和控制逻辑组成，以提供自动聚焦(Automatic Focus，AF)和自动曝光(Automatic Exposure，AE)。光学探测器的模拟输出通过 ADC 转换为数字信号，以便在数字域中进行进一步处理。这种能力大大减少了以前在光学元件上的负担，简化了镜头设计。

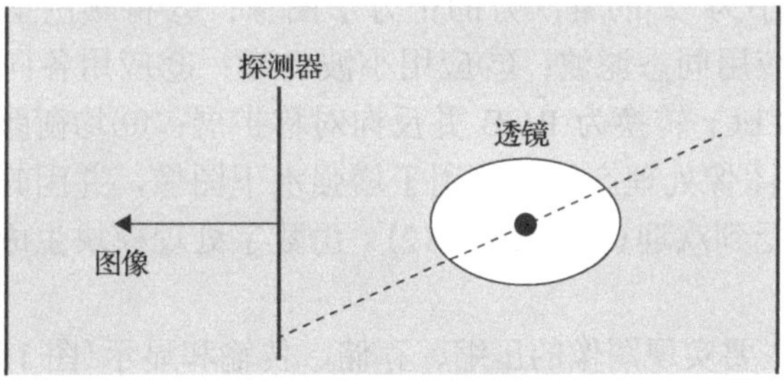

图 11.5　传统相机模型

图 11.6　数码相机模块

来自光学模块的数字信号被送至数字处理模块，该模块由图像处理流水线组成，以实现对原始数据进行若干可选或固定的处理。该流水线通常集成一个片上(System-on-Chip，SoC)图像处理器，用于实时增强图像数据。例如，德州仪器公司(Texas Instruments，TI)的DaVinci图像处理流水线，如图11.7所示。在Ramanath等(2005)和Zhou(2007)等工作中对此有更为详细的描述。

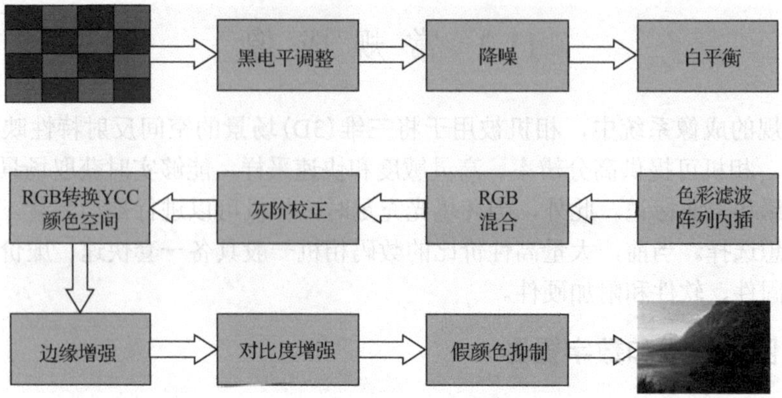

图 11.7 TI DaVinci 图像处理流程(见彩图)

尽管板载处理器的能力不断提高，但有时在外部处理器上执行应用程序特定的或更复杂的操作是有利的。数字摄影使这一切成为可能。用于改善图像质量的常用图像处理方法包括插值、滤波、增强、恢复、光照校正、动态范围压缩、变形、孔洞填充、艺术图像效果、图像压缩和水印等。Schettini 和 Corchs(2010)很好地回顾了用于图像恢复和增强的水下图像处理技术，并陆续报道了更多新技术(Ancuti et al.，2012；Chiang and Chen，2012)。Bazeille等(2006)提出了一种方法，依次对每幅水下图像进行以下9个步骤的处理：①消除莫尔效应；②对称地调整和扩展图像的大小，以获得大小为2的幂次方的正方形图像；③将颜色空间从RGB转换为YCbCr(YCC)；④应用同态滤波；⑤应用小波去噪；⑥应用各向异性滤波；⑦调整图像强度；⑧从YCbCr转换为RGB并反向对称扩展；⑨均衡颜色平均值。结果如图11.8所示。商业图像处理产品也可用于增强水下图像，并因其即插即用的简便性和实时集成特性而受到欢迎(LYYN，2012)。由数字处理模块生成的图像接下来被传递给数据呈现模块。

数据呈现模块主要实现图像的压缩、存储、传输和显示(图11.9)，需要具有高度灵活性，以兼容不同的编码器、解码器和可在市场上买到或当前正在开发的外围硬件。此外，命令和控制操作、远程呈现、ISR(Intelligence, Surveillance and Reconnaissance，情报、监视和侦察)活动、安全监控、视频会议和在线视频聊天等应用对高速视频流的需求日益增长，大大增加了数据呈现模块的复杂性。

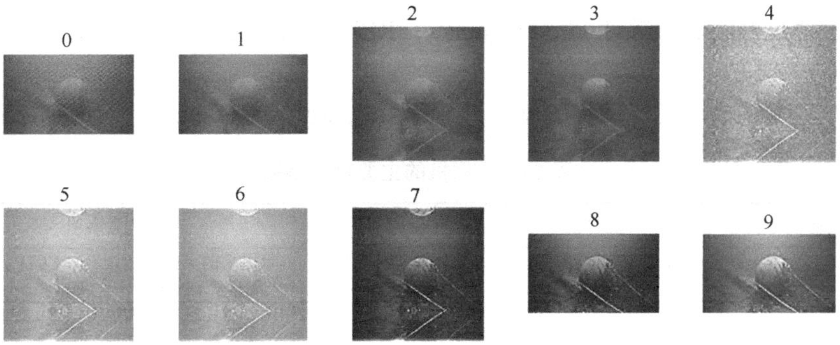

图 11.8　校正水下扰动的九步图像处理算法的结果(见彩图)

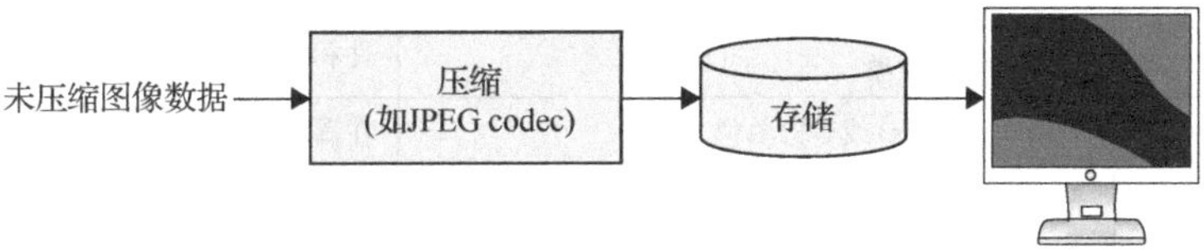

图 11.9　数据呈现步骤

11.2.2　相机硬件

常规成像是一项成熟的技术，许多商用水下相机提供了多种配置。相机的主要规格参数包括传感器类型、光谱、分辨率、灵敏度、镜头、快门控制、帧类型、帧速率、动态范围、接口、功率、重量和尺寸。表 11.1 列出了选择相机系统时的规格参数、通用选项和注意事项。一项对商用水下相机的调查显示了以下发展趋势：

(1) 高分辨率(4 百万像素)和低噪声的大规模传感器，尤其适用于微光应用；

(2) 高量子效率的 CCD，峰值在 475nm 附近，在水下应用中具有高灵敏度；

(3) 高信噪比(>50dB)；

(4) 全分辨率下的高帧率(如 4MP@16fps)，并在感兴趣区域(Area Of Interest，AOI)、像素合并或在子采样选项时具有更高的帧率；

(5) 宽范围的快门速度和积分时间(98ms～15min)；

(6) 大光学视场(220°或更大)；

(7) 全封闭的平移和倾斜调整机构；

(8) 高光学放大倍数(12 倍)；

(9) 大容量板载内存缓冲区(64MB 或更高)；

(10) 长线缆长度(400m 及以上，使用光纤)；

(11) 能够动态改变视频输出格式(即通过组件、同轴或光纤上的高清串行数字接口(High Definition-Serial Digital Interface，HD-SDI)、可选波长的连续波分复用(Continuous Wavelength Division Multiplexing，CWDM)和高分辨率合成视频)；

(12)通过声学、射频(Radio Frequency，RF)和光通信方法在水中进行无线连接和数据传输；

(13)包含用于自定义编程的软件开发工具包(Software Developer's Kits，SDK)。

表 11.1 相机的主要规格参数

规格	选项	注意事项
传感器类型	CCD、DMOS(耗尽型金属氧化物半导体)、ICCD、SIT(静电感应晶体管)、SITH	除更高的灵敏度情况外，CCD 足以提供“最干净”的图像
光谱	单色、彩色	单色照片具有较高的灵敏度，但每个图像像素的位深度较低
帧速/分辨率	24、25、30、60、90 隔行或逐行 SD：PAL(720×576)，NTSC(720×480) HD：(1280×720)，(1920×1080) UHD：(7680×4320) 更高的像素规模	帧速率和分辨率的选择是特定需求(即场景内容、目标是否运动)和成本之间的权衡(如可用带宽、存储空间和编解码器软件和硬件的复杂性)
灵敏度	采用勒克斯(lx)或等价单位	在浑浊和微光条件下灵敏度要求更高
透镜	光学参数变化：焦距、最大光圈、近焦距离	根据成像范围和对象大小进行优化
快门控制	范围从微秒到秒不等	更广的时间范围以实现更多的曝光选择
帧类型	隔行或逐行扫描	逐行扫描有利于呈现更多的细节，不易受闪烁影响，但需要更高的带宽
动态范围	8、10、12、14	数值越大，对比度越高
接口	模拟、数字、以太网、光纤、无线	光纤和以太网允许长的电缆和高数据速率
功耗	根据实际需求	电池供电的平台和系统需要更低的功耗
重量/大小	根据实际需求	电池供电的平台和系统需要更小的尺寸及重量

一项关于商用水下相机的调查显示了如下趋势。

AUV 在科学研究和海军水下作战中的应用日益广泛，这些需要持续监测和目标识别的应用需求正越来越多地影响着常规相机的设计。由于 AUV 的功耗和有效载荷空间有限，相机的功耗要求和尺寸必须最小化。为满足这类需要研制了一款相机，其外径仅为 0.025m，长为 0.050m，最大功耗为 1W，水中重量仅为 0.105kg(DSP&L，2012a)。该相机采用专用光学器件，可在 12000m 级深度的宽视角下提供高灵敏度(0.04lx)。

11.3 照　　明

人工照明光源是水下成像系统的关键组成部分，因为水下的环境光很弱，尤其是在 Euphotic 区域以下。传统方法一般采用卤素灯照明，现在 LED 已成为水下主要的照明光源。与卤素灯相比，LED 具有许多优点，如寿命更长、能量效率更高、色域更宽，而且在多数情况下还具有可调的“白点(white point)”。当前，新型 LED 照明器的额定工作深度可达 6000m，其水中重量仅为 0.226kg、体积小(ϕ0.081m×0.152m)，并且能够产生 6000lm 的光通量(DSP&L，2012b)。通常来说，功耗和照明质量是照明技术需要重点权衡的。表 11.2 总结了多种水下照明技术及其效能、特殊考虑因素和相对成本(Bonin et al.，2011；Gray，2003；Barsky et al.，2005；Christ and Wernli，2007)。

表 11.2　常规成像照明技术

使用的技术	效能/特殊考虑因素
卤素灯	•比白炽灯亮 30% •消耗功率较少 •辐射较少的红外线热量 •尺寸小于白炽灯 •寿命比输出恒定光的白炽灯更长
HID (高强度气体放电灯)	•辐射与自然日光相近 •寿命比卤素灯长 10 倍 •相比于卤素灯在相同的功率下具有更高的效率和更低的热量 •具有更好的穿透性 •广泛应用于 ROV 和静态平台
HIF (高强度荧光灯)	•比 HID 更节能，不散发热量 •更低的流明折旧率 •更好的调光选择(减少眩光) •照明面积大于 HID •很少用于水下航行器
HMI(镝灯)	•适用于长时间曝光 •高耗(一般>600W)，低功耗系统在开发中 •出色的照明质量 •水下摄影的 ROV 系统经常采用
IR(红外)	•需要红外照相机 •不可见(对海洋动物有利) •穿透深度低 •可有效避免散射 •一般需要定制
白炽灯	•寿命短，热输出高 •灯丝元件易受冲击和振动影响 •启动速度快 •驱动要求低 •在红光处能量输出高
LED (发光二极管)	•一般连续直流供电 •耗电量比卤素低 4 倍 •波长范围广 •频谱带宽窄 •寿命比卤素长得多 •比 HID 更有效 •低功耗，非常适合 AUV
闪光灯	•功率可变 •用作补光 •可与相机同步，通常针对特定应用进行设计

11.4 未来趋势

高分辨率、低功耗、小尺寸将是未来水下成像系统设计的主要驱动力，也将成为许多其他相关技术的主要驱动之一，如无人驾驶飞行器(Unmanned Aerial Vehicles，UAV)。当前，摄影、数字和视频图像的一个更重要的新兴趋势是发展实时全动态视频(Full Motion Video，FMV)。特别是在水下领域，FMV 分析对于自主决策来说至关重要。随着水下任务的日益复杂和多样化，AUV 和其他水下无人系统需要收集、处理和分析连续的高质量视频图像流(以及其他传感器数据和图像数据)，然后实时(或准实时)做出决策。全运动视频管理引擎(Full Motion Video Asset Management Engine，FAME)是一种目前国防和情报部门经常使用的紧凑型成品解决方案，用于在协作环境中实时共享由无人驾驶飞行器、地面移动平台和固定持续监视系统所获取的多传感器类型的多格式同步视频，为行动提供更有力、更准确的情报(HARRIS，2008b)。常规相机和数字摄影技术都将在这方面发挥作用，它们在传感器融合、图像处理、地图构建、目标识别和跟踪算法等过程中需要一个整体框架以建模和映射工作区(Negahdaripour et al.，2011)。然而，从数字信号处理(Digital Signal Processing，DSP)模式到计算信号处理(Computational Signal Processing，CSP)模式存在一个全局转化，即模拟信号直接转换为任意中间量，以便使用计算方法进行处理。当前，在水下领域中三个相对较新的学科将变得更加突出：计算摄影、计算成像/相机和计算成像传感器。表 11.3 总结了常规数字摄影与这些新兴计算方法之间的关系(Nayar，2011)。

表 11.3 相关技术的定义

数字摄影	计算摄影	计算成像/相机	计算成像传感器
将图像处理技术应用于所获取的图像，以产生“更好”的图像	处理一组所获取的图像以创建“新”图像	获取光学编码图像并通过计算解码以产生“新”图像	将传感和(数据)处理相结合的“智能”传感器
示例：插值、滤镜、增强、动态范围压缩、色彩管理、图像变形、孔洞填充、艺术效果、图像压缩、水印	示例：图像拼接、超分辨、多重曝光高动态范围、闪光和不闪光、多视角光场、运动恢复结构、形状恢复(阴影、纹理、焦点、结构光等)	示例：编码孔径、光学层析成像、透视摄影、集成成像、混合像素、折返成像、全息成像	示例：人造视网膜、视网膜传感器、自适应动态范围传感器、焦点拓展芯片、边缘检测芯片、运动传感器、神经网络芯片

11.4.1 计算摄影

计算摄影是指对所获取的一组图像进行处理以创建“新”图像或者场景的技术(Bimber，2006；Nayar，2011)。这项技术扩展了数字摄影方法，并且可用于常规相机和计算相机的图像。许多相关技术已经应用于水下图像，如图像镶嵌、图像拼接和动态镶嵌(Marks et al.，1995；Negahdaripour et al.，1998；Rzhanov et al.，2000；Eustice et al.，2002；Ludvigsen et al.，2007；Nicosevici et al.，2009）、阴影形状恢复（Zhang and Negahdaripour，1997；Narasimhan and Nayar，2005）、运动结构恢复（Khamene and Negahdaripour，2003；Pizarro，2004；Singh et al.，2007）、特征匹配（Schnabel et al.，2007）以及基于图像的渲染、环境抠图与合成（Levoy and Hanrahan，1996；Zhang and Chen，2004；Ouyang et al.，2012）等，这些方法通常用于后处理过程，但预计很快就会被集成到专用计算相机中。

在 2012 年 IEEE 计算摄影国际会议（ICCP）（2012）上，来自许多不同学科的研究人员介绍了这一领域的最新研究成果。一项研究展示了一种新型“智能前照灯”，它可以直接提高人眼的可视能力，并使车辆驾乘人员能够“看穿”雨雪（Nayar and Gupta，2012）。研究人员采用了由共址的数字光路处理器投影机和相机系统组成的紧凑型商品化硬件。模拟结果表明，这种方法是可行的，研究人员已经证明，在低降雨量（32 滴/s）使能见度降低的情况下，当行进速度为 30km/h 时，准确率为 70%。同时，在最佳位置处使用多个光源可改善这些结果，并能够将其应用范围扩展到其他环境中，如雾、霾甚至是海洋雪。会议所展示的其他技术可能最终有助于推动水下领域的应用。

11.4.2　计算成像和计算相机

计算相机的图像生成与常规相机有着本质不同。常规相机生成线性等比图像，而每台计算相机的硬件和软件都需要经过特殊设计，以生成特定类型的图像（Zhou and Nayar，2011）。图 11.10 所示为计算相机的模型，模型包括添加到探测器前端用以实现唯一映射（或“编码”）的新光学元件，以及添加到后端用于“解码”以输出所需图像的处理模块。探测器后面添加的“计算”功能与数码相机中处理模块的功能没什么不同，但其前端的非线性映射是唯一的。这种方法的主要优点是能够定义一个“有目的性”的相机，该相机为特定的需求执行特定任务（Nayar，2011）。Adams 等（2010）通过重新设计以及修改传统相机（如诺基亚 N900）两种方式，开发了可编程计算相机，使用户可以利用一个控制器改变图像的生成方式，可编程计算相机模型如图 11.11 所示。通过独特的照明编码可实现模型的定义（Nayar，2011），用于照明领域的计算相机技术，综述见 Levoy（2006）的文章。

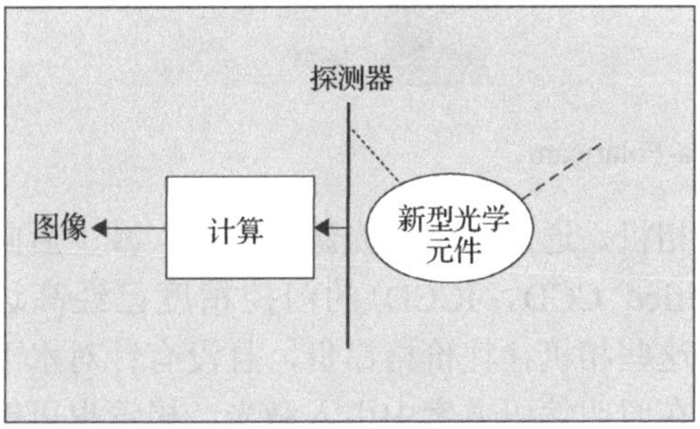

图 11.10　计算相机模型

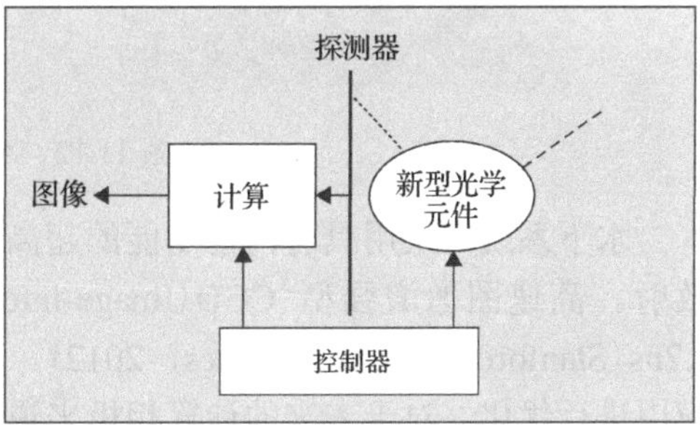

图 11.11　可编程计算相机模型

计算相机有 6 种编码方式：①对象端编码；②光瞳面编码；③焦面编码；④照明编码；⑤相机集群和阵列；⑥非常规成像。编码方案①～③通过将光学元件放置在镜头外部、镜头光圈处，或探测器焦平面处来改装传统相机。编码方案④使用传统相机，但将复杂的照明模式投射到场景中。编码方案⑤由传统相机集群或相机阵列组成。最后，编码方案⑥非常规成像，采用了完全不同的设计。关于这些编码方案的更详细说明和实例见 Nayar(2011)的研究。

图 11.12 所示的 Aqua-Polaricam 型计算相机，专门针对水下环境应用设计，以消除或减小后向散射对图像质量的影响(Schechner and Karpel，2005)。受海洋生物的启发，该相机在正交偏振角下捕获至少两幅图像，通过差分方法评估后向散射水平，然后利用此信息来增强图像。单透镜 3-D(全光)计算相机已实现商用(Perwass and Wietzke，2012)，且已完成海平面以上及以下区域的应用评估 (McGillivary et al.，2012)。该相机通过在探测器焦平面前插入微透镜阵列来改变常规的设计。且由于可以对所存储的模糊图像进行聚焦，所以应用在水面船只上很有优势。与标准数码相机相比，在不同景深和较低光照水平下可获取更高清晰度的图像。同样，水面以下的应用也有类似优势。此外，该相机的 3-D 图像获取、近距离物体聚焦以及距离和尺寸测量等能力都能够协助操作人员实现 ROV 的远程操控。

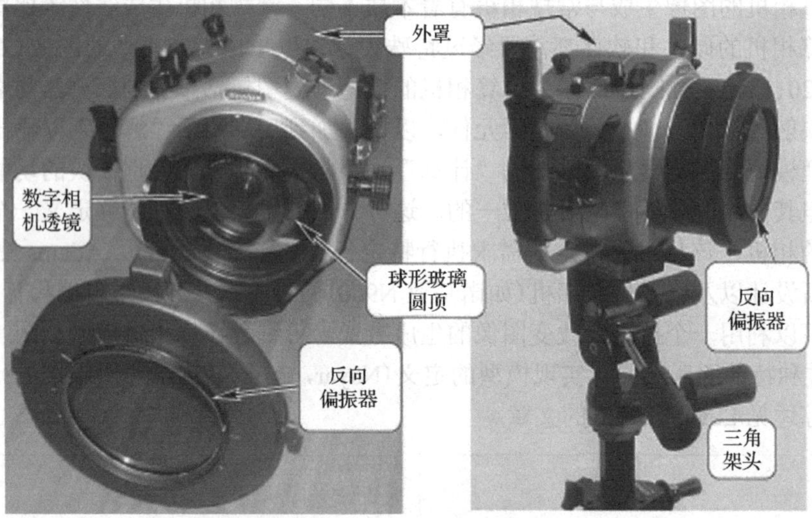

图 11.12　Aqua-Polaricam

水下系统可采用具有门控功能的超高速相机，通过与脉冲光源相结合，减少后向散射。高速图像增强型 CCD(Image-intensified CCD，ICCD)的门控精度已经高达 0.2ns(Stanford Computer Optics，2012)。但这些相机往往价格昂贵，且没有针对水下应用进行优化。对于未来的计算相机来说，在照明编码方案中引入激光二极管也可能是有利的。激光二极管的高紧凑性、高功率和低成本等特点使其在水下应用中极具吸引力。Horiba 公司的 NanoLED 能够发射窄至 70ps、重复频率达 1MHz 的脉冲光源，可与上述的高速 ICCD 相机良好兼容(Yvon，2012)。

11.4.3　计算图像传感器

最终，未来的系统可能会利用集成传感和处理功能的计算图像传感器来创建“智能”像素。这类传感器可能包括人造视网膜、视网膜传感器、自适应动态范围传感器、边缘检测芯片、焦点拓展芯片、运动传感器和神经网络芯片(Nayar，2011)。

随着半导体集成电路(Integrated Circuit，IC)产业的发展，特别是 TI DaVinci 技术(参考之前章节)、FPGA(如 Xilinx Virtex-7 或 Altera Stratix V)等最新一代通用视频处理器的出现，极大地促进了计算图像传感器在水下领域的应用。在功率受限的水下平台上，集成电路对于实现复杂图像处理算法所需的编程灵活性、处理速度和低功耗来说至关重要。

11.4.4　其他新趋势

压缩成像(Compressive Imaging，CI)是另一种值得讨论的新兴技术(Donoho，2004；Wakin et al.，2006；Baraniuk，2007；Duarte et al.，2008)。在常规的成像系统中，首先获取未压缩的原始数据，然后用诸如 JPEG 或 JPEG2000 之类的编码器对数据进行压缩，最后将其存储。近年来，一种新兴的信号处理理论——压缩感知(Compressive Sensing，CS)在各种信号采集应用中引起了人们的兴趣(图 11.13)。压缩感知是利用不完整、非自适应线性测量，同时采样并压缩 K-稀疏信号的采样理论。如果存在一个 N 维稀疏基 $\varPsi=\{\varPsi_1, \varPsi_2, \cdots, \varPsi_N\}$，且 $X=\varPsi a$，其中 $N\times1$ 阶向量 a 包含 K 个非零项，且 $K\ll N$，则这个 N 元(N-pixel)信号 $X=\{X(n), n=1, 2, \cdots, N\}$ 称为 K 稀疏。压缩感知理论指出，如果 X 存在这样的 K 稀疏基，则利用大于 $M=O(K\log N)$ 的非相干线性测量值 $Y=\varPhi X=\varPhi\varPsi a$，可以极大的概率恢复 X。其中 Y 是 $M\times1$ 阶向量，$\varPhi$ 是与稀疏矩阵 ψ 非相干的 $M\times N$ 阶矩阵(Donoho，2006)。

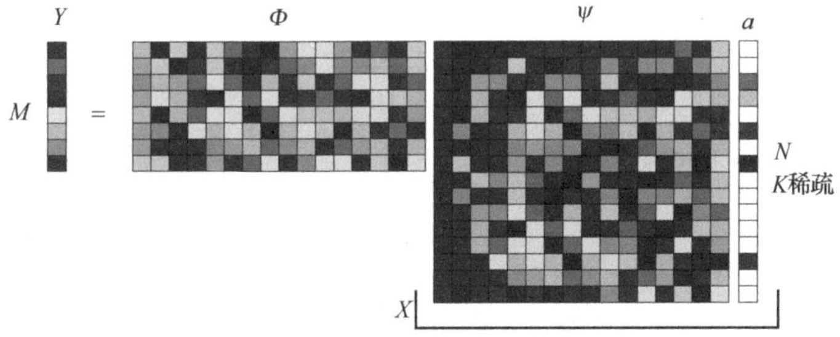

图 11.13　CS 理论(Baraniuk，2007)(见彩图)

基于压缩感知的研究已应用于视频和静态图像中，以通过不太复杂的硬件来提高性能。例如，Holloway 等(2012)仅使用低速相机拍摄的 4 帧视频恢复了 24 帧高速视频。Sen 和 Darabi(2009)使用非传统的压缩感知方法利用单个低分辨率图像获得了同一场景的超分辨率图像。

2011 年，Ouyang 等提出的基于压缩感知的串行水下成像系统方案，展示了一种紧凑、可靠、低成本的水下压缩成像系统，这种系统适用于当前和未来几代 AUV。这种方法与前面提到的计算成像中的“照明编码”有一些相似之处。如图 11.14(a)和图 11.14(b)所示，在该方法中，由激光或 LED 光源照明空间光调制(Spatial Light

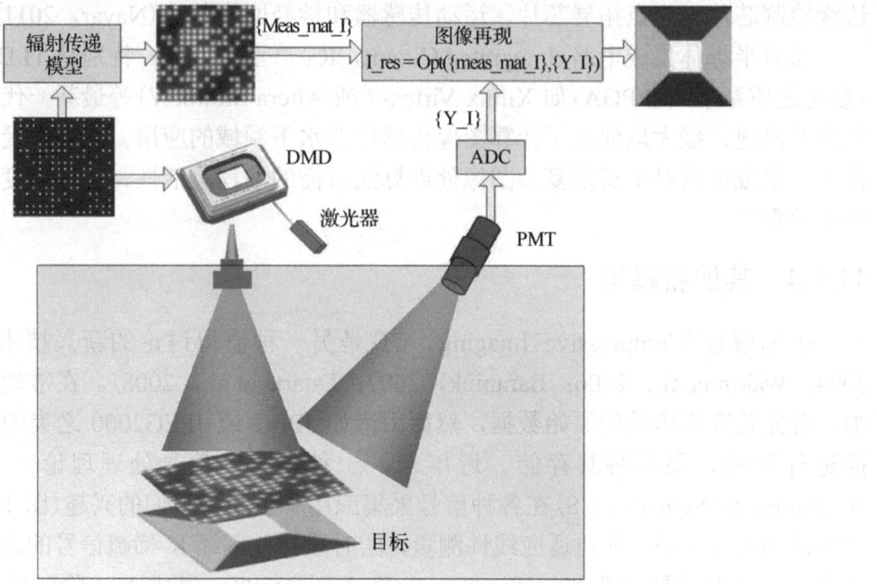

(a) 系统操作说明

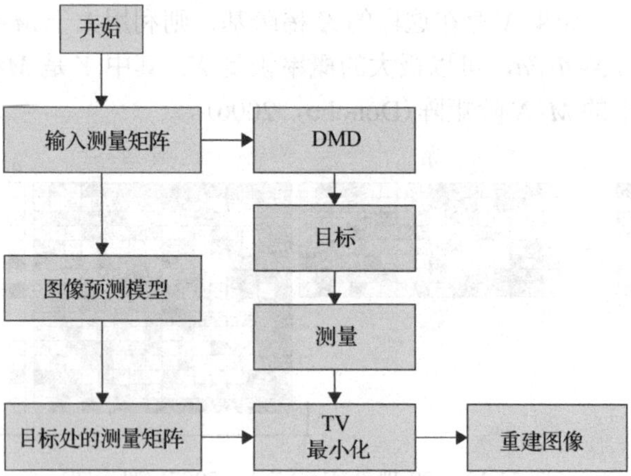

(b) 系统流程图

图 11.14　基于压缩感知的水下激光成像仪

Modulation，SLM）装置（如 DMD）（Dudley et al.，2003），生成一系列已知维度的随机矩阵图案，并以串行方式对目标平面进行照明调制。采用光探测器（如光电倍增管（PMT））记录总反射光子数，以实现测量重构。该设计的新颖性在于结合了多维度矩阵和基于辐射传输预测模型的图像重构技术，可减轻由水体色散特性引起的光束扩散。

水下成像将由传统的数字信号处理向实时图像增强和数据分析功能集成化转变。采用更简单的硬件设计以提供更高性能和更专业信息的新型商业产品也将陆续出现。本章讨论的研究工作证实了这种可行性，这可以参考小型、坚固、低功耗的现代数码相机的发展历程，这些相机将以前只能通过熟练的摄影技巧或大量后处理才能实现的功能内置，实现自动处理。支撑这些进展的是集成电路设计和制造技术的进步，同时人们渴望已久的 SoC（片上图像处理器）现已成为现实。在智能手机等移动多媒体平台需求的推动下，采用小型、低功耗、稳固固态封装的新一代图像/视频处理器和专用集成电路（Application-Specific Integrated Circuits，ASIC）已经能够执行更为复杂的算法。这些新的视频/图像处理器又将推动研究人员继续开发新的算法，这些算法计算能力更强，且不用担心硬件限制。另一方面，正在进行的深入研究进一步优化了现有算法的能力和效率，如 HEVC（High Efficiency Video Coding）标准（Sullivan and Ohm，2010）。所有这些对于未来自主水下平台的发展来说是非常必要的。最重要的是，新的水下成像系统将不仅可生成高质量的图像，还可以提供可靠的信息，这些基本信息将被实时导出并传递给智能机器人决策者，以获取更好的结果，从而实现一种全新的运作模式。

参考文献

Adams A, Talvala E, Park S H, et al. 2010. The Frankencamera: an experimental platform for computational photography. ACM SIGGRAPH 2010, pp. 1-12.

Ancuti C, Ancuti C O, Haber T, et al. 2012. Enhancing underwater images and videos by fusion. IEEE CVPR 2012, pp. 81-88.

Baker A L. 2012. Algae（PS Protista）, Cyanobacteria, and other aquatic objects [WWW] University of New Hampshire. http://cfb.unh.edu/phycokey/Choices/Chlorophyceae/Chloro_key.html（Accessed 12 June 2012）.

Baraniuk R G. 2007. Compressive sensing. IEEE Signal Processing Magazine. 24（4）, pp. 118-120.

Barsky S M, Milbrand L, Thurlow M. 2005. Underwater Digital Video Made Easy. Ventura, CA, Hammerhead Press, pp. 1-192, 1 October.

Bazeille S, Quidu I, Jaulin L, et al. 2006. Automatic underwater image pre-processing. Proc. SEA TECH WEEK Caracterisation du Milieu Marin（CMM'06）, Brest, France, 16-19 October 2006.

Bimber O. 2006. Guest Editor's Introduction: Computational photography-the next big step. Computer, 39(8), pp. 28-29.

Bonin F, Burguera A, Oliver G. 2011. Imaging systems for advanced underwater vehicles. Journal of Marine Research, VII(1), pp. 65-86.

Chiang J Y, Chen Y C. 2012. Underwater image enhancement by wavelength compensation and dehazing. IEEE Transactions on Image Processing, 21(4), pp. 1756-1769.

Christ R D, Wernli R L. 2007. The ROV Manual: A Users Guide to Observationclass Remotely Operated Vehicles. Oxford, UK, Butterworth-Heinemann, pp. 1-308, 13 August.

Donoho D L. 2004. Compressed sensing. Stanford manuscript. http://www-stat.stanford.edu/~donoho/Reports/2004/(Accessed 11 August 2012).

Donoho D. 2006. Compressive sensing. IEEE Transactions on Information. Theory, 52(4), pp. 1289-1306, April.

Dive Photo Guide(DPG). 2010. Underwater Photography Lighting Guide [WWW] DivePhotoGuide. http://www.divephotoguide.com/underwater photography-techniques/(Accessed 19 April 2012).

DSP&L. 2012a. Nano SeaCam® [WWW] DeepSea Power & Light. http://www.deepsea.com/cameras2.php(Accessed 04 March 2012).

DSP&L. 2012b. SeaLite® Sphere [WWW] DeepSea Power & Light. http://www.deepsea.com/led2.php(Accessed 04 March 12).

Duarte M, Davenport M, Takhar D, et al. 2008. Single-pixel imaging via compressive sampling. IEEE Signal Processing Magazine, 25(2), pp. 83-91.

Dudley D, Duncan W M, Slaughter J. 2003. Emerging digital micromirror device(DMD) applications. Proceedings of SPIE, 4985, pp. 14-25.

Eustice R, Pizarro O, Singh H, et al. 2002. UWIT: Underwater Image Toolbox for optical image processing and mosaicking in MATLAB. IEEE Int. Sympos. Underwater Technology, Tokyo, Japan, pp. 141-145, 19 April 2012.

Gray R. 2003. Underwater Illumination. http://www.deepsea.com/pdf/articles/UnderwaterIllumination.pdf (Accessed 08 May 2012).

HARRIS. 2008a. ImageLinks [WWW] HARRIS Corporation. http://www.govcomm.harris.com/solutions/segments/000023.asp(Accessed 12 June 2012).

HARRIS. 2008b. Video Intelligence [WWW] HARRIS Corporation. http://www.govcomm.harris.com/geoint/pdf/efmv-d0363.pdf(Accessed 15 May 2012).

Holloway J, Sankaranarayanan A, Veeraraghavan A, et al. 2012. Flutter shutter video camera for compressive sensing of videos. IEEE ICCP 2012, pp. 1-9, April. http://www.ece.rice.edu/~as48/paper/FSVC.pdf(Accessed 11 August 2012).

ICCP. 2012. IEEE International Conference on Computational Photography [WWW] ICCP. http://research.microsoft.com/en-us/um/redmond/events/iccp2012/index.html (Accessed 11 August 2012).

Jaffe J S. 1990. Computer modeling and the design of optimal underwater imaging systems. IEEE Journal of Oceanic Engineering, 15 (2), pp. 101-111.

Jordt-Sedlazeck A, Koch R. 2012. Refractive calibration of underwater cameras. Computer Vision - ECCV 2012, Lecture Notes in Computer Science, 7576, 846-859.

Khamene A, Negahdaripour S. 2003. Motion and structure from multiple cues; image motion, shading flow, and stereo disparity. Computer Vision and Image Understanding, 90, pp. 99-127.

Lee Z P, Weidemann A, Kindle J, et al. 2007. Euphotic Zone Depth: Its Derivation and Implication to Ocean-Color Remote Sensing. USF Marine Science Faculty Publications, Paper 11.

Levoy M, Hanrahan P. 1996. Light field rendering. Proc. SIGGRAPH'96, New Orleans, LA, USA, pp. 31-42, 4-9 August 1996.

Levoy M. 2006. Light fields and computational imaging. IEEE Computer, August, pp. 46-55.

Ludvigsen M, Sortland B, Johnsen G, et al. 2007. Applications of geo referenced underwater photo mosaics in marine biology and archeology. Oceanography, 20 (4), pp. 140-149.

LYYN®. 2012. LYYN AB [WWW]. http://www.lyyn.com/ (Accessed 17 April 2012).

Marks R L, Rock S M, Lee M J. 1995. Real-time video mosaicking of the ocean floor. IEEE J. Oceanic Engineering, 20 (3), pp. 229-241.

McGillivary P A, Taylor L, Block B. 2012. Plenoptic cameras for maritime and underwater use: capabilities and possibilities. Abstract available from DOER Marine, Alameda, CA, pp. 1-3.

Narasimhan S G, Nayar S K. 2005. Structured light method for underwater imaging: light stripe scanning and photometric stereo. MTS/IEEE OCEANS'05, 3, pp. 2610-2617.

Nayar S K. 2011. Computational Cameras: approaches, benefits and limits. Technical report no. CUCS-001-11, Columbia University, 22 pp.

Nayar S K, Gupta M. 2012. Diffuse structured light. IEEE ICCP 2012, pp. 8, April. http://www.cs.columbia.edu/CAVE/projects/DiffuseSL/ (Accessed 11 August 2012).

Negahdaripour S, Premartne K, Wickramarathne D T L, et al. 2011. Belief theoretic multi-sensory data fusion for underwater UXO identification. Final Report, SERDP Project MR-1660, 68 pages.

Negahdaripour S, Xu X, Khamene A. 1998. A vision system for real-time positioning, navigation and video mosaicing of sea floor imagery in the application of ROVs/AUVs. IEEE Workshop on Applied Computer Vision, Princeton, NJ, USA, pp. 248-249, 19-21 October 1998.

Nicosevici T, Gracias N, Negahdaripour S, et al. 2009. Efficient 3D scene modeling and mosaicing. Journal of Field Robotics, 26 (10), pp. 757-862.

Ouyang B, Dalgleish F R, Vuorenkoski A K, et al. 2012. Visualization for multi-static underwater LLS system using image based rendering. IEEE Journal of Oceanic Engineering, 38(3), 566-580.

Ouyang B, Dalgleish F R, Caimi F M, et al. 2011. Underwater laser serial imaging using Compressive Sensing and Digital Mirror Device, Laser Radar Tech and Applications XVI//Turner M D, Kameerman G W. Proc. SPIE, 8037, pp. 803707-803707-11.

Perwass C, Wietzke L. 2012. Single lens 3D-camera with extended depth-of field. Proc SPIE, 8291, Human Vision and Electronic Imaging XVII, pp. 1-15, January.

Pizarro O. 2004. Large scale structure from motion for Autonomous Underwater Vehicle surveys. PhD dissertation, MIT.

Ramanath R, Snyder W, Yoo Y, et al. 2005. Color image processing pipeline. IEEE Signal Processing Magazine, 22(1), pp. 34-43.

Rzhanov Y, Linnett L M, Forbes R. 2000. Underwater video mosaicing for seabed mapping. Proceedings, International conference on Image Processing(ICIP), Vancouver, BC, pp. 224-227, 10-13 September 2000.

Schechner Y Y, Karpel N. 2005. Recovery of underwater visibility and structure by polarization analysis. IEEE Journal of Oceanic Engineering, 30, pp. 570-587.

Schettini R, Corchs S. 2010. Underwater Image Processing: state of the art of restoration and image enhancement methods EURASIP J. Adv. Sig. Proc, 14, 14:1-14:7.

Schnabel R, Wahl R, Klein R. 2007. Efficient RANSAC for point-cloud shape detection. Computer Graphics Forum, 26(2), pp. 214-226.

Sen P, Darabi S. 2009. Compressive image super-resolution. Proc of Asilomar Conf on Signals, Systems and Computers, Pacific Grove, CA, pp. 1-8.

Singh H, Roman C, Pizarro O, et al. 2007. Advanced in high resolution imaging from underwater vehicles// Thrun S, Brooks R A, Durrant-Whyte H F. Robotics Research: Results of the 12th Intl. Symp. ISRR, pp. 430-448, Springer.

Stanford Computer Optics. 2012. Picosecond high speed ICCD camera family: 4 Picos [WWW] Stanford Computer Optics. http://www.stanford computeroptics.com/p-picosecond-iccd.html(Accessed 04 April 2012).

Sullivan G J, Ohm J R. 2010. Recent developments in standardization of high efficiency video coding(HEVC). SPIE Conference on Applications of Digital Image Processing XXXIII, SPIE vol. 7798, San Diego, CA, August 2010.

Wakin M B, Laska J N, Duarte M F, et al. 2006. An architecture for compressive imaging. Proc. ICIP 2006, Atlanta, GA, 4 pp.

Yvon J. 2012. NanoLED: The reliable source of ultrashort optical pulses [WWW] Horiba. http://www.horiba.com/fileadmin/uploads/Scientific/Documents/Fluorescence/nanoled_brochure.pdf(Accessed on

19 April 2012).

Zhang C, Chen T. 2004. A survey on image-based rendering-representation, sampling and compression. Signal Processing: Image Communications, 19, pp. 1-28.

Zhang S, Negahdaripour S. 1997. Recovery of 3D depth map from image shading for underwater applications. Proc. OCEANS, Halifax, Nova Scotia, Canada, pp. 618-625, 6-9 October 1997.

Zhou C, Nayar S K. 2011. Computational cameras: convergence of optics and processing. IEEE Transactions on Image Processing, 20 (12), pp. 3322-3340.

Zhou J. 2007. Image pipeline: Fine-tuning digital camera processing blocks [WWW] EE Times Design. www.eetimes.com/design/signal-processing-dsp/4013396/Image-pipeline-Fine-tuning-digital-camera-processingblocks?pageNumber =1 (Accessed 19 April 2012).

第 12 章　水下全息成像和全息相机

全息成像技术在世界海洋和湖泊环境研究中的重要性日益增加，如今许多团队利用水下“全息相机”对水体中浮游生物及其分布，以及河口和近海水域沉积物的运输进行测量。最近，将基于电子成像传感器的数字全息记录与基于计算机的数值重建相结合，受益于 3D 图像的快速获取和存储、移动目标的全息视频记录、时间维保存等技术，能够提取重建场景的平面部分，获取粒子的尺寸和位置。本章介绍了最先进的全息相机，并且对 eHoloCam 系统的部署和测量结果进行了详细的讨论。

12.1　引　　言

全息成像，无论是“经典”模拟成像形式还是后来的数字成像形式，自 1966 年 Knox 的开创性论文以来，已成功地应用于水生生物科学和海洋学。人们很快认识到，全息成像是记录自然水体内微小生物和颗粒的三维高分辨率图像的有力方法。全息成像最大的好处是它的非侵入性和非破坏性，以及它在三维中保持了粒子的相对空间分布。由于图像的各个平面在重建时可以进行空间隔离，因此可以得到物种分布和局部浓度的详细分析和测量数据。这使得海洋科学家有机会以前所未有的方式研究水生环境。在接下来的 40 年里，开发和部署了一系列水下全息照相机，参见 Knox 和 Brooks(1969)、Stewart 等(1970)、Heflinger 等(1978)、Carder(1979)、Carder 等(1982)、O'Hern 等(1988)、Costello 等(1989)、Katz(1999)和 Watson 等(2001)的研究。第一代“全息相机”基于感光卤化银乳液的胶片或玻璃板。然而，所有这些系统都遇到了因为体积大且沉而难以在船舶、ROV 或全球传感网络上部署的问题；并且操作仅能达到几百米深。此外，全息图还需要对专门的全息材料进行湿化学法处理(这些材料后来几乎完全退出了市场)，并需要专用的高精度再现设施来提取数据。

随着电子图像传感器、计算机处理，以及存储方面的重要改进，数字全息(DH)记录与数值重建成为一种可能(Yaroslavskii and Merzlyakov，1980；Schnars and Jüptner，1994)。数字全息除了能保留经典全息成像的很多优点，还具有进行快速成像和存储，免除湿化学法处理、对运动物体进行成像等特点。第一台水下数字全息相机出现在 2000 年(Owen and Zozulya，2000)，自那以来，一系列水下数字全息相机(Pfitsch et al.，2005；Jericho et al.，2006；Sun et al.，2007；Nimmo-Smith，2008)已在世界各地开发和部署。

本章作者 J. WATSON and N. M. BURNS，University of Aberdeen，Scotland。

虽然全息成像并不是唯一适用于海洋生物学的光学成像方法(见本书其他章节，或参考 Herman(1988，1992，2001)、Agrawal 和 Pottsmith(2000)、Jaffe 和 Moore(2001)、Davis 等(2005)、Caimi 等(2008)和 Schulz 等(2009)的研究)，但它能够记录真实的三维、全场景、高分辨率、无失真的原位图像，从这些图像中可以提取粒子尺寸、分布和动态，这是它与其他图像不同的地方。本章介绍了经典和数字全息成像的概念，回顾了水下全息相机的发展过程及其在生物和环境科学方面的应用，并对未来进行了展望。

12.2　全息成像的概念

在描述全息成像之前，概述全息成像与传统成像的不同是很有益的。照片通常是通过白光照亮特定的三维场景来拍摄的，并通过透镜将散射光成像到成像探测器的表面。这种探测器是卤化银感光胶片，或者是现在更常见的一种电子光电传感器阵列，如 CCD 或 CMOS 探测器。透镜在三维空间中以探测器平面为中心形成一幅图像；然而，探测器(无论是感光胶片还是电子传感器)只能记录光的强度。无法记录光的相位，也就无法记录光波的方向信息以及场景的深度信息。此外，景深随相机与成像物体的距离而变化(近距离照片的景深非常小)。三维信息可以在立体照片中捕获，其中来自不同角度的两个或多个图像同时被记录下来，但仍然会丢失视差信息。根据相机位置、角度和放大率等先验知识，在几张照片上记录的同一目标点的相关测量值就可以通过数学计算得到真实的三维空间坐标，这就是所谓的“摄影测量法”。

12.2.1　全息记录和重现

全息成像可以改善摄影的局限性。自从 Gabor(1948，1949，1951)实现了夫琅禾费(Fraunhofer)全息图以来，人们设计了许多不同的全息记录技术。在大多数实现中，图像保持原始场景的真实视差和比例，并且在大景深上具有高分辨率。实际上，一个最佳重建的光全息图(记录在离轴模式下，用激光重现)除了颜色外，在光学上几乎无法与原始图像区分。全息成像的一个关键特点是，通过编码过程捕获光波的相位和振幅，从而保留物体的三维信息，即深度。即使是第四维度的时间也能够被电子传感器快速地保存下来。为了对相位信息进行编码，必须有一个固定的参考光波，该参考光波与从物体散射或反射的光波产生干涉。这种复杂的干涉图被记录下来，其结果就是一幅全息图。然而，只有进行重建，才能得到可识别的图像。要求两束光在物体的整个深度上保持确定的相位关系(即相互相干)，这意味着需要在光谱和空间上均纯净的光。直到诞生了一种强大的相干光源——激光(Maiman，1960)，全息成像才成为一种现实。

通常，只有两种全息方法用于水体颗粒的高分辨率原位成像和测量，即 Gabor 最初的"同轴"夫琅禾费全息和"离轴"菲涅耳(Fresnel)全息(Leith and Upatnieks，1962，1964)。其他方法，如白光全息和傅里叶变换全息，在特定的场景中也有应用，但此处不做讨论(Hariharan，1996)。在经典的全息成像中，干涉图样被记录在感光卤化银胶片上，然后经过湿化学处理使全息图永久不变。重建是通过将处理过的全息图放置在原始参考光波或其相位共轭光波中来实现的。在数字全息成像中，重建和随后的数据获取完全由计算机完成。

12.2.2 同轴全息

同轴全息(In-Line Holography，ILH)使用单一准直激光束，通过样品指向全息传感器(图 12.1)。记录被物体衍射的光与照明光束的未衍射部分之间形成的光干涉场。假设整体场景透明度需要达到 60%～80%，以便足够的光线到达传感器以记录良好的全息图。为了记录几微米大小的颗粒，要求在一米光程长度上每立方厘米不超过几十个微粒以保证透明度(Meng，1993)。还需要平衡粒子大小与全息成像的距离，而良好的成像质量在一米光程长度上粒子大小不超过几毫米。数字全息显微镜和一些水下全息相机的优势是在发散光照明下可以实现更高的放大倍数。

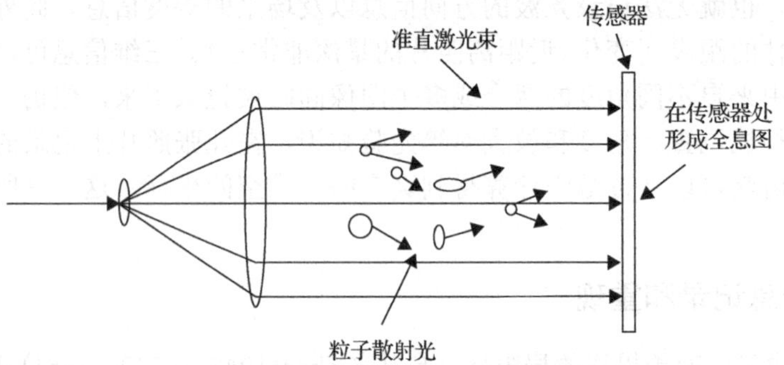

图 12.1 小颗粒进行同轴全息成像的记录过程

同轴全息成像的再现可以通过光学方式(利用实际的重建光束)或电子方式(在计算机中模拟再现光波)来完成。在光学再现中，处理过的物理全息图被放回原来的光束或相近的复制光束中。再现全息图同时形成两个图像：一个"虚像"和一个"实像"(Born and Wolf，1980；Hariharan，1996)，它们位于全息图平面彼此相对的两侧光轴上(图 12.2)，(由于记录和再现都是用准直光束)这前后两幅图像距离全息图平面的距离相等。应该注意的是，当用肉眼观看时(永远不要这样做！)，虚像在全息图后面，似乎位于它的原始位置上。虽然生成了真实的三维图像，但几乎没有视差。实像位于观察者和全息图之间的空间中，通过精密平移摄像机穿过整个实像来获取光学"截面"的平面图像，而通过检查这些图像可以产生直接的高分辨率的尺寸测量结果。该图像是反转的，在暗场中可以看到它与失焦的虚像相对而立。在最佳的记录和再现条件下，小于 10μm 的特征可以很容易地分辨出来。对于同轴全息成像，传感器/胶片的尺寸还决定了所记录图像的横向尺寸。

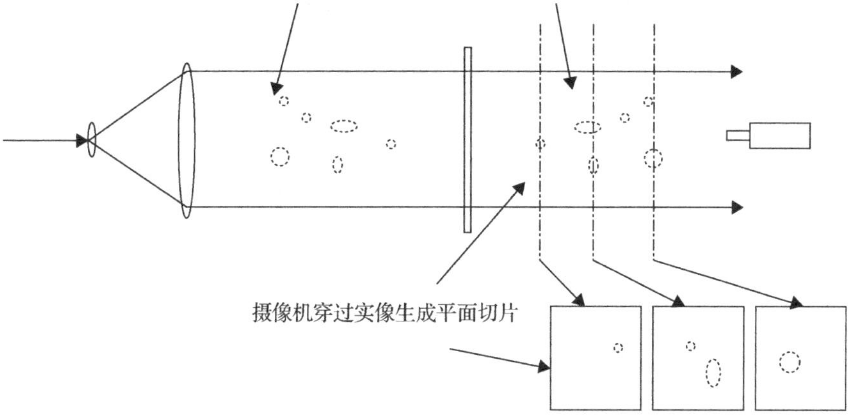

图 12.2　同轴全息的再现过程

12.2.3　同轴全息几何光路的变化

在许多应用中，不使用准直参考光，而是利用某些形式的发散光束(图 12.3)或聚焦图像(图 12.4)进行照明和重建。利用这样的几何光路可以增加图像的放大率，但其代价是减小了采样的体积。这通常被描述为“数字全息显微术”(Digital Holographic Microscopy，DHM)，并在一些稍后描述的数字全息相机中被使用。

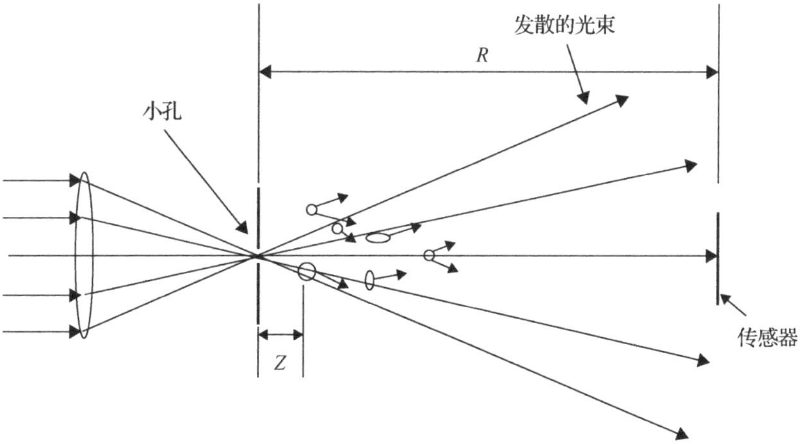

图 12.3　基于发散光束的记录过程

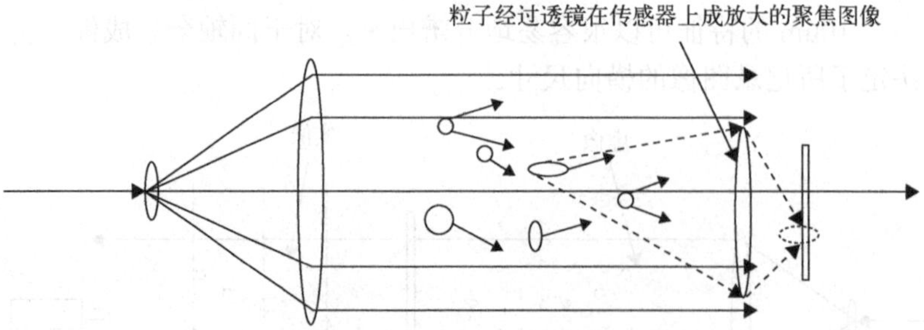

图 12.4　基于聚焦图像的记录过程

12.2.4　离轴全息

离轴全息，有时也称为双光束全息成像(图 12.5)，激光束被分成两路：其中一路为参考光波，不经过物体，直接照射到全息传感器上；第二路为物光波，用来照亮要记录的场景(这可以进一步细分，从不同的方向照亮场景)。如果两束光的路径长度在激光的“相干长度”之内，则物体指向胶片方向的散射光或反射光将会与参考光波发生干涉。例如，在单频(最窄的波长带宽)模式下工作的氩激光器的相干长度为 2～3m，而 Nd:YAG 激光器的相干长度可达数百米。关于激光的定性讨论、它们的性质以及这里使用的许多术语的概述，请参阅 Hecht(1992)的著作。如果激光能量足够强，则可以确定可捕获的最大场景。由于图像中存在相干散斑，实际可达到的分辨率下限在 50～100μm 左右。离轴全息能够通过对场景正面和/或侧面的照明来记录不透明目标或密集的粒子聚集体。

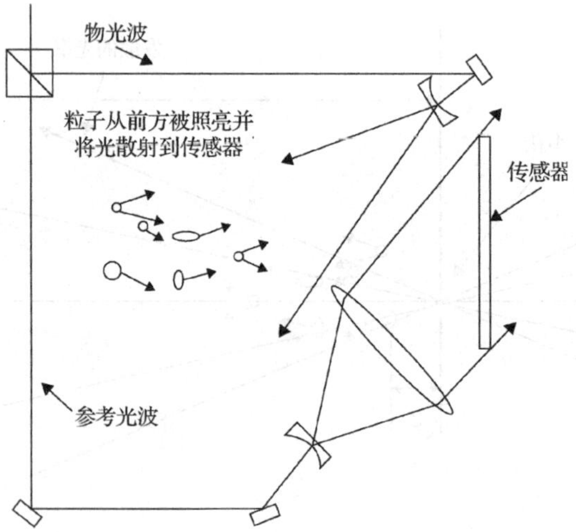

图 12.5　离轴全息的记录过程

就光学再现方式而言，将已处理的全息图放置在它被记录时的位置，并精确复制原始参考光波(相同的波长、光束发散度、位置和参考角)用来照明，将在全息图的后面看到一个虚像(图 12.6)。这就像透过一个窗口来看原始场景，它保留了原始场景的对比度、视差和三维特征，并且不受透视失真或图像散焦的影响。然而，从精确测量的角度来看，重建投影的“真实”图像更有用。一种方法是从后面照亮离轴全息图(Off-Axis Holograms，OAH)，但要用一束与初始光波完全相位共轭的光波(即与初始光波具有相同波长但方向和曲率相反的光波)。因此，我们生成位于全息图前面的真实空间中的图像(图 12.7)。形成这幅图像不需要任何镜头，而且它在光学上与原始场景完全相同，只是它是左右、前后都颠倒过来的(反像)。真实图像可以直接投射到屏幕或相机的光敏阵列上，相机可以移动穿过整个立体图像，从而分离出该三维图像的二维平面光学图像。当必须对体积相当大的物体进行非破坏性或非侵入性测量时，这个特性非常有用。

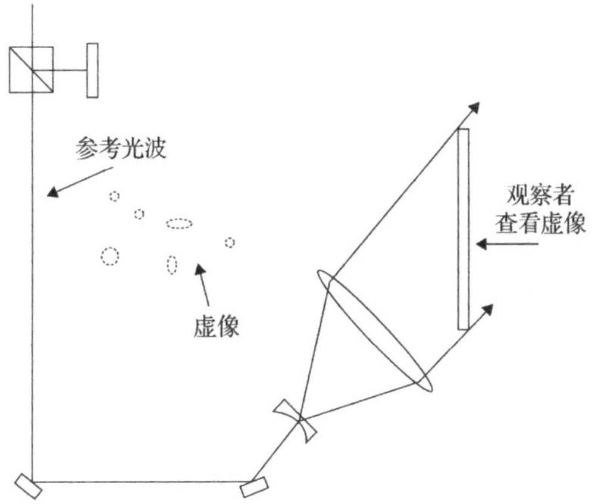

图 12.6　利用离轴全息图重建出虚像

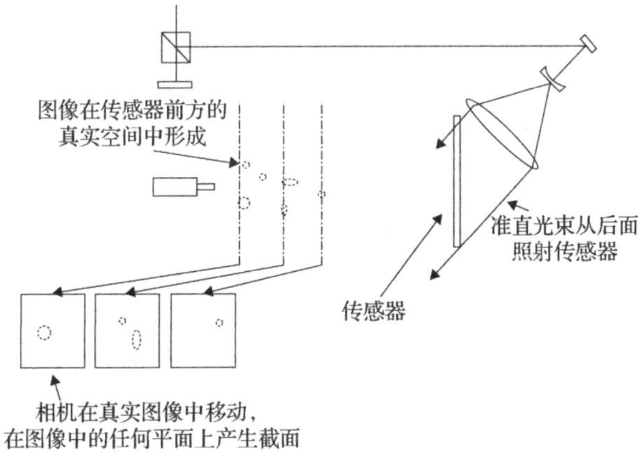

图 12.7　利用离轴全息图重建真实图像

12.3 电子方式的记录与再现(数字全息)

经典全息成像的概念同样适用于电子图像传感器阵列上的记录，但不适用于胶片上的记录。将干涉场直接存储在计算机存储器中，通过对光场在空间中传播的数值模拟再现全息图。通过这种方法，可以在任何时间对距全息图平面任意距离的截面图像进行重建，并显示在计算机显示器上，从而可以提取粒子的大小、位置、识别和分布信息。由于重建不需要专门的光学重建设施，算法可以很容易地实现暗场、相位重建、预处理和后处理等专业技术操作。重要的是，光波场的相位和强度在重建中被保留下来。除了快速、方便和免于湿化学处理，电子记录的一个明显优势是能够录制全息视频。这不仅可以获取三维空间图像，而且可以对特定场景中生物体的运动进行可视化，并跟踪该个体的运动路径。

一般来说，同轴全息由于其结构简单，是数字全息中最受欢迎的一种模式。由于电子传感器的灵敏度比全息感光胶片高得多，所以只需要低功率激光照明，就能满足成像要求。当然，大功率的脉冲激光在许多现场应用中更好，特别是当粒子快速移动或全息相机不能保持稳定时。激光相干性对景深没有很强的限制(因为目标光束和参考光束的路径相似)，主要的限制是分辨率随着距离的增加而降低。不需要透镜参与图像的形成，传感器几何结构的稳定性和准确性可以实现内置校准。在记录大的、不透明的物体或密集的粒子聚集体时，一个有用的方式是在离轴全息模式下对目标物体的正面或侧面进行照明，并使用一个处于另一个侧面的或者离轴的(具有一定角度的)参考光束。然而，电子传感器较低的分辨能力限制了离轴全息的实现，使用的参考光束角度仅限于几度的大小，几乎所有的水下数字全息相机只能实现同轴记录。

12.3.1 重建数字全息图

通常，为数字记录和全息图的数值再现而开发的计算机算法是基于从场景传播到光学传感器孔径上的复杂单色光波场的菲涅耳-基尔霍夫(Fresnel-Kirchhoff)公式(Champeney，1973；Born and Wolf，1980)。该算法通过适当的近似和简化，使菲涅耳-基尔霍夫方程更适合于数字化和计算机实现，从而提高了计算效率。在大多数情况下，傅里叶变换需要积分运算，可以使用现有的快速傅里叶变换(Fast Fourier Transform，FFT)算法代替积分，这些 FFT 算法可以很容易地被整合到软件中。两种常用的方法是菲涅耳近似法和卷积法(有时称为角谱法)。利用这两种方法，都可以在全息图重建的三维图像中任意平面截面上再现出光波场的强度和相位分布，从而模拟出图像传感器穿过光学再现的全息图的效果(附加的优点是还可以提取相位信息)。两种方法的主要区别在于处理速度、重建图像的不同尺度特性以及对同轴或离轴记录的适用性。

Demetrakopolous 和 Mittra(1974)、Yaroslavskii 和 Merzlyakov(1980)、Schnars 和

Jüptner(1994，2002，2005)、Cuche 等(1999)、Sun 等(2002，2007，2008a)、Pan 和 Meng(2003)、Coppola 等(2004)和 Kreis(2004)研究了重建的方法，读者可以参考这些方法获得更多细节。在这里，只概述它们的性质和实现，以及它们在水下数字全息成像中的应用。

图 12.8 显示了全息图一般的记录和再现过程。物体位于(ξ, η)平面中，并且在沿着光轴 z 的方向上与全息图(传感器)平面(x, y)的距离为 z_r。再现时，图像在平面(ξ', η')内形成，该平面与传感平面的距离为 z_p。距离 r 表示从物平面上的点发出的光在全息图平面上的球面波前的半径；相应地，r'是从全息图平面中的点发出的光在像平面上的波前的半径。沿光轴在距离 z_p 处重建全息图像。全息图平面位于 $z=0$ 处。

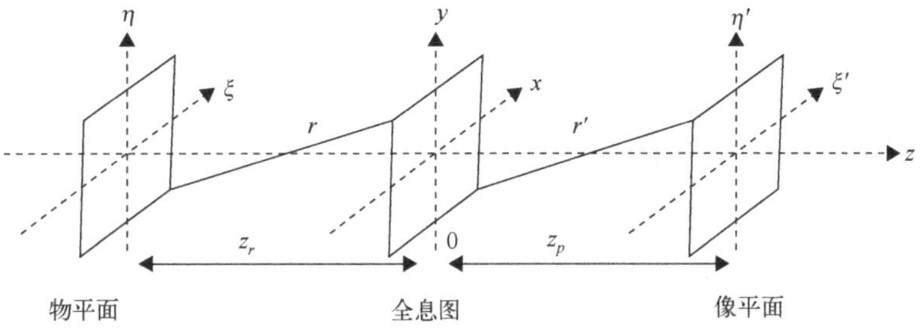

图 12.8　全息图记录和再现

12.3.2　菲涅耳近似

如上所述，数值重建的基本方法是用菲涅耳近似代替菲涅耳-基尔霍夫积分，从而使其有利于数字化。在这个简化式中，方程中出现的计算量大的平方根项通过展开的方式进行简化。只有当目标平面与全息图平面之间的距离 z_r 比全息图传感器的横向尺寸(x, y)大时，这些近似才有效。在这种情况下，重建图像的分辨率和相应的所需像素尺寸取决于物体和传感器之间的距离。假设正方形像素尺寸为Δp，并且在 x 和 y 方向上具有相同数量的像素(均为 N)，则物平面的采样间隔由式(12.1)给出。

$$\Delta\xi' = \Delta\eta' = \frac{\lambda z_p}{N\Delta p} \tag{12.1}$$

其中，$N\Delta p$ 是传感器的近似直径。对于 3μm 的正方形像素，N 为 1024，波长λ 为 532nm，z 为 1m，得到的$\Delta\xi'$值为 167μm。$\Delta\xi'$的值实际上是系统的分辨率极限。

菲涅耳变换施加的像素缩放使它在粒子的同轴全息成像中的应用复杂化。随着重建距离的增加，重建图像的同轴部分的尺寸减小，而在所有面上的同轴部分都被偏离光轴的分量所围绕。通过只重建全息图每个感兴趣平面上的同轴部分，能更好地保持像素尺寸，从而便于各平面图像间的比较。结果表明，重构距离全息图平面越远，有效像元间距越大，覆盖面积越大。因此，菲涅耳变换是以尺寸递减(随着 z 的增加)的方式来重建全息图的同轴部分的，该同轴部分在各个面上被离轴分量所包围。从全息图延伸出呈金字塔状的重建立体图像，其分辨率接近式(12.1)给出的值(分辨率极限)。这种行为类似于使用透镜的经典成像系统，不同之处在于，视角是由传感器的最大空间频率决定的，因此由传感器可以记录最大光束角。鉴于这些特点，菲涅耳近似更适合于离轴全息的重建。

12.3.3 卷积(角谱)方法

卷积或角谱方法(Champeney，1973)将光场表示为自由传播的无限平面波的叠加，特别适用于粒子的同轴全息成像。对于准直参考光束，全息图中任何平面上的合成波场可通过全息图傅里叶变换和空间不变脉冲响应函数傅里叶变换的乘积，再做逆傅里叶变换得到(有关此方法的更多数学描述，请参见 Schnars 和 Jüptner(2005)的研究。正是这种脉冲函数模拟了光波场的传播，从而可以计算沿光轴方向在任何距离 z 处的复合光场。最后，重建强度等于复振幅的平方。

在此过程中，任意重建距离 z_p 处的采样点个数(空间采样间隔)不变，但是，这将只重建零阶体积区域内的分量。这是很重要的一点，因为已经看到，一个离散的菲涅耳变换在不同的变换平面上有不同的采样间隔。对于准直光束同轴全息的重建，通常将空间采样间隔设为检测器像素间距，将变换后的区域设为传感器区域。

$$\Delta\xi' = \Delta\eta' = \Delta p \tag{12.2}$$

对于同轴全息的发散光束记录，只需要在全息图面积的 $1/M^2$ 处重建，其中 M 为放大因子 z_r/z_p。当重建平面靠近记录光束发散中心时，重建面积减小，空间分辨率有明显提高。

12.3.4 空间频率的限制

前面的论述引出了对用于数字记录的传感器要求的讨论。传感器，无论是胶片的还是电子的，都必须能够分辨全息图产生的干涉图样。因此，颗粒或像素大小对成像能力有很大的影响。可分辨的干涉图样的最大空间频率 $f_{\max}$ 取决于参考光与物光之间的角度 $\theta_{\max}$(Hariharan，1996)：

$$f_{\max} = \left(\frac{2}{\lambda}\right)\sin\left(\frac{\theta_{\max}}{2}\right) \tag{12.3}$$

$$\approx \frac{\theta_{\max}}{\lambda}\text{(对于较小的}\theta\text{值)} \tag{12.4}$$

根据奈奎斯特采样定理，将最小采样频率设置为像素尺寸的两倍，则有：

$$f_{\max} = \frac{1}{2\Delta p} \tag{12.5}$$

对应可记录的最大光束角度(以弧度为单位)为

$$\theta_{\max} \approx \frac{\lambda}{2\Delta p} \tag{12.6}$$

其中，Δp 是像素尺寸(假设正方形像素)。即使使用当前最好的 1.4μm 像素传感器，能实现的记录角度也只有 10°(相比之下，在胶片上进行经典离轴记录时，实际角度为 45°或更大)。

12.3.5　数据处理

对小粒子进行的数字全息成像(与传统的全息成像相比)的关键难点之一是要处理所产生的大量数据。许多使用全息成像进行粒子成像的用户只对数据的质量和有用性感兴趣，如物种类型的提取、鉴别和粒子计数和分布等，而对算法如何工作不感兴趣。这些用户想要一个简单、用户友好的系统和一站式方案。虽然在经典和数字全息中都可以手动进行分析，但自动聚焦、粒子跟踪和数据提取在该技术的所有实际应用中都是必不可少的。通过适当的软件，可以进行粒子识别，得到粒子的相对位置和分布图。一些研究人员研究了全息图的数字化(Milgram and Li，2002)，而另一些研究人员则直接对数字全息图进行处理(Malkiel，2003；Malkiel et al.，2003；Pan and Meng，2003；Sheng et al.，2006；Stern and Javadi，2007；Burns，2011)。

在数字全息中实现了几种自动聚焦的方法，取得了不同程度的成功，如 L1 范数(Li et al.，2007)、振幅分析(Dubois et al.，2006)、菲涅耳稀疏准则(Liebling and Unser，2004)和自熵(King，1989)。我们在这里讨论一种自动聚焦和数据提取的方法，称为“轮廓梯度”，它显示出应用于数字全息图的前景，在扫描经典全息图方面也应该取得同样的成功。它依赖于从全息立体图像中以固定间隔进行重建时对空间维数据的提取，通过边缘锐度量化技术来定位粒子焦平面，选择这种技术是为了抑制散斑噪声。在等高线梯度自动聚焦方法中(Burns et al.，2007；Burns，2011；Burns and Watson，2011)，分析是围绕一个重建循环建立的，该循环从图像传感器运行到激光器，以 1mm(通常)的间隔对全息立体图像中的平面进行计算。使用角谱算法生成每个平面，从而在穿过整个全息立体图像时像素尺寸保持不变。同轴全息中的粒子通常可以在重建体的多个平面上检测到，并且在每个重建的平面图像中都被视为一个暗区。当重建过程接近粒子的焦平面时，暗区呈现粒子形状特征，并形成与粒子横截面匹配的锐利边缘。为了检测出最大焦点所在的平面，必须首先通过检测暗区定位每个焦点在重建平面(x, y)上的位置。采用了两种粒子定位模式：一种基于感兴趣区域(Region of Interest，ROI)的方法，该方法将每个特征定位在与(x, y)维数对齐的矩形区域内；另一种是采用了基于轮廓的方法，通过使用多边形表示所选阈值强度以下区域的轮廓，以更准确的方式定位粒子。当粒子在每个重建平面内保持相同的(x, y)位置时，可以设计相似性度量来识别在许多重建平面上属于同一粒子的 ROI 或多边形。

一旦粒子被定位并在平面之间相互关联，确定粒子的焦平面就成了从每一组 ROI

或多边形中识别出产生最大边缘锐度的平面的问题。为此，梯度测量中的 Tenengrad 函数已被发现在矩形 ROI 上表现良好。然而，Tenengrad 函数最适合与(x, y)对齐的区域，并且通过多边形对粒子进行定位需要采用合适的方法。基于多边形的定位是通过在重建平面上识别一个轮廓来实现的，该轮廓将背景亮度从与粒子相关的较暗区域中分割出来。在聚焦粒子的情况下，这个轮廓应该沿着粒子的轮廓。通过只测量沿轮廓路径的梯度，可以得到类似于 Tenengrad 函数的算法，并在多边形包含聚焦图像的情况下，对期望的边缘进行特定的定位。这种新的测量方法被称为"轮廓梯度测量"，其性能可与 Tenengrad/ROI 方法相媲美，但与规则的矩形区域相比，轮廓提供了更精确的定位和更少的重叠，因此能够成功聚焦更大的粒子密度。

12.4　水下全息成像中的像差和分辨率

全息成像对精确检查和测量的有用性取决于其再现拍摄对象的精确图像的能力，该图像具有低光学像差和高图像分辨率。分辨率、对比度和低噪声是我们需要全息图像具有的主要因素，而不是亮度。在实践中，图像退化可能发生在全息图的记录和再现的任何阶段。在任何光学系统中发现的所有初级单色像差(球差、像散、彗差、畸变和场曲)都可以在全息图像中看到(Meier，1965；Champagne，1967)。如果全息图是由与记录时所用参考光波完全共轭的光波(相同的波长、相反的发散和相反的方向)进行再现，那么真实图像的横向、纵向和角度的放大率都将等于 1，像差将减少到最小。在数字全息技术中，像差补偿可以加入到重建算法中，如 Claus 等(2011)描述了如何将像差补偿应用于几种不同的数字全息记录几何学中。

在没有像差的情况下，全息实像的衍射极限分辨率通常定义为区分图像中相隔距离Δp 的两个点的能力：

$$\Delta p = 1.22 z_p \frac{\lambda}{D} \tag{12.7}$$

其中，λ是重建波长，z_p 是全息图和重建图像之间的距离，D 是全息图的有效孔径。这种关系在成像光学中是众所周知的(方程(12.1))。在 532nm 波长下记录的同轴全息，在直径为 10mm 的传感器(像素尺寸以 3.0μm 为例)上，在距离传感器一米处的分辨率极限为 65μm，而在距离传感器 100mm 处下降到 6.5μm。采样定理给出的最佳分辨率是像素尺寸的两倍，即 6μm，这将代表实际的分辨率极限。对于离轴全息，由光的相干性和观察系统的有限孔径引入的斑点的存在为分辨率设置了下限。在实践中，考虑到这一点，最小分辨率提高了 2～3 倍。

当光学全息图在水中记录并在空气中再现时(这不是必需的，一些工作人员已经探索了在水中再现的可能性)，记录和再现空间的折射率不匹配将导致像差增加。在同轴全息中，只有球差是重要的，因为物体和参考光束的路径非常相似。然而，在离轴全息中，像散和彗差占主导地位，并且都随着目标在重建图像中的视场角的增大而增大。这些限制了分辨率，并在坐标定位中引入了不确定性。此外，水本身可能会影响图像的质量。水的总体浊度的增加会对同轴和离轴技术产生不利影响，并会产生降低图像保真度的背景噪声。

全息成像的一个独特的实用解决方案是，在记录光和再现参考光之间引入少许失配来平衡折射率的失配，从而补偿光通过水时有效波长的变化(Kilpatrick and Watson，1993，1994)。对于在空气中记录和再现的全息图，通常的先决条件是重建波长与记录所用波长相同。根据波长对折射率 n 的依赖性，可以应用更一般的条件，即必须保持不变的是λ/n。这种关系表明，沉浸在水中并在空气波长λ_a处记录的全息图在重建波长λ_c处再现时，在空气中将产生无像差的图像，λ_c本身相当于通过水时的光波长λ_w，即

$$\lambda_c \approx \lambda_w \approx \frac{\lambda_a n_a}{n_w} \tag{12.8}$$

其中，n_a和 n_w 分别是空气和水的折射率。因此，原则上，在记录与再现所使用的光波之间引入适当的波长变化可以完全消除像差。如果使用绿色(532nm)激光记录，则理想的回放波长约为 400nm(即 532nm/1.33)。然而，完整的校正假设整个记录系统位于水中。由于这是不现实的，也不可取的，全息图通常是用全息传感器在平面玻璃窗后面的空气中记录的。附加的玻璃和空气路径会影响像差的补偿。然而，三阶像差理论(Born and Wolf，1980)表明，如果选择合适的窗口-空气路径长度比用于特定的再现波长，就会出现像差平衡，在较宽的视场角和目标位置范围内，残余像差会减小到最小。对于全息相机内部 120mm 的空气间隙和 30mm 厚度的 BK7 玻璃窗口($n = 1.50$)，442nm 的再现波长在 40°左右的全视场角范围内具有良好的性能(Kilpatrick and Watson，1993，1994)。这种行为也可以用光学光线跟踪或光学设计程序来模拟。使用数字全息技术，可以通过数字方式完成整个过程，并将其合并到重建算法中。

在大多数水下应用中，物体(或照相机)在曝光过程中处于运动状态。此运动的效果使较细的条纹模糊，从而降低分辨率和对比度。平面内运动是最严重的情况，采用实验验证的标准，即运动量不超过最小物体条纹间隔的十分之一，那么对于同轴全息，物体运动量必须小于物体尺寸的十分之一。对于尺寸为 10μm 的颗粒，以及持续时间为 10ns 的典型的 Q 开关 YAG 激光脉冲，可以容许最高 100m/s 的横向速度。离轴全息的要求更高，最大允许速度降低了大约一个数量级。但是，对于该技术的大多数现场应用来说，这已经足够了。

12.5　全 息 相 机

如前所述，Knox(1966)促进了全息成像在海洋科学中的发展。它引发了一系列水下全息相机的发展，这些全息相机被部署在世界各地的海洋中。这些全息相机展示了

全息成像技术在海洋和淡水生物及微粒的成像和测量方面的潜力。然而，所有这些全息相机的体积都很大，并且使用了物理上的大型激光器；全息图需要湿化学处理，然后在专用再现设备中进行重建。虽然这些系统获得了令人印象深刻的图像，但耗时费力的数据提取过程使之不能大量获取有意义的科学结果。此外，全息材料从市场上的逐渐退出导致了传统全息相机的消亡。从 Owen 和 Zozulya(2000)发表关于水下数字全息相机的论文开始，研究重点就转向了这个方向。由于体积更小、操作更方便、数据处理速度更快(相比之下)，以及能够记录全息视频，从而获得三维空间和时间信息等优势，水下全息成像再次引起了人们的兴趣。现在几乎所有的全息相机都采用数字记录。下面将描述一个典型的全息相机，然后详细讨论一些已经开发的数字系统。

12.5.1 一种经典的照片记录全息相机 HoloMar

阿伯丁大学(University of Aberdeen)的 HoloMar(图 12.9)是一台基于经典照片记录的全息相机：该系统具有独特的能力，能够同时记录同轴全息图和离轴全息图，以提供从几微米到几毫米的物种大小范围，以及从每立方厘米只有几个粒子到非透明生

(a) 内部结构

(b) 外壳

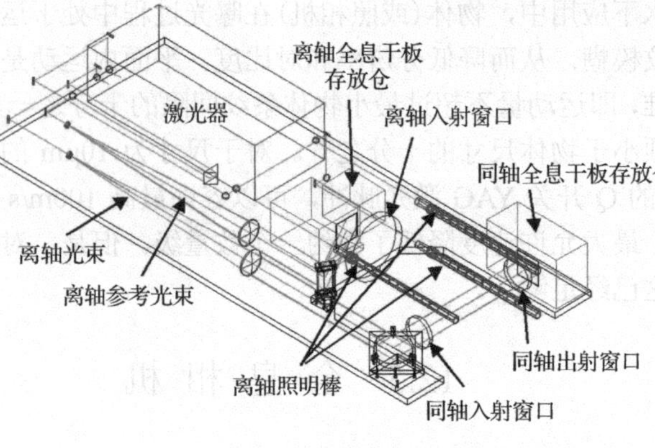

(c) 系统示意图

图 12.9 HoloMar 系统(见彩图)

物体的浓度范围(Hobson and Watson，1999，2002；Craig et al.，2000；Watson et al.，2001)。它是围绕倍频 Nd:YAG 激光器设计的(被动调 Q，532nm 波长，在 10ns 的持续时间内每个脉冲 650mJ)。同轴光束记录了一段直径为 9.2cm、长为 47cm 的水柱(约 $3000cm^3$ 的记录体积)。全息图是在 10cm 正方形全息板上捕获的，每次潜水以 10s 的间隔记录多达 20 张全息图；激光能量为 25mJ。对于离轴全息，参考臂的激光能量为 25mJ，3 个照明臂的总能量合计 600mJ，记录的总体积约为 $20000cm^3$。

HoloMar 系统通过一系列使用 CAN 总线协议的微控制器进行控制，通过带有防水耐压的水下连接器的固定电缆进行传输。整个系统封装在一个直径 2.4m、长 1m 的钢制外壳中，重量为 2.3t。2000 年 10 月和 2001 年 9 月，它由苏格兰 Dunstaffnage 海洋实验室的一艘科考船通过一个系缆绞车部署到科斯莫尔岛附近的 Etive 湖 100m 深的水下。在同轴和离轴模式下记录了几百张全息图。用该系统记录的全息图的图像示例如图 12.10 所示，清晰地显示了同轴和离轴记录的区别。图 12.10(a)中的同轴图像为第五幼体阶段的桡足类哲水蚤，体长约 2mm。同轴全息图只显示动物的轮廓，但在高分辨率下可以看到约 10μm 的细节。图 12.10(b)所示的离轴重建图显示了一个约 3.5mm 体长的成年哲水蚤。乍一看，这幅图像的质量似乎低于同轴全息，然而重要的是，在这种模式下，需要在身体的不同部位进行聚焦，以获得最佳的分辨率，但与同轴图像

(a) 桡足类哲水蚤的同轴全息图

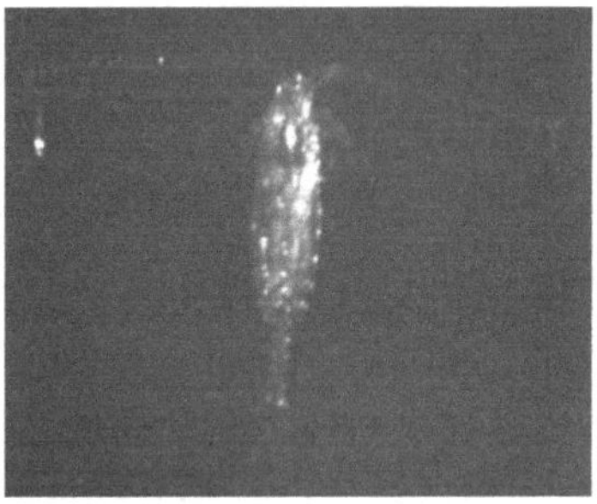

(b) 成年桡足类的离轴全息

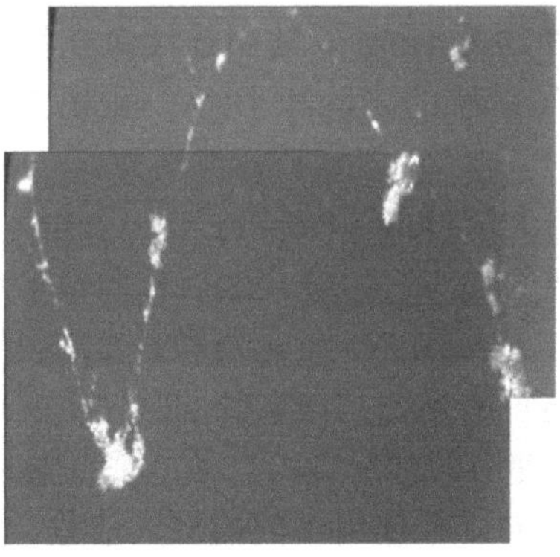

(c) 两次絮状物离轴全息的合成图

图 12.10　Etive 湖中全息图的重建

不同的是，离轴图像可以清楚地看到体表特征。图 12.10(c)是一个离轴全息图两次重建的合成图，显示了絮状物，每个图像区域约为 7mm×9mm。

12.5.2 水下数字全息相机

第一个水下数字全息相机是由 Owens 和 Zozulya(2000)开发的，后来由美国的 Woods Hole 集团公司销售，它利用 10mW 连续波二极管激光器在 CCD 阵列上以最大 25cm 的路径长度(图 12.11)进行同轴配置。使用连续激光器是合理的，因为电子传感器的灵敏度更高(相对于胶片)，曝光时间减少到大约 100μs。然而，这仍然被限制，只能在缓慢移动系统中进行应用。这种全息相机被成功地部署在测试水池中，并在佛罗里达州坦帕湾等地的 50m 深处进行了实地测试。

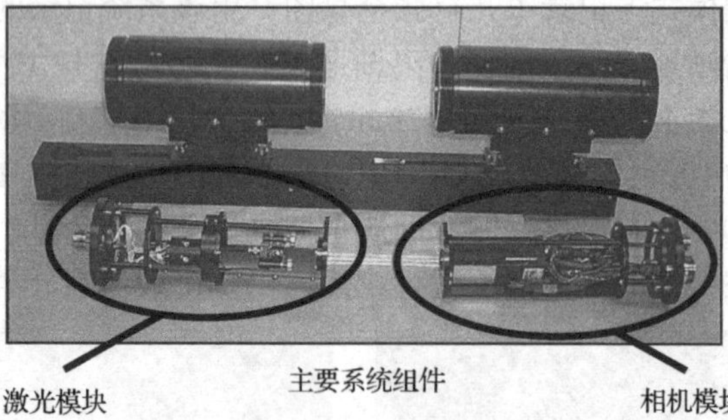

图 12.11 Woods Hole 集团公司的全息相机(Owen and Zozulya，2000)

从那时起，全世界的一些工作者(如 Xu 等(2001)、Pfitsch 等(2005，2007)、Sun 等(2005，2007，2008a)、Jericho 等(2006)、Dyomin 等(2008)、Nimmo-Smith(2008))利用数字全息进行水下环境科学研究，水下潜水数字全息相机正在商业化(Sequoia，2009)。尽管这些系统具有一些共同的组件，例如通常使用同轴几何结构和 CCD 阵列，但它们之间在应用和部署方法方面存在细微的差异。许多研究主要是为浮游植物研究开发的，其采样体积约为 $1mm^3$，使用连续激光将它们限制在低粒子速度。在下面的描述中，将提到开发系统的团队和小组，因为这些开发几乎总是涉及多个学科团队。

美国约翰斯·霍普金斯大学(Johns Hopkins University，JHU)的研究小组最初开发了基于经典的水下全息相机(Katz，1999)，然后转向数字系统。他们的第一台数字全息相机(图 12.12)使用 3mW 连续 HeNe 激光器和 CCD 传感器(Pfitsch et al.，2005)。后来发展成基于自由航行装置的系统，该系统同时使用两个以 15Hz 帧速率工作的传感器(Pfitsch et al.，2007)。使用两种配置：一种是垂直安装的 CCDs；另一种是 CCDs 彼此平行，但指向相反的方向，并使用不同的放大倍数。所用激光器为 660nm 倍频 Nd:YLF 激光器和 2000 像素的 CCD 相机，像素间距为 7.5μm。在正交配置下，共同体积约为 $3.4cm^3$，总记录体积略大于 $40cm^3$。在第二个配置中，记录了一个体积更小、分辨率更高的全息图。该系统于 2005～2006 年在西班牙的蓬特韦德拉湾和法国的比斯开湾部署。后来在实验室中使用了与图 12.4 相似的聚焦图像来研究与分散剂混合的原油液滴的分散性(Gopalan and Katz，2010)。

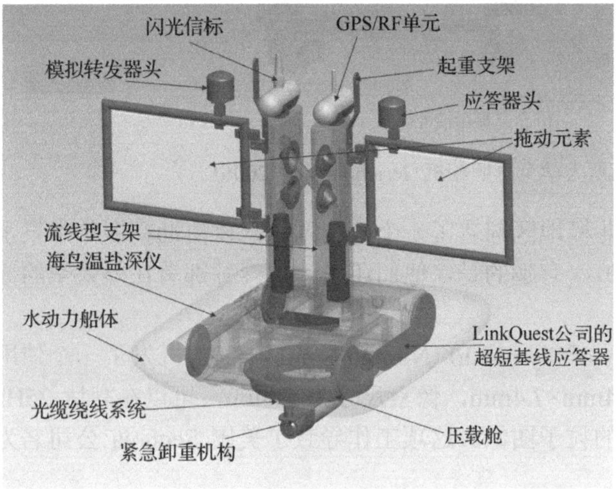

(a)

(b)

图 12.12　JHU 全息成像系统(Pfitsch et al.，2005)

加拿大达尔豪斯大学(Dalhousie University)的小组(Xu et al.，2001；Garcia-Sucerquia et al.，2006，2008；Jericho et al.，2006)在其系统中使用点源照明(图 12.13)，而不是准直参考光束，从而记录了几立方厘米采样体积上的放大图像。这通常被称为数字全息显微术，并且这有助于提高记录分辨率，尽管因为引入了放大倍数，导致记录的体积大大减少。在该系统中，波长为 532nm 或 630nm 的固体激光器与 1392×1040 阵列 CCD 相机(像素尺寸为 6.4μm)配合使用，以 7Hz 的频率工作，450μs 的曝光时间。良好记录的最小实际曝光时间约为 200μs，并观察到每秒几微米的流动。

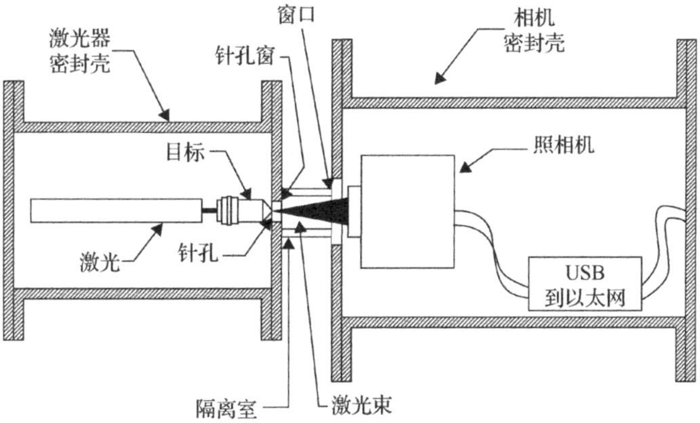

(a) 全息显微镜示意图

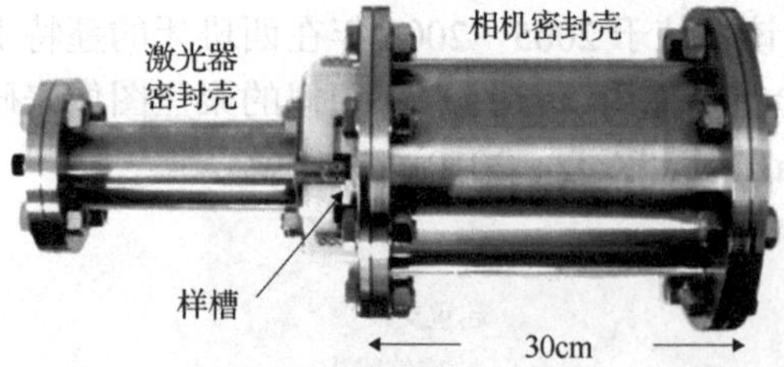

(b) 全息显微镜外壳

图 12.13　达尔豪斯大学全息照相机(Jericho et al.，2006)

最近，研究人员在加拿大高北极地区部署了一个改良系统，以协助在多年生泉水中寻找微生物(Jericho et al.，2010)。有趣的是，他们还设计了一种部署在外太空的数字全息显微系统。

英国普利茅斯大学(University of Plymouth)(Nimmo-Smith，2008)开发了一个使用连续激光的系统，视场范围为 7.4mm×7.4mm，像素尺寸为 7.4μm，可以在高达 25Hz 的频率下产生低至 20μm 分辨率的粒子图像。这项工作导致了美国 Sequoia 公司名为 LISSTHOLO 的商业系统的发展。

在俄罗斯，托木斯克国立大学(Tomsk State University，TSU)的一个团队(Dyomin et al.，2003，2008)也在开发一种水下全息相机。其已用于实验室配置，以分析从贝加尔湖(Lake Baikal)采集的水样中的浮游生物。在此设置中，记录相同样本体积的两个正交视图。

12.5.3　eHoloCam 系统(Aberdeen 大学)

Aberdeen 大学的研究小组在使用经典的全息相机后，把注意力转向了数字系统的发展。基于实验室所开发的设备的初步研究，着眼于海岸沉积物的侵蚀过程(Black et al.，2001；Sun et al.，2002，2004，2005；Perkins et al.，2004)。该系统使用标准同轴全息和连续激光器(HeNe 激光器或二极管激光器)。其中一个使用了一个 3mW 的 HeNe 连续激光器和一个 CCD 摄像机(日立 KP-M1E/K，搭载了索尼 ICX024BL-6 传感器，像素 752×581，间距 11μm)。图 12.14 显示了一个全息重建的水射流，这个水射流从上方撞击在一个小水池中的沙床上，沙粒尺寸约为 200μm。可以跟踪侵蚀沙粒的路径并确定侵蚀的开始时间。Graham 和 Nimmo-Smith(2010)开展了有关沉积物全息成像的最新工作。

这项利用沉积物数字全息技术进行的研究被引入了浮游生物实验室试验，并随后开发了一种被称为 eHoloCam 的数字全息相机。eHoloCam(Sun et al.，2007，2008a)不同于其他大多数数字全息相机，它使用脉冲倍频 Nd:YAG 激光器来“冻结”快速运动物体中的任何运动，与一个高分辨率 CMOS 传感器相结合，以 5～25Hz 的视频帧速率记录约 $36cm^3$ 的水量。

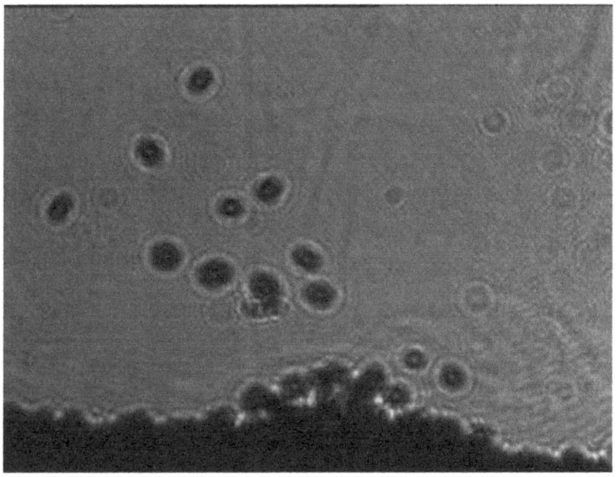

图 12.14　水射流冲击沙床的全息图重建(Sun et al.，2002)

eHoloCam 的照片如图 12.15 所示，其内部布局如图 12.16 所示。eHoloCam 由两个防水外壳组成：一个长 724mm、直径 330mm 的主外壳包含激光器、单板计算机、存储硬盘驱动器和光束形成光学元件。激光器(英国 ELFLAME 公司生产)是一个脉冲倍频 Nd:YAG 激光器(532nm，每脉冲 1mJ，4ns 脉冲持续时间，最大脉冲重复频率为 25Hz)。另一个是一个 170mm 长、100mm 直径的副外壳，包含一个 PixeLINK 相机(PL-A781)，该相机搭载 2208×3000 像素的 CMOS 传感器(IBIS4-6600，10 位)，10.50mm×7.73mm 成像区域上的正方形像素尺寸为 3.5μm。激光外壳的正面通过三根钢棒连接到摄像机外壳的支撑板上，以使系统严格保持在一条基线上。两个外壳的设计工作压力均为 30MPa(3km 深)，并经过压力测试和认证，测定达到 18MPa(约 1.8km 深)。蓝宝石窗口($\lambda/4$ 平整度，直径 75mm，厚度 18mm，未镀膜)允许光束通过水传输到传感器。窗口之间的距离为 453mm，在一张全息图中记录水柱的体积为 36.5cm^3。全息图可以在高达 25Hz 的视频帧速率下记录。两个负透镜在准直之前将激光束扩展到直径大约 90mm，从而在直径为 40mm 的中心区域获得均匀的光束(0.4λ的波前平整度)。传感器前面的 532nm 带通滤波器(Bandpass Filter，BPF)有助于减少环境光线。基准参考线(直径 50μm)位于主外壳的准直器后表面和副外壳的传感器前，为重建提供校准参考。板载数据存储采用两个 320GB 的 SATA(Serial Advanced Technology Attachment)驱动器。

图 12.15　eHoloCam 副外壳(左)和主外壳(右)(光束路径突出显示)

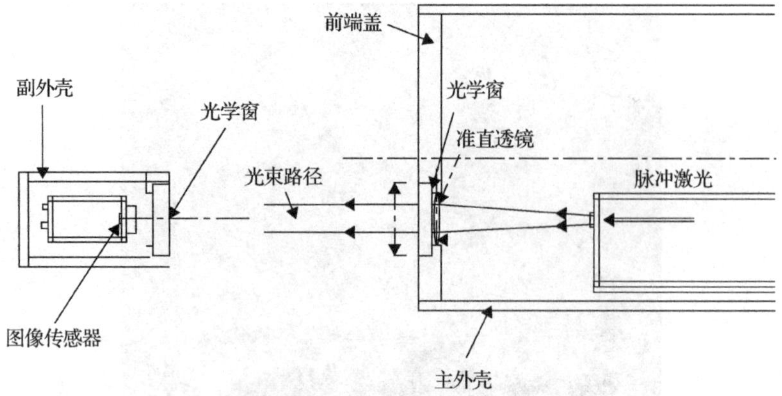

图 12.16　eHoloCam 布局示意图(Sun et al.，2007)

eHoloCam 是跟随 RV Scotia 科考船(苏格兰海洋科学研究所海洋实验室)部署在北海的，进行为期一年的四次巡航(2005 年 12 月，2006 年 4 月、7 月和 12 月)。它从取样架 ARIES(自动记录的环境采样器，苏格兰海洋科学研究所海洋实验室)操作，以高达 4 节(约 2m/s)的速度拖至 450m 的深度。水横向流过 eHoloCam 的"口部"，并且垂直于光束的路径；压力传感器自动从 10m 深开始记录全息图。该系统在电源和数据存储方面是独立的，执行嵌入式控制软件。甲板上的数据传输和系统控制通过千兆以太网端口进行；允许在潜水前执行系统初始化，并在潜水后通过"上部模块"PC 传输数据。自定义控制软件(用 Visual C++编写)控制激光的发射、相机与它的同步以及数据采集和存储。嵌入式单板计算机有两个 640GB 的 SATA 驱动器，用于本地存储全息视频。

在整个潜水季节记录了几百个全息视频。CMOS 相机可以在不同的像素配置(抽取模式)下工作，以提供分辨率、帧速率和视频大小的控制。在全分辨率模式下，对阵列中的所有像素进行单独寻址，使有效像素大小为 3.5μm^2，帧速率为 5.3Hz。在这种模式下，记录超过 255 帧需要 48s。在半分辨率模式下，对每个 2×2 阵列中的一个像素进行寻址，使其有效像素大小为 7.0μm^2(1500×1104 像素)，在 68s 内以 17.3Hz 记录 1172 帧。在第三分辨率模式下，对 3×3 阵列中的一个像素进行寻址，可在 2627 帧的 110s 内以 24.3Hz 的频率获得 10.5μm^2 大小的有效像素(1000×736 像素)。因此，可以在高分辨率和低帧数、低分辨率和高帧数之间进行选择。录制持续时间是根据所需的视频缓冲区大小计算的(约 2GB)。在每次潜水中，相机分别以全分辨率、半分辨率和第三分辨率的顺序进行录制。每次潜水可执行多达 5 个序列，并放弃 15 个视频。

用光谱角算法重建每一帧全息图，并从记录的视频中手动提取。在这里，给出了几个不同季节的几次潜水的重建图像的例子(图 12.17)；浮游生物的类型，以及它们的种群密度和行为特征，在季节和地点之间有明显的不同。图 12.17(a)是在距离仪器

62mm 处拍摄到的一个有鳞桡足类的重建图像，聚焦点位于其尾部；图 12.17(b)显示了在 65mm 处重建并聚焦在天线上的同一个桡足类。桡足类的体长约为 2mm。全息图是在大约 92m 的深度记录的，它们是以半分辨率记录的。图 12.17(c)是在第三分辨率下记录的水母幼虫(栉板动物)。图 12.17 显示了全息成像的一些主要优点，使其成为现场和非侵入测量的理想选择。此外，许多在水下看到的物种都非常脆弱，可能被大多数取样方法破坏，如净采集。观察到许多不同种类的水母幼苗，这些都显示了全息成像在记录半透明(时期)物体方面的优势。这些物种在浮游生物的发展中起着重要的作用，在用网捕获样本时很容易被破坏。

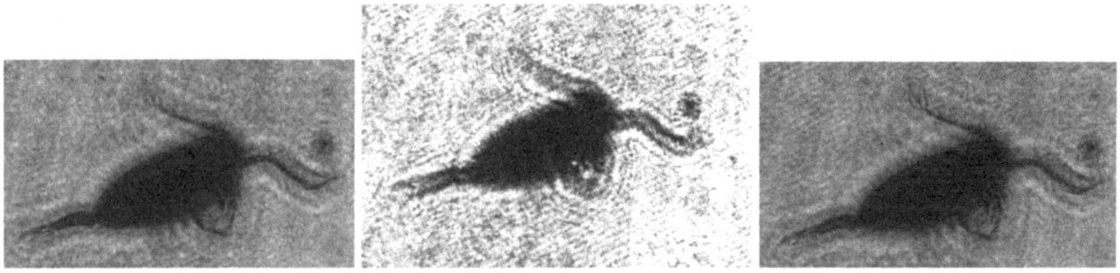

(a)　(b)　(c)

图 12.17　北海数字全息记录的重建

在一次特定的潜水中，按顺序记录了 10 个系列的全息录像，并在这里选择这些录像来说明对哲水蚤(calanus)种群密度的分析(不区分具体物种种类)。表 12.1 列出了 3 个这样的视频，显示了记录的帧数、记录参数、记录的体积、深度、桡足类动物的数量和估计的种群密度。记录的帧数 N_{fr} 取决于预先设置的记录持续时间，在 5.3Hz 时为 255，在 17.3Hz 时为 1172，在 24.3Hz 时为 2627，分别为全分辨率、半分辨率和第三分辨率。单帧记录体积 V_{fr} = 36.5cm^3，总记录体积为 $N_{fr}\times V_{fr}$。对每段视频中记录的哲水蚤(N_{cal})个数进行人工计数，用 $N_{cal} = N_{cal}/(N_{fr}\times V_{fr})$ 表示每段视频中的种群数。10 个视频中的总采样量为 40 万 cm^3，哲水蚤种群的平均密度为 196×10^{-6}cm^{-3}。显然，在这样稀疏的种群中，种群密度的测量误差很大。ARIES 上还安装了一个光学浮游生物计数器(OPC)，在同一次潜水中产生了 618m^{-3} 的种群数量。但是需要注意的是，OPC 计算特定大小范围内所有生物的数量。

表 12.1　北海全息影像的部分资料

视频编号	帧数	像素大小/帧速率/持续时间	总体积/cm^3	深度/m(±5m)	桡足类数量	种群密度/(10^{-6}cm^{-3})
HVD1	255	3.5μm/5.3Hz/48s	9310	14～18	2	215
HVD4	1172	7μm/17.3Hz/68s	42800	88～95	7	164
HVD7	2627	10.5μm/24.3Hz/110s	95900	95～103	34	355

12.6　未来的趋势

尽管数字全息在生物和环境研究方面有许多优势，但由于一些技术限制，它无法充分发挥其潜力和能力。其中一些限制是由于使用了同轴记录，它将应用限制在低浓度的小型半透明物体上。由于缺乏广角离轴记录，无法在密集浓度下对大的不透明目标进行成像。目前可用的小记录体积(0.1～40cm^3)的另一个限制是，在测量稀疏分布物种(如许多浮游生物)种群的统计精度方面受到限制。目前单电子阵列传感器(CMOS/CCD)的敏感区域较小，限制了数字全息记录大采样体积，或者跟踪超过显著路径长度的粒子的能力。然而，无论是在水下还是在陆地上，数字全息技术最受限制的领域是缺乏专门针对数字全息的综合数据提取和分析软件。从视频全息图中分析粒子的分布、识别和跟踪是非常程序化的，这也常常是全息图失效的地方。缺乏简单易用的操作限制了专业操作人员对数码全息相机的使用。

正是为了解决这些局限性，未来应用于高分辨率成像的数字全息成像的工作应该得到解决。当这些限制被克服时，我们希望看到数字全息技术能够成为工业和环境科学中常规检测和测量的关键系统。

12.7　小　结

本章概述了全息成像作为成像、识别和测量浮游生物和沉积物等水生生物和颗粒的种群和空间分布的方法。简要介绍了自第一次水下部署以来多年来开发的一些潜水式全息相机。全息成像已被证明是一种有效的成像、识别和测定水柱中微生物和微粒的方法。虽然可以在现场非侵入性地获得非常高质量的图像，但对产生的大量数据的处理目前仍然是一个瓶颈。传统的全息成像几乎已被数字技术完全取代。虽然相比之下，数字全息在分辨率上有局限性，但随着传感器的像素尺寸的降低，这一点将得到改善。

12.8　更多资料来源和建议

这有很多关于全息成像的书籍和论文。一些最好的经典全息图已经有些“老旧”了，但仍然是优秀的，参见Hariharan(1996)、Collier等(1971)和Vikram(1992)的文章。当然，Gabor(1948，1949，1951)、Leith和Upatnieks(1962，1964)的文章应该是研究全息成像的起点。对于一般粒子全息，Thompson和Ward(1966)与Thompson(1974)的文章值得研究。全息成像有很多定性的处理方法，Saxby(1994)的方法就是一个很好的例子。在数字全息成像方面，很难超越Schnars和Jüptner(2005)或Kreis(2004)的研究，要了解数字全息在振动研究、应力分析和构件尺寸测量等工业环境中的广泛应用，那么阅读 Kreis(2004)一书是一个很好的起点。有关在血细胞和生物组织研究中的应用，请参考 Stern 和 Javidi(2007)或 Sun 等(2008b)的研究；关于生物医学中全息显微术的一般论文，Depeursinge 等(2011)的文章非常值得一读。有关激光特性和不同类型激光的良好定性描述，请参见 Hecht(1992)的文章。

12.9 致　　谢

感谢欧盟委员会和英国贸易与工业部在开发 Aberdeen 大学全息相机方面的财政支持。还感谢过去和现在的许多同事、参与研究的学生和博士后助理。还感谢过去的合作伙伴，包括布鲁内尔大学(英国)、南安普顿海洋学中心(英国)、Quantel(法国)、CDL(英国)、ELFORLIGHT 公司(英国)、苏格兰海洋科学研究所(英国)、RV Scotia 科考船。

参 考 文 献

Agrawal Y, Pottsmith H. 2000. Instruments for particle size and settling velocity observations in sediment transport. Mar Geol, 168, 89-114.

Black K, Sun H, Craig G, et al. 2001. Incipient erosion of biostabilised sediments using particle-field optical holography. Environ Sci Technol, 35, 2275-2281.

Born M, Wolf E. 1980. Principles of Optics. 6 ed. Oxford, Pergamon Press.

Burns N J. 2011. Automated analysis system for the study of digital inline holograms of aquatic particles. PhD Thesis, University of Aberdeen.

Burns N J, Watson J. 2011. A study of focus metrics and their application to automated focusing of inline transmission holograms. J Imaging Sci, 59, 90-99.

Burns N J, Player M, Watson J. 2007. Data extraction from underwater holograms of marine organisms. Proc IEEE OCEANS'07, 070130-004, Aberdeen, IEEE.

Caimi F M, Kocak D M, Dalgleish F, et al. 2008. Underwater imaging and optics: recent advances. Proc IEEE OCEANS'08, 978-1-4244-2620-1/08.

Carder K. 1979. Holographic microvelocimeter for use in studying ocean particle dynamics. Opt Eng, 18, 524-525.

Carder K L, Meyers D. 1980. Holography of settling particle shape parameters . Opt Eng, 19, 734-738.

Carder K, Stewart R, Betzer P. 1982. In-situ holographic measurements of the sizes and settling of oceanic particulates. J Geophys Res, 87, 5681-5685.

Champagne E B. 1967. Non-paraxial imaging, magnification and aberration properties in holography. J Op Soc Am, 57, 51-55.

Champeney D C. 1973. Fourier Transforms and Their Physical Interpretation. London, Academic Press.

Claus D, Watson J, Rodenburg J. 2011. Analysis and interpretation of the Seidel aberration coefficients in digital holography. App Opt, 50, H220-H229.

Collier R J, Burckhardt C B, Lin L H. 1971. Optical Holography. New York, Academic Press.

Costello D K, Carder K L, Betzer P R, et al. 1989. In-situ holographic imaging of settling particles: applications for individual particle dynamics and ocean flux measurement. Deep-Sea Res, A36, 1595-1605.

Coppola G, Ferraro P, Iodice M, et al. 2004. A digital holographic microscope for complete characterisation of microelectromechanical systems. Meas Sci Technol, 15, 529-539.

Craig G, Alexander S, Hendry D C, et al. 2000. HoloCam: A subsea holographic camera for recording marine organisms and particles. Proc SPIE: Optical Diagnostics in Engineering, 4076, 111-119.

Cuche E, Bevilacqua F, Depeursinge C. 1999. Digital holography for quantitative phase-contrast imaging. Opt Lett, 24, 291-298.

Davis C S, Thwaites F T, Gallager S M, et al. 2005. A three-axis fast-two digital Video Plankton Recorder for rapid surveys of plankton taxa and hydrography. Limnol Oceanog: Methods, 3, 59-74.

Demetrakopolous T H, Mittra R. 1974. Digital and optical reconstruction of images from suboptical diffraction patterns. App Opt, 13, 665-670.

Depeursinge C, Marquet P, Pavillon P. 2011. Applications of digital holographic microscopy in biomedicine// Boas D A, Pitros P, Ramanujam N. Handbook of Biomedical Optics, Chap 29, 617-647, Taylor and Francis.

Dubois F, Schockaert C, Callens N, et al. 2006. Focus plane detection criteria in digital holography microscopy by amplitude analysis. Opt Express, 14, 5895-5908.

Dyomin V V, Polovtsev I G, Makarov A V, et al. 2003. Submersible holocamera for microparticle investigation: problems and solutions. Atmos Oceanic Optics, 16, 778-785.

Dyomin V V, Olshukov A S, Naumova E, et al. 2008. Digital holography of plankton. Atmos Ocean Opt, 21, 951-956.

Gabor D. 1948. A new microscopic principle. Nature, 161, 777-778.

Gabor D. 1949. Microscopy by reconstructed wavefronts. Proc Roy Soc, 197, 454-487.

Gabor D. 1951. Microscopy by reconstructed wavefronts: 2. Proc Phys Soc, 64, 449-469.

Garcia-Sucerquia J, Xu W, Jericho S K, et al. 2006. Digital inline holographic microscopy. App Opt, 45, 836-850.

Garcia-Sucerquia J, Xu W, Jericho S K, et al. 2008. 4-D imaging of fluid flow with digital in-line holographic microscopy. Optik, 119, 419-423.

Graham G W, Nimmo-Smith W A M. 2010. The application of holography to the analysis of size and settling velocity of suspended cohesive sediments. Limnol Oceanogr Methods, 8, 1-15.

Gopalan B, Katz J. 2010. Turbulent shearing of crude oil mixed with dispersants generates long microthreads and microdroplets. Phys Rev Letters, 104, 054501, 1-4.

Hariharan P. 1996. Optical Holography. 2ed. Cambridge, Cambridge University Press.

Hecht J. 1992. The Laser Guidebook. 2ed. New York, McGraw-Hill.

Heflinger L O, Stewart G L, Booth C R. 1978. Holographic motion pictures of microscopic plankton. Appl Opt, 17, 951-954.

Herman A W. 1988. Simultaneous measurement of zooplankton and light attenuance with a new optical plankton counter. Cont Shelf Res, 8 (2), 205-221.

Herman A W. 1992. Design and calibration of a new optical plankton counter capable of sizing small zooplankton. Deep-Sea Res A: Oceanograph Res Papers, 39, 395-415.

Herman A. 2001. A review of the optical plankton counter and an introduction to the next generation of laser-optical plankton counters. Proc Int Global Oceans Ecosyst Dynamics (GLOBEC), Tromso, 4-7.

Hobson P, Watson J. 1999. Accurate three-dimensional metrology of underwater objects using replayed real images from in-line and off-axis holograms. Meas Sci Technol, 10, 1153-1161.

Hobson P R, Watson J. 2002. The principles and practice of holographic recording of plankton. J Opt A: Pure Appl Op, 4, S34-S49.

Jaffe J S, Moore K D. 2001. Underwater optical imaging: status and prospects. Oceanography, 14, 64-75.

Jericho S K, Garcia-Sucerquia J, Xu W, et al. 2006. Submersible digital in-line holographic microscope. Rev Sci Instrum, 77, 043706-1 - 043706-10.

Jericho S K, Klages P, Nadeau J, et al. 2010. In-line holographic research for terrestrial and exobiological research. Planet Space Sci, 58, 701-705.

Katz J. 1999. Submersible holocamera for detection of particle characteristics and motions in the sea. Deep-Sea Res: Instrum Methods, 46, 1455-1481.

Kilpatrick J M, Watson J. 1993. Underwater hologrammetry: reduction of aberrations by index compensation. J Phys D: App Phys, 26, 177-182.

Kilpatrick J M, Watson J. 1994. Precision replay of underwater holograms. Meas Sci Technol, 5, 716-725.

King R A. 1989. The use of self-entropy as a focus measure in digital holography. Pattern Recogn Lett, 9, 19-25.

Knox C. 1966. Holographic microscopy as a technique for recording dynamic microscopic subjects. Science, 153, 989-990.

Knox C, Brooks R E. 1969. Holographic motion picture microscopy. Proc Roy Socy B, 174, 115-121.

Kreis T. 2004. Handbook of Holographic Interferometry. New York, Wiley.

Leith E, Upatnieks J. 1962. Reconstructed wavefronts and communication theory. J Op Soc Am, 52, 1123-1130.

Leith E, Upatnieks J. 1964. Wavefront reconstruction with diffused illumination and three-dimensional objects. J Op Soc Am, 54, 1295-1301.

Li W, Loomis N C, Hu Q, et al. 2007. Focus detection from digital in-line holograms based on spectral l-1 norms. J Opt Soc Am A, 24, 3054-3062.

Liebling M, Unser M. 2004. Autofocus for digital Fresnel holograms by use of a Fresnelet-sparsity criterion. J Opt Soc Am A, 21, 2424-2430.

Maiman T H. 1960. Stimulated optical radiation in ruby. Nature, 187, 493.

Malkiel E. 2003. The three-dimensional flow field generated by a feeding calanoid copepod measured using digital holography. J Exp Biol, 206, 3657-3666.

Malkiel E, Abras J, Katz J. 2003. Automated scanning and measurements of particle distribution within a holographic reconstructed volume. Meas Sci Techno, 15, 601-612.

Meier R W. 1965. Magnification and third-order theory in holography. J Op Soc Am, 55, 987-992.

Meng H. 1993. Intrinsic speckle noise in in-line particle holography. J Opt Soc Am, 10, 2046-2058.

Milgram J H, Li W. 2002.Computational reconstruction of images from holograms. App Optics, 41, 853-864.

Nimmo-Smith W A M. 2008. A submersible three-dimensional particle tracking velocimetry system for flow visualization in the coastal ocean. Limnol Oceanogr: Meth 6, 96-104.

O'Hern T J, d' Agostina L, Acosta A J. 1988. Comparison of holographic and Coulter counter measurement of cavitation nuclei in the ocean. Trans J ASME, 110, 200-207.

Owen R B, Zozulya A A. 2000. In-line digital holographic sensor for monitoring and characterizing marine particles. Opt Eng, 39, 2187-2197.

Pan G, Meng H. 2003. Digital holography of particle fields: reconstruction by use of complex amplitudes. App Optics, 42, 827-833.

Perkins R, Sun H, Watson J, et al. 2004. In-line laser holography and video analysis of eroded floc from engineered and estuarine sediments. Environ Sci Technol, 38, 179-181.

Pfitsch D W, Malkiel E, Takagi M, et al. 2007. Analysis of in-situ microscopic organism behavior in data acquired using a free-drifting submersible holographic imaging system. Proc OCEANS'07, 0-933957-35-1. Vancouver, IEEE.

Pfitsch D W, Malkiel E, Takagi M, et al. 2005. Development of a free-drifting submersible digital holographic imaging system. Proc. OCEANS'05, Washington, IEEE.

Saxby G. 1994. Practical Holography. 2ed. Hemel Hempstead, Prentice Hall.

Schnars U, Jüptner W. 1994. Direct recording of holograms by a CCD target and numerical reconstruction. App Optics, 33, 179-181.

Schnars U, Jüptner W. 2002. Digital recording and numerical reconstruction of holograms. Meas Sci Technol, 13, R85-R101.

Schnars U, Jüptner W. 2005. Digital Holography. Berlin, Springer.

Schulz J, Barz K, Mengedoht D, et al. 2009. Lightframe on-sight key species investigation (LOKI). Proc OCEANS'09, 1-4244- 2523-5/09, Bremen, IEEE.

Sequoia 2009. LISSTHOLO.http://www.sequoiasci.com/products/LISSTHOLOspecs.cmsx.

Sheng J, Malkiel E, Katz J. 2006. Digital holographic microscope for measuring three-dimensional particle distributions and motions. App Optics, 41, 3893-3901.

Stern A, Javadi B. 2007. Theoretical analysis of three-dimensional imaging and recognition of micro-organisms with a single-exposure on-line holographic microscope. J Opt SocAmer A: Opt Image Sci, 24, 163-168.

Stewart G L, Beers J R, Knox C. 1970. Application of holographic techniques to the study of marine plankton in the field and in the laboratory. Proc SPIE, 41, 183-188.

Sun H, Dong H, Player M A, et al. 2002. In-line digital holography for the study of erosion processes in sediments. Meas Sci Technol, 13, L7-L12.

Sun H, Perkins R G, Watson J, et al. 2004. Observations of coastal sediment erosion using in-line holography. J Opt Sci A: Pure and App Optics, 6, 703-710.

Sun H, Player M A, Watson J, et al. 2005. The use of electronic/digital holography for biological applications. J Opt A: Pure Appl Opt, 7, S399-S407.

Sun H, Hendry D C, Player M A, et al. 2007. In situ electronic holographic camera for studies of plankton. IEEE J Ocean Eng, 32, 373-382.

Sun H, Benzie P W, Burns N, et al. 2008a. Underwater digital holography for studies of marine plankton. Phil Trans Roy Soc, 366, 1789-806.

Sun H, Song B, Dong H, et al. 2008b. Visualization of fast-moving cells in vivo using digital holographic microscopy. J Biomed Opt, 13, 014007.

Thompson B J, Ward J H. 1966. Particle sizing-the first direct use of holography. Sci Res, 1, 37-40.

Thompson B J. 1974. Holographic particle sizing techniques. J Phys E: Sci Instrum, 7, 781-788.

Vikram C S. 1992. Partcle Field Holography. Cambridge, Cambridge University Press.

Watson J. 1993. High-precision measurement by hologrammetry. Brit J Non-Destr Test, 35, 628-633.

Watson J, Alexander S, Craig G, et al. 2001. Simultaneous in-line and off-axis subsea holographic recording of plankton and other marine particles. Meas Sci Technol, 12, L9-L15.

Xu W B, Jericho M H, Meinertzhagen I A, et al. 2001. Digital in-line holography for biological applications. Proc Nat Acad Sci, 98, 11301-11305.

Yaroslavskii L P. 1980. Methods of Digital Holography. New York, Consultants Bureau.

第13章 水下激光扫描和成像系统

本章涵盖了扫描成像系统的基础知识，该系统旨在减轻成像介质中的光散射对成像结果的影响。介绍了激光线扫描(LLS)系统和激光距离选通(Laser Range Gated，LRG)系统的基本工作原理，并详细介绍了由双锥体扫描镜(pyramidal scanner)和单六角多面体扫描镜(hexagonal polygonal scanner)组成的扫描系统。除了涵盖单基地或准单基地扫描系统配置，还讨论了采用时分或频分编码重建扫描物空间的双基地和多基地系统。最后简要回顾了三维扫描成像仪和光学波长或频率变换成像技术。

13.1 引　言

人们历来对观察水下的物体感兴趣，也有许多关于探索海底的记载。然而，水分子和悬浮粒子对光的吸收和散射阻碍了人们在水中的观察距离，使得人们不得不使用专门的成像技术甚至设计水下光学成像系统来扩大观察距离。

常规成像系统通常利用自然光或者人工光源照明，以拍摄照片或录制视频。胶片相机、采用闪光灯或弧光灯的CCD相机，以及带有LED照明的高清摄像机都属于常规成像系统。常规成像系统利用连续宽谱光源照明，在距目标一到两倍衰减长度内成像比较清晰。这里，一个衰减长度定义为当光强衰减到初始光强的1/e(37%)时光所经过的距离。在清澈的大洋海域，它的典型值为20～30m，然而在浑浊的近岸水域可能不足1m。当距离目标大约为三倍衰减长度时，可以将光源和相机在空间上分开一定距离来获取可接受的图像。然而，随着散射系数的增加，共体散射(common volume scatter)也会增加，这会造成信噪比、对比度和分辨率的损失，最终导致图像的对比度不足。

先进的成像系统早在激光系统问世之前就已经被提出，这些系统使用多种几何结构来减少散射和吸收的影响。先进的系统通常需要专门的照明，还要设计一种方法以实现在照明视场中保留目标反射光的同时消除介质散射的光。使用激光作为光源的系统其成像距离通常能够超过三倍衰减长度。通过提高潜水器的航行速度、机动性以及提高图像的分辨率，可以实现更大的作业视距，这将更有利于水下作业的开展。更高的目标图像分辨率和更远的成像距离还可以使潜水器的应用更加广泛和多样化。根据目标区域的大小和表面复杂度，光学成像可能是表征特征的唯一有效手段。

这些远距离成像仪通常分为两类：同步激光线扫描(LLS)类和激光距离选通

本章作者 F. M. CAIMI and F. R. DALGLEISH，Harbor Branch Oceanographic Institute，Florida，Atlantic University，USA。

(LRG)类。这两类远距离水下成像仪最终都受到点扩散和介质衰减的限制，因为只有一小部分激光能从光源照射到目标区域再返回到探测器。散射和衰减会造成对比度、分辨率和信噪比的损失，这些损失造成的问题在接近工作范围极限时尤为突出。

13.2　激光距离选通系统

已经证明，基于脉冲激光的距离选通成像仪最远能够在约 6 倍衰减长度内对目标区域成像。该系统利用高速门控相机和同步激光光源来降低散射光的影响(Witherspoon and Holloway，1990；Fournier et al.，1993；Swartz，1993；McLean et al.，1995)。其他的系统，如基于同步扫描高重复频率脉冲源和单元门控探测器的系统也已经得到验证(Klepsvik and Bjarnar，1996；Dalgleish et al.，2009)。尽管最终性能受到衰减和光源的前向散射的限制，但是这类成像仪的体积也比连续波激光线扫描(LLS)系统紧凑，因为不需要为了抑制散射光而让光源和探测器在空间上错开。与调制或脉冲包络光源相比，连续波激光器功率恒定，因此在探测过程中更难以从几乎恒定的环境光中将信号分离出来。激光距离选通(LRG)系统的基本几何结构如图 13.1 所示。

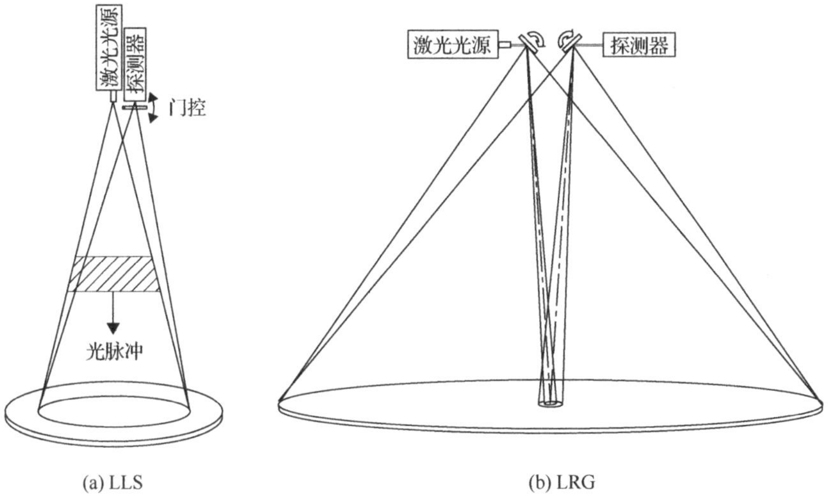

图 13.1　同步扫描成像方式的 LLS 系统与 LRG 系统

13.3　激光线扫描系统

13.3.1　同步扫描：单基地系统

由于减少了照明和探测系统之间的共享体积，同步扫描成像系统的性能往往优于其他类型的系统，但代价往往是系统过于复杂。通过限制视场，将前向散射和后向散射的影响降至最低。该设计理念最初在 1973 年获得专利(Funk et al.，1993，1972)，并且 Ragtheon 公司(Leathem and Coles，1993；Coles，1997)已经研制出相应的工作系统。目前的系统使用多线激光照明和带独立彩色滤光片的多个光电倍增管(PMT)接收器，使用同步扫描方式提供 12 位彩色输出图像(Nevis and Strand，2000)。12 位的动态范围能在高达 6 个衰减长度的光学范围内产生非常细致的图像。

许多基础 LLS 系统的缺点是景深相对较小，使得接收器和发射器可同步跟踪的范围非常小。这在图 13.1 所示的 LLS 与 LRG 系统的对比中有所体现。在动态的海底环境中成像时，光传输特性、海底表面特征、平台高度和姿态可能发生显著变化，此时有限的景深所带来的问题会尤为突出。当景深较小时，这些因素中的任意一个都将导致图像质量退化至无法接受的程度，甚至是完全丢失。如图 13.2 所示，景深取决于光源与探测器之间分开的距离、光路往返长度、光束发散程度和探测器的可接收角度。使用较大视场的探测器可以获得更大的景深，或者可以使用一个由反映成像距离变化信号驱动的反射镜来补偿像平面的位置变化。

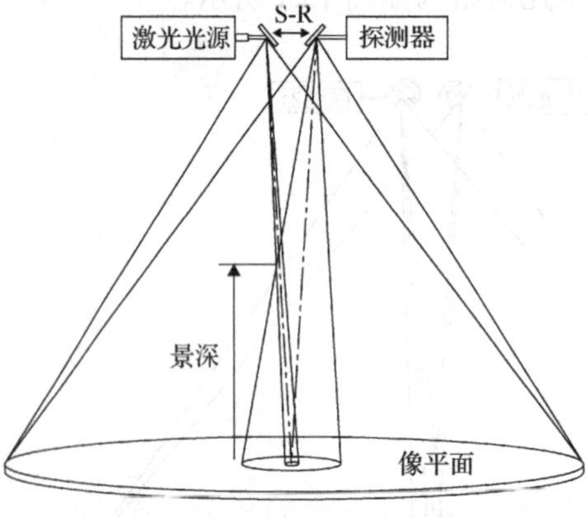

(a) 光源–探测器距离比较大的情况

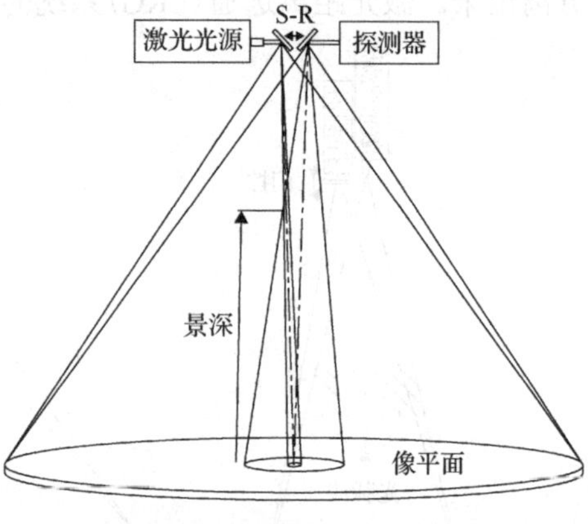

(b) 光源–探测器距离比较小的情况

图 13.2 典型激光线扫描系统结构的光源–探测器(S-R)分离对景深(DOF)和共体积散射的影响

激光线扫描系统的光学分辨率取决于目标区域内激光反射面处的激光束直径，也取决于接收器能够从与扫描角度有关的返回信号中解析强度信息的精度。通过最小化瞬时视场(Instantaneous Field of View，IFOV)(如减小目标上的接收器光斑大小)，能够减小散射体积，从而提高信噪比。换言之，减小散射体积可以提高系统的成像范围，如图 13.3 所示。

通过减少瞬时视场能够减少每像素的目标面积(通常以 cm^2/pixel 测量)，也能从理论上提高图像分辨率。由于前向散射和有限景深的综合效应进一步限制了能达到的分辨率，因此该方法在对具有高空间频率的目标表面成像时尤为可取。

同步激光线扫描系统具有宽范围(最高可达 70°)的扫描能力，通常使用窄瞬时视场单元探测器持续跟踪连续波激光源照射下的目标(图 13.3(a))。基于控制实验和分析建模的结果，发现同步扫描系统的最大探测距离约为 5～7 倍衰减长度。在浑浊的水中，探测距离通常受多重近场后向散射导致的散粒噪声的限制，而在清澈的水中，主要受前向散射的限制(Kulp et al.，1992；Gordon，1994；Strand，1995，1998)。这种成像仪已经搭载在潜水器上，如拖曳体、AUV 和 ROV，为军事任务、海底科考调查、油气基础设施建设等各种活动提供海底特征图像。

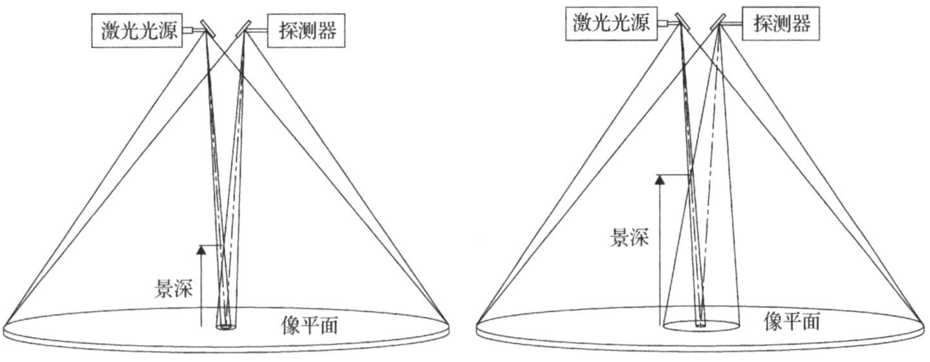

(a) 窄瞬时视场探测器　　(b) 宽瞬时视场探测器

图 13.3　典型激光线扫描系统景深(DOF)随瞬时视场变窄而减小的示意图

13.3.2　激光线扫描系统：理论

早期的激光线扫描系统被复杂的机械硬件问题所困扰，但最复杂的问题可能源于扫描系统本身。激光器和接收器使用各自独立的旋转棱镜进行扫描，但共享同一根传动轴、因此它们是同步的(图 13.4)。选择这种设计是为了便于部署在 AUV 的圆柱形外壳上。当 AUV 航行时，扫描线沿 AUV 运动的穿轨方向。

获得高对比度图像的一个必要特征是照明光场(圆锥形)与接收器视场不重叠。因此，接收器必须保持视场受限，通常小于 5mrad。同时，入射光阑必须足够大，以便在系统限制的范围内收集足够数量的光子。典型的光阑直径大约在 50～100mm。因此，所需的扫描棱镜必须足够大，从而满足系统设计总体的尺寸要求。

由于潜水器一边向前运动一边扫描产生图像，因此为了同时保证大的扫描角度和沿前进方向的分辨率(前向分辨率)Δx，扫描速率必须足够大。潜水器的最大前进速度通常是几米每秒，所以扫描速率要求至少为每秒数千度。举例计算，前进速度为 2m/s、视场(FOV)为 70°、要求前向分辨率为 1cm 时，得到扫描速度 R_{scan} 为

$$R_{\text{scan}} \approx \frac{\text{FOV} \cdot (\mathrm{d}x / \mathrm{d}t)}{\Delta x} = \frac{70° \cdot 2\text{m/s}}{0.01\text{m}} = 14000°/\text{s} \tag{13.1}$$

对于有四个面的反射镜，$n = 4$，这意味着旋转速度 ω 为

$$\omega = \frac{R_{\text{scan}} \cdot n}{180} = \frac{14000(°/\text{s}) \times 60(\text{s/min}) \cdot 4}{180} = 18666\text{r/min} \tag{13.2}$$

这些速率很容易实现，而且很明显，如果扫描速率更快，则可以获得更高的分辨率。单线扫描时间τ_L由下式给出：

$$\tau_L = \frac{\text{FOV}}{R_{\text{scan}}} = \frac{70°}{14000°/\text{s}} = 0.005\text{s} = 5\text{ms} \tag{13.3}$$

假设穿轨方向上相应的接收孔径的张角δ为2mrad(0.114°)，成像探测器必须在给定的时间t_r内分辨每一个像素：

$$t_r = \tau_L \frac{\delta}{\text{FOV}} = 5\text{ms}\frac{0.114°}{70} = 0.008\text{ms} = 8\mu\text{s} \tag{13.4}$$

穿轨方向上的像素数N为

$$N_{\text{crosstrack}} = \frac{\text{FOV}}{\delta} = \frac{70}{0.114} = 614 \tag{13.5}$$

因此要求扫描系统在扫描一个相当大的视场的同时维持一个较窄的孔径张角δ。

通常，后检测(post-detection)光学系统包括远心采集系统，其中接收角由系统的焦距f和直径为d的光阑决定。理想情况下，扫描仪应该允许采集系统在固定的孔径下工作，这意味着采集的光束的角度偏差应该与扫描角度或到目标平面的距离一致。对一个确定的光阑d，瞬时孔径张角δ为

$$\delta = \tan^{-1}\frac{d}{2f} \tag{13.6}$$

例如，假设经过光阑之后的扫描范围为$D_{\text{exit}} = 50\text{mm}$，镜头焦距$f$为100mm，即F数为2，则所需光阑的直径为

$$d = 2f\tan\delta = 200\text{mm} \times \tan(0.002\text{rad}) = 0.4\text{mm} \tag{13.7}$$

因此，线扫描仪必须在整个扫描视场上保持小于2mrad的输出偏差。图13.4为在传统的激光线扫描系统中使用的棱镜与后端远心光学系统。

13.3.3 激光线扫描系统：双锥形扫描镜

首先要实现的设计之一是使用单轴电机驱动一对锥形镜，如图13.4所示。

在操作中，激光束被可旋转锥形镜的每个面反射到目标区域，而一部分反射光被第二个更大的可旋转锥形镜反射到探测器，探测器由一个采集透镜、小孔光阑和一个光电倍增管(PMT)组成。这两个锥形镜组件围绕一个共同的轴对称耦合，并由耦合轴和扫描电机系统一起带动，同步旋转。图13.4所示的锥形镜有四个三角形平面镜。当组件旋转时，入射在镜面上的光束以可变角度反射回来，在空间中产生线扫描。因此，第一个组件的每一次旋转产生四个扫描周期，每个扫描周期的最大扫描角度超过90°；

然而每个扫描周期只有一部分能够用于成像。

从目标反射的光受到介质吸收和散射的影响，随后被第二个较大的锥形镜的旋转镜面收集，进入探测器。位于收集透镜焦点处的光阑控制着进入 PMT(未显示)的光线的角度范围。为了提高光通量，图 13.4 中的系统可以包括其他常见部件，如用于校正应用的柱面镜。

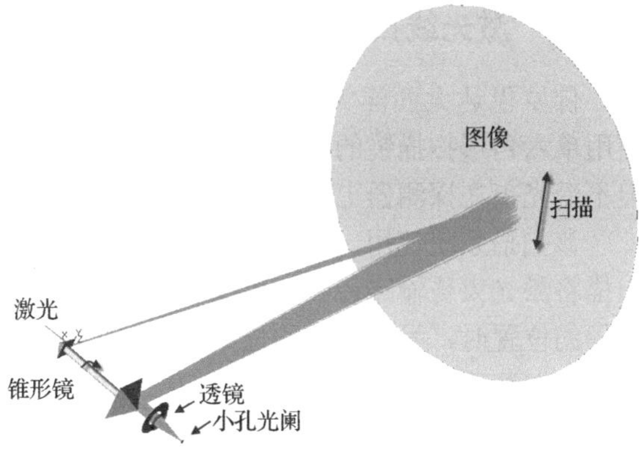

图 13.4　经典的双锥形镜扫描系统模型

该系统的一个特点是照明区域和接收区域的曲率方向相反。这可能需要一个大瞬时视场探测器来捕获反射的激光，因为它扫描整个接收面并反射回 PMT。它还可能导致采集到的光斑在收集透镜的焦平面和 PMT 的感光区域附近移动，从而分别需要一个复杂的光阑装置和具有大面积光电阴极的 PMT。

对该系统的光线跟踪分析表明，要达到预期的性能水平，还需要满足几个额外需求。其中包括光阑的同步定位，因为它们确定了视场接受角 $\bar{\delta}$。在图 13.5 中可以看到，聚焦束的偏移随扫描角度的变化而变化。在这种情况下，目标平面是圆柱形的，因此到目标的距离是固定的，与扫描角度无关。

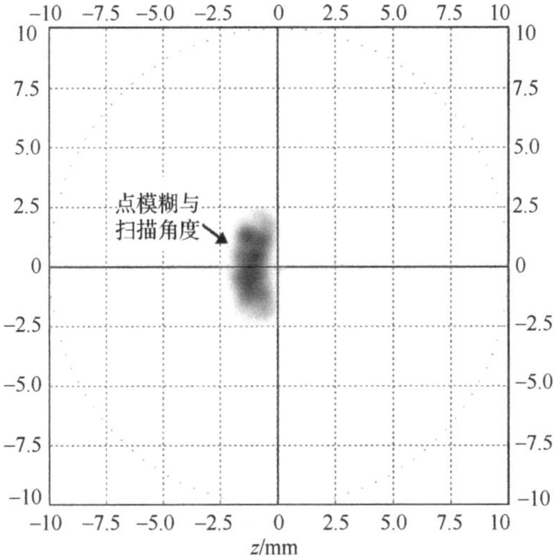

图 13.5　显示双锥体扫描镜在光采集焦平面上聚焦点位置变化的合成图像

将直径 0.4mm 的出口光阑作为扫描角度的函数进行扫描，到目标平面的距离为 5.2m，中心点归一化范围 $z = 7.2$m，扫描角度为 0°

13.3.4 激光线扫描系统：单六角形扫描镜

佛罗里达大西洋大学的海港分支海洋学研究所和林肯激光公司合作开发了一种使用单六角形扫描镜的替代设计。它使用两个对称的转向镜来调整目标距离的变化，但不受光束在探测器上走离的影响。

该扫描系统使用一个六角形扫描镜和两个对称的转向镜组件(图 13.6)，通过整行扫描将激光束传输路径和入射到 PMT 的返回路径同步。当一个面处于沿激光束发射路径的位置时，另一个面的位置恰好可以将光线通过望远镜系统和探测器的视场光阑反射进探测器。转向镜以六角形扫描镜为中心保持轴对称，只需要在不同的目标距离调整聚焦。六角形扫描镜组件与电机驱动系统耦合，在 1000～4000r/min 范围内以稳态转速旋转。根据不同环境和操作条件下的性能要求，可以选择更高或更低的转速。旋转六角形扫描镜将传输光束从静态路径转换为扫描路径输出。同时，旋转也将静态的窄瞬时视场探测器转换为扫描窄瞬时视场探测器，它在整个线扫描过程中与照射到目标平面的激光束同步。每条扫描线最大延伸至 120°，但受限于转向镜的长度和多边形面的大小，有效角度为 70°。

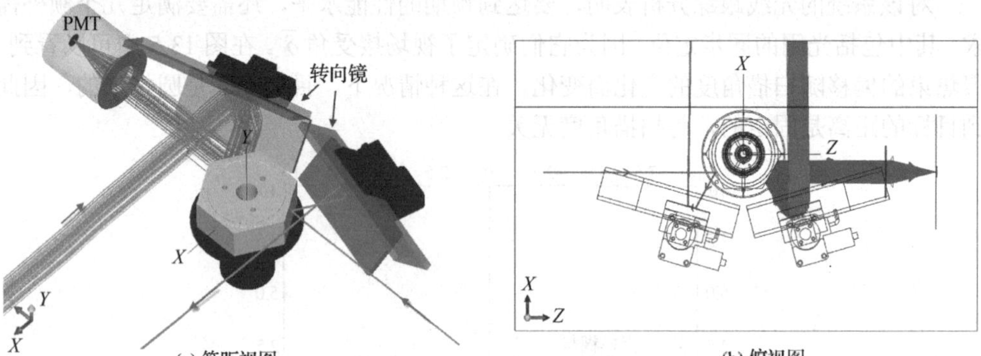

图 13.6 转向镜扫描系统显示出激光和从目标反射的光的光线轨迹

输出转向光学系统包括上下转向镜，它们互相垂直，将激光束的扫描部分反射到目标平面，如图 13.6 所示。输入转向光学系统由互相垂直的上下两个转向镜组成，它们将从同一个目标返回的扫描光线反射到扫描镜上，然后从扫描镜通过静态的路径入射到 PMT 中。

这种扫描结构(图 13.7)的设计是为了大大减少先前系统的固有扫描偏差，使简易光阑和小光敏元探测器的使用成为可能。对基于门控 PMT 和脉冲及调制脉冲源的下一代激光线扫描系统架构进行基准功能测试，从而对系统进行持续开发。一般来说，这些研究需要的高速 PMT 具有小的光电阴极(<8mm)，因此这种接收路径特性使这种扫描仪适合于这些研究。

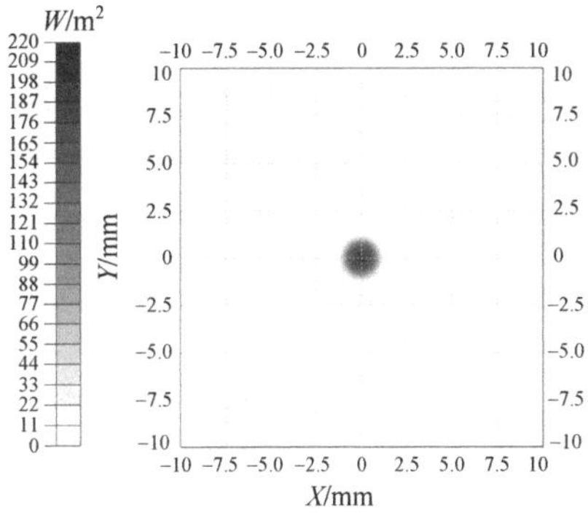

辐照度最小值：8.5773×10⁻¹⁸W/m²，最大值：209.98W/m²。平均值：1.3674W/m²，均方根：12.444。归一化通量：0.00054698
(63条入射光线下)

(a) 38°

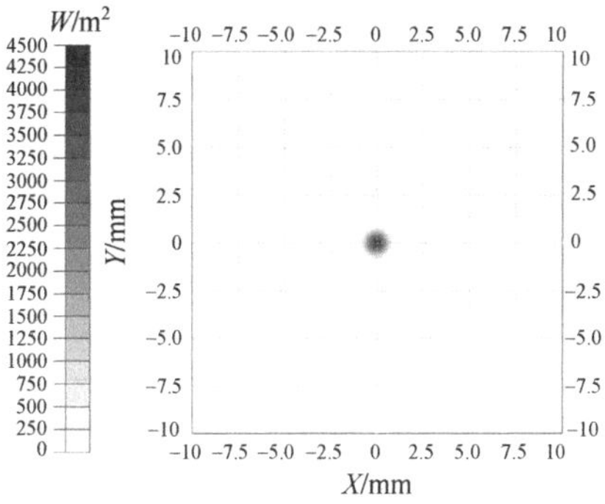

辐照度最小值：4.0065×10⁻¹⁷W/m²，最大值：4302.9W/m²。平均值：9.7545W/m²，均方根：148.02。归一化通量：0.0039018
(202条入射光线下)

(b) 22°

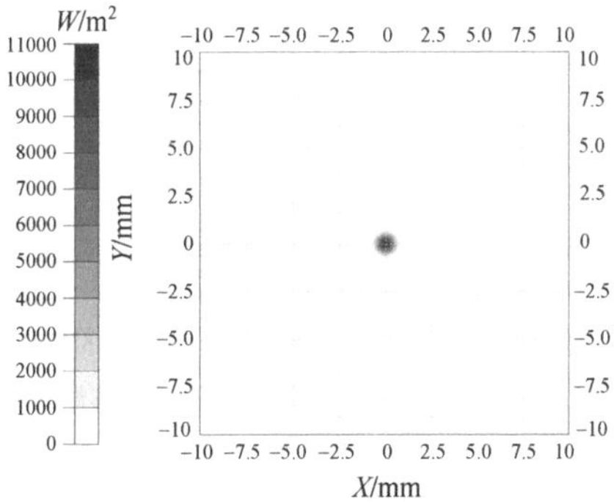

辐照度最小值：4.0226×10⁻¹⁷W/m²，最大值：10864W/m²。
平均值：20.198W/m²，均方根：337.93。
归一化通量：0.0080793(945条入射光线下)

(c) 0°

图 13.7　对不同扫描角度的转向镜扫描系统入射通量的总辐照度图

PMT 入射面，输出点位置保持固定

13.4　同步扫描：时间门控成像(脉冲门控激光线扫描系统)

同步扫描成像系统也可用于时间门控模式，这种模式利用脉冲激光和足够带宽的门控光学检测系统工作。其优点包括减少探测器上的环境光效应和散粒噪声，以及抑制在接收/发射视场之间的公共空间内的散射光。减小公共空间后向散射的优点可以从图 13.8 中看出。其中显示了与图像/目标相关的光通量、公共空间后向散射和宽角视场的多重后向散射(multiple backscatter)相关的时间变化关系。

虽然这里描述的同步扫描系统试图通过减少探测器视场与发射光束的重叠来减

少共体积后向散射(common volume backscatter)，但还不能完全消除它，特别是当需要一个小尺寸规格来减小接收和发射光阑之间的距离时。对于距离约为 5cm 的情况，在较大的衰减长度下，图像质量的改善如图 13.9 所示，其中连续波和脉冲激光的平均功率是相同的。当目标反射率分别为 1% 和 99% 时，散粒噪声、后向散射和目标的信号如图 13.10 所示。从这些曲线可以看出，在大于 6 倍衰减长度时，去除后向散射能显著提高信噪比。

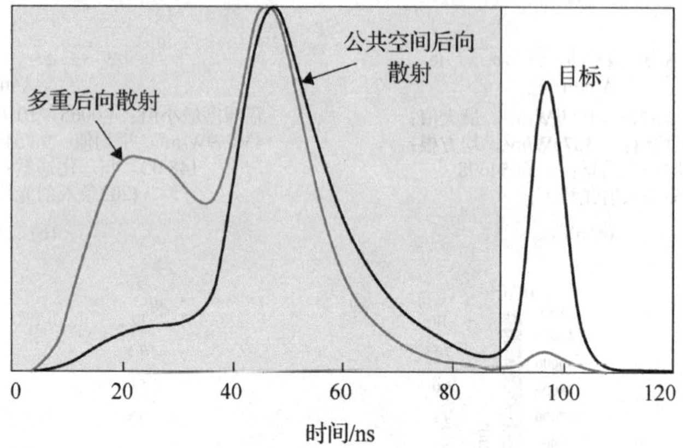

图 13.8 目标/图像的时间历程

展示了公共空间后向散射和多重后向散射对探测到的信号的影响，
其中较浑浊水中的曲线为灰色曲线，清澈水中的曲线为黑色曲线

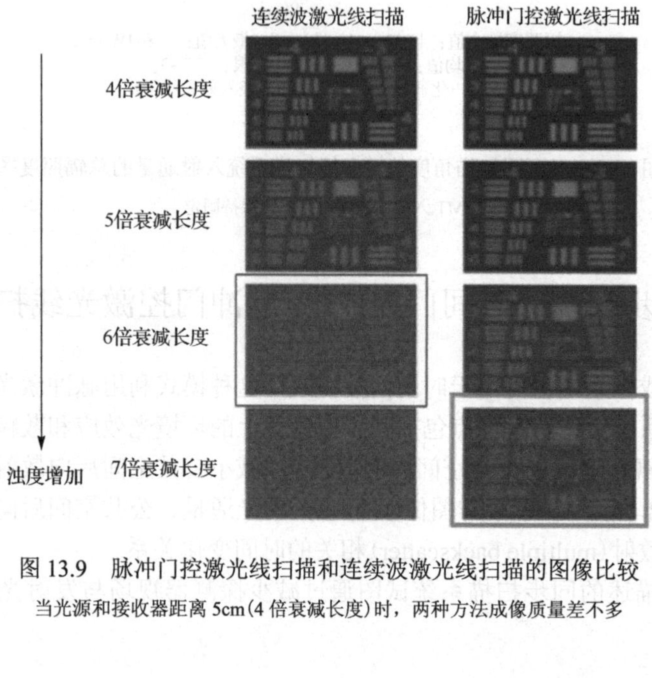

图 13.9 脉冲门控激光线扫描和连续波激光线扫描的图像比较

当光源和接收器距离 5cm(4 倍衰减长度)时，两种方法成像质量差不多

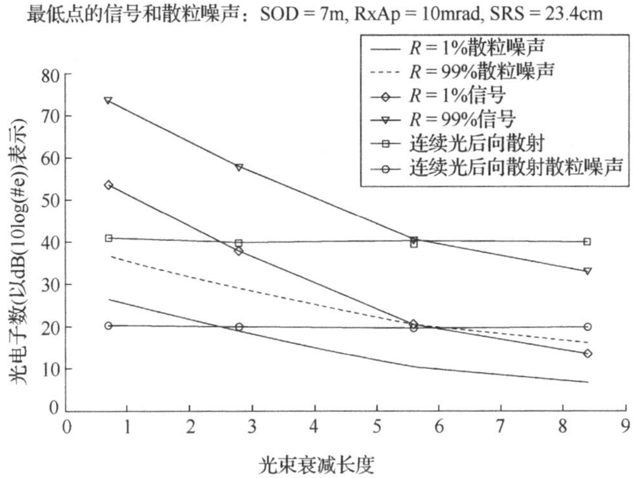

图 13.10　目标反射率分别为 1%和 99%时探测到的信号、散粒噪声和后向散射的比较

13.5　扫描双基地成像系统和时间编码

20 世纪 60 年代，斯克里普斯海洋研究所（Scripps Institute of Oceanography）展示了双基地成像系统（bistatic imaging systems），由于 AUV 等多种移动平台的普及，近年来引起了人们的兴趣。到目前为止，与准单基地系统（quasi-monostatic systems）相比至少有两个优点：①显著降低了发射场和接收场之间的重叠，进而减少后向散射光，这些后向散射光中几乎不携带场景和目标信息；②可以减少前向散射造成的点扩散函数（Point Spread Function，PSF）退化。另一个潜在的优点是，发射器或激光器距离成像区域更近，从而减少由衰减造成的往返光损耗。图 13.11 为双基地串行激光成像在线扫描过程中某一瞬间的几何示意图。

然而，其中一个很明显的问题是，需要使接收器与发射光束的位置同步。从系统的角度来看，这可以在逐个脉冲的基础上通过调制或者编码激光束来实现。这一概念基本上需要在发射器和接收器之间建立一种通信方式。此外，这种成像方法将建立一个通信通道，通过该通道，数据可以发送到一对多通信场景中的公共或主接收器上。另一种方法是利用相邻扫描线在信号强度曲线上高度相关的特点，利用信号处理方法将像素流重新排列成二维图像。这已在从双基地串行成像获得三维图像的方法中得到了证明（Ouyang et al.，2012）。

Dalgleish 等（2009）和其他研究小组（Mullen et al.，2009）对这一概念进行了初步测试。在设计通信系统时，首先要考虑的是确定双基地通信信道的脉冲响应。利用亚纳秒脉冲进行了一系列测试来确定这种方法的潜力，并开发了辐射传输模型，以便对这些成像和通信体系结构进行详细研究。由于水下通道是由散射主导的，观测发现有几个因素会影响脉冲响应。这些特性包括接收器的视场、系统的几何结构设置和介质的固有光学特性。在实验中，根据脉冲响应的傅里叶逆变换估计的信道带宽有一个变化范围——在清澈的条件下可以超过 100Hz，在非常浑浊的条件下小于 10Hz。另一种测量信道特性的方法如图 13.12 所示，频率响应是在单向通道结构中直接测量的。

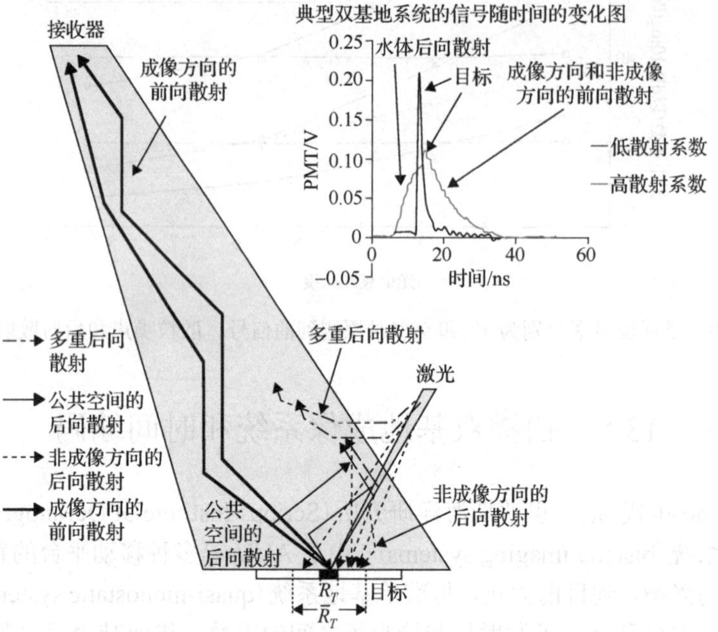

图 13.11　双基地串行激光成像在线扫描过程中某一瞬间的几何示意图

显示不同散射光进入接收器的可能路线。插图分别显示了在清水和较浑浊的水中信号随时间变化的比较。其中，光源到目标距离为 2m；目标到接收器的距离为 10.75m

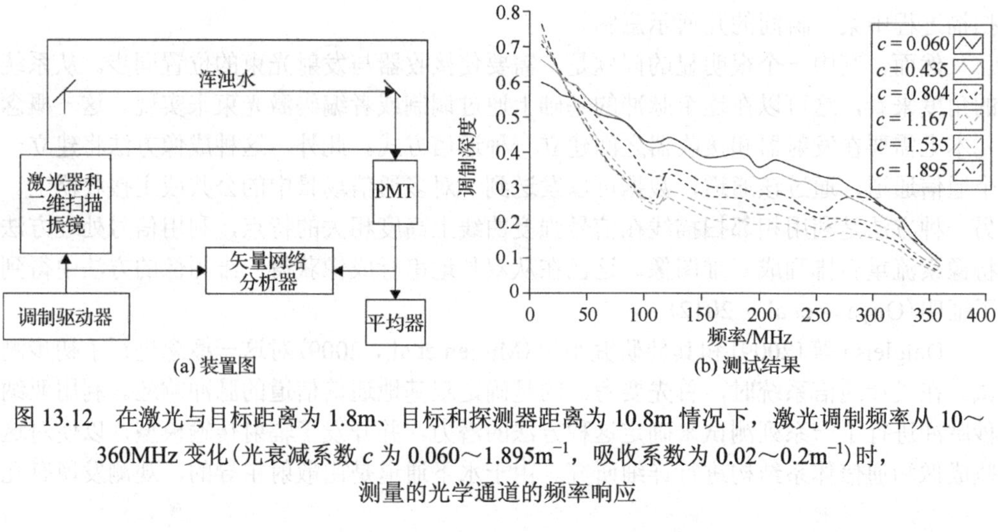

图 13.12　在激光与目标距离为 1.8m、目标和探测器距离为 10.8m 情况下，激光调制频率从 10～360MHz 变化(光衰减系数 c 为 0.060～1.895m^{-1}，吸收系数为 0.02～0.2m^{-1})时，测量的光学通道的频率响应

在这些测试中，接收器由一个直径 10mm 的微型 PMT 探测器(Hamamatsu R9880U-210)和一个 50mm PCX 透镜组成：在 9°的平顶响应下测量了实验视场。T 型偏置器将 PMT 信号分解为一个交流分量和一个直流分量，分别送至矢量网络分析仪(Vector Network Analyzer，VNA)和信号平均器中。激光振幅调制用于测量检测水介质从 10～360MHz 的响应。测量结果显示激光调制在 300MHz 时开始下降，PMT 在 220MHz 时表现出 3dB 的截止。对于每个衰减系数值，将调幅频率按步长 10MHz 从 10MHz 增加到 360MHz，计算并绘制调制深度图，如图 13.12(b)所示。

显然，即使在高衰减系数值的情况下，该介质也能够支持特高频区域的频率分量成像。这表明，多种方案可用于双基地或多基地配置的同步，其中单个接收器可以与同时运行的多个激光扫描仪联用。诸如码分多址(Code Division Multiple Access，CDMA)、频分多址(Frequency Division Multiple Access，FDMA)或时分多址(Time Division Multiple Address，TDMA)等多址访问编码目前正在研究中。

13.6　通过调幅 FDMA 实现多基地激光线扫描成像通道

如图 13.11 所示，振镜未执行频率响应测量的扫描，而是被用来创建图 13.13 所示的多基地成像结果。分别使用两个独立的高频载波(100MHz 和 124MHz)调制的激光器(Laser 1 和 Laser 2)对一个棋盘状的成像目标进行扫描。与之前一样，接收器位于水槽的远端，使用单独的频率带通滤波器来分离每个频率的探测器响应。每个激光器的成像结果随介质衰减系数值的变化如图 13.13 所示。

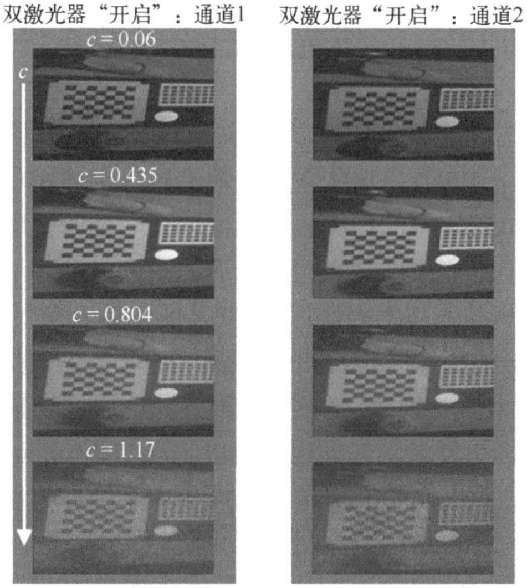

图 13.13　基于两个扫描激光器和单一的接收器通过 FDMA 双基地实现的双基地图像

激光器到接收器的距离为 10.8m

在这种情况下，激光器到目标的距离远小于目标到接收器的距离。实验采用的激光器到目标的距离分别为 1.4m、1.6m、1.8m 和 2.0m。对于使用 FDMA 多路复用方案和连续调制的情况，两个光源相应的图像对比度与光束衰减长度的关系图如图 13.14 所示。由于成像目标与接收器之间的距离较大，且光源与成像目标之间的距离相对较小，因此在大衰减长度(>15)的情况下仍能保持图像对比度。这在一定程度上归因于在有限的通带宽度内，激光源具有良好的 PSF 且探测器保持了良好的信噪比。

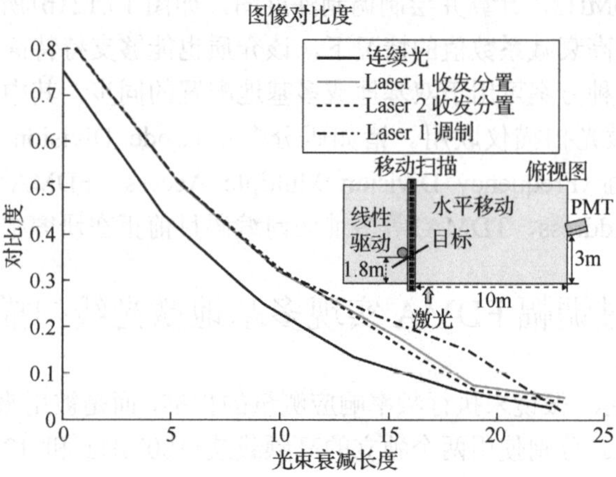

图 13.14　两个光源相应的图像对比度与光束衰减长度的关系图

插图中为测量示意图，激光器到接收器的距离为 10.8m

13.7　三维光学扫描成像系统

基于三角测量法的方法也被证明可以获得带有距离的三维图像(Caimi et al.，1993，1996；Kocak and Caimi，1999)。这些系统依赖于对一定体积(通常为 $1m^3$)的水进行二维扫描的激光器，和对位置敏感的高灵敏度图像增强二轴的光电探测器。这类系统可以获得更大体积的图像，但除非采用基于距离选通的图像增强方法，否则仍会受到浑浊介质中后向散射效应的影响导致精度降低。其他的发展包括一个最初由 Moran 等获得专利的系统，该系统使用波形的相位编码和图像增强阵列的增益同步调制来实现强度编码的二维距离图像(Moran et al.，1993)。距离可以很容易地通过场景的伪彩色编码显示。在浑浊的条件下表现更好、更复杂的方案也是可以实现的(Mullen et al.，1999)。

Fuchs(2004)还开发了一个多维激光线扫描成像系统作为新概念的水下成像平台。该系统在其获得专利的三维距离数据处理的基础上进行了扩展(Caimi and Smith，1995)，增加了场景中每个像素的相对反射率和五个通道的荧光发射的测量。这些数据的应用范围从安全问题(如地雷探测和船舶管理)到环境研究，以便了解海洋底栖生物(尤其是珊瑚礁地区)的荧光和反射的本质和意义。

Northrop-Grumman 公司的第一代激光线扫描成像系统 SM2000 曾多次用于底栖生物栖息地测绘评估(Carey et al.，2003；Amend et al.，2004)。虽然有存储和带宽的限制，但调查显示了进行底栖生物评估技术的可行性。第二代激光线扫描系统改进了数据捕获和存储方法，目前提供三色成像(Mazel et al.，2003)和三维成像(Moore et al.，2000)。例如，三维海洋扫描使用了基于一维逐点激光扫描和一维 CCD 探测器的三角测量方法。该系统利用沿载具运动方向(*y* 轴)和其垂直方向(*x* 轴)的扫描来累积连续的方位-距离(*x-z* 平面)数据切片，从而生成完整的三维地图。该系统已被用于生成测深数据集以及类似水雷物体的表面图(Moore，2001)。

13.8　基于频率变换的光学扫描成像方法

在一般方法无效或无法给出明确结果的情况下，荧光成像及其他利用非弹性光学过程的成像方法也可用于检测和识别。

荧光成像激光线扫描仪是 RGB 彩色扫描器的一个变体，它使用可减小视场角的同步扫描激光器和多个经光学滤波的 PMT 接收器来减少前向和后向散射(Strand et al.，1996)。这种方法的成像距离最多能达到 6 倍光学衰减长度(图 13.15)。该扫描仪使用机械耦合镜在氩激光器 488nm 波长处扫描，四个窄视场的 PMT 用于接收信号，每个 PMT 分别装有一个干涉滤波片——滤波波长通常为 488nm、520nm、580nm 和 685nm。该成像系统因此获得红、绿、黄色荧光，以及激发波长的图像。穿轨方向上的角分辨率通常是 10mrad 或更少，而运动方向的分辨率是由运动速度、光束发散和扫描镜转速决定的。该系统产生的图像有助于区分不同的基质和生物群(Strand，2002)。

图 13.15　珊瑚的激光线扫描图像

距离为 2m，光斑尺寸为 100μm

近年来，利用离散傅里叶变换(Discrete Fourier Transform，DFT)滤波和对数变换对荧光成像激光线扫描图像进行了改进。已经使用商业软件(ENVI)和基于规则的处理算法进行识别研究(Mazel，2002)。

参 考 文 献

Amend M, Yoklavich M, Grimes C, et al. 2004. It's in the details: Benthic habitat assessment using laser line scan technology. Proc 13th Western Groundfish Conf, 11.

Anderson P A, Hansen R K. 1996. A 3D underwater acoustic camera-properties and application//Masotti, Tortoli. Acoustical Imaging, NY:Plenum Press, 607-611.

Anthony R. 2001. Titanic Revisited: Ghosts of the Abyss. RossAnthony.com. Updated 14 July 2004. Retrieved 25 April 2005 <http://www.rossanthony.com/G/ghostab.shtml>.

Bachrach A J. 1998. The History of the Diving Bell. Historical Diving Times, Issue 21. Retrieved 9 September 2005 <http://www.thehds.com/publications/bell.html>.

BAE. 2005. BAE Systems Wins Coast Guard Contract for Port Security Demo System. HIS. Revised 9 May 2005. Retrieved 22 May 2005 <http://government.ihs.com/news-05Q2/bae-port-security-automated-scene-understanding.jsp>.

Baglio S, Faraci C, Foti E, et al. 2001. Analysis of small scale bedforms with 2D and 3D image acquisition techniques. Proc MTS/IEEE OCEANS '01, 4, 2518-2524.

Bailey B C, Blatt J H, Caimi F M. 2003. Radiative transfer modeling and analysis of spatially variant and coherent illumination for undersea object detection. IEEE J Oceanic Eng, 28(4), 570-582.

Bamji C, Charbon E. 2003. Systems for CMOS-compatible three-dimensional image sensing using quantum efficiency modulation. U.S. Patent No. 6, 580, 496.

Bellis M. 2005a. Inventors: George Eastman. About, Inc. Retrieved 25 April 2005 <http://inventors.about.com/library/inventors/bleastmen.htm>.

Bellis M. 2005b. Inventors: Laser history. About, Inc. Retrieved 18 April 2005 <http://inventors.about.com/library/inventors/bllaser.htm>.

Bertolotti M. 1983. Masers and Lasers: An Historical Approach. Bristol: Adam Hilger, 268.

Boulinquez D, Quinquis A. 1999. Underwater buried object recognition using wavelet packets and Fourier descriptors. Proc IEEE Int Conf Image Analysis and Processing, 478-483.

Boulinquez D, Quinquis A. 2002. 3-D underwater object recognition. IEEE J Ocean Eng, 27(4), 814-829.

Bowker K, Lubard S C. 1995. U.S. Patent, No. 5, 467, 122.

Buckingham M J, Potter J R, Epifanio C. 1996. Seeing underwater with background noise. Scientific American, 274(2), 86-90.

Caimi F M, Tusting R F. 1988. Underwater optical methods and apparatus. U.S. Patent, No. 4, 777, 501.

Caimi F M, Blatt J H, Grossman B G, et al. 1993. Advanced underwater laser systems for ranging, size estimation, and profiling. MTS J., 27(1), 31-41.

Caimi F M, Smith D C. 1995. Three-dimensional mapping systems and methods. U.S. Patent, No. 5, 418, 608.

Caimi F M, Kocak D M, Asper V L. 1996. Developments in laser-line scanned undersea surface mapping and image analysis systems for scientific applications. Proc. MTS/IEEE OCEANS '96, Sup, 75-81.

Carey D A, Rhoads D C, Hecker B. 2003. Use of laser line scan for assessment of response of benthic habitats and demersal fish to seafloor disturbance. J Exp Mar Bio Ecol, 255-286, 435-452.

Coles B. 1997. Laser line scan systems as environmental survey tools. Ocean News Tech, 3 (4), 22-27.

Cutter G R, Rzhanov Y, Mayer L A. 2002. Automated segmentation of seafloor bathymetry from multibeam echosounder data using local Fourier histogram texture features. J Exp Mar Bio Eco, 285-286, pp. 355-370.

Dalgleish F R, Caimi F M, Britton W B, et al. 2008. Experimental validation of a laser pulse time history model. Ocean Optics XIX. October 6-10 2008, Barga, Italy.

Dalgleish F R, Caimi F M, Vuorenkoski A K, et al. 2009. Experiments in bistatic Laser Line Scan (LLS) underwater imaging. Proc Marine Technol Soc/IEEE Oceans Conf, Paper 090710-001.

Fournier G R, Bonnier D, Luc Forand J, et al. 1993. Range-gated underwater laser imaging system. Opt Eng, 32, 2185-2190.

Francis K, Tuell G. 2005. Rapid environmental assessment: The next advancement in airborne bathymetric LIDAR. Ocean News Tech, 11 (3), 2-4.

Fuchs E. 2004. Multidimensional laser scanning system to test new concepts in underwater imaging. Proc. MTS/IEEE OCEANS '04, 1224-1228.

Funk C J, Lemaire I P, Sutton J L, et al. 1993. Apparatus for Scanning an Underwater Area. US Patent 3, 775, 375.

Funk C J, Bryant S B, Heckman Jr. P J, et al. 1972. Handbook of Underwater Imaging System Design. Naval Undersea Center, 303.

Gilbert M, Alary D. 1996. Photo 101: Part 1 of underwater photography history and prerequisites. Diver Magazine, December. <http://divemar.com/divermag/archives/dec96/gilbert1_dec96.html>.

Gordon A. 1994. Turbid test results of the SM2000 laser line scan system and low light level underwater camera tests. Underwater Intervention '94: Man and Machine Underwater, Conference Proceedings, Marine Technology Society, 305-311. Washington, D.C.

Grundberg A. 2005. Photography, History of. Microsoft® Encarta® Online Encyclopedia. Retrieved 19 April 2005 <http://encarta.msn.com/encyclopedia_761575598/Photography_History_of.html>.

Jaffe J S, McLean J, Strand M P, et al. 2001. Underwater optical imaging: status and prospects. Oceanography, 14 (3) 66-76.

Klepsvik J O, Bjarnar M L. 1996. Laser-Radar technology for underwater inspection, mapping. Sea Technology, 49-52, January.

Kocak D M, Caimi F M. 1999. Surface metrology and 3-D imaging using laser line scanners. Int Ocean Sys

Design, 3 (4), 4-6.

Kocak D M, Caimi F M. 2001. Computer Vision in Ocean Engineering//El-Hawary F. Ocean Engineering Handbook, Boca Raton: CRC Press LLC, 20-43.

Kocak D M, Jagielo T H, Wallace F, et al. 2004. Remote sensing using laser projection photogram metrically aided underwater video system for quantify cation and mensuration in underwater surveys. Proc IEEE IGARSS '04, 2, 1451-1454.

Kulp T, Garvis D, Kennedy R, et al. 1993. Development and testing of a synchronous-scanning underwater imaging system capable of rapid two-dimensional frame imaging. Appl Opt, 32, 3520-3530.

Kulp T J, Garvis D, Kennedy R, et al. 1992. Results of the final tank test of the LLNL/NAVSEA synchronous-scanning underwater laser imaging system. Ocean Optics XI, SPIE Proceedings, 1750, 453-464.

Leathem J, Coles B W. 1993. Use of laser sources for search and survey. Underwater Intervention '93 Conference Proceedings New Orleans. Marine Technology Society and Association of Diving Contractors.

Lesselier D, Habashy T. 2000. Special section on clcctromagnetic imaging and inversion of the earth's subsurface. Proc IOP, 16 (5).

Losey G S, McFarland W N, Loew E R, et al. 2003. Visual biology of Hawaiian coral reef fishes I: Ocular transmission and visual pigments. Copeia, 2003, 433-454.

Lots J F, Lane D M, Trucco E, et al. 2001. A 2-D visual servoing for underwater vehicle station keeping. Proc IEEE Conf Robotics and Automation, 3, 2767-2772.

Mazel C H. 2002. Coastal Benthic Optical Properties (CoBOP): Optical properties of benthic marine organisms and substrates. Final Report, No. A435604, 10.

Mazel C H, Strand M P, Lesser M P, et al. 2003. High resolution of coral reef bottom cover from multispectral fluorescence laser line scan imagery. Limnol Oceanogr, 48 (1, Part 2), 522-534.

McLean E A, Burris Jr. H R, Strand M P. 1995. Short-pulse range gated optical imaging in turbid water. Appl Opt, 34, 4343.

Moore K D, Jaffe J S, Ochoa B L. 2000. Development of a new underwater bathymetric laser system: L-Bath. J Atmos Ocean Tech, 17 (8), 1106-1117.

Moore K D. 2001. Intercalibration method for underwater three-dimensional mapping laser line scan systems. J Appl Opt, 40 (33), 5991-6004.

Moran S E, Ginaven R O, Odeen E P. 1993. Dual detector lidar system and method. U.S. Patent No. 5, 270, 780.

Mullen L J, Contarino V M, Strand M P, et al. 1999. Modulated laser line scanner for enhanced underwater imaging. Airborne and In-Water Underwater Imaging, Proc. SPIE, 3761, 2-9.

Mullen L J, Laux A, Conconour B, et al. 2009. Extended Range Underwater Imaging using a Time Varying Intensity (TVI) Approach. Proc. Marine Technol. Soc./IEEE Oceans Conf., Paper 090611-005.

Nave J A, Edwards J R. 2003. Fast field prediction via neural networks. Proc. 6th Int. Conf. on Theoretical and Comp. Acoustics. and Robot Vision '05, pp. 452-459.

Nevis A J, Strand M P. 2000. Image processing and qualitative interpretation of fluorescence imaging laser line scan data. Ocean Optics XV, Monaco.

Olsson M. 1999. Undersea Imaging. In: MTS J., State of the technology report - advanced marine technology division, J. Jaeger, ed., 33(3): 103-104.

Optech. 2003. SHOALS-1000T: The Next Generation of Airborne Laser Bathymetry. Optech, Inc. Retrieved 20 May 2005 <http://www.optech.ca/pdf/Brochures/shoals_shoals.pdf>.

Ouyang B, Dalgleish F R, Vuorenkoski A K, et al. 2012. Visualization for Multi-static Underwater LLS System using Image Based Rendering. Accepted by IEEE Oceanic Engineering.

Pack R T, Frederick B. 2003. U.S. Patent, No. 6, 664, 529.

Pilgrim D A, Parry D M, Rimmer S. 2001. The underwater optics of Abiss(Autonomous Benthic Image Scaling System). Ocean Optics VI, Institute of Physics, London.

Pinkard D R, Kocak D M, Butler J L. 2005. Use of a video and laser system to quantify transect area for remotely operated vehicle(ROV) rockfish and abalone population surveys. Proc. MTS/IEEE OCEANS '05, 5, 49.

Pizarro O, Eustice R, Singh H. 2004. Large area 3D reconstructions from underwater surveys. Proc. MTS/IEEE OCEANS '04, 2, 678-687.

Plakas K, Trucco E, Fusiello A. 1998. Uncalibrated vision for 3-D underwater applications. Proc. MTS/IEEE OCEANS '98, 1, 272-276.

Strand M P. 1995. Underwater Electro-Optical System for Mine Identification. Proc SPIE, 2496, 487-497.

Strand M P, Coles B W, Nevis A J, et al. 1996. Laser line scan fluorescence and multi-spectral imaging of coral reef environments. Proc. SPIE Ocean Optics XIIII, 2963, 790-795.

Strand M P. 1998. Quantitative evaluation of environmental noise in underwater electro-optic imaging systems. Ocean Optics XIV.

Strand M. 2002. Mine hunting using fluorescence imaging laser line scan(FILLS) imagery. Proc. Ocean Optic XVI Conf.

Strickrott J A, Negaharipour S. 1997. On the development of an active vision system for 3-D scene reconstruction and analysis from underwater images. Proc. MTS/IEEE OCEANS '97, 1, 626-633.

Swartz B A. 1993. Diver and ROV deployable laser range-gate underwater imaging systems. Pp. 193-198 in Proceedings of the 11th Annual Conference, Underwater Intervention '93 held 18-21 January 1993 in New Orleans, Louisiana. Washington, D.C.: Marine Technology Society.

Taylor W H. 1980. U.S. Patent, No. 4, 189, 211.

Tu C K, Jiang Y Y. 2004. Development of noise reduction algorithm for underwater signals. Int Symp on UT '04, 175-179.

Watson J, Alexander S, Craig G, et al. 2001. Simultaneous inline and off-axis subsea holographic recording of plankton and other marine particles. Meas Sci Tech, 12, L9-L15.

Weidemann A D, Fournier G R, Forand L L, et al. 2002. Using a laser underwater camera image enhancer for mine warfare applications: What is gained?. NRL, Stennis Space Center, MS, Technical Report, No. A731714, 9, April 2002.

White S N, Kirkwood W J, Sherman A, et al. 2004. Laser Raman spectroscopic instrumentation for in situ geochemical analyses in the deep ocean. Proc. MTS/IEEE OCEANS '04, 1, 95-100.

Wiebe P H, Stanton T K, Greene C H, et al. 2002. IEEE J Oceanic Eng, 27(3), 700-716.

Wilkerson T D, Sanders J A, Andrus I Q. 2003. U.S. Patent, No. 6, 535,158.

Witherspoon N H, Holloway Jr. J H. 1990. Feasibility testing of a range-gated laser illuminated underwater imaging system. SPIE Proc Ocean Optics X, 1302, 414-420.

Xu X, Negahdaripour S. 1997. Vision-based motion sensing for underwater navigation and mosaicing of ocean floor images. Proc. MTS/IEEE OCEANS '97, 2, 1412-1417.

Yu Y, Lu X, Wang X. 2003. Image processing in seawater based on measured modulation transfer function. IEEE PACRIM Comm Comp and Sig Processing, 2, 712-715.

Zhang H, Negahdaripour S. 2003. On reconstruction of 3-D volumetric models of coral reef and benthic structures from image sequences of a stereo rig. Proc. MTS/IEEE OCEANS '03, 5, 2553-2559.

Zhang H, Negahdaripour S. 2004. Improved temporal correspondences in stereo-vision by RANSAC. ICPR04, 4, 52-55.

Zhang H, Negahdaripour S. 2005. Epiflow quadruplet matching: enforcing epipolar geometry for spatio-temporal stereo correspondences. Proc. IEEE WACV 2005, 481-486.

第 14 章　应用于海洋的激光多普勒测速和粒子图像测速技术

本章将回顾在流体力学应用中最常见的光学测量技术。这些技术都不局限于海底应用，但我们着眼于其能够适用海底的特定场景。在海底应用这些测量技术是一项极具挑战性的任务，但其实技术的本质是不变的。下面选择性地简要介绍了一些尚未应用于海底的技术，以供今后参考。

14.1　粒子图像测速介绍

粒子图像测速(PIV)最初是在 20 世纪 80 年代后期发展的，但当时是一种相对耗时的模拟技术。直到 20 世纪 90 年代初，数码相机技术开始变得更加普遍，数字粒子图像测速的概念才得以发展。在数字成像技术发展初期，Adrian(1991)的综述文章对这个概念进行了很好地介绍。Willert 和 Gharib(1991)与 Westerweel(1993)则将数字粒子图像测速技术引入流体测量领域，成为该领域的创新性工作。

经过近 30 年的研究，粒子图像测速技术目前很容易从几个商业供应商，以及许多免费的对应于不同平台的开源版本处获得。

在下面的章节中，将回顾粒子图像测速的基本知识。更全面的回顾可参考 Sveen(2004)、Raffel 等(1998，2007)以及 Adrian 和 Westerweel(2011)的研究。在这里主要关注粒子图像测速在海底应用中可能出现的挑战，如次优播种、多相和次优照明。这些挑战在粒子图像测速的许多其他应用中是共通的，例如油和水的两相流动和悬浮流动，以及复杂几何形状中的流动。许多关于粒子图像测速的文献关注的都是最优情况，因此，本章的一个重点是指出在适用的情况下次优条件的影响。

14.1.1　粒子图像测速的基本概念

粒子图像测速依赖于图像匹配的基本原理，因此读者可以查阅涉及图像匹配方面的基础书籍，如 Gonzales 和 Woods(1992)。

本章作者 J. K. SVEEN，FACE-the Multiphase Flow Assurance Innovation Center，the Institute for Energy Technology，and the University of Oslo，Norway。

为了能够观察流体流动的模式，以颗粒或染料形式的示踪材料可以添加到流体中。假设示踪剂是被动的，即不影响流动。如图 14.1 所示，示踪剂形成的图像随后可用于标准图像匹配方法。

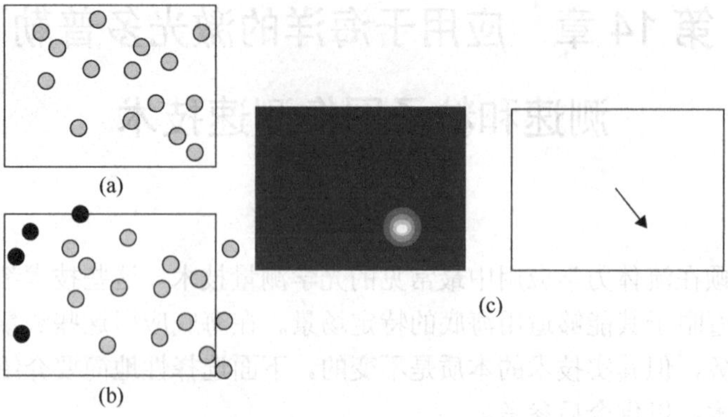

图 14.1 PIV 图像匹配原理示意图

左边的两个窗口(a)和(b)是相关的，以产生相关平面(c)。从相关平面中心到峰值的距离是图案在帧之间经历的位移

在流体可视化中使用示踪剂通常归功于路德维希·普朗特(Ludwig Prandtl)，他在20世纪初就这样做了。通过在已知时间间隔的两幅图像中对示踪剂成像，可以测量第一幅图像到第二幅图像的位移，然后将位移除以时间得到速度。由于大多数流体流动不是二维(2D)的，而三维成像相对困难，因此传统的 PIV 工作时依赖于流体的二维光切片。在光切片中，示踪材料将形成一种图案，对这种图案的运动或变化的量化是 PIV 的核心。

在捕获两个已知时间间隔的图像(本质上是 2D)后，得到一组示踪粒子的图像，图像被划分为多个规则网格(或子窗口)，并在第一和第二图像中的子窗口上执行图像匹配。此操作如图 14.2 所示，显示了两个人工粒子图像测速的图像，其中包含：①背景照明梯度；②三个大斑点。这些特征说明了当对实验条件的控制有限时，在海洋环境中经常发现的次优特征。该图还显示了一对任意选择的子窗口(又名询问区域或询问窗口)和通过匹配子窗口中的图案产生的相关平面。以这种方式计算图像中所有子窗口的相关性，以生成向量场。

对于每个相关峰，通常应用一个三点峰拟合来估计亚像素精度下峰值的位置。目前的大多数算法都假定峰值接近高斯分布，其依据是对于从侧面照射的小粒子，图像将形成一个艾里(Airy)函数，其中心叶瓣的形状接近高斯分布。

在下面的小节中，将简要回顾在 PIV 研究和开发中应用的不同图像匹配原则，并特别关注水下应用。然而，除了与大量粒子图像测速应用共通的挑战，还有一些特殊的、仅限于水下应用的挑战：如何充分有效地利用次优图像？一般而言，将包括下列一项或多项：

(1) 低于期望的播种密度；

(2) 小于最佳粒径；

(3) 流体中大面积的平面外区域；

(4) 过度或曝光不足的图像；

(5) 图像中存在多个阶段。

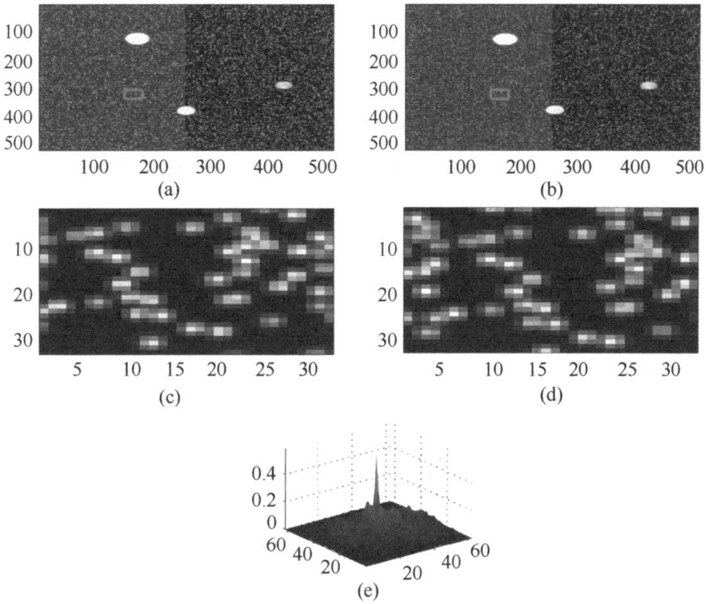

图 14.2　人工粒子图像测速的图像

图 (a) 和 (b) 显示了两幅人工（合成）图像，其中包含背景梯度和第二阶段（大斑点）形式的次优特征示例；图 (c) 和 (d) 显示了图 (a) 和 (b) 中灰色方格所概述的两个相应的任意选择的审讯窗口；图 (e) 显示了由方程 (14.3) 计算的结果相关平面

关于粒子图像测速的文献在很大程度上集中于为这些挑战寻找最优值，而不是在某些事情不是最优的情况下该做什么。

14.1.2　粒子图像测速背景下的图像匹配

1. 最小二次差分

为了确定两幅图像之间的模式（或子窗口）的位移，可以选择最小化第一个图像中的子窗口与第二个图像中相应子窗口之间的差异。在粒子图像测速领域，最早由 Gui 和 Merzkirch (1996) 提出了使用最小二次差分 (Minimum Quadratic Difference， MQD) 方法（也称为欧氏距离的平方），方程为：

$$R(m,n)=\sum_{i=0}^{M-1}\sum_{j=0}^{N-1}[f(i,j)-g(i+m,j+n)]^2 \tag{14.1}$$

其中，f 和 g 分别表示来自第一和第二图像的两个子窗口，两幅图像均值为零。直接求式(14.1)的值计算量很大，但是可以使用 Gui 和 Merzkirch(2000)提出的快速傅里叶变换(FFT)来求函数的值。

显然，将式(14.1)展开，可得：

$$R(m,n)=\sum_{i=0}^{M-1}\sum_{j=0}^{N-1}(f(i,j))^2-2f(i,j)g(i+m,j+n)+(g(i+m,j+n))^2 \tag{14.2}$$

假设每个窗口内的模式不会局部变化，$(g(i+m,\ j+n))^2$ 可认为是常数，而 $(f(i,j))^2$ 也是常数。这就导致了粒子图像测速中最常见的图像匹配形式，即评估循环互相关，即方程(14.3)。

2. 互相关

匹配两个图像 f 和 g，在粒子图像测速中通常是通过使用循环互相关函数(Willert and Gharib，1991)来完成的，定义为

$$R(m,n)=\sum_{i=0}^{M-1}\sum_{j=0}^{N-1}f(i,j)g(i+m,j+n) \tag{14.3}$$

互相关多年来一直是粒子图像测速中的标准评估技术，因为它很容易使用 FFT 实现。然后相关可由下式计算：

$$R=\mathcal{R}^{-1}=[\mathcal{F}\mathcal{G}^*]^{-1} \tag{14.4}$$

其中，上标–1 表示逆傅里叶变换，$*$表示复共轭，$\mathcal{F}$ 和 $\mathcal{G}$ 分别是 f 和 g 的傅里叶变换。

方程(14.3)的挑战之一是它对子窗口振幅的变化很敏感。如果 f 中的振幅加倍，则 R 中的振幅也加倍。同样，如果一个或两个子窗口都有背景梯度，则将影响相关。可以得出结论，f 和 g 中背景梯度产生的相关信号比真实图案的相关信号要高。为了克服这个问题，人们可以使用一个通常被称为相关系数、协方差函数或归一化相关的函数来执行图像匹配。

3. 归一化相关

归一化相关定义为

$$R(m,n)=\frac{\sum_{i=0}^{M-1}\sum_{j=0}^{N-1}f(i,j)g(i+m,j+n)}{\left[\sum_{i=0}^{M-1}\sum_{j=0}^{N-1}(f(i,j))^2(g(i+m,j+n))^2\right]^{1/2}} \tag{14.5}$$

方程(14.5)由 Huang 等(1993a)应用于粒子图像测速，随后由 Fincham 和 Spedding (1997)推广。然而，这种方法的缺点是很难用傅里叶变换来实现，因此计算成本很高。

然而，在图像匹配的范围内，基于 FFT 的计算版本是由 Lewis(1995a，1995b)在他的开创性工作中提出的，当时他正在从事于电影《阿甘正传》的工作。后来，Briechle 和 Hanebeck(2001)引入了另一种方法，旨在快速计算归一化相关性。Padfield(2010，2011)扩展了这项技术，在傅里叶域中加入了图像的旋转、缩放和掩蔽。

4. 相位相关

通常可以通过应用方程(14.5)来克服方程(14.3)或方程(14.4)的一些局限性。

计算成本的问题在一定程度上仍然存在，当在粒子图像测速中使用迭代方案时，这一点就更重要了。因此，建议使用相位相关，定义如下：

$$R = \mathcal{R}^{-1} = \left[\frac{\mathcal{F}\mathcal{G}^*}{\left|\mathcal{F}\mathcal{G}^*\right|} \right]^{-1} \tag{14.6}$$

相位相关是图像处理领域中常用的图像匹配方法。Althof 等(1997)和 Foroosh 等(2002)表明精度可以降至 0.2 像素。然而，在粒子图像测速中的要求比通常的要求要差得多，但是其优点是增加了峰值定位的鲁棒性和信噪比。因此，相位相关可以作为迭代粒子图像测速方案的初始步骤，以增加定位真实位移矢量的可能性。

相位相关最早是由 Thomas 等(2005)和 Wernet(2005)提出的。Thomas 等(2005)的程序相当直接，他们使用相位相关作为位移场的初始估计，在最后的迭代中使用归一化互相关。后来，Eckstein 和 Vlachos(2009b)发表了同一主题的另一个版本。

从水下成像的角度来看，相位相关可以增强对低质量图像的鲁棒性，包括噪声、小颗粒等。

5. 其他距离函数(度量)

其他距离函数(也称为度量)，尽管在数学上有很好的描述，但在粒子图像测速中没有得到广泛的应用。DigiFlow(Dalziel，2009)软件的粒子图像测速模块多年来包含了许多不同的度量标准，比如“出租车”-几何，也就是“曼哈顿”距离，它的定义是：

$$R(m,n) = \sum_{i=0}^{M-1}\sum_{j=0}^{N-1}\left|f(i,j) - g(i+m, j+n)\right| \tag{14.7}$$

严格地说，方程(14.1)和方程(14.7)都是所谓的 p 阶闵可夫斯基(Minkowski)距离的推广，其定义为

$$R(m,n) = \left(\sum_{i=0}^{M-1}\sum_{j=0}^{N-1}\left|f(i,j) - g(i+m, j+n)\right|^p\right)^{1/p} \tag{14.8}$$

显然，$p=1$ 的结果对应方程(14.7)，而 $p=2$ 被称为欧氏距离(或度量)，这是用尺子测量的两个点之间的标准距离。考虑到在粒子图像测速中峰值通常被假定为接近高斯分布，所以应用的峰值拟合函数将涉及相关信号对数的计算。因此，方程(14.8)中的外部标度 $1/p$ 将等效于常数乘法，因此这个距离度量将等价于使用方程(14.1)。对于 $p\to$无穷，方程(14.8)也称为切比雪夫(Chebyshev)距离，也称为最大值距离或棋盘度量。

尽管 Minkowski 差异从 2005 年起就已经在 DigiFlow 中可用了，但是据我们所知 Minkowski 差异及其相关的概括还没有在粒子图像测速框架中系统地测试过。

14.1.3　窗口平移

为了优化信噪比，通常采用窗口平移，其中一个或两个子窗口的位置(图 14.3)以迭代方式移动，以最大限度地提高信噪比。这可以采取前向或后向差异方法(Westerweel et al.，1997)，或者使用中心差异方法(Wereley and Meinhart，2001)。

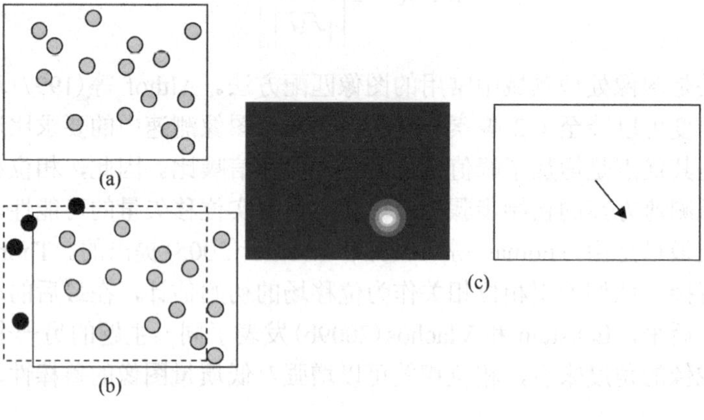

图 14.3　窗口平移技术示意图

左边的两个窗口(a)和(b)是相关的，以产生相关平面(c)。从相关平面中心到峰值的距离是图案在帧之间经历的位移

这种移位也可以通过对图像进行插值来达到亚像素的水平(例子见 Lecordier 等(2001)的文章)，或者简单地利用傅里叶变换特性在傅里叶空间中执行窗口移位(Qian and Cowen，2005)。到亚像素精度的窗口移动已被证明可以减少所谓的峰值锁定错误，经常用于粒子图像测速。Nogueira 等(2001)对这一错误给出了三个不同来源的总结，并提出了有效减少它们的建议。

14.1.4　窗口校正技术

在粒子图像测速技术中估计粒子在两幅图像之间的位移，需遵循的基本假设是每个询问区域内的运动近似于线性。如果不满足这一假设，其效果就是在位移估计中引入误差。这种效果可以通过使用图像校正技术来减少。这种技术一直是一些出版物中研究的重点。例如，Huang 等(1993b)、Scarano 和 Riethmuller(1999，2000)、Scarano(2002)、Lecordier 和 Trinit(2003)，以及 Meunier 和 Leweke(2003)。

在亚像素窗口平移和窗口校正技术中，一个关键的组成部分是图像插值方案的应用。Astarita 和 Cardone(2005)考察了不同插值方案对粒子图像测速精度的影响，以及不同方案之间的差异。他们建议使用：

(1) Scarano(2002)中的 sinc 功能(又称 Whitaker 插值或基数插值)；

(2) 由 Qian 和 Cowen(2005)描述的傅里叶移位性质；

(3) 一种 b 样条曲线，有相对较多的点用于插值，在这种情况下，大约是 9～16 个点。

窗口平移和校正技术在粒子图像测速中的应用的一般概述可在 Scarano(2002)中找到，简单的概述如图 14.4 所示。

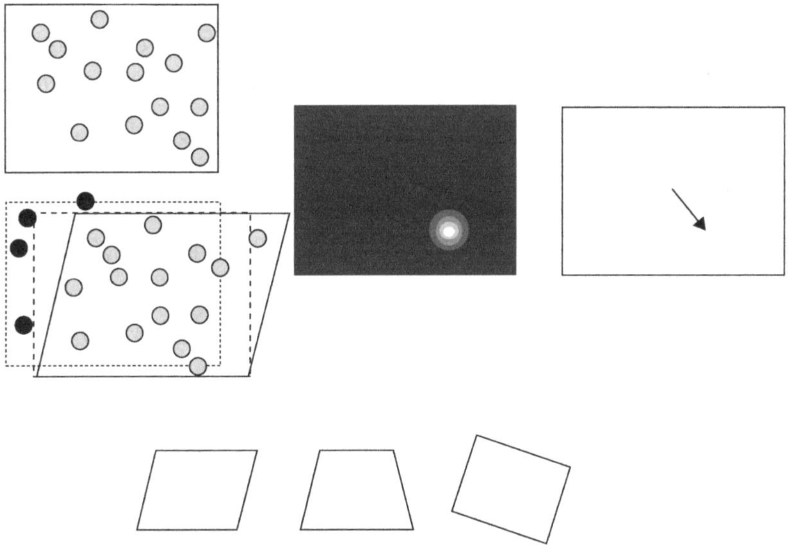

图 14.4　窗口平移和校正技术原理图

子窗口失真以优化相关信号。下一行窗口表示一些可能的窗口扭曲变体。注意，该技术也可能使用更高阶的变换/校正

14.1.5　图像和滤波窗口

许多文献中已经应用图像预处理和图像滤波来改善粒子图像测速结果。例如，Westerweel(1993)应用了一个名为最小-最大的过滤器，以减少或消除灯光下背景梯度的影响。该滤波器产生的图像具有零背景和均匀的图像对比度。

许多文献中还应用了窗口函数来消除边缘效应，这些效应是通过在成像区域边缘上截断粒子图像而引入的。例如，Nogueira 等(1999)、Gui 和 Merzkirch(2000)、

Scarano(2003)、Qian 和 Cowen(2005)以及 Eckstein 和 Vlachos(2009a，2009b)提到了这种影响。Eckstein 和 Vlachos(2009a 和 2009b)检查了大量的窗口函数，发现高斯函数执行得最好。窗口函数的应用基本上限制了构成相关关系的成像区域的面积，从而减少了局部剪切和旋转运动在尺度上的影响，该尺度与成像窗口的大小相当。

14.1.6 数据有效性

Westerweel(1994)研究了三种不同离群点检测方法的性能：全局均值检验、局部均值检验和局部中值检验。全局均值检验(或过滤)将域中的每个向量与所有其他向量的均值进行比较。如果差大，则该向量被认为是离群点。局部均值滤波执行相同的比较，但该比较在特定向量周围相邻的局部小范围内进行。所有这些全局过滤器的固有缺点是，平均值很可能包括其他的异常值，这些异常值会使平均值偏向于异常值。因此，局部中值是一个更有利的过滤器，因为离群值通常位于离这个值很远的地方。局部中值滤波器通常在每个向量周围使用一个 3×3 或 5×5 的区域来计算中值，并将其与向量进行比较。通常，如果向量的值减去其相邻向量的中值大于阈值，则应用阈值，从而丢弃向量。

Westerweel 和 Scarano(2005)提出了一种基于原始中值检验的通用离群点检测技术，用于检测杂散矢量。原始中值检验将每个向量 u_i 与周围 8 个或 24 个相邻向量的中值 u_m 进行比较。如果向量 i 的残差 $r_0=|u_i-u_m|$大于用户指定的阈值，则丢弃该向量。然而，在速度差较大的流场中，该滤波器往往会丢弃有效的测量数据。Westerweel 和 Scarano(2005)建议用所有残差的中值 r_i $(i=1, 2, \cdots, 8)$ (3×3 内核)对 r_0 进行归一化。用这种方法，残差被归一化了，在某种程度上解释了邻近地区的局部变化。并且对 $r_0=|u_i-u_m|/r_m$ 进行了计算，但正如 Westerweel 和 Scarano(2005)中指出的，这种方法在均匀流区域可能是有问题的，在那里 r_m 可能非常低。他们的解决方案是添加一个最小的归一化水平ε，则：

$$r_0=\frac{|u_i-u_m|}{r_m+\varepsilon} \tag{14.9}$$

其中，假设ε表示由互相关产生的可接受的波动水平。Westerweel 和 Scarano(2005)还提出一个合适的$\varepsilon=0.1$ 像素的值。他们进一步表明，$r\approx 2$ 的通用阈值适用于大范围的流动和雷诺数(Reynolds numbers)。此外，许多科学家更喜欢在他们的实验中使用一些测量信号质量的方法。

为了量化信号的质量，可以选择评估相关平面的信噪比、相关峰值高度(如归一化)或询问窗口中的纹理。信噪比可以定义为相关平面中最高和第二高峰的比值(如 Sveen(2004)所做)，也可以定义为相关平面中最高峰值和平均值的比值，如 Raffel 等(2007)所示。

Raffel 等(2007)似乎认为这些测量方法不如统计向量验证方法更有效。然而，他们没有提供任何引文、结果或分析来支持他们的结论。

Hart(2000，2003)引入了一种将每个相关平面与其相邻部分(空间或时间)进行比较的技术。这样，当更多的信息可用时，就能够进行筛选，从而提高筛选的质量。

14.1.7　关于粒子图像测速中的错误源

由于明显的原因，粒子图像测速的一个重点是准确性及其误差来源。重要文献包括 Willert 和 Gharib(1991)、Westerweel(1993)、Cowen 和 Monismith (1997)、Huang 等(1997)和 Westerweel(2000)。

粒子图像测速中一个比较“有名”的错误是“峰值锁定”，当粒子图像变得太窄时可能会发生这种错误。这可能在使用太小的颗粒时发生，也可能是减少相机的填充系数的后果。我们注意到 CMOS 相机通常比 CCD 相机有更低的填充系数。在以上任何情况下，相关峰将变得相对狭窄并趋向于δ型，其含义是插值以中心峰为主，亚像素精度降低或丢失。这导致速度偏向于整数位移，可以通过绘制速度向量的直方图来检测。

从粒子图像的大小来看，许多文献中认为最佳尺寸接近 2.25 像素，具体例子见 Raffel 等(2007)。然而，一些文献中，如 Qian 和 Cowen(2005)认为最优大小在 4～5 像素范围内。为了得出这样的像素范围，通常进行 Monte-Carlo 模拟，探索不同窗口大小、颗粒大小、颗粒密度、背景噪声、位移梯度和平面外运动的影响。然而，在实际应用中，误差通常会合并，这表明最佳粒径可能比建议的 2.25 大。此外，研究还表明，最佳粒度也随着子窗口插值技术的选择而变化，具体见 Astarita 和 Cardone(2005)的研究。

粒子图像测速特别依赖一个基本假设——成像区域内速度是均匀的。在所有的实践中，这个假设都有点粗糙，需要实验人员使用更先进的检测技术来弥补这个问题。这一主题在 Meunier 和 Leweke(2003)以及 Westerweel(2008)的文章中有所涵盖。

在许多现实世界的示例(如海底成像)中，不可能控制示踪剂的存在。人们在很大程度上使用浮游生物、沙子或沉积物这种自然存在的任意物质。例如，图像中的大特征可能会引入背景渐变的问题并且很难确定图像最佳曝光时间。图 14.5 取自带有悬浮颗粒的湍流通道的实验。通过使用最小-最大滤波器，可以在很大程度上消除背景梯度的影响(Westerweel，1993)。我们需要在 14.3 节中再次简要地回顾图 14.5。

折射率的变化可能会对光学测量技术产生重大影响，因为它们可能会改变光线通过流体的路径。穿过恒定折射率变化区域的光将被偏转。这种情况在图 14.6 中进行了说明，正如在 14.4 节中看到的那样，可以利用这种特性来测量密度梯度技术，该方法称为合成纹影技术(又称背景纹影技术)。

Jackson 等(2002)研究了盐度梯度变化的湍流场对随机点的固定静态图像的影

响。通过这种方式，对所采集的图像应用粒子图像测速算法来直接测量密度梯度的影响，以测量由密度变化而引起的图案的表观位移。他们发现梯度导致的均方根误差为 8%。

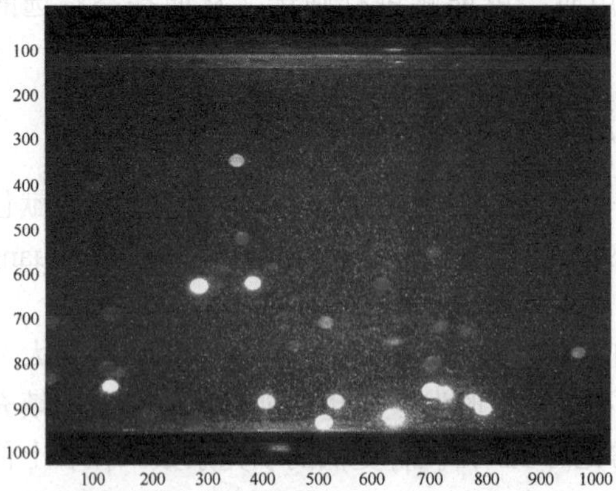

图 14.5　来自具有大颗粒($d = 950\mu m$)和小颗粒($d_s = 90\mu m$)的水的管流图像①

大颗粒会引入阴影，从而在照明中产生渐变

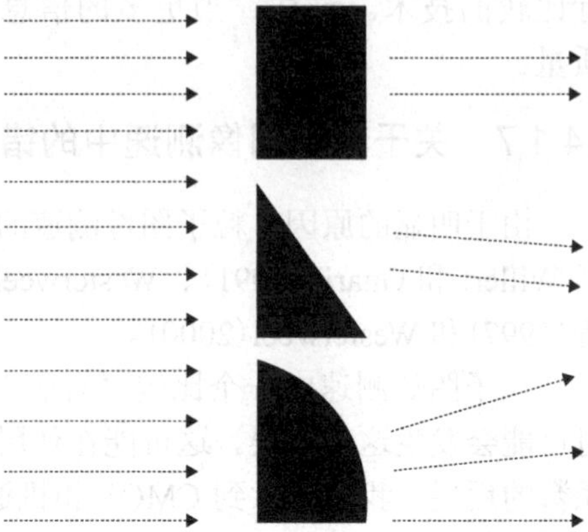

图 14.6　折射率变化对液体光学测量的影响

14.2　粒子跟踪测速

粒子图像测速本质上是通过使用相对标准的图像匹配方法来测量速度的欧拉方程。基本假设是每次图像曝光之间的时间非常短，以至于速度大约是瞬时的。为了测量拉格朗日速度，常用的方法是应用粒子跟踪测速(Particle Tracking Velocimetry，PTV)，其中通过两个或多个连续图像跟踪单个示踪剂粒子。此后，可以使用粒子轨迹来计算湍流的拉格朗日统计，参见 LaPorta 等(2001)和 Dalziel (1992)的研究。

粒子跟踪测速可能是定量成像技术中最古老的一种，它通过多幅曝光图像来测量运动。在过去的二十年中，与粒子图像测速一样，高分辨率和高灵敏度的数码相机技术以及廉价的脉冲激光器的引入极大地改善了粒子跟踪测速技术。传统上，粒子跟踪测速和粒子图像测速被认为是低覆盖、高图像纹理密度的互补技术。粒子图像测速依赖于测量一组粒子的运动，这些粒子组合在一起形成一种模式，而粒子跟踪测速依赖于识别单个粒子，并通过至少两个后续帧跟踪它们。从本质上来说，这意味着需要能够区分单个粒子。另一方面它意味着必须能够在帧之间配对粒子。这两个步骤至关重要，但不是一蹴而就的。

① 资料来源：D. Drazen 博士提供。

14.2.1　粒子识别

在图像处理的许多应用中，无论是在摄影中定位人脸，在移动的汽车上定位车牌，还是在显微镜图像中定位癌细胞，定位图像中的特征都是人们普遍感兴趣的。如果要检测的对象与背景有足够的对比度，那么识别的任务就相对简单了。

粒子跟踪测速中常见的粒子识别程序是应用一个或多个强度阈值，并将粒子定位在每个阈值级别，具体参见 Dalziel(1992)的研究。低于阈值的所有像素均设置为零，高于或等于阈值的所有像素均设置为 1。然后，在此二进制图像中搜索连接在一起的 1，形成独立的(未连接的)斑点，然后针对每个其他阈值级别重复该过程，每次比较定位的斑点以识别新的斑点。这种方法通常用于在图像中形成明显峰值的不透明的小对象。粒子有时会重叠，这是一个额外的挑战，因为它们可能会形成不同的峰，也可能不会。

阈值化的另一种方法是使用标准边缘检测算法来定位对象。如果感兴趣的对象相对较大且透明，如气泡或小滴，这将特别有用。在这种情况下，斑点的图像将在很大程度上取决于物体的光学特性和实验装置的物理特性。有关图像处理的大多数入门书籍(Gonzales and Woods，1992)都介绍了边缘检测算法，实现可在商业软件代码(如 MATLAB)中找到(请参阅 http://www.mathworks.com)。

在识别出所有单独的斑点后，通常采用亚像素定位方法。该方法计算斑点的质心(Maas，1996)或拟合其一维或二维高斯强度曲线(Cowen and Monismith，1997；Ouellette et al.，2006)。Ouellette 等(2006)还介绍了一种神经网络方案，该方案在提高信噪比方面优于其他技术(质心、一维和二维高斯近似)，并得出结论：对于低图像噪声，首选一维高斯估计器。

14.2.2　粒子匹配

粒子跟踪测速的第二个关键是要能够将一个图像中的粒子与稍后图像中的粒子进行匹配。Dalziel(1992)的方法是基于运输算法进行修改的，包括进入或离开测量体积的颗粒。此方法已在商业软件 DigiFlow 及其前身 DigImage 中实现(请参阅 http://www.dalzielresearch.com/digiflow/)。这种算法的使用已经在大量的出版物和例子中被记录下来，包括 Linden 等(1995)、Grue 等(1999，2000)、Ferrari 和 Rossi (2008)。

Cowen 和 Monismith(1997)提出了一种基于粒子图像测速估计第二幅图像中粒子位置的组合方案。首先使用标准的粒子图像测速算法对图像进行查询，然后使用粒子图像测速的速度场作为初始猜测来识别和匹配单个粒子。

上述算法最初是用于类似于普通粒子图像测速实验设置中的二维测量。随着计算能力的提高，三维粒子跟踪测速越来越受欢迎。Ouellette 等(2006)回顾了四种不同的三维粒子跟踪测速测量跟踪算法。他们的技术使用基于速度的不同位置估计和基于粒子历史的加速度估计来匹配 2～4 帧之间的粒子。

利用粒子图像测速和粒子跟踪测速进行海底测量的有趣方面之一是对空间和能量的限制。Kreizer 等(2010)在所谓的基于现场可编程门阵列(FPGA)的相机中实现了粒子跟踪测速方案。简而言之，该相机包含机载计算资源，并且可以在捕获时执行必要的计算，因此可以大大降低数据传输速率和存储需求。

14.3 使用粒子图像测速和粒子跟踪测速进行多相测量——掩蔽技术

生活中的许多应用都需要测量同一 PIV 图像中不同相位的速度。理想的情况下，可以用图 14.5 所示的图像，分别测量大小粒子的速度。但是，直接应用标准 PIV 图像匹配原则可能会产生一些不良后果。首先，获取多个相位的图像可能会给图像曝光带来挑战。人们需要决定是过度曝光大颗粒从而优化较小示踪颗粒的图像，还是优化大颗粒的曝光从而减少较小颗粒的曝光。在图 14.5 中，为了保证流体流场的高质量测量，故意将大颗粒过度曝光。在这个过程中，重要的是从图像中屏蔽掉大粒子。首先，假如粒子太大，它们不一定会像较小的粒子那样跟随流场流动。通过在相关计算中去除，可以减少它们在流场速度中可能带来的偏差。其次，与小粒子相比，它们的信号强度(振幅)非常高，因此在包含它们的相关计算中，它们很可能完全主导相关信号。考虑到曝光的性质，大颗粒通常会表现出一个高帽形强度曲线，使相关信号峰变宽和变平。这意味着在接下来的亚像素插值阶段，精度会普遍下降。事实上，要找到一个单一相关性的最大值是很困难的。默认情况下，如果不加以处理，这种效应将以均方根误差的形式出现在速度的统计数据中，而在观察者看来，均方根误差将表现为湍流能量的明显增加。

如 Lindken 和 Merzkirch(2002)与 Honkanen 和 Saarenrinne(2003)所述，当大粒子被更大的、可变形的气泡或液滴所取代时，这些问题就变得越来越困难。

无论如何，不同相位之间的偏差都需要消除。掩蔽技术已经被广泛地记录在文献中，例如，Gui 和 Merzkirch(1996)、Jakobsen 等(1996)、Oakley 等(1997)、Palero 和 Arroyo(1998)、Kiger 和 Pan(2000)、Khalitov 和 Longmire(2002)、Lindken 和 Merzkirch(2002)、Gui 等(2003)与 Poelma 等(2006b)。Poelma 和 Ooms(2006a)综述了湍流流场与粒子间双向耦合的研究进展。

一个部分被掩蔽的询问窗口通常会根据掩蔽区域的位置引入某种形式的偏差。关键的挑战是在计算互相关时如何处理掩蔽区。许多研究文献倾向于插值掩蔽区。Sveen 和 Dalziel(2005a，2005b)的研究表明，背景插值可能会引入比简单地将掩蔽区域排除在计算之外的更大的误差。Sveen 和 Dalziel(2005a)使用合成纹影将粒子图像测速与密度梯度测量相结合(见 14.4 节)。其设置产生了需要从合成纹影图像中去除粒子图像测速粒子的组合信息的图像。其结果表明，均方根误差(RMS)随着第二相位的出现增加了 17%。然而，通过简单地忽略这个相位所占用的像素，误差可以减少到 10%左右。其结果也暗示了在粒子图像测速中，示踪粒子可能会在两次曝光之间离开光片。这种情况表明通过识别和删除帧之间不匹配的单个粒子，可以大大减少误差。Sveen 和 Dalziel(2005a，2005b)将他们的发现与 Hu 等(1998)的发现进行了比较，得出结论，对于较小的平面外影响，通常是在帧之间的一个粒子的消失(对应于 32×32 大小的询问区域的 1.7%)，通过他们的技术，可以使误差从大约 7%降低到大约 2%。

在图像处理领域，掩盖图像的相关性是一个相当普遍的挑战。正如在“归一化相关性”部分中简要介绍的那样，Padfield(2011)发布了归一化相关性函数，该函数包括掩蔽功能，并且在傅里叶域中执行。但是，他的解决方案尚未在粒子图像测速中尝试。

14.4　合成纹影——密度梯度测量

在过去的十年中，出现了另一种光学技术，可以对密度波动进行全场测量。这项技术在 Dalziel 等(1998)、Sutherland 等(1999)、Meier(1999)、Dalziele 等(2000)以及 Richard 和 Raffel(2001)中有报道。该技术是原始纹影测量技术的数字版本，具体参见 Merzkirch(1974)的研究，该技术是由 Toepfler 和 Focault 在 19 世纪末独立开发的。据报道，Toepfler 使用这种技术来测量高质量透镜的缺陷。纹影测量由材料折射率的微小变化而引起的光线的偏转。严格地说，纹影术是另一种叫作阴影术的技术的延伸。这种可视化技术的基本形式是将光通过包含折射率差异的材料，并将其投射到合适的设备上，如墙壁或相机。从图 14.6 可以看出，密度场(折射率场)的二阶导数将导致接收端的亮斑和暗斑或阴影的形成，因此得名阴影术。

最初的技术是将刀放置于装置的焦点上掩蔽了一半的信号。用这种方法，一边被折射的光线被刀刃遮住了，而另一边被折射的光线则通过测量系统，通常是相机。在纹影的数字版本中，人们利用了一种背景图案，这种图案是通过一个观察流体的相机来观察的。流体中的密度变化将引起图形的明显运动，可以很容易地使用与粒子图像测速中应用的图形匹配原则相同的模式测量。原理如图 14.7 所示。

图 14.8 展示了一个简单的合成纹影的例子，在这个例子中，相机聚焦在一个目标上，显示出随机的圆点图案。折射率的变化，在这种情况下是由拇指位于相机和目标之间造成的，可以通过简单地减去相机记录的第一幅图像(当没有拇指时)，以及序列中的每一帧来实现。

也可以通过将粒子图像测速和合成纹影图像交错放置(如 Sveen 和 Dalziel (2005b)的研究)，或者简单地使用两个专用相机，具体参见 Ihle 等(2009)的研究，将粒子图像测速和合成纹影测量结果结合起来。

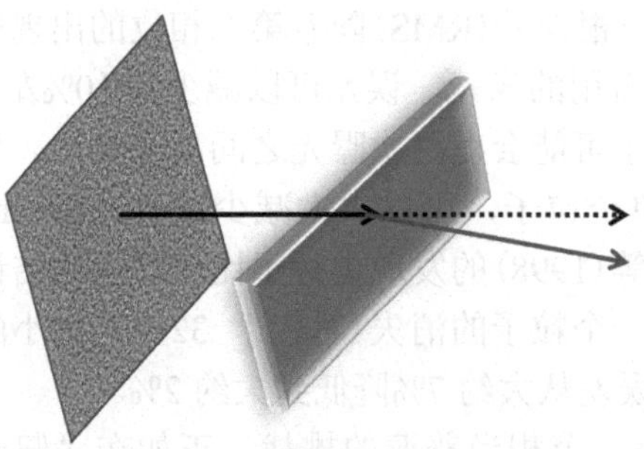

图 14.7　合成纹影技术原理图
由于密度梯度的变化，左边的背景图案发生了明显的位移

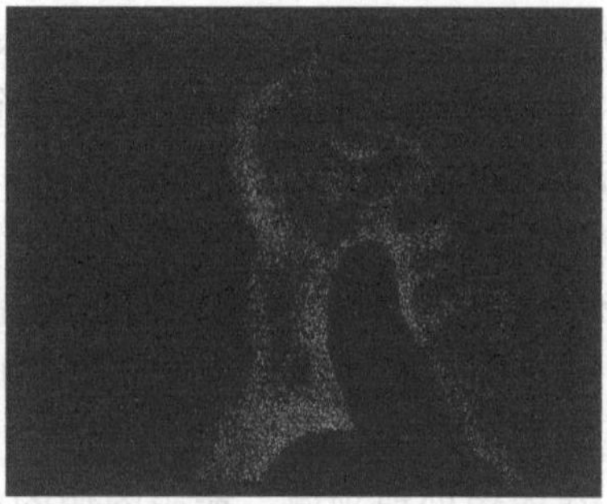

图 14.8　合成纹影记录的例子(显示热量从作者的拇指上升)(见彩图)

14.5　激光多普勒测速和相位多普勒测速

多普勒效应是当波源相对于观测者移动时，观测者所观测到的声或光波频率的变化。例如，一辆救护车鸣笛接近并驶过一名观测者，当警笛接近时，观测频率高于发射频率，当警笛远离时，观测频率低于发射频率。

1962 年激光发明后不久，Yea 和 Cummings(1964)与 Foreman 等(1965)很快证明，多普勒效应可以用于流体流量测量。由于其卓越的能力，这种技术很快在科学界流行起来，前十年的研究概述参见 Drain(1980)和 Durst 等(1981)的研究。这项技术很快被称为激光多普勒测速(LDA)。

激光多普勒测速的成功以及被称为相位多普勒测速(Phase Doppler Anemometry，PDA)的扩展在很大程度上是由于高度的准确性和商用总控系统的可用性，具体参见 Dantec 的网页(http://www.dantecdynamics.com/)和 TSI 的网页(http://www.tsi.com/LDV-Systems/)。然而，在水下应用中，脉冲非常少。Yoshida 和 Tashiro(1986)提出了激光多普勒测速水下光学探测器的设计说明。在实际应用中，在许多情况下，限制因素将是尺寸和功率要求，但如 Sellens(1990)所示，激光二极管的使用可以大大减少这些限制。自激光多普勒测速/相位多普勒测速的概念提出以来，激光在实际应用上经历了很大的改进，从 20 世纪 90 年代末到 21 世纪初，激光从等离子激光发展到固体激光。

这里将简要回顾激光多普勒测速(LDA)和相位多普勒测速(PDA)的基础知识。其中 Albrecht 等(2003)、Tropea 等(2007)和 Sorensen 等(2011)为需要更详细信息的读者提供了大量和完整的参考资料。

14.5.1　激光多普勒测速

激光多普勒测速的原理是使两个相干、准直和单频的激光光束交叉。在交点处，两束光产生干涉条纹，粒子通过干涉图样时，将以与粒子速度、激光束角度和激光频率成正比的频率散射光。但是，这是多普勒测速的基本形式，不能判断速度的方向，不管粒子往哪个方向运动，散射光频率都相同。通过在其中一个激光束上引入频移来解决此问题。这将在光束相交处产生一个移动的条纹图案，从而有可能解决方向模糊问题。激光多普勒测速原理的示意图如图 14.9 所示。

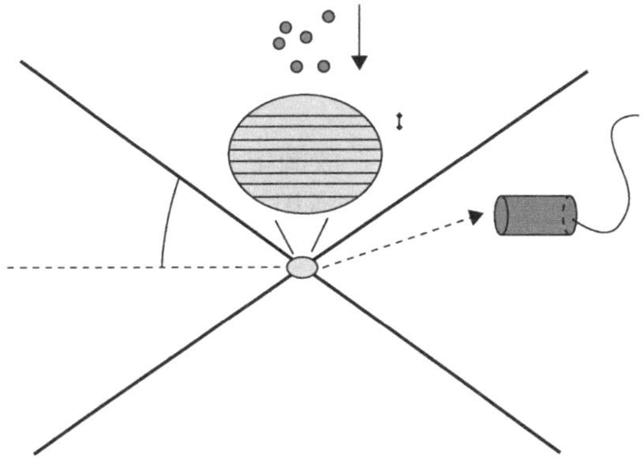

图 14.9　激光多普勒测速原理的示意图(两个相交的激光束会产生条纹图案)

当粒子穿过干涉条纹时，它们会产生一个散射光信号，该信号由光电探测器(又称为光电倍增管(PMT))测量。根据应用，探测器的位置可以检测向前或向后的散射光。

一些激光光源会产生一种以上波长的光，如氩离子激光器，它们会分别产生 510nm 和 488nm 的绿光和蓝光。一般来说，可以用不同的颜色来测量不同方向的速度分量，这是大多数激光多普勒测速装置中采用的方式。

14.5.2　相位多普勒测速

散射光信号通常由高度敏感的光电探测器测量。通过使用两个光电探测器，可以将激光多普勒测速用来测量一个粒子的尺寸。尺寸由两个传感器之间的相位差给出。这种形式的激光多普勒测速通常称为相位多普勒测速。在 Hirleman(1996)的文章中可以找到相位多普勒测速发展的前二十年的记录。

激光多普勒测速和相位多普勒测速的核心优势是可以达到高采样率(最初是 500～1000Hz)，这使得它适合测量湍流特性。如今，商用的 TSI 以高达 800MHz 的采样率作为卖点。

对于折射率可能会有局部变化的流体，如在地下应用中，必须谨慎使用激光多普勒测速和相位多普勒测速。在水下，盐度和温度都可能会局部改变折射率，并稍微改变条纹图案的位置。只要密度梯度很小，就是可接受的，但是在应用中，如油水液体，折射率差异太大，以至于确定条纹图案的位置以及测量准确性变得非常具有挑战性。

14.5.3　折射率差异的影响

实际上，折射率通常随温度、盐度、压力或这三者的组合而变化。在许多海底应用中，有时会使用激光多普勒测速的变体——激光多普勒振动测量法。该方法基本上是利用声压场引起的折射率变化作为声源信号多普勒频移的源来测量声压场的频率，参见 Sriram 等(1990)的研究。

Hong 等(1977)介绍了一种类似的情况——用激光多普勒测速测量火焰前方的空气流动，火焰附近的局部折射率变化很大。

Schneider 和 Hirleman(1994)考察了液滴中折射率梯度对尺寸分布的相位多普勒测量的影响；然而，他们的结果并不直接适用于水下应用。

14.5.4　边界层剪切应力的测量

剪切应力传感器是一个相对较新的发明，与激光多普勒测速有一些共同的特点，因为它使用两个交叉的激光束。然而，剪切应力传感器使用两个发散光束，产生发散干涉(条纹)图案。这些原理最早由 Naqwi 和 Reynolds(1987)发表，微型传感器技术的最新发展提高了其易用性，但在此之前并没有得到广泛应用。剪应力传感器如今已上市。

14.6　致　谢

这项工作的部分资金来自多相流动保障创新中心(FACE)，这是 IFE、NTNU 和 SINTEF 之间的一个合作研究项目。该中心由挪威研究理事会和下列工业伙伴资助：挪威国家石油公司、GE 石油天然气公司、SPT 集团、FMC 技术公司、壳牌技术挪威公司和 CD-Adapco 公司。

参 考 文 献

Adrian R J. 1991. Particle-imaging techniques for experimental fluid mechanics. Annual Review of Fluid Mechanics, 23, 261-304.

Adrian R J, Westerweel J. 2011. Particle Image Velocimetry. Cambridge University Press, Cambridge, New York.

Albrecht H E, Damaschke N, Borys M, et al. 2003. Laser Doppler and Phase Doppler Measurement Techniques Laser Doppler and Phase Doppler Measurement Techniques. Berlin, Heidelberg: Springer.

Althof R J, Wind M G J, Dobbins III J T. 1997. A rapid and automatic image registration algorithm with subpixel accuracy. IEEE Transactions on Medical Imaging, 16(3), 308-316.

Astarita T, Cardone G. 2005. Analysis of interpolation schemes for image deformation methods in piv. Experiments in Fluids, 38,233-243. 10.1007/s00348-004-0902-3.

Briechle K, Hanebeck U D. 2001. Template matching using fast normalized cross correlation. Proceedings of SPIE: Optical Pattern Recognition XII, 4387, 95-102.

Cowen E A, Monismith S G. 1997. A hybrid digital particle tracking velocimetry technique. Experiments in Fluids, 22, 199-211.

Dalziel S, Hughes G, Sutherland B. 1998. Synthetic schlieren// Carlomagno G M, Grant I. Proceedings of the 8th International Symposium on Flow Visualization, September 1-4 1998, Sorrento, Italy.

Dalziel S B. 1992. Decay of rotating turbulence: some particle tracking experiments. Applied Scientific Research, 49, 217-244.

Dalziel S B. 2009.Digiflow user guide. http://www.dalzielresearch.com/digiflow/.

Dalziel S B, Hughes G O, Sutherland B R. 2000. Whole-field density measurements by 'synthetic schlieren'. Experiments in Fluids, 28, 322-335.

Drain L E. 1980. The Laser Doppler Technique. Chichester, New York, Brisbane, Toronto: John Wiley & Sons. ISBN 0471276278.

Durst F, Melling A, Whitelaw J. 1981. Principles and Practice of Laser-Doppler Anemometry. London: Academic Press.

Eckstein A, Vlachos P P. 2009a. Assessment of advanced windowing techniques for digital particle image velocimetry (dpiv). Measurement Science and Technology, 20(7), 075402.

Eckstein A, Vlachos P P. 2009b. Digital particle image velocimetry (dpiv) robust phase correlation. Measurement Science and Technology, 20(5), 055401.

Ferrari S, Rossi L. 2008. Particle tracking velocimetry and accelerometry (ptva) measurements applied to quasi-two-dimensional multi-scale flows. Experiments in Fluids, 44, 873-886. 10.1007/s00348-007-0443-7.

Fincham A M, Spedding G R. 1997. Low cost, high resolution dpiv for measurement of turbulent fluid flow. Experiments in Fluids, 23, 449-462.

Foreman J W J, George E W, Lewis R D. 1965. Measurement of localized flow velocities in gases with a laser doppler flowmeter. Applied Physics Letters, 7, 77-78.

Foroosh H, Zerubia J, Berthod M. 2002. Extension of phase correlation to sub-pixel registration. IEEE Transactions on Image Processing, 11(3), 188-200.

Gonzales R C, Woods R E. 1992. Digital Image Processing. Reading, Massachusetts; Menlo Park, California; New York; Don Mills Ontario; Wokingham, England; Amsterdam; Bonn; Sydney; Singapore; Tokyo; Madrid; San Juan; Milan; Paris: Addison-Wesley.

Grue J, Jensen A, Rusås P O, et al. 1999. Properties of large amplitude internal waves. Journal of Fluid

Mechanics, 380, 257-278.

Grue J, Jensen A, Rusås P O, et al. 2000. Breaking and broadening of internal solitary waves. Journal of Fluid Mechanics, 413, 181-217.

Gui L, Merzkirch W. 1996. Generating arbitrarily sized interrogation windows for correlation-based analysis of particle image velocimetry recordings. Experiments in Fluids, 21, 465-468.

Gui L, Merzkirch W. 2000. A comparative study of the MQD method and several correlation-based piv evaluation algorithms. Experiments in Fluids, 28, 36-44.

Gui L, Wereley S T, Kim Y H. 2003. Advances and applications of the digital mask technique in particle image velocimetry experiments. Measurement Science and Technology, 14(10), 1820.

Hart D P. 2000. Piv error correction. Experiments in Fluids, 29, 13-22. 10.1007/s003480050421.

Hart D P. 2003. The elimination of correlation errors in piv processing. Proceedings to the 9th International Symposium on Applications of Laser Techniques to Fluid Mechanics, July 13-16, 1998, Lisbon, Portugal.

Hirleman E D. 1996. History of development of the phase-doppler particle-sizing velocimeter. Particle and Particle Systems Characterization, 13(2), 59-67.

Hong N S, Jones A R, Weinberg F J. 1977. Doppler velocimetry within turbulent phase boundaries. Proceedings of the Royal Society of London. Series A, Mathematical and Physical Sciences, 353(1672), 77-85.

Honkanen M, Saarenrinne P. 2003. Multiphase piv method with digital object separation methods. 5th International Symposium on Particle Image Velocimetry, Busan, Korea.

Hu H, Saga T, Okamoto K, et al. 1998. Evaluation of the cross correlation method by using piv standard images. Journal of Visualization-Japan, 1(1), 87-94.

Huang H, Dabiri D, Gharib M. 1997. On errors of digital particle image velocimetry. Measurement Science and Technology, 8(12), 1427-1440.

Huang H, Fiedler H, Wang J. 1993a. Limitations and improvements of piv, part i: limitation of piv due to velocity gradients. Experiments in Fluids, 15, 168-174.

Huang H T, Fiedler H E, Wang J J. 1993b. Limitation and improvement of piv. Experiments in Fluids, 15, 263-273. 10.1007/BF00223404.

Ihle C, Dalziel S, Nino Y. 2009. Simultaneous piv and synthetic schlieren measurements of an erupting thermal plume. Measurement Science and Technology, 20, 125402.

Jackson P R, Musalem R A, Rehmann C R, et al. 2002. Particle image velocimetry errors due to refractive index fluctuations. Hydraulic Measurements and Experimental Methods, Proceedings of the specialty conference, EWRI and IAHR, Estes Park, Colorado, July 28-August 1, 2002, 113, 86-86. ASCE.

Jakobsen M L, Easson W J, Greated C A, et al. 1996. Particle image velocimetry: simultaneous two-phase flow measurements. Measurement Science and Technology, 7(9), 1270.

Khalitov D A, Longmire E K. 2002. Simultaneous two-phase piv by two-parameter phase discrimination. Experiments in Fluids, 32, 252-268. 10.1007/s003480100356.

Kiger K T, Pan C. 2000. Piv technique for the simultaneous measurement of dilute two-phase flows. Journal of Fluids Engineering, 122(4), 811-818.

Kreizer M, Ratner D, Liberzon A. 2010. Real-time image processing for particle tracking velocimetry. Experiments in Fluids, 48, 105-110.

LaPorta A, Voth G, Crawford A M, et al. 2001. Fluid particle accelerations in fully developed turbulence. Nature, 209, 1017-1019.

Lecordier B, Demare D, Vervisch L M J, et al. 2001. Estimation of the accuracy of piv treatments for turbulent flow studies by direct numerical simulation of multi-phase flow. Measurement Science and Technology, 12(9), 1382.

Lecordier B, Trinit M. 2003. Advanced piv algorithms with image distortion-validation and comparison from synthetic images of turbulent flow. Proceedings to the 5th international symposium on Particle Image Velocimetry Busan, Korea.

Lewis J P. 1995a. Fast normalized cross-correlation. Updated and corrected version of Lewis(1995), http://scribblethink.org/Work/nvision-Interface/nip.pdf.

Lewis J P. 1995b. Fast template matching. Vision Interface, 95, 120-123, Canadian Image processing and Pattern Recognition Society.

Linden P F, Boubnov B M, Dalziel S B. 1995. Source-sink turbulence in a rotating, stratified fluid. Journal of Fluid Mechanics, 298, 81-112.

Lindken R, Merzkirch W. 2002. A novel piv technique for measurements in multiphase flows and its application to two-phase bubbly flows. Experiments in Fluids, 33, 814-825. 10.1007/s00348-002-0500-1.

Maas H G. 1996. Contributions of digital photogrammetry to 3-D PT. Three-dimensional velocity and vorticity measuring and image analysis techniques. Kluwer, Dordrecht.

Meier G E A. 1999. Hintergrund schlierenmessverfahren. Deutsche Patentanmeldung DE 199 42 856 A1, 1-12.

Merzkirch W. 1974. Flow Visualization. New York, San Francisco, London: Academic Press.

Meunier P, Leweke T. 2003. Analysis and treatment of errors due to high velocity gradients in particle image velocimetry. Experiments in Fluids, 35, 408-421. 10.1007/s00348-003-0673-2.

Naqwi A A, Reynolds W C. 1987. Dual cylindrical wave laser-doppler method for measurement of skin friction in fluid flow. Technical report, NASA STI/Recon Technical Report N 87.

Nogueira J, Lecuona A, Rodrguez P A. 1999. Local field correction piv: on the increase of accuracy of digital piv systems. Experiments in Fluids, 27, 107-116. 10.1007/s003480050335.

Nogueira J, Lecuona A, Rodrguez P A. 2001. Identification of a new source of peak locking, analysis and its removal in conventional and super-resolution piv techniques. Experiments in Fluids, 30(3), 309-316.

Oakley T R, Loth E, Adrian R J. 1997. A two-phase cinematic piv method for bubbly flows. Journal of Fluids Engineering, 119(3), 707-712.

Ouellette N, Xu H, Bodenschatz E. 2006. A quantitative study of three-dimensional lagrangian particle tracking algorithms. Experiments in Fluids, 40, 301-313. 10.1007/s00348-005-0068-7.

Padfield D. 2010. Masked FFT registration. Proceedings of Computer Vision and Pattern Recognition, San Francisco, CA, USA,13-18 June 2010, 1-8.

Padfield D. 2011. Masked object registration in the fourier domain. Image Processing, IEEE Transactions on PP(99), 1.

Palero V, Arroyo P. 1998. Development of particle image velocimetry for multiphase flow diagnostics. Journal of Visualization, 1, 171-181. 10.1007/BF03182511.

Poelma C, Ooms G. 2006a. Particle-turbulence interaction in a homogeneous, isotropic turbulent suspension. Applied Mechanics Reviews, 59(2), 78-90.

Poelma C, Westerweel J, Ooms G. 2006b. Turbulence statistics from optical whole-field measurements in particle-laden turbulence. Experiments in Fluids, 40, 347-363. 10.1007/s00348- 005-0072-y.

Qian L, Cowen E A. 2005. An efficient anti-aliasing spectral continuous window shifting technique for piv. Experiments in Fluids, 38(2), 197-208.

Raffel M, Willert C E, Kompenhans J. 1998. Particle Image Velocimetry, A Practical Guide(1st ed.). Berlin, Heidelberg, New York: Springer Verlag.

Raffel M, Willert C E, Wereley S T, et al. 2007. Particle Image Velocimetry: A Practical Guide, Berlin, Heidelberg, New York: Springer Verlag.

Richard H, Raffel M. 2001. Principle and applications of the background oriented schlieren(bos) method. Measurement Science Technology, 12, 1576-1585.

Scarano F. 2002. Iterative image deformation methods in piv. Measurement Science and Technology, 13, R1-R19.

Scarano F. 2003. Theory of non-isotropic spatial resolution in piv. Experiments in Fluids, 35, 268 277.10.1007/s00348-003-0655-4.

Scarano F, Riethmuller M L. 1999. Iterative multigrid approach in piv image processing with discrete window offset. Experiments in Fluids, 26(6), 513-523.

Scarano F, Riethmuller M L. 2000. Advances in iterative multigrid piv image processing. Experiments in Fluids, 29(7), S51-S60.

Schneider M, Hirleman E D. 1994. Influence of internal refractive index gradients on size measurements of spherically symmetric particles by phase doppler anemometry. Applied Optics, 33(12), 2379-2388.

Sellens R W. 1990. A compact, laser diode based phase doppler system. Experiments in Fluids, 9, 153-158. 10.1007/BF00187415.

Sorensen C M, Gebhart J, O'Hern T J, et al. 2011. Optical Measurement Techniques: Fundamentals and Applications, 269-312, Hoboken, New Jersey: John Wiley & Sons, Inc.

Sriram P, Craig J I, Hanagud S. 1990. Scanning laser doppler vibrometer for modal testing. International Journal of Analytical and Experimental Modal Analysis, 5, 155-167.

Sutherland B R, Dalziel S B, Hughes G O, et al. 1999. Visualization and measurement of internal waves by "synthetic schlieren". part 1. vertically oscillating cylinder. Journal of Fluid Mechanics, 390, 93-126.

Sveen J K. 2004. An introduction to matpiv v.1.6.1. Eprint no. 2, ISSN 0809-4403, Dept. of Mathematics, University of Oslo. http://www.math.uio.no/~jks/matpiv.

Sveen J K, Cowen E A. 2004. Quantitative imaging techniques and their application to wavy flow// Grue J, Liu P L F, Pedersen G K. PIV and Water Waves. Singapore: World Scientific Publishing.

Sveen J K, Dalziel S B. 2005a. A dynamic, local masking technique for piv and synthetic schlieren. Proceedings of 6th International Symposium on Particle Image Velocimetry, Pasadena, CA, Sept. 21-23, 2005.

Sveen J K, Dalziel S B. 2005b. A dynamic masking technique for combined measurements of piv and synthetic schlieren applied to internal gravity waves. Measurement Science and Technology, 16, 1954-1960.

Thomas M, Misra S, Kambhamettu C, et al. 2005. A robust motion estimation algorithm for piv. Measurement Science and Technology, 16(3), 865.

Tropea C, Foss J F, Yarin A L. 2007. Springer Handbook of Experimental Fluid Mechanics. Berlin, Heidelberg: Springer.

Wereley S T, Meinhart C D. 2001. Second-order accurate particle image velocimetry. Experiments in Fluids, 31(3), 258-268.

Wernet M P. 2005. Symmetric phase only filtering: a new paradigm for dpiv data processing. Measurement Science and Technology, 16(3), 601.

Westerweel J. 1993. Digital Particle Image Velocimetry-Theory and Application. Ph.D. thesis, Delft University of Technology, The Netherlands.

Westerweel J. 1994. Efficient detection of spurious vectors in particle image velocimetry data. Experiments in Fluids, 16, 236-247. 10.1007/BF00206543.

Westerweel J. 2000. Theoretical analysis of the measurement precision in particle image velocimetry. Experiments in Fluids, 29, S003-S012. 10.1007/s003480070002.

Westerweel J. 2008. On velocity gradients in piv interrogation. Experiments in Fluids, 44, 831-842.

10.1007/s00348-007-0439-3.

Westerweel J, Dabiri D, Gharib M. 1997. The effect of a discrete window offset on the accuracy of cross-correlation analysis of digital piv recordings. Experiments in Fluids, 23, 20-28.

Westerweel J, Scarano F. 2005. Universal outlier detection for piv data. Experiments in Fluids, 39, 1096-1100. 10.1007/s00348-005-0016-6.

Willert C E, Gharib M. 1991. Digital particle image velocimetry. Experiments in Fluids 10, 181-193.

Yea Y, Cummings H Z. 1964. Localized fluid flow measurements with an he-ne laser spectrometer. Applied Physics Letters, 4, 176-178.

Yoshida S, Tashiro Y. 1986. Underwater optical probe for laser doppler anemometry. Journal of Physics E: Scientific Instruments, 19(10), 880.

第 15 章　水下三维视觉、测距和距离选通

近年来，大量面向陆地三维视觉应用的激光传感器不断被开发出来，逐渐形成了一个价值数十亿欧元的成熟市场，且市场规模正不断扩大。而在水下应用环境中，水的存在以及深海作业的需求，对科学与技术提出全新的挑战并迫使人们进一步探索。本章主要介绍采用激光传感器进行水下三维视觉和测距的一些技术，并着重介绍那些为满足实际场景应用而开发的设备。

15.1　引　　言

如今，三维视觉已经成为一个被广泛使用的名词，它包含了两种技术，一种只给观看者提供三维立体感受；另一种比较复杂，使得定量三维监控成为可能。到目前为止，人们已经开发了大量用于地面应用的三维视觉激光传感器，使其成为一个价值数十亿欧元的成熟市场，且规模仍在不断扩大(Blais，2004)。但三维视觉在水下的发展远远落后于陆地应用，在水下环境中，水的存在和深海作业的需求使得三维视觉在科技上又提出了全新的挑战，并且二者已经成为限制水下三维视觉发展的决定性因素(Liu et al.，2010)。长期以来，在这一领域的研究和开发主要集中在能够提供精确测距和定量三维模型的传感器上。随着人类近海活动的日趋活跃，针对海底结构监测的需求也在稳步增长。在这方面，海上石油和天然气工业作为能够制定技术要求和提供市场许可的主要终端用户，正发挥着关键作用。从一开始，基于声波的声呐(sonar)传感器就成为海底三维视觉和测距领域研究最为广泛的技术。然而，受声波波长的限制，这些装置的空间分辨率普遍偏低，使其在海底结构监测应用中严重受限。而基于激光技术的三维视觉和海底测距设备极有可能在三维空间坐标中实现高空间分辨率，满足终端用户对更高空间分辨率的要求，提高检测能力。

本章重点选取几项采用激光作为测量源的水下三维视觉和测距技术进行介绍，所述的各类方法功能互补且成熟度各不相同。本章旨在提高读者在现实应用场景中实际部署传感器所面临的多学科挑战的认识，而非对这样一个涵盖范围广泛且时常推陈出新的主题进行详细的介绍。在描述成功的研发案例时，优先考虑那些致力于解决此问题的关键工作。在介绍水下三维视觉和测距的基础知识之后，重点介绍三角测量、调制/解调、脉冲飞行时间和距离选通技术以及它们在水下使用时面临的主要问题。

本章作者 L. DE DOMINICIS，Agency for New Technologies, Energy and Sustainable Economic Development(ENEA)，Italy。

15.2　水下激光三维视觉基础

基于激光的水下三维视觉装置涉及多种基本的工作原理。以下各节概述不同的应用是如何影响这一领域的研究和研发，以及实现创新设备时需要考虑的参数。

15.2.1　构建应用

这里，基于激光的水下三维视觉传感器被定义为对浸没在海洋中物体的形状或是外观(通过反射率反演)进行数据采样的设备，所获取的数据将被处理并用于对所生成的对象进行三维定量渲染，然后在计算机上使用定制软件进行显示。这意味着终端用户可以直接在三维模型上测量任意两点之间的相对距离和沿任意方向的相对距离，以及它们相对于传感器的距离。传感器的距离精度可以衡量三维模型定量分析的准确度。所记录的三维模型可以与以前获得的数据或者与在制造时已知的CAD设计进行比较。这种方法在海底相关活动中的应用多种多样，但以石油和天然气工业为主。对用于油气勘探和开采的海底设施进行定量检查，有助于在其整个使用周期进行更好的管理。结构监测是保持设备完整性、延长使用寿命、识别和评估故障的关键工具。在计划进行维修、安装更换组件和升级时，水下设施的尺寸信息也必不可少。这是因为尽管在制造设备时其尺寸已知，但在安装期间常常需要改动，如增加管道、电缆等额外的组件。这意味着掌握设备最新的尺寸信息是至关重要的。另一方面，智能油田的概念(McStay et al.，2007；Reeves et al.，2003)表明油气运营商日益意识到有必要将整个油气生产过程的管理提升到更高的水平。因此，被油气行业直接或间接支持的研发项目取得重大成果也就不足为奇了(图 15.1)。

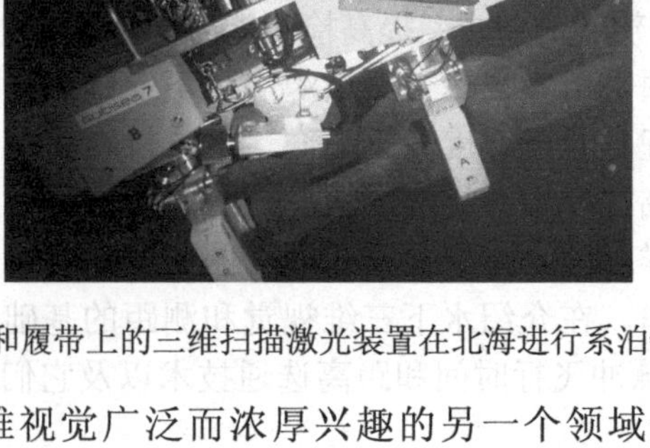

图 15.1　安装在 ROV 和履带上的三维扫描激光装置在北海进行系泊链检测的现场试验图①

引起激光水下三维视觉广泛而浓厚兴趣的另一个领域是海洋考古学(Roman

① 资料来源：Courtesy of Smart Light Devices Ltd.。

et al.，2010）。在这种情况下，三维视觉技术不但能搜索新地点、表征其特征，还能向公众提供图像。其他水下应用包括：海洋生物学（如海洋生长监测）、造船业和军事行动监测。每一个应用都有独特的现场部署要求，从而使水下三维视觉成为一项既涉及研究，又涉及实施、工程和优化的多学科任务。

15.2.2 海水作为噪声信道

用于水下三维成像的激光传感器与地面传感器共享一个基本方案：发射器将激光发射至目标，接收器探测返回的信号，如图 15.2 所示。可以发射准直激光束照射到目标的一点上，或是线激光在目标上形成一条投影线，还可以通过扩束一次性照亮整个目标表面。将距离信息编码在反射激光的某个可测量参数（传感器上的空间位置、延迟时间、相移等）中，并通过接收器记录下来。在空间编码（三角测量系统）中，距离信息可通过光学信号传感器上记录的空间位置重建。在时间编码中，必须对强度调制激光束的相位（调制解调技术）或脉冲光束的延迟（飞行时间）进行解码以获得距离。

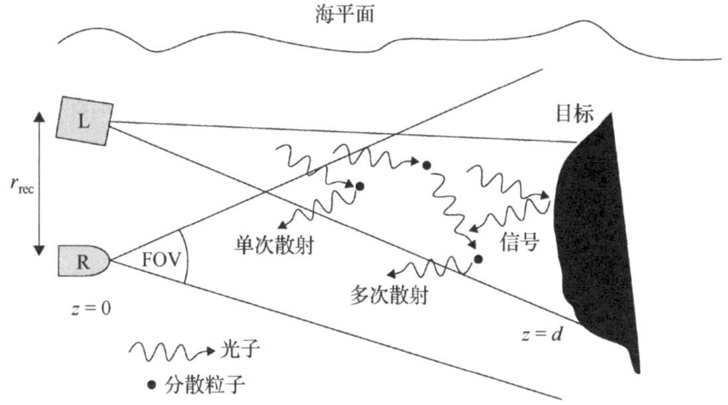

图 15.2 基于激光传感器的水下三维视觉基本原理图

海水的存在导致了海底应用与陆地应用的区别。海水作为耗散传输介质，通过光子吸收和散射，不可避免地降低了信息的观测距离。光的吸收系数和散射系数分别表示为 a 和 s，它们都是长度的倒数并且和光学波长λ有关。散射系数 s 随着波长λ增加而单调减小；吸收系数 a 则跟水域有关，在清澈的海水中，a 在蓝光波段（$\lambda \approx 400$nm）具有最小值，而在海岸或港湾内，a 的最小值则移到绿光波段（$\lambda \approx 530$nm）附近。a^{-1} 和 s^{-1} 的长度描述了光子在被吸收或散射之前在海水中经过的平均自由路径。a 与 s 的和（用 k 表示）称为衰减系数。根据比尔-朗伯定律，$N = N_0 e^{-kz}$，可得到初始光子数 N_0 在海水中沿给定方向运动了长度 z 后的剩余光子数 N。对于给定的目标距离 d，吸收和散射会降低信噪比。特别是，散射增加了后向散射和接收器视场内光子的原始散粒噪声，同时吸收减弱了信号的强度。在这种情况下，基于激光传感器进行水下三维视觉探测的过程可以视作是一项通过噪声信道（海水）进行信息传输和处理的任务。激光探测到目标的距离，将信息传输到接收端进行解码，但海水的作用使得这种传输的可靠性降低。对信噪比的优化是实现水下三维视觉和精确测距的基础，因此大多数的研究工作都涉及消除光学噪声的方法。与通过噪声信道传输信息类似，可以将香农-哈特特莱(Shannon-Hartley)定理应用于图 15.2 所示的基本方案中，Shannon-Hartley 定理给出了在噪声信道上传输信息(给定精度级别的范围数据)的最大速率 C：

$$C = B\log_2(1+\mathrm{SNR}) \tag{15.1}$$

其中，B 为信道带宽，给出了信号通过信道时衰减小于 3dB 的频率范围。随着海水浊度的增加，信噪比也会降低，因此 C 值会下降，这意味着至少需要更长的积分时间来记录给定精度范围内的距离数据。正如预期的那样，海水的存在严重影响和限制了激光三维视觉设备的运行速度和精度。在三角测量系统中，通过采用双基地布局，使发射器和接收器之间的距离 r_{rec} 足够大，以减少接收器的视场和激光束路径之间的重叠，从而使信噪比最大化。

美国马里兰州 Navair 实验室(Mullen et al.，1995)开创性地提出了一种更复杂的调制/解调技术方法，该方法演示了激光强度的射频(RF)调制如何增强水下目标探测能力。

时间分辨是另一种消除水下主动三维视觉和测距中光学噪声的有效方法。如果发射台上的激光束是短时间脉冲，则装有峰值敏感探测器的接收器将过滤掉海水的后向散射光，同时利用飞行时间法进行距离测量。在该方法的一个变体中，一个门控接收器(默认状态为关闭)将在选定的延迟时间打开，以检测将要到达的反射脉冲。通过改变光脉冲发射时刻和相机开启时刻之间的延迟，可以改变探测区域的距离，从而实现三维视觉。

15.2.3　性能评估

除了能够如实地再现水下物体的三维模型，水下三维视觉设备的重要特征包括尺寸、鲁棒性、易于操作和最大工作深度。这是因为该设备最终设计为安装在 ROV 上，而 ROV 通常有许多其他传感器(如摄像头、声呐、机械臂、采样器等)同时用于水下多任务行动。通常认为与水下环境中三维视觉激光传感器性能评估相关的标准如下所示。

(1)空间分辨率，如果 z 是表示场景深度的空间坐标，那么空间分辨率表示垂直于 z 的 xy 平面上可以检测到的最小特征或像素的大小。

(2)对比度，被目标反射的激光的强度与目标反射系数成正比。对比度给出了传感器能够检测到的目标反射系数的最小差异量。

(3)距离精度，是传感器测量距离 d 的误差。

(4)测距能力，是在预先的空间分辨率、对比度和距离精度的基础上，可以看到目标的最大距离。

(5) 采集时间，传感器获取预先选定的空间分辨率水平的三维图像所需的时间。

(6) 尺寸和重量，在 ROV 上部署的传感器组件必须安装在不太笨重的装置中。

(7) 最大工作深度，外壳必须符合特定应用的工作深度要求。

(8) 抗振动和冲击，安装在 ROV 上的传感器的整体必须能够承受预期的水下环境下的苛刻工作条件。在日常检查操作中，ROV 会加速至 4g。

(9) 热稳定性，对于深水作业，传感器将承受从室温到接近 0℃的温度变化。

标准 (1) ～ (5) 涉及传感器的光电设计，并在很大程度上由浊度条件决定。对于地面应用的三维激光传感器，在设计水下版本时，图像采集时间是最重要的参数。对于水下成像，传感器必须安装在 ROV 上，其稳定性最终限制了图像采集时间。作业级 ROV，配备了先进的跟踪系统和推进器，以提高稳定性，这是确保三维图像采集时保持最高精度的最佳选择。其他的解决方案则是利用 ROV 与固定站的刚性对接或对其在海床上的位置进行定位。混合型爬行 ROV 是一种非常可行和有前途的解决方案，其可以优化传感器相对于目标的位置 (Reeves et al.，2003)。在几种光学方案中，基于准直激光束扫描目标表面获取三维模型的方案对稳定性要求最高。

标准 (6) ～ (8) 与系统海上作业的技术挑战有关，能够确保系统在真实场景中正常运行。在理论层面证明有效的技术和方法在向市场转化的时候必须考虑这些标准的优化。开发符合全部标准的传感器是一项多学科任务，研究人员和行业从业者必须通力合作。这种研究和应用之间的双重学习过程对于确保水下激光三维视觉领域的前景、弥补与地面激光视觉领域的现有差距至关重要。

15.3　水下三角测量系统

基于三角测量法的设备是目前最先进的水下三维视觉设备。在现场试验和近距离应用中，精确度可达数百微米。

15.3.1　基本原理与方法

在直射式激光三角测量中，被测物体的距离与传感器的发射器和接收器形成一个三角形。在它的基本配置中 (图 15.3)，一束激光垂直照射在被检查的目标物体表面，一小部分反射光被位置灵敏传感器 (Position Sensitive Device，PSD) 接收。一个理想的 PSD 可以记录传感器上感光像素 v 的精确空间位置。

一旦知道发射端和接收端的基线距离 x，以及到设备光学窗口的距离 h，就可以用公式计算出激光束与物体上光斑的距离 d：

$$d = h\frac{x}{v} \tag{15.2}$$

距离估计误差δd 由下式给出：

$$\delta d = \frac{1}{h} \cdot \frac{d^2}{x} \delta v \tag{15.3}$$

测距精度随着探测器分辨率δv(分辨率由成像探测器上最小可分辨单元决定)的提高而提高，尤其是距离d比较小、基线距离x比较大的情况下。特别是，δd严格依赖于d^2，对三角测量系统测量范围提出了严格的限制。此外，需要一个大的基线距离x来提高精度，这可能是设备小型化的阻力。使用这种基本配置的三维轮廓成像，要求传感器在扫描模式下工作，并且激光束扫过场景中的所有点。在水下应用中，采集时间对于应对因海水湍流和 ROV 不稳定性所造成的影响来说至关重要，使用线激光作为照明光束、v(列)$\times u$(行)像素的二维成像阵列作为接收器，可以极大地改善这一情况(图 15.4)。类似地，线激光可以看作是许多点，在图像中捕获的每个点都可以从 CCD 上的二维(v, u)像素阵列转换为真实空间中的三维(X, Y, Z)坐标。

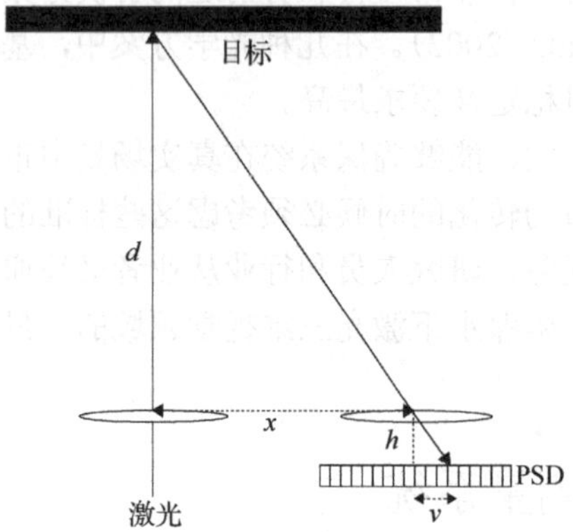

图 15.3　激光三角测量的基本方案

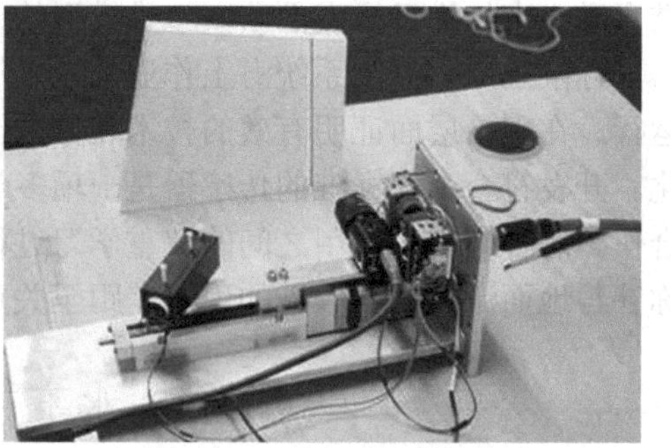

图 15.4　线激光三角测量的实验装置[①]

基于线激光的三角测量系统需要精确的校准程序才能用于定量三维成像。对于设计用于水下环境的设备来说，这一校准程序将更为复杂。在这种情况下，激光器和相机必须放置在装有光学窗口(通常由熔融石英支撑)的水密外壳内。其中空气-熔融石英-水界面所引入的折射效应是校准过程中必须要考虑的。校准通常分两步，第一步是相机校准(Liu et al.，2009)，这可以确定相机的固有参数(如焦距和镜头畸变)，以及外部参数(如相对于已知坐标系的旋转和平移)；第二步包括测量线激光传播平面和基线距离x(Chantler et al.，1999)。一旦所有的参数都知道了，就可以确定距离d，如一个放置在设备前面的白板。Norström(2006)提出的优化的校准程序可用于进一步提高设备的精度(图 15.5)。

三角测量系统在三维视觉中面临的另一个问题是激光峰值检测，即在探测器上精确定位激光条纹的峰值位置。在海底环境中，悬浮在海水中的粒子的激光散射使探测

① 资料来源：Courtesy of Smart Light Devices Ltd.。

(a) 三维轮廓不匹配　　(b) 优化后三维轮廓匹配

图 15.5　通过采用优化的校准程序提高三维轮廓的匹配精度(见彩图)①

到的信号在空间上变宽，这一问题在陆地应用中也很重要。当水的浊度严重时，被探测到的激光线大大超过了 CCD 相机的像素间距，无法保持原有的高斯分布。有几种算法可以以亚像素精度提取直线中心的精确位置，并提高传感器的性能(Izquierdo et al.，1999；Chen，2004)。用高斯逼近法可以得到很好的结果。该算法在条纹的观测峰附近使用三个最高的连续强度值，并假设观测峰的形状为高斯曲线。对于一个给定的 v，峰值的亚像素偏移 $\alpha(v)$ 由下式给出：

$$\alpha(v)=\frac{\ln(I(v-1))-\ln(I(v+1))}{2\ln(I(v-1))-2\ln(I(v))+\ln(I(v+1))} \tag{15.4}$$

其中，$I(v)$ 为像素 v 处检测到的激光强度，通常为 0～255 范围内的整数(图 15.6)。

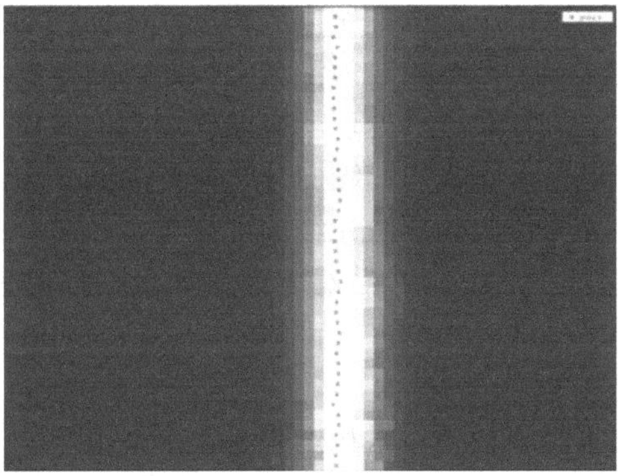

图 15.6　使用高斯分布激光进行峰值检测(点是每一行 $\alpha(v)$ 的峰值)①

在高反射目标的情况下，重心算法已被证明提供了同样优秀的结果，亚像素偏移量 $\alpha(v)$ 为

① 资料来源：Courtesy of Smart Light Devices Ltd.。

$$\alpha(v)=\frac{\sum_{v} vI(v)}{\sum_{v} I(v)} \tag{15.5}$$

当目标表面反射率高度不均匀时，相关方法的效果更好(Norström，2006)。

三角测量系统光学布局的固有双基站几何特性可以有效地减少激光后向散射的影响。然而，扫描单元的位置总是使激光线垂直于相机/扫描仪轴线，以最小化光学噪声。另一种减少反向散射噪声有害影响的方法是设置一个检测阈值(Tetlow and Spours，1999)，该阈值将所有低于选定水平的信号强度剔除。设置准确的阈值水平是主要的问题，阈值过高会导致部分激光条纹信息丢失，阈值过低会导致不对称的激光条纹。通过在一定的阈值水平范围内的迭代过程，在给定距离和已知水体浊度的条件下，获得由简单目标(如圆形管道)反射的激光线的图像，从而找到最佳值。

15.3.2　系统性能

即使在清澈的海水条件下，三角测量系统的距离精度最终也受到 d^2 的限制。Chantler 等(1999)在实验室控制的条件下和干净的水中进行了实验，报道了距离为 1.29m、三角形基线为 500mm 时测距精度为 574μm 的结果。Tetlow 和 Spours (1999)利用 Nd:YAG 激光器(基线为 70cm，100mW)发现，在 $k = 0.2\text{m}^{-1}$ 的水中，当 $d = 2306\text{mm}$ 时，测距精度为 11mm；当 $d = 2805\text{mm}$ 时，测距精度为 73mm。水的浊度进一步降低了测距精度，使该技术在实际海底条件下的三维探测距离不大于 2m。

在激光线扫描模式下，x、y 平面的空间分辨率受激光线的宽度、发散和扫描速度的限制。如果 x 为扫描方向(横向)，y 为沿激光线的纵向方向，则纵向分辨率不受扫描速度的影响。使用算法进行数据后处理能提取探测到的激光线中心的准确位置，在扫描速度每秒几度的情况下，将横向和纵向分辨率提高到亚像素级的数百微米。通过以下几种方法实现沿着整个场景扫描激光线的可视化。其中一种方法是将装有激光和相机的外壳安装在传感器轨道上，并沿着轨道移动来扫描场景；另一种方法是利用 ROV 的线性运动(Moore et al.，1999)，特别是针对海底物体的三维视觉(如管道、水深测量)。

基于三角测量的水下激光扫描技术相对容易实现，且运行成本较低。到目前为止，大多数用于商业或科学目的的传感器都工作在激光线扫描模式下，并安装在波长为 532nm 的固体激光器上，使用合适的光学器件来产生结构激光束。现有的光源结构紧凑、功率高达 300mW，空间模式质量出色($M^2 < 1.1$)、稳定性好，可用于这样的系统。最近，在光谱区域约 458～488nm 的激光光源也已经达到了相似的参数指标，这使其更适合于清澈海水的应用。更引人注目的是数码相机技术的进步，无论是在设备灵敏度还是微型化方面。包含数字转换和芯片处理能力的 CMOS 探测器的引入，使数据获

取得到进一步简化(Fossum，1993)，尽管它们的灵敏度和动态范围对比 CCD 表现不佳(Bigas et al.，2006)。

这些发展使基于三角测量系统的水下三维视觉成为现实场景中最成熟的技术。紧凑和精确的设备已经面向海洋，并安装在 ROV 上，由几家技术供应商商业化，用于水下资产的结构监测。然而，由一个激光光源和一个数码相机组成的扫描仪有一定的局限性，因为它通常只能看到被检物体表面的一半(阴影效应)。如果使用双激光扫描仪，则一次扫描整个表面是可能的，如图 15.7 所示，在这个设计中，左右两个激光光源的视场大约为 90°，在一次扫描中左右视场合在一起约 180°。

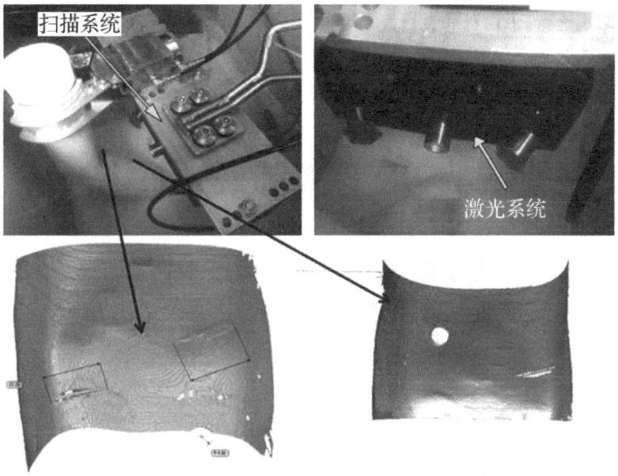

图 15.7　双激光扫描仪样机测试[①](见彩图)

顶行：扫描仪和损坏/弯曲部分需要扫描。底行：曲面的三维模型

图 15.7 中显示的是水下测试中双激光扫描仪的原型，它被固定在管道上。安装在一个线性液压平台上，以扫描它前面的白色管道，这种方案模拟了在水下检查中可能出现的情况。扫描的目的是获取管道弯曲/损坏部分的整个轮廓。根据测试结果可知，管道受损部分以高保真度再现。左上孔的测量半径为 5.19mm，原始值为 5.0mm。测量误差控制在 4% 以内。试验中考虑了温度、盐度和水体信息，并进行了模拟。最近在北海进行的一项试验表明，三角测量系统的三维视觉可以常规地用于水下结构监测，这是朝着这一方向迈出的重要一步(图 15.1)。使用基于三角测量的多台三维扫描仪对系泊链进行检查，并将其安装在定制的结构上，以便缓慢推进传感器并沿着系泊链对其进行定位。

图 15.8 所示为系泊链扫描结构的设计，以及获得的数百微米范围精度和空间分辨率的三维模型。

① 资料来源：Courtesy of Smart Light Devices Ltd.。

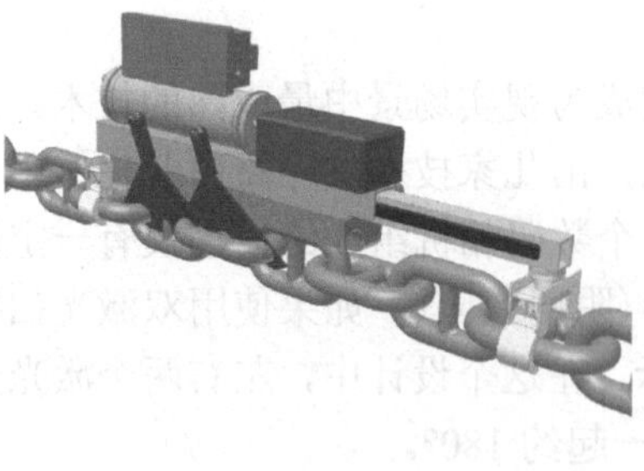

(a) 用多个三维线激光三角测量传感器对系泊链承重结构进行三维扫描的设计

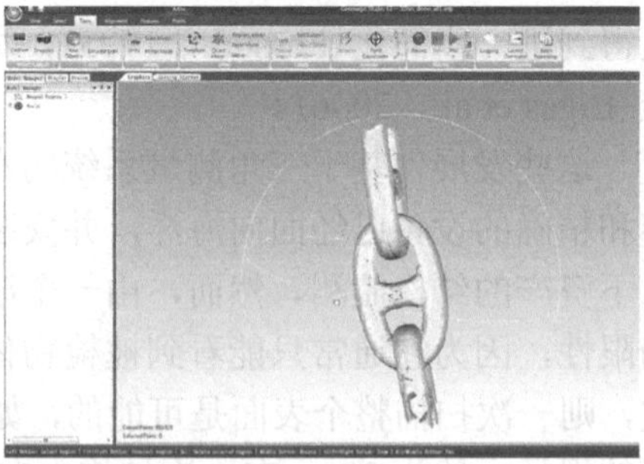

(b) 设备获取的系泊链的三维模型

图 15.8 利用三维传感器对结构进行分析①

15.4 水下调制/解调技术

增加三维视觉在水下环境中的成像距离是该技术在水下应用的关键问题。最近关于水体后向散射特性的研究促进了调制/解调方法的研究和发展。

15.4.1 基本原理

在调制/解调（调制解调器）技术中，发射器发射的载波参数与要传输的信息成比例地变化。接收器记录载波并将其解调，以恢复信息。Swanson（1992）已经证明激光束在海水中传播时，会迅速失去时空相干性，从而限制了在水下采用光学频率的调制解调技术。然而，Mullen 等（1995）已经证明，对激光功率 $P(t)$ 进行调制解调，能使信号在海水中的传输具有更强的鲁棒性。此外，在地面应用中，基于光功率正弦调制解调的三维视觉和测距技术是一种成熟的方法，最早于 1997 年被 Nitzan 等（1997）证明。虽然该技术转向海底环境会带来额外的科学和技术问题，但是 Mullen 等（1995）和 Pellen 等（2000）的开创性研究已经揭示了调制激光束的海水后向散射的特殊性，使其成为水下三维视觉领域研究的前沿。为了阐明该技术的工作原理和海水的特异性，首先参考图 15.2 所示的基本方案，考虑一个理想的点状、完全准直的激光源位于笛卡儿坐标系的坐标 $R=(r,z)$。设激光在平面 $z=0$ 内发射。$t=0$ 时，激光沿 z 轴开始发射，发射激光的功率 $P(t)$ 做正弦调制：

$$P(t)=P_0[1+m\cos(2\pi f_m t)]\equiv P_0+mP_m(t) \tag{15.6}$$

其中，f_m 为射频调制频率，m 为调制深度（$0<m<1$），初始相位设为 0。如果是在双基地系统中，接收器也位于 $z=0$ 平面上，但以距离原点 r_{rec} 处的一点为中心。这里采用了

① 资料来源：Courtesy of Smart Light Devices Ltd.。

一个简化的单基地模型，假定该系统为理想系统，其 $r_{\mathrm{rec}}=0$，这是因为复杂的计算可能会使该过程背后的基本物理原理黯然失色。这里的单基地系统拥有极窄视场 θ_{fov}，因此，只有完全后向散射的光子才能被探测到。

激光束在海水中以横波方式传播，波矢量 $k_l = 2\pi n f_m / c$，n 为海水折射率，c 为真空光速。如果激光束经过路径 d 照射到朗伯表面上，则一部分功率将被反射回接收端，而接收端信号的时间依赖性为

$$P(d,t) = P_0 \rho \mathrm{e}^{-2kd} \left\{ 1 + m\cos\left[2\pi f_m \left(\frac{2dn}{c} - t \right) \right] \right\} \tag{15.7}$$

这里的 ρ 正比于目标在激光波长的反射率。从方程(15.7)很明显看到，从发射器到接收器的传播过程中，后向散射功率获得了一个相位 $\varphi = 4\pi dnf_m/c$。因此在接收端进行解调时可以恢复相位和距离。沿物体表面扫描激光束并记录点云可以在数据处理后实现水下三维视觉。检测到的调制激光的振幅 $P_0\rho$ 取决于目标反射率，并能够提供有关成像目标深度剖面的相关信息。然而，除了有效的信号 $P(d,t)$，接收器还将收集由分散在海水中的粒子后向散射到接收器视场中的激光辐射产生的光功率。这种光学噪声将增加有效信号的随机相位和振幅，降低距离测量的精度和三维模型重建。在这个简化模型中，如果 β 是后向散射系数，分析仅限于单次后向散射，在时刻 t，探测器上的后向散射功率 $P_b(z=0,\ t)$ 是通过函数 $\beta P(z,\ t-zn/c)$ 对 z 积分，给出了时刻 $t-zn/c$ 的后向散射光子的数量，这里的 zn/c 是从 z 到探测器的时间。指数衰减因子允许在一阶近似下将积分扩展到 $z=\infty$，从而给出：

$$\begin{aligned}
P_b(z=0,t) &\approx \beta P_0 \int_0^{+\infty} \mathrm{e}^{-2kz} \left\{ 1 + m\cos\left[2\pi f_m \left(\frac{2zn}{c} - t \right) \right] \right\} \mathrm{d}z \\
&= \frac{\beta P_0}{2k} \left[1 + \frac{m}{1+(f_m/f_c)^2}\cos(2\pi f_m t) + m\frac{f_m/f_c}{1+(f_m/f_c)^2}\sin(2\pi f_m t) \right] \\
&= \frac{\beta P_0}{2k} \left[1 + \frac{m}{1+(f_m/f_c)^2}\cos(2\pi f_m t + \vartheta) \right]
\end{aligned} \tag{15.8}$$

这里引入截止频率 $f_c = kc/(2\pi n)$，$\vartheta^{-1} = \tan^{-1}(-f_m/f_c)$。

后向散射功率的调制分量跟随激光强度调制，其振幅和相位延迟取决于频率。振幅作为第一阶巴特沃思(Butterworth)低通滤波器，而同相位分量和正交分量分别作为第一阶低通滤波器和带通滤波器。这些函数随 f_m/f_c 的变化如图 15.9 所示，尽管调制周期内的平均后向散射功率不依赖于频率，而是由 $\beta P_0/(2k)$ 给出，但其振幅是 f_m 的递减函数，并且如果接收器对其敏感，则随着 f_m 值的增加，将会记录更少的光噪声。

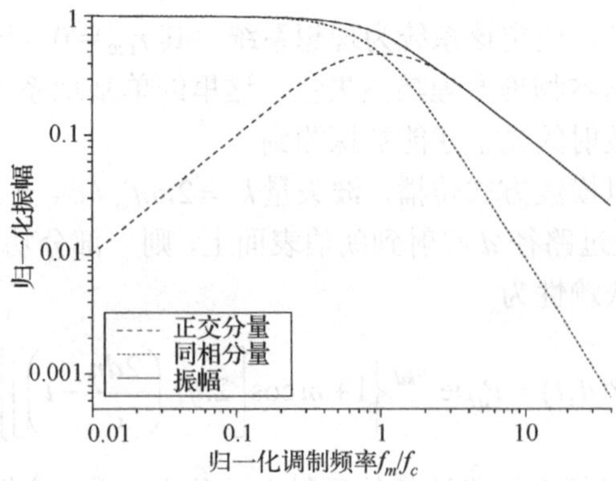

图 15.9　归一化光学噪声与 f_m/f_c 比值的关系

在只考虑单次后向散射的情况下，同相和正交分解表明，当调制频率小于单次散射率 f_c 时，后向散射功率由调幅激光器驱动。当调制频率接近 f_c 值时，相干性逐渐消失。

对于只对信号调制部分敏感的相干检测系统，在 $f_m \gg f_c$ 的机制下工作，可确保对光噪声有相当大的抑制作用。该特性将调幅激光系统与其他水下测距方法区分开来。使该技术可行的是，即使是最严重的浊度条件，如在港口水域($k \approx 2\text{m}^{-1}$)，以当前的激光和光电技术很容易实现 f_c 位于调制范围内(少于 100MHz)。在实验方面，Pellen 等(2000)和 De Dominicis 等(2010)分别用短激光脉冲和连续波激光源证明了低通滤波器对水的后向散射光功率的调制频率的依赖关系。

最后，Ricci 等(2010)在辐射传输理论(Radiative Transfer Theory，RTT)的框架内提出了更严格的理论方法，包括对双基地结构($r_{\text{rec}} \neq 0$)的微积分辐射传输方程(Radiative Transfer Equation，RTE)的求解。在这种情况下可以证明截止频率 $f_c(k, r_{\text{rec}}, \theta_{\text{fov}})$ 是水的浊度和传感器参数的函数。

15.4.2　系统性能

如前所述，在用于水下测距和三维视觉的调幅(Amplitude Modulation，AM)激光装置中，由于激光功率的一部分被海水后向散射并落入接收器视场中，在 $f_m \gg f_c$ 范围内工作可以使光学噪声最小化。这并不是使用高调制频率的唯一好处。另一个已经证明(Nitzan et al，1997)的好处是，在 AM 系统的散粒噪声情况下，测距精度 δd 随调制频率的倒数变化：

$$\delta d = \frac{c}{2\pi m\sqrt{2} n f_m R_i} \tag{15.9}$$

其中，R_i 为当前信噪比，取决于接收功率和积分时间。然而，使用高调制频率时需要克服折叠效应这一缺点：可以测量的最大范围明确地由调制频率波长的一半 $\lambda_m / 2 = c/(2nf_m)$ 给出。事实上，d_1 和 d_2 的范围($d_1 < \lambda_m/2$ 和它的半波长平移，$d_2 = d_1 + \lambda_m/2$)，

使得它们的相位 $\varphi_1 = 4\pi z d_1/\lambda_m$ 和 $\varphi_2 = \varphi_1 + 2\pi$ 难以区分。在折射率为 n 的海水中，当 $f_m = 100\text{MHz}$ 时无模糊测量的最大范围是 $\lambda_m/2 \sim 1.5m/n$。从技术角度看，解决方案是对激光强度采用双射频调制方案。一个低的 f_m^L 和一个高 f_m^H 的频率被使用，较低的一个给出范围的第一个原始估计，然后被用来消除与较大的相位读数的歧义(图 15.10)。

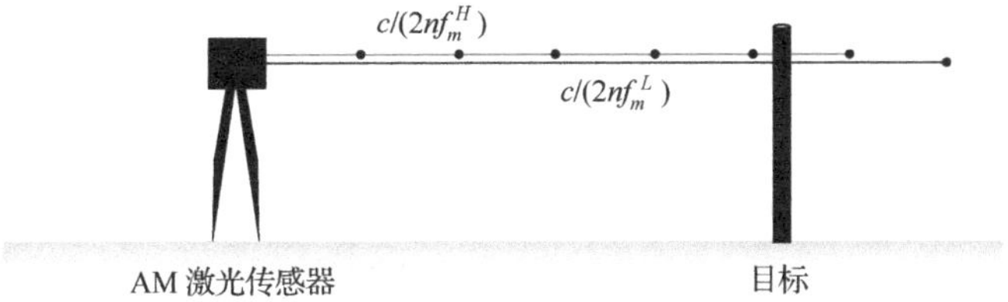

图 15.10　双调制消除由折叠造成的距离不确定性

较长的波长提供了数个整数的短波长覆盖的范围

与其他方法相比，采用 AM 激光调制解调器技术的水下三维视觉具有特定的优点和缺点。优点包括：对测距能力基本没有限制，无须精确的校准程序即可确定距离，并有可能减少对双基地光学布局的需求。缺点主要与技术问题有关。首先，532nm 的固态激光光源强度的射频调制只能通过基于 Pockels 盒和正交偏振器的外部光电模块来完成。由于 Pockels 盒需要很高的电压，所以这种方案非常耗电，而且难以小型化。最近市场上出现的紧凑二极管激光源，激发波长为 405nm，基于氮化镓技术，可以在射频下实现电模拟调制，平均功率高达 100mW，为在相对干净的海水条件下提供了潜在的应用前景(Bartolini et al.，2005)。在激光扫描模式下，使用准直激光束和快速雪崩光电二极管(Avalanche Photo Diode，APD)点探测器，利用锁相放大器等现成设备进行解调。对于 AM 方法的面阵三维成像，这种电子二维解调装置是不可用的，而且很难实现对 CCD 每个像素的解调。由此可见，在目前的技术水平下，水下 AM 激光三维视觉本质上是一种单点扫描技术，通过该技术可以连续获取测距数据。该方法具有良好的测距精度和测距能力。在受控的实验室条件下进行的实验研究，以及使用台式原型机，已经证明了在清澈条件下亚毫米范围的准确性。

图 15.11(a)所示为浸没在试验池中的目标的三维模型的不同视图。激光光源为二极管激光器，平均功率为 $P_0 = 20\text{mW}$，调制频率为 $f_m = 36.7\text{MHz}$。探测器是一个快速光电倍增管，发射器和接收器之间的距离是 3cm，从而实现了一个微型的双基地配置，有效地抑制了来自测试池光学窗口的激光反射的光学噪声。锁相放大器为二极管激光器提供调制频率 f_m 和信号相位延迟测量。探测视场对应于一个完整的扫描角，水平和垂直方向分别为 $\theta = 3.73°$, $\varphi = 1.14°$。对目标进行扫描，两个角度的步长都为 0.046°，得到 80×40 像素的一帧图像，采集时间为 32s。图 15.11(b)显示一个数据子集的定量分析，在这里 φ 恒定，θ 在视场中扫描。距离为 1.54m 时，定量分析提供的距离精度为 580μm。Bartolini 等(2005)对海水折射率的精度不确定性如何影响调幅设备的测距精度进行了准确的分析。当距离目标 1.5m，对应 $f_m = 36.7\text{MHz}$、φ 约为 179°，若

温度不确定度为 1℃、盐度不确定度为 1‰，则此时引入的误差接近 400μm。这与系统性能中的固有误差在同一量级，从而表明在实际情况中部署传感器时，应辅以准确的折射率测量。

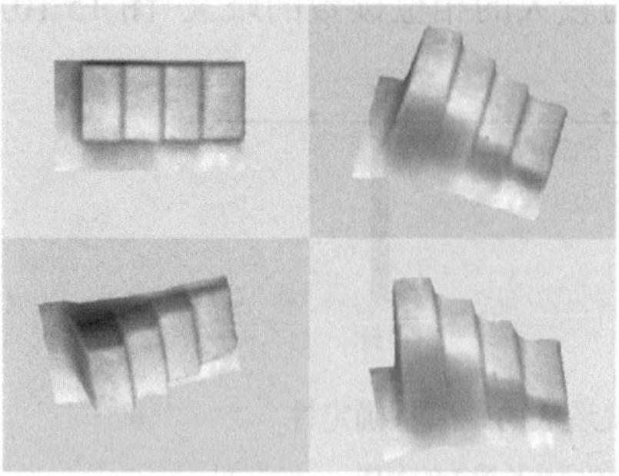

(a) 浸没在试验池中的目标的三维模型的不同视图

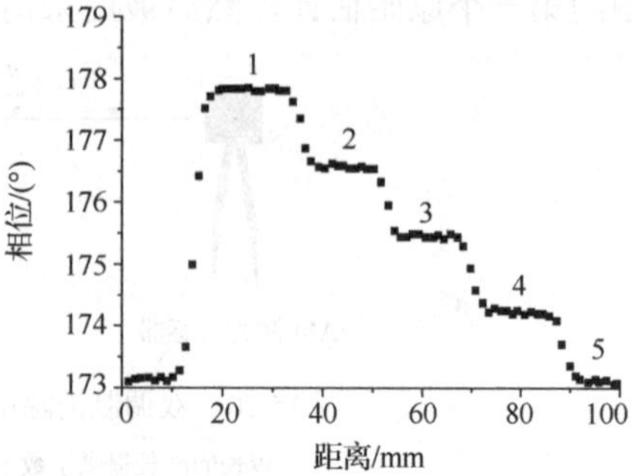

(b) 扫描行的原始数据

图 15.11　模型三维视图及扫描数据

最近，在 ENEA(意大利国家新技术、能源和可持续经济发展署)，原型机的开发已经完成，该原型机可以在 200m 深的水下作业，可以安装在水下作业的 ROV 上(图 15.12)。图中还显示了一个在 2m 深水池中距离传感器 3m 的配件的三维模型，并记录了设备在水池底部的部署情况。而且，在这种情况下，在近一个衰减长度下，可以获得数百微米级的范围精度。

(a) 准备安装在 ROV 上的三维激光扫描仪样机

(小圆筒装载发射和接收设备，大圆筒装载电子设备)

(b) 测试池中的样机获得配件的三维模型

图 15.12　三维激光扫描仪原型及其水下测试结果

15.5　水下飞行时间系统

基于脉冲激光的飞行时间(Time-Of-Flight，TOF)系统是消除水下三维视觉中后向散射的一种必然选择。首次应用可追溯到 1998 年，最近的发展充满前景，这为深水应用铺平了道路。

15.5.1　基本原理

在 TOF 三维视觉系统中，传感器到目标物体之间的距离是通过测量从发射器发射的短激光脉冲到返回传感器接收器的往返时间来确定的。如果使用准直激光束，可以采用 $r_{rec}=0$ 的单基地配置，并通过扫描整个场景的激光束记录三维图像。探测系统通常由一个快速的 APD 点探测器组成，而接收器电子设备包括一个脉冲鉴别器，用于为距离测量和峰值探测器生成精确的定时脉冲，这些脉冲可以感知光信号的强度。距离分辨率高意味着非常敏感的电子器件具有高带宽、恒定的群延迟和良好的热稳定性。为了降低噪声，通常对多个脉冲进行平均，并使激光源在几十千赫兹的重复频率下工作。这种方法特别适合于水下应用，因为它有效地抑制了来自后向散射激光的光噪声。如果在 $t=0$ 时发射出激光脉冲，则接收端采集到的光功率与时间的定性关系如图 15.13 所示。

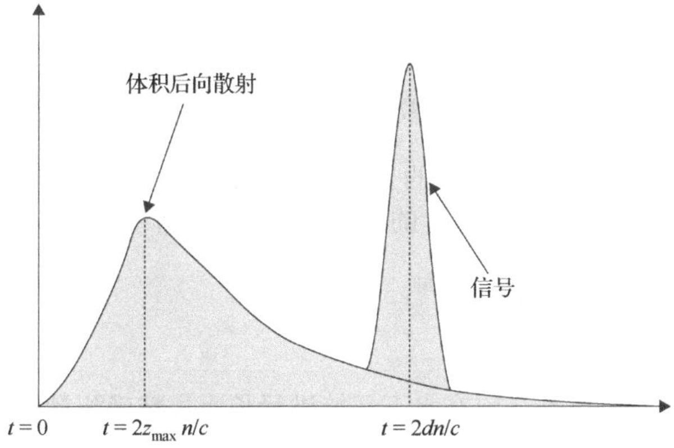

图 15.13　接收器记录的信号的定性时间依赖性

由于激光照射的水的体积在时间和强度上的差异，可以很好地区分信号和后向散射。当目标的距离 d 远大于距离 z_{max} 时，可以获得特别有效的噪声抑制。z_{max} 给出了大部分后向散射激光功率产生的空间区域范围，是海水衰减系数 k 的递减函数。图 15.14 模拟了接收器收集的后向散射功率对 z 的一阶导数，它是激光在水中路径的函数(Ricci et al.，2010)，其中 $k=0.48\text{m}^{-1}$。在这种情况下，$z_{max}\approx 1.5\text{m}$，在 $d>5\text{m}$ 时，信号与光噪声具有很好的时间分辨能力。

皮秒级的短激光脉冲可以保证亚毫米测距精度。然而，开发人员更喜欢使用纳秒级的脉冲，其目的是减小光源的体积，并通过采用更复杂的检测和数据处理方法，以突破限制实现这一测距精度。主要采用的三种检测方案是：峰值检测(Peak Detection，PD)、恒比定时鉴别(Constant-Fraction discrimination，CF)和匹配滤波检测(Matched Filter detection，MF)(Grönwall et al.，2007)。在 PD 的方法中，如果 $S_s(t)$ 表示发射激光的时间脉冲形状，$S_r(t)$ 表示接收激光的时间脉冲形状，距离 d_{PD} 由 $S_r(t)$ 的最大值计算：

$$d_{PD}=\frac{c}{2n}[\arg\max_t S_r(t)-\arg\max_t S_s(t)] \tag{15.10}$$

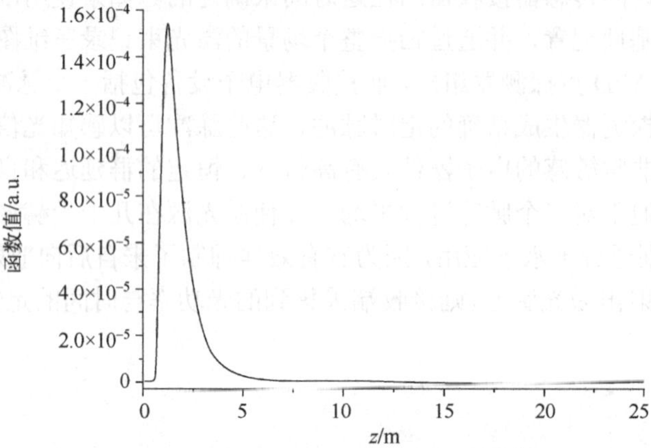

图 15.14　接收器后向散射功率对 z 的一阶导数的理论模拟

在 CF 算法中，检测半峰值功率的上升沿的常数部分；而在 MF 中，相关函数 $C(t)$ $(=S_r(t)*S_s(t))$ 作为处理和距离估计的基本输入。对海水折射率 n 的正确估计也是实现精确测距的前提。

15.5.2　系统性能

TOF 三维激光扫描仪是目前在水下环境进行长距离精确测量的首选，其精度在整个范围内几乎是恒定的。此外，来自传感器水密外壳光学窗口的杂散光恰好可以在空间和时间上滤除。Seatek 公司开发的 Spotmap 原型机以及其在挪威海岸的试验仍然是这项技术的一个里程碑(Evans et al.，1998)。

该原型适用于 1000m 以下的遥控潜水器(ROV)操作，激光发射器为 Q 开关倍频 Nd:YLF 激光器，输出波长为 526nm，脉冲宽度为 11ns，重复频率为 1kHz，峰值功率输出为 11kW。通过定制的光学布局，激光束在场景中被扫描，每条线的点数可以从 256 到 1024 不等，这使得网格的间距通常为 2.5cm。在线扫描模式下(图 15.15(a))，ROV 可以沿 z 方向进行扫描。在另一个不同的装置(二维扫描)中，光学布局中的扫描单元还配备了一个额外的倾斜电机，倾斜电机对光束进行垂直扫描，从而使三维图像从一个固定位置记录下来，如图 15.15(b)所示。图 15.16 显示的是一张正射影像，其中显示了卑尔根海岸附近海床的深度轮廓，并使用了试验期间采集的数据。

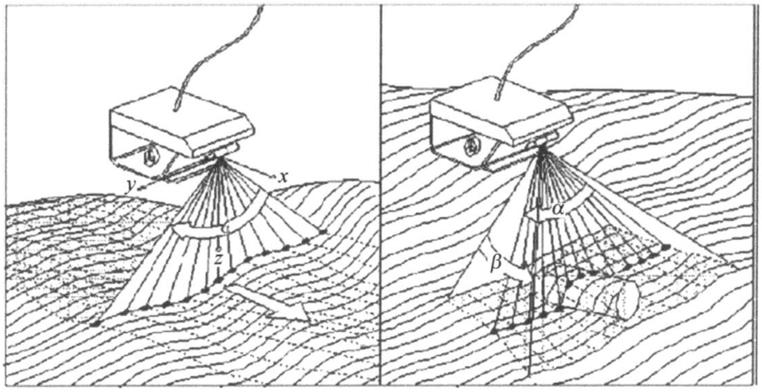

(a) 线扫描　　(b) 二维扫描

图 15.15　扫描几何结构(线扫描和二维扫描)[1]

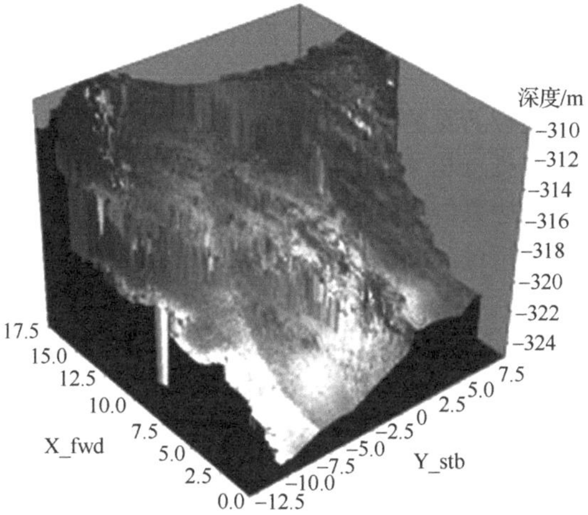

图 15.16　卑尔根海岸附近海床的深度轮廓

在实际运行的项目中，值得一提的是在美国能源安全研究伙伴关系(RPSEA)项目中 3D at Depth 公司所构建的设备(Embry，2012)。该设备使用二极管泵浦被动调 Q 532nm 脉冲激光，重复频率为 7.5kHz。接收器是一个高速硅光电二极管，扫描子系统是一个两轴扫描振镜，允许在两个正交方向上进行可编程扫描。它在方位角和仰角方向上都提供了可编程±15°的扫描范围。装有传感器的外壳可以在 3000m 深的水下工作。该设备已经集成在一个超重型作业级 ROV 中，在 5.5m 深的测试池中进行试验，如图 15.17 所示。结果表明，在大于 8m 的范围内，传感器的测距精度和分辨率均接近 2mm。此外，还进行了包括热、冲击和振动在内的可靠性测试，以评估预期部署环境下的生存能力。

① 资料来源：Courtesy of Emerald。

(a) 集成的激光传感器与ROV　(b) 测试池

图 15.17　集成的激光传感器与超重型 Schilling ROV 准备部署在测试池中①

15.6　水下距离选通

目前水下三维视觉比较新颖的实验方法是采用距离选通技术，该技术的进展与门控摄像机领域的技术进步息息相关。

使用距离选通激光雷达系统进行三维成像已是一种成熟的技术，在一些地面应用中已经证明了其成像距离超过 10km（Bonnier and Larochelle，1996）。McLean 等在 1995 年首次论证了该方法对水下环境的适用性。

距离选通技术是利用脉冲激光器和专门设计的高速开启和关闭的相机增强器，利用持续时间为 T_p 的空间展宽激光脉冲对被测目标进行单次照射。该技术的基本原理如图 15.18 所示，在默认状态下，相机的快门是关闭的，它不会记录任何光学信号。激光脉冲的发射触发一个时间计数器，选择适当延迟时间 t_1，t_1 时刻开启快门的光圈。当 $t < t_1$ 时，快门关闭，这样就可以防止沿目标路径经海水后向散射后传输的激光束被相机记录下来。在延迟时间 t_1 后，相机打开，曝光时间为 T_g，它可以记录被目标（距离为 d）反射的激光脉冲。为了与门控系统范围匹配，距离 d、相机延迟时间必须调整：

$$\frac{2nd}{c}-\frac{T_p}{2}-T_g<t_1<\frac{2nd}{C}+\frac{T_p}{2} \tag{15.11}$$

其中，c 为光速。激光脉冲时间 T_p、曝光时间 T_g 和延迟时间 t_1，决定了最近的 d_c 和最远的 d_f 门控点：

$$d_c=\frac{c}{2n}\left(t_1-\frac{T_p}{2}\right),\quad d_f=\frac{c}{2n}\left(t_1+T_g+\frac{T_p}{2}\right) \tag{15.12}$$

① 资料来源：Courtesy of 3D at Depth。

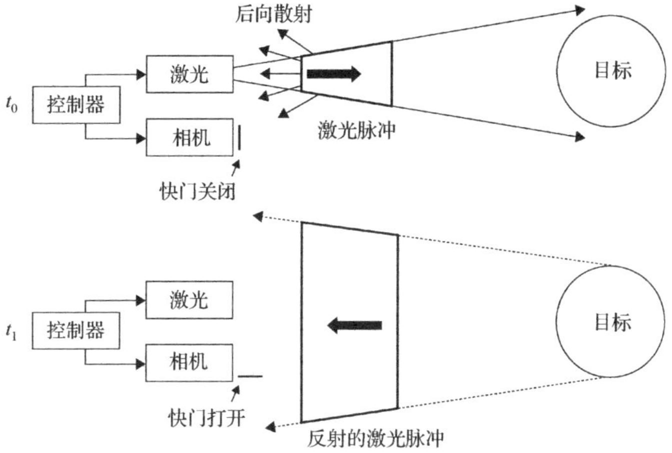

图 15.18　距离选通的基本原理

空间切片的宽度由$\frac{c}{2n}\cdot(T_p + T_g)$给出，文献中称为门控深度(Depth Of Gating，DOG)。通过将相机延迟时间 t_1 离散化并适当叠加所获得的多个图像，可以利用距离选通技术实现三维视觉。对接收器进行门控是抑制光学噪声，提高测距精度、测距能力和对比度的有效方法。

现在的商用增强 CCD 相机的延迟时间可以降低到 $T_g = 200\text{ps}$，延迟步长可以降低到 100ps，因此理论上可以实现几厘米的精度。实验已经证明，对于 532nm 的固态激光技术，最优的门控深度通常是 500ps。事实上，当海水浊度增加时，如果相机门控时间比激光脉冲持续时间短得多，会导致较差的信噪比。相对于单帧采集，可以通过激光源来改进，选择重复频率为数万赫兹或者对数百个激光脉冲做平均都可以提高信噪比。距离选通三维视觉的难点是将通过切片获得的整个可视距离范围内的场景的二维图像进行三维重建，并为每个相机像素确定一个范围值(Andersson，2006)。

尽管距离选通的水下二维成像是一个充满前景的研究领域，并具有成功的案例(Weidemann et al.，2005)，但是三维视觉技术的更新仍然处于实验室试验的水平。McLean 等(1995)首次证明了水下门控观测可以在浑浊的水条件下提供准三维图像(通过 4.572m 深的水时衰减长度为 6.5)。在实验室试验中，目标位于配有光学窗口的水箱内，桌面型传感器的激光脉冲时间 $T_p = 500\text{ps}$、曝光时间 $T_g = 120\text{ps}$。相机延迟时间以 500ps 的步长扫描，获得的一系列图像，每层切片厚度为 5.08cm，并用计算机建立目标的三维模型。

针对水雷识别，丹麦技术大学和丹麦国防研究机构(Busck，2005)合作提出了一种精确和更严格的门控深度的解决方案，以及一种更精确的距离估计算法。Busck(2005)还报道了，在 4m 距离内对目标进行三维距离选通成像的实验，如图 15.19 所示，其中桌面型传感器 $T_p = T_g = 500\text{ps}$。目标图像由一层沙子组成并放置在沙质背景上。用延迟步长 0.1ns 的相机记录校正后海水中 4m 距离处的 3D 图像。其中 3D 图像中的噪声来自于门控深度。

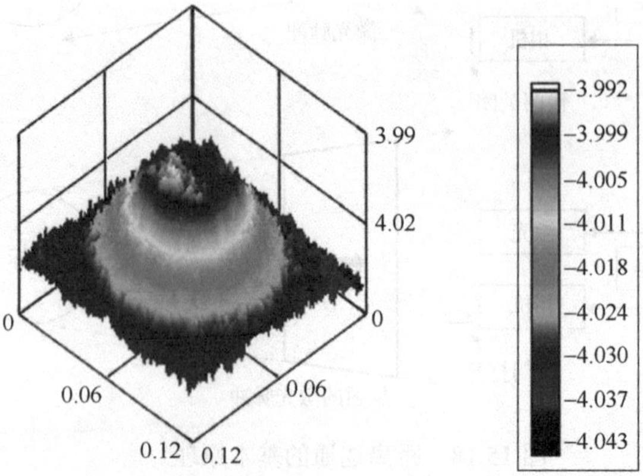

(a) 一层5cm高的沙子浸在水里　　(b) 目标的三维门控查看图像

图 15.19　Busck 提出的更精准的距离估计算法的测试实例(Busck，2005)(见彩图)

所有的轴单位都是 m

15.7　小　　结

在过去的十年中，基于激光传感器的水下三维视觉领域的研究和开发活动一直在增加。尽管本章中描述的性能更好的方法在海底部署方面还不成熟，但它们都经过了实验室验证，并且人们对理论的理解也得到了发展。目前，进一步的发展很可能与激光光源、光探测器和微电子学等技术领域的创新有关，预计将在总体性能和微型化方面带来好处。从更广泛的角度来看，如果处理得当，则光子技术的蓬勃发展将会推动该技术突破性发展。比如，ENEA 正在开发用于水下三维视觉的 RGB 传感器，该传感器能够同时记录水下场景的形状和颜色。

用于处理三维视觉传感器数据的软件还有待开发。对于地面应用，有许多复杂的工具可供使用，并且还不断研究新的软件技术。水下应用也有不同的要求，但到目前为止，传感器和软件开发人员之间的合作还是分散的。随着实际场景中应用程序的发展，很可能需要后者提供更结构化的贡献，以提高传感器性能。

从全球范围来，我们发现业内相关从业人员的工作正在稳步转向提供解决方案，以实现将设备集成到水下航行器上并使其能够在实际场景中运行。但在很多方面仍有待填补的技术空白，比如深水作业能力，低功耗、远程控制、与水面高带宽数据传输能力以及在自动水下车辆(AUV)上的作业能力。这是一个多方面的挑战，只有汇集研究团队、技术提供商和最终用户才能解决。尽管如此，基于激光传感器的水下三维视觉技术的进展速度很可能还取决于海上能源行业对创新技术的投资水平。如果水下三维视觉确实需要处理复杂设施的监控以优化生产，那么另一个关键方面就是监控以提高作业期间的安全性。水下三维视觉技术是众多技术中的一种，如果实施得当，则它将有助于预防那些以高昂的生命和环境影响为代价的灾难。鉴于最近的经验教训，随着油气勘探和开采迅速向北极等高度敏感地区延伸，开发商应该做出承诺，支持监控技术设备的开发改进。

15.8　更多资料来源和建议

为详尽和及时地描述三维激光扫描仪技术的地面应用，读者可以参考 Vosselman 和 Maas(2010)，在那里有可能找到技术方面的基本原理。

水下三维视觉是一个快速发展的领域，有关最新技术进展的信息更有可能出现在研究/兴趣团体出版的专业杂志上。最相关的成果，主要来自于工业驱动的项目，可以在水下技术协会的出版物中找到。另一个关于向水下三维视觉的创新技术市场转化的可更新的资源是海底世界的网页(www.subseaworld.com)。石油和天然气行业的光电技术工作组由行业和学术利益相关者共同发起，十分活跃，每两年召开一次系列技术会议，讨论海底三维视觉。

15.9　致　　谢

感谢 D. Mcstay、A. Al-Obaidi 和 G. Fornetti 参与了成果丰硕且富有成效的交流讨论。

参 考 文 献

Andersson P. 2006. Long-range three-dimensional imaging using range-gated radar images. Optical Engineering, 45, 34301-1-34301-10.

Bartolini L, De Dominicis L, Ferri de Collibus M, et al. 2005. Underwater three-dimensional imaging with an amplitude-modulated laser radar at a 405nm wavelength. Applied Optics, 44, 7130-7135.

Bigas M, Cabruja E, Forest J , et al. 2006. Review of CMOS image sensors. Microelectronics Journal, 37 , 433-451.

Blais F. 2004. Review of 20 years of range sensor development. Journal of Electronic Imaging, 13, 231-240.

Bonnier D, Larochelle V. 1996. A range-gated active imaging system for search and rescue, and surveillance operations. Proceedings of the SPIE, 2744, 134-145.

Busck J. 2005. Underwater 3-D optical imaging with a gated viewing laser radar. Optical Engineering, 44, 116001-1-116001-7.

Chantler J M, Clark J, Umasuthan M. 1999. Calibration and operation of an underwater laser triangulation sensor: the varying baseline problem. Optical Engineering, 6, 2604-2611.

Chen H H. 2004. An algorithm of image processing for underwater range finding by active triangulation. Ocean Engineering, 31, 1037-1062.

De Dominicis L, Francucci M, Ricci R, et al. 2010. Improving underwater imaging in an amplitude modulated laser system with radio frequency control technique. Journal of the European Optical Society, 5, 10004-1-10004-5.

Embry C. 2012. High resolution 3D laser imaging for inspection, maintenance, repair, and operations. RPSEA phase 1 final report. http://www.netl.doe.gov/technologies/oil-gas/ublications/EPact/9121-3300-06-final-report-phase1.pdf.

Evans P M, Klepsvik J O, Bjarnar M L. 1998. New technology for subsea laser imaging and ranging system for inspection and mapping. Sensor Review, 18 , 97-107.

Fossum E. 1993. Active pixel sensors: are CCD dinosaurs?. Proceedings of the SPIE, 1900, 2-14.

Grönwall C, Steinval O, Gustafsson F, et al. 2007. Influence of laser radar sensor parameters on range measurement and shape fitting uncertainties. Optical Engineering, 46, 106201-1-106201-11.

Izquierdo M A G, Ibanez A, Ullate L G, et al. 1999. Sub-pixel measurement of 3d surfaces by laser scanning. Sensors and Actuators, 76, 1-8.

Liu J, Wei N, Liu Y. 2009. Accurate camera calibration for 3D data acquisition: a comparative study// Itô D. Robot Vision: Strategies, Algorithms and Motion Planning, Nova Science Publishers, Inc., 383-420.

Liu J J, Al Obaidi A, Jakas A, et al. 2010. Practical issues and development of underwater 3D laser scanners. Emerging Technologies and Factory Automation（ETFA）, 2010 IEEE Conference on, 1-8.

McLean E A, Burris H R Jr, Strand M P. 1995. Short pulse range-gated optical imaging in turbid water. Applied Optics, 34, 4343-4351.

McStay D, Shiach G, Nolan A, et al. 2007. Optoelectronic sensors for subsea oil and gas production. Journal of Physics: Conference Series, 76, 1-6.

Moore K D, Jaffe J S, Ochoa B L. 1999. Development of a new underwater bathymetric laser imaging system: L-Bath. Journal of Atmospheric and Oceanic Technology, 17, 1106-1116.

Mullen L J, Vieira A J C, Herczfeld P R. 1995. Application of RADAR technology to aerial LIDAR systems for enhancement of shallow underwater target detection. IEEE Transactions on Microwave Theory and Techniques, 43, 2370-2377.

Nitzan D, Brain A E, Duda R. 1997. The measurements and use of registered reflectance and range data in scene analysis. Proceedings of the IEEE, 65, 206-220.

Norström C. 2006. Underwater 3-D imaging with laser triangulation. Linköping Univestity, Sweden. http://urn.kb.se/resolve?urn=urn:nbn:se:li u:diva-6125.

Pellen F, Intes X, Olivard P, et al. 2000. Determination of sea-water cut-off frequency by backscattering transfer function measurement. Journal of Physics D, 33, 349-354.

Reeves H, Siegmund M, Dawson I, et al. 2003. Future intervention options for remote subsea facilities. Offshore Technology Conference, 58 May 2003, Houston, TX, 15176. http://e-book.lib.sjtu.edu.cn/otc-03/pdffiles/papers/otc15176.pdf.

Ricci R, Francucci M, De Dominicis L, et al. 2010. Techniques for effective optical noise rejection in amplitude-modulated laser optical radars for underwater three-dimensional imaging. EURASIP Journal on Advances in Signal Processing, 2010, 1-24.

Roman C, Inglis G, Rutter J. 2010. Application of structured light imaging for high resolution mapping of underwater archaeological sites. Proceedings of IEEE Oceans 2010, 24 27 May 2010, Sydney, Australia, 1-9.

Swanson N L. 1992. Coherence loss of laser light propagated through simulated coastal waters. Proceedings of the SPIE Ocean Optics XI, 1750, 397.

Tetlow S, Spours J. 1999. Three-dimensional measurements of underwater work sites using structured light. Measurement Science and Technology, 10, 1162-1167.

Vosselman G, Maas H G. 2010. Airborne and Terrestrial Laser Scanning. Boca Raton, CRC Press, ISBN: 978-1904445-87-6.

Weidemann A, Fournier G R, Forand L, et al. 2005. In harbor underwater threat detection / identification using active imaging. Proceedings of the SPIE, 5780, 59-70.

第 16 章　拉曼光谱在水下的应用

本章综述了激光拉曼光谱在海洋原位研究中的最新应用进展，列举了蒙特利湾海洋研究所(Monterey Bay Aquarium Research Institute，MBARI)的实例，展示了部署在遥控潜水器(ROV)上的光谱仪的海洋应用。拉曼光谱在仪器领域高度发展，在海洋科学和海洋工业中的应用日益广泛。拉曼物理学的基本描述，连同这项技术的发展现状和迄今为止所取得的科学进展的记录，都足以展现拉曼光谱学所具有的优势。本章最后对突破目前传统光谱学方法的可能性进行了探讨。

16.1　引　　言

本章旨在介绍深海拉曼光谱仪在开发和应用方面所取得的进展，同时概述当前面临的挑战和已解决的问题，并在基本的支持系统和合理选择实验目标方面提供一些指导。

拉曼光谱仪在仪器领域高度发展，每年都有新设备问世。商业投资正推动拉曼光谱仪向低成本、小型化、高稳定性、高灵敏度和高分辨率方向发展。无论是设计用于制造业的长期连续运行系统，还是可现场应用的便携式拉曼光谱仪，现在都很容易获取。

但是，面向深海应用的拉曼光谱仪仍不多见，目前只有蒙特利湾海洋研究所开发的一款拉曼光谱系统可投入全面运行(Zhang et al.，2012)。这种潜在的强力技术推广缓慢的原因是多方面的。直到最近，才有能够适应水下现场部署的小型、坚固稳定的拉曼部件出现。作为提供能源、通信和为所需目标物提供精确激光定位的运载平台，ROV 的科学准入也受到限制。此外，许多传统的海洋特性，尤其是水体中的(溶解的气体、营养物等)，其存在浓度之低甚至连相对不灵敏的拉曼效应也无能为力。

如今，许多操作上的问题已得到解决(Zhang et al.，2012)。但是，目前尚无制造商提供标准商业化产品的深海原位拉曼光谱仪。因此，海洋研究人员想要利用拉曼光谱的力量就只能寄希望于自行开发仪器或对商用系统进行重大改造。

拉曼光谱技术具备无损、几乎无须制备样品和快速出谱等优势，且水的干扰并非主导问题。没有其他技术具备类似检测气体、液体和固体的能力，无论其是透明的还是不透明的，这使得拉曼光谱技术在海洋原位研究中极具潜力。此外，通过获得的拉曼光谱可以揭示分子内结构环境的详细信息，例如快速区分方解石和霰石同构体或给出天然气水合物的孔穴占有率和笼状结构的详细信息(Brewer et al.，2004; Hester et al.，2006，2007)。

本章作者 P. G. BREWER and W. J. KIRKWOOD，Monterey Bay Aquarium Research Institute(MBARI)，USA。

拉曼光谱在海洋科学中的应用也面临许多独特的挑战。拉曼效应本质上十分微弱，在来自激发源的约 10^8 个光子中只有 1 个是有效的。拉曼光谱很容易被荧光物质发出的宽带荧光掩盖，尤其是在海洋中无处不在的叶绿素分解产物。尽管普遍存在的水峰通常与大多数地球化学所关注的拉曼峰很好地错开，但是如果采集时间过长，则海水中高浓度的水(约 55mol/L)会掩盖某些信号并使探测器饱和。基本恒定浓度下的水峰可作为便捷的内标以获取定量数据(Dunk et al.，2005)。

16.2　拉曼效应简史

在 1928 年 2 月 8 日晚，拉曼首次展示了他的发现，即所谓的拉曼效应。拉曼效应是指光子与分子非弹性碰撞后散射光波数发生偏移的现象(Satyan，2002)。拉曼效应很微弱但过程非常快。大约每 10^8 个光子中就有一个光子的频率(或波数)会发生轻微偏移，然后可通过返回光路对其进行收集。红外光谱和拉曼光谱遵循互补的选择规则，同一振动模式不能同时具有红外和拉曼活性。具有拉曼活性的分子，其键必须是可极化的。

现代拉曼光谱技术使用激光作为激发源。单色频率的激光很容易从返回的光子中滤除，剩余发生频移的光子经传输、收集后显示为光谱。所得光谱由一系列确定目标样品成分的峰组成。拉曼发现这一现象时，当时的仪器还很原始，数据是以胶片曝光的方式捕获的。图像采集需要长时间曝光，如图 16.1 所示，峰宽且模糊。拉曼光谱的激发光是利用太阳光产生的，通过一系列滤光片和透镜得到非常接近单色的光源。光谱仪是用当时的光学元件制成的。光谱仪在功能上是有限的，但装置演示和理论验证都足以使拉曼获得 1930 年的诺贝尔物理学奖(Satyan，2002)。

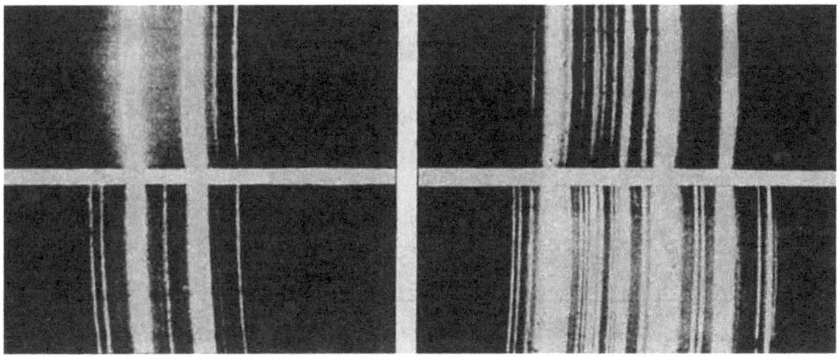

图 16.1　拉曼获得的首张拉曼光谱图像(由其发明的拉曼光谱仪采集得到)

作为具有历史价值一点是，拉曼在诺贝尔奖致辞中讲述了他第一次去英国与瑞利合作时是如何被色彩变幻的地中海所吸引的故事。实际上，他所看到的很可能是拉曼效应的痛点——由光合色素荧光所引起的颜色变化。但是这些光赋予的启发和魅力却是真实存在的。

16.3 拉曼光谱物理学

拉曼光谱依赖于对可见、近红外或近紫外范围内单色光源的非弹性散射光子的探测。尽管散射过程发生在 10^{-14}s 或更短的时间内，但表现出拉曼频移的光子占比极低。分子键的极化率是决定拉曼频移强度和频率的主要因素，它影响电子云的相互作用。决定拉曼频移的其他因素还有原子质量、键序和分子结构，这些因素共同赋予每个分子键具有其独特的散射特征。强拉曼活性的分子往往是对称的，而复杂的分子，例如含有碳-碳双键的分子，以及许多芳香族化合物和聚合物，通常表现出很强的拉曼响应(Nakamoto，1997)。拉曼散射的强度可由以下表达式描述：

$$R = IKP\sigma C \tag{16.1}$$

其中，R 是光谱分析中的峰面积，I 是激光源的强度，K 是仪器参数(如光传输和光收集效率)的总和，P 是路径长度，σ 是拉曼截面(散射效率)，C 是单位体积溶质的浓度(Dunk et al.，2005)。

拉曼光谱学实际上是基于斯托克斯(Stokes)和拉莫尔(Larmor)所描述的数学现象(1907)。斯托克斯散射(损失能量)和较弱的反斯托克斯散射(转移到更高频率)通常被视为振动弛豫时吸收所传递的能量并释放“新”光子的过程。从技术上讲，这是不正确的。斯托克斯(和反斯托克斯)散射是一种能量交换现象，基于受激粒子和光子碰撞所导致的光子频率偏移或颜色偏移。图 16.2 是频移导致光子从初始能态跃迁到新的稳态能量条件的概念图解。频移是以 cm^{-1} 为单位测量的波数偏移。

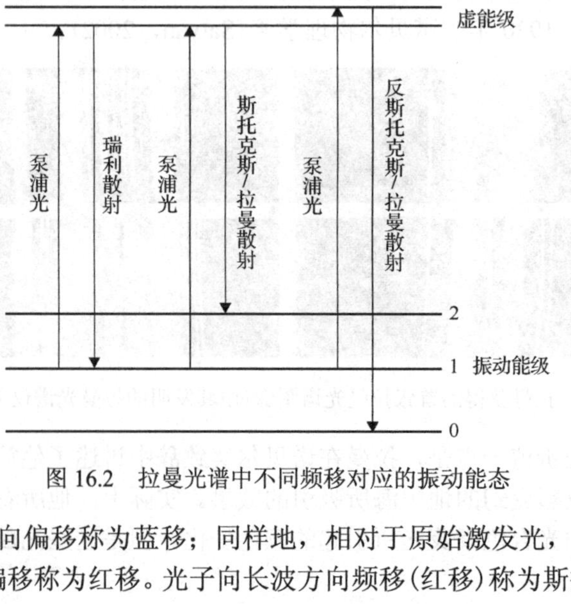

图 16.2 拉曼光谱中不同频移对应的振动能态

波数向短波方向偏移称为蓝移；同样地，相对于原始激发光，向低能态方向(即波数向长波方向)偏移称为红移。光子向长波方向频移(红移)称为斯托克斯频移，向短波方向频移(蓝移)称为反斯托克斯频移。该过程与选取分子的振动模式有关。图 16.3 列举了 CO_2 和 H_2O 可能的振动模式，以及分子结构的比较。由于分子结构的独特性，如 H_2O 分子具有特定的结构和振动模式，因此其具有唯一可辨的光谱特征。

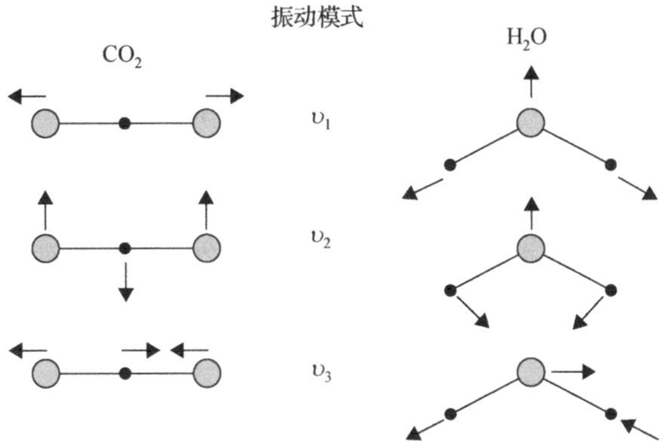

图 16.3　CO_2 和 H_2O 两种简单分子振动模式的比较

商用拉曼光谱仪通常仅采集发生斯托克斯频移现象的光子，忽略反斯托克斯现象，由此降低光路的复杂性以削减仪器成本。McCreery(2000)等更为详细地介绍了拉曼技术在化学分析中的应用。

16.4　海洋拉曼光谱仪的要求

为了适应深海作业而改进拉曼光谱仪时需要考虑若干参数。终端用户必须充分了解深度等级、工作温度范围、功率因素、数据路径和远程操作等基本规范，才能确保拉曼光谱系统研发成功。尽管可以实现许多附加功能，但每个拉曼光谱系统都需要某些方法使其具备仪器的基础结构和能够在感兴趣位置部署的能力。蒙特利湾海洋研究所(MBARI)开发的深海原位拉曼光谱仪(Deep Ocean Raman In Situ Spectrometer，DORISS)及其系列仪器的情况正如此(Brewer et al.，2004)。

深海原位拉曼光谱仪的设计和建造是为了配合大中型 ROV 使用。ROV 是系泊在母船上的无人遥控潜水器。母船通过光电复合缆为 ROV 提供动力和通信。一般来说，复合缆是由铜导线构成的，在多数深层应用中，通信是通过嵌入在复合缆内的单模光纤来实现的，尽管这种结构不是深海原位拉曼光谱仪所强加要求的。基础版的 ROV 配备有推进器、照明灯、摄像机以及用于模拟人类操作的机械臂。机械臂对于定位拉曼系统光学探头的位置以获取所选目标的光谱来说至关重要。拉曼光谱仪通常对强激光源进行了优化以满足较小光斑尺寸(1mm 或更小)的要求，因此需要精确定位光斑位置。由此，ROV 系统必须满足支撑深海原位拉曼光谱仪的最低要求。同样地，光谱仪的设计也将围绕和适应支撑平台某些方面特性展开。

需要对 ROV 电源系统进行仔细的检查和测试。典型的 ROV 系统经常会遭受较大的电压波动和噪声，这与潜水器的许多活动部件有关。作为水下作业工具，ROV 通常不配备高度发达的电力系统，且每个制造商都有自己独特的功率性能参数规范。因此，开发人员必须对电力系统设计加以考虑并对深海原位拉曼光谱仪及其类似系统提出相应的要求，以适应功率(和电压)的波动，并将电源总线上的噪声降低到可接受的水平。如果支持平台的性能已确定，则需要对滤波器的功率范围加以优化。如果仪器计划适用于多平台，则可能需要更高效的电源设计。

在所有情况下，都要对电源管理进行测试，以确保激光输出、仪器电子设备和探测器的电力供应在拉曼光谱采集期间保持稳定。此外，除了深海原位拉曼光谱仪及其类似系统，也必须对 ROV 系统加以监控。科研级的 ROV 不断更新换代并适配新的仪器技术，且无论是制造新设备还是升级旧设备，都必须对设备改进的可行性加以考虑。无论先前的测试成功与否，在利用运载平台测试现有光谱仪时都必须十分谨慎。即使是简单的网络升级或是重新配置计算机端口都需要在执行任务之前进行调试。因此，需要建立并遵循操作流程。一旦系统检测完成且运行正常，设备将不允许进行任何更改，除非再次通过检测后方可重新运行。

当前的趋势表明，在不久的将来，自主式航行器很可能成功实现诸如拉曼光谱仪之类仪器的适配。如果可以提出适用的自主目标定位和传感策略，那么就可以潜在地实现海底喷出的气体羽流中化学特征的检测。尽管自主运作在工业中很普遍，但仍然存在一些技术障碍阻碍了以自主运作为模式的长期海上作业，如运行成本和能源供应。

用于海上作业的拉曼光谱仪非常复杂，因此建议开发者从合适的商用设备入手。深海原位拉曼光谱仪核心部件应具备相当高的可靠性和稳定性，以适应海底多地多次部署的需要。应尽可能地减少可移动组件，同时也必须解决激光器在空气和水下作业时的热稳定性问题。热管理策略应是光谱仪设计时所要考虑问题的一部分，具体目标是在保持整个系统一致性的同时，将工作温度保持在光谱仪的探测器的建议温度以下。

16.4.1　拉曼光谱仪激光光源的选择

深海原位拉曼光谱仪使用了两家不同的激光器制造商的产品，其均为 Nd: YAG 倍频输出的固体连续波激光器，工作波长为 532nm。选择该激发波长是因为其在海水中传输的效率较高，尽管荧光效应会随着波长的减小而增加，但权衡二者后选择了 532nm 的绿色激光(Brewer et al., 2004)。DORISS Ⅰ 系统配备 Coherent 公司的 DPSS 532 型号的激光器，DORISS Ⅱ 系统则配备了 Kaiser Optical Systems 公司 KOSI Invictus 系列的 DPSS 532 型号的激光器。这两种激光器在现场合适的温度管理下均表现稳定。

深海中设备的温度稳定性通常受与海水接触时热传导效应的影响。由于实验室无法提供该传导冷却机制，因此，当系统未浸没在水中时，激光器的运行过程必须被密切监控，以防止过热和损坏。与 Coherent 公司的激光器相比，Invictus 系列的激光器在该方面更具优势，其具有更宽的工作温度范围和更严格的关键参数(如功率)规范。

激光输出的波数稳定性在全工作温度范围内不超过 1.5cm^{-1}。Coherent 公司的激光器在其他参数方面具有优势，如其预期寿命为 10000h，而 Invictus 系列的激光器的预期寿命为 5000h。KOSI Invictus 系列的激光器在使用寿命方面具有更高的性能，性能和使用寿命的折中也是深海原位拉曼光谱仪设计和开发中一种权衡的体现。

16.4.2　拉曼光谱仪光学平台的选择

1. DORISS I

在 DORISS 系统的设计中使用“L”形光学平台。DORISS I 还使用了由安道尔(Andor)公司生产的 2048×512 像素的前照式 CCD 相机，用于采集两条像素线上的光谱。这种方法需要大量的调整才能在海洋应用中发挥作用。保持工作台的完整性意味着需要更大尺寸和重量的耐压外壳。因此，将工作台拆分为若干块，如图 16.4 所示。

这种重新配置可以将系统封装在多个耐压壳内，但同时也增加了互连的复杂性。光学平台支撑架需要在耐压壳内进行横向和旋转调整，以确保平台组件完全对准。如图 16.5 所示，安装相机时需要进行额外的调整，以确保可以从耐压舱侧面的工作台上进行方便的拆卸与安装。需要注意的是，在海上作业准备期间，该装置需要额外的配置时间，以确保相机与光学平台完全对准。

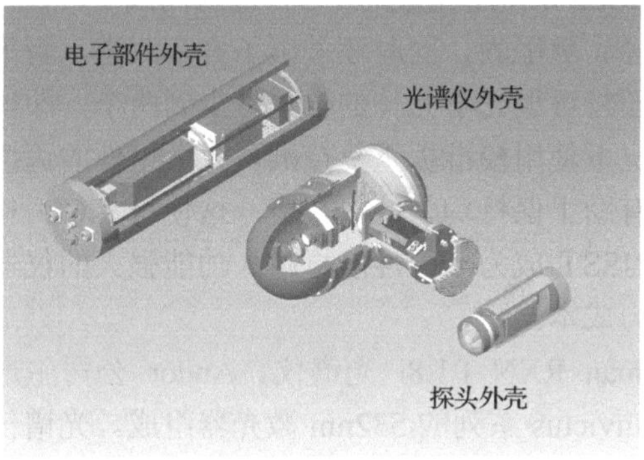

图 16.4　DORISS I 的主要外部组件

图 16.5　DORISS I 的“L”形光学平台以及封装外壳

当所有装置全部对齐后，使用螺丝千斤顶和防滑垫圈固紧耐压外壳的侧壁。尽管这一方法行之有效并取得成功，但仍需注意数据中的异常情况。相机的对准是至关重要的，通常在固定光学平台和耐压外壳的过程中会导致相机发生轻微的偏移。相机是否发生偏移可以通过在下水前测试谱线是否发生偏移来验证。一旦发生偏移，则需打开封装外壳重新按照之前步骤校准。

下潜过程中还可能观察到随深度变化发生的二次对准现象。随着压力的增加，信噪比可能会发生变化，相机将再次倾斜或轻微旋转。螺丝千斤顶和防滑垫圈缺乏顺应性，可能会导致光学平台承受从耐压外壳传递的应力，从而发生轻微的变化。最直接的解决方案是加大封装外壳的厚度，而提高光学平台的顺应性也可以达到同样的目的。

信号噪声可能源于不同的因素。为了获得良好的光谱数据，必须确保设备运行期间的热稳定性。仅依靠海水提供散热的想法是错误的，还需要相应的热管理机制。需要在海上以及实验室冷室内进行测试，以检验热管理模块是否正常工作。

光学平台放置适当的遮挡也是必要的。移除光学平台上的遮挡将使杂散光进入相机。由于案例中的 DORISS Ⅰ系统需要重新安装多个光学组件，因此有必要在光学平台外壳内放置新的遮挡板。在新的快门位置和相机之间需要自定义遮挡，以适当地屏蔽个别光学元件并使系统恢复正常运行。

在开发灵敏光学平台时，应注意的最后一点是当心引入任何可能产生可见辐射或热辐射的辐射源。光学平台内的“热点”可能带来额外的噪声，使得光谱模糊或退化。我们从 DORISS Ⅰ吸取了经验教训，由此经过大量的改进后设计了更稳定、灵敏的光谱系统。

2. DORISSⅡ

DORISSⅡ系统是在 DORISS Ⅰ系统经验基础上研制的，但在系统的光电组件上采用了更高度集成的设计和更谨慎的开发方法。该案例演示了如何重新配置系统，使其更紧凑并更易于封装在单一外壳中。DORISSⅡ使用先进的“U”形封闭式平台，且现已商业可用。这种平台配置比以往的更轻、更坚固，同时还做出了许多改进。新平台是作为全封闭结构单元建造的。该设计还将可调光学元件的数量减少到两个，即狭缝宽度和快门速度。相机可在不拆卸的情况下使用校准板重复校准。光学组件的遮挡完全集成在平台结构中。封闭式结构设计有助于保持均匀的热环境，这使得 CCD 相机的暗噪声更为稳定。这些改进使得 DORISSⅡ成为一台性能卓越、功能强大的仪器，从而有利于降低操作和维护所花费的人力成本。

DORISSⅡ的核心组件由 KOSI Raman RXN f/1.8i 光谱仪、Andor 公司生产的 2048×512 像素前照式制冷 CCD 相机和 Invictus 系列的 532nm 激光器组成。光谱仪采用双光栅结构将整个光谱划分为两个波段，测量范围覆盖 100～4000cm^{-1}，分辨率为 2cm^{-1}(White et al.，2005a)。氖灯和钨灯用于在甲板上对波长和强度进行校准。激光器输出功率约为 60mW，激光波长可采用多种方式进行校准。我们发现环己烷 801cm^{-1}处拉曼谱线可用于光谱仪的校准。所有光谱数据由 KOSI 公司的 HoloGRAMS 软件采集，并以通用的光谱格式(.spc)保存。

16.4.3 拉曼光谱仪的光学探头选择

制造光谱仪所需的最后一个部件是光学探头。光学探头用于定位激光光斑的位置以便对准所选取的待测样品。

除了提供激光定位，光学探头还用于收集返回的光子以获取拉曼光谱。当光子由光学头上的透镜收集后，光栅可将发生拉曼频移的光子从频率未发生变化的光子中分离出来。利用光栅将拉曼光准直为平行光后送入光谱仪中。滤除与激发光频率相同的光子是光学探头的关键功能之一，它要求光学探头必须与激光器和光学仪相匹配。

在示例中，通过改进 KOSI HoloSpec f/1.8i 光谱仪配备的光学探头以满足 DORISS Ⅱ 的要求。KOSI Mark Ⅱ 配有两个可互换的光学探头，每个光学探头都进行了相应的改进以适应深海应用的需求。一个是装有圆顶防护的光学探头(配有在空气中的焦距约为 6.4cm 的 10 倍物镜，透过防护性玻璃拱顶时最大工作距离为 15cm)；另一个是短焦距浸没式光学探头，它由集成在 25.4cm 长金属圆柱顶端的 f/2.0 透镜构成，其额定温度为–40～28℃，可耐受 0～204atm[①]。隔离式和浸没式光学探头及保护壳如图 16.6 所示。

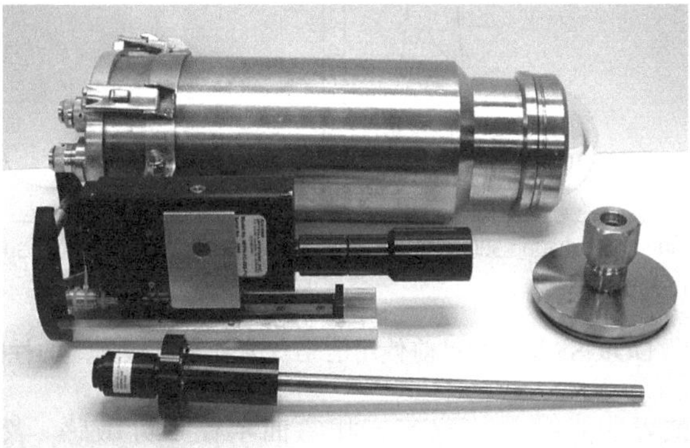

图 16.6　隔离式和浸没式光学探头及保护壳

浸没式光学探头通过专用的密封件固定在壳体上，其作业深度能够超过 4000m。高压环境要求浸没式光学探头内部能够提供足够的支撑，以防止密封滑脱而形成泄露。浸没式光学探头采用的是能够耐受 6000m 深水压的蓝宝石玻璃窗片。

这两种光学探头都能收集发生拉曼频移的光子，并通过收集光纤传输到光谱仪。收集光纤通过光谱仪外壳上的通孔直接连接到光谱仪的输入端，在入射后需要进行额外的滤光以去除光纤自身的拉曼信号，从而得到所选样品的纯净光谱。

注意，光学探头必须具有透镜元件来校正水体的折射率，以确保激光能够正确聚焦在通常空气环境中工作的拉曼光谱仪观察不到的距离上。

16.4.4　光学探头光缆

光学探头、光谱仪和激光器的互联是通过专用光缆实现的。光缆结构对光谱仪正常运行至关重要。DORISS Ⅰ 的早期测试使用了实验室现有组件的光缆。光连接器之

① 1atm=1.01325×10^5Pa。

间的光缆上包覆有柔软的聚乙烯保护套。最初的工程测试验证了光缆具有良好的性能，在 3000m 深度下激发光功率几乎没有损失(White et al., 2006)。

然而，多次深海运行实验表明，该系统返回信号强度和激发光功率输出都存在明显降低。而在实验室一个大气压环境下使用相同配置的静态测试表明，信号强度能够完全恢复。

通过一系列不同深度的水下实验调查此问题。其中，光谱仪配置保持不变，控制实验的变量仅为温度和深度。结果显示谱线峰高与压力/深度呈很强的负相关，如图 16.7 所示。

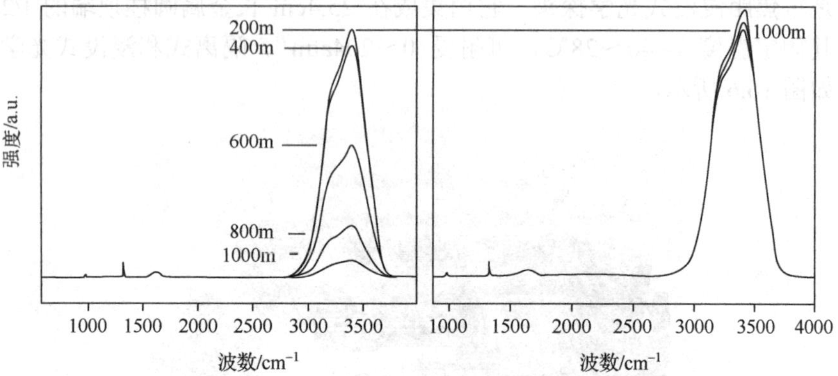

图 16.7 DORISS Ⅱ 系统目前使用的初代光缆和升级光缆的性能比较

光缆的基准测试表明光缆对放置方式和弯曲半径十分敏感。然而，这与压力下观察到的信号损失无关。

进一步的海上光缆测试表明，深海处光纤受压不均匀会产生大量微裂纹，信号损失就是由光纤损伤逐渐累积造成的。通过仔细检查光纤保护层发现，沿光纤长度方向的粗细不均匀是造成光功率损失的原因。随着深度的增加，压力逐渐增大，光纤中较粗部分和较细部分会形成压力点，从而导致光缆长度方向上光纤多点受到挤压。

需要解决光纤保护层的设计缺陷问题，使其在预定压力范围内实现全光纤压力分布均匀。此外，还需要改善海上作业固有的粗犷模式，并限制光纤可弯曲半径，防止由光纤微裂纹导致的信号衰减。

DORISS Ⅱ 系统的解决方案是利用改进的液压接头作为主要组件，使用一根 12.7mm(1/2 英寸)的经液压油补偿的液压软管来构造定制的内部柔性钢缆。现场工程试验表明，该光缆设计在校正衰减问题方面非常有效，并且运行稳定。激光衰减系数从在 4000m 深度时的 80dB 降至最大约 2dB。

在解决衰减问题的同时，光学探头还提供额外消除应变的能力。虽然光缆设计在缓解光纤弯曲方面十分有效，但随着时间的推移，反复的操作和移动仍可能造成光学系统中的信号损失。尽可能地保持光学元件处于静态是延长系统使用寿命的最佳策略。

16.4.5　拉曼光谱仪的深海应用测试

测试改进的拉曼光谱仪能否在深海中正常运行是必要的。合理的测试计划应包括一系列逻辑合理的测试步骤，以逐步实现全面深入的操作测试。建议先从浸没式探头开始，固定其水下工作距离为 7mm 并使用较小的景深进行测试。这将使测试数据在出现问题时更易分析诊断。

在本讨论中，定义一个名为“拉曼聚焦深度”的参数是必要的。聚焦深度定义为当激光聚焦在不透明样品表面时，样品拉曼散射强度最大值与其降至 50% 时的焦距差值。如图 16.8 所示，根据这一定义，浸没式光学探头在空气中的拉曼聚焦深度约为 0.2mm，而装有圆顶防护罩的光学探头在空气中的拉曼聚焦深度约为 1.0mm。浸没式光学探头能够使激光光斑聚焦得更小，因此信噪比更高。此外，较短的焦距可以更好地抑制来自海水的背景信号，从而使其成为初次测试的首选。如果拉曼聚焦深度较小的浸没式探头在浸入气体或液体样品测试时不会出现问题，那么在实验室中测试多个性能参数时问题将极大简化。

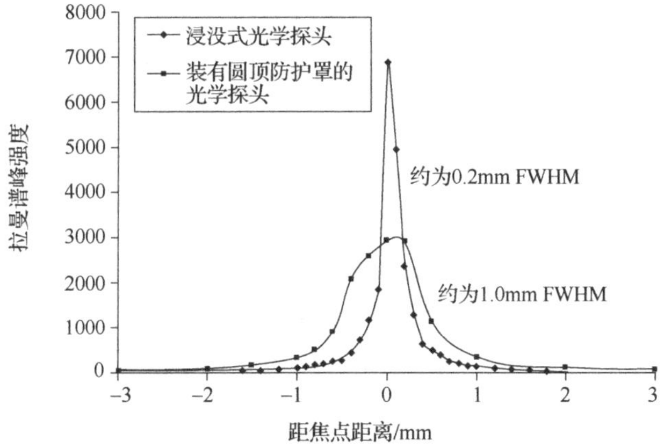

图 16.8　520cm^{-1} 处两种光学聚焦元件的拉曼谱峰强度

表明浸没式光学探头的性能优于装有圆顶防护罩的光学探头

强烈建议通过观察激光功率的示数来启动每次测试，并记录下所有的环境参数。实验室测试装置还应包括隔离变压器，以抑制进入系统的噪声。同时还应使用示波器对电源线和信号线上的背景噪声进行检测。注意，正确的接地隔离和信号屏蔽对光谱仪的运作至关重要。

16.5　拉曼光谱仪在深海的应用操作

在本节中，假设使用 ROV 对 DORISS 系统进行操作。

DORISS 系统不限于特定的平台，且作业级 ROV 在全球范围内都很容易获得。通常，典型的作业级 ROV 底部三分之一由工具筐组成，用于运载仪器设备。ROV 下潜期间可随时更换仪器和工具。DORISS Ⅱ 装配在抽屉式系统中，从而便于整个仪器在 ROV 上的安装和连接。采用抽屉式系统便于 ROV 的快速装配，但它并非是强制使用的。这种系统方便了仪器设备的装卸并降低了仪器损坏的风险。

操作员通过控制作业级 ROV 的机械臂来操纵作业工具。在示例中，通过控制机械臂将 DORISS 系统的光学探头移动到所需的位置，并聚焦在所选定的待测样品上。利用机械手控制 DORISS 系统探头的定位精度可达几个厘米。但这也同样取决于 ROV 操作员的操作熟练度。

辅助工具也可以配合水下仪器联同使用。例如，DORISS Ⅱ 系统在光学探头内部装有电动平台，用于增大聚焦范围。通过船舶控制室的专用计算机可以实现实时观察和动态显示所采集的拉曼光谱。这对判断是否准确聚焦至关重要。

通过舰载计算机可以实时控制光谱的采集次数和采集时间。注意，在采集光谱时，杂散光也是一个重要的干扰因素，因为光学探头和光谱仪无法在保留拉曼信号的同时滤除宽谱杂散光。因此，拉曼光谱仪在采集时通常关闭运载工具全部的照明系统，在黑暗环境下工作，以确保光学探头无法采集到任何杂散光。典型的 ROV 光源发出强烈的光会污染样品光谱。

原位拉曼光谱分析通常需要采集 1～15 次，每次采集时间约为 1～15s。不使用狭缝时，光谱分辨率取决于收集光纤的直径，通常为 6～8cm^{-1}。但是在使用 50mm 的狭缝时，光谱分辨率可达 3～4cm^{-1}。

在整个下潜或上浮的过程中，激光器通常都会保持开启状态。ROV 摄像机可以实时观察到“开启”状态的激光，表现为探头输出的绿色聚焦光束。通常在光学探头外部会预先使用两束低功率的红色激光对准 DORISS 532nm 绿色激光的焦点位置，使用这种方式作为光学探头的辅助聚焦。红色激光用于快速粗略的定位，以辅助实现光学探头焦距的精准微调，使用该方法大幅缩短了目标的定位时间。

拉曼光谱仪的浸没式光学元件在聚焦不同光学界面时会存在一些问题。例如，入射具有平滑界面的两种透明液体时可能会导致非线性情况的出现。此时只要确保激光垂直于界面表面即可轻松地进行校正。半透明或极细颗粒样品(如粉末)引起的光学响应与不透明样品几乎相同。主要问题是散射导致的光穿透深度不足，散射强度又随折射率变化。

实验室和现场校准的重要性不言而喻。例如，DORISS Ⅰ 初次下潜校准结果显示，深海作业改变了 CCD 探测器上 0cm^{-1} 的位置。尽管后来发现这是由机械设计存在问题造成的，但显然在开发和部署期间需要完整的原位校准方案。

本节建议的解决方案是利用探头内三个耐压外壳封装的校准源进行校准。校准源分别为氖灯、标准白光光源和拉曼频移标准参考物。利用氖灯校准有两步：一是标准谱线的校准，二是对应谱线强度的校准。标准白光光源用于校准仪器的宽谱响应和检验仪器滤除激发光的能力。第三种校准源遵循国家标准，用于给出与激发光功率无关的谱线比值度量数据。

用于原位校准的拉曼频移标准物应在 100～4000cm^{-1} 范围内存在多条窄带谱线。标准物应可携带至深海环境下并稳定存在，且最好对温度和压力变化不敏感。如果选择对温度和压力变化敏感的标准物，则应根据环境变化在整个光谱范围内对其进行表征。通常用作实验室拉曼频移标准物的某些液体，如异丙醇，比水更易压缩且在不同深度时密度变化显著。若密度变化会导致拉曼光谱谱线位置发生明显变化，则用该标准物校准时得到结果的可靠性会降低。

固体样品，如矿物等，若在感兴趣的光谱范围内具有窄而强的拉曼谱线，则其作为拉曼频移标准物的效果要优于液体样品。在 DORISS Ⅰ 系统中，将金刚石薄片作为标准物，由于其对温度和压力变化不敏感，因此用作校准物十分有效。金刚石的拉曼谱线尖锐且具有固定已知的拉曼频移(Brewer et al.，2004)。

16.6　深海原位拉曼光谱的应用

海洋应用的拉曼光谱仪在物理结构上需要足够坚固。合理构建的仪器能够在 100～4000cm^{-1} 范围分析具有科学价值的样品。光谱仪最小分辨率应为 3cm^{-1} 左右。宽光谱覆盖范围中的低波数范围适用于分析硫和无机化合物等矿物质。中波数范围适用于 CO_2 和 O_2 等挥发物的分析，而高波数范围则适用于分析有机化合物、CH_4、含羟基基团的笼形水合物以及羟基化矿物，如沸石和黏土。上述介绍说明可以帮助用户区分具有相似能带位置的多相混合物，如碳酸盐矿物，以及具有同位素特征(如 ^{12}C 和 ^{13}C)的潜在实验样品。

16.6.1　原位固体的拉曼光谱

为了采集海底固体样品的拉曼光谱，我们控制光学探头使激光垂直对准黄色半透明的解离成菱形的方解石($CaCO_3$)表面。按照上述操作步骤，ROV 操作员调整机械臂使激光聚焦在方解石上。利用装置采集的拉曼光谱如图 16.9 所示，拉曼光谱叠加在海水背景光谱上(未显示)。

海水的拉曼谱线的位置和强度不会对大多数矿物产生显著干扰。许多水合物和羟基化矿物的 OH^- 伸缩振动谱往往很窄，很容易与水的谱带区分开。但是需要注意的是 OH^- 谱带较弱的矿物的信号可能淹没在较强的水的共振谱带中。

我们发现强荧光会阻碍固体拉曼光谱的有效测量。这种情况通常发生在激光照射富含有机质的海底沉积物中。海底沉积物通常含有来自光合色素降解产生的有机物，这些物质能产生很强的荧光。

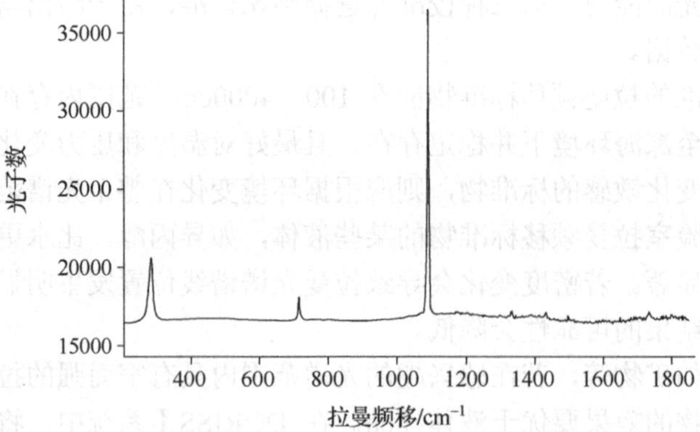

图 16.9 DORISS 系统海上测试时获取的方解石($CaCO_3$)的拉曼光谱

16.6.2 原位液体的拉曼光谱

拉曼光谱仪在海洋中获得的第一张液相光谱是海水的拉曼光谱。早期人们的关注点集中在深海可能存在的高荧光背景，它可能源于水中溶解的有机物或颗粒状的有机物碎片，如“海洋雪”(Pasteris et al.，2004)。实际上，海水的荧光信号并不是很强，即使很小的海水拉曼峰也能轻易观察到。

水的拉曼光谱如图 16.10 所示，其特征是占主导地位的 OH^- 弯曲振动谱线和 OH^- 伸缩振动谱线分别集中在 $1640cm^{-1}$ 和 $3400cm^{-1}$ 附近(Walrafen，1964)。Dunk 等(2005)检测了天然海水和人工合成海水中的这些信号特征。图 16.11 记录了海水中平均浓度为 28mM①的 SO_4^{2-} 离子的 v1 特征振动谱带(约为 $984cm^{-1}$)。

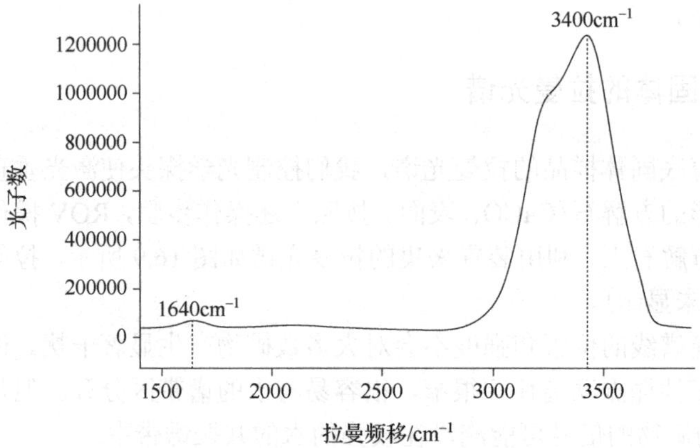

图 16.10 水的拉曼光谱

其中 OH^- 弯曲振动和 OH^- 伸缩振动谱带集中于 $1640cm^{-1}$ 和 $3400cm^{-1}$ 附近

① $1mM=1\times10^{-3}mol/dm^3$(当以分子作为基本单元时)。

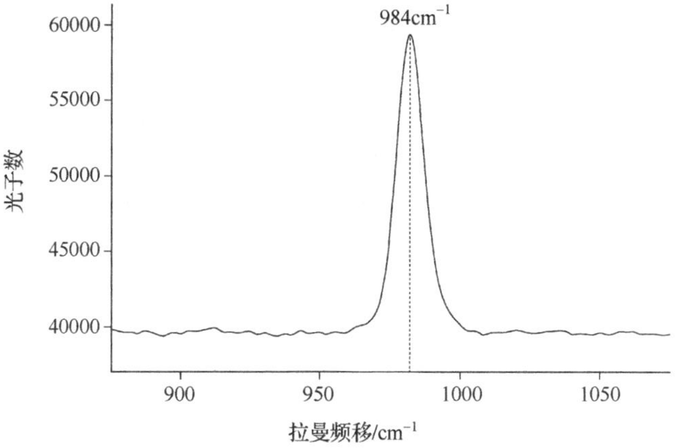

图 16.11　海水中 SO_4^{2-} 的拉曼光谱在 $984cm^{-1}$ 附近的特征振动谱带

实验室拉曼光谱仪已被证明可用于检测稀释至正常盐度的 0.057 倍的海水中的硫酸盐，其中硫酸盐的浓度为 50mM 或 150ppm（Zhang et al.，2010）。尽管 Na^+和 Cl^-等纯离子不会产生明显的拉曼谱线，但溶解盐的性质和浓度对水的谱带结构有明显的影响（Walrafen et al.，1986；Brewer et al.，2002）。

拉曼系统无法检测到海水中含量稀少的 CO_2。然而拉曼光谱技术可作为监测海洋中二氧化碳羽流组成的重要手段，因为其在海水中可能引起二氧化碳浓度的显著升高。具备监测这种变化的能力在验证海底埋藏二氧化碳的可行性研究中非常重要。

16.6.3　原位气体的拉曼光谱

利用实验室拉曼光谱仪评估了多种气体的检出限。通过将激发光聚焦到玻璃容器上，成功检测了锥形瓶中的气体样品。锥形瓶中装有 1atm 的 CO_2、0.7atm 的 N_2、0.2atm 的 O_2 或 0.01atm 的水蒸气。实验采集时间为 10s，通过 64 次采集确定了以下气体的检出限：CO_2 为 0.2bar①、N_2 为 0.1bar、O_2 为 0.1bar、CH_4 为 0.01bar、水蒸气为 0.01bar（White et al.，2005a）。实验观察到的 CO_2、N_2 和 O_2 的拉曼散射截面与文献记载相一致，而 CH_4 的拉曼散射截面较 CO_2、N_2 和 O_2 的几乎大了一个数量级（Zhang et al.，2011）。因此，CH_4 的检出限比 CO_2、N_2 和 O_2 的检出限大 10 倍左右。

16.6.4　天然气水合物的拉曼光谱

天然气水合物埋藏或裸露分布在世界各地的深海沉积物中（Sloan and Koh，2008）。水合物是拉曼光谱研究的极佳目标物（Sum et al.，1997；Hester et al.，2007）。水合物是由 85%的水和 15%的气体组成的冰晶状半透明物质，其形态十分有利于拉曼光谱研究。因此，激发光可以直接聚焦在样品内部，无须像对待非透明样品一样准确聚焦在

① $1bar=10^5Pa$。

样品表面。图 16.12 展示了 DORISS 拉曼光谱仪正在检测的裸露的天然水合物。本例中的天然气水合物是复杂的Ⅱ型结构，由甲烷、乙烷、丙烷和异丁烷组成。注意，在采集天然气水合物拉曼光谱时需谨慎控制激光功率和采集时间。高度聚焦的激光会导致天然气水合物局部温度升高，使之分解为水和游离气体。

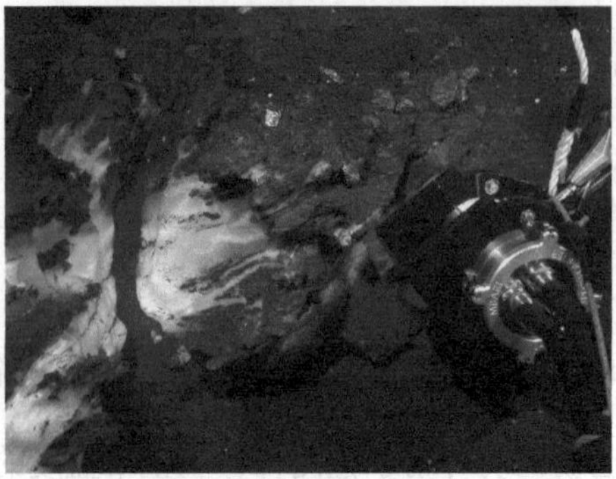

图 16.12　海底天然气水合物检测

16.7　深海拉曼光谱技术的进展

拉曼光谱技术对海洋科学家来说是一种相对较新的工具。拉曼光谱具有广泛的应用前景，科学家们仍在不断拓宽其应用领域。拉曼光谱技术现已广泛应用于矿物开采、能源调查、环境监测、物质表征以及原位研究。

16.7.1　基于拉曼光谱的盐度和温度测定

地球化学更倾向于关注海水中低浓度物质(浓度在微摩尔级)的光谱，而非海水自身的光谱。其中 SO_4^{2-} 的谱峰占据主导地位，其浓度接近 28mM。在含氧量正常的海水中，SO_4^{2-} 的浓度随盐度变化。因此，可以将 SO_4^{2-} 的主峰强度作为定标量，用于深海快速光谱定量分析。拉曼光谱技术最早的海洋应用之一便是利用机载强激光脉冲和激光门控技术通过分析光谱中水峰的强度变化探测上层海洋的温度梯度分布(Leonard et al.，1979)。

16.7.2　提高原位拉曼光谱灵敏度的方法

提高信号强度或系统灵敏度可以提高拉曼光谱仪的光谱采集效率。研究人员提出了多种提高系统灵敏度的方法。最直接的方法是增大激光的输出功率。但同时必须考虑 CCD 相机的响应能力，因为增大激光的输出功率会使相机传感器更易饱和，从而失去意义。

第二种方法是改变激发光的频率。这需要更换系统的光学元件，因为它们与激发光频率存在关联。尽管拉曼频移不受激发光波长的影响，但散射光强度正比于 $1/\lambda^4$(λ 为波长)，因此使用较短波长的激发光可能会提高灵敏度。

第三种方法通过最大化光程以获得最大的返回信号。为此，研究人员开发了液芯波导结构(Altkorn et al.，2001)。这种波导的工作原理是通过增加路径长度使激发光与目标分子具有更多的相互作用。毛细波导管可以减小所需的样品量(Qi and Berger，2004)。尽管这项技术发展迅速，但在深海应用时还存在问题，不过在早期的现场实验中灵敏度提高了 2～3 倍，这一结果令人备受鼓舞。

荧光的消除方法正在研究中。拉曼散射几乎是瞬时的(≪1ps)，而荧光相对较慢。基于此，现已开发出实验室用的电子门控激光器及其配套的工作台，此装置可使荧光信号强度显著降低(Everall et al.，2001)。

16.8　小　　结

如今已经能够获取海底目标物的高质量的拉曼光谱数据，对沉积物中的孔隙水、地质矿物和天然气水合物的测量已数见不鲜。拉曼光谱仪器可以轻松完成许多其他方法无法完成的检测。在早期的一些现场工程问题得到解决后，深海拉曼仪器可以不需要预先巡航直接部署(Zhang et al.，2012)。但到目前为止，深海拉曼光谱仪主要采用的还是传统的光谱采集和分析技术。随着新技术的出现以及灵敏度的提升和成本的不断降低，光谱技术未来的发展前景十分广阔。

16.9　致　　谢

DORISS 系统的工作主要由 David 和 Lucile Packard 基金会资助和支持。感谢 Kaiser Optical Systems 公司的科学技术团队提供的建议和帮助。

参 考 文 献

Altkorn R, Malinsky M D, Van Duyne R P, et al. 2001. Intensity considerations in liquid core optical fiber Raman spectroscopy. Applied Spectroscopy, 55, 373-381.

Brewer P G, Malby G, Pasteris J D, et al. 2004. Development of a laser Raman spectrometer for deep-ocean science. Deep-Sea Research, Part I, 51, 739-753.

Brewer P G, Pasteris J, Malby G, et al. 2002. Laser Raman spectroscopy at 3600m ocean depth. Eos, Transactions American Geophysical Union, 83, 469-470.

Dunk R, Peltzer E T, Walz P M, et al. 2005. Seeing a deep ocean CO_2 enrichment experiment in a new light: laser Raman detection of dissolved CO_2 in seawater. Environmental Science Technology, 39, 9630-9636.

Everall N, Hahn T, Matousek P, et al. 2001. Picosecond time-resolved Raman spectroscopy of solids: capabilities and limitations for fluorescence rejection and the influence of diffuse reflectance. Applied Spectroscopy, 55, 1701-1708.

Hester K C, Dunk R M, White S N, et al. 2007. Gas hydrate measurements at Hydrate Ridge using Raman spectroscopy. Geochimica et Cosmochimica Acta, 71, 2947-2959.

Hester K C, White S N, Peltzer E T, et al. 2006. Raman spectroscopic measurements of synthetic gas hydrates in the ocean. Marine Chemistry, 98, 304-314.

Leonard D A, Caputo B, Hoge F E. 1979. Remote sensing of subsurface water temperature by Raman scattering. Applied Optics, 18, 1732-1745.

McCreery R L. 2000. Raman Spectroscopy for Chemical Analysis. Wiley-Interscience, 420.

Nakamoto K. 1997. Infrared and Raman Spectra of Inorganic and Coordination Compounds. Part A: Theory and Applications in Inorganic Chemistry. Wiley, New York, 387.

Pasteris J D, Wopenka B, Freeman J J, et al. 2004. Spectroscopic successes and challenges: Raman spectroscopy at 3.6km depth in the ocean. Applied Spectroscopy, 58(7), 195A-208A.

Qi D, Berger A J. 2004. Quantitative analysis of Raman signal enhancement from aqueous samples in liquid core optical fibers. Applied Spectroscopy, 58, 1165-1171.

Satyan T S. 2002. The Raman effect. Frontline, 19(10), 859-860.

Sloan E D, Koh C A. 2008. Clathrate Hydrates of Natural Gases, 3rd ed. CRC Press, Boca Raton, FL.

Stokes G, Larmor J. 1907. Memoir and Scientific Correspondence of the Late Sir George Gabriel Stokes, Cambridge University Press, New York, ISBN 978-1-108-00891-4, digital version 2010.

Sum A K, Burruss R C, Sloan Jr. E D. 1997. Measurement of clathrate hydrates via Raman spectroscopy. Journal of Physical Chemistry B, 101(38), 7371-7377.

Walrafen G E. 1964. Raman spectral studies of water structure. The Journal of Chemical Physics, 40, 3249-3256.

Walrafen G E, Hokmabadi M S, Wang W H. 1986. Raman isosbestic points from liquid water. Journal of Chemical Physics, 85, 6964-6969.

White S N, Brewer P G, Peltzer E T. 2005a. Determination of gas bubble fractionation rates in the deep ocean by laser Raman spectroscopy. Marine Chemistry, 99, 12-23.

White S N, Dunk R M, Peltzer E T, et al. 2006. In situ Raman analyses of deep-sea hydrothermal and cold seep systems (Gorda Ridge and Hydrate Ridge), Geochemistry Geophysics Geosystems, 7, Q05023, doi:10.1029/2005GC001204.

White S N, Kirkwood W, Sherman A, et al. 2005b. Development and deployment of a precision underwater positioning system for in situ laser Raman spectroscopy in the deep ocean. Deep-Sea Research I, 52, 2376-2389.

Zhang X, Walz P, Kirkwood W J, et al. 2010. Development and deployment of a deep-sea Raman probe for measurement of pore water geochemistry. Deep-Sea Research.I, 57, 297-306. doi:10.1016/j.dsr.

2009.11.004.

Zhang X, Kirkwood W J, Hester K C, et al. 2011. In situ Raman probe for quantitative observation of sediment pore waters in the deep ocean-development and applications, in OCEANS, 2011 IEEE-Spain, 6-9 June, 1.

Zhang X, Hester K C, Ussler W, et al. 2011. In situ Raman-based measurements of high dissolved methane concentrations in hydrate-rich ocean sediments. Geophysical Research Letters. doi:10.1029/2011 GL047141.

Zhang X, Kirkwood W J, Walz P M, et al. 2012. A review of advances in deep-ocean Raman spectroscopy. Applied Spectroscopy, 66(3), 237-249. doi:10.1366/11-06539.

第 17 章 应用于水下结构健康监测的光纤传感器

海底结构在非常恶劣的环境下运行，易受到自然和人为危害的影响，加速老化。这些结构的维护和修理十分困难且花费昂贵，还需要训练有素的人员和先进的设备。结构健康监测(Structural Health Monitoring，SHM)可以提供结构状态的重要信息，并有助于提高安全性，便于优化维护和修理活动的进行。光纤传感技术的发展提供了可靠、稳定和耐用的传感器，可以在恶劣的海底环境中长期工作。本章介绍了光纤传感器(Fiber Optic Sensors，FOS)的原理、实现方法及其在海底应用中的前景。

17.1 引 言

人们对能源日益增长的需求、不断扩大的能源管道和信息传输网络、各种研究、甚至娱乐活动，促使了一系列海底结构的建造。典型的例子有立管、管道、钻机、输电和电信电缆、压缩站、潜艇以及遥控潜水器，甚至还有旅馆。这些结构在非常恶劣的环境下(低温、高压和海水)运行，它们的运行及寿命可能会受到自然和人为危害的影响，加速老化。海底结构的失效可能会产生非常不利的后果，如人员伤亡、经济损失以及负面的社会和生态影响。

海底结构的维护和修理不仅十分困难且花费昂贵，还需要训练有素的人员和先进的设备。结构健康监测有能够提供结构状况的重要信息，通过实时检测，有助于提高安全性，便于优化维护和修理活动的进行。最近光纤技术的发展提供了可靠、稳定和耐用的传感器，可以在恶劣的海底环境中长期工作。

本章介绍了结构健康监测中的光纤传感技术。首先，介绍了结构健康检测技术的发展过程，包括目的、优势、主要进程和所涉方面；其次，介绍了光纤传感器的一般性质、功能原理等；然后，详细介绍了实现整体结构和完整性监测的长距离和分布式传感技术，并在这一部分给出了一个实例；接着，介绍了在海底结构实施中遇到的挑战，并以另一个例子加以说明；最后，对未来趋势进行了思考并附上了相关文献的建议列表。

17.2 结构健康监测

民用和工业结构及基础设施，包括海底结构，代表了社会的重要资产，它们通常对社会财富的累积和福利的增加有着重大贡献。因此，可持续地建造并保护基础设施

本章作者 B. GLISIC，Princeton University，USA。

是未来经济活力和社会繁荣所必不可少的条件。最安全、持久的结构是那些得到妥善管理的，而结构健康监测在其中起着重要作用，参见 Andersen 和 Fustinoni(2006)、Karbhari 和 Ansari(2009)、Wenzel(2009)等的研究。从结构健康监测中获得的信息有助于提高结构和用户安全，有助于规划及时维护和保护活动，验证假设，减少对实际结构运行和状态的不确定性，并增加对所监测结构的了解。结构健康监测有助于防止在结构缺陷的情况下可能发生的不利影响(社会、经济、生态)，这对于可持续的土木工程和环境工程是至关重要的。

结构健康监测是一个旨在提供准确及时的结构健康和性能信息的过程(Glisic and Inaudi，2007)，包括对建筑物和基础设施进行损害识别(Worden et al.，2007)。在更广泛的意义上，结构健康监测还包括结构识别(Aktan et al.，1997)和性能监视(Goulet et al.，2010)。为了实现这些目标，结构健康监测应该包括以下内容，参见 Worden 等(2007)和 Glisic 等(2010)的研究：

(1)结构异常的检测(损坏、恶化、故障)；

(2)记录结构发生异常的时间；

(3)标记出现异常的结构(如构件)的物理位置；

(4)对检测到的异常程度进行量化或评级；

(5)根据结构健康监测执行后续操作。

结构健康监测过程包括随时间(永久、连续或周期性、短期、中期或长期)记录以最佳方式反映结构状态的参数，并(通过分析)将记录的数据转换为关于结构健康状况和性能的信息(Glisic and Inaudi，2007)。因此，一个监测系统有三个子系统(Andersen and Fustinoni，2006；Wenzel，2009)：测量子系统、数据管理子系统和数据分析子系统。测量子系统由传感器、读取单元(或读出单元或询问器)和附件(电缆、保护盒等)组成。数据管理子系统由提供数据传输(来自有线或无线读取单元)、存储、访问和显示的硬件和软件组成。最后，数据分析子系统由将数据转换为关于结构健康状况或性能信息的硬件及软件组成。数据分析建立在各种模式识别算法之上，可以基于模型(Andersen and Fustinoni，2006；Glisic and Inaudi，2007；Wenzel，2009)或无模型，即数据驱动(Sohn and Farrar，2001；Posenato et al.，2008)。监测最频繁的参数汇总见表 17.1。监测参数的选择取决于许多因素，如建筑的目的和性质、建筑材料、预计荷载、环境条件、是否暴露于自然危害、预期的退化现象等。

表 17.1　最常用的监测参数

机械	应变、变形、位移、裂纹、加速度、振动、荷载等
物理	温度、湿度、孔隙压力等
化学	氯化物渗透、硫酸盐渗透、pH 值、碳酸盐渗透、腐蚀等
其他	环境条件(风、雨、冰等)、地震活动等

为实现结构健康监测，了解结构健康监测流程是非常重要的。结构健康监测的主

要步骤是：①选择适合的结构健康监测方法；②安装结构健康监测系统；③维护结构健康监测系统；④数据管理和分析；⑤关闭系统(在监控中断的情况下)(Glisic and Inaudi，2003)。上述步骤都可以进一步细分，如表 17.2 所示(Glisic and Inaudi，2007)。

表 17.2　核心监控步骤结构分解

SHM 方法	SHM 系统安装	SHM 系统维护	数据管理与分析	关闭系统
监控目的	传感器安装	电力应用供应	执行测量(传感器读数)	终止结构
监控参数选择	配件安装(包括接线盒、分机电缆等)	提供通信线路(有线或无线)	数据存储(本地或远程)	拆除结构
SHM 系统选择	读取单元安装	实施不同设备的维护计划	提供数据访问	SHM 系统的存储
传感器网络设计	软件安装	维修和更换	可视化	
监控进度安排	用户对接		导出数据	
数据开发计划			解释	
成本分析			数据分析	
			数据使用	

每一个步骤都非常重要，但是建立并恰当应用正确的监测方法最为关键。监测方法的影响和其他结构健康监测活动的影响以及在计划和实施阶段所发生的错误往往很难消除(Glisic and Inaudi，2007)。

参与实现结构健康监测项目的各方有：①监控机构；②顾问；③监控公司；④承包商(Glisic and Inaudi，2007)。这些实体必须彼此紧密协作，不一定要有所不同，例如，监督机构还可以担任顾问或承包商的角色。图 17.1 显示了结构健康监测的主要步骤与参与方的关系(Glisic et al.，2010)。

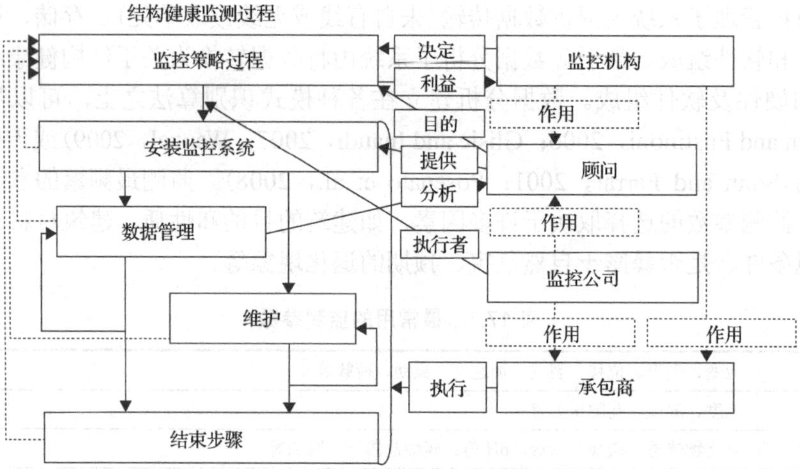

图 17.1　结构健康监测的主要步骤与参与方的关系(Glisic et al.，2010)

从经验来看，结构健康监测时大多数错误是由对监视步骤及其相互影响的了解不足，以及相关各方之间的任务分配不正确造成的。在实施结构健康监测时，研究和理解结构健康监测过程对于解决在规划和实现结构健康监测项目中出现的各种问题是非常重要的。

17.3　基于结构健康监测的光纤传感器

自 20 世纪 90 年代以来，光纤传感器(FOS)就已经开始商业化。它们具有高灵敏度、高精度、长期稳定性、对环境干扰不敏感以及在恶劣环境下的可靠性等优点。本节概述了可供商用的光纤传感器及其基本的物理原理。

17.3.1　光纤传感器概述

市场销售的光纤具有与人的头发丝相似的直径，并且由三部分组成：纤芯、包层和涂层。纤芯由熔融石英制成，并沿光纤引导光。通常有两种类型的光纤可用：单模光纤和多模光纤。单模光纤的纤芯通常在 5～10μm 之间，而多模光纤的纤芯更大，通常在 50μm 的范围内。在单模光纤中传输光具有最小损耗的工作波长为 1310nm 或 1550nm，而在多模光纤中则为 850nm 或 1300nm。纤芯被包层包围，包层也由二氧化硅制成，但折射率比纤芯小。包层的目的是将光线保持在纤芯内，最大限度地减少损耗，并物理支撑纤芯。包层的外径为 125μm。最外层是涂层或护套，用于保护光纤并为其提供物理坚固性，使其在处理时不会有破裂的风险。涂层通常由丙烯酸酯制成(外径为 250μm)，但出于传感目的，最好使用可以更好地黏附在包层上的聚酰亚胺(外径为 145μm)。光纤的典型元件和尺寸在图 17.2 中给出。

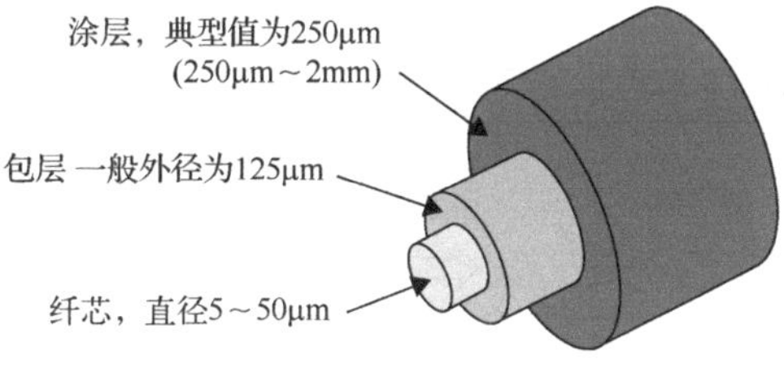

图 17.2　光纤的典型元件和尺寸(Glisic，2009)

除了在电信行业中的经典应用，光纤还应用于生物医学环境以及传感和监测。FOS 的高性能与它的材质有着内在的联系。二氧化硅是纤芯和包层的主要成分，作为一种惰性材料，在大范围的温度下不与大多数化学物质反应，因此适合在恶劣的环境中应用(Udd，2006)。各式各样的封装，特别是根据现场应用专门设计的，已经使 FOS 可以安全稳定地部署和运行在非常具有挑战性的环境中，如土木工程现场或水下应用(Udd，2006；Glisic and Inaudi，2007)。光在光纤中传输，不受附近电磁场(Electromagnetic，EM)的影响。因此，FOS本质上不受电磁干扰(EM Interference，EMI)的影响。因为二氧化硅的化学性质，FOS具有长期稳定性和可靠性的优势。光纤可以同时起到传感和信号传输的作用。在监测大型和偏远结构时，无须供电的有源组件即可进行长距离测量(大于几公里)，这是一项重要的能力，如大跨度的桥梁、隧道和水坝(Udd，2006)，还有管道(Inaudi and Glisic，2010)以及海底结构(Inaudi et al.，2007)。此外，由于无源光信号在发生故障时不会产生火花，因此在石油和天然气行业，特别是在井下和井眼运行监测中使用是十分安全的。通过适当改进FOS，可以使传播的光对各种参数(如应变、倾斜度、加速度、速度、温度、湿度、腐蚀、流量等)敏感。因此，可以在同一网络中监测多个参数(Measures，2001)。

由于FOS的应用领域非常广泛，因此不可能详细介绍所有传感原理和可用传感器的所有类型。这里概述了应变和温度传感器，这些光纤传感器在土木工程领域得到验证和应用，有些在一定程度上应用于海底监测(Roberts，2007；Schlumberger，2012；Weatherford，2012)，或在此类应用中有很强的潜力。在大多数具有良好性能并用于大范围现场应用的光纤传感器中，单点传感器主要使用非本征干涉仪、本征干涉仪和光纤布拉格光栅，而分布式传感器则基于光纤中的各种光散射效应。在Measures(2001)和Udd(2006)中也可以看到对不同光纤技术的详细描述。这些资料具有很高的相关性，是对光纤传感器、解调技术和相关内容的详细介绍。

17.3.2 非本征法布里-珀罗干涉传感器

非本征法布里-珀罗干涉(Extrinsic Fabry-Perot Interferometric，EFPI)传感器测量腔长变化的工作原理示意图，如图17.3所示。

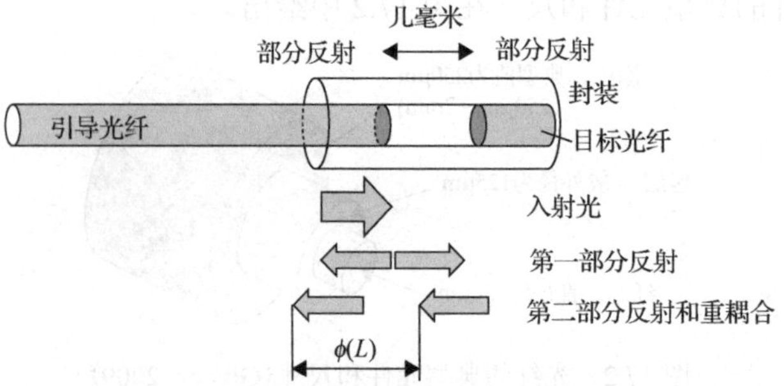

图17.3　EFPI传感器工作原理示意图(Glisic，2009)

传感器装置包括两个多模光纤，即引导光纤和目标光纤，并通过封装进行保护，这也保证了应变从结构传递到传感器。垂直切割光纤，其表面能够实现部分反射，并被毫米范围内的空隙隔开。宽带光从光源发出(放置在读取单元中)并通过引导光纤，到达光纤的切割端。接着，部分光被反射回读取单元，而其余的光继续穿过空隙，到达目标光纤，从其表面反射，重新进入引导光纤。然后，两束反射光在引导光纤中组合成一个包含空隙大小信息的光学信号(相长干涉或相消干涉)(Krohn，2000)。最后，读出单元中解码。结构的变形导致光学信号感知到空隙大小的变化，并在读出单元中确定其大小。空隙通常对温度变化不敏感，但是由于封装机械部件的热膨胀，传感器经常表现为对温度敏感。EFPI 传感器在大规模应用中面临一些挑战，这涉及读取单元的远程位置和多路复用。但是，将完整的结构健康监测系统应用于中小型自动化结构健康监测项目，甚至于涉及手动定期测量的大规模结构健康监测项目时，其价格都比任何其他的 FOS 系统便宜。表 17.3 显示了 EFPI 传感器的最佳性能。

表 17.3　最成功的商用分布式传感器的最佳性能(Glisic，2009)

参数	法布里-珀罗(EFPI)	干涉仪(SOFO)	光纤布拉格光栅(FBG)
测量范围	51～70mm	250mm～20m	10mm～2m
多路复用	并联	并联	串联和并联
网格中的传感器 数量最大值	32	静态：无限 动态：8	16 通道 5～10 个传感器/通道
稳定性	长期	静态：长期	长期
解析度	±0.01%(全尺寸)	静态：2μm 动态：10nm	0.2με
重复性(精确)	N/A	静态：小于测量值的 0.2%	<1με
动态范围	± 3000με	静态：−5000～10000με 动态：±5mm	−5000～7500με 与封装有关
温度敏感性	不敏感或与封装有关	自补偿	需要补偿
频率最大值	20Hz	静态：0.1Hz 动态：10kHz	0.5MHz

注：$1\mu\varepsilon = 1\mu m/m = 10^{-6}m/m$。

17.3.3　本征(萨尼亚克、迈克耳孙和马赫-曾德尔)干涉传感器

本征干涉法使用光纤作为感应体(与 EFPI 中的空隙相反)。市售的传感器有萨尼亚克(Sagnac)、迈克耳孙(Michelson)和马赫-曾德尔(Mach-Zehnder)干涉仪。

在 Sagnac 干涉仪中，两路光在可旋转的环形光纤中沿相反的方向传播。由于两个光束的光路是相同且闭合的，所以与旋转相反的光束经过的光路相比另一个光束略短，因此光返回到原点时会产生干涉图样。干涉条纹的位置取决于旋转线圈的角速度，这称为 Sagnac 效应(Stedman，1997)。Sagnac 干涉仪可用于光纤陀螺仪(Fiber Optic Gyroscope，FOG)，该陀螺仪主要应用于航空航天工程中的转速测量和定向。该传感原理也可用于动态测量中，但其在商业土木工程应用中并不常见。

在 Michelson 和 Mach-Zehnder 技术中，将两束光注入两个单模光纤中，然后通过

两束光之间的相对相移来测量光纤中的长度差。基于 Michelson 干涉仪中的光纤在其末端有化学反射镜，即将光线反射回放置在读取单元中的光探测器。通常，基于 Mach-Zehnder 干涉仪的传感器具有两个输出而不是反射镜，并且光信号在输出处被光检测器解码。Michelson 干涉仪可以执行非常稳定的长期静态测量，而 Mach-Zehnder 干涉仪适用于极其敏感的短期动态测量。一种基于 Michelson 干涉仪的商用传感器 SOFO(Inaudi，1997)已经在许多项目(Glisic，2010)中得到应用。标准 SOFO 传感器工作原理示意图如图 17.4 所示。

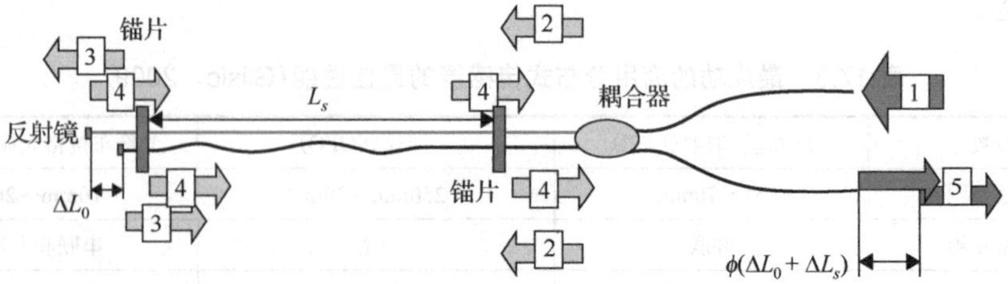

图 17.4　SOFO 传感器工作原理示意图(Glisic，2009)

在传感器的活动区域测量两个锚片之间的平均应变。传感器由一个带有两个光纤的保护管组成，分别称为测量光纤和参考光纤，在其末端有银镜。锚片的作用是将传感器连接到受监测的结构，并将形变从结构传递到测量光纤。测量光纤在锚片之间预先张紧，这样既可以测量缩短量，也可以测量伸长量。参考光纤在保护管中是松散的，因此不受结构形变的影响，其目的是补偿传感器的温度变化。无源区域充当从读取单元到传感器再返回的光信号的载体，它由光纤、连接器和耦合器组成，全部由塑料管保护。光从读取单元通过被动区的光纤发送，并被耦合器分离并注入两个主动区光纤中。光传到末端，反射到镜子上。由于测量和参考光纤的长度通常不同，在两个反射光之间会产生相位偏移，这种相位偏移与两个光纤长度差成正比。因此，监测结构的变形改变了测量光纤的长度，而参考光纤的长度保持不变，测量光纤长度的变化将引起反射光相位的变化，反射光通过集成的 Michelson 干涉仪被解码到读取单元中。SOFO 传感器对温度进行了补偿，它是一个“真正的”长距离传感器，因为光“集成了沿其测量长度的应变”。典型 SOFO 传感器的测量长度在 20cm～10m 之间。SOFO 技术的主要挑战是使用相同的读取单元对传感器进行静态和动态读取，其最佳性能如表 17.3 所示。

17.3.4　光纤布拉格光栅传感器

光纤布拉格光栅(Fiber Bragg-Grating，FBG)传感器在大规模应用中是最普遍的，因为它们可以对应变和温度进行静态和动态监测。光纤光栅传感元件是由单模光纤的纤芯在适当的紫外线照射下产生的周期性变化形成的(Kang et al.，2007)。FBG 的作用就像是部分反射镜：一定波长范围的光大部分会通过 FBG，但对于特定的波长将向后反射，如图 17.5 所示。

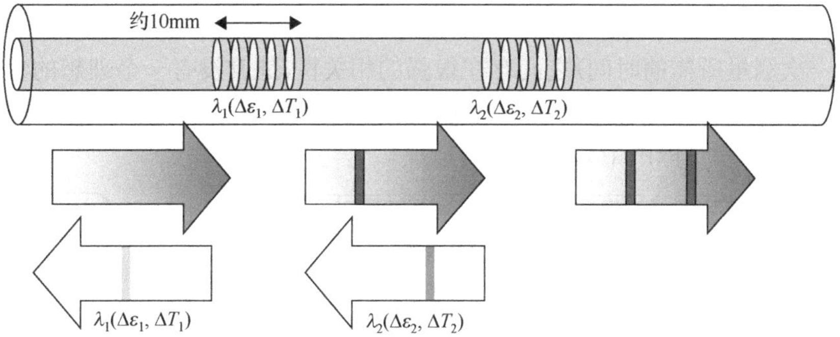

图 17.5　FBG 传感器原理示意图(Glisic，2009)

反射的波长取决于制造过程中嵌入的 FBG 的初始光学特性。此外，FBG 的光学特性与应变和温度线性相关。这些参数中的一个或两个都发生变化将改变反射回读取单元的光的波长。通过确定与初始波长的差异，可以确定 FBG 中的应变或温度变化。由于反射波长的变化同时取决于应变和温度，因此必须对应变传感器进行温度补偿。FBG 通常长度为几毫米，因此它是短距离的传感器(与传统电阻应变器等效)。但是，它们可以封装成长距离传感器使用(Li and Wu，2005)，例如，通过在两个锚片之间预先张紧 FBG。

FBG 传感器的一个重要优点是可以沿单个光纤放置几个具有不同特定波长的光栅，从而可以轻松地进行多路复用。因此，可以将多个传感器连接起来，并通过一次扫描从读取单元的单个通道中进行读取。对于应变范围在−5000～7500με之间的常见钢结构或混凝土结构，链接在一条直线上的传感器数量在 5～10 之间。表 17.3 展示了 FBG 传感器的最佳性能。

通过适当的封装，离散传感器可以作为传感元件(转换器)来创建其他类型的传感器，如光纤加速度计、倾斜仪、压力传感器、液体流量计、腐蚀传感器等。

17.3.5　基于瑞利、布里渊和拉曼散射的分布式传感器

分布式传感器实际上是一条电缆，在其上的每个点都很敏感，因此，一个分布式传感器等效于大量离散传感器。此外，它只需要单根连接电缆就将光学信号从读取单元传输到读出单元，而在采用有线离散传感器的情况下需要大量的连接电缆。在大型结构的情况下，分布式传感器可能比离散传感器更容易安装和操作，也更经济。图 17.6 中对管道的分布式传感器安装和离散传感器安装进行说明性比较。

分布式传感器在其长度的每个点上都对测量的参数(应变或温度)敏感，它可以对大量离散点进行测量，这些离散点沿着传感器以恒定值分布，称为采样间隔。测量的参数不是在一个点上获得的，而是在一定长度上取平均值，称为空间分辨率(Lanticq et al.，2009)。因此，分布式传感器的空间分辨率等于离散传感器的测量长度(Glisic and Inaudi，2007)。根据特定应用程序的要求，采样间隔和空间分辨率可由用户配置。但

是，它们并不独立于其他测量设置。采样间隔、空间分辨率、测量精度，以及采集时间(执行一次测量所需的时间)之间存在很强的相关性，通常没有一个理想的参数组合，必须做出权衡。例如，非常精确和敏感的测量(较小的空间分辨率)是非常慢的，而快速的测量会影响一个或两个其他参数。

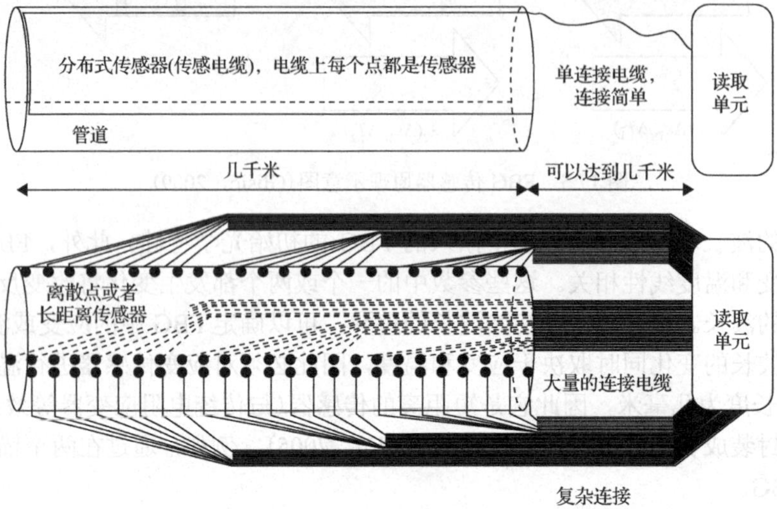

图 17.6　分布式传感器安装和离散传感器安装的示意图比较(Glisic and Yao，2012)

分布式传感的三个原理分别是瑞利(Rayleigh)散射(Posey et al.，2000)、布里渊(Brillouin)散射(Kurashima et al.，1990)和拉曼散射(Kikuchi et al.，1988)。测量原理都是基于所测量的参数(如应变和/或温度)的变化所引起的散射光的光学特性的变化，在图 17.7 中给出。

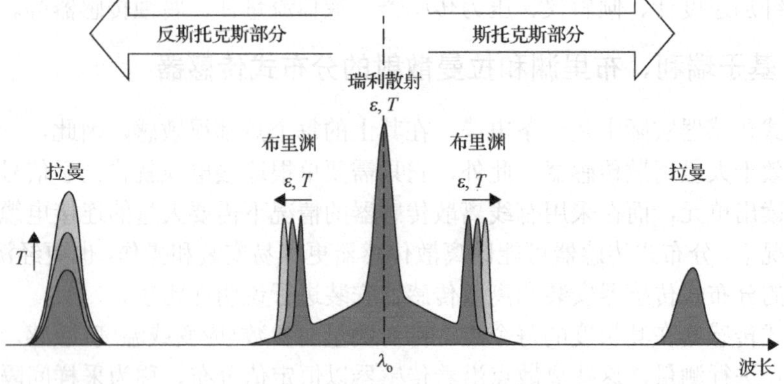

图 17.7　所测量的参数(如应变或温度)的大小变化所引起的散射光的光学特性的变化[①]

① 资料来源：Inaudi and Glisic 2007，courtesy of SMARTEC SA，www.smartec.ch.。

瑞利散射既可以用于应变监测，也可以用于温度监测，因为它是基于应变和(或)温度变化引起的局部瑞利后向散射模式的偏移。与光纤光栅传感器一样，必须进行适当的热补偿来获得纯应变测量。温度测量是通过附加的传感器进行的，传感器包含一个松弛的(无应变的)光纤。与其他分布式技术相比，基于瑞利后向散射的传感器具有测量参数分辨率最高、空间分辨率最高的特点。然而，传感器的最大长度限制为70m(Lanticq et al.，2009)。因此，该传感器适用于监测相对较短距离内的局部应变变化。基于瑞利散射的应变监测的最佳性能如表 17.4 所示。

表 17.4　应变监测的分布式传感器的最佳性能(Glisic，2009)

	布里渊(受激)	布里渊(自发)	瑞利
空间分辨率*/m	0.5～5	1	10
采样间隔*/mm	100	50	10
网络中的传感光纤数量的最大值	16	N/A	N/A
稳定性	N/A	N/A	N/A
解析度*/με	2	30±2	1
重复性	N/A	<0.02%	N/A
仪器范围/με	± 30000	10000	±7000
传感器长度的最大值*	250m～5km	N/A	70m
温度敏感性	需要补偿	需要补偿	需要补偿
测量速度*	10s～15min	4～25min	4s

注：*表示这些参数相互依赖。

布里渊散射传感测量原理基于应变或温度引起的布里渊散射光频率变化。因此，与基于瑞利散射的传感器相似，必须对应变测量值进行温度补偿。有两种形式的布里渊散射用于传感：自发的(Wait and Hartog，2001)和受激的(Nikles et al.，1996，1997)。受激布里渊散射对由传感电缆制造和安装所产生的累积光学损耗不那么敏感，因此可以进行长距离传感(Thevenaz et al.，1999)。例如，在应变监测的情况下，具有两个通道的单个读取单元可以进行长达 10km 长度的测量，而在温度监测的情况下，监测长度可以达到 50km。远程模块可用于将监测长度增加三倍。尽管基于布里渊散射的测量指标不如基于瑞利散射(精确度较低，空间分辨率更高)，但是基于布里渊散射的传感系统的巨大优势在于可以显著延长传感器的测量长度,使其一次扫描即可读取(几公里)。因此，基于布里渊散射的传感系统特别适用于监测远距离上的整体应变变化。基于受激布里渊散射的应变监测的最新应用是瑞典哥德堡哥达桥，那里安装了长达五公里的分布式应变传感器(Glisic and Inaudi，2012)。表 17.4 给出了基于布里渊散射的应变监测系统的最佳性能。

拉曼散射仅对温度敏感。该系统的空间分辨率一般为 1m，通常传感器长度在几十米到几十公里之间。与基于布里渊的温度传感器相比，基于拉曼的温度传感器优势在于对应变不敏感：对于基于布里渊的温度传感器，其封装必须确保光纤在较长距离内保持无应变状态，而基于拉曼的传感器则不必如此。但是，基于布里渊的温度传感器可以覆盖更长的距离。表 17.5 给出了基于拉曼的温度传感器和基于布里渊的温度传感器之间的比较。

表 17.5　基于拉曼和基于布里渊的温度传感器的比较(Glisic，2009)

	布里渊(受激)	拉曼
空间分辨率*/m	0.5～5	1～2
采样间隔*/mm	100	100
网络中的传感光纤数量的最大值	16	16
稳定性	N/A	N/A
5km 范围解析度*	0.1℃	10s 为 0.3℃、1min 为 0.1℃和 5min 为 0.05℃
30km 范围解析度*	0.1℃	15min 为 3.2℃和 1h 为 1.5℃
误差范围	1℃	取决于传感器长度
温度范围/℃	−200～500	−25～300
最大传感距离*/km	100	30
应变灵敏度	敏感，要求无应变封装	不敏感，不需要无应变封装
测量速度*	20s～20min	10s～1h

注：*表示这些参数相互依赖。

基于拉曼散射和布里渊散射的传感器主要用于管道、工业设施和堤防中的泄漏检测及定位(Nikles et al.，2004；Pandian et al.，2009；Inaudi and Church，2011)，其中泄漏的检测和定位根据由泄漏材料引起的温度变化或土壤的热性质的改变而确定。图 17.8 显示了成功检测泄漏的示例。

17.3.6　评述

目前，在海底结构中最具代表性的 FOS 是分布式温度传感器(Schlumberger，2012；Weatherford，2012)，其用于测量温度曲线(运行监控)以及泄漏的检测和定位(结构健康监测和完整性监控)。除此之外，还应用了离散传感器，主要是温度和压力传感器、加速度计和流量表(用于运行监控)(Weatherford，2012)，并且在一定程度上还应用了应变传感器(用于结构健康监测)(Roberts，2007)。

大型公司经常将海底结构的运行监控和结构健康监测作为集成解决方案来提供(Schlumberger，2012；Weatherford，2012)。由于竞争激烈，这些公司对他们的解决方案所披露的信息不多，因此很难获得实际应用的详细数据。

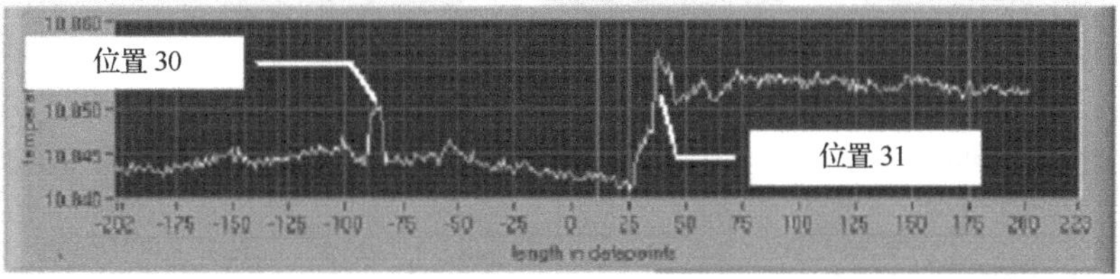

(a) 泄露前的温度曲线

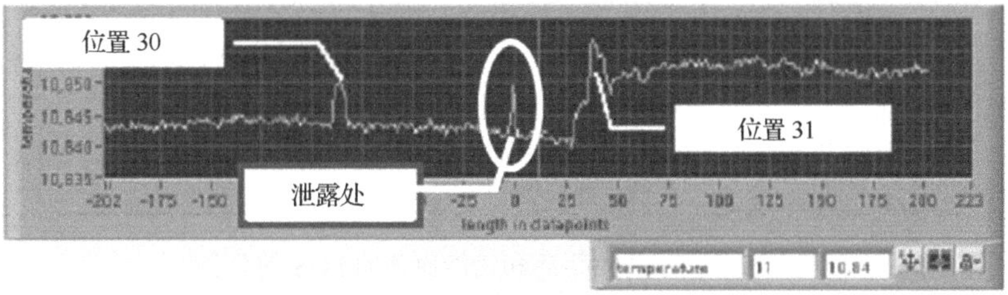

(b) 检测到泄露时的温度曲线

图 17.8　成功探测到 55km 长的地下盐水管道泄漏的实例[①]

17.4　使用光纤传感器的结构监测和完整性监测的方法

光纤传感器为结构健康监测提供了独特的工具——长距离、真正分布式的传感，可用于全局结构和完整性监测。它们都允许对结构进行大范围覆盖，因此可以提高识别异常结构行为的性能。这些传感器类型的特殊性和应用方法将在本节中进行介绍。

17.4.1　按测量长度划分光纤应变传感器

材料在应力超过极限状态时会发生破坏。应变是一个与应力直接相关的参数，因此应力场的任何变化都是由应变场的变化引起的。在实际的现场条件下没有有效的方法来监测应力，因此，应变是最重要的监测参数之一(Widow，1992；Chang，2011；SHMII-5，2011)。结构损伤的最初迹象往往具有局部特征，并表现为应变场异常。典型的例子是钢的裂缝和弯曲(这是疲劳和局部稳定性损伤的早期指标)，以及混凝土的非结构性裂缝(这是超载、霜冻、碱反应或钢筋腐蚀造成的早期指标)。与传统的电应变传感器(电阻式应变仪和振动导线)相比，FOS 提供了两种新型独特的传感仪器：长距离应变传感器和真正分布式应变/温度传感器(见 7.3 节的传感原理)。前者可以与能够监测全局结构的拓扑结构相结合，而后者可以实现一维应变监测和完整性监测(Glisic and Inaudi，2007)。图 17.9 给出了一种基于传感距离和功能原理的分类方法。

① 资料来源：Nikles et al.，2004，courtesy of Omnisens SA，www.omnisens.ch.。

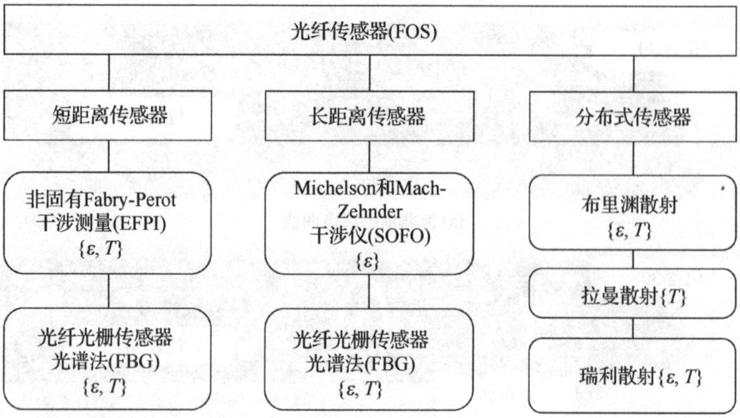

图 17.9　基于传感距离和功能原理的 FOS 的分类①

使用长距离和分布式传感器，能够用传感器监测大量结构，使其实现全局监测。这与标准做法相背，而标准做法是基于对安装了短距传感器的有限点的选择。长距离和分布式传感器提供了更大的覆盖范围，可用于监测整体结构行为，而且通过增加传感器与损伤直接接触的机会，大大提高了损伤检测的灵敏度和可靠性，如图 17.10 所示。

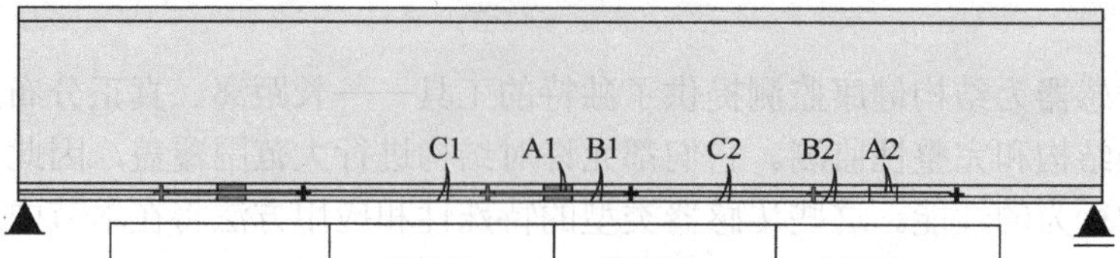

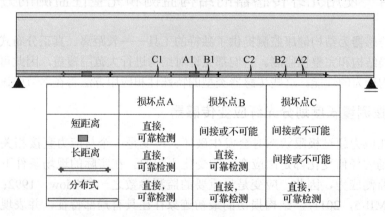

	损坏点A	损坏点B	损坏点C
短距离	直接，可靠检测	间接或不可能	间接或不可能
长距离	直接，可靠检测	直接，可靠检测	间接或不可能
分布式	直接，可靠检测	直接，可靠检测	直接，可靠检测

图 17.10　短距离、长距离和分布式传感器损伤检测能力的示意图比较
(Glisic and Adriaenssens，2010)

应变结构和完整性监测比温度完整性监测的优点在于，应变变化可能揭示在实际发生之前会产生的损伤(如疲劳可以在裂纹出现之前进行评估，在元件破裂前可检测到过度弯曲，等等)，而温度监测表明此位置已经发生了破坏。因此，无论是在海底结构的正常使用期间，还是在事故或自然灾害后，应变监测可以对结构的不可见损伤进行预防性的维护或修复。

① 资料来源：Enckel et al.，2013，经过 John Wiley and Son Ltd.授权。

17.4.2　长距离传感器和结构监测

建筑材料，特别是混凝土，会受到局部缺陷的影响，如裂缝、气穴和夹杂物。所有这些缺陷在细观层次观察到的建筑材料的力学性能中引入了不连续性。然而，在宏观层面上观察到的材料特性更能评估整体结构行为(Glisic，2011)。例如，虽然钢筋混凝土十分不均匀(由硬化水泥浆体、骨料和钢筋组成)，但通常从宏观上对钢筋混凝土结构进行分析，这种结构是由一种几乎同质的材料建造的——开裂的钢筋混凝土。因此，为了进行结构监测，必须使用在宏观上可观察到的对应变变化敏感的传感器；同时，对在细观层次观察到的材料开裂不敏感。因此，主要的目标是评估材料最终的整体变形，而不是材料每个单独成分的确切应变。应使用长距离传感器对不均匀材料制成的结构进行整体结构监测。下面的简单示例说明了这一点(Glisic and Inaudi，2007)。

如图 17.11 所示，考虑短期弯曲的钢筋混凝土梁。在结构层面上要监测的最相关参数是曲率 κ，因为它与弯矩 M 成正比($M=EI\kappa$，其中 E 是杨氏模量，I 是横截面的转动惯量)。为了监测曲率，应使用至少两个传感器，安装在与横截面质心的不同距离上。例如，一个传感器安装在压缩区域的横截面顶部(图中的下标 t)；另一个传感器安装在横截面的底部(图中的下标 b)，即混凝土的张紧区。对于均质材料，测量的应变 ε_t, ε_b(分别在横截面的顶部和底部)、弯矩 M 和曲率 κ 之间的关系为

$$\kappa = \frac{1}{r} = \frac{M}{EI} = \frac{\varepsilon_b - \varepsilon_t}{h} \tag{17.1}$$

其中，h 是顶部和底部传感器之间的距离，r 是曲率半径。

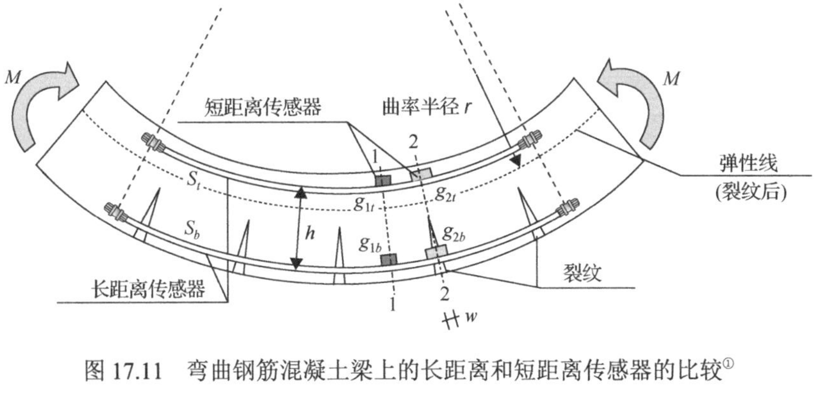

图 17.11　弯曲钢筋混凝土梁上的长距离和短距离传感器的比较①

用于监测曲率的两个传感器可以是长距离，也可以是短距离。如图 17.11 所示，设 1-1 和 2-2 是两个截面，用成对的短距离传感器进行检测(用 g_1 和 g_2 表示)，让两个平行的长距离传感器(符号 S)安装在横截面的顶部和底部。如果钢筋混凝土构件承受

① 资料来源：Glisic and Indaudi，2007，courtesy of SMARTEC SA，www.smartec.ch.。

较小的载荷，则会弯曲，但在受拉区不会出现裂缝。光纤中的应变场是准均匀的，在横截面上沿曲率半径方向呈线性分布，沿切线方向具有定值。因此，式(17.1)可以使用从长距离或短距离传感器测量的值来计算曲率。然而，如果充分增加载荷以产生裂纹，元件的曲率就会改变，裂纹就会张开(如Δw)，弹性线将向混凝土的压缩区域移动。在本研究中，让一个裂纹恰好发生在短距离传感器 g_{2b} 上，同时让另一个裂纹发生，使短距离传感器 g_{1b} 正好在两个裂纹之间的中间(图 7.11)。

安装在混凝土压缩区的三个传感器(包括短距离和长距离)被放置在与质心相同的距离上，从而测量出相同的应变值，但这不是三个传感器放置在横截面底部的情况。传感器 g_{1b} 测量的是一个非常小的值(小于混凝土的极限延伸应变)，而传感器 g_{2b} 测量的是一个极高的值(裂纹开口超过标准长度)，长距离传感器 S_b 测量连续混凝土(在裂缝之间)和裂缝开口的多个区域的平均应变值，从而“评估”开裂的钢筋混凝土构件在宏观层面上是均匀的。式(17.1)显然不能应用于短距离传感器计算曲率，因为结果将很大程度上取决于传感器的位置。但是，该表达式可以应用于一对平行长距离的传感器，它们将提供关于结构行为的准确性和相关的信息。

在整个结构的水平上，可以通过将长距离传感器组合在基于结构分析设计的合适的传感器网络中来进行全局结构监测。策略如下：首先，结构被划分为单元(Vurpillot，1999)；然后，每个单元都配备了称为拓扑结构的长距离传感器的组合(Inaudi and Glisic，2002)，它最能捕捉到单元内预期的应变，一旦从每个单元获得结果，就会使用适当的算法来检索全局结构行为(Glisic and Inaudi，2007)。该方法在图 17.12 中给出了示意。它已成功地应用于世界各地的许多结构，包括桩基、建筑物和桥梁，并如 Glisic 和 Inaudi(2007)所描述的那样已显示出良好的效果。

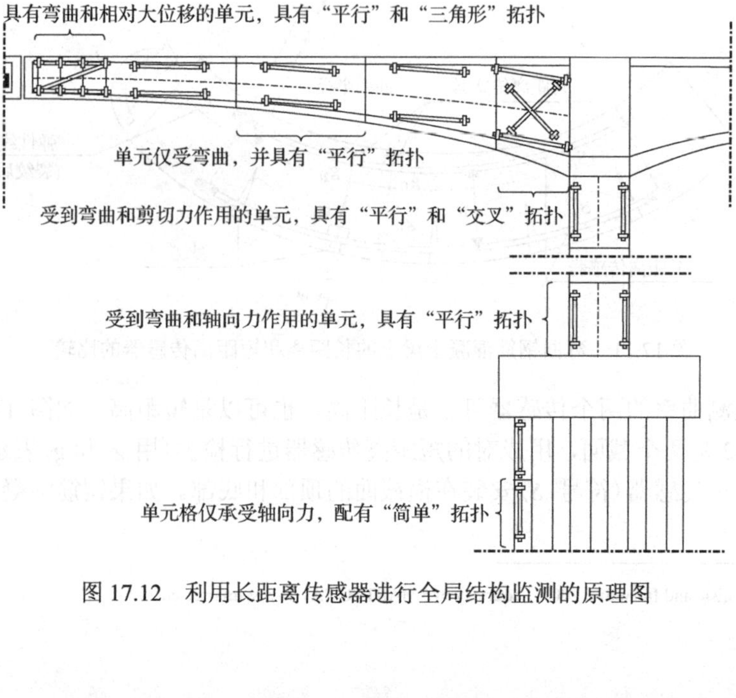

图 17.12　利用长距离传感器进行全局结构监测的原理图

17.4.3　分布式传感器和完整性监测

术语“完整性”是指品质完整或完备，或不受损害的状态。基于 FOS 的分布式传感技术提供了前所未有的改进和可靠的解决方案，能够用于大型结构的损伤检测，即用于完整性监测。基于离散传感器和分布式传感器的监测在质量上的一个重要区别是：离散传感器在离散的、相隔很远的点上监测应变或平均应变，但不提供传感器之间覆盖范围的区域，而分布式传感器可以沿结构连续安装，并提供一维(线性)应变监测(图 17.6)。因此，可以对结构的每个截面进行检测，并且传感器与任何损坏的截面直接接触，从而允许非常可靠的直接损坏检测。通过这种方式，可以实现完整性监测，如下应用示例所示(Glisic and Yao，2012)。

将一条实际尺寸 13m 长的混凝土分段管道组装在一个带土的大型试验盆中，并在模拟的地面位移下进行试验。这个试验盆由可移动的部分和裂开的部分组成。将可移动部分连接到四个液压执行器上，用于控制试验盆的位移。传感器的“平行”拓扑被安装在管道试样和土壤中，平行于管道。然后对其进行测试，并通过测试验证了其对分段管道监测的适用性。传感器在管道上的位置如图 17.13 所示。

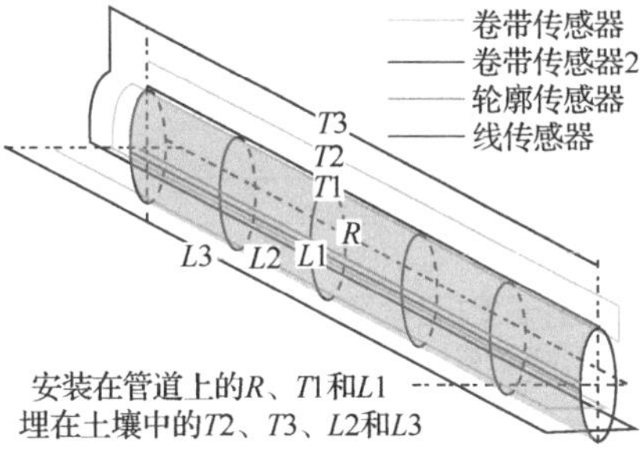

(a) 全局视图

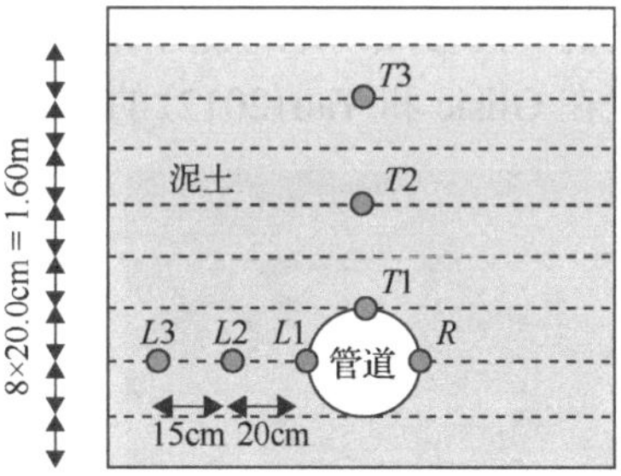

(b) 横截面

图 17.13　用于验证测试传感器的拓扑结构

图 17.14 表示安装后(埋前)的传感器视图、破碎的管接头、应变测量图显示损伤检测和定位极端应变值，具体来说，装有分布式 FOS 的埋地混凝土管在一个试验盆的两个部分之间经受了 12 个 1 英寸台阶的相对剪切运动。运动首先引起管道弯曲(剪切位移从 1 英寸到 6 英寸)，然后压碎接头(剪切位移为 7 英寸)。

成功地检测到接头的破碎，并将其定位于损伤位置的高应变变化处(应变值出现较大“跳跃”)。注意，在距离损坏只有 50cm 的距离处，传感器只记录弯曲，没有损坏。在损坏的地点，传感器与损坏直接接触(直接损坏检测)，而且由损坏引起的信号变化很大，以至于传感器能够成功地检测并定位到损坏，即使是系统(20με)的误差极限再高一个数量级。必须强调的是，弯曲引起的监测应变的增加实际上是管道结构状况变化的早期预警，可用于在损坏发生之前预防损坏(如通过挖掘和释放弯曲应力)。

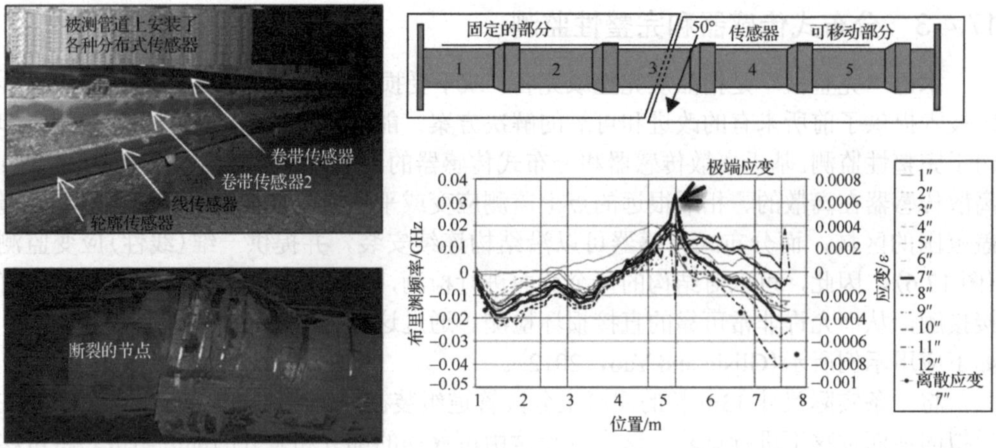

图 17.14　安装后(埋前)的传感器视图、破碎的管接头、应变测量图显示损伤检测和定位极端应变值(Glisic and Yao，2012)[①]

图 17.15 是埋没在管道旁边的分布式传感器和土壤中的传感器测量图。图中嵌入在土壤中的传感器成功地检测了地面位移，并确定了剪切平面。关于这个项目的更多细节可以在 Glisic 和 Yao(2012)的文章中找到。

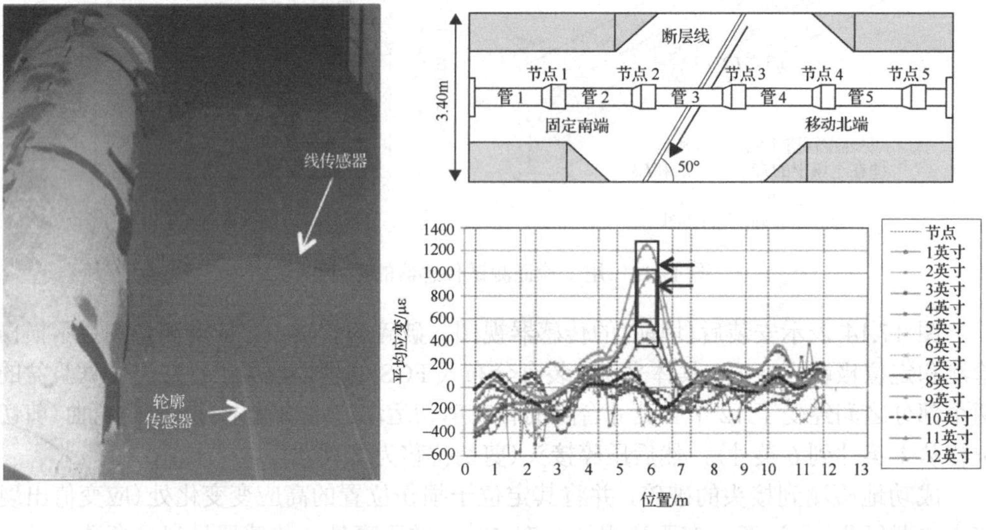

图 17.15　埋设在管道旁边的分布式传感器和土壤中的传感器测量(用箭头表示检测到的损坏)

分布式光纤技术已进入市场成熟期，并已在世界各地的项目中得到应用，参见 Glisic 和 Inaudi(2007)与 Bennett(2008)等的研究。尽管如此，它们与离散传感器具有

① 离散应变数据的来源：由密歇根大学安阿伯分校的 Ann Arbor 教授提供。

不同的特性(采样率、空间分辨率、较长的测量采集时间)，它们的应用和对其测量的解释并不像离散应变传感器那样简单。因此，为了在特定的项目中选择相应的应用决策，很好地熟悉分布式感知技术是必不可少的。

17.5　与水下应用有关的挑战

水、高压和腐蚀剂的存在是海底环境不可避免的组成部分，使结构健康监测的部署和使用特别具有挑战性。它们对结构健康监测系统的组成部分和可能的解决方案的影响在本节中得到了更详细的介绍，并通过一个深海应用开发项目来说明。

17.5.1　总论

陆上结构和基础设施通常要进行定期检查，视觉检查是评估结构健康状况的最常见方法。然而，在海底应用的情况下，视觉检查更难以执行。训练有素的人员(潜水员)能否进入海底检查可能取决于天气条件。如果海底结构安装在深水中，即使训练有素的潜水员也无法到达，则必须使用遥控无人潜水器(ROV)。另一种选择是永久安装的摄像机系统，但由于水的清澈度降低和角度有限，其视线可能会受到限制。视觉检查虽然非常有用，但不能帮助识别在结构的可见表面上不明显的微小缺陷。因此，结构健康监测是一种必须和有前途的选择，但由于海底环境相当恶劣，安装监测系统是非常具有挑战性的。安装在海底结构上的监测系统的寿命面临着大量或潜在的威胁。主要挑战可以分为三个相互关联的类别：物理(湿度、温度)、机械(压力、冲击)和化学(腐蚀、紫外线照射、老化)。

最基本的挑战是水本身。许多工程材料在某种程度上对湿度敏感，如尺寸变化、力学性能变化等。温度也会影响材料的尺寸和力学性能。因此，水下结构健康监测组件必须对湿度和温度具有最小的敏感性。例如，在浅水的情况下，温度的变化可能影响测量，而在深水的情况下，温度可能是恒定的，往往接近 4℃，在室温下建造的监测系统的组件，必须能够长期承受热冲击和低温。

除了湿度，水还对水下结构健康监测元件施加压力。这种压力可能因水下水流和潮汐而变化。这些压力变化将导致尺寸变化，这可能影响结构健康监测系统组件性能(如准确性、稳定性等)。此外，结构健康监测组件应该长期具有很强的耐高压性，同时对在结构正常运行期间或由结构正常运行引起的潜在水下撞击和机械损伤，或由于坠物或由水下水流、潮汐或操作活动(如油气勘探过程中的振动)产生的静态和动态应力有很好的抵抗力。由于数据传输是使用水下电缆进行的，所以必须设计结构健康监测组件(传感器)和电缆的连接，以便完全防止水渗入连接器和电缆中。渗透水，特别是在高压环境中，如石油和天然气井下安装，会在电缆中积聚压力，并可能对电缆表面端的设备造成损坏。

最后，盐水具有特别强的腐蚀性，因此安装在水下的监测系统的所有部件都应该不被腐蚀。盐水中的化学物质含量也可能导致结构健康监测组件的老化，在浅水中暴露在紫外线照射下会加速结构健康监测组件的老化(如黏合剂对老化特别敏感)。

从上述论述中可以清楚地看出，合理选择用于结构健康监测组件的材料，特别是传感器封装，对于海底结构健康监测系统的成功实施至关重要。另一个关键挑战是监测系统本身的安装。如果可能的话，安装应该在海面以上进行，即在可以控制和确认安装顺序和质量的条件下进行。水下装置需要训练有素的人员或使用 ROV，而安装程序非常精细。选择结构健康监测系统及其组件和开发安装程序必须侧重于长期稳定、可靠和有力的监测，这种监测实际上是无须维护的。由于水下环境复杂，任何更换或修理部件非常困难或不可能完成。使用 FOS 特别适合于恶劣的海底环境，因为其对环境影响不敏感，并且已经证明了长期稳定性。有几家公司目前正在为海底结构结构健康监测提供综合 FOS 解决方案，参见 Schlumberger(2012) 和 Weatherford(2012)等的研究，大多基于分布式温度监测(见 17.3.6 节)。17.5.2 小节提出的一个项目说明了用于海底结构应变监测的结构健康监测系统的挑战和解决方案(Guaita et al.，2004；Inaudi et al.，2007)。

17.5.2　用于深水应用的光纤应变传感器的发展实例

在近海区域的石油和天然气的勘探和生产正延伸到非常深的海域。最近有计划和项目打算在水深为 1500～3000m 之间的水域之上建造和操作水上平台。这种应用对立管提出了很高的要求，立管是用来穿孔、提取和出口石油的管子，因此它们将海底与平台连接起来。立管通常是用钢建造的，留在深水中自由悬挂。立管主要有两种类型：垂直式和接触网式。垂直立管将平台连接到几乎垂直于平台下方的井口，并用于钻井和生产。接触网立管用于远离平台的井，它们一端垂直悬挂在平台上，另一端水平悬挂在海底。

立管设计和制造中的一个重要问题与疲劳有关。无论是垂直立管还是悬链线立管，最容易疲劳的区域是立管一端与平台的连接点，或者另一端与井口(垂直立管)或接触区(悬链线立管)的连接点。

深水立管疲劳性能的评估通常基于数值模拟和加速度计的间接离线测量。这些方法容易出错(因为间接)和存在延迟(因为离线)。因此，需要一个在线永久的监测系统，在其寿命内直接测量立管在其最关键区域所经历的静态和动态应变水平。ENI E&P、SMARTEC 和 Tecnomare 开发了一种基于长距离 FOS 的立管应变监测的综合解决方案(Guaita et al.，2004；Inaudi et al.，2007)。系统最主要成分是水下传感网络、互联系统和水面设备。

光纤被包装在玻璃光纤增强聚合物中，它包含应变测量光纤和独立的温度基准光纤。所选择的包装是非常坚固的，可以对光纤提供物理、机械和化学等方面的保护。选择了本征干涉测量 FOS(SOFO)作为应用，是因为其可以对温度进行自我补偿，并允许真正的长距离传感和上述描述的包装(整个长度的光纤的内部结合)。已完成的传感器黏接并夹紧在立管表面(图 17.16)。立管截面设置四个光纤应变传感器，平行于立管轴线安装，并围绕立管圆周呈 90°角布置。传感器的测量范围可以在 0.5～5m 之间，通常是 2m。该传感器拓扑允许在两个正交方向上评估轴向和弯曲应变，并提供冗余(即在一个传感器发生故障的情况下可获得相同的信息)。

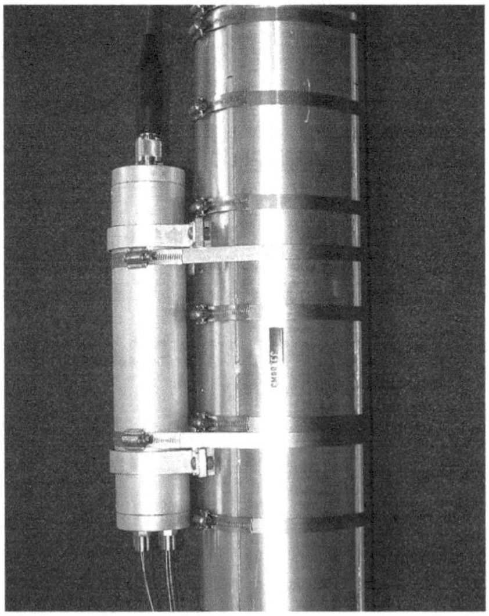

图 17.16　独立的传感器连接头(接线盒下端)和深水光缆(接线盒上端)[①]

在传感器旁边放置一个专门设计的水密接线盒，将传感器信号传输到标准的水下电缆上，该电缆可长达 5km。每组传感器，即每个测量区域通过一个单独的电缆连接。但是，可以将所有电缆捆扎成束，以方便在部署期间沿立管安装。图 17.16 显示了安装在立管表面的传感器、水密接线盒，独立的传感器连接头(接线盒下端)和深水光缆(接线盒上端)(Guaita et al.，2004；Inaudi et al.，2007)。所研制的水下设备设计安装在立管制造设施或平台上，然后将立管放入水中。

地面设备由 SOFO 静态和动态读取单元、控制 PC 和相关的数据管理软件组成。它位于站台控制室的一个方便的位置。SOFO 监测系统的特性见表 17.3。

所提出的结构健康监测系统提供了几个优点，特别是与基于传统电子传感器或其他短距离传感器的解决方案相比。

(1) 使用长距离传感器不需要特别处理表面，而是简单地安装在立管上。

(2) 长距离更适合于结构监测(见 17.4.2 节)，因为它对立管材料或涂层力学性能的局部变化不敏感，因此测量值更能代表立管的整体性能。

(3) 该系统具有很高的应变分辨率和动态范围，允许使用相同的传感系统进行大应变和小应变分析。

① 资料来源：Guaita et al.，2004，courtesy of SMARTEC SA，www.smartec.ch.。

(4) SOFO 传感器具有出色的长期稳定性和耐久性，可以分析立管从制造到部署和长期使用的所有阶段的应变状态。

(5) 每个传感器都单独连接到表面设备，这提供了极好的冗余水平。

(6) 传感器基于 FO 技术，因此是无电源的，不需要电线连接，也不需要电源、放大器或数据采集系统(所有光电子元件均安装在表面)。

(7) 水下设备具有长期可靠性，因为它不需要维护，没有移动部件或部件受到磨损或腐蚀。

研制的水下传感网络经过了高压舱试验和大型机械试验的验证。该系统已经为放置在高压舱中的立管模型上的深水应用提供了质量保证(最高 360bar)，如图 17.17 所示。高压舱试验的目的是：①评估所有传感元件和互连组件在极端压力下的鲁棒性；②评估压力循环下的鲁棒性；③评估在这些条件下测量的准确性。

图 17.17　高压舱水下设备测试[①]

全面测试的目的是评估：①传感器的全局性能，以及每个部件的性能；②在大压力循环下的安装质量(黏附夹紧)；③传感器的测量特性，即准确性、精确性和长期稳定性。试验是在一段受到三点弯曲的 6m 长的立管上进行的(图 17.18)。该试验再现了实际应用中预期的最大应变水平。

这两项测试都证明了系统的性能和可靠性，以及它对预期应用的适用性。结果如图 17.19 所示。

① 资料来源：Guaita et al.，2004，courtesy of SMARTEC SA，www.smartec.ch.。

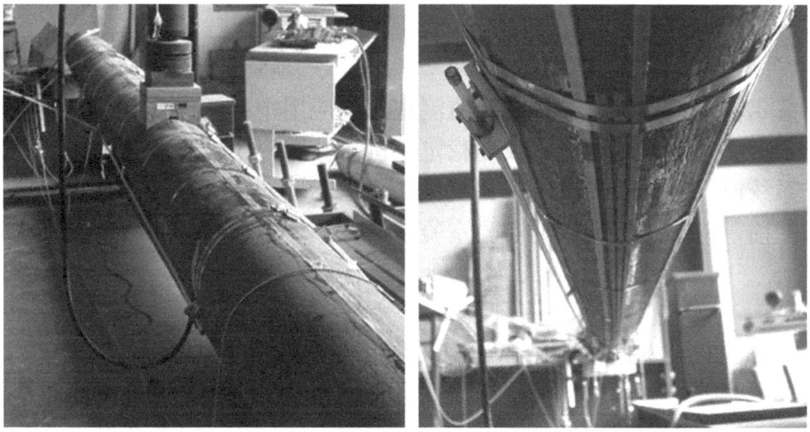

图 17.18　传感器大规模测试①

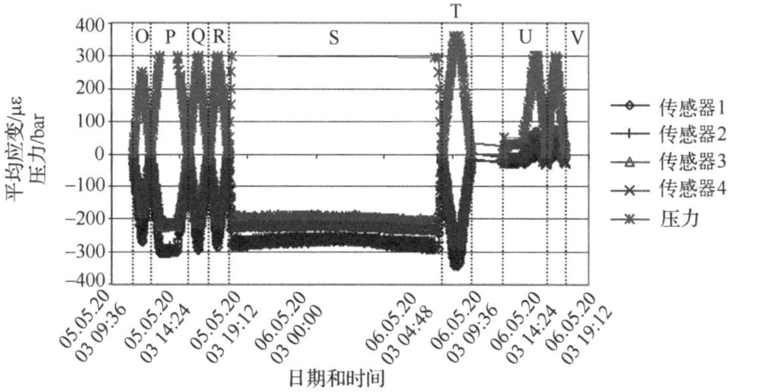

(a) 缩尺试验(应变和压力，第4部分)

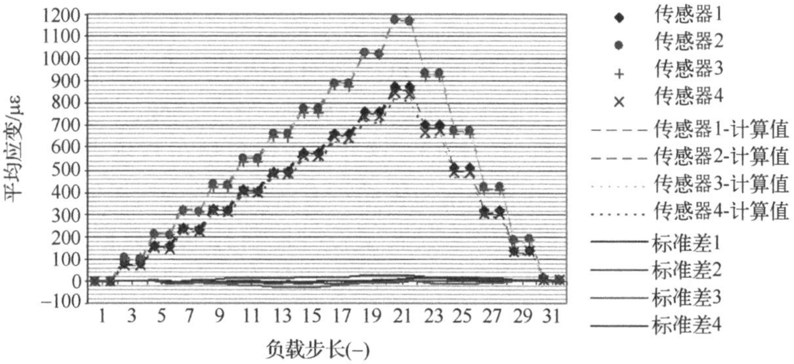

(b) 测量值与计算值的比较

图 17.19　高压循环试验和大规模静态试验结果表明该监测系统具有良好的性能①

① 资料来源：Guaita et al.，2004，courtesy of SMARTEC SA，www.smartec.ch.。

17.5.3 小结

由于恶劣的环境条件，结构健康监测在海底应用中的实施具有很大的挑战性。系统的水下部分必须满足免维护、长期稳定、可靠性和耐用性能的要求。因此，在开发这样一个系统时，必须考虑到物理、机械和化学环境的特殊性，在系统部署在真正的海底结构之前，应该进行彻底的实验室验证。

17.6 未来的趋势

电信市场的重大发展使 FOS 成本降低，虽然与传统的电气传感器相比，FOS 成本仍然很高。但是，考虑到结构的生命周期成本以及维护、修理和运营的相关费用，使用 FOS 实际上是可接受的，而且在非常恶劣的条件下，它的长期性能非常优越。这就是为什么研发持续进行，现有的 FOS 技术正在改进，新产品不断出现在市场上的原因。许多博士论文、大量的期刊和会议论文，以及一些关于 FOS 和结构健康监测主题的各个方面的书籍已经出版(见 17.7 节)。许多与 FOS 合作的公司——FOS 制造商、系统集成商、解决方案提供商(见 17.7 节)——都是在过去 20 年中成立的，而 FOS 技术有望成为海底结构健康监测的主流工具之一。

FOS 运作的主要物理原理现已确立，因此，在今后十年中，对物理原理的研究预计不会占主导地位。关于增强各种系统的测量和耐久性的研究预计将占主导地位，可能需要进行基础研究。例如，为 EPFI 传感器创建多路复用能力，为 SOFO 传感器创建单一静态和动态读取能力，使光纤光栅传感器的应变和温度测量可实现自解耦，以及基于动态布里渊的分布式传感器。此外，还创新地使用光纤进行传感，例如，引导激光进行声激励(用于基于波传播的损伤检测)(Lee et al.，2012)、基于简单参考系数的分布式腐蚀监测(Leung et al.，2008)等。

另一个研究领域是海底结构健康监测中应用除已成为惯例的温度和流场外的参数。例如，应变传感，特别是使用分布式 FOS 具有巨大的潜力，因为它具有分布式传感性质并且能大面积覆盖。其他例子有加速度、腐蚀、化学反应、波传播和声学、FOS 陀螺仪的位置和运动、供电特性等。然而，这并不仅仅包括在 FOS 基础上实现结构健康监测，还包括与特定监视系统和特定监视结构有关的数据分析领域。

信息技术、电信和计算机科学的发展使各种监督控制和数据采集(Supervisory Control and Data Acquisition，SCADA)系统创建和实施，主要用于管道等海底结构的连续运行监测(Reed et al.，2004；NTSB，2011)。目前，SCADA 主要包括了这些过程(流动、压力等)，虽然它可以用来检测某些类型的损害(如从低流速检测泄漏)，但这并不是真正的结构健康监测系统。可以通过加入地理信息系统来进一步集成，以便创建一个集数据可视化、分析和损害检测的综合系统(Reed et al.，2004)。与上面提出的数据分析相联系，可以开发和集成由结构健康监测系统数据提供的决策工具。图 17.20 中给出了 SCADA 中心控制面板的一个例子。

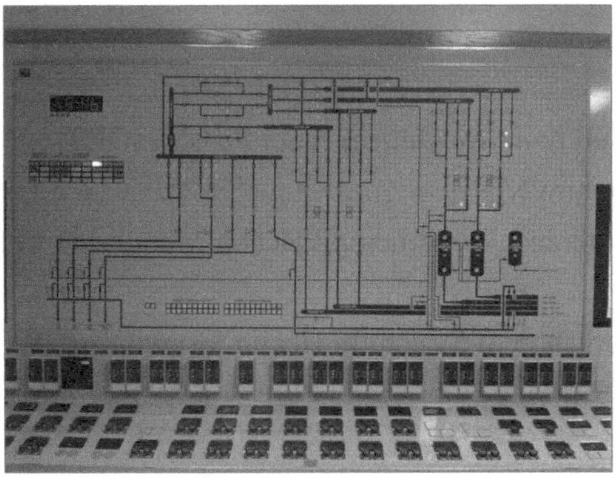

图 17.20　SCADA 中心控制面板的例子①

总之，用于结构健康监测的 FOS 的未来趋势包括提高 FOS 的测量能力和增加耐久性，开发和实施性能优越的传感器，用于监测目前没有实现的海底监测的参数，为具体的海底结构开发新的监测解决方案(包括数据分析)，以及在当前 SCADA 系统中的集成。这些领域的进展有可能改变海底结构的健康评估，实施连续在线结构健康监测有望显著提高安全性，但也要减少所需的定期检查次数，从而降低相关费用。

17.7　更多资料来源和建议

(1)在以下书籍中可以找到有关不同光纤技术的清晰详细的描述。

①*Structural Monitoring with Fibre Optic Technology*。

②*Fiber Optic Sensors: An Introduction for Engineers and Scientists*。

(2)可在以下书籍中找到基于短距离、长距离和分布式传感器的 SHM(结构健康监测)光纤方法的开发。

①*Fibre Optic Methods for Structural Health Monitoring*。

②*Structural Health Monitoring of Civil Infrastructure Systems*。

(3)有关 FOS、SHM 和总体上新兴技术的新研发的更多信息，可以在专业杂志和会议上发表的论文中找到。以下是部分期刊清单：

①*Measurement Science and Technology*；

②*Sensors and Actuators A: Physical*；

③*IEEE Sensors Journal*；

④*Journal of Lightwave Technology*；

⑤*Structural Health Monitoring*；

⑥*Journal of Civil Structural Health Monitoring*；

① 资料来源：NTSB，2011，courtesy of The National Transportation Safety Board。

⑦*Smart Materials and Structures*。

(4)推荐的会议有：

①International Conference on Optical Fiber Sensors(OFS)；

②SPIE Smart Structure/NDE；

③International Conference on Structural Health Monitoring of Intelligent Infrastructure (SHMII)；

④International Workshop of Structural Health Monitoring(IWSHM)。

(5)有关 FOS 和 SHM 的重要信息可以在许多组织和公司的网站上找到，下面列出了其中的一些。

①FOS(www.smartec.ch；www. micronoptics.com；www.omnisens.ch；www.roctest.com；www.ozoptics.com；http://lunainc.com/)。

②海底结构的 SHM(http://www.subsea.org; http://subseaworldnews.com/; http://www.spe.org/index.php)。

17.8 致 谢

感谢瑞士的 SMARTEC SA、瑞士的 Omnisens SA 和美国国家运输安全委员会，允许其图片出版。

第 17.4 节中介绍的管道测试是基于国家科学基金会(National Science Foundation，NSF)0936493 号拨款支持的工作。本研究是在地震工程模拟研究网络(Network for Earthquake Engineering Simulation Research，NEESR)计划征集(NSF 09-524)的框架下完成的。方法验证测试是在康奈尔大学的 NEES 站点(Cornell NEES 站点)的康奈尔大型生命线归属设施中进行的。本章表达的任何观点、发现、结论或建议都是本章作者的观点，不一定反映国家科学基金会的观点。

在第 17.5 节中介绍的立管 SHM 是基于瑞士 SMARTEC SA 公司与意大利威尼斯 Tecnomare 公司和意大利圣多纳托(San Donato)的 ENI E&P 公司合作完成的工作。

参 考 文 献

Aktan E A, Farhey D N, Helmicki A J, et al. 1997. Structural identification for condition assessment: experimental arts. Journal of Structural Engineering, Vol. 123, No. 12, pp. 1674-1684.

Andersen J E, Fustinoni M. 2006. Structural Health Monitoring Systems. COWI-Futurec, L&S S.r.l. Servizi Grafici, Milan.

Bennett P. 2008. Distributed optical fibre strain measurements in civil engineering. Geotechnical Instrumentation News, Vol. 26, No. 4, pp. 23-26.

Chang F K. 2011. Structural Health Monitoring-Condition-based Maintenance and Intelligent Structures. Proceedings of the 8th International Workshop on Structural Health Monitoring (IWSHM), DEStech Publications, Inc., Lancaster PA.

Enckell M, Andersen J E, Glisic B, et al. 2013. New measurement techniques in structural health monitoring//Kutz M. Handbook of Measurement in Science and Engineering, Volume 1. John Willey & Sons, Inc.

Glisic B. 2009. Structural Health Monitoring. Graduate Course CEE539, Princeton University, USA.

Glisic B. 2011. Influence of gauge length to accuracy of long-gauge sensors employed in monitoring of prismatic beams. Journal of Measurement Science and Technology, Vol. 22, No. 3, 035206 (13pp).

Glisic B, Adriaenssens S. 2010. Streicker Bridge: initial evaluation of life-cycle cost benefits of various structural health monitoring approaches. Proceedings of IABMAS 2010, pp on CD.

Glisic B, Inaudi D. 2003. Components of structural monitoring process and selection of monitoring system. PT 6th International Symposium on Field Measurements in GeoMechanics (FMGM 2003), Oslo, Norway, pp. 755-761.

Glisic B, Inaudi D. 2007. Fibre Optic Methods for Structural Health Monitoring. John Wiley & Sons, Inc., Chichester.

Glisic B, Inaudi D. 2012. Development of method for in-service crack detection based on distributed fiber optic sensors. Structural Health Monitoring, Vol. 11, No. 2, pp. 161-171.

Glisic B, Yao Y. 2012. Fiber optic method for health assessment of pipelines subjected to earthquake-induced ground movement. Structural Health Monitoring, Vol. 11, No. 6, pp. 696-711. doi: 10.1177/1475921712455683.

Glisic B, Inaudi D, Casanova N. 2010. SHM process as perceived through 350 projects. Proceedings of the SPIE, Vol. 7648, pp. 76480P-1-76480P-14.

Goulet J A, Kripakaran P, Smith I F C. 2010. Multimodel structural performance monitoring. Journal of Structure Engineering-ASCE, Vol. 136, No. 10, pp. 1309-1318.

Guaita P, Zecchin M, Inaudi D, et al. 2004. Qualification of a fiber-optic strain monitoring system for deep-water risers. ICEM12-12th International Conference on Experimental Mechanics, Bari, Italy, pp on conference CD.

Inaudi D. 1997. Fiber Optic Sensor Network for the Monitoring of Civil Structures. Ph.D. Thesis N°1612, EPFL, Lausanne, Switzerland.

Inaudi D, Church J. 2011. Paradigm shifts in monitoring levees and earthen dams distributed fiber optic monitoring systems. 31st USSD Annual Meeting & Conference, San Diego, California, USA, pp on Conference CD.

Inaudi D, Glisic B. 2002. Long-gage sensor top ologies for structural monitoring. The First Fib Congress on Concrete Structures in the 21st Century, 2 (15), Osaka, Japan, pp on CD.

Inaudi D, Glisic B. 2010. Long-range pipeline monitoring by distributed fiber optic sensors. ASME Journal of Pressure Vessel Technology, Vol. 132, No. 1, pp. 011701-01-011701-09.

Inaudi D, Glisic B, Gasparoni F, et al. 2007. Strain sensors for deepwater applications. The 3rd International Conference on Structural Health Monitoring of Intelligent Infrastructure, ISHMII, Vancouver, Canada, Proceedings on CD.

Inaudi D, Glisic B. 2007. Distributed fiber optic sensors: novel tools for the monitoring of large structures. Geotechnical Instrumentation News, Vol.25, No. 3, pp. 8-12.

Kang D H, Park S O, Hong C S, et al. 2007. Mechanical strength characteristics of fiber Bragg gratings considering fabrication process and reflectivity. Journal of Intelligent Material Systems and Structures, Vol. 18, No. 4, pp. 303-309.

Karbhari V M, Ansari F. 2009. Structural Health Monitoring of Civil Infrastructure Systems. Woodhead Publishing in Materials.

Kikuchi K, Naito T, Okoshi T. 1988. Measurement of Raman scattering in single-mode optical fiber by optical time-domain reflectometry. IEEE Journal of Quantum Electronics, Vol. 24, No. 10, pp. 1973-1975.

Krohn D A. 2000. Fiber Optical Sensors, Fundamentals and Applications. 3rd Ed. Research Triangle Park, NC, Instrument Society of America.

Kurashima T, Horiguchi T, Tateda M. 1990. Distributed temperature sensing using stimulated Brillouin scattering in optical silica fibers. Optics Letters, Vol. 15, No. 18, pp. 1038-1040.

Lanticq V, Gabet R, Taillade F, et al. 2009. Distributed optical fibre sensors for structural health monitoring: upcoming challenges// Lethien C. Optical Fiber New Developments. ISBN: 978-953-7619-50-3, InTech, http://www.intechopen.com/ooks/optical-fiber-new-developments/distributed-optical-fibre-sensors-for-structural-health-monitoring-upcoming-challenges.

Lee H, Yang J, Sohn H. 2012. Baseline-free pipeline monitoring using optical fiber guided laser ultrasonics. Structural Health Monitoring, published online, doi:10.1177/1475921712455682.

Leung C K Y, Wan K T, Chen L. 2008. A novel optical fiber sensor for steel corrosion in concrete structures. Sensors, Vol. 8, pp. 1960-1976.

Li S, Wu Z. 2005. Characterization of long-gauge fiber optic sensors for structural identification. Proceedings of the SPIE 5765, Smart Structures and Materials 2005: Sensors and Smart Structures Technologies for Civil, Mechanical, and Aerospace Systems, 564（3 June 2005）. doi:10.1117/12.606367.

Measures M R. 2001. Structural Monitoring with Fiber Optic Technology. Academic Press, San Diego CA, USA.

Nikles M, Thevenaz L, Robert P. 1996. Simple distributed fiber sensor based on Brillouin gain spectrum analysis. Optics Letters, Vol. 21, No. 10, pp. 758-760.

Nikles M, Thevenaz L, Robert P. 1997. Brillouin gain spectrum characterization in single-mode optical fibers. Journal of Lightwave Technology, Vol. 15, No. 10, pp. 1842-1851.

Nikles M, Vogel B, Briffod F, et al. 2004. Leakage detection using fiber optics distributed temperature monitoring. Proceedings of 11th SPIE Annual International Symposium on Smart Structures and Materials, San Diego, CA, March, pp. 14-18.

NTSB. 2011. Pacific Gas and Electric Company Natural Gas Transmission Pipeline Rupture and Fire San Bruno, California, 9 September 2010. Accident report NTSB/P AR-11/01, PB2011-916501, Notation 8275C, Adopted 30 August 2011, National Transportation Safety Board (NTSB), http://www.ntsb.gov/investigations/2010/sanbruno_ca.html (Accessed on 3 October 2011).

Pandian C, Kasinathan M, Sosamma S, et al. 2009. Raman Distributed Sensor System for Temperature Monitoring and Leak Detection in Sodium Circuits of FBR. Proceedings of First International Conference on Advancements in Nuclear Instrumentation Measurement Methods and their Applications (ANIMMA), Marseille, France, pp. 1-4.

Posenato D, Lanata F, Inaudi D, et al. 2008. Model-free data interpretation for continuous monitoring of complex structures. Advanced Engineering Informatics, Vol. 22, No. 1, pp. 135-144.

Posey R Jr., Johnson G A, Vohra S T. 2000. Strain sensing based on coherent Rayleigh scattering in an optical fibre. Electronics Letters, Vol. 36, No. 20, pp. 1688-1689.

Reed C, Robinson A J, Smart D. 2004. Techniques for monitoring structural behaviour of pipeline systems. Project Report, Awwa Research Foundation, Denver, CO, USA.

Roberts D. 2007. Subsea integrity monitoring using fiber optic strain sensors. Scandinavian Oil-Gas Magazine, No. 7/8, pp. 161-166.

Schlumberger. 2012. Fiber-Optic DTS Systems. Services and Products, Schlumberger. http://www.slb.om/services/completions/intelligent/wellwatcher/wellwatcherdts.aspx (Accessed on 15 October 2012).

SHMII-5. 2011. The Proceedings of the 5th International Conference on Structural Health Monitoring of Intelligent Infrastructure. International Society for Structural Health Monitoring of Intelligent Infrastructure (ISHMII), Winnipeg, Manitoba, Canada.

Sohn H, Farrar C R. 2001. Damage diagnosis using time series analysis of vibration signals. Smart Materials and Structures, Vol. 10, No. 3, pp. 446-451.

Stedman G E. 1997. Ring-laser tests of fundamental physics and geophysics. Reports on Progress in Physics, Vol. 60, pp. 615-688.

Thevenaz L, Facchini M, Fellay A, et al. 1999. Monitoring of large structure using distributed Brillouin fiber sensing. Proceedings of 13th International Conference on Optical Fiber Sensors, SPIE, OFS-13, 3746, Korea, Kyongju, pp. 345-348.

Udd E. 2006. Fiber Optic Sensors: An Introduction for Engineers and Scientists. Wiley, New York NY, USA.

Vurpillot S. 1999. Analyse automatisee des systemes de mesure de deformation pour l'auscultation des structures. Ph.D. Thesis No 1982, EPFL, Lausanne, Switzerland.

Wait P C, Hartog A H. 2001. Spontaneous Brillouin-based distributed temperature sensor utilizing a fiber Bragg grating notch filter for the separation of the Brillouin signal. IEEE Photonics Technology Letters, Vol. 13, No. 5, pp. 508-510.

Weatherford. 2012. Optical Sensors. Product Lines, Reservoir Monitoring,Weatherford,http://www.ep-eatherford.com/solutions/IW/Optical_Single_Phase_Flowmeter.htm (Accessed on 15 October 2012).

Wenzel H. 2009. Health Monitoring of Bridge. John Wiley & Sons, Inc.

Widow A L. 1992. Strain Gauge Technology. 2nd ed. Elsevier Science Publishers, Ltd., UK.

Worden K, Farrar C R, Manson G, et al. 2007. The fundamental axioms of structural health monitoring. Proceedings of Royal Society A, Vol. 463, No. 2082, pp. 1639-1664.

第 18 章　水下激光雷达系统

海洋激光雷达能够对散射层测绘，并将其分布与海洋学过程相关联。但是，该技术与水体光学特性之间的关系尚未探明。理论研究表明返回的激光功率(P_r)在光束路径上随着深度变化呈对数衰减。衰减的速率受到光束衰减、扩散衰减系数以及包括浮游植物在内的生物地球化学元素丰度的影响。激光雷达对浮游植物分布的定量化测量有利于对海洋生产进行预测，尤其是在高度易变和快速变换的极地环境。但是，很少有观测实例来确证这种关系。未来海洋激光雷达的发展发展方向是形成能够在多种环境中部署的商用系统，可实现定期地对透光层进行断面测绘。对于散射粒子的分布、丰度及自然特性的量化测量将改进对海洋生产力、微粒流以及生物地球化学的预测，是理解海洋气候变化的关键。

18.1　引　　言

激光雷达是一种遥感技术，采用反射的可见光或红外光来测量物体的距离及其材料特性等信息。和微波雷达一样，激光雷达的基本工作原理决定了其能够测量光子从远处目标反射到探测器所需飞行时间。与采用无法穿透水的无线电频率雷达不同，激光雷达常常采用的激光器发射的光子是在电磁波谱的可见光或接近可见光的部分(300nm～1.5μm)，具有穿透空气、水以及空气-水界面的能力。过去 30 年来，随着超快电子学、激光小型化技术、高速/大容量计算机以及基于卫星的全球导航系统的出现，激光雷达在大气科学、地质学、地理学、陆地生态学以及等高线测绘领域的应用得到了极大的发展。用于水下地形和水深测绘的实用激光雷达系统首次面世于 1994 年(Lilycrop et al.，1996)，现在已经广泛应用于政府部门、工业和商业应用中(Mallet and Bretar，2009)。首个为地形测绘设计的商用系统每个脉冲仅有一次后向散射回波。后来，多回波系统开始投入使用，以利于区分建筑物、植被结构以及其他非地形地貌对象。最近，数据存储能力的极大增长使得能够记录连续后向散射激光能量时间波形的全波形激光雷达成为可能，至少从实验上已经得以验证(Churnside and Wilson，2001)。

NASA 机载海洋激光雷达(Airborne Oceanographic Lidar，AOL)首次展示了采用机载雷达对水下海洋散射层的垂直分布进行测绘的可能性。在中大西洋海湾的近海海水中，Hoge 等(1988)发现马尾藻海(Sargasso Sea)(北纬约 36°，西经 72.5°)的清澈海水纵向结构极少，激光雷达后向散射很低；大陆架斜坡过渡区(北纬 37.5°，西经 74°)水

本章作者 R. C. ZIMMERMAN，C. I. SUKENIK and V. J. HILL Old Dominion University，USA。

体表层 15m 的散射开始增加；弗吉尼亚州瓦勒普斯岛(北纬 37.8°，西经 75.2°)大陆架海水中的水下浑浊层具有非常高的散射。所观察到的散射信号特性被归因于近海水域的浮游植物和大陆架悬浮沉淀物与浮游生物的共同作用，但是这项研究缺乏足够的原位测量的对应关系，难以将激光雷达信号与水体的光学和材料特性直接联系起来。其后，在南加州湾(Churnside et al.，1998)和佛罗里达州基韦斯特(Allocca et al.，2002)的工作研究了激光雷达系统衰减系数(K_{sys})和光束衰减系数(c)的量化关系，虽然不完美，但对上层海洋生物地球化学相关粒子的垂直分布的遥测手段具有一定的参考意义。最近，在各种海洋和近海水域，海洋激光雷达被用于测绘以浮游生物为主的薄散射层(1～3m 厚)，并将其分布与多种重要的海洋学过程相关联，如内波、风驱动及地形上升流，以及旋涡等(Churnside and Donaghay，2009)。除了被用于上层水体垂直结构的测量，海洋激光雷达还被用于渔业调查(http://www.esrl.noaa.gov/csd/groups/csd3/instruments/floe/)。鱼群对光谱中的绿色部分的扩散反射率可高达 22%(Churnside and McGillivary，1991)，比周边海水的反射率更高，使得机载激光雷达可以测绘及量化测量密集鱼群(Churnside et al.，1997；Churnside and Wilson，2001)。

尽管上述研究为海洋激光雷达在远程测绘海洋上层的垂直结构及识别重要特征(沉积物羽状流、薄层、鱼群等)方面的潜在应用打开了诱人的“窗口”，但这项技术当前仍然处于实验阶段，而且需要将其对上层海洋动力学及其与上方大气环境交互的理解转换成可与其他成熟遥感技术相比较的方式(Martin，2004)。从太空中对海洋颜色进行的被动观测(如 MODIS、MERIS)通常用于量化全球海洋中有色可溶性有机物、悬浮沉积物和叶绿素丰度的分布。热红外辐射被动观测(如 AVHRR、MODIS)方式可以以 0.5℃的精度对全球海洋表面温度进行测绘。被动微波遥感可以用来对云、雨量、海冰、表面波、风、温度及盐度分布进行测绘。但是这些卫星观测手段也有其局限性。对日光后向散射的被动海洋颜色遥感需要在无云的白天工作。而且，所获取的从海洋表面散发的光谱辐射来自于海洋上层两个光学深度($\zeta = K_d z$)信号的积分，大致扩展到最大光强的 14%。因此，被动海洋颜色观测无法提供水体中光学活性物质垂直分布的信息，并可能错失在透光层下半部分生活的初级生产者这一重要类群。这种对光敏物质垂直分布的不确定性对于遥感预估相关信息和光学特性具有着重大影响，包括浮游植物浓度(以叶绿素 a 为测量方式)、有色可溶性有机物、悬浮沉积物或碎屑、扩散衰减(如 $K(490)$)以及海洋水产(Hill and Zimmerman，2010；Hill et al.，2013)。

采用雷达的主动遥感能够透过整个大气层来测量海洋地形、表面波、风以及云层的垂直分布，甚至雨量。但是，无线电频率电磁波不能穿透水，无法将雷达用于海洋内部特性的测量。声呐，作为声学雷达，在海洋深度测量及大量目标的垂直分布方面有着广泛的应用，测量目标从大型人造物(如潜艇)到鱼类，乃至水体中悬浮的小至 100μm 的浮游动物等。同雷达类似，声呐无法有效穿透空气-水界面，这也限制了此类技术仅适用于水下应用。

18.2　利用激光雷达探索海洋垂直结构

激光雷达为海洋垂直结构的远程测量提供了很多潜在的可能与应用。可见光频率的激光雷达信号可以透过空气、空气-水界面以及水体进行传输。原理上，这样能够同时测量大气及水中粒子的纵向分布(Vaughan et al.，2009)。因此激光雷达可以被部署到水面上方的卫星轨道或者机载平台上、水面漂浮平台上，或者水体中的任何位置(图 18.1(a)和图 18.1(b))。

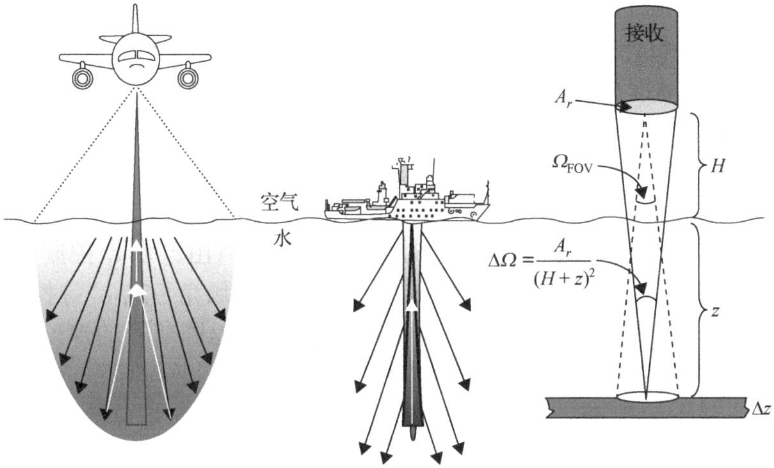

(a) 相对于光束衰减系数（c）具有较大照明半径（R）的机载或星载激光雷达系统光学几何架构　(b) 具有窄照明半径（R）的水面部署的激光雷达系统光学几何架构　(c) 一般激光雷达探测系统的几何架构说明示意图

图 18.1　具有较大照明半径的机载或星载激光系统雷达光学几何架构、具有窄照明半径的水面部署激光雷达系统光学几何架构和一般激光雷达系统光学几何架构示意图

(a)其激光雷达系统衰减系数 K_{sys} 近似等于扩散衰减系数 K_d。探测器的视场角表示为图中直接指向飞机的窄圆锥。黑色箭头代表了向下传输的光子。白色箭头表示直接或经扩散后向散射到探测器视场角中的光子。(b)其激光雷达系统衰减系数 K_{sys} 近似等于光束衰减系数 c。探测器的视场角表示为图中直接指向船的窄圆锥。黑色箭头代表了向下传输的光子。只有直接后向散射到探测器视场角中的光子(白色箭头)才能被探测到。(c)A_r 为接收器面积；Ω_{FOV} 为接收器视场角(立体角)；$\Delta\Omega$ 为从一个任意水下分层Δz 后向散射的激光雷达辐射；z 为水下分层的深度；H 为探测器在海面上的高度

脉冲激光雷达技术利用激光特性产生相干、线偏振的极短脉冲(约 10ns 或更短)光束。通过激光光源到照明对象再返回探测器的双程飞行时间可以确定距离信息。距离分辨率与激光脉冲宽度、光探测器响应时间(一般是光电倍增管)，以及系统光学架构有关，具体示例参见 Churnside 等(1998)、Wright 等(2001)和 Allocca(2002)。除了距离和后向散射强度信息，激光雷达还可以测量远距离目标的物质组成信息，如通过

测量后向散射信号的退偏振度，可以区分光学均匀物质(如气泡)、不规则的非均匀粒子(如浮游生物、碎屑、悬浮颗粒物)，此外激光雷达还可以进行拉曼散射和荧光(来源于 CDOM 和叶绿素 a)探测，甚至是监测鱼群。

18.3 利用激光雷达量化海洋垂直结构

前面所述的开拓性实验工作揭示了海洋激光雷达作为半定量化产品，用于遥测上层水体特征的能力。这项技术的下一步重要工作是从散射信号中实现光学特征(c, K_d)的垂直分布以及绝对生物地球化学量(如浮游植物叶绿素 a、悬浮沉积物和碎屑、浮游动物、鱼等，以单位体积的重量为单位)的量化。

在水中，激光脉冲从距离(z)返回到探测器的功率(P_r)可以由散射激光雷达方程来描述(Allocca et al.，2002；Montes-Hugo et al.，2010)，其简化公式为

$$P_r = P_t \tau_a^2 \tau_s^2 A_R \Omega_{\mathrm{FOV}} B(z) \tilde{\beta}(\pi, z) \exp(-2K_{\mathrm{sys}} z) \tag{18.1}$$

激光脉冲穿过空气和空气-水界面时，吸收和散射(由 τ_a 和 τ_s 控制)效应将导致功率损失。信号功率还与有效接收面积(A_R)、立体视场角(Ω_{FOV})等探测器的光学设计有关，这些又依赖于探测器距离水面的高度(H)、返回信号的深度(z)及其他光学工程设计考虑因素(Allocca et al.，2002；图 18.1(c))。散射导致透射的激光脉冲在水下光路上进一步衰减，散射量($B(z) = 1 - \exp[-b(z)z]$)是总散射系数($b(z)$)的函数。从距离 z 后向散射回探测器的信号强度由朝向探测器方向(π方向)的散射相位方程[$\tilde{\beta}(\pi,z)$]决定。由于给定激光脉冲的初始功率(P_t)以及方程(18.1)中的传输损耗和散射项都是常数，接收的激光雷达功率对距离的导数或斜率定义了系统衰减系数 K_{sys}：

$$K_{\mathrm{sys}} = \frac{1}{2} \cdot \frac{-\ln(P_r)}{z} \tag{18.2}$$

对于垂直照射的光束，距离与深度相等，K_{sys} 的值处于吸收系数 a 和光束衰减系数 c 之间，取决于激光雷达系统的光学部分(Gordon，1982；Allocca et al.，2002)。理论上，如果视场角远大于激光束的半径(R)，从而所有散射光子都能够返回探测器，则 K_{sys} 接近于 a。这个架构使得系统中的损耗只包含被吸收的光子，但是工程上这种器件并不现实。因此大部分激光雷达系统都设计了相对窄的探测器视场角，这种情况下 K_{sys} 受控于光束半径(R)和 c 的乘积。对于非常窄的光束，$cR \ll 1$，K_{sys} 趋向于 c。对于较宽的光束，$cR \geqslant 4$，K_{sys} 接近扩散衰减系数 K_d。K_{sys} 不适宜于中等视场角，即 $1 < cR < 4$。对于机载和星载系统，这些几何约束将 K_{sys} 限制在 K_d 反演值附近(明显的光学特性)，而船载或水下系统中则更容易设计 K_{sys} 接近 c 的反演值(本征光学特性，至少一般认为是，参见 Boss 等(2009)的研究)。但是，这种对光束衰减的依赖性，意味着对

于给定激光雷达系统，对 $cR \geqslant 4$ 的近海浑浊水环境，其 K_{sys} 剖面的光学解析将返回一个接近于 K_d 的值，而对 $cR \ll 1$ 的远海清澈环境则更接近于 c。

基于式(18.2)的计算有可能从海洋激光雷达剖面信息反演水体结构信息。对于垂直方向均匀的水体，返回的激光功率(P_r)随与深度有关的光学特性发生变化，沿光束路径方向呈对数衰减。对于用来反演 c 的垂直分辨率为 1m 的激光雷达系统(如船载或水下窄视场角、窄光束系统)，假设其 P_t、τ_a、τ_s、Ω_{FOV} 都是常数，采用纯海水的光学特性($K_{sys} = 0.0425\text{m}^{-1}$，方程(18.2)，表(18.1)作为方程参数)，得到的返回信号在 27m 的传输距离内衰减了 90%(图 18.2)。而比纯海水具有更高悬浮物和溶解物浓度的清澈大洋海水，激光雷达信号随深度衰减更快($K_{sys} = 0.151\text{m}^{-1}$)，信号只传输 8m 距离衰减达到 90%。但是，从表层的返回信号模拟值比纯海水亮度高 80%。近海海水($K_{sys} = 0.398\text{m}^{-1}$)的模拟激光雷达反射信号在仅仅 3m 距离就衰减 90%，表层返回信号相比纯海水亮度高 25 倍。浑浊港口海水($K_{sys} = 2.19\text{m}^{-1}$)中激光雷达信号在小于 1m 距离就损失了强度的 90%，表层返回信号则是纯海水亮度的 500 倍以上。因此，除了用返回信号相对深度的斜率来反推 K_{sys}，激光雷达还可以通过简单地测量表层水层返回的激光雷达信号亮度，来获得大洋表面的平均浊度的有效信息(Rodier et al.，2011)。激光功率随深度衰减的差异意味着，激光雷达在不同的水体中的遥测距离不同，并且需要使用具有对数放大能力的光电倍增管来满足大动态范围的需求。

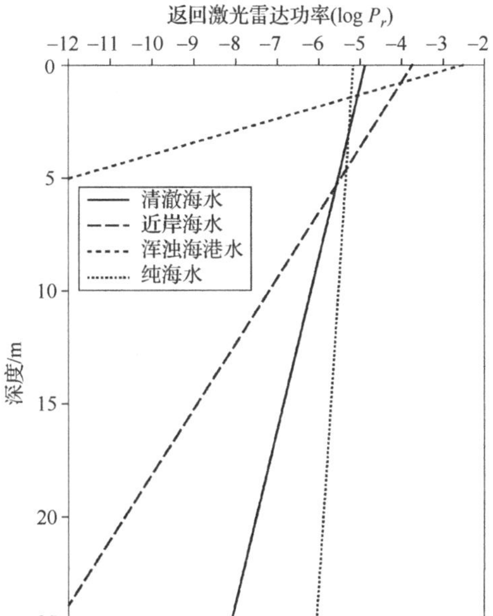

图 18.2　采用方程(18.1)和表 18.1 中的光学特性参数模拟的从不同垂直均匀水体返回的激光雷达功率

横轴使用的是相对功率单位(P_r/P_t，无量纲)

表 18.1 激光雷达剖面模拟所采用的不同水体部分光学特性(图 18.2)

光学特性	单位	纯海水	清澈海水①	近岸海水②	浑浊海港水③
吸收系数 a	m^{-1}	0.0405	0.114④	0.179④	0.366④
散射系数 b	m^{-1}	0.0025	0.037	0.219	1.824
光束衰减系数 c	m^{-1}	0.0425	0.151⑤	0.398⑤	2.190⑤
散射相函数，$\times 10^{-3}[\tilde{\beta}(\pi,z)]$	sr^{-1}	3.154	3.154	3.154	3.154

资料来源：来自 Petzold(1972)，由 Mobley(1994)给出，见表 3.10 和表 3.11。所有值都对应波长 λ = 514nm，单独标注除外。

①巴哈马海舌；

②加利福尼亚州圣佩德罗海峡；

③加利福尼亚州圣迭戈港；

④Petzold(1972)一文中 $c(530)-b(514)$ 的估计值；

⑤Petzold(1972)一文中测量值，波长 λ=530nm。

前面举例展示了激光雷达通过测量表面亮度和常数 K_{sys} 区分垂直均匀水体的光学特性，但是，如果是对于光学均匀度达到 2ζ(Savatchenko et al.，2004)的水体，这些特性同样可以从被动海洋颜色遥感中获取。用来提供微粒分布垂直结构关键信息的海洋激光雷达功率，可以通过观察水体分层的特征光学特性来更有效地表现出来。根据 2009 年 8 月在美国弗吉尼亚州切萨皮克湾亨利角外的一个浅层站(10m)使用 ac-9(WebLabs 公司生产)在线测量的固有光学特性，计算获得假想海洋激光雷达测试剖面图，发现表面相对较强的信号随深度指数衰减到 4m，然后在 4m 以下以不同的指数速率继续衰减(图 18.3)。通过 P_r 对深度求导的数值近似反演出 K_{sys} 的垂直分布，再现了 $c = a + b$ 的垂直分布，揭示出 4m 以内的高 c 层、4～7m 的过渡层和 7～10m 的低 c 层形成的两层系统(图 18.4(a))。而对于亨利角站以东 15km 的清澈海水中的一个站点，所预测的激光雷达表面返回信号则没有那么强(离岸 1，图 18.3)，采用这种简单模型仿真得到的 P_r 并未随深度变化迅速衰减。仿真的曲线同样揭示了三个不同的区域：①从表面到 8m 处边界明显的相对低 $\log P_r$ 衰减区；②8～9m 内高得多的 $\log P_r$ 衰减区；③从 9m 到剖面底的 $\log P_r$ 衰减速率逐渐平缓区。通过方程(18.2)反推的 K_{sys} 垂直分布揭示了在 8m 处的一个强峰，由轻度抬升的吸收和极强散射峰组成(图 18.4(b))。而亨利角以东 20km 另一个站点(离岸 2)的激光雷达剖面模拟则给出了更为复杂的 P_r 随深度衰减的曲线(图 18.3)，这来源于 8～15m 深度的多个散射吸收峰(图 18.4(c))。最后，从这个简单模型反推的 K_{sys} 与所有站点使用 ac-9 测量的光束衰减相比较，显示出具有零截距和斜率几乎为 1 的强关联性($r^2 = 0.95$)(图 18.5)。图中，Slop 表示斜率。尽管这种关系总体上很强，但随着 c 值增加并超过 $1m^{-1}$ 时，散射似乎也增加了。需要指出的很重要一点，这里仿真的返回信号的动态范围为 10^{12}，这对实际海洋激光雷达系统及它们在不同水体中的应用是一个很重要的挑战。

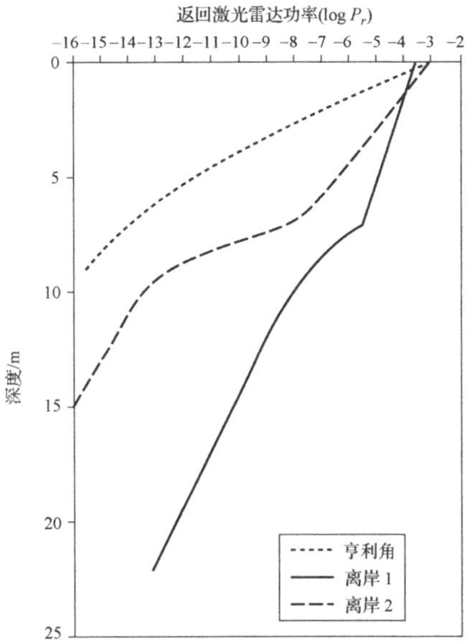

图 18.3　采用方程(18.1)和图 18.4 中的光学特性参数模拟的从不同水层返回的激光雷达功率

横轴使用的是相对功率单位(无量纲)

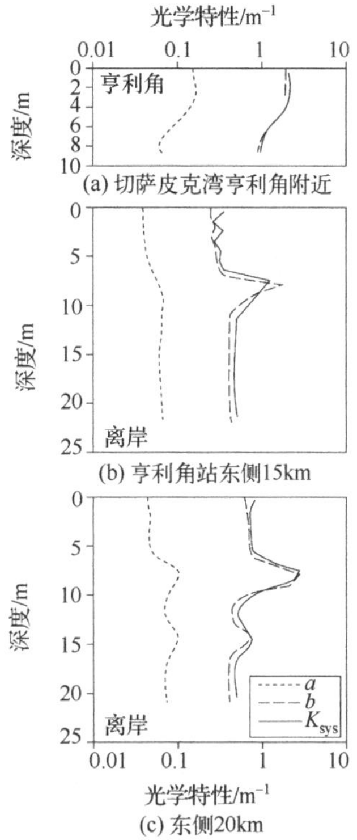

图 18.4　从不同站点获得的仿真激光雷达返回剖面(图 18.3)中反演的本征光学特性(a, b)和 K_{sys} 的垂直分布

通过一个相对简单的室内实验发现，对于窄光束设计激光雷达，可导出 P_r 和 c 的一个相对复杂的关系。实验采用最大能量 25mJ、脉冲频率 10Hz、脉冲宽度 4～5ns、波长 532nm 的偏振输出的钇铝石榴石(Yttrium-Aluminum-Garnet，YAG)激光器，照射到 3m 距离的方形玻璃水箱(37cm 长)上。水箱中充满了采用超纯水稀释的不同浓度的 Maalox($Al(OH)_3 + Mg(OH)_2$悬浮液)，以及 2009 年 8 月从切萨皮克湾附近采集的不同光学特性的自然海水样品。采用光谱仪(10cm 光程)测量了玻璃水箱中的所有样品在 532nm 处的光束衰减系数。不同 Maalox 溶液和自然海水样本的 c 值(包括纯水 $c = 0.053\text{m}^{-1}$(Smith and Baker，1981))范围是 0.32～5.16m^{-1}。从水箱返回的总的后向散射，看成从某一个深度返回的激光雷达信号，由光电倍增管测量。从水箱后向散射的相对激光雷达功率随光束衰减增加而增加，直到 $c = 1.2\text{m}^{-1}$，之后随 c 继续增加而衰减到一个渐近值 0.5m^{-1}(图 18.6)。对于 c 的这种非线性响应，来源于高粒子浓度下介质的多重散射特性引起的激光束的渐近扩散和衰减，已被完全纳入激光雷达方程。

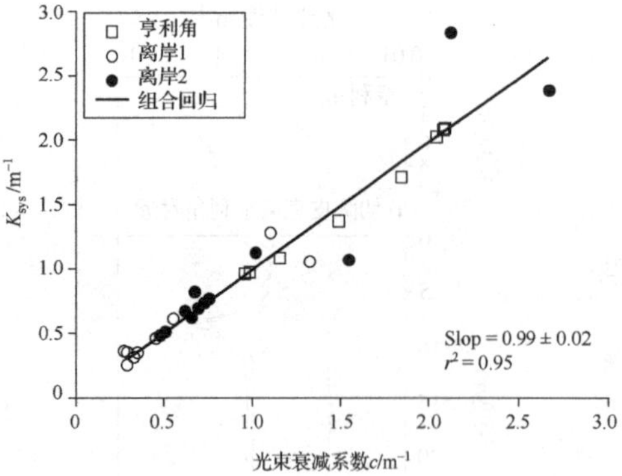

图 18.5　激光雷达 K_{sys} 和利用 ac-9 及 K_{sys}(使用方程(18.2)及图 18.3、图 18.4 中的数据校正)测量的光束衰减系数之间的关系

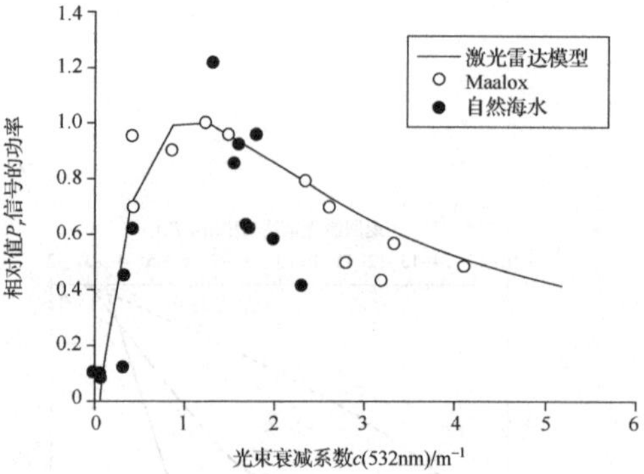

图 18.6　不同 Maalox 溶液及自然海水的实验得到的激光雷达返回信号(P_r)和光束衰减系数 c 之间的关系

空心和实心圆点为实验结果。曲线为使用方程(18.2)和各溶液的 $a+b(=c)$ 测量值计算结果。对于所有计算，$\beta(\pi)$ 的值设为 10^{-5}m^{-1}

尽管水箱实验观察到的和激光雷达方程模拟的 P_r 和 c 之间的非线性关系表明，基于单一深度区激光雷达散射回波反演得到的光学特性存在不确定性，但美国国家航空航天局(NASA)的 CALIPSO(Cloud-Aerosol Lidar and Infrared Pathfinder Satellite Observation)卫星上搭载的正交偏振云-气溶胶激光雷达(Cloud Aerosol Lidar with Orthogonal Polarization，CALIOP)进行的现场观测表明，轨道激光雷达系统可以用来估算海洋表面上部 20m 范围的微粒后向散射强度，其精度可以满足在全球范围内观察浮游植物丰度的季节和年际变化的需求(Rodier et al.，2011)。这意味着大部分海洋表面的散射特性可能位于 P_r 与 c 关系的低值(线性)范围内。

在较小的尺度上，2009 年 9 月在切萨皮克湾入口附近的弗吉尼亚海岸，对现场测量的光束衰减系数(c)和 NASA-Langley 高光谱分辨率激光雷达系统(High Spectral Resolution Lidar system，HSRL)(http://science.larc.nasa.gov/hsrl/)所获得的离水信号进行了一致性评估。沿着包含海岸附近浑浊水域和近海相对清澈水域的一个轨迹，使用 R/V Fay Slover(http://ww1.odu.edu/oes/research/)航行系统在海面上测量了原位光束衰减系数，并同时采集了机载 HSRL 数据。在船舶能够操作的近岸浑浊水域中，机载激光雷达信号与现场测量的 c 具有很好的一致性(位于 Lon-75.5 以西，如图 18.7 所示)。激光雷达信号也显示出与标准 MODIS $K(490)$ 产品在近海较清澈水域(Lon-75.5 以东)具有良好的一致性，但与 Lon-75.5 以西的浑浊沿海水域的 $K(490)$ 估计值相差很大。

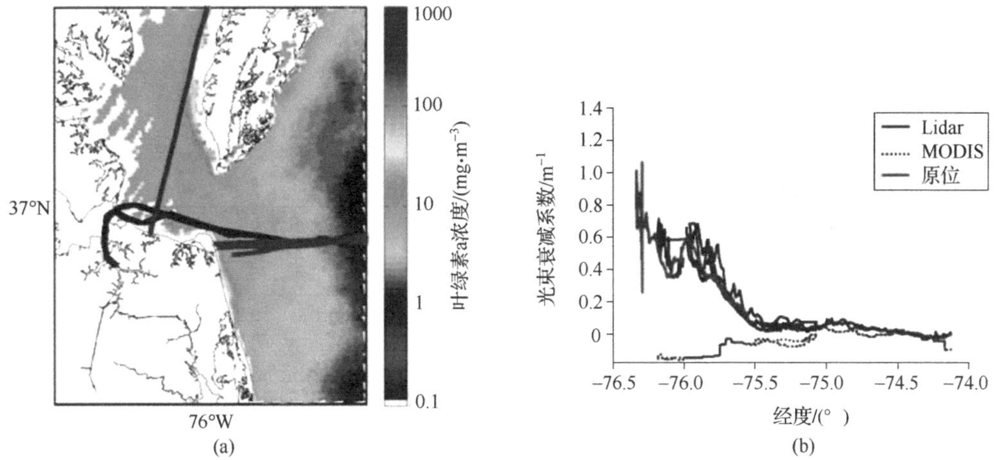

图 18.7　机载激光雷达信号与现场测量 c 的一致性实例(见彩图)

(a)从 2009 年 9 月 28 日的 MODIS 图像得到的叶绿素 a 分布图及穿越切萨皮克湾下游和邻近近海区域的 R/V Fay Slover 船只航迹(黑线)和 NASA HSRL 飞机的飞行线(红线)。(b)由 R/V Fay Slover(红线)、HSRL(实心黑线)在海面测量的，以及 MODIS 图像反推的(虚线)光束衰减系数对应的经度轨迹数据

18.4　研究举例：采用激光雷达解析海洋生物地球化学

一般认为，北冰洋及其大陆架海区在全球碳循环中发挥着重要作用。然而，由于原位测量的时间和空间数据都很少，无法确知其年生产力的真实数量级。如果能够证明这些观点是可靠的，则遥感可以以远高于船载观测的频率和空间覆盖率为这种偏远区域提供大规模的浮游植物生物量预估。在楚科奇海，将船载原位生产力测试的结果与采用主要生产模型对被动海色传感器估计的生物量(叶绿素 a 和颗粒有机碳)数据进行深度积分获取的结果进行了测试比较(Hill and Zimmerman，2010)。在春季水华期间，近海面的生产力最高并且水体较为均匀，这个模型的预测能力最强。而在时间更久、生产力更高的水华后期，营养跃层(约 5%等值线，超出了被动海色传感器的检测极限)的生产力最大，所有的模型都无法预测透光层(euphotic zone)的综合产量。而从激光雷达方程中反推的 P_r 仿真值，则能够以高准确率预测 c 和 K_d 的垂直结构(图 18.8)。

此处北极区域的浮游植物叶绿素 a 浓度与 c 具有密切的经验关联性，使我们能够重建水体中主要生产力的垂直分布，并将其用于计算深度相关生产力的基础，相比于仅基于被动海洋颜色测量的深度无关模型，该方式与海洋生产力关系更为密切。虽然通过激光雷达方程的参数化，已经可以实现总初级生产力反演的优化，使得垂直分辨率达到 1m，但基于激光雷达(CALIOP)对 23m 区域进行分辨率模拟的结果也证明其对生产力的估计精度比单纯依赖被动海洋颜色的垂直无关模型更高。

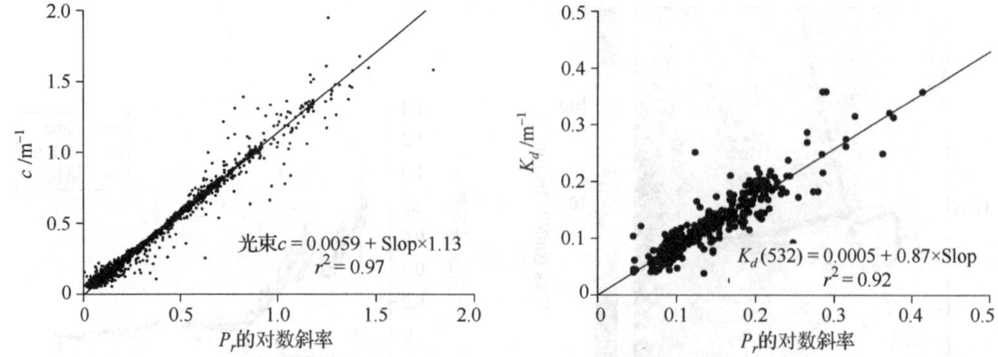

(a) 从方程(18.2)预测的P_r的对数斜率与波弗特海和楚科奇海实测的光束衰减系数(c)的关系

(b) 从方程(18.2)预测的P_r的对数斜率与波弗特海和楚科奇海测量的漫射衰减系数(K_d)的关系

图 18.8　根据模型预测和实测的波弗特海与楚科奇海关于光束衰减系数和漫射衰减系数的比较

18.5　未来的趋势

光学产业的迅速发展使得商用激光系统日益普及，这些系统更加紧凑、节能、坚固耐用。随着用于电磁波探测、放大以及高速数据采集的高速电子学的发展，除了更加传统的机载系统之外，可以部署在水面舰艇、自主水下机器人(AUV 和滑翔机)和系泊平台上的小型激光雷达系统的设计及制造变得越来越可行。

除了从移动平台(船舶、飞机和卫星)绘制水体的垂直结构图，激光雷达还可使用全波形记录、多视角、角度扫描激光雷达系统来绘制海洋生物的空间分布图。ECHIDNA仪器系统最初是为陆地森林植被评估而开发的(Jupp et al.，2005，2008；Yao et al.，2011)，但该技术同时可用于珊瑚礁、海藻林和海草草甸的量化和三维绘图。作为海洋观测站的一部分，系泊激光雷达设备可用于测量瞬时和局部现象的时间演变，包括悬浮沉积物、浮游生物和脊椎动物的分布(http://www.oceanobservatories.org/；Brasseur et al.，2010)。

新技术和采用倍频和混频技术的紧凑激光系统也为多光谱系统的发展提供了可能。多光谱能力非常重要，特别是在与返回信号的偏振相关测量相结合时，它可以极大增强对不同类型散射体(如气泡、浮游生物、沉积物和鱼类)的区分能力。迄今为止，虽然大部分用于环境研究的激光雷达系统都采用了脉冲激光源，但通过将边带频率叠加至基础载波而实现的连续波激光遥感，在不久的将来应会更多地应用于海洋激光雷达。

18.6　小　　结

海洋激光雷达有潜力改变我们测量海洋上层重要生物地球化学特征垂直分布的

方式，但实际应用中，海洋激光雷达在很大程度上仍是一种实验技术，若想真正推广应用，仍需要继续努力探索 K_{sys} 与其他光学性质（包括 c、K_d 和 $\beta(\theta)$）在各种海洋环境中的关系。同时，还需要开发更实用的商用系统，以应用于不同的水上及水下环境，能够对透光层进行常规测绘。对垂直粒子分布和丰度，以及散射粒子性质（气泡、浮游植物、浮游动物、鱼类、碎屑、沉积物等）的认知，将显著提高对海洋生产力、粒子通量和海洋生物地球化学的评估，这将对我们深度理解正在不断变化的海洋气候非常关键。

18.7 更多资料来源和建议

感兴趣的读者请参考本章所引用的有关参考文献，包括传感器设计、仪器配置、信号处理和激光在自然水体中的传播理论等信息。Feigels 和 Kopilevich（1996）编辑的论文集对此类问题的综述以及早期的文献调研，可以从 SPIE 数字图书馆（http://proceedings.spiedigitallibrary.org/volume.aspx?volumeid=13052）获取。其他关于海洋激光雷达用于鱼群调查的信息，以及其他出版文献清单，可以在相关网址查看（http://csl.noaa.gov/groups/csl3/instruments/floe/）。

18.8 致　　谢

非常感谢 Koziana（SAIC）、Hu（NASA-LARC）和 NASA Langley HSRL 项目，提供的建模等帮助。David Ruble、Billur Celebi 和 Meredith McPherson 协助对模型计算中使用的固有光学特性进行了现场观测。NASA 海洋生物和生物地球化学项目为研究提供了资金支持。

参考文献

Allocca D, London M, Curran T, et al. 2002. Ocean water clarity measurement using shipboard LIDAR systems//Gilbert G, Frouin R. Ocean Optics: Remote Sensing and Underwater Imaging. SPIE, Vol. 48, 106-114.

Boss E, Slade W, Behrenfeld M, et al. 2009. Acceptance angle effects on the beam attenuation in the ocean. Optics Express, 17, 1535-1550.

Brasseur L, Tamburri M, Pluedemann A. 2010. Sensor needs and readiness levels for ocean observing: an example from the Ocean Observatories Initiative（OOI）//Hall J, Harrison D, Stammner D. Ocean Obs'09: Sustained Ocean Observations and Information for Society, Venice, Italy. ESA Publication WPP-306, 10.

Churnside J, Donaghay P. 2009. Thin scattering layers observed by airborne lidar. ICS Journal of Marine

Science, 66, 778-789.

Churnside J, McGillivary P. 1991. Optical properties of several Pacific fishes. Applied Optics, 30, 2925-2927.

Churnside J, Tatarskii V, Wilson J. 1998. Oceanographic lidar attenuation coefficients and signal fluctuation measurements from a ship in the Southern California Bight. Applied Optics, 33, 2363-2367.

Churnside J, Wilson J. 2001. Airborne lidar for fisheries applications. Optical Engineering, 40, 406-414.

Churnside J, Wilson J, Tatarskii V. 1997. Lidar profiles of fish schools. Applied Optics, 36, 6011-6019.

Feigels V, Kopilevich Y. 1996. CIS selected papers: laser remote sensing of natural waters: From theory to practice. SPIE, 2964, 216.

Gordon H. 1982. Interpretation of airborne oceanic lidar: effects of multiple scattering. Applied Optics, 21, 2996-3001.

Hill V, Matrai P, Olson E, et al. 2013. Synthesis of integrated primary production in the Arctic Ocean: II. In situ and remotely sensed estimates. Progress in Oceanography, 110, 107-125.

Hill V, Zimmerman R. 2010. Increasing the accuracy of remotely sensed primary production estimates for the Arctic Ocean, using passive and active sensors. Deep Sea Research, 57, 1243-1254.

Hoge F. 2006. Beam attenuation coefficient retrieval by inversion of airborne lidar-induced chromophoric dissolved organic matter fluorescence. I. Theory. Applied Optics, 45, 2344-2351.

Hoge F, Wright C, Krabill W, et al. 1988. Airborne lidar detection of subsurface oceanic scattering layers. Applied Optics, 27, 39969-39977.

Jupp D, Culnover D, Lovell J, et al. 2005. Assessing vegetation structure using ECHIDNA(R) ground based Lidar. 19th International Symposium on Physical Measurements and Signatures in Remote Sensing (ISPMSRS). Beijing, China.

Jupp D, Culvenor D, Lovell J, et al. 2008. Estimating forest LAI profiles and structural parameters sing a ground-based laser called 'Echidna(R)'. Tree Physiology, 29, 171-181.

Lilycrop W, Parson L, Irish J. 1996. Development and operation of the SHOALS airborne lidar hydrographic survey system//Feigels V, Kopilevich Y. SPIE Selected Papers, Laser Remote Sensing of Natural Waters, From Theory to Practice. St. Petersburg, Russia: SPIE.

Mallet C, Bretar F. 2009. Full-waveform topographic lidar: State-of-the-art. ISPRS Journal of Photogrammetry and Remote Sensing, 64, 1-16.

Martin S. 2004. An Introduction to Ocean Remote Sensing. Cambridge, Cambridge University Press.

Montes-Hugo M, Churnside J, Gould R, et al. 2010. Spatial coherence between remotely sensed ocean color data and vertical distribution of lidar backscattered in coastal stratified waters. Remote Sensing of Environment, 114, 2584-2593.

Rodier S, Zhai P, Josset D, et al. 2011. Calipso Lidar measurements for ocean sub-surface studies. 34th International Symposium on Remote Sensing of Environment, Sydney, Australia, 3.

Savatchenko A, Ouzounov D, Ahmad S, et al. 2004. Tera and Aqua MODIS products available from NASA GES DAAC. Advances in Space Research, 34, 710-714.

Smith R, Baker K. 1981. Optical properties of the cleanest natural waters. Applied Optics, 20, 177-184.

Tenningen E, Churnside J, Slotte A, et al. 2006. Lidar target-strength measurements on Northeast Atlantic mackerel (Scomber scombrus). ICES Journal of Marine Science, 63, 677-682.

Vaughan M A, Powell K A, Kuehn R E, et al. 2009. Fully automated detection of cloud and aerosol layers in the CALIPSO lidar measurements. Journal of Atmospheric and Oceanic Technology, 26, 2034-2050.

Wright C, Hoge F, Swift R, et al, 2001. Next-generation NASA airborne oceanographic lidar system. Applied Optics, 40, 336-342.

Yao T, Yang X, Zhao F, et al. 2011. Measuring forest structure and biomass in New England forest stands using Echida ground-based lidar. Remote Sensing of Environment, 115, 2965-2974.

第 19 章　多参数水下观测平台

海洋实验研究的趋势要求对海洋进行长期监测，且其数据分辨率要高于从海洋船舶、浮标或自主传感器所获得的。水下观测平台就符合这些要求。这些水下基础设施是复杂的、经过精心设计的系统，以确保其灵活、坚固且稳定，并能够以最少的维护量来实时管理各种仪器和传感器。常用于海洋研究的仪器大多基于光学和图像传感器，本章我们回顾了水下观测站的关键组成部分，以及用于多学科、多参数水下观测站的光学和图像传感器所面临的主要挑战。

19.1 引　　言

如今，海洋实验研究的趋势要求对海洋进行长期监测，其数据分辨率要比部署在海床上的运载器、浮标或自主传感器获得的更高。卫星组网是获取全球范围内的海洋表面特征信息的重要一步，但这些卫星的视觉传感系统难以深入海面以下很深的范围。水下观测平台的建立，允许其采集海底的数据并实时传输到实验室，以增进对水体和与海床相关信息的了解。

水下观测平台实质上是一个连接站，它允许将位于海底的多个仪器和设备连接至岸上的基站。这些平台通常被称为水下观测站。它们可以通过远程控制，为水下仪器提供电能、通信链路和一定程度的控制和维护。这些基础结构大多侧重于监测科学家认为重要的各种变量(物理、地质、化学、生物等)。例如，它们被用于了解沿海范围的地表动态过程，研究和预测地球气候变化的影响，或为珊瑚礁及物种的监测和分类提供信息(Lam et al.，2007；Aguzzi et al.，2011)。这些平台的另一个作用是，可以实时提供海洋生物的图像和视频，增进社会对海洋的认识(www.obsea.es)。这在当今显得尤为重要，因为全球经济高度依赖于海洋(Summerhayes，1996)。

在设计水下观测站时要考虑许多问题。其中大多数问题都与电子系统有关，一个可靠且健壮的电子系统可以确保观测站能够长期使用。系统部署在恶劣的环境中，因此维修和维护非常困难且昂贵。如果发生故障，则可能导致整个基础设施断电，这是一个严重的问题，必须采取预防措施。解决这些问题的一种方法是在所有关键要素中设置冗余。海底电缆的物理拓扑应为环形或网状，以针对电缆中断提供容错能力。电源系统应具有多个并行工作的模块。为了保障观测站在突发情况下不失控，控制系统

本章作者 A. MÀNUEL-LÀZARO，E. MOLINO-MINERO-RE，J. DEL RÍO-FERNÁNDEZ and M. OGUERAS-CERVERA，Universitat Politècnica Catalunya(UPC)，Spain。

的冗余是必要的。为此，控制器的所有组件都必须具有监控模块，以确保能够监视整个系统的性能，这将有助于高效地诊断可能出现的任何问题并防止它们再次发生。

过去，水下平台使用同轴电缆进行数据通信，并且需要许多中继器来保证通信质量(Barlow et al.，2007)。目前，大多数观测站都依靠混合电缆传输电力和光通信。由于技术的进步，已经建立了相对低成本的使用标准设备的水下观测站。它们充当以太网节点，具有高功率和高速通信的特点，且几乎适用于需要高带宽才能实时运行的任何类型的仪器，如水听器或高清摄像机(Manuel et al.，2010)。

水下观测站的开发和安装有益于海洋科学的众多研究领域以及技术创新项目。一些国家和国际组织已经提出了各自的方案，例如，美国和加拿大共建的 NEPTUNE 有线观测站(Delaney et al.，2000；Chave et al.，2006)，加拿大的 VENUS，日本的 ARENA 有线网络(Massion et al.，2004)，夏威夷的 ALOHA 有线观测站(Favali and Beranzoli，2006)和由欧盟推动的 ESONET 卓越网络(FP6-2005-Global-4-ESONET 036851-2 欧洲海洋观测站网络)(Person et al.，2005)。在 Favali 和 Beranzoli(2006)的工作中可以找到有关水下观测站方案的详细综述。

在所有的与水下观测站有关不同研究领域中，最活跃的领域之一是用于观察海水中物体的水下光学和成像技术(Jaffe et al.，2001；Caimi et al.，2008；Kocak et al.，2008；参阅 Caimi 撰写的第 13 章、Kocak 撰写的第 11 章和 Jaffe 撰写的第 21 章)，以及测量不同水体的固有光学特性(IOP)(Mobley，1994；Maffione，2001；更多相关的详细信息，参见 Zielinski 撰写的第 1 章和 Cunningham 撰写的第 4 章)。

本章重点介绍用于多学科、多参数水下观测站的光学和图像传感器。这些基础设施是开发、测试和改进图像和光学传感器的卓越的技术平台。关于这些基础设施的描述是从工程角度出发的，主要以西班牙加泰罗尼亚理工大学(Universitat Politècnica de Catalunya，UPC)的 OBSEA 有线观测站进行说明。19.2 节提供了用于水下研究的基础设施的一般特征。9.3 节描述了海底观测站所使用的通信网络和控制系统的总体架构。19.4 节回顾了光学和图像传感器在水下基础设施中的应用。最后一部分是结论和参考文献。

19.2　一般水下研究的基础设施

需要对水下基础设施进行研究，并对其设计、操作和维护进行优化，以确保其能够承受恶劣的海洋环境，并在使用多种传感器的情况下提供长期监测和高数据分辨率的能力。本节概述了一般水下基础设施，特别是有线基础设施的主要特点。

19.2.1　水下研究基础设施的主要特征

水下研究基础设施需要实时测量来自不同种类仪器的大量数据。这些测量需要在较大的时间和空间范围内进行，并根据水下基础设施的主要特征以及岸基站的特点进行调整，岸基站负责按照标准程序验证所采集的数据(Dickey et al.，2009)。所有这些数据的测量都有不同的解决方案。其中，有平台网络(如系泊系统)、AUV、滑翔机、剖面浮标和水下有线观测站(Favali and Beranzoli，2006)。

就有线观测站而言，可以确定以下基本组成部分：①一个岸基站，为仪器提供电源和快速通信功能，并负责控制和监视系统；②具有光纤和电力传导的水下电缆；③具有连接接口的一个或多个水下节点；④传感器和仪器。除此之外，水下观测站应该是灵活且可重新配置，并且能够被远程控制，具有电力自主权(如短时间内配备备用电池)并能够收集垂直分布在水体内的测量数据。

19.2.2　水下和岸基站的特点

标准的海底观测站至少由一个岸基站和一个海底节点组成，如果需要，则可以通过增加更多的岸基站、水下节点和水面浮标进行扩展。这些组件通过水下通信电缆相互连接，该电缆提供电力并与安装在观测站的仪器和设备进行实时通信。

岸基站应位于易于接近的地方，以便于电源系统和数据服务器的维护；对于大型基础设施，可能需要通过多个位置分布连接。电源系统必须尽可能靠近水下电缆终端，如放置在可远程监控和操作的无人值守机柜中。数据服务器需要更多的人为控制，尤其是在开发和部署阶段，因此最好将它们放置在开发人员正在工作的建筑物中。

图 19.1 是水下观测站的示例，显示了 OBSEA 观测站相对于海岸的位置。海底节点位于离岸 4km 处，发电站位于 UPC 内。岸基站的其他组件位于控制和开发 OBSEA 的研究小组的主楼中。

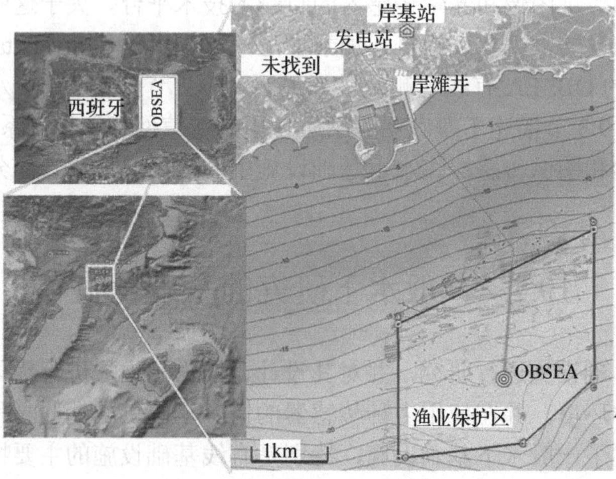

图 19.1　OBSEA 观测站的位置

整个水下观测系统由岸基站提供的高压直流电源供电，并通过地面回流降低了电缆损耗。

海底节点的设计应考虑对外部仪器的多个湿式连接器的支持，每种连接器均由可选择的电压供电，并具有串行或以太网接口。湿式耦合连接器对于维护和服务尤为重要，因为它们允许 ROV 协助重新配置操作(Barlow et al.，2007)，而无需将观测站上浮。湿式耦合连接器坚固耐用，可将光纤和电源系统直接在水中连接(Barlow et al.，2007)。

通往海岸的干线必须具有冗余的高速光纤。对于 OBSEA 而言，海底节点的主要元件是接线盒，其包含节点的电源、通信和控制系统，如图 19.2 所示。

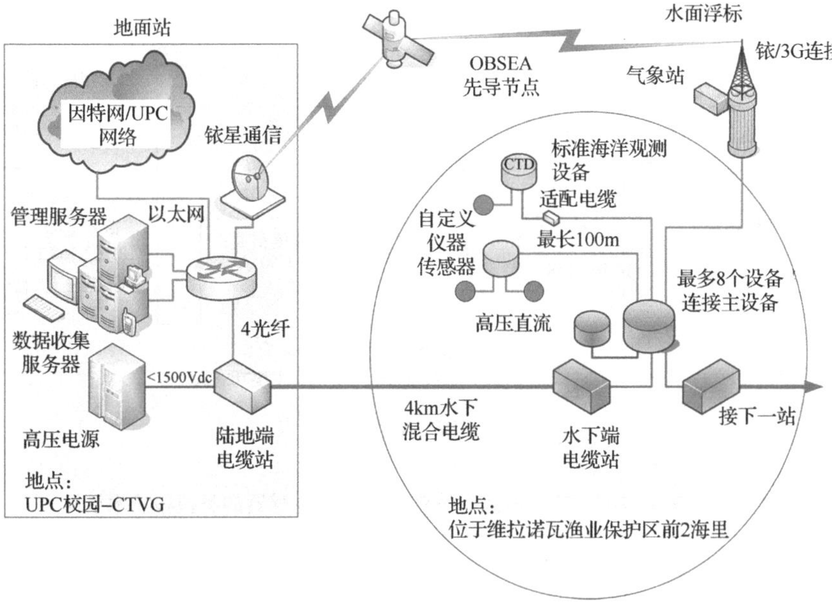

图 19.2　OBSEA 内部控制电子设备的详细信息

水下观测站需要进行两种维护操作：定期的预防性操作和紧急纠正任务。对于前者而言相对容易，有足够的时间规划大多数的操作，以避免可能造成维护代价高昂的紧急情况。常见的预防措施包括：更换阳极、清洁、一般目视检查、仪器更换和重新配置。另一方面，纠正任务通常需要快速的响应，并且通常很难用装备精良的船只在低成本的情况下来组织这些任务。

19.3　网络架构、控制系统和数据管理

网络技术是水下基础设施的基本要素。它提供了快速的数据传输(如有需要，可实时传输)，以及对观测站和仪器进行远程控制和监控的能力。目前，以太网为这一需求提供了解决方案。这些网络是复杂的系统，必须能够实现不同的功能和执行多种任务。OBSEA 有线观测站给出了一个真实的水下网络示例。

19.3.1　网络技术

如图 19.3 所示，OBSEA 海洋节点承载着多个仪器，包括用于生物数据采集的视频成像系统。表 19.1 列出了所有可用的传感器。这些传感器通过电缆连接到节点，电缆将信号适配到 OBSEA 以太网 10/100 接口。两个工业以太网交换机使用两条冗余的 1Gbit/s 光纤链路(1 + 1 配置、TCP / IP 协议)控制海底节点与岸基站之间的通信。这些开关同时将信号从传感器中继到控制系统。

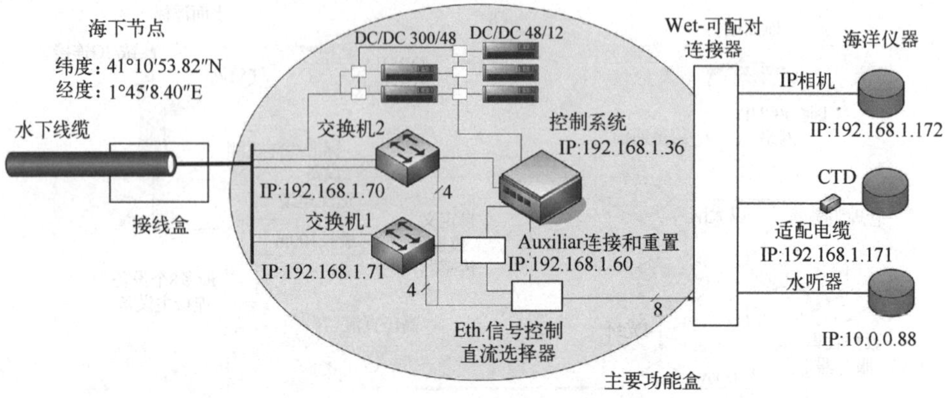

图 19.3　OBSEA 的水下节点

表 19.1　安装在 OBSEA 海底有线观测站上的传感器的类型和技术指标

传感器类型	型号和技术指标
CTD	SeaBird SBE-37SMP 电导率范围：0～7S/m(acc. 0.0003，res. 0.00001) 温度范围：–5～35℃(acc. 0.002，res. 0.0001) 压力范围：0～35atm(acc. 0.35, res. 0.007) 采样间隔：10s 派生参数：盐度、深度和声传播
ADCP(声学多普勒海流剖面仪)	Nortek AWAC(声波和流速计，具有自由液面跟踪功能) 4 个 1MHz 水声换能器，带有罗盘和倾斜传感器，用于校正展开位置 量程：10m/s(1%测量精度±0.5cm/s) 派生参数：流速、方向、面波高度、周期、传播方向 集成附加传感器：用于浊度计(Seapoint，最高灵敏度：200mV/FTU，量程：0～25FTU)和荧光计(用于叶绿素浓度测定：Cyclops，灵敏度：0.025μg/L，量程：0～500μg/L)
摄像头	Ocean Presence Technologies OPT-06 水下 IP 摄像机(Sony SNC-RZ25N) 最低分辨率：640×480(MPEG/MJPEG)；18 倍光学变焦 最低感光度：0.7lx 测量目的：动物跟踪和物种分类

续表

传感器类型	型号和技术指标
水听器	(Bjørge Naxys 以太网口水听器 02345) 水听器灵敏度：–179dB rel V/μPa 元件灵敏度(典型值)：–211dB rel V/μPa 频率范围：5～300kHz 作业深度：3000m 采样频率：6/12/24/48/96/192/384/768kHz 增益水平：0/10/20/40dB +6dB 基准

注：FTU，浊度单位，1FTU = 1mg/L 白陶土悬浮体；acc.指精度；res.指分辨率。

水下节点将电力分配给所有连接的传感器，且将获取的数据传输到岸基站，并使用特定的控制服务器控制所有连接元件的状态。水下节点的电源系统由四个能提供几个小时供能的应急电池和五个开关转换器组成。其中，开关转换器有两个是 300/48V，三个是 48/12V。可接受来自岸上的 80～370V 范围内的直流电压。

岸基站的结构如图 19.4 所示，岸基站和海底电缆相连。计算机网络基于 1GB 的以太网网络，该网络由具有光链路和服务器的各种以太网交换机组成。通过一系列商业现成品电源向水下节点供电，这些电源能够根据负载需求将输出电压控制在 325V DC 之内。

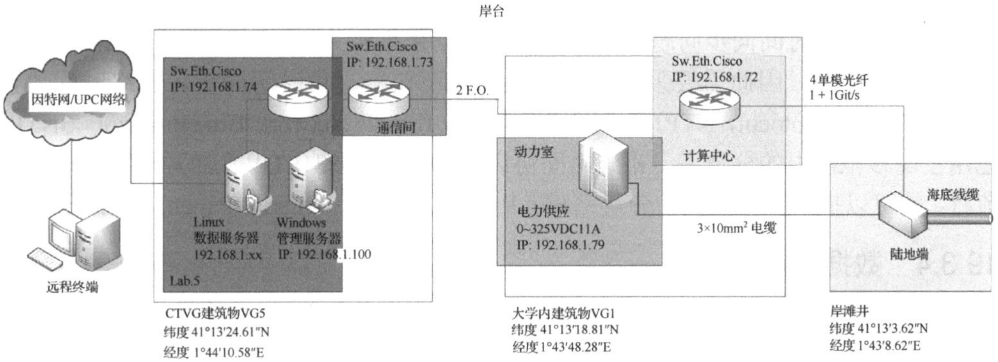

图 19.4　OBSEA 的岸基站

19.3.2　海洋节点控制系统

水下节点的控制系统依赖于在 Linux 操作系统上运行不同服务的 32 位微控制器(ColdFire MCF5282)。信息管理使用简单网络管理协议(Simple Network Management Protocol，SNMP)。SNMP 是 TCP/IP 系列的标准协议，它允许系统管理员对网络进行监督管理，并识别和解决潜在的故障。主要控制任务如下。

(1) 控制电源开关，为仪器连接器提供电压。

(2)监测仪器的功耗。监测仪器连接器上的电流和电压，以控制可能损坏 OBSEA 或仪器的过电压或过电流。警报发生时，控制系统会自动关闭相应的仪器电源。

(3)监测接线盒的温度和湿度。电子设备(主要是电源)的温度尤为重要，过载和温度升高时会触发警报。

诸如电源或以太网交换机等敏感元件在接线盒处是冗余的。该系统设计有容错能力，可在电源或以太网交换机发生故障时保持观测站和岸基站的连接。在 OBSEA 中，有五个电源(两个 48V 和三个 12V)和两个以太网交换机同时工作。

19.3.3 数据采集与同步

在有线观测站中，仪器数据的采集是通过岸基站运行不同应用程序或服务远程进行的，接线盒主要为仪器提供电力和通信。

如今，仪器制造商使用专有的仪器协议(主要通过 RS232、RS485、以太网或 CAN)进行控制和通信。有多种仪器和协议可供使用，将新仪器集成到网络中时，需要生成一个新的仪器驱动程序，以允许对数据进行配置和检索。驱动程序的生成、安装和配置非常耗时，且每个新设备需重复进行。由于缺乏用于识别、配置和与仪器通信的通用接口标准，对仪器的互操作性提出了挑战。为了解决这一问题并简化任务，不同的研究小组和机构正在努力为新一代的仪器提供标准，如 IEEE Std.1451 或 OGC PUCK 协议(del Rio et al.，2013)。

另一方面，时间同步问题是与水下仪器数据采集相关的主要问题之一。由于水下没有 GPS 信号，因此需要采用网络协议为水下仪器提供时间同步。网络时间协议(Network Time Protocol，NTP)和单网络时间协议(Single Network Time Protocol，SNTP)已用于毫秒范围内的分辨率。精确时间协议 IEEE Std.1588(PTP)在海洋观测站中日益流行，它可以提供亚微秒级的分辨率(del Rio et al.，2012；Shariat-Panahi et al.，2013)。

19.3.4 数据管理

岸基站的数据管理系统存储来自传感器的数据和视频的时间序列，并使这些数据可供 Web 客户端访问。系统具有用于执行不同任务的多个服务器，包括海洋数据管理、SNMP 网元监控和视频存储。对于 OBSEA，这些服务器的标签如下。

(1)Lluna：连接低带宽设备，并将所有海洋传感器的数据存储在 SQL 数据库中。

(2)Pop：存储视频，并使用 Zone Minder 软件进行视频处理。

(3)Medusa：使用 ZABBIX 软件协调所有网络设备的 SNMP 控制。

(4)Server-OBSEA：提供 Internet 访问并在 Linux 中充当防火墙。附加服务器专门用于管理需要补充数据处理的以下传感器。

①Lab：处理水听器接收的声信号。

②Server-AWAC：处理多普勒数据，用于海流、波动和压力的计算。

传感器、各种系统接口和所有潜在用户之间的数据传输和交互的基本机制基于如图 19.5 所示的重叠服务层模型。在系统架构中，仪器和传感器位于底部，下一层表示使用以太网协议(如 TCP 和 UPD)的可用传感器接口。传感器数据使用 NMEA(National Marine Electronics Association，美国国家海洋电子协会)、SensorML 和 IEEE Std.1451 等标准格式。最后一层由位于格式化层周围的一组不同的服务组成，代表了用户应用程序的潜在数据客户端和机制。各层的组织如下所示。

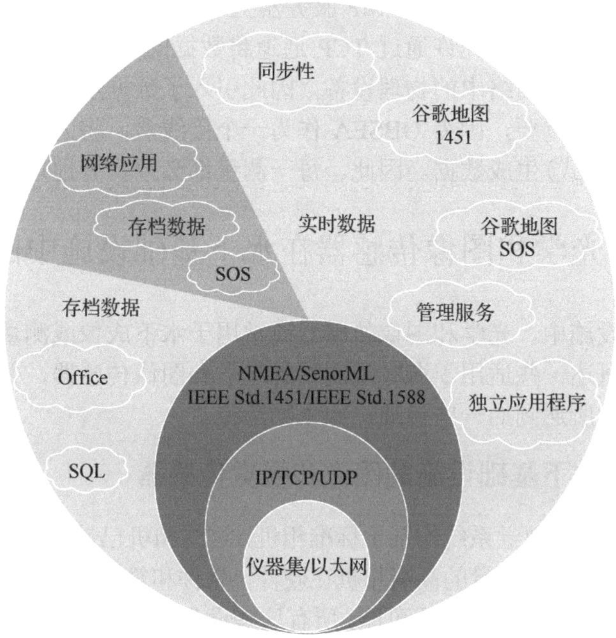

图 19.5　OBSEA 数据流的重叠服务层

(1)仪器和传感器层：表示连接到 OBSEA 的不同测量设备和传感器。

(2)仪器和传感器接口层：所有仪器都连接到 OBSEA 的局域网(Local Area Network，LAN)。串行仪器使用串口-以太网口转换器，允许使用 IP 协议(如 TCP、UDP 或 SNMP)。

(3)标准格式层：仪器信息使用标准协议与服务层进行通信，服务层由在广播模式下通过标准(NMEA-183 和 UDP、SensorML 或 HTTP IEEE Std.1451.1)规范化的 ASCII 数据包组成。

(4)服务层：在不断发展中，OBSEA 在服务层为不同的客户提供每日更新服务。其中一些如下所示。

①访问时间序列寄存器。所有采集数据的时间序列都独立保存在每个平台和网络的中央节点中。在中心节点中，还保存了 1min 同步的副本。此结构提供安全数据采集所需的冗余。

②原始文件和已处理文件。原始数据以带有 NMEA 数据包的 ASCII 格式和带有

编码名称和变量数据的 CSV 格式存储。所有的 ASCII 文件都有日期扩展，并以创建日期命名，扩展名表示记录它们的仪器。

③关系型数据库服务(SQL)。SQL 数据存储在三台服务器上。

a. OBSEA，海洋节点内的主服务器。

b. MORFEO，为岸基站提供数据访问。

c. MEDUSA，将数据存储在 SNMP 服务器上，用于警报控制。

④数据服务管理。该层允许通过 TCP 通道将数据同步传输到 ZABBIX 网络管理器。该服务还允许监视网络中的物理设备，因此引入了数据质量的概念。

地理测量信息很重要，因为 OBSEA 作为一个接线盒，将为位于同一区域的仪器或平台(静态和移动式)生成数据。因此，每一测量都必须具有地理参考。

19.4　光学和图像传感器在水下基础设施中的应用

在水下基础设施中，光学和图像传感器通常用于水下成像或测量水体不同的光学特性。本节旨在概述一些适用于海底观测站的光学和图像传感器，并回顾了将仪器长时间放置在水下时所遇到的一些挑战，如生物污染。

19.4.1　应用于水下基础设施的图像和视觉传感器

目前，大多数水下视觉系统均基于标准相机，这些相机已针对水下应用进行了改装和封装。实际上，随着高质量的高清相机在硬件、软件和算法等技术上的进步，水下光学和成像领域取得重大进展已成为可能。所有这些设备提供了一种相对低成本的解决方案，其能够长时间运行，且具有高图像质量、高分辨率和大带宽的数据传输速率。

图像传感器的主要作用是将捕获的光信号转换为数字信号，再将其转换为静态图像或数字视频。除了相机的镜头系统，图像传感器是确保采集图像质量的最重要的因素。图像传感器主要有两种类型：电荷耦合器件(CCD)和互补金属氧化物半导体(CMOS)。这两种类型的图像传感器都可以具有很高的像素密度(从数十万到数百万)。这两种技术的主要区别在于，CCD 传感器捕获每个像素上的光信号，然后将其转移到芯片的某个区域，并在该区域将光信号转换为数字值(Janesick，2001)。而 CMOS 传感器则在像素点处将光信号转换为数字值(Matsumoto et al.，1985)，因此其被视为有源像素传感器。

尽管存在这些差异，但 CCD 和 CMOS 在水下应用时仍面临相同的问题。水下成像是具有挑战性的，因为海水对光的吸收和散射大大限制了成像的距离。重要的科学研究大多集中在提高图像的对比度和分辨率上，以实现远距离的目标成像。在 Kocak 等(2008)、Caimi 等(2008)和 Jaffe 等(2001)的工作中可以找到一些关于不同进展的有趣评论。如 Watson 等所述，这些进展涉及广泛的技术领域，涵盖从基于时间分辨方法的技术(采用脉冲激光来抑制光散射的影响)到其他基于全息摄影的技术(用于记录三维图像和视频)。详细内容可参见 Watson 等(2004)和 Sun 等(2007)以及第 12 章的内容。

不同的研究小组和政府机构均已部署了水下基础设施，以拓宽人们对海洋的了解。尽管每个独立的观测站都不尽相同，但也有些通用仪器，如视觉系统。下面列举了一些已部署视觉系统的水下基础设施。

(1)蒙特利湾海洋研究所(MBARI，www.mbari.org)的 MARS 观测站的 ORCA 海眼(Eye-in-the-Sea，EITS)，它是一台深海网络相机，可提供 880m 深度处的实时视频。

(2)加拿大维多利亚大学的维纳斯观测站(venus.uvic.ca)，它拥有一个水下视频系统，该系统可提供 300m 的深度处的实时视频。

(3)NEPTUNE 海洋水下观测站网络(www.neptunecanada.ca)，沿该网络在不同深度处部署有四台摄像机。

(4)西班牙加泰罗尼亚理工大学的 OBSEA 实验室(www.obsea.es)，拥有一个水下摄像机，该摄像机可提供距海岸 4km 远水深 20m 处的实时视频。

目前的 OBSEA 相机如图 19.6(a)所示。它是一个具有平移、倾斜和缩放功能的网络相机。一些示例图像如图 19.6(b)～图 19.6(d)所示。这些图像用于获取当地鱼类种群的时间变化。在这些测试中，相机作为图像传感器来获取生物数据。图 19.7(a)为原始图像，图 19.7(b)为一种用于物种识别的图像处理步骤，图 19.7(c)给出了鱼群识别结果(Aguzzi et al.，2011)。

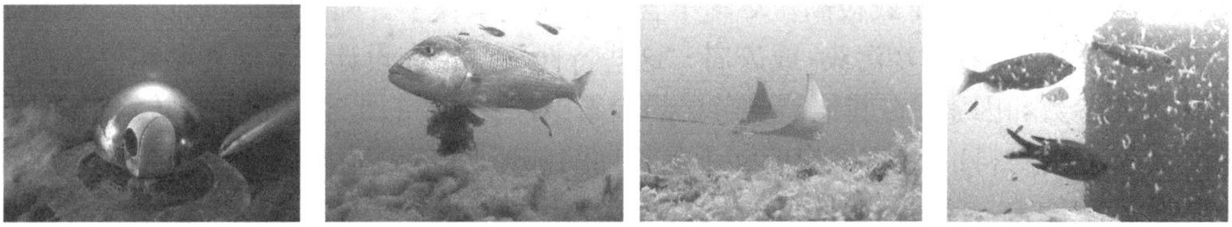

(a)　(b)　(c)　(d)

图 19.6　OBSEA 相机及其示例图像

(a)OBSEA 相机，(b)～(c)OBSEA 相机拍摄的物种样本，(d)显示了碎屑阻碍了相机对鱼群的聚焦

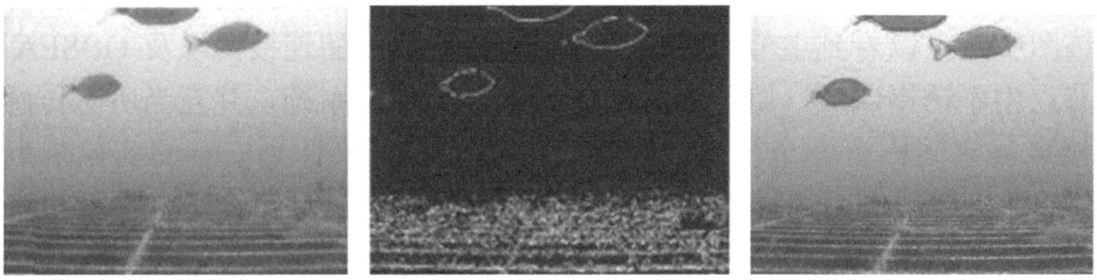

(a) 原始图像　(b) 图像处理的中间步骤　(c) 鱼群识别结果

图 19.7　测试物种的识别(Aguzzi et al.，2011)

19.4.2　水下基础设施中用于测量水体光学特性的光学传感器

目前，有多种用于测量海洋中物理、化学和生物参量的传感器。其中最常见的测

量参数包括温度、压力、盐度/电导率、流速、浊度、叶绿素浓度，pH 值和 CO_2 浓度(Albaladejo et al.，2010)。通常，根据用户的需求和调查区域的选取来确定要使用的传感器类型。就光学仪器而言有两种类型：一种是测量水体固有光学特性(IOP)的仪器(Cunningham and Ramage，2011)，如水体中光的吸收、衰减和散射；另一种是测量水体表观光学特性(AOP)的仪器(Dickey et al，2009)，如光谱漫射衰减系数。对于原位测量，最常用的仪器是光谱吸收计、后向散射计、光谱辐射计或高光谱辐射计(Maffione，2001)。

光谱吸收是测量光与样品相互作用时样品的辐射吸收，其通常是频率或波长的函数。该测量技术作为分析化学的工具，用于测定样品中存在的特定物质。它也可用于评估存在的物质量。最常用的光谱分析使用紫外-可见光。后向散射计通过测量悬浮物散射的红外光来测定浊度和悬浮物浓度。传感器的响应在很大程度上取决于悬浮颗粒的大小、组成和形状。光谱辐射计测量光谱衰减，并由此确定水体的光学特性，用于水体分类。

19.4.3　系统运行的挑战

水下基础设施是在非常恶劣的环境中运行的复杂系统，它通常位于偏远的难以接近的地区，部署在高压或极高压环境下含盐介质的水体中。随着时间的推移，其表面会堆积多种微生物(生物污染)或碎屑。这些特性决定了在设计水下观测站和仪器时必须考虑的参数和因素。在其他需要考虑的因素中，最重要的是密封壳必须防水耐压(选择足够坚固的材料)。观测站应能够承受长期的部署，它应耐化学腐蚀并对生物污染有一定的抵抗能力。此外，在设计时还应考虑使其具备低维护、有冗余、低功耗和长期稳定性等特点。

水下观测站在部署之前，必须对其不同部分开展机械测试，以验证其部件的耐受能力(水密性和耐压性)。如图 19.8 所示，OBSEA 主要部件放置在 UPC 的高压舱旁边。该高压舱可产生相当于 150m 水深处的压力条件，并且可根据需求设置持续时间。此外，在该图中还可以看到主节点(大圆柱体)、仪器顶部的连接器以及 OBSEA 水下相机。主节点由不锈钢制成，用于容纳主要的电子和控制系统，并充当所有传感器和仪器的连接点。它同样有一个特殊的连接器，用于与未来计划安装的其他节点组网。OBSEA 摄像机封装在丙烯酸制外壳和玻璃拱顶内，在这种设计下，摄像机可以承受相当于 50m 水深处的压力。

19.4.4　生物污染

当物体浸入海水中时，不可避免地会被污垢迅速包覆。生物污染是一种复杂的现象，目前已是一个活跃的研究课题(Lehaitre et al.，2008)。目前有超过 400 多种与海洋生物污染问题有关的生物被发现。按生物体大小可分为造成微观污染的微生物体和造成宏观污染的大型生物体。光学和声学测量对生物污染特别敏感，生物污染被视为

图 19.8　用于测试 OBSEA 观测站不同元件的高压舱

图中还显示了水下相机，和包含电子设备以及连接器的主节点

测量时引入的噪声。图 19.6(d)展示了一个因生物污染引发问题的具体实例，在该图中可以观察到碎屑和生长的微生物。在这种情况下，相机在聚焦鱼群时存在问题，这严重限制了其作为图像传感器用于计数和分类时的性能。其他示例如图 19.9(a)和图 19.9(b)所示，其中 OBSEA 观测站的浊度计和叶绿素计受到了生物污染的严重影响。在这种情况下，出于维护和清洁的目的回收了传感器。

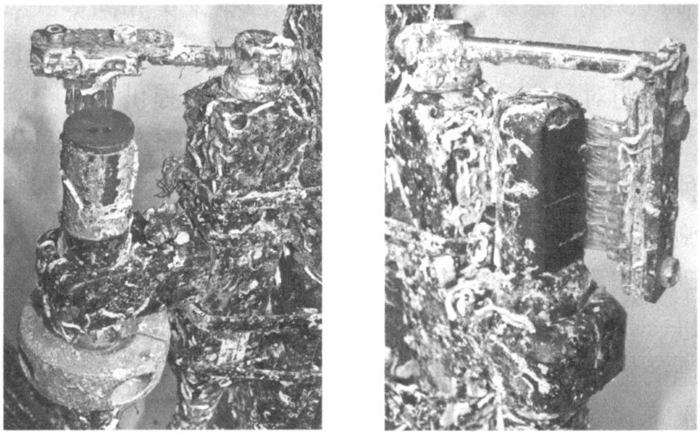

(a) 浊度计　(b) 叶绿素计

图 19.9　生物污染的示例

清洁刷有助于防止生物污染(www.obsea.es)

不同的环境和生物活动会造成生物污染。其中包括水的物理条件，如温度、电导率、pH 值和溶解氧的含量，以及与材料性质有关的因素，如其粗糙度或表面电荷。最后，部署区域的位置、季节、深度和水动力条件也会影响生物污染的发生速度。

目前，有一些用于海洋图像传感器的生物污染防护技术，其中最常见的技术基于以下方面(Lehaitre et al.，2008)。

(1)表面作用：清洁刷(图 19.9(a)和图 19.9(b))、刮刀、水射流或超声波。

(2)抗微生物涂层或氯化物防护。

图 19.9(a)和图 19.9(b)给出了一个使用清洁刷作为机械生物污染防护技术的清晰示例。从图像中可以清楚地看出，如果没有清洁刷，则生物污染最终将会包覆传感元件。这些传感器在地中海部署了 6 个月，其中清洁刷每 2 小时运行一次。尽管这些防护技术确实提供了解决方案，但它们依赖具备特定控制和监控服务的机械设备的长期工作，这些机械设备也会遭受生物污染。因此，从长远来看，需要制定维护计划以确保传感器和防护设备的正常运行。除此之外，传感器的敏感区域必须尽可能保持不动或不受清洁装置的影响。如果所选取的防护方案需要调整传感器，则应在校准过程中予以考虑和验证。

19.5　小　结

在本章中，我们概述了为长期采集数据而设计的水下观测仪的主要特点，特别是从工程角度考虑，着重强调了在设计时应考虑的主要因素，以便允许对系统进行快速数据通信、远程控制和监视，并防止系统故障和服务中断的发生。以 OBSEA 水下观测站的具体示例说明了水下基础设施的关键组成部分。作为整个系统的总体架构，包括岸基站和海底节点、控制系统、通信网络以及数据采集和同步。

我们还介绍了部署在水下基础设施上的光学和图像系统的一些应用。在 OBSEA 中，这些系统已被证明对科学家非常有价值，并为他们提供了一个独特的机会，能够在不受干扰的情况下实时观察处于其自身环境中的物种。通过分析采集的图像和视频，可以识别个体物种和当地鱼群结构随时间的变化。在本章的最后部分，我们讨论了水下观测站基础设施的设计和维护时面临的常规操作挑战，如生物污染。

这些水下基础设施已被证明在海洋环境长期监测中非常有用，并且预计在未来对它们的使用将会进一步地加强。然而，水下环境条件恶劣，有时更是极端恶劣，若想提高水下基础设施的能力并降低运营和维护成本，就必须对其进行改进。现有的经验将有助于下一代水下观测站的改进。

参 考 文 献

Aguzzi J, Mànuel A, Condal F, et al. 2011. The New Seafloor Observatory (OBSEA) for remote and long-term coastal ecosystem monitoring. Sensors, 11(6), 5850-5872.

Albaladejo C, Sánchez P, Iborra A, et al. 2010. Wireless sensor networks for oceanographic monitoring: a systematic review. Sensors, 10, 6948-6968.

Barlow S, Flynn J, Mudge W. 2007. Latest generation subsea observatory standards-a systems architecture review. OCEANS 2007, 29 September-4 October 2007, Vancouver, Canada, 1-5.

Barlow S, Flynn J, Terada S, et al. 2007. Power and communication architectures for cabled subsea observatories. Underwater Technology and Workshop on Scientific Use of Submarine Cables and Related Technologies, 2007. Symposium on, 17-20 April 2007, Tokyo, Japan, 191.

Caimi F M, Kocak D M, Dalgleish F, et al. 2008. Underwater imaging and optics: Recent advances. OCEANS 2008, 15-18 September 2008, Quebec, Canada, 1-9.

Chave A D, Massion G, Mikada H. 2006. Science requirements and the design of cabled ocean observatories. Annals of Geophysics, 49(2-3), 569-579.

Cunningham A, Ramage L. 2011. 3 August 2011-last update, Light Fields and Optics in Coastal Waters [7 December 2011].

del Rio J, Toma D, Shariat-Panahi S, et al. 2012. Precision timing in ocean sensor systems. Measurement Science and Technology, 23(2), 025801.

del Rio J, Toma D M, O'Reilly T C, et al. 2013. Standards-based plug and work for instruments in ocean observing systems. IEEE Journal of Oceanic Engineering. (Manuscript submitted for publication, forthcoming 2013).

Delaney J, Heath G, Chave A, et al. 2000. NEPTUNE: Real-time, long-term ocean and earth studies at the scale of tectonic plate. Special Issue: National Oceanographic Partnership Program, 13(2), 71-79.

Dickey T, Bates N, Byrne R H, et al. 2009. The NOPP O-SCOPE and MOSEAN projects: advanced sensing for ocean observing systems. Oceanography, 22(2), 168-181.

Favali P, Beranzoli L. 2006. Seafloor Observatory Science: a review. Annals of Geophysics, 49(2/3), 515-567.

Jaffe J S, McLean J, Moore K D, et al. 2001. Underwater optical imaging: status and prospects. Oceanography, 14(3), 64-75.

Janesick J R. 2001. Scientific Charge-Coupled Devices. SPIE Press, Washington.

Kocak D M, Dalgleish F R, Caimi F M, et al. 2008. A focus on recent developments and trends in underwater imaging. Marine Technology Society Journal, Special issue on State of the Technology, 42(1), 52-67.

Lam K, Bradbeer R S, Shin P K S, et al. 2007. Application of a real-time underwater surveillance camera in monitoring of fish assemblages on a shallow coral communities in a marine park. OCEANS 2007, 29 September-4 October, 2007, Vancouver, Canada, 1.

Lehaitre M, Delauney L, Compère C. 2008. Biofouling and underwater measurements//Babin M, Roesler C S, Cullen J J. Real-Time Coastal Observing Systems for Marine Ecosystem Dynamics and Harmful Algal Blooms. Oceanographic Methodology series., UNESCO, 463.

Maffione R A. 2001. Evolution and Revolution in Measuring Ocean Optical Properties. Oceanography, 14(3), 9-14.

Manuel A, Nogueras M, del Rio J. 2010. OBSEA: an expandable seafloor observatory. Sea Technology, 51(7), 37-39.

Massion G, Asakawa K, Chave A D, et al. 2004. New scientific cabled observing systems: NEPTUNE and ARENA. Suboptic, Th B2.1, 197-199.

Matsumoto K, Nakamura T, Yusa A, et al. 1985. A new MOS phototransistor operating in a non-destructive readout mode. Journal of Applied Physics, 24 (L323), 323-325.

Mobley C D. 1994. Light and Water: Radiative Transfer in Natural Waters. Academic Press, California.

Person R, Marvaldi J, Priede I G, et al. 2005. ESONET: toward an European network of excellence on subsea observatories. Oceans 2005, Europe, 2, 1411.

Shariat-Panahi S, del Rio J, Toma D, et al. 2013. Smart IEEE-1588 GPS clock emulator for cabled ocean sensors. IEEE Journal of Oceanic Engineering. (Manuscript submitted for publication, forthcoming 2013).

Summerhayes C P. 1996. Ocean resources//Summerhayes C P,Thorpe S A. Oceanography: An Illustrated Guide, Manson Publishing Ltd., London, 314-337.

Sun H, Hendry D C, Player M A, et al. 2007. In situ underwater electronic holographic camera for studies of plankton. Oceanic Engineering, IEEE Journal of, 32 (2), 373-382.

Watson J, Player M A, Sun H Y, et al. 2004. eIIoloCam-an electronic holographic camera for subsea analysis. OCEANS '04. MTTS/IEEE TECHNO-OCEAN '04, 3, 1248.

第20章　利用水下高光谱图像创建海底特性的生物地球化学地图

本章介绍了用于海底生物地球化学感兴趣目标制图的水下高光谱成像(Underwater Hyperspectral Imaging，UHI)技术，并给出了运载平台和生物地球化学应用的实例。讨论了如何基于高分辨、地理参考和光学校正技术创建不同栖息地、矿物、基质和生物体的数字水下地图。还讨论了运载平台的速度和方向、固有光学特性(IOP)、光程长度、动态定位和平台俯仰/翻滚/偏航的校正问题，在此基础上利用水下高光谱成像创建了不同目标的光学指纹(可见光波段的光谱反射率)，实现了对感兴趣对象的区分、识别和量化，并提供了相关海底特征的统计资料。

20.1　引　　言

海底是复杂而动态的，其生物地球化学组分随时间和空间变化很大。传统方法通常采用潜水员原位调查、船载声学(回声探测仪)、底栖生物样品抓取、拖网取样、水下摄影及船载拖曳视频(投放式相机，参见 Boyd 等(2006)和 Buhl-Mortensen 等(2010)的文章)等方法，从而限制了高质量海底特征地图的获取。这些方法受限于空间尺度，通常是定性研究，需要大量的人工分析。分析底栖生物多属性光谱特征差异的新技术已经出现。从矿物到海草，不同感兴趣对象吸收和反射可见光能力的差异赋予其独特的“光学指纹”。通过高光谱成像测量海底反射光，获取其光学指纹，用于定性定量地绘制底栖生物栖息地、基质、矿物和生物体的生物地球化学地图。

高光谱成像仪可以部署在卫星、亚轨道飞行器、船舶或水下平台上。在过去的十年中，卫星和航空遥感在陆地和沿海不同栖息地(如沙漠/草原过渡带和水面有害藻华)测绘方面取得了重大进展，参见第 9 章或 Ryan 等(2005)、IOCCG(2008)、Johnsen 等(2009)的研究。目前需要对海底生物地球化学感兴趣的对象进行类似详细测绘和监测。在“光学浅层”的区域中可以进行被动航空遥感，在该区域中，海底光谱反射率对海

本章作者 G. JOHNSEN，NTNU and UNIS，Norway；Z. VOLENT，SINTEF Fisheries and Aquaculture，Norway；H. DIERSSEN，NTNU，Norway，and University of Connecticut，USA；R. PETTERSEN，M. VAN ARDELAN and F. SØREIDE，NTNU，Norway；P. FEARNS，Curtin University，Australia；M. LUDVIGSEN，NTNU，Norway；M. MOLINE，University of Delaware，USA。

面上辐射测量有贡献，且会受海水透明度、海底深度和海底组成的影响(Dierssen，2010)。此类技术已用于珊瑚、海草、海带(Dierssen et al.，2003；Phinn et al.，2005；Volent et al.，2007；Johnsen et al.，2011)，以及各种沉积物和其他近岸栖息地的测绘(Mobley et al.，2005；Klonowski et al.，2007)。

从光学上来说，大多数海底区域都很深，无法利用依赖太阳光的被动技术对其成像。在这种情况下，水下高光谱成像仪可以装载在水下运载工具上，如遥控潜水器(ROV)或自主式潜水器(AUV)，并部署于近底位置，以实现底栖生物栖息地的大面积测绘。与被动式遥感相比，水下遥感需要有源器件，通过利用已知光谱参数的人造光源将其定位于靠近底部的位置，实现高空间分辨率和高光谱分辨率的底栖环境反射率测量(Hochberg and Atkinson，2003；Grahn and Geladi，2007)。利用水下高光谱图像替代基于三原色 RGB 的图片和视频，可实现向感兴趣对象自动识别的方向迈进。因此，感兴趣对象的反射率光谱 $R(\lambda)$ 可用于区分栖息地。如果将水下高光谱成像仪部署在没有阳光的深海处，则必须使用人造光源对感兴趣对象照明。光源发出窄光束射向感兴趣对象，其反射光由水下高光谱成像仪收集探测。然而，水体及其中的物质也会影响被测光的光谱。入射和反射光的吸收和散射与水体的光学性质有关。感兴趣对象的反射光谱会受到水体中微粒和其他物质的影响，在对感兴趣对象进行光谱分类时应加以考虑。在本章中，我们将聚焦生物地球化学感兴趣对象的水下高光谱监测和测绘。我们首先在 20.1 节简要介绍各种空间分辨率、光谱分辨率、辐射分辨率和时间分辨率下的高光谱图像；在 20.2 节对光学指纹做进一步的阐明，在 20.3 节概述用于水下高光谱成像的水下平台；然后在 20.4 节和 20.5 节中概述图像配准和动态定位的需求以及水下高光谱传感器的要求，并介绍如何通过光学图像处理对感兴趣对象进行区分；最后，在 20.6 节介绍一些基于水下高光谱成像技术的海底生物地球化学测绘实例，其在环境机构以及石油、天然气等采矿业都具有潜在的应用价值。

20.2 水下高光谱成像(UHI)技术

通过利用水下高光谱图像的基本信息获得感兴趣对象特定的光学指纹。

20.2.1 UHI 的优点和解决方案

将高光谱成像仪部署在靠近感兴趣对象的水下平台上，该方法的优势可以通过以下四类分辨率来评价，即：

(1)空间分辨率(图像像素大小)；

(2)光谱分辨率(人眼与多光谱和高光谱传感器对比)；

(3)辐射分辨率(像素位数和动态范围)；

(4)时间分辨率(重访时间)。

1. 空间分辨率

成像仪的空间分辨率与距目标距离和传感器信噪比有关。安装在极地轨道卫星上的传感器通常在约 800km 的高度观察整个地球，其地面分辨率为数百至数千米，可在 1～2 天内覆盖全球。与星载传感器不同，一种类似的技术可以允许通过将传感器部署于飞机、船舶或水下运载器上，实现较小区域的测绘。观测沿海和浅水区域的航空高光谱遥感仪器通常在 1.5～3km 的高度飞行，根据其结构、光学设置、高度和飞行速度可提供 1～4m 的空间分辨率(Davis et al.，2006；Klonowski et al.，2007；Volent et al.，2007)。安装在水下运载器上的水下高光谱成像仪在距海底 2m 处对感兴趣目标进行扫描时，通常能够实现约 2mm 的空间分辨率。不同比例尺的测绘可以用来解决不同的科学和环境问题，可以同时进行并相互补充。从整个海洋表面获得的卫星图像非常适合解决与气候和全球生物地球化学以及光学浅水生态系统的大尺度特征有关的问题(Bierwirth et al.，1993；Dierssen，2010；Lee et al.，2010)。利用水下高光谱成像仪观测到的精细尺度特征是绘制水下栖息地地图的理想选择，这些精细尺度特征由不同感兴趣对象在亚米尺度上的差异组成。该技术还可用于边缘检测和描绘随时间变化的群落交错区边界。

2. 光谱分辨率

人眼对所谓的红色、绿色和蓝色(RGB)感光细胞(锥细胞的吸收峰在 420nm、534nm 和 564nm 处)的利用是人类三原色感知颜色的基础(图 20.1 的上图)。因此，人工传感系统以及诸如电视、计算机、数码相机/视频系统和图像扫描仪等彩色图像显示系统通常都基于 RGB 颜色模型。这些 RGB 图像被称为伪彩色图像，因为它们使用的波段集中在可见光波段中蓝色(450nm)、绿色(550nm)和红色(650nm)部分，而不是人眼真实的光谱响应。例如，密集的藻华或“赤潮”所反射光的谱峰并不在可见光谱的红色区域，而是在更接近黄色的 570～580nm 处。随着浮游植物的密集，观察到从绿色到红色的颜色变化并不是因为藻类特殊的光学特性，而是由人眼红色和绿色视锥细胞的光谱响应重叠造成的(Dierssen et al.，2006)。然而，标准水下 RGB 图像的光谱分类虽然对人类视觉有用，但往往不足以区分不同的海底类型(Gleason et al.，2007)。

相比于人眼和简单的三色成像系统，多光谱成像仪(图 20.1 的中间图像)对 3 个以上的波段(颜色)敏感，并且当其设计用于环境传感时，通常在电磁波谱中紫外、可见和红外区域具有 10～20 个波段。例如，传统的海洋水色卫星通常只有 6～7 个波段，这些波段跨越可见光谱，与海水的吸收特征重叠，但在光谱覆盖范围上有很大差距(Dierssen，2010)。唯一已知具有真正多光谱视觉的生物族群是海洋中的螳螂虾(Mantis)，其光谱敏感性达到了惊人的 13 个波段，光谱范围覆盖 300～700nm(注意存在物种特异性差异，参见 Marshall 和 Oberwinkler(1999)和 Marshall 等(2007)的研究)。

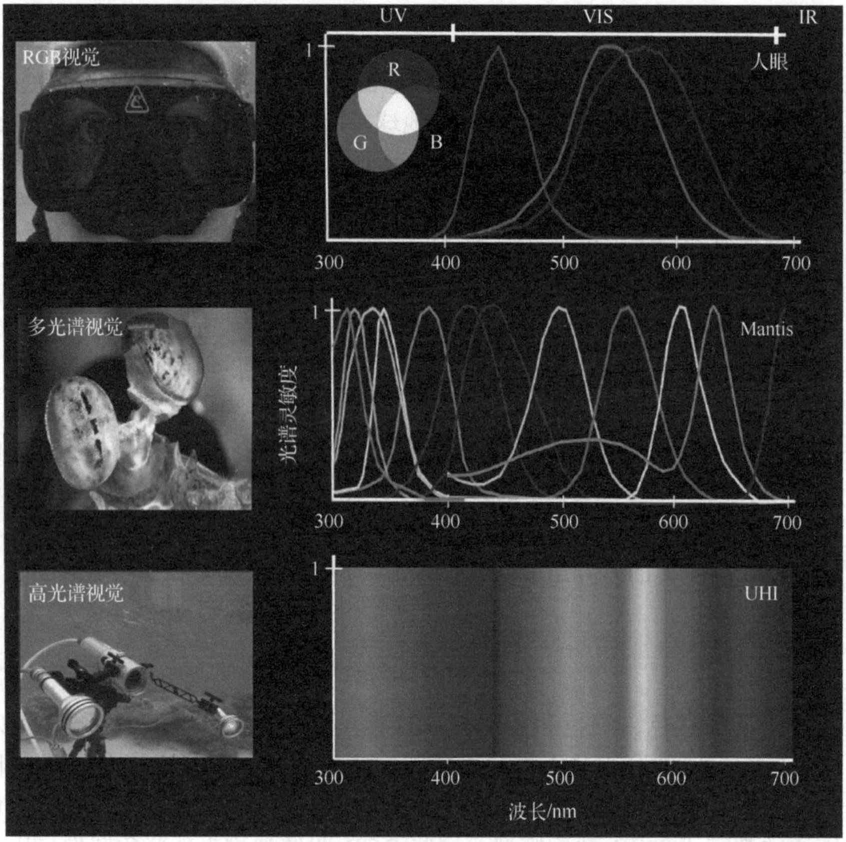

图 20.1　人眼三原色(RGB)与多光谱(Mantis)和高光谱视觉的原理①(见彩图)

高光谱成像仪，也称为成像光谱仪。与人眼的三原色成像相比，高光谱成像仪在可见光范围内有数百个波段，通常每个波段宽约 1～5nm(图 20.1 的下图)。因此，即使数据的图像表示形式是三波段 RGB 的图像，每个高光谱像素仍包含连续光谱的信息。高光谱成像和检测的最大优势在于其每个图像像素及所包含的高度详细的光谱信息都有可能用于区分光谱特征中的细微差异，从而作为区分不同感兴趣对象的依据。目前有关珊瑚、藻类、海草和沉积物的机载高光谱反射率的研究表明，与商用相机可用的 RGB 波段相比，光谱分辨率小于 10nm 时可能会显著提高对未知目标的分类精度(Mobley et al.，2005；Klonowski et al.，2007；Gintert et al.，2009；Gleason et al.，2010；Fearns et al.，2011)。对感兴趣对象光谱的统计分析提高了人们对其随自然变化的光谱特征的理解，这些变化超出了“人眼”所能看到的范围，从而促进了对感兴趣对象自动分类技术的发展。

① 资料来源：上部和中部的图形和图像改编自 Marshall 和 Oberwinkler(1999)、Marshall 等(2007)。上部和下部的照片由 Geir Johnsen 拍摄。中部的螳螂虾图像由加利福尼亚大学伯克利分校的 Roy Caldwell 拍摄，已授权使用。

与人眼的三色成像系统相比，高光谱成像仪可以检测到感兴趣对象唯一的高光谱分辨率下的“光学指纹”。在这里，我们以萨拉米香肠(Salami)的独特光谱特征为例来说明生化样品的高光谱成像(图 20.2)。萨拉米香肠的成分——从肉到脂肪，都可以利用光谱进行鉴别，并用于香肠中许多细微尺度特征的分类。萨拉米香肠的图像表明脂肪在可见光波段(白光)的反射率增强，而偏红棕色的肉以及各种脂肪和肉的混合物的谱峰则位于光谱的红色部分(600～650nm)。通过类似的生化样品成像，可以获得用于验证产品质量(如脂肪含量百分比)的统计信息，或潜在地对产品中肉的来源进行分类。

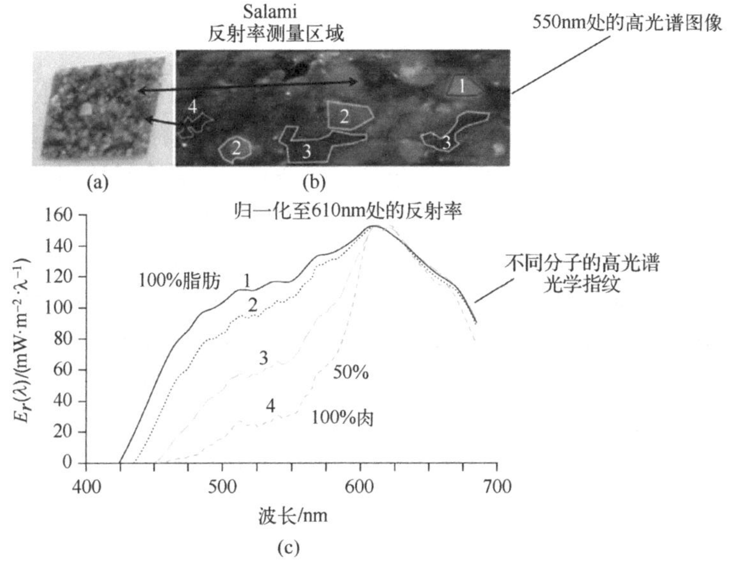

图 20.2　高光谱成像(HI)鉴别 Salami 中化学成分(脂肪和肉类)(见彩图)

(a)普通照片(RGB)；(b)在 550nm 下来自显微镜的高光谱图像(放大 4 倍)；(c)脂肪的高光谱光学指纹 $R(\lambda)$，以及肉类和脂肪混合物的光学指纹，其中 $E_r(\lambda)$表示上行辐照度，区域 1～4 表示脂肪与肉类含量的百分比不同

利用高光谱成像仪对海洋环境中的感兴趣对象进行分类时，传感器检测到的光谱信息与上述示例类似。海底的不同成分会吸收某些特定波长的光并反射其他波长的光。可以在高光谱分辨率下测量海底反射光的光谱特征，以区分不同类型和组合的海底特征。但是，与空气中萨拉米香肠的成像不同，海底的成像需要透过水这种具有高度吸收和散射的介质。因此，在分析水下高光谱成像仪测得的光学指纹时必须考虑水体及其组分的影响。水分子的吸收和散射特性以及水体内的微粒和溶解物质会改变光的颜色或光谱反射率。通俗地说，成像仪将根据与待测目标的距离及待测目标是否浸入泉水、牛奶(高度散射)或咖啡(高度吸收)等液体中，进而产生不同的测量结果。此类校正过程归纳于数据分析内容中，并将在 20.3 节中做进一步讨论。

3. 辐射分辨率(像素位数)

像素深度(位深度)表示决定测量辐射精度的数字电平。本章中列举的水下高光谱成像仪的位深度为 8 位，即在给定波长下有 28 或 256 个强度等级。现有的成像仪和其他高光谱成像仪也可以有较高的比特率，如 12～14 位(Lucke et al.，2011)。较高比特率的主要优点是能够对更大范围的强度进行采样。较多的位数使得图像具有更好的曝光控制和动态色彩强度。大动态范围对于明亮或很暗的海洋目标来说尤为重要(Mouroulis et al.，2012)。但是，较高的辐射分辨率将导致数据文件过于庞大，以至于难以利用标准计算机系统对其进行操作处理。

4. 时间分辨率

对于大多数极地轨道海洋水色卫星来说，重访时间或时间分辨率取决于传感器的规格和轨道大小，通常以天为单位。但是，实际的时间分辨率还取决于其他环境因素，如云层和冰盖的影响以及季节性的光照条件，这些限制因素将导致测得图像可能为每周或每月的平均值。然而水下高光谱成像仪可以不受轨道、光线以及云层和冰盖的限制，并可根据所研究问题需要的时间分辨率进行部署。例如，矿物制图所需的时间分辨率远小于藻类所需的时间分辨率，藻类分布变化的时间尺度可能以天或小时为单位，甚至更短(Sosik et al.，2003；Volent et al.，2011)。此外，可以采用常规调查的方式探索由工业活动、环境测绘和监测，以及自然过程引起的底栖特征变化。对于部署在水下平台上的水下高光谱成像仪来说，最重要的是高精度的地理定位能力，以确保能够重访给定地点或感兴趣的区域。因此，ROV 或 AUV 需要使用动态定位系统实现大面积区域的监测和重访，并能够给出栖息地监测调查的时间序列(请参阅 20.4.2 节)。

20.2.2　光学指纹

海底不同感兴趣对象的光谱反射率或“光学指纹”与光照条件和水体特性无关(图 20.3)。在数学上，它被描述为海底基质的上行辐照度 $E_u(\lambda)$ 与入射到海底基质上的下行辐照度 $E_d(\lambda)$ 的归一化比值。换言之，它是基底或感兴趣对象的反射光在每一波长下的百分比。在吸收率较高的波长下，如植物中的蓝色和红色波长部分，其反射光的颜色通常为绿色。可以在实验室内通过测量岩心取样或潜水员采集的样品获取底栖物质的光谱反射率，也可以通过潜水器操纵光谱仪或成像仪在水下原位获取。由于光通过空气-水界面时存在折射现象，因此实验室测得的反射率光谱与水下测得的光谱形状类似，但绝对光谱幅值可能有所不同。利用光谱仪或成像仪可以直接原位测量底栖感兴趣对象的反射率光谱，而无须采集样品。

现已在广泛的基底上对各种海底特征的反射率光谱(非光谱图像)进行了测定，并已纳入光谱库中(Mobley et al.，2005)。例如，Hydro Light 辐射传递模型(Sequoia Scientific，WA，USA)囊括了各种类型沉积物、海草和其他成分的理想光谱。不同类型沉积物的光谱反射率在蓝光到红光波段呈单调递增，由于沉积物内部的叶绿素（叶绿素 a、b 和 c）的影响，在 665nm 处出现下降（Dierssen，2010）。然而，由于沉积物的矿物质含量以及沉积物表面的生物膜数量的影响，其光谱特性会在时间和空间尺度上发生变化（参见 Buonassissi 和 Dierssen（2010）的研究或请参阅 20.6 节）。

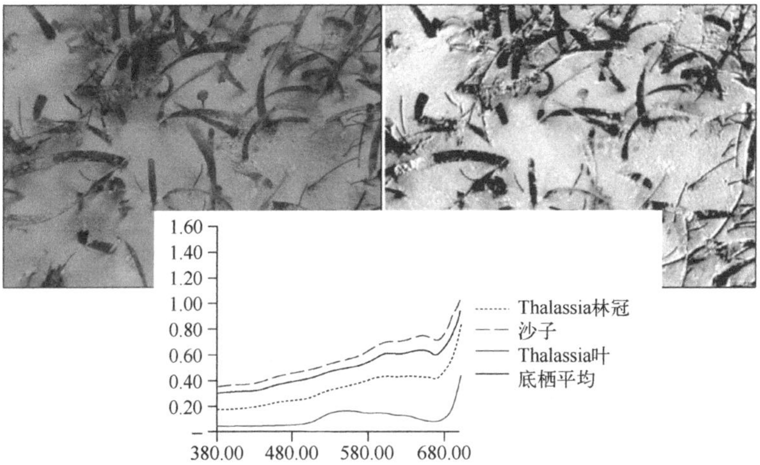

图 20.3　在佛罗里达湾明亮碳酸盐沙地中生长的 Thalassia testudinum 海草的叶片可以对底栖生物的图像进行分类，以确定海草甸生产力和海底大空间尺度上的生物地球化学特性的平均反射率（Dierssen，2010）（见彩图）

20.3　不同水下平台上的高光谱成像仪

本节讨论如何将装配有水下高光谱成像仪的水下移动平台作为运载工具，实现对海底感兴趣目标的测绘。通过使用水下移动机器人，有可能实现 $1m^2$～$1000km^2$ 区域的测绘。

20.3.1　部署在遥控无人潜水器上的水下高光谱成像仪

ROV 是一种远程操作的运载工具，在其整个部署过程中被固定拴在船舶上，通过脐带缆为其提供动力和通信。使用 ROV 作为水下高光谱成像仪的运载平台，其优势是可以实现在线控制仪器和采集数据（图 20.4（a）和图 20.4（b））。仪器获取数据出现任何问题时都可以做出及时的诊断，并通过向仪器发送控制命令实现仪器参数设置的调整。因为电力是通过脐带缆提供的，所以 ROV 对电源负载几乎没有任何限制。

这在需要外部光源主动成像时显得尤为重要。可以考虑将许多高功率的照明灯安装在配有水下高光谱成像仪的 ROV 上。此外，许多辅助传感器可部署在 ROV 上用于水体光学特性的测量，例如，WetLabs Ecopuck 传感器可用于叶绿素 a、有色可溶性有机物和总悬浮物(Total Suspended Matter，TSM)的测量。部分用于测绘水深(多波束回声测深仪)和海底地形(侧扫声呐)的声学传感器也可以很容易地装配在 ROV 上。

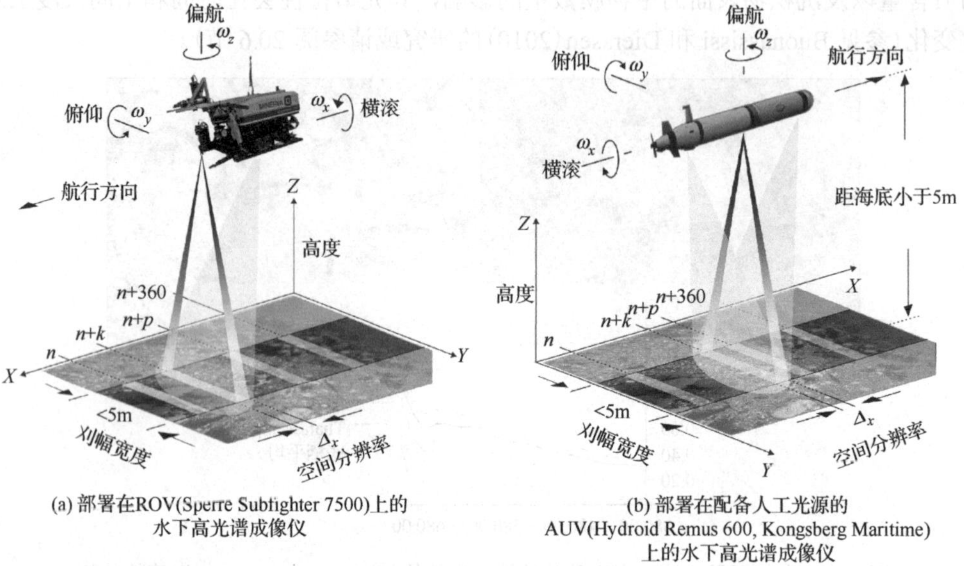

图 20.4 UHI 在 ROV 和 AUV 上的部署

如果在船上安装了动态定位(Dynamic Position，DP)系统(请参阅 20.4.2 节)，则可以使用动态定位系统自动控制功能以预定模式对海底进行测绘，就像割草机一样来回测绘，此方法具有很高的准确性和精度。利用超短基线和长基线导航，实现对 ROV 平台速度/方向、高度、俯仰、横滚和偏航的控制，从而通过图像拼接获取整个采样区域高分辨率的图像(Singh et al.，2004a，2004b；Ludvigsen et al.，2007)。因此，基于 ROV 的水下高光谱成像探测可实现覆盖 10～500m 长度的海底横断面的测绘，并且可生成高质量的图像。

利用 ROV 部署传感器开展水下探测的主要缺点是 ROV 的脐带缆通常长 500～1000m，这会限制其水中作业的覆盖范围。此外，在整个过程中部署用于操纵和拴结 ROV 的舰艇需要投入相当多的时间和成本。从操作角度来看，ROV 还包含可能会对成像产生干扰的外部推进电机。例如，如果水下成像光谱仪靠近软质海底(如松散、未固结的沉积层)，则 ROV 推进器可能会使沉积物悬浮并降低图像质量。随着动态定位系统的改进，ROV 的高度、速度和运动可以得到更好的控制(请参阅 20.4.2 节)，水下高光谱成像的质量也会随之提高。

20.3.2 部署在自主式水下潜水器上的水下高光谱成像仪

AUV 是一种自主式潜水器，可以是水下滑翔机或是由螺旋桨驱动的系统。自主式水下滑翔机可以在内部改变其所受浮力，并通过将水体的垂直运动转换为水平速度向前推进(Moline et al.，2005)。尽管滑翔机有许多海洋学应用，但其功率容量非常低，在海底附近持续采样能力有限。因此，滑翔机不是水下高光谱成像仪的理想搭载平台，在此不再赘述。相比之下，螺旋桨驱动的 AUV 比滑翔机提供了更高的有效载荷和更系统的采样能力，可以很容易地与水下高光谱成像仪结合。AUV 的航行速度通常在 1～5 节(1 节=1.852km/h)之间，并且可以在没有系缆和船员约束的情况下远距离采样。螺旋桨驱动的 AUV 具有不同的大小和航程范围。小型 AUV 通常长 1.5～2m，直径约 20cm，重 40～100kg，航程为 100km，下潜深度限制在 100～500m。小型 AUV 系统可以由两个人在小船上手动部署，与 ROV 相比，其运行成本更低(Moline et al.，2005)。较大型的 AUV 长约 3～5m，直径可达 80cm，重达 900kg，可航行数百公里，下潜深度达 6000m(如 REMUS 6000)。凭借极强的速度/方向、高度和俯仰、翻滚和偏航控制能力，大型 AUV 可能是在大范围海底区域内进行水下高光谱测绘的最佳平台。大型 AUV 具备高精度的预定义航行模式(如在预定高度水平、之字形或在预定高度跟随地形航行)和自适应采样能力(Blackwell et al.，2007)。重要的是，AUV 航行高度的精确控制使得海底测绘相当高效。

与拖曳式相机(Barker et al.，1999)相比，利用 AUV 平台的海底成像有如下改进，例如：

(1)以特定位置(精确定位)的感兴趣对象为目标，实现较大范围(1～200km)的海底测绘(Moline et al.，2005，2007；Johnsen et al.，2011)；

(2)高度和位置控制使得以预定速度在较近的固定距离处进行海底测绘成为可能(Moline et al.，2007；Williams et al.，2010)；

(3)能够对粗糙海底、垂直峭壁和复杂海底结构进行测绘。

海底 AUV 是一个非常稳定的光学成像平台，其广泛应用于各种海洋巡航中，如使用相机和声呐对珊瑚礁进行表征(Singh et al.，2004a，2004b；Williams et al.，2008)。AUV 的商业可用性和多功能性使其成为水下高光谱成像仪应用的优秀平台。

20.4　传感器和航行要求

以下部分概述了在 ROV 和 AUV 上进行高质量水下高光谱成像的硬件和软件要求。

20.4.1　水下高光谱成像的传感器要求

高光谱成像仪(或成像光谱仪)的首选传感器架构是所谓的“推扫式”设计结构，其中整个扫描线由一排垂直于成像方向排列的传感器组成，并用于成像。光谱仪狭缝收集地面反射光，并随着传感器的运动向前扫描。穿轨方向的扫描宽度称为穿轨视场(Cross-track Field Of View，CFOV)。狭缝处图像经光谱仪分光后由二维探测器阵列在垂直于狭缝的方向记录光谱信息。

海洋目标的探测对光谱仪系统设计提出了严峻的挑战(Mourolis et al.，2012)：

(1)传感器测量的反射率有很大的动态范围，根据感兴趣目标的不同，反射率的变化范围从1%到90%不等；

(2)精细空间尺度要求光谱仪响应需高度均匀一致。

水下成像的优点是所需的信号不会被大气散射所淹没，且通常不受偏振灵敏度的影响。

水下高光谱成像传感器应体积小巧(以适应水下机器人)并具备耐压外壳。水下高光谱成像传感器最好使用固定的结构，因为没有运动部件可最大限度地减少故障(在水下耐压壳中经常出现寒冷和潮湿的情况)，并将功率需求降至最低。水下高光谱成像仪在海底移动时与感兴趣对象的距离不断改变，这对水下高光谱成像仪的聚焦能力提出了挑战。传感器部署在预定的固定焦平面上，并放置于距海底的固定距离处。也可以采用动态聚焦的方法，但鉴于地形和航速的不断变化，实现该方法是很困难的。

与水下高光谱成像传感器本身相比，有源的水下高光谱成像仪的能量有效载荷主要由高功率的水下光源占据。下面的示例显示两个35W的卤素灯耗费6Ah，而成像传感器仅耗费0.17Ah。需设计专用光源，以确保对感兴趣对象均匀照明，同时保证能够接收识别所需全部波长的光(请参阅20.6节)。

此外，理想光源应放置在便于仪器准直同时避免杂散光散射对传感器产生干扰的位置。理想情况下，水下高光谱成像仪应探测那些来自目标反射后到达探测器的光子，而不是那些仅经过水体散射后回到探测器上的光子。

20.4.2 影像配准和导航

水下高光谱成像仪使用的推扫技术依靠导航数据从每个单独的扫描线中编译图像立方体。数据使用绝对坐标进行地理配准(Volent et al.，2007)。通过对平台上收集的互补数据(如侧扫声呐图像或拼接图像)进行比较，可以确定图像地理校正的准确性(Ludvigsen et al.，2007)。导航设备和勘测程序由数据准确性要求决定。理想情况下，位置和方向精度应与海底高光谱图像分辨率相匹配。本章概述的水下高光谱成像传感器可以提供毫米级分辨率的海底图像。即使使用目前最先进导航设备也无法达到此精度。然而，导航设备达到毫米精度又是潜在可行的，从而可以实现在毫米分辨率内确定从一条线到下一条线的相对位置。

1. 影像配准

利用装配水下高光谱成像仪的潜水器导航数据图像立方体进行影像配准。水下导航基于声学基线定位和航位推测法。前者最常见于ROV，而后者则更多用于AUV(图20.5)。

(a) 超短基线(USBL)

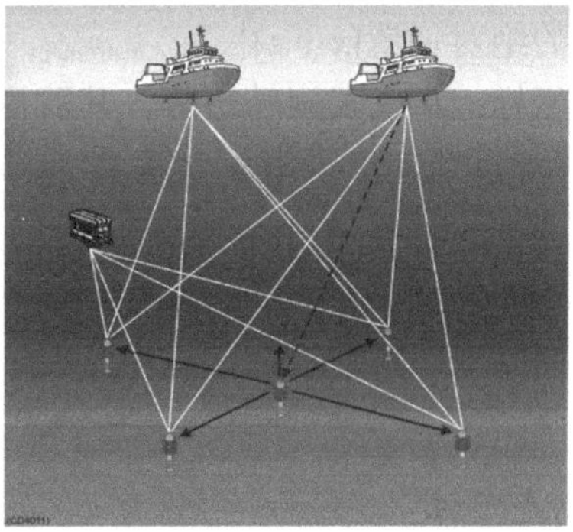

(b) 长基线(LBL)

图 20.5　装配有水下高光谱成像仪的水下机器人利用水下声学导航定位(见彩图)

为了利用 USBL 系统获得全球定位，需要在 ROV 上安装舰载收发器、舰载方位传感器和 GPS 应答器

2. 水下声学导航

超短基线(Ultra-Short BaseLine，USBL)和长基线(Long BaseLine，LBL)是 ROV 定位的主要方法。要使用 USBL 定位系统获得全球位置，需要在 ROV 上安装舰载收发器、舰载方位传感器和 GPS 应答器，见图 20.5(a)。而对于 LBL 定位，该系统由放置在海床上的应答器阵列和安装在 ROV 上的收发器组成。通过用该系统，可以获取独立于舰载传感器的位置信息(图 20.5(b))。关于定位原理的更多说明请参见 Milne(1983)。

3. 航位推测法

航位推测法是一种利用初始位置、航向、时间和速度来计算位置的方法。在数学上，计算速度和加速度随时间变化的积分，以建立位置估算值。航位推测法常用的传感器有陀螺仪、多普勒测速仪(Doppler Velocity Log，DVL)、惯性测量单元(Inertial Measurement Unit，IMU)和惯性导航系统(Inertial Navigation System，INS)。

4. 俯仰、横滚和偏航修正

为了校正水下高光谱成像仪在俯仰、横滚和偏航状态下的高光谱数据，我们将从系统的数学模型开始概述。

$$\begin{bmatrix} x \\ y \\ z \end{bmatrix}_{\text{absolute seabed data}} = \begin{bmatrix} x \\ y \\ z \end{bmatrix}_{\text{absolute instrument}} + R(\phi,\theta,\psi)\cdot\begin{bmatrix} x \\ y \\ z \end{bmatrix}_{\text{local}} \tag{20.1}$$

其中，ϕ、θ、ψ 分别表示水下高光谱成像仪所搭载的水下机器人(如 ROV 或 AUV)平台的横滚角、俯仰角和偏航角；$[x\ y\ z]^{\mathrm{T}}_{\text{local}}$ 是由本地参考系统收集的水下高光谱数据；

利用仪器的绝对位置$[x\ y\ z]^{\mathrm{T}}_{\text{absolute instrument}}$和仪器的旋转角$(\phi, \theta, \psi)$，可以确定海底数据点的绝对坐标；$R$代表旋转矩阵，其欧拉角表示为

$$R(\phi,\theta,\psi)\begin{bmatrix} \cos\psi-\cos\theta & -\sin\psi-\cos\phi+\cos\psi-\sin\theta-\sin\phi & \sin\psi-\sin\phi+\cos\psi-\cos\phi-\sin\theta \\ \sin\psi-\cos\theta & \cos\psi-\cos\phi+\sin\theta-\sin\theta-\sin\psi & -\cos\psi-\sin\phi+\sin\theta-\cos\phi \\ -\sin\theta & \cos\theta-\sin\phi & \cos\theta-\cos\phi \end{bmatrix} \tag{20.2}$$

5. *动态定位*

水下高光谱成像仪通常扫描宽度较窄(3～6m)，因此成像仪需要经过多次扫描才能构建完整的海底地图。对于大多数应用场景，平台以类似割草机运动的模式来回移动，扫描线在空间域上会发生重叠。扫描线之间的重叠量是可变的，在某些应用中重叠约50%。为了保持平台稳定、维持较低的穿轨误差和较高的扫描重合性，需要对平台进行精确操纵。这对于低速航行的 ROV 的操作员来说十分烦琐且充满挑战。自动驾驶系统或与动态定位系统类似的自动操纵系统可以提高运载工具的操作精度，从而提高数据的准确性。AUV具有控制航向、速度和穿轨误差的集成控制器，可确保扫描线的准确性。

20.5　高光谱图像处理

本节介绍水体光学特性与水下高光谱图像及图像处理之间的关系。

20.5.1　水体的光学特性

表观光学特性(AOP)取决于介质和光场分布(请参阅第1章和第4章)。表观光学特性利用被动式光学传感器以环境光(太阳光)为光源进行测量。常用于遥感的两种表观光学特性为漫射衰减系数(K_d, m^{-1})和海洋反射率。虽然AOP可以通过常规方法测量(但很难测量好)，但难以对水体中的生物地球化学性质进行定量解释。相反，固有光学特性仅取决于介质及其成分组成，并且与环境光场无关。由于此处概述的水下高光谱成像使用外部光源，因此可以将其定义为主动光学技术。与被动式 AOP 传感器相比，主动的水下高光谱成像传感器可以在夜间或没有环境光的深海使用(Johnsen et al.，2011)。

水下高光谱成像仪必须部署在距海底一定距离处，由于水体的影响无法获得海底的真实反射率。因此，必须将水体光学特性纳入图像分析的范畴。常用于遥感和成像的两种表观光学特性包括吸收系数(a)和散射系数(b)，是指准直光经单位长度介质后被吸收或散射的比例(单位为 1/L 或 m^{-1})。海洋成分中主要的吸光物质有水分子、浮游植物色素、微粒碎屑和有色可溶性有机物(图 20.6)，有关叶绿素 a 的实验图参见图 12.7。纯水的光吸收效率在波长大于550nm时逐步递增，而对可见光谱中蓝光和绿

光部分吸收最低。相反，有色可溶性有机物在光谱的紫外线和蓝光部分吸收最大，并随波长呈指数下降，下降速率与材料成分或退化状态有关(请参阅第 5 章)。有色可溶性有机物主要由植物组织降解释放的腐殖酸和富里酸组成，主要分布在沿海和河口水域，受河流影响较大(Kirk，1994；Blough and Del Vecchio，2002)。非生物颗粒物，又称碎屑或非生物性悬浮物，其吸光方式类似于有色可溶性有机物，通常建立指数或双曲线模型对其进行分析。浮游植物的吸光方式最为复杂，与其光合色素的组成和光合色素量有关(Bricaud et al.，2004；Johnsen et al.，2011)，通常其吸收最强烈的部分位于光谱的蓝光和红光部分。水分子、盐、有机和无机颗粒以及气泡对海洋中的光散射有很大贡献(图 20.6)。

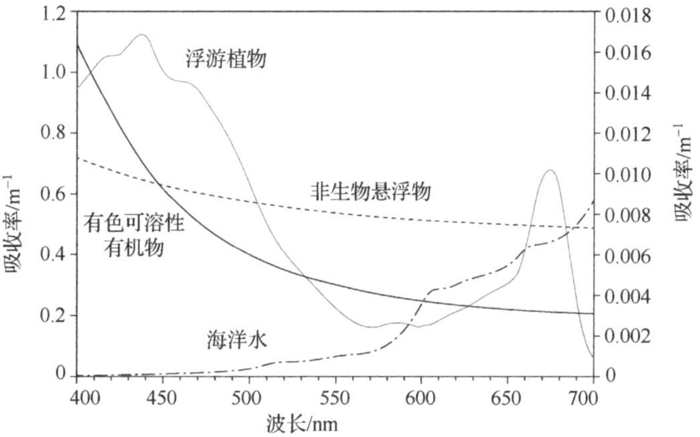

图 20.6　洁净海水(Pope and Fry，1997)、含叶绿素 c 及叶绿素 b 的浮游植物(Johnsen and Sakshaug，2007)、有色可溶性有机物和非生物性悬浮物的海水的表观光学特性

除浮游植物的光谱使用次 y 轴(右)，其余所有的光谱都使用主 y 轴(左)

水体的光学特性会对成像仪的辐射率测量产生影响，进而影响图像的定量分析。成像仪距海底越远，水体对辐射率的测量影响越大。在某一阈值距离处，海底反射光的强度可能会衰减到传感器探测限以下，特别是在水体具有高吸收系数的波长(如红光)处。

因此，水下高光谱成像的空间分辨率取决于光源的强度和光谱特性以及水的洁净度。对于大多数应用，必须在成像的同时对传感器与海底的距离进行高精确测量，以确定光在水体中的衰减。

20.5.2　水下高光谱图像的光学校正

可以采用两种方案来校正水体的影响：①使用反光板或图像中已知反射率的目标物；②利用已知固有光学特性对水体效应进行建模。在第一种方案中，理想的方法是将一已知反射率的目标物放置于与采样图像同深度的海底。为了在整个可见光谱范围内进行校正，具有全波长下均匀反射率的目标物(如特氟龙)是最佳选择。但对仪器的

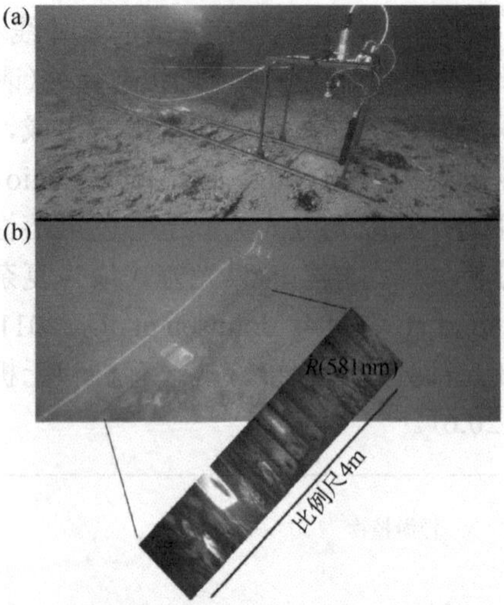

图 20.7 2010 年 4 月在挪威霍帕瓦根建立了用于观测海底感兴趣对象的生物地球化学特性的水下高光谱成像仪原型图(见彩图)

(a)安装在水下轨道车上的水下高光谱成像仪，并配有人造光源，可供现场观察。水下成像光谱仪探测到的光信号是由感兴趣对象的反射光和水体散射光的组合。来自光源的光被感兴趣对象散射后经传感器收集，得到感兴趣对象的光谱特征。(b)显示了 4 个区域，其中每个区域包含不同的基质、矿物质、锰结核和动物体(如珊瑚、海绵、海蛇尾、海星、海带和贻贝)。更多详细信息请参阅第 20.6 节、图 20.9～图 20.11

辐射响应能力来说，这种反射能力太强的目标物通常会使探测器饱和。因此，灰色反光板更适合弱光环境下的海底。理论上，可以通过归一化测量已知目标物的散射光来校正水体对每一像素辐射响应的影响(图 20.4(a)和图 20.4(b))。在实践中，利用 ROV 或 AUV 在海底相同距离处放置反光板是不切实际的。因此，可以将反光板放置于距传感器固定距离处。假设水体是均匀的且光在水体中以指数形式衰减，则辐射响应可以通过数值计算得到(如式(20.3))。困难在于如何将反光板固定在潜水器外部并保持其免受碎屑(沉积物堆积)的污染，以及仪器焦平面和增益参数的设置(图 20.8(a)和图 20.8(b))，图 20.7、图 20.9 和图 20.10 为所示实验。

在第二种方案下，可以在 ROV 或 AUV 上部署传感器，在采集图像的同时测量水体的光学特性。可以将测得的吸收和散射特性输入到辐射传递方程中，计算水体对每一帧图像的影响。这种方法的优点是可以保留整个图像区域用于海底感兴趣对象的成像而不必考虑反光板的遮挡。缺点是用于测量水体全部的固有光学特性的仪器通常尺寸和有效负载较大，需要仔细地预校准和后校准(Twardowski et al.，2005)。利用安装在 AUV 上的便携式传感器可测量某些所需的固有光学特性，而更多传感器还在开发中。还可以将其他测量传感器(如叶绿素 a 和有色可溶性有机物的荧光测量)与生物光学模型结合，扩展所需的仪器套件以进行必要的光学校正(图 20.6)。

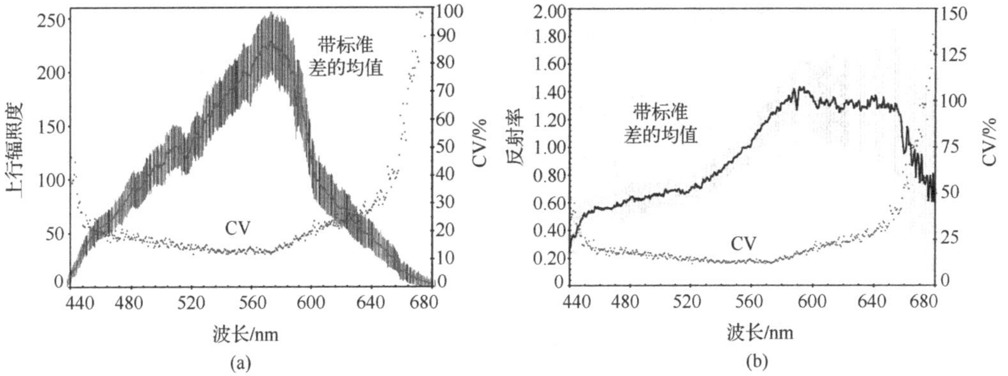

图 20.8　水下高光谱数据显示了深海珊瑚的光学指纹

图 (a) 为上行辐照度 $E_u(\lambda)$ 原始数据的平均（从 100 个对应像素中获取的带有标准误差的 $E_u(\lambda)$ 光谱的均值，对应左侧 Y 轴）。CV 代表上行辐照度 $E_u(\lambda)$ 平均值的变化率，CV 以百分比显示，对应右侧 Y 轴。图 (b) 中显示了与图 (a) 对应的利用固有光学特性校正后的反射率 $R(\lambda)$ 的变化。蓝光和红光波段数值较低主要是由水下高光谱成像仪的原型机 CCD 探测器光谱灵敏度较低以及蓝光波段（主要因有色可溶性有机物）和红光（主要因水体）的高衰减造成的。

更多详细信息请参阅图 20.2 和 20.5.2 节

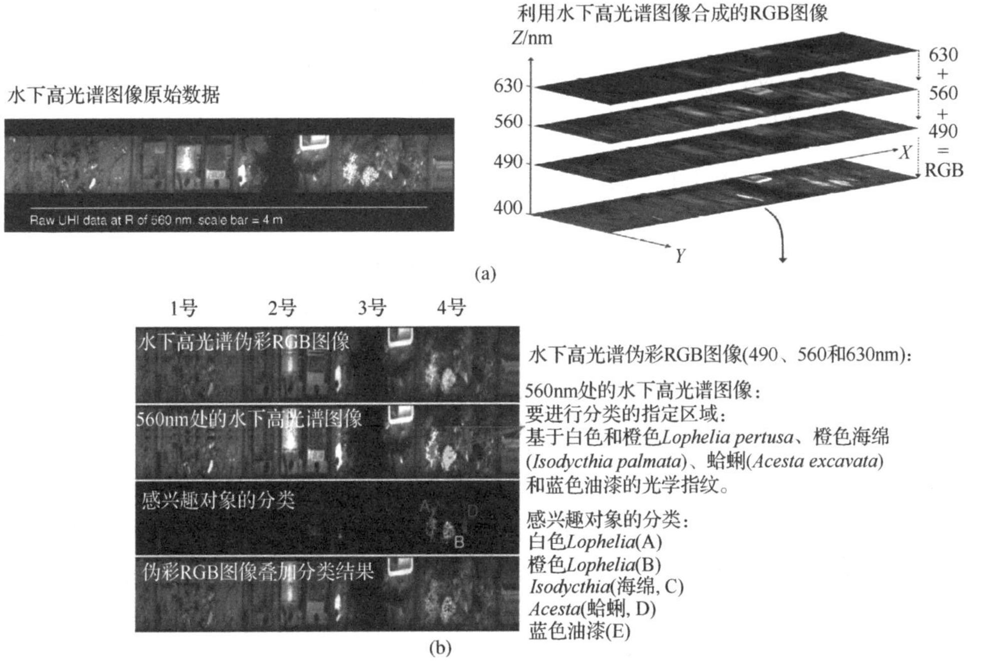

图 20.9　水下栖息地的高光谱图像（见彩图）

(a) 显示了 560nm 处的水下高光谱图像，以及对应波长下的 RGB 图像（490nm、560nm 和 630nm）。将 RGB 层叠加时，我们可以获得人眼的全彩色图片（参见图 20.10）。(b) 表示基于特定光学指纹 $R(\lambda)$ 对不同感兴趣对象的识别和不同感兴趣对象的区域覆盖范围。更多详细信息请参阅 20.6 节

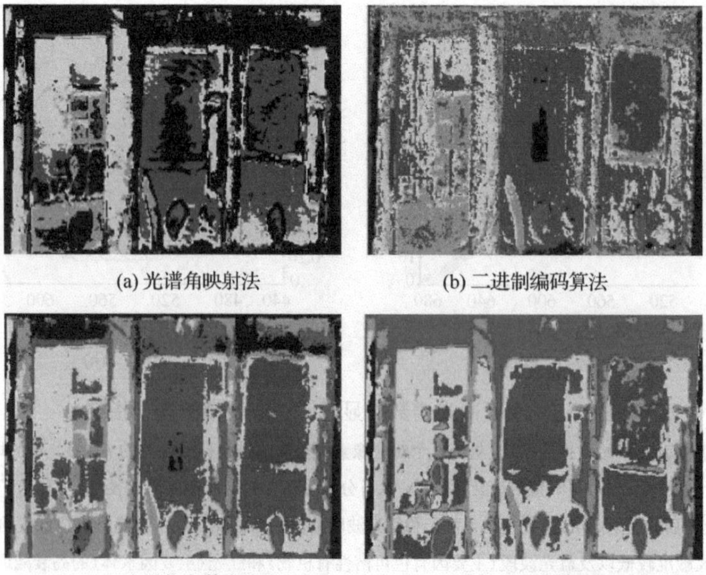

(a) 光谱角映射法　　(b) 二进制编码算法

(c) 光谱信息散度算法　　(d) 最小距离算法

图 20.10　基于四种分类方法对感兴趣对象进行分类(见彩图)

图 12.9 中 2 号区域的详细信息，展示了海底的蓝色金属框架(蓝色)、生锈的铁片(橙色)和锰结核(品红色)。基底 1 以硫酸铁(黄色)为主，基底 2 以沉积物中的氧化铁(棕色)为主，基底 3 由硫酸铁(区域上方)、硫酸锰(绿色，区域下方)以及铅笔(红色)组成。基底中生物膜含量(底栖微藻和细菌)不同，元素含量也不同(如铜和铁的氧化物)

水体的固有光学特性可以通过直接测量得到，或根据表观光学特性，从不同深度的辐射场测量中推断水体的吸收和散射特性。辐射率和辐照度的变化率，即垂直扩散衰减系数(K, m^{-1})是水体的表观光学特性。辐照度和辐射率随深度近似呈指数衰减，可以用比尔(Beer)定律表示。其中，下行扩散衰减系数 K_d、下行辐射率 $E_d(0)$ 和深度 z 的变化关系为

$$E_d(z) = E_d(0)\mathrm{e}^{-K_d z} \tag{20.3}$$

此式可用于评估水体对成像光谱的影响。

光源相对于传感器的位置，以及海床的三维结构，对照射在海床上并散射回传感器方向的光通量有影响。在使用人造光源时，也会出现整个图像范围内照明效果不同的问题。穿轨方向的照明效果和双向性都难以约束，但其通常不会改变照明光的光谱分布。因此，此处概述的成像技术可以测量海底反射率光谱的形状，但不能测量其真实光谱强度(Gracias et al.，2006，2009)。

当处理鲁棒的图像时水体校正是必要的，通常不必过多原位处理，只需将光谱与预定的光学指纹库进行比对，即可实现海底的未知特征的表征(图 20.6)。对于已知组成的海底区域，利用光谱优化方法结合可能的海底类型和固有光学特性反演被测物的辐射率，实现图像的精准分类(Lee et al.，1999，2010)。

如果上述辐射测量方法不可行，那么仍然可以利用无监督学习从高光谱图像中获得潜在的有用信息，从而获得不同“类型”的特征图。这种特征图可用于海洋保护区或其他已知海底地貌的区域，并可以将其与水下高光谱图像建立联系。即使是常规水下测绘得到的高空间和光谱分辨率的高光谱图像，采用无人监督学习，也可以描绘出其他方法难以检测到的栖息地随时间的变化，具体参见图 20.7、图 20.9～图 20.11。

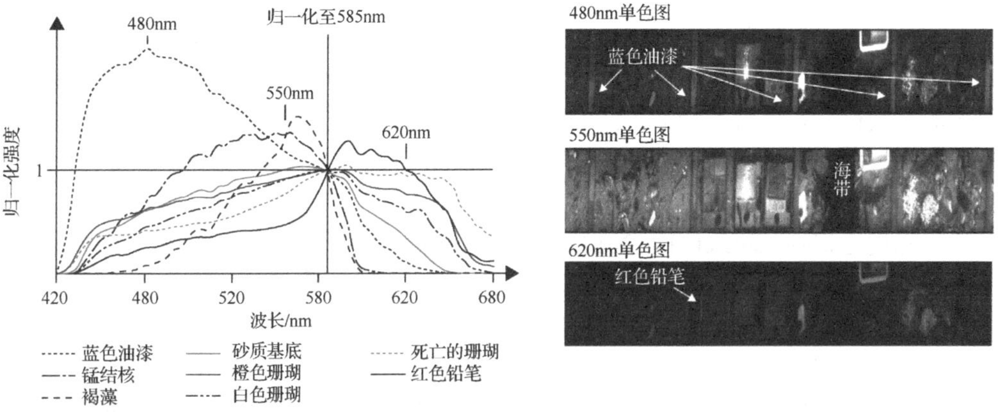

图 20.11　水下高光谱图像经识别得到的感兴趣对象的光学指纹

光谱以 585nm 的强度做归一化，图中显示了不同感兴趣对象的 $R(\lambda)$ 曲线。注意，蓝色油漆的 $R(\lambda)$ 的最大值在 460～480nm(人眼所见为蓝色)处，海带(*Laminaria digitata*)在 550～580nm(绿色)处，红色铅笔在 600～620nm(亮红色)处。值得注意的是，*Lophelia pertusa* 是一种冷水深海珊瑚，有其物种特有的光学指纹，利用水下高光谱图像数据还可以区分其物种是橙色珊瑚、白色珊瑚还是死珊瑚。锰结核的特征是具有蓝绿色的光学指纹，这将它与其他感兴趣对象区分开

20.5.3　光学分类算法

一旦明确了水体的影响，就可以利用各种统计方法将所得的海底反射光谱与光学特征光谱库进行匹配(图 20.10 和图 20.11)。某些方法对光谱形状(即光谱中的波峰和波谷)的差异更为敏感，而其他方法对光谱幅值(即整个光谱的明暗程度)更敏感。需要对导出的海底反射光谱进行归一化处理，保持光谱幅值不变，仅突出光谱形状差异。在分析低信号条件下获得的高光谱数据集时需对其进行降噪处理(图 20.11)。常用的分类方法有平行六面体分类法、二进制编码算法、光谱角映射法、光谱信息散度算法和最小距离算法(参见 Canty(2007)的研究，图 20.10)。与其他方法相比，光谱信息散度算法能够更好地分解由不同光谱特征的材料组合而成的混合像元，以及由大气效应引起的信号变化(Chang，2003)，并已成功应用于浑浊河口底质类型的判别(Bostrom，2011)。

20.6 水下高光谱成像仪在海底生物地球化学测绘中的应用

20.6.1 生物地球化学感兴趣目标(OOI)测绘

从高光谱成像仪获得的光学指纹是对给定数字海底测绘图中感兴趣目标(Objects Of Interest，OOI)分类的基础(图 20.7、图 20.9～图 20.11)。光谱指纹图(图 20.11)显示了海床上可能出现的各种成分，包括自然和人为的成分。高反射率的蓝色油漆其反射率的最大值在蓝光波长(400～500nm)处，从而可以将其与最大反射率在绿光和橙光波段(550～600nm)的海带轻易区分开。*Lophelia pertusa* 冷水珊瑚反射率的最大值在可见光谱的红光部分(图 20.11)。根据已知的光学指纹，可以利用图像自动识别方法对感兴趣目标进行识别(Elde et al.，2012)。可以生成给定波长下的单色图像，以突出不同感兴趣目标固有的颜色差异(图 20.11)。或者，可以根据感兴趣对象特定的光学指纹对图像进行处理，并生成编号为 1～4 的海底目标物的连贯图像(图 20.9)。关于光学指纹图像中 2 号图像的详细分析请参见图 20.10。

在本例中，利用水下轨道车模拟 ROV 和 AUV 的运动，对所选取感兴趣的生物目标和人为目标进行成像(图 20.7(a)和图 20.7(b))。水下高光谱成像仪调查地点位于 Hopavågen(NTNU 现场观测站 Sletvik，63°35′32.94″N，9°32′28.49″E)分布有细沙和石子(1～10cm)的海底基质上。潜水员将定制的装有水下高光谱成像仪的轨道车放置于海底(图20.7(a))。轨道车在4～5m深的下坡处采集的图像分为四个部分(编号为1～4，每个图像大小为 1×0.6m)。轨道车的连续运动是通过一个由 12V 汽车电池供电的电动车的牵引实现的。轨道车通过一根 5mm 粗的铁丝连接到电动车上，并以 0.07m/s 的速度运动。水下高光谱成像仪配备了两个卤素灯和两个 LED 光源(Green Force 公司的 35W 卤素灯和 Quadro 公司的 LED 光源，深度等级 500m；Plexi IV 电池，12V，13Ah，深度等级 200m)。

根据 Volent 等(2007，2009)所述，将水下高光谱成像仪作为定制的推扫式扫描仪(沿轨道扫描仪)使用，并固定其图像狭缝垂直于移动方向。

水下高光谱成像仪使用定制的可承受 500m 压力的水下耐压壳，并使用 BK7 玻璃作为其光学窗片(图 20.7)。水下高光谱成像传感器是一种小型(25cm 长、4cm 宽)、轻量(620g)、固态(无移动部件)和低功耗要求(12V，0.16Ah)的推扫传感器。

水下高光谱成像仪的图像帧速率设置为每秒 25 张图像，并配备了 12mm 施耐德 f1.2 前置透镜，其光圈设置为 2.8，以增强景深。距基底 1.35m 处(在水中为 1.0m)的扫描宽度(视角)为 40cm，在 420～680nm 范围内光谱分辨率为 1nm。通过 50m 长的水下电缆连接水下高光谱成像仪，实现在线监测、供电(12V 电池)、记录、曝光控制和数字录像机(Archos AV-400)的数据存储。来自水下高光谱成像仪的数据以视频文件

(AVI 格式)的形式存储在录像机上(13Mbit/min)，每秒生成由 300 个波长下 25 张图像组成的 7500 张狭缝图像的图像立方体。

水下高光谱数据的后处理和图像分析(图 20.9 和图 20.11)是通过 Volent 等(2007)所述的图像计算软件和定制的 yaPlaySpecX 软件以及 ENVI 软件(ITT Visual Systems Inc.)完成的。为了举例说明图像原始数据的分析，使用给定感兴趣对象的高光谱图像中 100 个像素点的 $E_u(\lambda)$ 计算平均 $E_u(\lambda)$，其标准偏差(Standard Deviation，SD)和变化率(Coefficient of Variation，CV)如图 20.8(a)所示。通过归一化光源在每个像素上的光谱分布来对环境光源和水下光源的 $E_u(\lambda)$ 进行校正，并给出经环境光校正后的感兴趣对象的光学指纹，即 $R(\lambda)$(图 20.8(b))。

如下所示，每个编号的感兴趣对象代表不同的栖息地环境(图 20.9～图 20.11)：

(1) 1 号，天然的海底栖息地和动物群(黑色海蛇尾、蛇尾)、贝壳、沙子和石头；

(2) 2 号，矿物质(如锰结核)、金属和不同元素组成的底质(图 20.10)；

(3) 3 号，*Laminaria digitata*(来自特隆赫姆峡湾)、*L. solidungula*(来自斯瓦尔巴群岛)和参考板(白色)；

(4) 4 号，橙色和白色的活体 *Lophelia pertusa* 珊瑚礁和死亡的 *Lophelia pertusa* 珊瑚礁、橙色海绵(*Isodycthia palmata*)、巨型圆蛤(*Acesta excavata*)和 *Primnoa resedaeformis* 角珊瑚。

4 号图中感兴趣对象的采样可以由潜水员(2～30m)或 ROV(100～4000m)完成。在挪威 Trond heimsfjord 的 Stokkbergneset(63°28′N，9°55′E)100～520m 深度处，利用 Sperre Subfighter 7500 ROV 对感兴趣生物目标(冷水珊瑚、海绵、贻贝)进行采样。2009 年，在太平洋克拉里恩-克利珀顿断裂带东部(13°0′N，127°0′W)4400m 深处，利用抓斗采集了矿物样本。利用潜水员将在实验室中制作的含有不同矿物质和细菌的底质放置于海底。

20.6.2　海底基质和化学成分的测绘

高光谱遥感已被用于识别和测绘陆地上特定的化学模式，这对地质学和土壤化学的研究以及采矿业都很有帮助(Hungate et al.，2008)。金属氧化物的结构组成对可见光和红外光的反射率影响很大(Chasserio et al.，2007；Hungate et al.，2008)。来自这类目标物的高光谱信息也可用于深海沉积物表面的主要矿物及其基本成分的原位探测。然而，在自然和人为因素的影响下，原位探测不同类型矿物和沉积物表面反映地球化学特征的光谱反射率仍是一项挑战。如上所述，当前在确定海底各种沉积物和基质的光学指纹方面已经取得了一定的进展，并正在为不同类型的沉积物编制光谱库。这类研究可以从基本类型的沉积物(如碳酸盐和泥浆)扩展出去，以阐明海底基质中的化合物组成。

在此，举例说明如何使用水下高光谱成像仪监测靠近海床或人造管道附近的化合物组成。二氧化碳在海床含水层的捕获和埋藏被认为是最现实的二氧化碳减排技术之一(参考 Mace 等(2007)的研究)。然而，为了确保海底二氧化碳储存的继续进行，*London Protocol 2007*(Mace et al.，2007)提出了对此类含水层进行监测的强制性要求，以检测可能的二氧化碳渗漏和对沉积物生物地球化学的潜在影响。考虑到其所在海底位置和低浓度特性，利用传统化学方法监测低通量和偶发的二氧化碳渗漏是一项挑战。经过长时间的低通量二氧化碳渗漏，沉积物表面的地球化学特征的变化可作为 CO_2 渗漏的标志。沉积物的光学指纹在少量 CO_2 渗漏后可能会发生变化。直接监测方法无法实现完整的空间覆盖，并且在监测低通量和偶发性二氧化碳渗漏及其影响时非常耗时。因此，水下高光谱成像技术可能是直接监测方法的潜在替代方法。

为了验证水下高光谱成像仪是否可以检测到地球化学变化，我们研究了锰结核和由不同矿物质(如 MnO_2、$MnSO_4$、Fe_2O_3、$FeSO_4$ 等)组成的基底。三价铁或铁化合物会使沉积物呈现微红色，铁的含量会改变沉积物的反射率(Dierssen et al.，2006；Ardelan et al.，2009；Ardelan and Steinnes，2010，详见图 20.10)。

初步结果表明，锰结核的光学指纹图谱和元素组成与周围基质存在明显差异(见表 20.1 和图 20.10)。这些元素的变化可以通过水下高光谱成像技术或其他分光光度技术所得的光谱特征加以区分，从而实现对感兴趣矿物的海底自动识别和测绘。

表 20.1　与地壳元素平均含量相比，结核(图 20.10)中某些元素(顺序排列)的富集因子(括号内)

样品1	样品2	样品3	样品4
Tl(271)	Tl(211)	Cu(160)	Cu(147)
Cu(175)	Cu(175)	Cd(133)	Mn(143)
Mn(148)	Cd(150)	Mn(106)	Tl(124)
Cd(127)	Mn(101)	Ni(84)	Cd(109)
Ni(96)	Ni(96)	Tl(77)	Mo(93)

Tl = 铊，Cu = 铜，Mn = 锰，Cd = 镉，Ni = 镍，Mo = 钼。

分析了不同 $CaCO_3$ 含量的沉积物，以评估 CO_2 渗漏对沉积物反射率的影响。碳酸钙矿物具有很强的反射率，会导致可见光范围内的反射率增强(Dierssen et al.，2009)。此外，碳酸钙对水体的碱度高度敏感(Feely et al.，2009)，其暴露于 CO_2 中可能会溶解。从海床下方或附近渗漏的 CO_2 可能会导致碳酸盐含量下降，进而通过水下高光谱成像仪可以检测到沉积物反射率的下降。初步结果表明，二氧化碳渗漏后表层沉积物的 pH 值迅速降低，并可能影响沉积物的反射率特性。然而，由于碳酸盐岩的反射光谱相当“白”，因此碳酸盐岩含量的变化对海底反射光的光谱分布影响不大，但可能会改变反射光的强度。对于此类应用，必须对水下高光谱成像仪进行光学校正(请参见 20.5.2 节)，以检测反射信号幅度的潜在变化。此方法可用作常规调查，首先确定区域内海底反射率的基线，以便发现 CO_2 渗漏引起 pH 值变化导致的反射率的细微变化。

20.6.3　用于海洋采矿的 UHI

机载高光谱勘测现已成为陆上采矿业的标准工具。矿物可以根据其可见光和红外光谱反射率来识别(Jefferson Lab，2007)。然而，地球上最大的未开发矿产资源位于深海海底，包括热液矿床、锰结核和富钴锰壳(Glasby，2000)。海底热液矿床或海底块状硫化物(Seafloor Massive Sulfide，SMS)矿床是在海底火山周围的深海中形成的，热液喷口将富含硫化物的矿化液排入海洋。SMS 矿床含有可观体量的铜、铅、锌、银、金和其他微量金属(Hein，2000)。热液矿床一般发现于 1500～3000m 深处(Cronan，2000)。

多金属结核，又称锰结核，是海底的岩石结核，由围绕核心的铁和外围包覆的锰氢氧化物构成(Cronan，2000；Tan et al.，2006)。它们通常含有锰、镍、铜、钴、铁、硅和铝，以及少量的钙、钠、镁、钾、钛和钡(Achurra et al.，2009)。锰结核一般半埋在深度为 4000～6000m 的相对平坦的深海沉积物中(详见图 20.10)。

富含钴的锰结壳分布在全球海洋中 800～2400m 处的海山、海脊和高原的侧翼和峰顶，数百万年来，那里的海流将海底沉积物冲刷得干干净净。地壳中的矿物质从寒冷的海水中沉淀到岩石表面，形成 25cm 厚沉积面，覆盖面积达数平方公里。除了锰和钴，沉积面也是许多其他金属和稀土元素的重要潜在来源，如钛、铈、镍、铂、锰、磷、铊、碲、锆、钨、铋和钼等元素(Glasby，2000，2006)。

在水下采矿应用中，水下高光谱成像仪具有识别和表征不同矿床的潜力(图 20.10)。通常，矿物质是利用光谱中红外部分(2～2.5μm，参见 Kruse 等(2003)的研究)的吸收特性来遥感表征的。然而，光谱的红外部分被水体高度吸收(图 20.6)，这种特征通常不能被勘测海底的被动式航空遥感观测到。例如，由卫星传感器测量到的近红外光子通常归因于大气气溶胶的散射，且不适合水中的应用(Dierssen and Randolph，2013)。然而，在使用具有较强红光的光源时，水下高光谱成像技术可利用较长波长处的某些光谱特征，用于海床矿物测绘等其他方面应用。这对矿产勘探和采矿本身都十分有效，因为水下高光谱成像仪能够识别矿物并对其分类，也可以定量矿石含量。

20.7　致　　谢

结核样品由德国联邦地球科学与自然资源研究所(BGR)和国际海洋金属联合组织(IOM)提供。SMS 样品由卑尔根大学地球生物学中心 Rolf Birger Pedersen 提供。康涅狄格大学的 Kelley Bostrom 提供了生物地球化学性质的 ENVI 分析。科研资金由美国海军研究办公室(Dierssen)和挪威国家石油公司合同号 4501535437“水下高光谱成像仪”(Johnsen and Pettersen)项目提供。

参 考 文 献

Achurra L E, Lacassie J P, Le Roux J P, et al. 2009. Manganese nodules in the Miocene Bahla Inglesa Formation, north-central Chile: petrography, geochemistry, genesis and palaeoceanographic significance. Sedimentary Geology, 217, 128-139.

Ardelan M V, Steinnes E, Lierhagen S, et al. 2009. Effects of experimental CO_2 leakage on solubility and transport of seven trace metals in seawater and sediment. Science of the Total Environment, 407, 6255-6266.

Ardelan M V, Steinnes E. 2010. Changes in mobility and solubility of the redox sensitive metals Fe, Mn and Co at the seawater-sediment interface following CO_2 seepage. Biogeosciences, 7, 569-583.

Barker B A J, Helmond I, Bax N J, et al. 1999. A vessel-towed camera platform for surveying seafloor habitats of the continental shelf. Continental Shelf Research, 19, 1161-1170.

Bierwirth P N, Lee T J, Burne R V. 1993. Shallow sea floor reflectance and water depth derived by unmixing multispectral imagery. Photogrammetric Engineering and Remote Sensing, 59(3), 331-338.

Blackwell S M, Moline M A, Schaffner A, et al. 2007. Subkilometer length scales in coastal waters. Continental Shelf Research, 28, 215-226, doi:10.1016/j.csr.2007.07.009.

Blough N V , Del Vecchio R. 2002. Chromophoric DOM in the coastal environment//Biogeochemistry of Marine Dissolved Organic Matter, San Diego, Academic Press, XXII, 509-546.

Bostrom K. 2011. Testing the limits of hyperspectral airborne remote sensing by mapping eelgrass in Elkhorn Slough. M.S. Thesis, University of Connecticut.

Boyd S E, Coggan R A, Birchenough S N R, et al. 2006. The role of seabed mapping techniques in environmental monitoring and management. Science Series Technical Report, Cefas, Lowestof, 127, 170.

Bricaud A, Claustre H, Ras J, et al. 2004. Natural variability of phytoplanktonic absorption in oceanic waters: Influence of the size structure of algal populations. Journal of Geophysical Research, 106, C11010, doi:10.1029/2004JC002419.

Buhl-Mortensen L, Hodnesdal H, Thorsnes T. 2010. Til bunns i Barentshavet og havområdene utenfor Lofoten(In Norwegian with english summary). Trondheim, Norway, Norges Geologiske Undersøkelse, 128.

Buonassissi C, Dierssen H M. 2010. A regional comparison of particle size distributions and the power-law approximation in oceanic and estuarine surface waters. Journal of Geophysical Research, 115, C10028. doi:10.1029/2010JC006256.

Canty M J. 2007. Image Analysis, Classification, and Change Detection in Remote Sensing: with Algorithms for ENVI/IDL. CRC/Taylor and Francis, Boca Raton, London, New York, 348.

Chang C I. 2003. Hyperspectral Imaging: Techniques for Spectral Detection and Classification. New York, Kluwer Academic/PlenumPublishers.

Chasserio N, Durand B, Guillemet S, et al. 2007. Mixed manganese spinel oxides: optical properties in the infrared range. Journal of Materials Science, 42, 794-800.

Cronan D S. 2000. Handbook of Marine Mineral Deposit's. CRC Press, London.

Davis C O, Carder K L, Gao B C, et al. 2006. The development of imaging spectrometry of the coastal ocean. IEEE International Conference on Geoscience and Remote Sensing Symposium. IGARSS 2006, Denver, Colorado, USA, 1982-1985.

Dierssen H M. 2010. Benthic ecology from space: optics and net primary production in seagrass and benthic algae across the Great Bahama Bank. Marine Ecology Progress Series, 411, 1-15. doi:10.3354/meps08665.

Dierssen H M, Randolph K. 2013. Remote sensing of ocean color//Encyclopedia of Sustainability Science and Technology. Springer, In press.

Dierssen H M, Kudela R M, Ryan J P, et al. 2006. Red and black tides: Quantitative analysis of water-leaving radiance and perceived color for phytoplankton, colored dissolved organic matter, and suspended sediments. Limnology and Oceanography, 51(6), 2646-2659.

Dierssen H M, Zimmerman R C, Burdige D J. 2009. Optics and remote sensing of Bahamian carbonate sediment whitings and potential relationship to wind-driven Langmuir circulation. Biogeosciences, 6(3), 487-500.

Dierssen H M, Zimmerman R C, Leathers R A, et al. 2003. Ocean color remote sensing of seagrass and bathymetry in the Bahamas Banks by high resolution airborne imagery. Limnology and Oceanography, 48, 456-463.

Elde A, Pettersen R, Bruheim P, et al. 2012. Pigmentation and spectral absorbance signatures in deep-water corals from the Trondheimsfjord, Norway. Marine Drugs, 10, 1400-1411.

Fearns P R C, Klonowski W, Babcock R C, et al. 2011. Shallow water substrate mapping using hyperspectral remote sensing. Continental Shelf Research, 31(12), 1249-1259.

Feely R A, Doney S C, Cooley S R. 2009. Ocean acidification: Present conditions and future changes in a high-CO_2 world. Oceanography, 22(4), 36-47.

Gintert B, Gracias N, Gleason ACR, et al. 2009. Second-Generation Landscape Mosaics of Coral Reefs. Proceedings of the 11th International Coral Reef Symposium, Ft. Lauderdale, Florida, 577-581 (Conference 7-11 July 2008).

Glasby G P. 2000. Manganese: predominant role of nodules and crusts//Schulz H D, Zabe M. Marine Geochemistry, Springer, Berlin, 335-372.

Gleason A C R, Gracias N, Lirman D, et al. 2010. Landscape video mosaic from a mesophotic coral reef. Coral Reefs, 29(2), 253. doi:10.1007/s00338-009-0544-2.

Gleason A C R, Lirman D, Williams D, et al. 2007. Documenting hurricane impacts on coral reefs using two-dimensional video-mosaic technology. Marine Ecology, 28, 254-258.

Gleason A C R, Reid R P, Voss K J. 2007. Automated classification of underwater multispectral imagery for coral reef monitoring. Proceed MTS/IEEE Oceans (Conference 1-4 October 2007), Vancouver, Canada.

Gracias N R, Gleason A, Negahdaripour S, et al. 2006. Fast Image Blending using Watersheds and Graph Cuts. Proceedings of the British Machine Vision Conference, Edinburgh, paper #259, UK (Conference 4-7 September 2006).

Gracias N R, Mahoor M, Negahdaripour S, et al. 2009. Fast image blending using watersheds and graph cuts. Image and Vision Computing, 27(5), 597-607. doi:10.1016/j.imavis.2008.04.014.

Grahn H F, Geladi P. 2007. Techniques and Applications of Hyperspectral Image Analysis. New York, Wiley & sons. doi:10.1002/9780470010884.

Hein J. 2000. Cobalt-rich ferromanganese crusts: global distribution, composition, origin and research activities. workshop on mineral resources of the International Seabed Area, Kingston, Jamaica, 26-30 June 2000.

Hochberg E, Atkinson M J. 2003. Capabilities of remote sensors to classify coral, algae, and sand as pure and mixed spectra. Remote Sensing of Environment, 85, 174-189.

Hungate W S, Watkins R, Borengasser M. 2008. Hyperspectral Remote Sensing; Principles and Applications. CRC Press, 101-112.2008. doi:10.1201/9781420012606.ch10.

IOCCG. 2008. Why ocean colour? The societal benefits of ocean-colour technology//Platt T, Hoepffner N, Stuart V, et al. Reports of the International Ocean-Colour Coordinating Group, No. 7, IOCCG, Dartmouth, Canada.

Jefferson Lab. 2007. It's Elemental-The Periodic Table of Elements. http://education.jlab.org/itselemental.htm (Accessed 14 August 2007).

Johnsen G, Sakshaug E. 2007. Bio-optical characteristics of PSII and PSI in 33 species (13 pigment groups) of marine phytoplankton, and the relevance for PAM and FRR fluorometry. Journal of Phycology, 43, 1236-1251.

Johnsen G, Volent Z, Sakshaug E, et al. 2009. Remote sensing in the Barents Sea//Sakshaug E, Johnsen G, Kovacs K. Ecosystem Barents Sea, Trondheim, Norway, Tapir Academic Press, 139-166.

Johnsen G, Moline M, Pettersson L H, et al. 2011. Optical monitoring of phytoplankton bloom pigment signatures//Roy S, Llewellyn C, Egeland E, et al. Phytoplankton pigments: Updates on Characterization, Chemotaxonomy and Applications in Oceanography, Cambridge University Press, Chapter 14, 538-581.

Kirk J T O. 1994. Light and Photosynthesis in Aquatic Ecosystems. Cambridge University Press, Cambridge.

Klonowski W M, Fearns P R C S, Lynch M R. 2007. Retrieving key benthic cover types and bathymetry from hyperspectral imagery. Journal of Applied Remote Sensing, 1, 011505.

Kongsberg Maritime. 2004. APOS Basic Operator Course, in Horten, Kongsberg Maritime: 210. http://www.km.kongsberg.com.

Kruse F A, Boardman J W, Huntington J F. 2003. Comparison of airborne hyperspectral data and EO-1 Hyperion for mineral mapping. Geoscience and Remote Sensing, IEEE Transactions on, 41(6), 1388-1400.

Lee Z P, Hu C, Casey B, et al. 2010. Global shallow-water high resolution bathymetry from ocean color satellites. EOS Trans. Amer. Geophy. Union, 91(46), 429-430.

Lee Z, Carder K L, Mobley C D, et al. 1999. Hyperspectral remote sensing for shallow waters. 2. deriving bottom depths and water properties by optimization. Applied Optics, 38(18), 3831-3843.

Lucke R L, Corson M, McGlothlin N R, et al. 2011. Hyperspectral Imager for the Coastal Ocean: instrument description and first images. Applied Optics, 50(11), 1501-1516.

Ludvigsen M, Sortland B, Johnsen G, et al. 2007. The use of geo-referenced underwater photo-mosaics from ROV in marine biology and archaeology. Oceanography, 20, 74-83.

Mace M J, Hendriks C, Coenraads R. 2007. Regulatory challenges to the implementation of carbon capture and geological storage within the European Union and international law. International Journal of Greenhouse Gas Control, 1, 253-260.

Marshall N J, Oberwinkler J. 1999. The colourful world of the mantis shrimp. Nature, 401, 873-874.

Marshall J, Cronin T W, Kleinlogel S. 2007. Stomatopod eye structure and function: A review. Arthropod Structure and Development, 36, 420-448.

Milne P H. 1983. Underwater Acoustic Positioning Systems. Cambridge, Great Britain University Press.

Mobley C D, Sundman L K, Davis C O, et al. 2005. Interpretation of hyperspectral remote-sensing imagery by spectrum matching and look-up-tables. Applied Optics, 44(17), 3576-3592.

Moline M A, Blackwell S M, Allen B, et al. 2005. Remote environmental monitoring units: an autonomous vehicle for characterizing coastal environments. Journal of Atmospheric and Oceanic Technology, 22(11), 1798-1809.

Moline M A, Woodruff D L, Evans N R. 2007. Optical delineation of benthic habitat using an autonomous underwater vehicle. Journal of Field Robotics, 24(6), 461-471.doi:10.1002/rob.20176.

Mouroulis P, Van Gorp B E, Green R O, et al. 2012. The Portable Remote Imaging Spectrometer(PRISM) coastal ocean sensor. Optical Remote Sensing of the Environment Conference paper, Monterey, California United States, 24-28 June 2012, New Uses of Optical Remote Sensing.

Phinn S R, Dekker A G, Brando V E, et al. 2005. Mapping water quality and substrate cover in optically complex coastal and reef waters: an integrated approach. Marine Pollution Bulletin, 51(1-4), 459-469.

Pope R, Fry E. 1997. Absorption spectrum of pure water: 2. Integrating cavity measurements. Applied Optics, 36(33), 8710-8723.

Ryan J, Dierssen H M, Kudela R M, et al. 2005. Coastal ocean physics and red tides. Oceanography, 18,

246-255.

Singh H, Howland J, Pizzaro O. 2004a. Advances in large-area photomosaicking underwater. IEEE Journal of Oceanic Engineering, 29, 872-886.

Singh H, Can A, Eustice R, et al. 2004b. Sea BEDAUV offers new platform for high-resolution imaging. EOS, Transactions of the AGU, 85(31), 289, 294-295.

Sosik H M, Olson R J, Neubert M G, et al. 2003. Growth rates of coastal phytoplankton from time-series measurements with a submersible flow cytometer. Limnology and Oceanography, 48, 1756-1765.

Tan W F, Liu F, Li Y H, et al. 2006. Elemental composition and geochemical characteristics of iron-manganese nodules in main soils of China. Soil Science Society of China. doi:10.1016/S1002-0160(06)60028-3.

Twardowski M S, Lewis M, Barnard A, et al. 2005. In-water instrumentation and platforms for ocean color remote sensing applications//Remote Sensing of Coastal Aquatic Waters. Springer, Dordrecht, Netherlands.

Volent Z, Johnsen G, Sigernes F. 2007. Kelp forest mapping by use of airborne hyperspectral imager. Journal of Applied Remote Sensing, 1, 011503.

Volent Z, Johnsen G, Sigernes F. 2009. Microscopic hyperspectral imaging used as bio-optical taxonomic tool for micro- and macroalgae. Applied Optics, 48, 4170-4176.

Volent Z, Johnsen G, Hovland E K, et al. 2011. Improved monitoring of phytoplankton bloom dynamics in a Norwegian fjord by integrating satellite data, pigment analysis and Ferrybox data with a coastal observation network. Journal of Applied Remote Sensing, 5, 053561, doi:10.1117/1.3658032.

Williams S B, Pizarro O, Webster J M, et al. 2010. Autonomous underwater vehicle-assisted surveying of drowned reefs on the shelf edge of the Great Barrier Reef, Australia. Journal of Field Robotics, 27, 675-697.

Williams S B, Pizarro O, Mahon I, et al. 2008. Simultaneouslocalisation and mapping and dense stereoscopic seafloor reconstruction using an AUV. Proc. of the Int'l Symposium on Experimental Robotics, 13-16 July, Athens, Greece.

第 21 章　水下荧光测量的进展：从体积荧光到平面激光成像

长期以来，光合色素荧光的水下测量一直被用作浮游植物生物量的衡量指标。虽然已经获得了许多有用的结果，但是样本体积通常限制了从中得到的推论。最重要的是，单次测量没有空间分辨率。作为一种替代方法，我们通过实验室实验和现场数据分析来检验浮游植物水下成像的实用性。一个平面激光成像荧光测量（Planar Laser Imaging Fluorometry，PLIF）系统，由现成的光学元件组装而成，用于在实验室和现场对单个荧光粒子进行成像。此外，在现场部署了水下显微镜，显示出一层大的（250～300μm）高吸收颗粒，推测是硅藻。这些硅藻也同时用了标准的水下荧光计进行测量。结果表明，荧光强度与浮游植物的群落结构之间几乎没有关系。只有通过成像，才能区分高荧光强度（高浮游植物生物量）区域是由许多小型浮游植物还是由少量大型浮游植物引起的。

21.1　引　　言

浮游植物是海洋中的单细胞植物。它们的大小范围从小于 1μm 到 1mm，其固碳和释氧量约占地球的一半。海洋中的浮游植物浓度不是很大，范围从每升几千个细胞到每升超过一百万个细胞。即使在高浓度下，单个细胞或链之间也存在多种体长。

量化浮游植物（丰度、生物量、大小分布及物种组成）一直是一项困难且技术受限的工作。采样瓶和采样网是最早出现的取样装置，至今仍在使用。所采集的样品需在显微镜下进行细致的量化。最近，即便是最小的浮游植物，也可以通过流式细胞仪等仪器对其特性进行快速评估。虽然流式细胞仪已经被应用到海洋中（Olson et al.，2003；Thyssen et al.，2008），但这些设备必然牺牲了对细胞之间相对空间分布的测量。

显微细胞计数法的首要进展是引入了荧光发射技术来量化浮游植物。由于所有浮游植物都含有叶绿素 a 作为光合色素，因此该色素的存在和数量表明了浮游植物的存

本章作者 J. S. JAFFE，P. J. S. FRANKS，C. BRISEÑO-AVENA，P. L. D. ROBERTS and B. LAXTON，University of California，USA。

在和丰度。当用蓝绿色光照射时，叶绿素 a 发出荧光，其峰值强度在 680nm 波长处。Goodwin (1947) 首次证明了使用丙酮从植物中提取的叶绿素 a 的荧光强度与使用其他方法测得的叶绿素 a 的浓度成正比。Yentsch 和 Menzel (1963) 对浮游植物采用了这种方法，并证明了对于量化海水中的低浓度浮游植物来说，这是一项极其灵敏的技术。

Yentsch 和 Menzel 方法的问题在于，它需要将浮游植物浓缩到过滤器上，并用丙酮或甲醇提取叶绿素。然而，Lorenzen 在 1966 年发表了一篇论文，表明荧光计可以检测活体浮游植物的荧光，从而无须进行过滤和提取叶绿素的工作。Lorenzen 在论文中描述了一种水流系统，在航行过程中，该系统可以在船上连续测量叶绿素 a 的荧光。他在带状图表记录仪上获得的轨迹是最早的能很好地分辨出浮游植物生物量水平空间分布的图像之一。

Lorenzen (1966) 在论文的结尾处写道："该仪器还可与泵一起用于获取垂直剖面图。"第一个剖面原位荧光计的确做到了这一点：将台式荧光计安装在压力箱中，并通过绞车将设备从船上降下，使海水泵入样品室。荧光计也可以留在船上，而泵通过一段软管把水从深处输送上来，并通过升高或下降软管来获得剖面图。这些技术的缺点很多，包括气泡的干扰、需求高功率输入的泵和荧光计，以及体积大且笨重的水下压力箱。随着消费市场的明确，目前有多种型号的商业微型荧光计问世，它们通常作为标准附件与大多数温盐深 (CTD) 产品一同封装。

水下荧光测量的最大挑战之一是对海洋中的小型生物 (<100μm) 进行分类表征。Yentsch 和 Yentsch (1979) 是最早尝试通过荧光特性来表征不同种类的浮游植物的人之一，他们发现荧光激发-发射光谱可用于区分一些主要类群 (如蓝绿藻、硅藻和甲藻)。该技术的更高级版本展现在 Chekalyuk (Chekalyuk and Hafez，2008) 的 ALF (advanced laser fluorometer) 系统中。在该系统中，用波长为 408nm 和 532nm 的双激发、窄带激光器激发发射光谱并用光谱仪进行观测，记录下了 308～808nm 范围内近乎连续的发射光谱。然后，将生成的光谱发射曲线"去卷积"得到若干组分的光谱成分，以区分可能产生所观测光谱的各种类群。此外，将光谱分解与可变荧光 F_v/F_m 的测量相结合，可以评估生物体的光合生理状态。该技术旨在通过评估除藻红蛋白色素外的有色可溶性有机物 (CDOM) 的相对贡献，来表征蓝细菌和隐芽植物。除了与通过高效液相色谱 (High Performance Liquid Chromatography，HPLC) 法提取得到的藻红蛋白光谱推断指数显著相关，还在归一化的拉曼散射谱中观察到其与叶绿素 a (Chl a) 高度相关。因此，ALF 系统可以合理表征水的主要成分，如有色可溶性有机物、叶绿素 a 和藻红蛋白色素。

MacIntyre 等 (2010) 关于利用荧光进行分类鉴别的最新综述，总结了从激发到发射所发生的机械能转移，并描述了使用荧光进行分类鉴别的技术现状。他们指出，只需 3～5 个激发波长和一个发射波长，即可实现相当高的分辨能力。然而，就通过荧光来区分各种类群的通用能力而言，其还引用了 Poryvkina 等 (1994) 的话，即"所有为浮游植物荧光提供通用校准值的尝试都注定要失败"。

这些潜水式荧光计的部署使浮游生物生态学发生了革命性的改变，可以快速而容易地获得空间分辨率约为 1m 的垂直剖面图。与采样瓶或采样网相比，它们可以获得更精细的垂直和水平采样分辨率。但是，所有这些荧光计都存在相同的问题：它们整合了一定体积(有时是未知的)的水样来进行单次荧光测量。测量中所涉及的浮游植物的小尺度空间结构或组成信息都将会丢失。解决此问题的一种方法是使用平面激光成像荧光测量系统。

这项技术灵敏(可以检测到单个细胞)、分辨率高(尺度从微米到米)、具有非侵入性(成像距离从厘米到毫米)，并且生成的图像可以量化生物体的大小、形状以及与其他生物体之间的空间关系。该技术可在实验室和现场使用，正如下面所展示的，该技术可提供有关浮游植物和以浮游植物为食的生物体的信息。该方法及其实施情况在 21.2 节中进行了描述。

21.2　平面激光成像荧光法及其深远海应用

Palowitch 和 Jaffe(1994，1995)首次提出并试验了利用薄片形激光束来激发水下荧光团的荧光，并称其为光学连续切片断层扫描(Optical Serial Sectioned Tomography，OSST)。使用薄片形激光束来激发荧光团，并用灵敏的 CCD 相机对其发射的荧光进行成像，结果表明，在进行适当的数据采集后，可以推断出荧光团的三维分布(图 21.1)。激光通过一个三维体积空间扫描，其荧光图像被存储，然后由计算机重建，以揭示荧光团的三维结构。

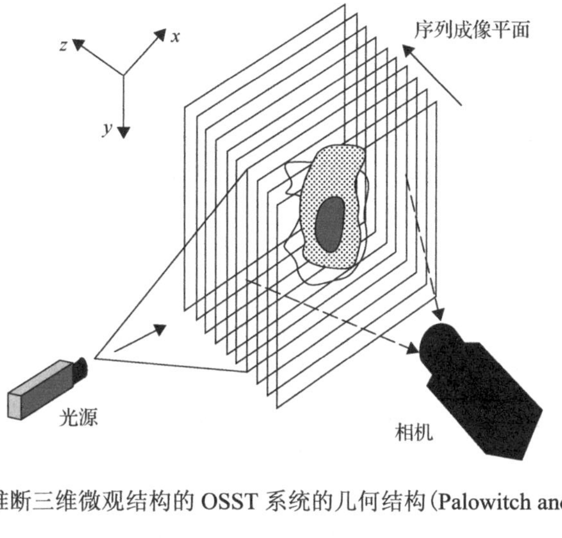

图 21.1　用于推断三维微观结构的 OSST 系统的几何结构(Palowitch and Jaffe，1995)

尽管最初有人怀疑在距荧光团适当距离的位置成像时能否获得足够的荧光强度，但实验室结果证实，远洋水下作业系统对于推断小尺度的海洋荧光团成分来说是可行的，它们主要由单体浮游植物和海洋雪团聚体组成。随后 Zawada(2002)使用单一浮游植物进行实验室研究，证实了可以通过现代技术在约 50cm 的工作范围内检测单个健康的浮游植物。

悬挂在船上的早期 OSST 系统(现在称为 PLIF)(Jaffe et al.，1998；Franks and Jaffe，2001)的初步结果表明，激光摄像系统可以对自然浓度下的海洋浮游植物发出的荧光进行原位探测和成像。然而，只有小部分图像是可用的，这是因为在曝光时间内船舶起伏运动的幅度过大，导致很多图像模糊。随后，开发了一种可自由下降的自主剖面仪 FIDO-Φ，并已在过去十年的多次巡航中成功部署了它。这个新系统消除了因船舶升沉造成的图像模糊问题，尽管其缓慢的下降速度(3～10cm/s)使其受到了潜流垂直运动的影响。尽管相机的空间分辨率通常为 20～300μm，但平面激光成像荧光测量系统可以探测到小至 5μm 的浮游植物的荧光。浮游植物在图像中显示为小而离散的强荧光区域。这可以对其横截面积、长轴和短轴长度以及总荧光量等指标进行量化。

FIDO-Φ 通常与平面激光成像荧光测量系统及一系列辅助仪器一起部署使用，以测量水的特性和流量。借助这套仪器所得到的垂直剖面图，我们对浮游植物在与环境相关的微尺度(<1m)结构上有了新的基本认识。Franks 和 Jaffe(2008)研究表明，浮游植物的大小结构在垂直距离小于 1m 的范围内可能会发生突变。这些变化通常发生在水密度梯度较大的地区，说明了这是物理控制和生物控制相结合的结果。Prairie 等(2010)对这些结果进行了进一步的研究，表明，浮游植物浓度的较大垂直梯度仅限于密度分层较强的区域。这种分层抑制了湍流混合，使得生物动态变化(生长、游动等)形成梯度-区域边缘。以浮游植物为食的浮游动物可以感知到这种梯度——它们往往会在浮游植物浓度高的区域转向浓度更高的区域，从而使得自身保持在区域当中。Prairie 等(2010)研究表明，使用“普通”荧光计，很多浮游植物的垂直区域会被遗漏。平面激光成像荧光测量系统可以识别被称为隐藏峰的区域：大型浮游植物浓度增加的区域，不会随着荧光的增加而出现(如其他荧光计测量的那样)。这些大型浮游植物的峰值处可能是大量浮游动物觅食的场所，而使用标准荧光计对环境进行采样，并不能得到有关这些食草动物觅食线索的任何信息。

传统上，无论是在实验室还是在现场，食草浮游动物的采食率都很难测量。通常需将浮游动物捕杀，利用丙酮提取后，对其肠道内浮游植物的荧光进行量化。每一浮游动物均需进行一次测量。现在我们已经可以使用平面激光成像荧光测量系统来量化一种草食浮游动物肠道中浮游植物的荧光，而不需要将其杀死。在实验室中，我们拴住了一只桡足类动物(一种小型甲壳类动物，是海洋中主导的食草动物)，并获得了高分辨率(每 10～15s 一幅图像，空间分辨率为 20μm)、长(小时)时间序列的肠道荧光图像(Karaköylü et al.，2009；Karaköylü and Franks，2012)。这些时间序列图像揭示了肠道荧光在动物内和动物间的广泛变异性，以及摄食对温度变化的敏感性。

我们还将平面激光成像荧光测量应用于显微镜。采用一束极薄的片状激光激发薄板中的体积荧光。细菌用 SYBR Green I(Molecular Probes，Eugene，OR，USA)染色，使用 20μm 厚的片状激光激发其荧光。这种方法后来在生命科学中获得了广泛的应用，正如 Huskien 和 Stanier(2009)所评论的那样，被用于对厚体积成像，并称之为选择性平面照明显微镜(Selective Plane Illumination Microscopy，SPIM)。

我们在现场和实验室部署的水下平面激光成像荧光测量系统表明，这是一项可行的技术，而且它产生的数据大大提高了我们了解生物体及其在环境中的动态变化的能力。平面激光成像荧光测量生成荧光图像的能力远远超过了标准荧光计给出的平均荧光值。现在的目标是使其便携性更好、成本更低、功率需求更低，让这项技术更能为社会所用。

21.3　浮游植物观测系统：大型硅藻的原位成像以及实验室版本的微型平面激光成像荧光计

本节我们将讨论如何配置和使用一个系统来对大型硅藻进行实际成像。如上所述，收集这些大颗粒的图像对荧光测量工作来说是有价值的。

21.3.1　利用水下成像系统对硅藻层的现场观测

2012 年 3 月，作为在三维空间中识别和定位浮游动物项目的一部分，在南加州的海岸部署了一个水下观测系统——浮游动物声呐和光学系统(Zooplankton Sonar and Optical System，ZOOPS-O)，位于 32°57.33N，117°36.97W，还同时部署了一个 CTD 和荧光计(图 21.2)。ZOOPS-O 系统使用了高频(1.5～2.5MHz)的声波，并结合多个水下相机来获取浮游动物的声反射信号，通过解析光学图像来识别它们。

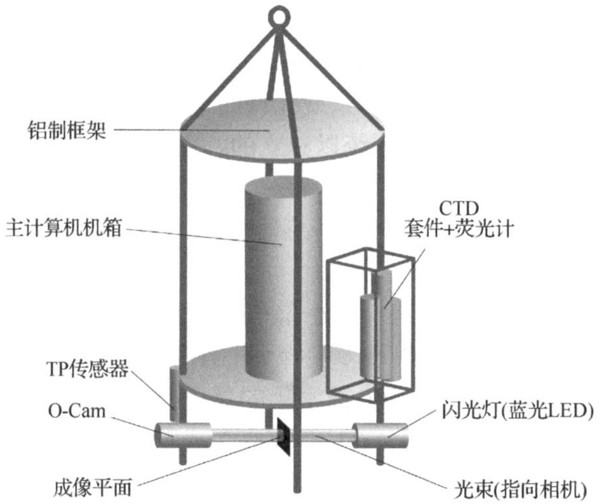

图 21.2　ZOOPS-O 系统的几何构造

光学成像系统由（两个）摄像机和发光二极管（LED）闪光灯组成。但是，此处报告的结果仅使用其中一台摄像机。系统配置由一台 AVT GX-1910（Allied Vision，USA）摄像机和一台像素尺寸为 5.5μm 的柯达 1920×1080 CCD 组成。采用 Rainbow S6X11M-II 2/3″规格的 CCTV（Rainbow，USA）电动变焦镜头对放大倍数和景深进行了优化。在此，放大倍数为 0.2 时的视场为 5.3×3.0cm，所用的 FOV 直径为 3.0cm。一个 LedEngin 10W 蓝色 LED 阵列用作照明，并配以一个聚光透镜（焦距 60mm，直径 50.8mm，Thorlabs，USA）进行准直。全息漫射器放置在 LED 阵列和聚光镜之间，以在图像中创建更均匀的背景图案。几何构造包括将照明系统封闭在单独的压力外壳中，然后对准光线，以便直接投射到摄像机中的光束能垂直于摄像机的成像平面。摄像机外壳前部与闪光灯外壳前部之间的距离为 71cm，而采样体积空间大致居中。

O-Cam（仅光学系统）成像系统的实验室测试表明，在焦平面上获得的最佳分辨率约为 30μm，视场为 3cm。从中心焦平面移到±7.5cm 处，分辨率会降低到约 150μm。这个体积空间之外的对象被认为是不可用的，因为它们的图像会变得更加模糊。摄像机和闪光灯安装在 ZOOPS-O 框架的底部，位于下半部分圆形铝板下方 25.5cm 处，以最大限度地减少在分析过程中受到的水动力干扰。

温度-压力（Temperature-Pressure，TP）传感器（SBE 39，Seabird，USA）与摄像机和闪光灯安装在同一高度上。一个附加的 CTD 套件（SBE 911 Plus/917）和荧光计（Seapoint SCF 3004）安装在框架的侧面，以便对相对不受干扰的水进行采样。

尽管此处显示的结果未使用声呐数据，但该系统由四个独立封装的传感器（TC3021，Reson，USA）组成，并配有低噪声前置放大器（N.T.S. Ultrasonics，Australia），在 1.5～2.5MHz 的频率范围内以发射/接收模式运行工作。为了进行信号的合成、放大和数字化，使用了 PXI-6115 10MHz（4 通道同步，12 位 A/D）、PXI-5412 100MHz 模拟输出板（均来自美国国家仪器公司）和一个 250W 功率放大器（AR Worldwide，USA）。一组（8 个）95Wh 锂离子电池组（BA95HC-FL，Ocean Server）提供了高达 760Wh 的能量，可以进行长达 8h 的远程部署。该系统允许的最大深度为 500m。

在这里描述的现场工作中，该系统以独立的、由电池供电的垂直剖析模式进行部署，并在每次剖析后下载数据。该系统在相对平静的海域以大约 17cm/s 的速度下降。以 1Hz 的频率收集声学、光学和温盐深传感器数据，并保存到系统内部的计算机中，随后检索数据并进行处理。

在 1.8～500m 之间记录的 CTD 荧光-氧气剖面图显示出一层高荧光层，约 17m 厚，中心位于约 46m 处，并显示出许多尖峰（图 21.3）。对同时采集的 O-Cam 图像进行检查，显露出一层小（250～300μm）而密集的黑色圆盘，其密集度先升而后降，这与叶绿素峰值变化情况一致（图 21.4(a)）。在高荧光层上方、下方和内部分别拍摄的 5 张代表性的图像序列表明，小黑盘数量的增加与荧光尖峰的垂向幅度相关（图 21.4(b)）。

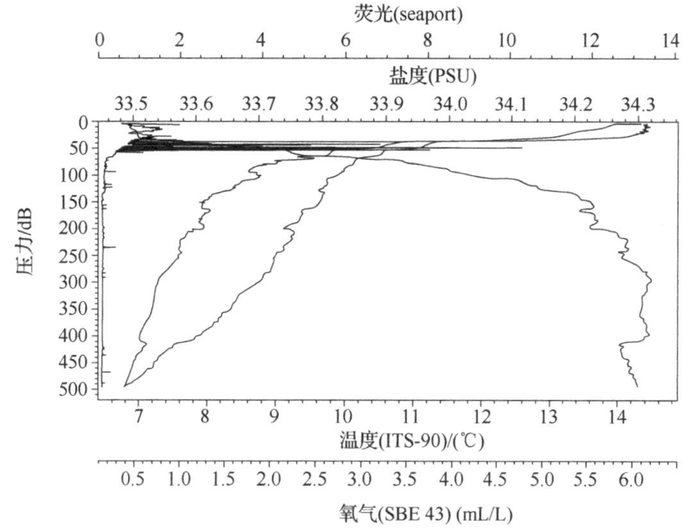

图 21.3　32°57.33N，117°36.97W 处的 CTD 荧光-溶解氧剖面图

PSU(practical salinity units，实用盐标)在 1978 年由 JPOTS(海洋学常用表和标准联合专家小组)提出；ITS-90 为国际温标；SBE 43 为 Seabird 公司一款溶解氧传感器的型号

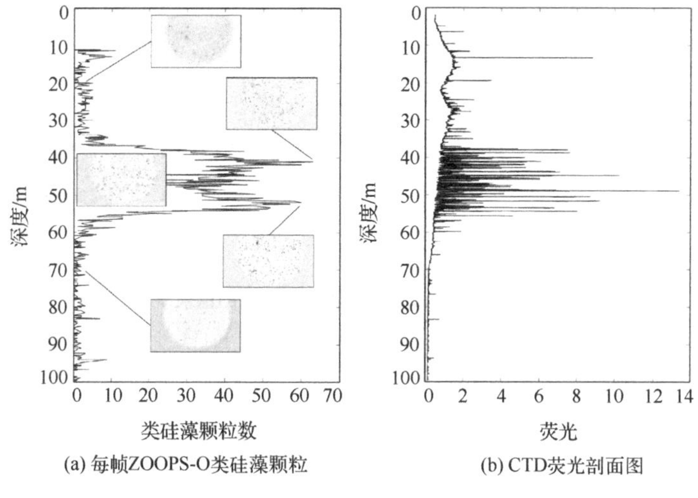

图 21.4　ZOOPS-O 粒子计数和 CTD 荧光计测量值

(a) 中插图图像来自 O-Cam，显示出与高荧光区域重合的黑色类硅藻颗粒

为了探究“造成大量荧光尖峰出现的黑色圆盘是硅藻”这一假设，用 MATLAB (Mathworks, USA) 编写了一个计算机程序来判断黑盘与所测叶绿素 a 荧光尖峰的并发深度依赖性。使用全局强度阈值窗口执行初步图像分割，该阈值是使用图像的子集并凭借经验来设置的。接下来，使用“regionprops”函数对二进制图像进行处理，以获

得大量颗粒特性。建立了人工选择的类硅藻颗粒的颗粒特性库，并利用这些特性的统计数据来选择最能描述黑色类硅藻颗粒的参数。这些特性包括面积、偏心率、长轴长度、短轴长度、等效直径和坚固性。使用阈值算法，其上限值和下限值取自颗粒特性库，并编写了自动检测程序来识别被称作“类硅藻颗粒”的具有独特形状的圆盘颗粒。为了判断算法的准确性，对随机选取的几幅图像进行人工检测，以验证算法的性能。

图 21.4 清楚地显示类硅藻颗粒随着荧光峰的增加而增加，这支持了“小黑色圆盘确实是荧光源”的假设。此外，还发现了类硅藻颗粒的双峰现象，这是因为显微结构的信噪比要远高于荧光计数据。

21.3.2 便携式平面激光成像荧光测定系统(MINI-PLIF)的实验室测试

基于上述 O-Cam 结果以及之前使用 FIDO-Φ PLIF 系统所做工作的实用性，我们决定利用一些最新的商用光学元件来测试实验室版本的 MINI-PLIF 系统(图 21.5)，以此来检验该系统用于海洋研究的可行性。与以前的部署(Jaffe et al.，1998；Franks and Jaffe，2001，2008)一样，该系统使用片状激光提供照明，同时，一个成像平面平行于片状激光的灵敏相机记录下来自颗粒的荧光。

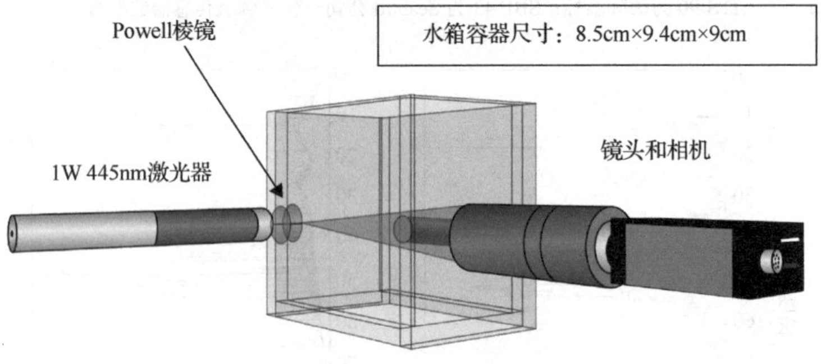

图 21.5 实验室测试的 MINI-PLIF 系统

一个由电池供电的 1W 445nm(蓝光)激光器，型号为 S3 Spyder Ⅲ(Arctic Laser，China)。使用 Powell 镜头(定制，Lasiris，Inc.，St. Laurent，Québec，Canada)将激光展成约 20°、约 5mm 厚的片光(图 21.6)，以此提供照明。该相机为 GC2450c(Allied Vision，USA)，像素大小为 3.45μm^2，其 Sony ICS625 CCD 芯片大小为 2448×2050 个像素，配有 Tiffen deep yellow 15 滤光片。与波长相关的相机量子效率从 42%(530nm 处)到 38%(610nm 处)不等。相机镜头(制造商不详)将 16μm 的像素点投射到相机平面上，用美国空军分辨率检测目标靶测得的图像分辨率优于 27μm。该系统的几何构造是将 Powell 镜头和照相机透镜都放置在与水箱(大小为 8.5×9.4×9)相距 9cm 的地方，水箱内混入了培养的浮游植物以及未过滤的海水。曝光时间为 20ms 时，相机增益等于 5。

该实验的目的是确定在对含叶绿素的浮游植物进行荧光成像时所需的曝光时间。

相机提供的数据由三个通道组成，这三个通道的数据是通过拜耳滤光片(Bayer filter)的宽带交叠光谱响应曲线得到的，由此产生了一组红色、绿色和蓝色的图像。从系统获得的众多图像中，我们重点展现了其中一帧的初步数据和处理结果(图 21.6)，所显示的所有三个通道是叠加在一起的。然而，这里我们只考虑红色通道，因为这个通道主要包含了由叶绿素产生的荧光。

图 21.6　实验室版本 MINI-PLIF 系统采集的一幅图像

图像处理程序的第一步是对红色图像进行阈值处理，以区分强弱目标。保留强度大于 0.1(最大值等于 1)的目标，以供进一步考虑。接下来，用每个粒子的面积范围来为整个图像创建一个尺寸-丰度谱(图 21.7)。通过实验室系统的实验，我们得出结论：一个小型、经济的平面激光成像荧光测量系统可用于实验室和现场观测浮游植物。

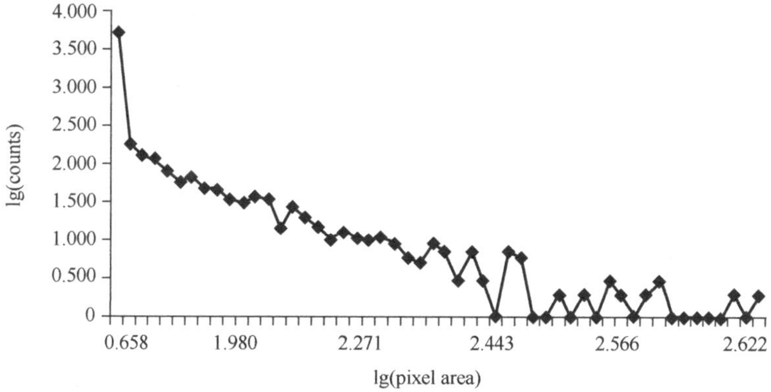

图 21.7　计数目标的数量(counts)(纵轴)与这些目标所覆盖像素区域(pixel area)(横轴)的双对数图(用于绿色和红色荧光颗粒)(1 个像素等于 $17\times17\mu m^2$)

21.4 小　结

在本章中，我们考虑了使用水下光学成像技术对浮游植物进行检测和分类。在一个远洋案例中，我们记录了图像和大量的荧光数据，并认为这是一层厚达 17m 的大型硅藻层。用 O-Cam 系统采集的水下光学图像中，颗粒外观呈矩形和圆盘状，并且同时出现强烈的红色荧光信号，支持了“它们是浮游植物且最有可能是硅藻”的这一观点。通过对图像中的硅藻进行计数，可以得到关于硅藻丰度的低噪声估计，而且还显示出密度界面上存在的两个不同的层。进一步的分析将探索物理-生物耦合模式，这是可能导致这些层形成的原因。

在 21.2 节中，我们考虑了一个原型实验室系统，仿照我们之前的平面激光成像荧光测量工作，用以获得荧光图像。利用海水和一些小藻类的混合物，我们获得了红色荧光信号的图像。根据此处获得的实验结果，有可能构建下一代浮游植物成像系统，该系统的分辨率既可以满足对单体浮游植物进行空间分辨，还能够对生物体进行分类解析。这种新系统的主要优点是它比我们目前的系统更加便携，消耗的能源更少并且价格便宜得多。将此类仪器应用于更广泛的海洋学领域，将使我们对构成海洋浮游生物的物理、化学和生物的动态变化的认识发生革命性的飞跃。

参 考 文 献

Chekalyuk A, Hafez M. 2008. Advanced laser fluorometry of natural aquatic environments. Limnology and Oceanography: Methods, 6, 591-609.

Franks P J S, Jaffe J S. 2001. Microscale distributions of phytoplankton: initial results from a two-dimensional imaging fluorometer, OSST. Marine Ecology Progress Series, 220, 59-72.

Franks P J S, Jaffe J S. 2008. Microscale variability in the distributions of large fluorescent particles observed in situ with a planar laser imaging fluorometer. Journal of Marine Systems, 69, 254-270.

Fuchs E, Jaffe J S, Long R A, et al. 2002. Thin laser light sheet microscope for microbial oceanography. Optics Express, 10, 145-154.

Goodwin R H. 1947. Fluorometric method for estimating small amounts of chlorophyll-a. Analytical Chemistry, 19, 789-794.

Jaffe J S, Franks P J S, Leising A W. 1998. Simultaneous imaging of phytoplankton and zooplankton distributions. Oceanography, 11, 24-29.

Karaköylü E M, Franks P J S, Tanaka Y, et al. 2009. Copepod feeding quantified by a planar laser imaging of gut fluorescence. Limnology and Oceanography Methods, 7, 33-41.

Karaköylü E M, Franks P J S. 2012. Reassessment of copepod grazing impact based on continuous time series of in vivo gut fluorescence from individual copepods. Journal of Plankton Research, 43(1),

55-71.

Lorenzen C J. 1966. A method for the continuous measurement of in vivo chlorophyll fluorescence. Deep-Sea Research, 13, 223-227.

MacIntyre H L, Lawrenz E, Richardson T L. 2010. Taxonomic discrimination of phytoplankton by spectral fluorescence. Chlorophyll a Fluorescence in Aquatic Sciences: Methods and Applications, 129-169.

Olson R J, Shalapyonok A, Sosik H M. 2003. An automated submersible flow cytometer for analyzing pico-and nanophytoplankton: FlowCytobot. Deep-Sea Res. I, 50, 301-315.

Palowitch A W, Jaffe J S. 1994. Three-dimensional ocean chlorophyll distributions from underwater serial-sectioned fluorescence images. Applied Optics, 33, 3023 - 3033.

Palowitch A W, Jaffe J S. 1995. Optical serial sectioned chlorophyll-a microstructure. Journal of Geophysical Research, 100(C7), 13267-13278.

Poryvkina L, Babichenko S, Kaitala S, et al. 1994. Spectral fluorescent signatures in the characterization of phytoplankton community composition. Journal of Plankton Research, 16, 1315-1327.

Prairie J C, Franks P J S, Jaffe J S. 2010. Cryptic peaks: Invisible vertical structure in fluorescent particles revealed using a planar laser imaging fluorometer. Limnology and Oceanography, 55(5), 1940-1958.

Thyssen M, Mathieu D, Garcia N, et al. 2008. Short-term variation of phytoplankton assemblages in Mediterranean coastal waters recorded with an automated submerged flow cytometer. Journal of Plankton Research, 30, 1027-1040.

Yentsch C S, Menzel D W. 1963. A method for the determination of phytoplankton chlorophyll and phaeophytin by fluorescence. Deep-Sea Research, 10, 221-231.

Yentsch C S, Yentsch C M. 1979. Fluorescence spectral signatures: The characterization of phytoplankton populations by the use of excitation and emission spectra. Journal of Marine Research, 37, 471-483.

Zawada D G. 2002. The application of a novel multispectral imaging system to the in vivo study of fluorescent compounds in selected marine organisms. Ph.D. Thesis, U. C. San Diego. 127 pages.

彩 图

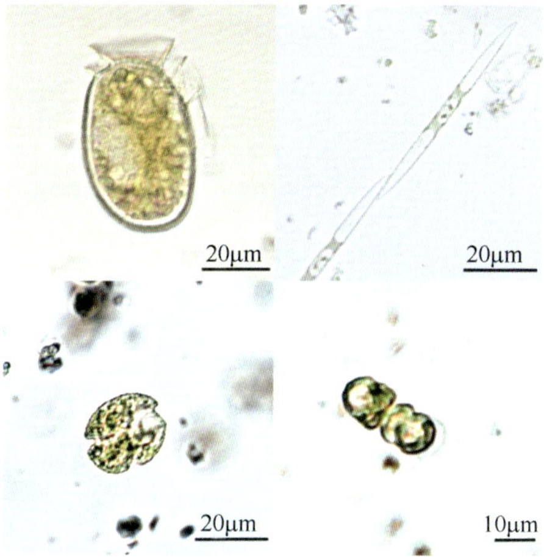

图 8.1　可通过生物光学方法检测到与有害藻华(HAB)类群的例子

该图为固定在鲁氏(Lugol)碘溶液中的样品(地中海西北部埃布罗三角洲)的 Normarski 干涉相差显微镜图，从左上象限按顺时针方向分别为：渐尖鳍藻(Dinophysis acuminate)、拟菱形藻(*Pseudo-nitzschia* sp.)、卡罗藻(*Karlodinium* sp.)和凯伦藻(*Karenia* sp.)

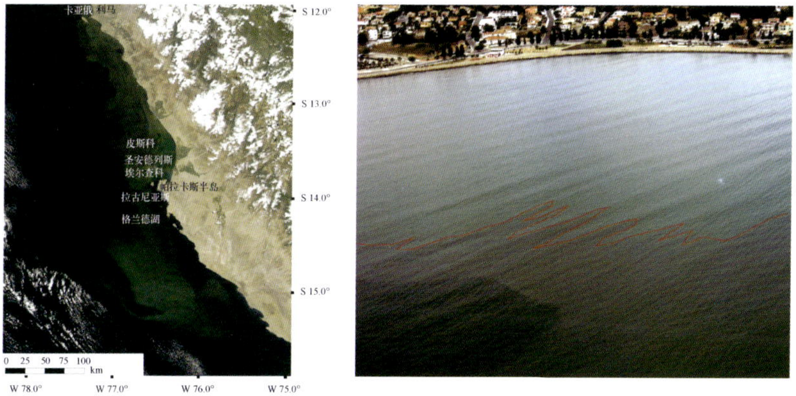

(a)　　　　(b)

图 8.2　藻华的卫星图像和航拍照片

图(a)为 2004 年 2 月 23 日由 NASA Aqua 卫星上的 MODIS 拍摄的秘鲁太平洋沿岸发现的藻华，其被确定为血红哈卡藻藻华(*Akashiwo sanguinea*)(Kahru et al., 2004)，藻华从利马一直延伸到帕拉卡斯半岛和格兰德湖周围的圣安德烈斯、埃尔查科和拉古尼亚斯等重要的工业和手工渔业等陆地。图(b)为 2011 年 6 月 19 日位于地中海西北部埃布罗三角洲塔拉戈纳的安波拉附近，靠近水产养殖场附近的阿雷纳尔海滩的航拍照片，引起藻华的物种为有毒的卡盾藻(*Chattonella*)。通过增强颜色和画线分离，可以增加藻华水团的可视化程度

图 8.3　在新斯科舍省船舶港的一个沿海峡湾的贝类水产养殖基地部署一个 TACCS（系绳衰减系数链传感器）

这样的系统能够连续自主地监测无源光学特征（海洋水色），产生海面下行辐照度（E_d）和不同深度的上行辐亮度（L_u），由此可以计算漫射衰减系数 K_d。TACSS 监测系统可以在链上安装多光谱或高光谱传感器，用于连续监测有害藻华和悬浮物的消耗和平流

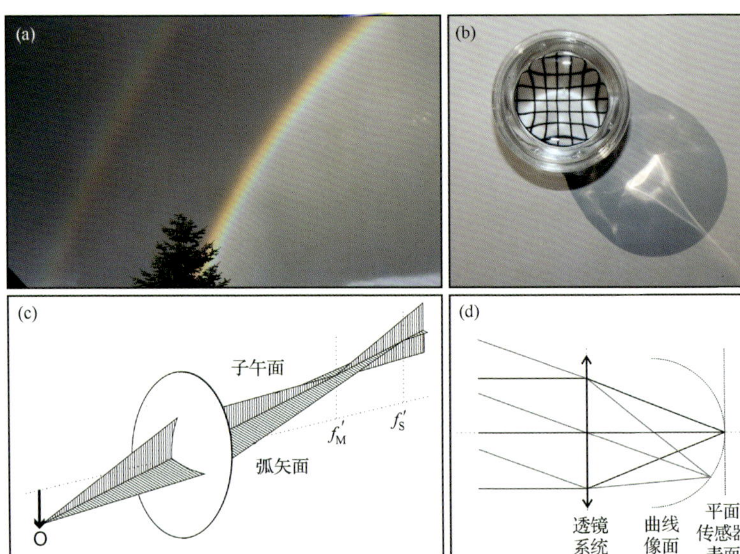

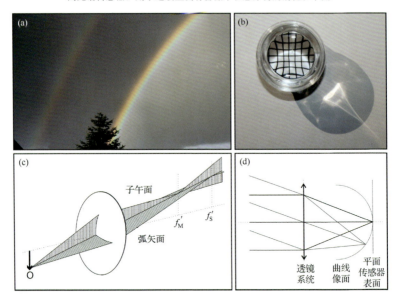

图 10.8　光学系统中存在的像差

(a)色散介质的折射率取决于波长。这一特性一方面导致了彩虹现象，另一方面也导致了色差。由于透镜也是色散介质，所以对于不同的波长，它们的折射率略有不同。来自同一点的不同波长的光的折射是不同的。在透镜系统中，这种效应的显著程度取决于各种参数，如角度或波长。(b)由儿童放大镜中的廉价塑料透镜造成的失真。放大镜底部原来的直线网格在通过镜头观看时显示出强烈的枕形失真。此外，平行光(从透镜左上方入射)通过透镜后在地面上产生慧差。(c)像散的原理。未校正透镜系统中的离轴光线具有两个不同的距离，在该距离处投影物体的清晰图像。这些距离由子午面和弧矢面确定。(d)场曲。未经视场弯曲校正的镜头系统无法将平面物体投射到平面上的传感器上

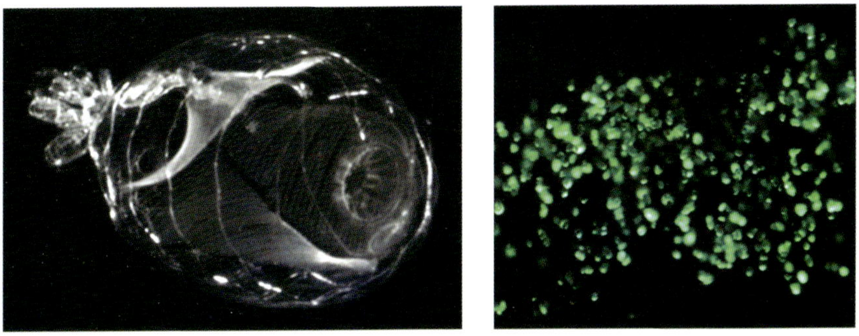

(a) 原位图像　　(b) 沙粒

图 10.9　在物理约束体积内由 LED 荧光粉照亮的浮游生物样本的原位图像（LOKI 系统）和用薄片激光照明的沙粒

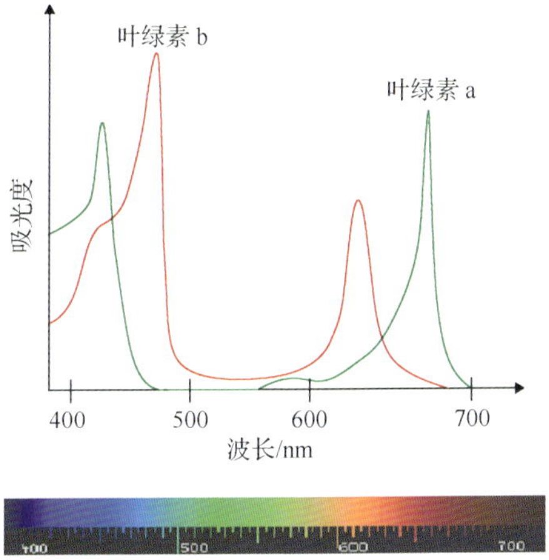

图 11.1　叶绿素吸收光谱

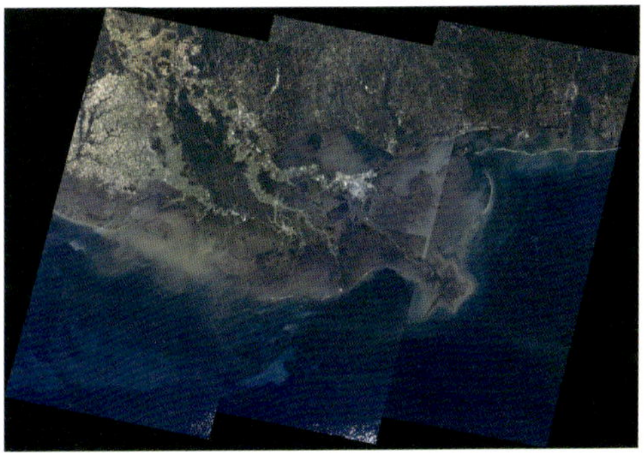

图 11.2　Landsat 7 所拍摄的墨西哥湾多光谱自然颜色图像

显示了从海岸线到深海的水色变化

图 11.3　从沿海地区拍摄的水下图像

图 11.4　从远洋拍摄的水下图像

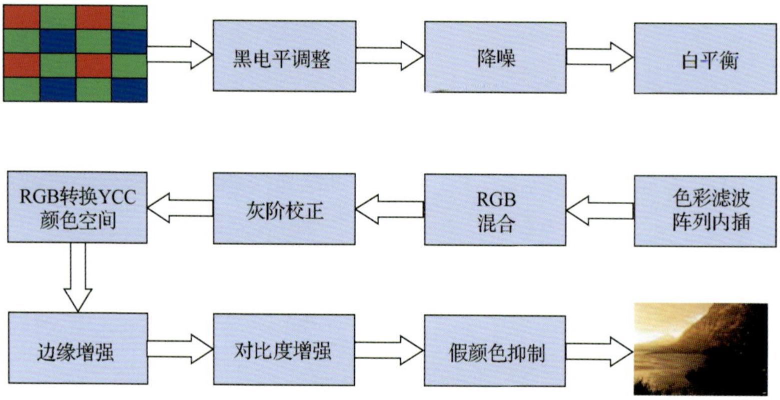

图 11.7　TI DaVinci 图像处理流程

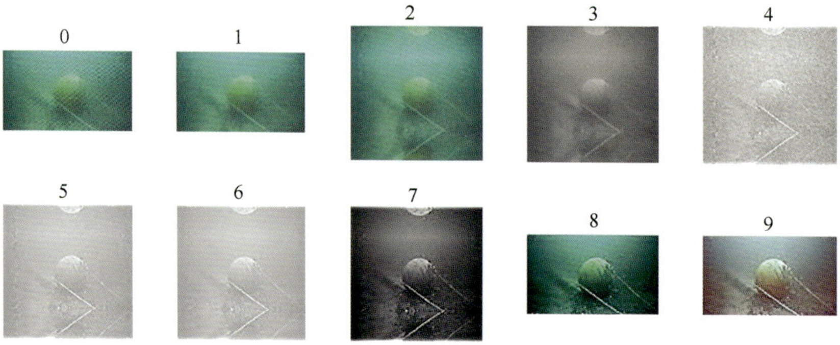

图 11.8　校正水下扰动的九步图像处理算法的结果

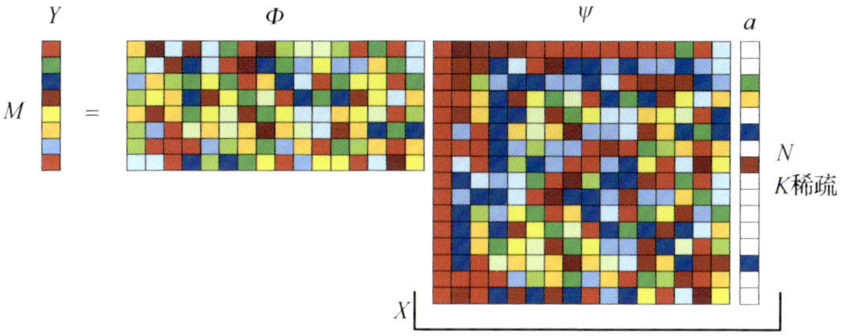

图 11.13　CS 理论(Baraniuk，2007)

(a) 内部结构

(b) 外壳

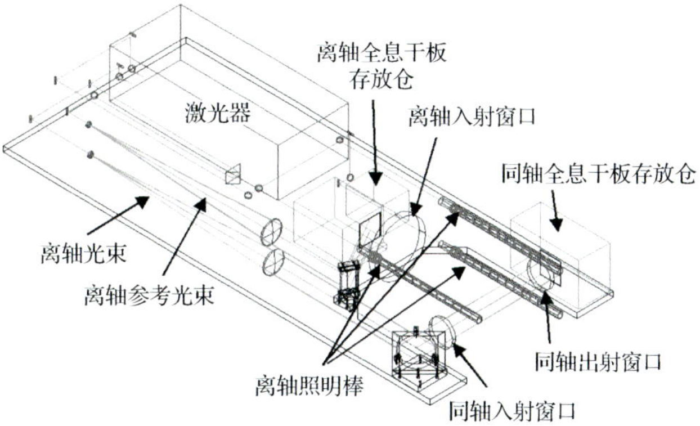

(c) 系统示意图

图 12.9　HoloMar 系统

图 14.8　合成纹影记录的例子(显示热量从作者的拇指上升)

(a) 三维轮廓不匹配　　(b) 优化后三维轮廓匹配

图 15.5　通过采用优化的校准程序提高三维轮廓的匹配精度

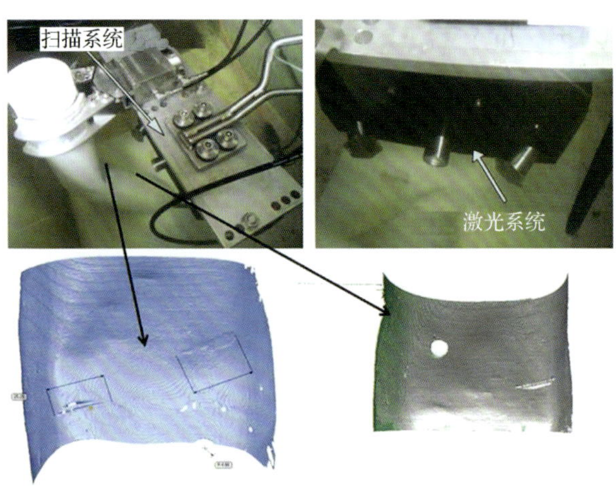

图 15.7　双激光扫描仪样机测试

顶行：扫描仪和损坏/弯曲部分需要扫描。底行：曲面的三维模型

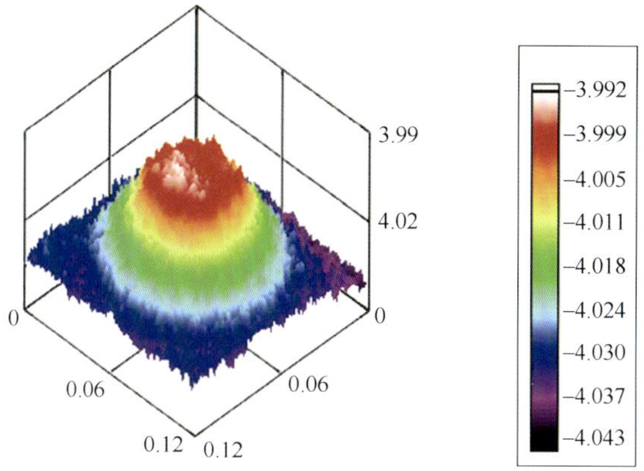

(a) 一层5cm高的沙子浸在水里　　(b) 目标的三维门控查看图像

图 15.19　Busck 提出的更精准的距离估计算法的测试实例(Busck，2005)

所有的轴单位都是 m

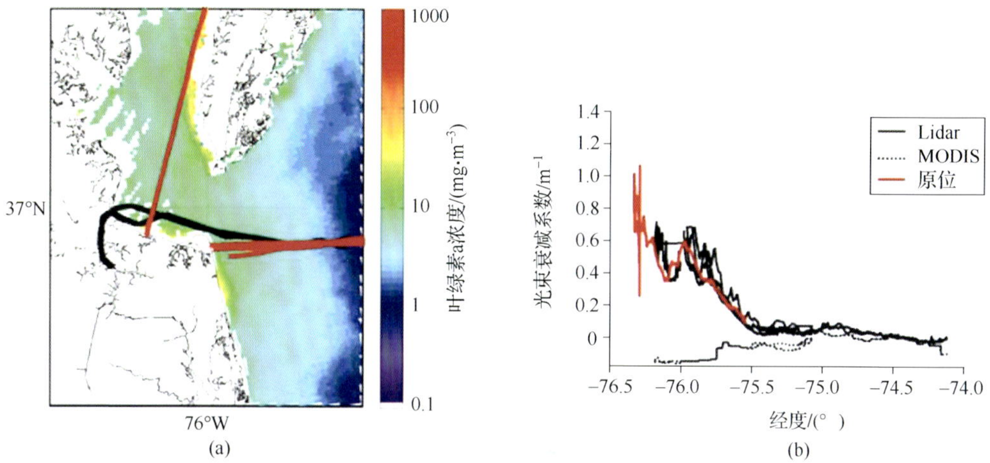

图 18.7　机载激光雷达信号与现场测量 c 的一致性实例

(a) 从 2009 年 9 月 28 日的 MODIS 图像得到的叶绿素 a 分布图及穿越切萨皮克湾下游和邻近近海区域的 R/V Fay Slover 船只航迹(黑线)和 NASA HSRL 飞机的飞行线(红线)。(b) 由 R/V Fay Slover(红线)、HSRL(实心黑线)在海面测量的，以及 MODIS 图像反推的(虚线)光束衰减系数对应的经度轨迹数据

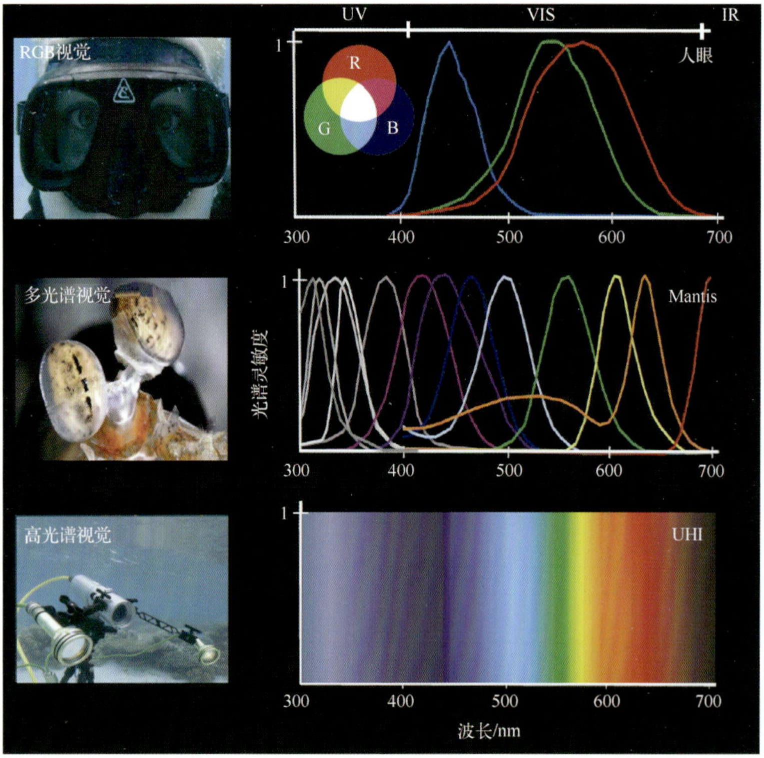

图 20.1　人眼三原色(RGB)与多光谱(Mantis)和高光谱视觉的原理

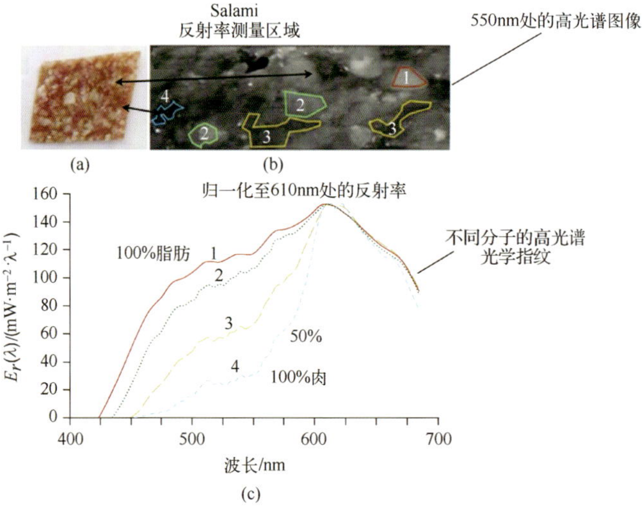

图 20.2　高光谱成像(HI)鉴别 Salami 中化学成分(脂肪和肉类)

(a)普通照片(RGB)；(b)在 550nm 下来自显微镜的高光谱图像(放大 4 倍)；(c)脂肪的高光谱光学指纹 $R(\lambda)$，以及肉类和脂肪混合物的光学指纹，其中 $E_r(\lambda)$ 表示上行辐照度，区域 1～4 表示脂肪与肉类含量的百分比不同

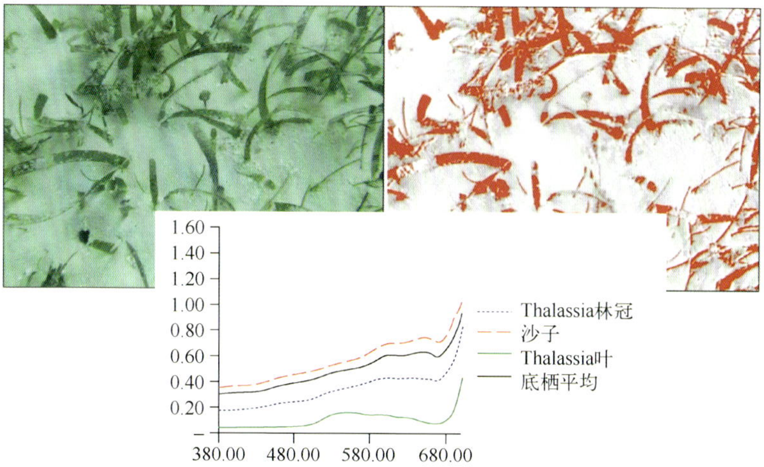

图 20.3　在佛罗里达湾明亮碳酸盐沙地中生长的 Thalassia testudinum 海草的叶片

可以对底栖生物的图像进行分类，以确定海草甸生产力和海底大空间尺度上的生物地球化学特性的平均反射率(Dierssen，2010)

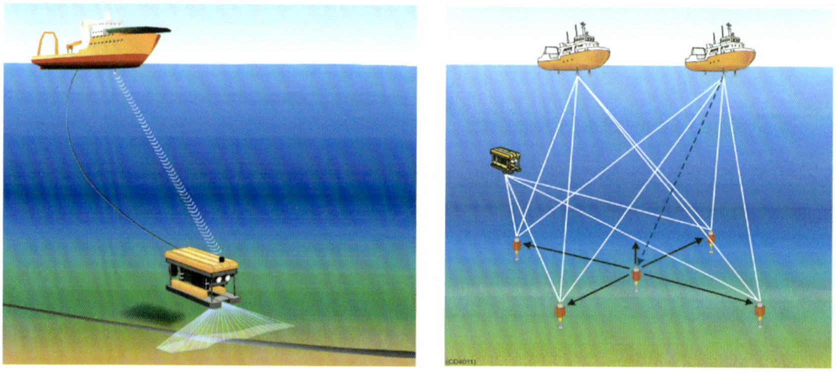

(a) 超短基线(USBL)　　(b) 长基线(LBL)

图 20.5　装配有水下高光谱成像仪的水下机器人利用水下声学导航定位

为了利用 USBL 系统获得全球定位，需要在 ROV 上安装舰载收发器、舰载方位传感器和 GPS 应答器

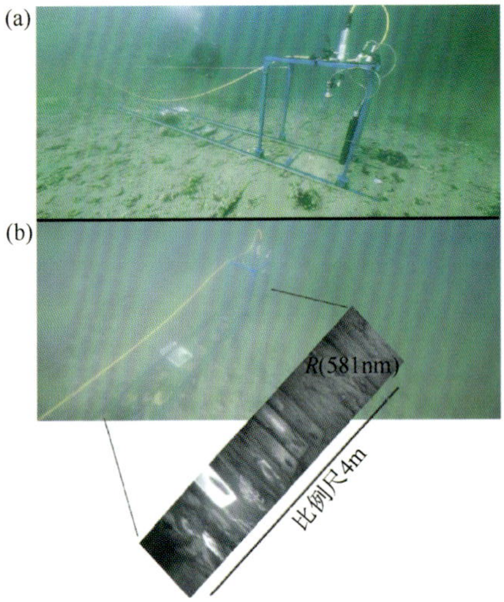

图 20.7　2010 年 4 月在挪威霍帕瓦根建立了用于观测海底感兴趣对象的生物地球化学特性的水下高光谱成像仪原型图

(a) 安装在水下轨道车上的水下高光谱成像仪，并配有人造光源，可供现场观察。水下成像光谱仪探测到的光信号是由感兴趣对象的反射光和水体散射光的组合。来自光源的光被感兴趣对象散射后经传感器收集，得到感兴趣对象的光谱特征。(b) 显示了 4 个区域，其中每个区域包含不同的基质、矿物质、锰结核和动物体（如珊瑚、海绵、海蛇尾、海星、海带和贻贝）。更多详细信息请参阅第 20.6 节、图 20.9～图 20.11

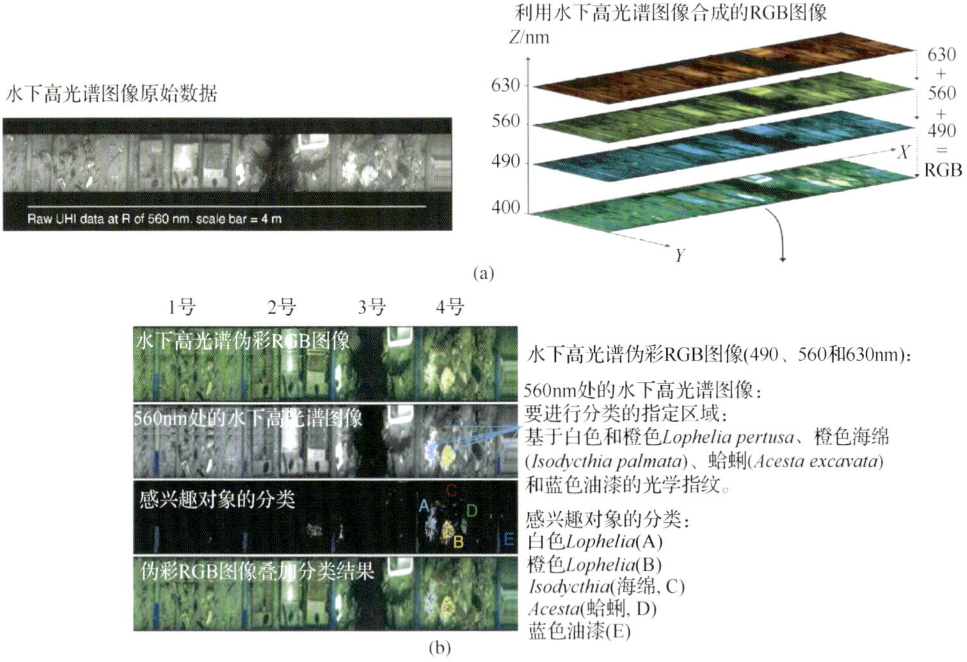

图 20.9　水下栖息地的高光谱图像

(a) 显示了 560nm 处的水下高光谱图像，以及对应波长下的 RGB 图像(490nm、560nm 和 630nm)。将 RGB 层叠加时，我们可以获得人眼的全彩色图片(参见图 20.10)。(b) 表示基于特定光学指纹 $R(\lambda)$ 对不同感兴趣对象的识别和不同感兴趣对象的区域覆盖范围。更多详细信息请参阅 20.6 节

(a) 光谱角映射法

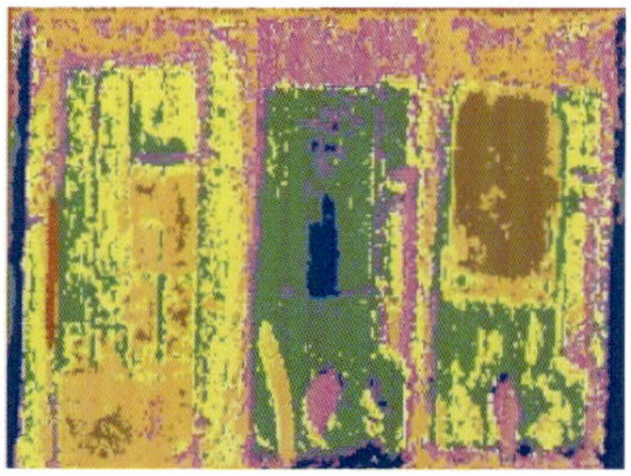

(b) 二进制编码算法

(c) 光谱信息散度算法

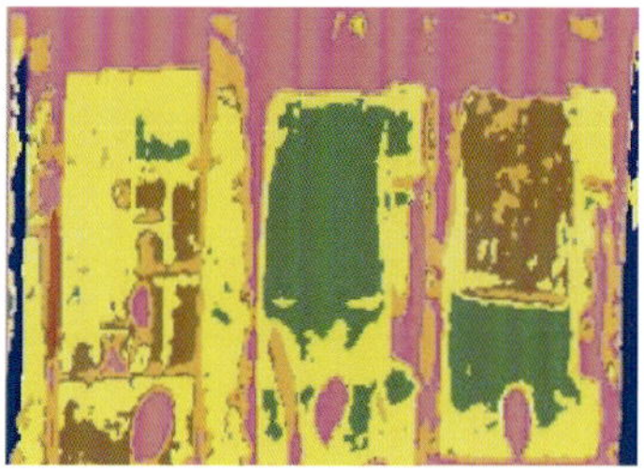

(d) 最小距离算法

图 20.10　基于四种分类方法对感兴趣对象进行分类

图 12.9 中 2 号区域的详细信息，展示了海底的蓝色金属框架(蓝色)、生锈的铁片(橙色)和锰结核(品红色)。基底 1 以硫酸铁(黄色)为主，基底 2 以沉积物中的氧化铁(棕色)为主，基底 3 由硫酸铁(区域上方)、硫酸锰(绿色，区域下方)以及铅笔(红色)组成。基底中生物膜含量(底栖微藻和细菌)不同，元素含量也不同(如铜和铁的氧化物)